Web 开发视频点播大系

HTML5+CSS3+JavaScript 从入门到精通

（下册）（实战篇）（第 2 版）

未来科技　张敏　编著

中国水利水电出版社
www.waterpub.com.cn
·北京·

内 容 提 要

《HTML5+CSS3+JavaScript 从入门到精通》套书分为上、下两册，系统讲解了 HTML5、CSS3 和 JavaScript 的基础知识与使用技巧，并结合大量案例从不同角度、不同场景演示了 HTML5、CSS3 和 JavaScript 在实践中的具体应用。上册侧重讲解 HTML5、CSS3 和 JavaScript 三门语言的基础知识；下册侧重讲解案例实战，以及客户端开发的基础性知识。

本书为下册，共 5 个部分 25 章，包括了大量的中小型经典案例，并与上册各章节知识点相对应，方便读者进行同步训练和上机动手练习，帮助读者掌握 HTML5、CSS3 和 JavaScript 的实战技法。另外，本书也重点讲解了客户端编程应该掌握的基础知识和技巧，如 BOM、DOM、事件处理、脚本样式、AJAX 等。

本书配备了极为丰富的学习资源，其中配套资源有 361 集教学视频（可扫描二维码观看）、素材源程序，附赠的拓展学习资源有习题及面试题库、案例库、工具库、网页模板库、网页配色库、网页素材库、网页案例欣赏库等。另外，本书拓展了 O2O 阅读模式，让读者体验用一倍的价格购买两倍的内容，实现超值阅读。

本书适合有一定 HTML5、CSS3 和 JavaScript 基础知识的读者学习使用，也可作为 HTML5 移动开发工程师的自学用书，还可作为高等院校网页设计、网页制作、网站搭建、Web 前端开发等专业的教学用书或相关培训机构的教材。

图书在版编目（CIP）数据

HTML5+CSS3+JavaScript从入门到精通. 下册，实战篇 / 未来科技，张敏编著. -- 2版. -- 北京 ：中国水利水电出版社，2023.7

（Web开发视频点播大系）

ISBN 978-7-5226-1500-4

I. ①H… II. ①未… ②张… III. ①超文本标记语言－程序设计②网页制作工具③JAVA语言－程序设计 IV. ①TP312.8②TP393.092.2

中国国家版本馆CIP数据核字(2023)第097317号

丛 书 名	Web 开发视频点播大系
书　　名	HTML5+CSS3+JavaScript 从入门到精通（下册）（实战篇）（第 2 版） HTML5+CSS3+JavaScript CONG RUMEN DAO JINGTONG（XIACE）（SHIZHAN PIAN）（DI 2 BAN）
作　　者	未来科技　张敏　编著
出版发行	中国水利水电出版社 （北京市海淀区玉渊潭南路 1 号 D 座　100038） 网址：www.waterpub.com.cn E-mail：zhiboshangshu@163.com 电话：（010）62572966-2205/2266/2201（营销中心）
经　　售	北京科水图书销售有限公司 电话：（010）68545874、63202643 全国各地新华书店和相关出版物销售网点
排　　版	北京智博尚书文化传媒有限公司
印　　刷	三河市龙大印装有限公司
规　　格	203mm×260mm　16 开本　30 印张　924 千字
版　　次	2019 年 9 月第 1 版第 1 次印刷　2023 年 7 月第 2 版　2023 年 7 月第 1 次印刷
印　　数	0001—5000 册
定　　价	89.80 元

前　言

Preface

近年来，互联网+、大数据、云计算、物联网、虚拟现实、人工智能、机器学习、移动互联网等 IT 相关概念和技术风起云涌，相关产业发展得如火如荼。互联网+、移动互联网已经深入人们日常生活的方方面面，人们已经离不开互联网。近年来，Web 前端开发、移动终端开发相关技术发展迅猛。HTML5、CSS3、JavaScript 三大核心技术相互配合使用，大大减少了 Web 开发的工作量，降低了开发成本。

本套书分上、下两册，上册侧重讲解前端开发中的三门基础性语言（HTML5、CSS3、JavaScript）的相关知识；下册侧重讲解案例实战，以及客户端开发的基础性知识。本套书旨在帮助读者快速、全面、系统地掌握 Web 开发的基础性技术，确保达成目标——使 Web 设计在外观上更漂亮，在功能上更实用，在技术上更简易。

本书内容

本书共 5 个部分 25 章，具体结构划分及内容概述如下。

第 1 部分：HTML5，包括第 1～5 章。这部分内容主要介绍了如何使用 HTML5 设计标准结构，包括 HTML5 结构、HTML5 文本、HTML5 图像、HTML5 多媒体、HTML5 列表、HTML5 超链接、HTML5 表格和 HTML5 表单。

第 2 部分：CSS3，包括第 6～13 章。这部分内容主要介绍了如何使用 CSS3 设计各种网页对象，包括字体和文本、图像、背景、超链接、列表、表单和表格等对象的样式以及 CSS3 样式动画；如何使用 CSS3 设计完整的网页，包括基本网页布局、弹性盒布局、移动设备的页面布局。

第 3 部分：JavaScript 核心，包括第 14～17 章。这部分内容主要对上册相关章节的知识进行了补充，讲解了语言基础（如变量、表达式、语句、字符串和正则表达式等），扩展了标准库对象（如 Math、Date 和 JSON 等），增加了函数式编程基础和实战案例，综合演练了构造函数、原型和继承。

第 4 部分：JavaScript 客户端，包括第 18~22 章。这部分内容主要包括客户端对象模型（BOM）、文档对象模型（DOM）、浏览器事件处理、网页样式脚本化处理和异步请求。

第 5 部分：JavaScript 实战，包括第 23～25 章。这部分内容主要包括专项开发（如表单、表格等）和综合案例开发，受页码限制，综合案例中的部分内容通过在线形式呈现，读者可以通过手机或电脑阅读、学习。

本书编写特点

实用性强

本书把“实用”作为编写的首要原则，书中内容重点选取实际开发工作中用得到的知识点，按知识点的常用程度进行了详略调整，目的是希望读者可用最短的时间掌握开发的必备知识。

📖 入门容易

本书思路清晰、语言通俗、操作步骤详尽。读者只要认真阅读本书，认真学习书中的示例，独立完成所有的实战案例，就可以达到专业开发人员的水平。

📖 讲述透彻

本书把知识点融于大量的示例中，结合实战案例进行讲解和拓展，力求让读者“知其然”，而且“知其所以然”。

📖 系统全面

本书讲解了大量的实战应用，知识系统全面，涉及了实际开发工作中用到的大部分知识。

📖 操作性强

本书颠覆了传统的“看”书观念，是一本能“操作”的图书。书中的示例遍布每个小节，每个示例操作步骤清晰明了，简单模仿就能快速上手。

本书显著特色

📖 体验好

二维码扫一扫，随时随地看视频。书中几乎每个章节都提供了二维码，可以通过手机微信“扫一扫”功能，随时随地看相关的教学视频（若个别手机不能播放，请参考前言中的“本书资源获取及联系方式”将内容下载到计算机上观看）。

📖 资源多

从配套到拓展，资源库一应俱全。本书不仅提供了几乎覆盖全书的配套视频和素材源文件，还提供了拓展的学习资源，如习题及面试题库、案例库、工具库、网页模板库、网页配色库、网页素材库、网页案例欣赏库等，拓宽视野的同时贴近实战。

📖 案例多

案例丰富详尽，边做边学更快捷。跟着大量的案例学习，边学边做，从做中学，使学习更深入、更高效。

📖 入门易

遵循学习规律，入门与实战相结合。本书采用“基础知识+中小实例+实战案例”的形式编写，内容由浅入深、循序渐进，从入门知识中学习实战应用，从实战应用中激发学习兴趣。

📖 服务快

提供在线服务，可随时随地交流。本书提供QQ群、网站下载等多渠道贴心服务。

本书学习资源列表

本书的学习资源十分丰富，全部资源如下。

📖 配套资源

（1）本书的配套同步视频，共计361集（请使用手机微信的“扫一扫”功能扫描书中的二维码观看）。

（2）本书的素材及源程序，共计665项。

📖 拓展学习资源

（1）习题及面试题库（共计 1000 题）。

（2）案例库（各类案例 4396 个）。

（3）工具库（HTML 参考手册 11 部、CSS 参考手册 10 部、JavaScript 参考手册 26 部）。

（4）网页模板库（各类模板 1636 个）。

（5）网页素材库（17 大类）。

（6）网页配色库（623 项）。

（7）网页案例欣赏库（共计 508 例）。

本书资源获取及联系方式

（1）读者使用手机微信的“扫一扫”功能扫描下面的微信公众号，或者在微信公众号中搜索“人人都是程序猿”，关注后输入“HCJ1500”并发送到公众号后台，获取本书资源的下载链接，将该链接复制到计算机浏览器的地址栏中，根据提示进行下载。本书资源较大，请在计算机端下载并解压后使用，不要在手机上下载。

（2）读者可加入 QQ 群 799942366（若群满，则会创建新群，请根据加群时的提示加入对应的群），与老师和其他读者进行在线交流与学习。

本书约定

为了节约版面，本书中的示例代码大多都是局部的，示例的全部代码可以通过关注本书微信公众号后获取。

部分示例可能需要服务器的配合，可以参阅示例所在章节的相关说明。

学习本书中的示例，要用到 Edge、Firefox 或 Chrome 浏览器，建议根据实际运行环境选择安装上述类型的最新版本浏览器。

为了提供更多的学习资源，弥补篇幅有限的缺憾，本书提供了许多参考链接，本书部分无法详细介绍的问题可以通过这些链接找到答案。但由于这些链接地址具有时效性，因此仅供参考，难以保证所有链接地址都永久有效。遇到这种问题可通过本书提供的学习 QQ 群进行咨询。

本书所列出的插图可能会与读者实际操作界面中的有所差别，这可能是由于操作系统平台、浏览器版本等不同而引起的，一般不影响学习。

本书适用对象

本书适用于以下人群：网页设计、网页制作、网站建设的入门者及爱好者，系统学习网页设计、网页制作、网站建设的开发人员，相关专业的高等院校学生，以及相关专业培训的学员。

关于作者

本书由未来科技团队和张敏负责编写，提供在线支持和技术服务。由于编者水平有限，书中疏漏和不足之处在所难免，欢迎读者朋友不吝赐教。广大读者如有好的建议、意见，或在学习本书时遇到疑难问题，可以联系我们，我们会尽快为您解答，联系方式为css148@163.com。

未来科技是一个由一群热爱 Web 开发的青年骨干教师组成的自由性组织，主要从事 Web 开发、教学培训、教材开发等业务。该群体编写的同类图书让数十万的读者轻松跨进了 Web 开发的大门，为 Web 开发的普及和应用作出了积极贡献。

编　者

目 录

Contents

第1部分 HTML5

第2部分 CSS3

第 3 部分 JavaScript 核心

第 4 部分 JavaScript 客户端

第 5 部分 JavaScript 实战

1

第1部分 HTML5

第 1 章　HTML5 结构和文本

HTML5 是构建开放 Web 平台的核心语言，增加了支持 Web 应用的许多新特性，以及更符合开发者使用习惯的新元素。HTML5 还增加了很多新的结构标签和文本标签，它们都有特殊的语义，正确使用这些标签，可以让结构和文本更严谨，更符合语义。

【练习重点】

- 正确使用结构化语义标签。
- 熟练设计标准的 HTML5 文档结构。
- 合理选用语义化文本标签。

1.1　初 阶 练 习

扫一扫，看视频

1.1.1　设计简单的自我介绍网页

本示例将尝试在网页中显示以下内容，示例效果如图 1.1 所示。

- 在网页标题栏中显示“自我介绍”。
- 以一级标题的形式显示“自我介绍”。
- 以定义列表的形式介绍个人基本信息，包括姓名、性别、住址和爱好。
- 在信息列表下面以图像的形式插入个人照片，如果图像太大，使用 width 属性适当缩小图像。
- 以段落文本的形式显示个人简介，文本内容可酌情输入。

图 1.1　设计简单的自我介绍页面效果

示例主要代码如下：

```
<html>
    <head>
```

```
        <title>自我介绍</title>
    </head>
    <body>
        <h1>自我介绍</h1>
    <dl>
        <dt>姓名</dt>
          <dd>张涛</dd>
        <dt>性别</dt>
          <dd>女</dd>
        <dt>住址</dt>
          <dd>北京亚运村</dd>
        <dt>爱好</dt>
          <dd>设计网页、听歌曲、浏览微博</dd>
    </dl>
    <img src="images/head.jpg" width="50%">
    <p>大家好，我的网名是艾莉莎，现在我简单介绍一下自己，我今年 21 岁，出生于中国东北。</p>
    </body>
</html>
```

提示：

网页为什么会出现乱码？原因是网页没有明确设置字符编码，出现乱码后的网页效果如图 1.2 所示。

图 1.2　出现乱码的网页效果

有时候用户在网页中没有明确指明网页的字符编码，但是网页能够正确显示，这是因为网页的字符编码与浏览器解析网页时默认采用的字符编码一致，所以不会出现乱码。如果浏览器的默认字符编码与网页的字符编码不一致，而网页又没有明确定义字符编码，则浏览器依然使用默认的字符编码来解析，就会出现乱码现象。

在 HTML 文档头部区域添加以下代码：

```
<head>
    <title>自我介绍</title>
    <meta charset="utf-8">
</head>
```

最后，重新在浏览器中预览，就不会出现上述乱码现象了。

扫一扫，看视频

1.1.2 设计简单显示诗词的网页

网页主要是用来传达信息的，一个标题，一个段落文本，一张图片都可以组成一个网页。本示例以一首唐诗为题材制作一个简单的网页，示例效果如图1.3所示。

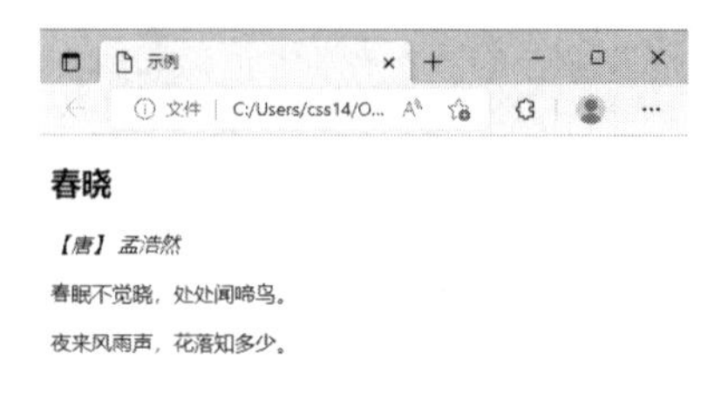

图1.3 设计一个简单的网页

在制作网页时，要遵循语义化设计要求，选用不同的标签表达不同的信息。

- 使用<article>标签设计文章块。
- 使用<h1>标签设计标题。
- 使用<address>标签设计出处。
- 使用<p>标签设计正文信息。

示例主要代码如下：

```
<!doctype html>
<html>
<head>
    <meta charset="utf-8">
    <title>小诗一首</title>
</head>
<body>
<article>
    <h1>春晓</h1>
    <address>【唐】 孟浩然</address>
    <p>春眠不觉晓，处处闻啼鸟。</p>
    <p>夜来风雨声，花落知多少。</p>
</article>
</body>
</html>
```

扫描，拓展学习

1.2 进阶实战：设计个人博客首页

扫一扫，看视频

本示例演示如何构建个人博客首页，主要练习HTML5结构标签的灵活应用。

第1步，新建HTML5文档，保存为test1.html。

第2步，根据1.1节中介绍的知识，构建个人博客首页的框架结构。在设计结构时，最大限度地选用HTML5新结构元素。设计的模板页面基本结构如下：

```
<header>
    <h1>[网页标题]</h1>
    <h2>[次级标题]</h2>
    <h4>[标题提示]</h4>
</header>
```

```
<main>
    <nav>
        <h3>[导航栏]</h3>
        <a href="#">链接 1</a> <a href="#">链接 2</a> <a href="#">链接 3</a>
    </nav>
    <section>
        <h2>[文章块]</h2>
        <article>
            <header>
                <h1>[文章标题]</h1>
            </header>
            <p>[文章内容]</p>
            <footer>
                <h2>[文章脚注]</h2>
            </footer>
        </article>
    </section>
    <aside>
        <h3>[辅助信息]</h3>
    </aside>
    <footer>
        <h2>[网页脚注]</h2>
    </footer>
</main>
```

整个页面包括标题部分和主要内容部分。标题部分包括网页标题、次级标题和标题提示；主要内容部分包括导航栏、文章块、辅助信息、网页脚注，文章块包括文章标题、文章内容和文章脚注。

第 3 步，在模板页面基础上，开始细化本示例博客首页。下面仅给出本示例首页的静态页面结构，如果用户需要后台动态生成内容，则可以考虑在模板结构基础上另外设计。把 test1.html 另存为 test2.html，细化后的静态博客首页效果如图 1.4 所示。

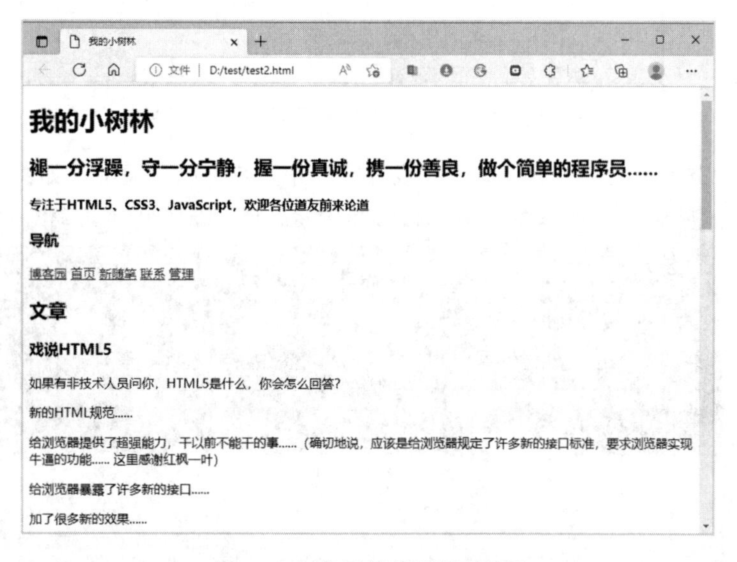

图 1.4　细化后的首页页面效果

提示：

限于篇幅，本节没有展示完整的页面代码，读者可以通过本节示例源码了解完整的结构。

1.3 高阶研习：分解 CSS 禅意花园网站

本节将通过拆解、分析 CSS 禅意花园网站的 HTML5 结构，帮助读者进一步实践网页设计的一般步骤和技巧。通过临摹体会 HTML5 结构设计的精妙之处，对各种结构性标签和文本标签进行一次阶段性集训。

扫一扫，看视频

1.3.1 网站预览

CSS Zen Garden 是 Dave Shea 于 2003 年创建的 CSS 标准推广网站，就是这么一个小网站却闻名全球，获得了众多奖项。站长 Dave Shea 是一位图像设计师，致力于推广标准 Web 设计。

该网站被台湾设计师薛良斌和李士杰翻译为中文繁体版后，有人把它称为 CSS 禅意花园，从此，“禅意花园”就成了 CSS Zen Garden 网站的代名词。CSS 禅意花园早期设计效果如图 1.5 所示。整个页面通过左上、右下对顶角定义背景图像，这些荷花、梅花及汉字形体修饰配合右上顶角的宗教建筑，完全把人带入禅意的后花园中。

图 1.5　CSS Zen Garden 早期首页设计效果

新版 CSS 禅意花园完全融入响应式网页设计风格中，界面趋于简洁，如图 1.6 所示。

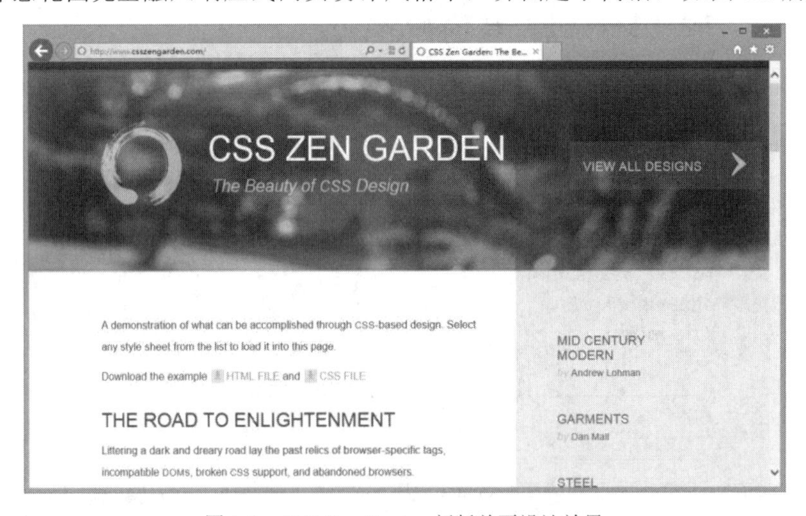

图 1.6　CSS Zen Garden 新版首页设计效果

仔细查看它的结构，会发现整个页面的信息一目了然，结构层次清晰明了。信息从上到下，按照网页标题、网页菜单、主体栏目信息、次要导航和页脚信息有顺序地排列在一起，页面的结构如图 1.7 所示。

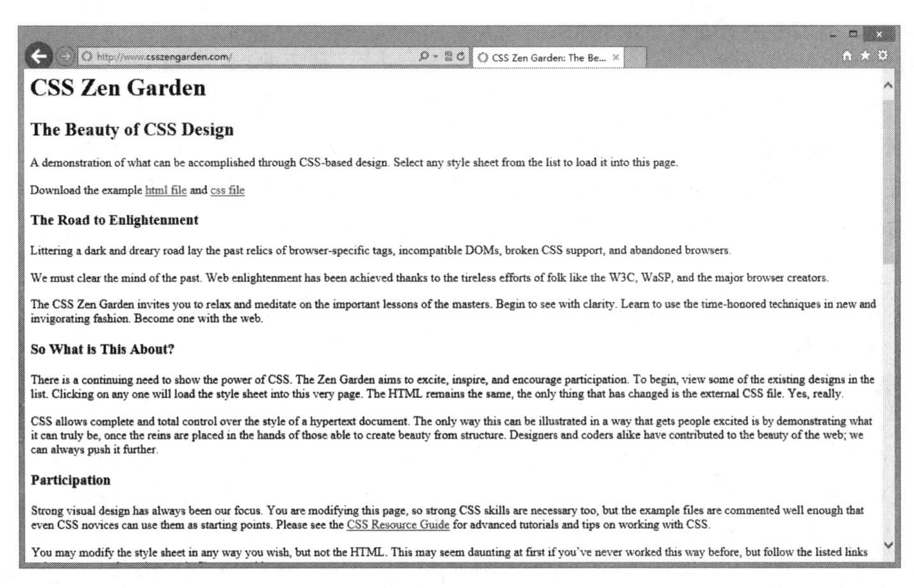

图 1.7　页面的结构

整个页面没有一幅图片，这是完美结构的基础。CSS 禅意花园的标题层级清晰，从网页标题（一级标题）、网页副标题（二级标题）到栏目标题（三级标题）都一目了然。另外，段落信息（P）和列表信息（ul）占据了整个页面。从 SEO（Search Engine Optimization，搜索引擎优化）的角度来考察，可以看到 Dave Shea 把所有导航菜单等功能信息全部放在结构的后面，很值得学习。

1.3.2　设计方法

对于普通网站来说，一般页面都会存在很多共同的信息模块，如标题、广告、导航、功能、内容和版权等信息。而不同类型的网站有不同页面需求，对于各种公共信息模块的取舍会略有不同，这时就应该具体情况具体分析。在设计网页基本结构时，不妨根据信息需求的分析和信息的重要性来对页面各个模块进行适当排序，然后设计出基本的框架。例如，以下代码：

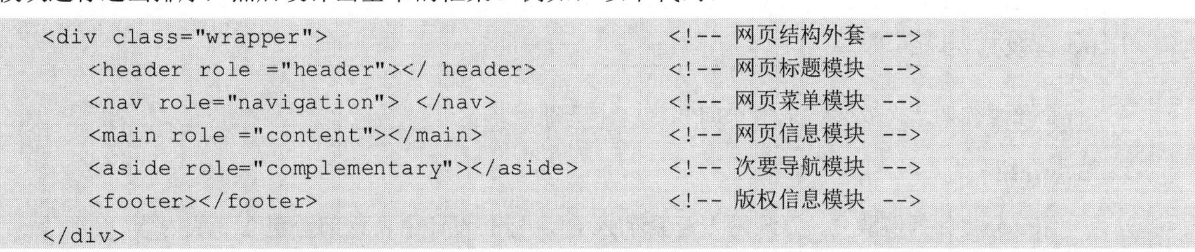

```
<div class="wrapper">                                <!-- 网页结构外套 -->
   <header role ="header"></ header>                 <!-- 网页标题模块 -->
   <nav role="navigation"> </nav>                    <!-- 网页菜单模块 -->
   <main role ="content"></main>                     <!-- 网页信息模块 -->
   <aside role="complementary"></aside>              <!-- 次要导航模块 -->
   <footer></footer>                                 <!-- 版权信息模块 -->
</div>
```

构建基本框架应该注意以下几个问题。

- 在设计基本框架时，应优先考虑 HTML5 新结构标签，把 div 元素作为最后的备选。
- 使用 role（HTML5 新增属性）增强标签的语义性，告诉辅助设备（如屏幕阅读器）当前元素所扮演的角色，以增强用户体验。
- 根据需要为基本结构设置 id 和 class 属性。
- 可以考虑为整个页面结构设计一个外套，以便统一样式。
- 在设计结构时，不要考虑后期呈现，也不要顾虑结构的顺序是不是会影响页面的显示，要从纯语义化的角度来设计基本结构。

有了基本的框架结构，就可以继续深入，这时不妨完善主体区域的结构（即网页内容模块），这部分是整个页面的核心，也是思考的重点。

- 此时，该不该考虑页面的显示效果。
- 如何更恰当地嵌套结构。
- 如何处理子模块的结构关系。

在编辑网页结构的过程中，不要考虑页面的显示效果，而要静下心来单纯考虑结构。但是在实际操作中，会不可避免地联想到页面的显示效果，如分几行几列显示（这里的行和列是指网页基本结构的走向）。不同的行列肯定都有适合自己的结构，所以当读者在进入这步时，适当考虑页面显示效果也无可厚非，但是不要考虑过多。

恰当的嵌套结构需要结合具体的信息来分析。抽象地说，模块的结构关系可以分为 3 种基本模型，即平行结构、包含结构和嵌套结构。

- 平行结构，代码如下：

```
<div id="A"></div>
<div id="B"></div>
<div id="C"></div>
```

- 包含结构，代码如下：

```
<div id="A">
    <div id="B"></div>
    <div id="C"></div>
</div>
```

- 嵌套结构，代码如下：

```
<div id="A"></div>
<div>
    <div id="B"></div>
    <div id="C"></div>
</div>
```

具体采用哪种结构，可以根据信息的结构关系进行设计。如果<div id="latest">和<div id="m2">两个信息模块内容比较接近，而<div id="subcol">模块与它们在内容上相差很远，不妨采用嵌套结构。如果这些栏目的信息类型雷同，使用平行结构会更好。

扫一扫，看视频

1.3.3 设计思路

CSS 禅意花园犹如一篇散文，整个页面包含以下 3 部分。

1. 站点介绍

站点介绍部分犹如抒情散文，召唤网友赶紧加入 CSS 标准设计中，该部分包含 3 块内容。

- 标题，包括网站的主副标题。
- 概述，呼唤网友赶紧加入进来。
- 序言，回忆和总结当前标准之路的艰巨性和紧迫性。

2. 支持文本

支持文本部分犹如叙事散文，娓娓道来，详细介绍活动的内容，如用户参与的条件、参与后会有哪些支持及参与的好处等。

- 这是什么？

- 邀您参与。
- 参与好处。
- 参与要求。
- 各种技术参考网站。

3. 链接列表

链接列表很简洁地列出了所有超链接信息。该部分也包含 3 块链接信息。

扫一扫，看视频

1.3.4 基本框架

根据信息进行分类，然后根据分类进行分块，下面来建立 CSS 禅意花园的基本框架。

一个网页包含下面 3 个平行的结构，代码如下：

```
<div class="page-wrapper">                                              <!-- 网页结构外套 -->
   <section class="intro" id="zen-intro"></section>                     <!-- 站点介绍-->
   <div class="main supporting" id="zen-supporting" role=
"main"></div>                                                           <!-- 支持文本-->
   <aside class="sidebar" role="complementary"></aside>                 <!-- 链接列表-->
</div>
```

继续拓展结构，完成 3 级基本结构的设计，代码如下：

```
<div class="page-wrapper">
   <section class="intro" id="zen-intro">
      <!-- 网页标题信息块 -->
      <header role="banner"></header>
      <!-- 概述 -->
      <div class="summary" id="zen-summary" role="article"></div>
      <!-- 序言 -->
      <div class="preamble" id="zen-preamble" role="article"></div>
   </section>
   <div class="main supporting" id="zen-supporting" role="main">
      <!-- 这是什么？ -->
      <div class="explanation" id="zen-explanation" role="article"></div>
      <!-- 邀您参与 -->
      <div class="participation" id="zen-participation" role="article"></div>
      <!-- 参与好处 -->
      <div class="benefits" id="zen-benefits" role="article"></div>
      <!-- 参与要求 -->
      <div class="requirements" id="zen-requirements" role="article"></div>
      <!-- 各种技术参考网站 -->
      <footer></footer>
   </div>
   <aside class="sidebar" role="complementary">
      <!-- 内嵌包含框 -->
      <div class="wrapper">
         <!-- 优秀作品列表 -->
         <div class="design-selection" id="design-selection"></div>
         <!-- 存档列表 -->
         <div class="design-archives" id="design-archives"></div>
         <!-- 资源链接信息 -->
         <div class="zen-resources" id="zen-resources"></div>
      </div>
```

```
    </aside>
</div>
```

在构建基本结构时，应该考虑SEO，把重要信息放在前面，而将功能性信息放在结构的末尾。

扫一扫，看视频

1.3.5 完善结构

CSS 禅意花园的结构非常简洁，主要使用了 section、header、footer、nav、h1、h2、h3、p、ul、li、a、abbr、span 元素，语义明晰，没有冗余的标签和无用的嵌套结构。具体分析如下。

第 1 步，首先看一下标题信息。标题使用恰当，层次清晰。例如，在标题栏 header 中，使用 h1 和 h2 定义网站标题，以及描述信息，代码如下：

```
<header role="banner">
    <h1>CSS Zen Garden</h1>
    <h2>The Beauty of <abbr title="Cascading Style Sheets">CSS</abbr> Design</h2>
</header>
```

然后，在下面各个子栏目中使用h3定义子栏目的标题，代码如下：

```
<div class="preamble" id="zen-preamble" role="article">
    <h3>The Road to Enlightenment</h3>
        <p>...</p>
        <p>...</p>
        <p>...</p>
</div>
```

上面是“序言”子栏目的标题，下面跟随 3 段文本，设计了一个子文章块。后面的各个子栏目设计都遵循这样的结构和思路。

一般网页只能有一个一级标题，用于网页标题，然后根据结构的层次关系有序使用不同级别标题，这一点很多设计师都忽略了。从 SEO 的角度来考虑，合理使用标题是非常重要的，因为搜索引擎对于不同级别标题的敏感性是不同的，级别越高，被检索到的机会就越大。

第 2 步，看一下 footer 信息，代码如下：

```
<footer>
    <a href="http://validator.w3.org/check/referer" title="Check the validity of this site&#8217;s HTML" class="zen-validate-html">HTML</a>
    <a href="http://jigsaw.w3.org/css-validator/check/referer" title="Check the validity of this site&#8217;s CSS" class="zen-validate-css">CSS</a>
    <a href="http://creativecommons.org/licenses/by-nc-sa/3.0/" title="View the Creative Commons license of this site: Attribution-NonCommercial-ShareAlike." class="zen-license">CC</a>
    <a href="http://mezzoblue.com/zengarden/faq/#aaa" title="Read about the accessibility of this site" class="zen-accessibility">A11y</a>
    <a href="https://github.com/mezzoblue/csszengarden.com" title="Fork this site on Github" class="zen-github">GH</a>
</footer>
```

整个版面除了必要的链接文本外，没有任何多余的标签，每个超链接包含必要的 href、title 和 class 属性，比较简洁。用户可以根据页面风格来设计 footer 信息的样式和位置，默认效果如图 1.8 所示。

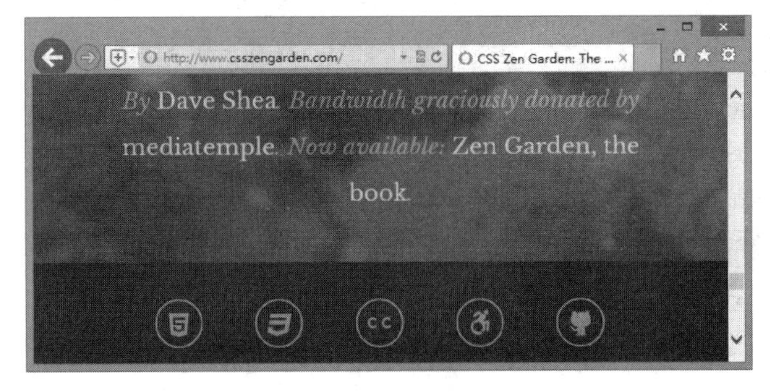

图 1.8　默认效果

第 3 步，导航列表信息使用 nav 定义，包含在 ul 列表中，代码如下：

```
<div class="design-archives" id="design-archives">
    <h3 class="archives">Archives:</h3>
    <nav role="navigation">
        <ul>
            <li class="next">
                <a href="/214/page1">Next Designs <span
class="indicator">&rsaquo;</span></a>
            </li>
            <li class="viewall">
                <a href="http://www.mezzoblue.com/zengarden/alldesigns/" title="View
every submission to the Zen Garden."> View All Designs</a>
            </li>
        </ul>
    </nav>
</div>
```

页面中还有多处类似的结构，此处不再一一列举。

第 4 步，CSS 禅意花园把正文版式设计得精简至极，总共使用了 a、span 和 abbr 3 个行内元素。其中使用 a 定义文本内超链接信息，在超链接中添加了提示文本。代码如下：

```
<a href="/examples/index" title="This page's source HTML code, not to be
modified.">html file</a>
```

使用 span 为部分文本定义样式类，代码如下：

```
<a href="/214/page1">Next Designs <span class="indicator">&rsaquo;</span></a>
```

使用 abbr 截取首字母缩写，代码如下：

```
<abbr title="Cascading Style Sheets">CSS</abbr>
```

由于页面结构主要提供基本文字信息，因此这里没有使用 img 元素在结构中嵌入图像。如果需要图像来装饰页面，仅使用 CSS 即可，不必破坏页面结构。

在设计版式结构时，标准设计的一般原则如下。

- 包含信息的图像应该使用 img 元素插入，如新闻图片、欣赏性质的图像、传递某种信息的图案及图示等。
- 不包含任何有用的信息，仅负责页面版式或功能的修饰，则应该以背景图像的方式显示。

第 5 步，CSS 禅意花园为了方便设计师艺术设计，特意在文档尾部预留了 6 个 div 结构接口，代码如下：

```
<div class="extra1" role="presentation"></div>
<div class="extra2" role="presentation"></div>
<div class="extra3" role="presentation"></div>
```

```
<div class="extra4" role="presentation"></div>
<div class="extra5" role="presentation"></div>
<div class="extra6" role="presentation"></div>
```

这些多余的 div 作为备用结构标签，最初提供的目的是方便设计师增加额外信息，它们相当于程序的接口，如果不用可以隐藏。

但是随着 CSS3 功能的完善，完全可以使用::before 和::after 伪对象进行支持。

1.4 在线支持

本节为拓展学习，感兴趣的读者请扫码进行学习。

扫描，拓展学习

第 2 章　HTML5 图像和多媒体

HTML5 增强了图像的表现能力，以适应移动设计需求，同时 HTML5 添加了原生的多媒体技术，处理速度更快，可与 HTML5 其他标签更好地融合，媒体播放按钮和其他控件内置到浏览器中，降低了对插件的依赖。

【练习重点】

- 在网页中使用图像。
- 在网页中添加音频和视频。
- 设计简单的多媒体页面。

2.1　使用图像：设计图文混排版式

扫一扫，看视频

在网页中经常会看到图文混排版式，不管是单图或多图，也不管是简单的文字介绍或大段正文，图文版式的处理方式都很简单。在本节示例中所展示的图文混排效果，主要是文字围绕图片。

第 1 步，新建 HTML5 文档，保存为 test.html，在<body>标签内输入以下代码：

```
<div class="pic_news">
    <h1>雨巷</h1>
    <h2>戴望舒</h2>
    <p><img src="images/1.jpg" alt="" /></p>
    <p> 撑着油纸伞，独自
        彷徨在悠长、悠长
        又寂寥的雨巷，
        我希望逢着
        一个丁香一样的
        结着愁怨的姑娘。 </p>
    <p>她是有
        丁香一样的颜色，
        丁香一样的芬芳，
        丁香一样的忧愁，
        在雨中哀怨，
        哀怨又彷徨； </p>
        ...
        <!--省略部分结构雷同的文本，请参考示例源代码-->
</div>
```

第 2 步，在<head>标签内添加<style type="text/css">标签，定义一个内部样式表，然后输入以下样式，设置图片的属性，将其控制到内容区域的左上角：

```
.pic_news { width: 800px;       /* 控制内容区域的宽度，根据实际情况考虑，也可以不要  */ }
.pic_news h2 {                  /* 定义标题样式 */
    font-family: "隶书"; font-size: 24px; /* 字体样式：隶书，大小：24px  */
    text-align: right;          /* 标题 2 居右显示 */
}
.pic_news img {                 /* 定义图片样式 */
    float: left;                /* 使图片旁边的文字产生浮动效果  */
```

```
    margin-right: 5px;          /* 增加图片与文字的间距 */
    height: 250px;              /* 控制图片大小 */
}
```

第 3 步，在浏览器中预览，效果如图 2.1 所示。简单几行 CSS 样式代码就能实现图文混排的页面效果，其中重点内容就是为图片设置浮动，float:left 就是让图片向左浮动。

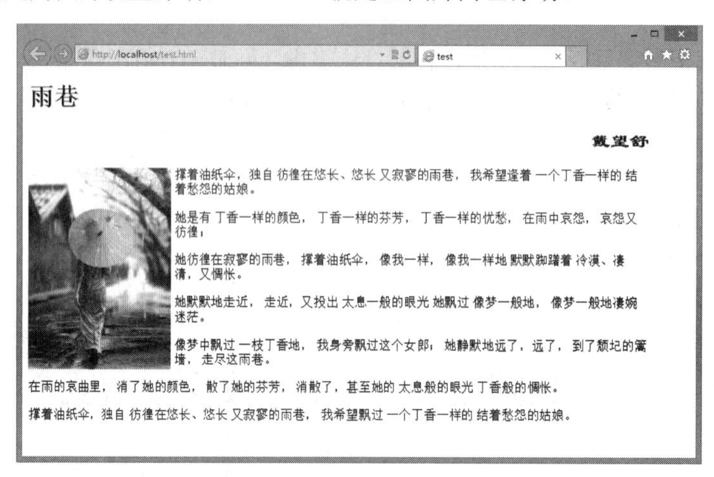

图 2.1　图文混排的页面效果

2.2　使用多媒体

扫描，拓展学习

扫一扫，看视频

2.2.1　设计网页音乐播放器

本示例设计一个网页音乐播放器，浏览效果如图 2.2 所示。设计原理为获取要播放文件的路径，然后把它传递给 audio 元素的 src 属性，再调用 HTML5 多媒体 API 中相关属性、方法或事件，根据各种逻辑设计来控制播放、暂停和停止状态。

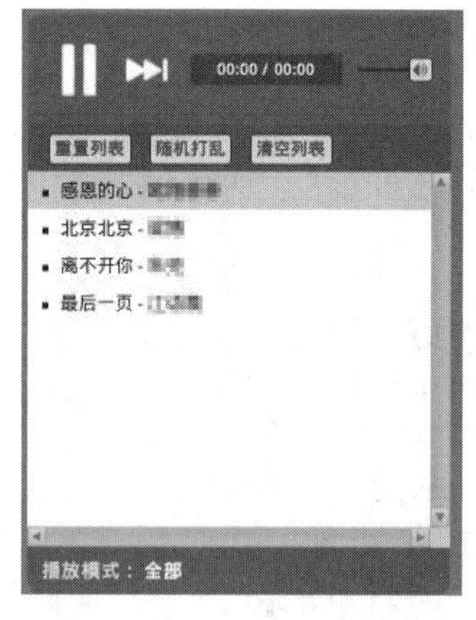

图 2.2　设计网页音乐播放器

第 1 步，新建 HTML5 文档，设计播放器页面结构。网页音乐播放器的主体结构为上、中、下结构，顶部分布了多个播放按钮，中部为音乐列表，底部为播放模式切换按钮，代码如下：

```
<div id="player">
    <audio id="musicbox"></audio>
```

```
        <div id="controls" class="clearfix controls">
            <div id="play" class="playing"></div>
            <div id="next"></div>
            <div id="progress">
                <div></div>
                <p id="time">00:00 / 00:00</p>
            </div>
            <div id="volume"><div></div></div>
        </div>
        <div class="bar">
            <button>重置列表</button>
            <button>随机打乱</button>
            <button>清空列表</button>
        </div>
        <ul id="musiclist"></ul>
        <div class="bar bottom"> <span>播放模式：</span> <span id="mode">全部</span>
</div></div>
```

第 2 步，在界面中插入一个<audio id="musicbox">标签，在 main.css 样式表中隐藏音频控件，代码如下：

```
    audio { display: none;}
```

第 3 步，在脚本文件 player.js 中，设计当单击播放按钮时，让<audio id="musicbox">播放指定的音频文件，代码如下：

```
    function playMusic(index) {
        playingFile = musicFiles[index];
        $media.attr("src", playingFile.url);
        $media[0].play();
        $("#musiclist>li").removeClass("isplay").eq(index).addClass("isplay");
        auto();
    }
```

详细样式代码和操控脚本，请参考本节示例源码，限于篇幅这里不再赘述。

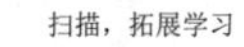

扫描，拓展学习

2.2.2　设计视频播放器

扫一扫，看视频

本示例将设计一个视频播放器，用到 HTML5 提供的 video 元素，以及 HTML5 提供的多媒体 API 的扩展，示例演示效果如图 2.3 所示。

图 2.3　设计视频播放器

使用 JavaScript 控制播放控件的行为（自定义播放控件），实现以下功能。

- 利用 HTML+CSS 制作一个播放控件条，然后定位到视频最下方。
- 显示视频加载（loading）效果。
- 播放和暂停。
- 显示总时长和当前播放时长。
- 显示播放进度条。
- 全屏显示。

第 1 步，设计播放控件，代码如下：

```
<figure>
    <figcaption>视频播放器</figcaption>
    <div class="player">
        <video src="./video/mv.mp4"></video>
        <div class="controls">
            <!-- 播放/暂停 -->
            <a href="javascript:;" class="switch fa fa-play"></a>
            <!-- 全屏 -->
            <a href="javascript:;" class="expand fa fa-expand"></a>
            <!-- 进度条 -->
            <div class="progress">
                <div class="loaded"></div>
                <div class="line"></div>
                <div class="bar"></div>
            </div>
            <!-- 时间 -->
            <div class="timer">
                <span class="current">00:00:00</span> /
                <span class="total">00:00:00</span>
            </div>
            <!-- 声音 -->
        </div>
    </div>
</figure>
```

上面是全部 HTML 代码，controls 类就是播放控件 HTML，引用 CSS 外部样式表，代码如下：

```
<link rel="stylesheet" href="css/font-awesome.css">
<link rel="stylesheet" href="css/player.css">
```

为了显示播放按钮等图标，本示例使用了字体图标。

第 2 步，设计视频加载效果。先隐藏视频，用一个背景图片代替，等视频加载完毕后，再显示并播放视频，代码如下：

```
.player {
    width: 720px; height: 360px; margin: 0 auto; position: relative;
    background: #000 url(images/loading.gif) center/300px no-repeat;
}
video { display: none; margin: 0 auto; height: 100%;}
```

第 3 步，设计播放功能。在 JavaScript 脚本中，先获取要用到的 DOM 元素，代码如下：

```
var video = document.querySelector("video");
var isPlay = document.querySelector(".switch");
var expand = document.querySelector(".expand");
var progress = document.querySelector(".progress");
```

```
var loaded = document.querySelector(".progress > .loaded");
var currPlayTime = document.querySelector(".timer > .current");
var totalTime = document.querySelector(".timer > .total");
```

当视频可以播放时，显示视频，代码如下：

```
video.oncanplay = function(){                                        //当视频可播放时
    this.style.display = "block";                                    //显示视频
    totalTime.innerHTML = getFormatTime(this.duration);              //显示视频总时长
};
```

第 4 步，设计播放和暂停按钮。当单击播放按钮时，显示暂停图标，在播放和暂停状态之间切换图标，代码如下：

```
isPlay.onclick = function(){                                         //播放按钮控制
      if(video.paused) {
          video.play();
      } else {
          video.pause();
      }
      this.classList.toggle("fa-pause");
};
```

第 5 步，获取并显示总时长和当前播放时长。前面代码中其实已经设置了相关代码，此时只需要把获取到的毫秒数转换成需要的时间格式。先定义 getFormatTime()函数（用于转换时间格式），代码如下：

```
function getFormatTime(time) {
     var time = time  0;
     var h = parseInt(time/3600),
         m = parseInt(time%3600/60),
         s = parseInt(time%60);
     h = h < 10 ? "0"+h : h;
     m = m < 10 ? "0"+m : m;
     s = s < 10 ? "0"+s : s;
     return h+":"+m+":"+s;
}
```

第 6 步，设计播放进度条，代码如下：

```
video.ontimeupdate = function(){
    var currTime = this.currentTime,                                 //当前播放时间
    duration = this.duration;                                        //视频总时长
    var pre = currTime / duration * 100 + "%";                       //百分比
    loaded.style.width = pre;                                        //显示进度条
    currPlayTime.innerHTML = getFormatTime(currTime);                //显示当前播放时间
};
```

这样就可以实时显示进度条了。此时，还需要单击进度条进行跳跃播放，即单击任意时间点视频跳转到当前时间点播放，代码如下：

```
progress.onclick = function(e){                                      //跳跃播放
    var event = e  window.event;
    video.currentTime = (event.offsetX / this.offsetWidth) * video.duration;
};
```

第 7 步，设计全屏显示。这个功能使用 HTML5 提供的全局 API——webkitRequestFullScreen 实现，与 video 元素无关，经测试在 firefox、IE 中全屏功能不可用，仅在 webkit 内核浏览器中可用，代码如下：

```
expand.onclick = function(){ video.webkitRequestFullScreen();};     //全屏
```

2.3 在线支持

本节为拓展学习，感兴趣的读者请扫码进行学习。

扫描，拓展学习

第 3 章　HTML5 列表和超链接

在网页中，大部分信息都是列表结构，如菜单栏、图文列表、分类导航、新闻列表、栏目列表等。HTML5 定义了一套列表标签，可以通过列表结构实现对网页信息的合理排版。另外，网页中还会包含大量超链接，通过它可以实现网页或位置的跳转，超链接能够把整个网站或整个互联网联系在一起。列表结构与超链接关系紧密，经常配合使用。

【练习重点】

- 正确使用列表标签。
- 正确定义各种类型的超链接。

3.1　HTML5 列表

3.1.1　嵌套列表

扫一扫，看视频

嵌套列表比较常用。在一个列表中插入另一个列表即可构成嵌套列表。有序列表和无序列表都可以创建嵌套列表。例如，使用有序列表结构进行嵌套，创建分级大纲（如目录页）；使用无序列表结构创建带子菜单的导航（如多级菜单）。

注意，每个嵌套的 ul 都包含在其父元素的开始标签<li>和结束标签</li>之间。

新建 HTML5 文档，使用无序列表构建导航菜单（<nav role="navigation">），同时使用两个嵌套的无序列表构建子菜单（<ul class="subnav">），默认呈现效果如图 3.1 所示。

```
<nav role="navigation">
    <ul class="nav">
        <li><a href="#">首页</a></li>
        <li><a href="#">产品</a>
            <ul class="subnav">
                <li><a href="#">手机</a></li>
                <li><a href="#">配件</a></li>
            </ul>
        </li>
        <li><a href="#">支持</a>
            <ul class="subnav">
                <li><a href="#">社区</a></li>
                <li><a href="#">联系</a></li>
            </ul>
        </li>
        <li><a href="#">关于</a></li>
    </ul>
</nav>
```

最后可以通过 CSS 让导航水平排列，同时让子菜单在默认情况下隐藏，并在访问者激活子菜单时显示。

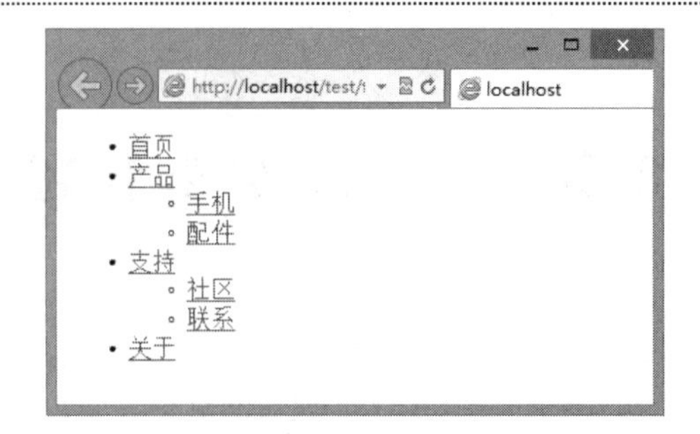

图 3.1　设计多级导航菜单结构效果

扫描，拓展学习

扫一扫，看视频

3.1.2　菜单列表

HTML5 重新定义了被 HTML4 弃用的<menu>标签。使用<menu>标签可以定义命令的列表或菜单，如上下文菜单、工具栏及列出表单控件和命令。<menu>标签中可以包含<command>标签和<menuitem>标签，用于定义命令和项目。

【示例 1】本示例使用<menu>标签和<command>标签定义一个命令，当单击该命令时，将弹出提示对话框，代码如下：

```
<menu>
    <command onclick="alert('Hello World')">命令</command>
</menu>
```

<command>标签包含很多属性，专门用来定制命令的显示样式和行为，说明见表 3.1。

表 3.1　<command>标签属性

属　性	取　值	说　明
checked	checked	定义是否被选中，仅用于 radio 或 checkbox 类型
disabled	disabled	定义 command 是否可用
icon	url	定义作为 command 来显示的图像的 url
label	text	为 command 定义可见的 label
radiogroup	groupname	定义 command 所属的组名，仅用于 radio 类型
type	checkbox、command、radio	定义 command 的类型，默认值为"command"

【示例 2】本示例使用<command>标签各种属性定义一组单选按钮命令组，演示效果如图 3.2 所示。注意，目前还没有浏览器完全支持这些属性。

```
<menu>
    <command icon="images/1.png" onclick="alert('男士')" type="radio"
radiogroup="group1" label="男士">男士</command>
    <command icon="images/2.png" onclick="alert('女士')" type="radio"
radiogroup="group1" label="女士">女士</command>
    <command icon="images/3.png" onclick="alert('未知')" type="radio"
radiogroup="group1" label="未知">未知</command>
</menu>
```

图 3.2　定义单选按钮命令组

<menu>标签也包含两个专用属性，简单说明如下。

- label：定义菜单的可见标签。
- type：定义要显示哪种菜单类型，取值说明如下。
  - list：默认值，定义列表菜单。一个用户可执行或激活的命令列表（li 元素）。
  - context：定义上下文菜单。上下文菜单必须在用户能够与命令进行交互之前被激活。
  - toolbar：定义工具栏菜单。活动式命令，允许用户与命令进行交互。

【示例 3】本示例使用 type 属性定义两组工具条按钮，演示效果如图 3.3 所示，代码如下：

```
<menu type="toolbar">
    <li>
        <menu label="File" type="toolbar">
            <button type="button" onclick="file_new()">新建...</button>
            <button type="button" onclick="file_open()">打开...</button>
            <button type="button" onclick="file_save()">保存</button>
        </menu>
    </li>
    <li>
        <menu label="Edit" type="toolbar">
            <button type="button" onclick="edit_cut()">剪切</button>
            <button type="button" onclick="edit_copy()">复制</button>
            <button type="button" onclick="edit_paste()">粘贴</button>
        </menu>
    </li>
</menu>
```

图 3.3　定义工具条按钮

扫描，拓展学习

扫一扫，看视频

3.1.3　快捷菜单

<menuitem>标签用来定义菜单项目，这些菜单项目仅用作弹出菜单的命令，方便用户快捷调用。目前，仅有 Firefox 8.0+版本浏览器支持<menuitem>标签。

【示例 1】menu 元素和 menuitem 元素一起使用，将把新的菜单合并到本地的上下文菜单中。例如，给 body 添加一个 Hello World 菜单，代码如下：

```
<style type="text/css">
    html, body{ height:100%;}
</style>
<body contextmenu="new-context-menu">
<menu id="new-context-menu" type="context">
    <menuitem>Hello World</menuitem>
</menu>
```

在上面的代码中，包含的基本属性有 id、type 和 contextmenu，指定了菜单类型是 context，同时也指定了新的菜单项应该被显示的区域。在本示例中，当右击时，新的菜单项将出现在文档的任何地方，效果如图 3.4 所示。

【示例 2】也可以通过在特定的元素上给 contextmenu 属性赋值来限制新菜单项目的作用区域。下面将为<h1>标签绑定一个上下文菜单，代码如下：

```
<h1 contextmenu="new-context-menu">使用&lt;menuitem&gt;标签设计弹出菜单</h1>
<menu id="new-context-menu" type="context">
    <menuitem>Hello World</menuitem>
</menu>
```

当在 FireFox 中查看时，会发现新添加的菜单项目被添加到右键快捷菜单的最顶部。

【示例 3】为快捷菜单添加子菜单和图标。子菜单由一组相似或相互关联的菜单项目组成。下面演示如何使用 menu 元素添加 4 个子菜单，代码如下：

```
<img src="images/1.png" width="500"  contextmenu="demo-image" />
<menu id="demo-image" type="context">
    <menu label="旋转图像">
        <menuitem>旋转 90 度</menuitem>
        <menuitem>旋转 180 度</menuitem>
        <menuitem>水平翻转</menuitem>
        <menuitem>垂直翻转</menuitem>
    </menu>
</menu>
```

演示效果如图 3.5 所示。

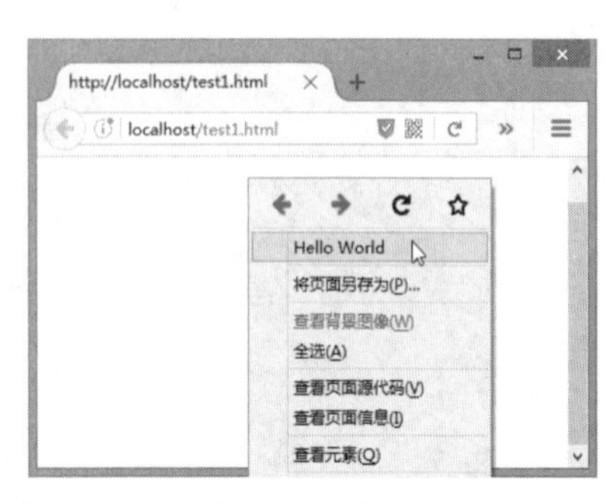

图 3.4　为 body 添加上下文菜单

图 3.5　为快捷菜单添加子菜单项目

<menuitem>标签包含很多属性，具体说明见表 3.2。

表 3.2 <menuitem>标签属性

属性	值	描述
checked	checked	定义在页面加载后选中命令/菜单项目，仅适用于 type="radio"或 type="checkbox"
default	default	把命令/菜单项目设置为默认命令
disabled	disabled	定义命令/菜单项目应该被禁用
icon	url	定义命令/菜单项目的图标
open	open	定义 details 是否可见
label	text	必需属性。定义命令/菜单项目的名称，以向用户显示
radiogroup	groupname	定义命令组的名称，命令组会在命令/菜单项目本身被切换时进行切换，仅适用于 type="radio"
type	checkbox、command、radio	定义命令/菜单项目的类型

【**示例 4**】下面使用 icon 属性在菜单的旁边添加图标，代码如下：

```
<img src="images/1.png" width="500"  contextmenu="demo-image" />
<menu id="demo-image" type="context">
    <menu label="旋转图像">
        <menuitem icon="images/icon1.png">旋转 90 度</menuitem>
        <menuitem icon="images/icon2.png">旋转 180 度</menuitem>
        <menuitem icon="images/icon4.png">水平翻转</menuitem>
        <menuitem icon="images/icon3.png">垂直翻转</menuitem>
    </menu>
</menu>
```

演示效果如图 3.6 所示。

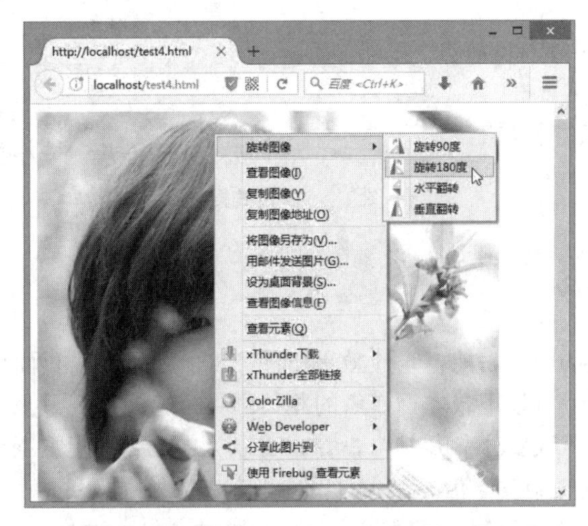

图 3.6 为子菜单项目添加图标

注意：

icon 属性只能在 menuitem 元素中使用。

扫描，拓展学习

3.1.4 添加命令

扫一扫，看视频

本示例演示如何使用 JavaScript 实现为快捷菜单命令添加功能，设计当选择该命令时旋转图像。本示例将使用 CSS3 的 transform 和 transition 技术，在浏览器中实现真实的旋转功能。

第 1 步，以 3.1.3 小节示例结构为基础，在页面头部区域定义一个 JavaScript 函数，并在内部样式表中定义 4 个类样式。分别设计将图像旋转指定度数。例如，定义旋转 90° 的类样式，代码如下：

```
.rotate-90 { transform: rotate(90deg);}
```

第 2 步，为了使用这个样式，需要写一个函数将它应用到图像，代码如下：

```
function imageRotation(name) {
    document.getElementById('image').className = name;
}
```

第 3 步，把这个函数和每一个 menuitem 的 onclick 事件处理函数捆绑在一起，并且传递一个参数：'rotate-90'，代码如下：

```
<menuitem icon="images/icon1.png"  onclick="imageRotation('rotate-90')" >旋转 90 度</menuitem>
```

第 4 步，完成创建旋转 90° 后，再创建将图片旋转 180° 和翻转图片的样式，将每一个函数添加到独立的 menuitem 中，必须要传递参数。

第 5 步，在 Firefox 浏览器中预览，旋转效果如图 3.7 所示。完整代码请参考本节示例源码。

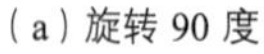

（a）旋转 90 度

（b）垂直翻转

图 3.7　旋转效果

扫描，拓展学习

扫一扫，看视频

3.1.5　设计快捷命令

本示例设计一个更实用的分享功能，设计效果如图 3.8 所示。右击页面中的文本，在弹出的快捷菜单中选择“下载文件”命令，可以下载本词作者的相关画像；选择“查看源文件”命令，可以在新窗口中直接浏览作者画像；选择“我要分享|反馈”命令，可以询问是否向指定网址反馈信息；选择“我要分享|Email”命令，可以在地址栏中发送信息，也可以向指定邮箱发送信息。

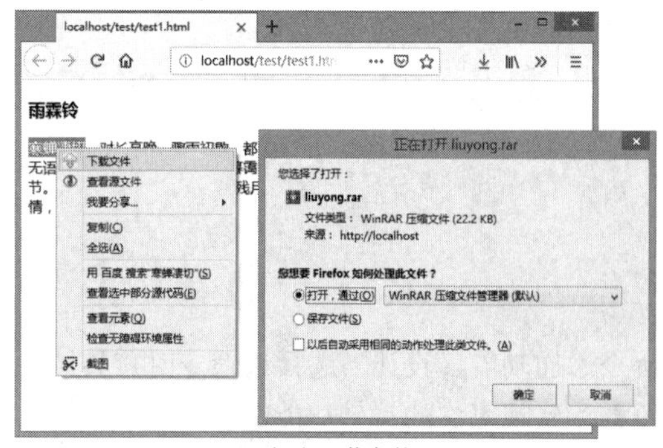

（a）下载文件

（b）分享信息

图 3.8　设计效果

本示例主要代码如下：

```
<script>
    var post = {
            "source" : "images/liuyong.rar",
            "demo" : "images/liuyong.jpg",
            "feed" : "http://www.weibo.com/"
    };
    function downloadSource() {
            window.open(post.source, '_self');
    }
    function viewDemo() {
            window.open(post.demo, '_blank');
    }
    function getFeed() {
        window.prompt('发送地址:', post.feed);
    }
    function sendEmail() {
            var url  = document.URL;
            var body = '分享地址: ' + url +'';
        window.location.href = 'mailto:?subject='+ document.title +'&body='+ body +'';
    }
</script>
<section id="on-a-blog" contextmenu="download">
    <header class="section-header">
        <h3>雨霖铃</h3>
    </header>
    <p>...</p>
</section>
<menu id="download" type="context">
    <menuitem onclick="downloadSource()" icon="images/icon1.png">下载文件</menuitem>
    <menuitem onclick="viewDemo()" icon="images/icon2.png">查看源文件</menuitem>
    <menu label="我要分享...">
        <menuitem onclick="getFeed()" icon="images/icon3.png">反馈</menuitem>
        <menuitem onclick="sendEmail()" icon="images/icon4.png">Email</menuitem>
    </menu>
</menu>
```

3.1.6　设计任务列表

扫描，拓展学习

扫一扫，看视频

本示例设计一个动态添加列表项目功能，设计效果如图 3.9 所示。在项目列表文本上右击，在弹出的快捷菜单中，选择“添加新任务”命令，可以快速为当前列表添加新的列表项目。

图 3.9　添加新的列表项目

本示例主要代码如下：

```
<script>
    function addNewTask() {
            var list   = document.createElement('li');
            list.className = 'task-item';
            list.innerHTML = '<input type="checkbox" name="" value="done">新任务';
            var taskList = document.getElementById('task');
            taskList.appendChild(list);
    }
</script>
<section id="on-web-app" contextmenu="add_task">
    <header>
        <h3>任务列表</h3>
    </header>
    <ul id="task">
        <li class="task-item"><input type="checkbox" name="" value="done">任务一</li>
        <li class="task-item"><input type="checkbox" name="" value="done">任务二</li>
        <li class="task-item"><input type="checkbox" name="" value="done">任务三</li>
    </ul>
</section>
<menu id="add_task" type="context">
    <menuitem onclick="addNewTask()" icon="images/add.png">添加新任务</menuitem>
</menu>
```

扫描，拓展学习

3.2 项目实战

扫一扫，看视频

3.2.1 设计导航页面

本示例模拟手机上的“搜狐网”的名站导航网页，效果如图 3.10 所示。整个页面主体结构为上、中、下 3 部分，顶部为标题文本，中部包括多个热点网站的链接按钮和多行分类网站导航链接，底部包括多个导航链接和版权信息。本示例仅练习 HTML5 结构设计，CSS 样式设计可以忽略，或者请参考示例源码。

图 3.10 “搜狐网”的名站导航网页效果

第 1 步，新建 HTML5 文档，保存为 index.html。首先，使用 HTML5 标签构建网页结构，核心代码如下：

```
<header class="hd"> </header>
<main class="tab-content">
    <section class="common_block famous"> </section>
    <div class="nav-urls">
        <ul class="urls"></ul>
        <ul class="urls"></ul>
        <ul class="urls"></ul>
        <ul class="urls"> </ul>
        <section class="reTop"> </section>
        <footer class="site">
            <nav class="foo"> </nav>
            <p class="inf"> </p>
            <p class="cop"> </p>
        </footer>
    </div>
</main>
```

<header class="hd">容器负责定义标题栏，其中包括标题文本和黑色框。<main class="tab-content">作为整个页面的主体，包括了所有的列表和链接信息。

第 2 步，在<main class="tab-content">主容器内，使用<section>设计一个热点导航板块，其中包含一个列表框、多个热点导航图标和文字，效果如图 3.11 所示。局部代码如下：

```
<section class="common_block famous">
    <ul pbflag="famous">
        <li pbtag="1"> <a href="#" class="fsohu">搜狐</a> </li>
        ...
    </ul>
</section>
```

第 3 步，设计普通文本导航板块，设计结构和样式与上一个板块基本相同，效果如图 3.12 所示。该板块结构由多个列表结构堆叠排列，代码如下：

```
<div class="nav-urls">
    <ul class="urls">
        <li class="url sort"><a href="#" class="btn"><b>&middot;新闻</b></a></li>
        <li class="url"> <a href="#" class="btn"><b>人民</b></a> </li>
        ...
    </ul>
    <ul class="urls">... </ul>
    <ul class="urls">... </ul>
    <ul class="urls">... </ul>
</div>
```

每行列表中，第 1 个列表项目为行标题，后面为具体导航列表项目，通过 sort 类样式进行区分，标题文本为灰色。

图 3.11 热点导航板块

图 3.12 普通文本导航板块

第 4 步，“返回顶部”按钮作为独立的一行，显示在普通文本导航板块的下方，居中显示。代码位于<div class="nav-urls">容器中，与<ul class="urls">列表平级显示，具体如下：

```
    <div class="nav-urls">
        <ul class="urls"></ul>
        <section class="reTop"> <a href="#top" class="btn btn1"><i class="i iF iF1"></i>返
回顶部</a> </section>
    </div>
```

第 5 步，页脚板块包含 3 行，第 1 行使用<nav class="foo">设计一个导航条，底部使用两个<p>设计两段文本，效果如图 3.13 所示。结构代码如下：

```
    <div class="nav-urls">
        <footer class="site">
            <nav class="foo" style="background-color:#333333;"> <a
href="http://m.sohu.com/">首页</a> <a href="http://m.sohu.com/c/2/">新闻</a>...</nav>
            <p class="inf"> <a href="http://m.sohu.com/help/">留言</a><i class="hyp">-</i>
<a href="http://m.sohu.com/c/432/">合作</a> </p>
            <p class="cop">Copyright &copy; 2018 Sohu.com</p>
        </footer>
    </div>
```

扫描，拓展学习

图 3.13　定义页脚版本

扫一扫，看视频

3.2.2　设计九宫格版式

本示例模拟“携程旅行网”首页，设计一个九宫格页面布局版式，效果如图 3.14 所示。本示例重点讲解结构设计，样式部分包含两个外部样式表文件 main.css 和 common.css，其中 main.css 为页面主样式表，common.css 为通用样式表，重置常用标签默认样式。关于 CSS 样式代码部分请参考本示例源码。

图 3.14　九宫格版式

第 1 步，新建 HTML5 文档，保存为 index.html。使用 HTML5 标签构建网页结构。

携程旅行网首页的主体结构包括 4 个组成部分，分别为顶部、中部、底部和侧边栏，顶部内容为广告图片，中部内容为多个图片超链接，底部内容为多个导航链接，侧边栏为长形按钮。其中顶部结构使用<header>标签实现，中部结构使用<nav>标签实现，底部结构使用<footer>标签实现，侧边栏使用<aside>标签实现。基本结构代码如下：

```
<header> </header>
<nav>
    <ul class="nav-list"></ul>
</nav>
<footer class="tool-box"> </footer>
<aside class="c_pop_wrap jspop"> </aside>
```

第 2 步，设计九宫格的 HTML 结构。这个结构包裹在<nav>容器中，内部包裹一个无序列表，列表里包含 9 个列表项目，每个列表项目又包含一个二级标题，代码如下：

```
<nav>
    <ul class="nav-list">
        <li class="nav-flight" onclick="">
            <h2><a title="机票" href="#" data-href="">机票</a></h2>
        </li>
        <li class="nav-train" onclick="">
            <h2><a title="火车票" href="#" data-href="">火车票</a></h2>
        </li>
        <li class="nav-car" onclick="">
            <h2><a title="用车" href="#" data-href="">用车</a></h2>
        </li>
        <li class="nav-hotel" onclick="">... </li>
        <li class="nav-fortun" onclick="">... </li>
        <li class="nav-strategy" onclick="">...</li>
        <li class="nav-trip" onclick="">...</li>
        <li class="nav-ticket" onclick="">...</li>
        <li class="nav-week" onclick="">...</li>
    </ul>
</nav>
```

3.3 在线支持

本节为拓展学习，感兴趣的读者请扫码进行学习。

扫描，拓展学习

第 4 章　HTML5 表格和表单

表格是组织和管理数据的主要工具，其应用形式也是多种多样的，如账目表、调查表、日历表、时刻表、记录表等。在网页设计中，表格扮演着多种角色，如布局页面、显示数据等，其中布局页面不推荐使用。HTML5 对 HTML4 表单进行了全面升级，在保持原有简便易用的特性基础上，增加了许多内置控件和属性，以满足用户的设计需求。

【练习重点】

- 正确使用表格标签。
- 正确设置表格和单元格属性。
- 正确设计表单结构、合理组织表单对象。
- 正确使用各种表单控件。

扫描，拓展学习

4.1　设 计 表 格

扫一扫，看视频

4.1.1　设计可访问的统计表格

本示例将演示如何使用 HTML5 来创建一个像统计表格的表格。在大多数统计表格中，存根和列标题的格式存在不对称性。如果列标题和行标题都以相同的方式呈现，在深度嵌套的表格中会无法访问，因此需要采用缩进式和大纲样式来设计存根标题，让表格看起来更容易访问。

第 1 步，设计一个嵌套标题的统计表格，效果如图 4.1 所示。局部代码如下：

```
<table cellpadding="5" cellspacing="0" border="1" align="center">
    <caption>统计表</caption>
    <tr>
        <th class="center" colspan="2" rowspan="2">人口调查</th>
        <th class="center" rowspan="2">所有人</th>
        <th class="center" colspan="2"> 性别 </th>
    </tr>
    <tr><th class="center"> 男 </th><th class="center"> 女 </th></tr>
    <tr>
        <th align="left" rowspan="2">全部区域</th>
        <th> 北片 </th>
        <td align="right"> 3333 </td>
        <td align="right"> 1111 </td>
        <td align="right"> 2222 </td>
    </tr>
    <tr>
        <th> 南片 </th>
        <td align="right"> 3333 </td>
        <td align="right"> 1111 </td>
        <td align="right"> 2222 </td>
    </tr>
</table>
```

第 2 步，改进表格结构，使用缩进进行优化。通过在存根标题前加上一个或多个空格来实现缩进效果，效果如图 4.2 所示。局部代码如下：

```
        <tr>
            <th align="left">         北片 </th>
            <td align="right"> 3333 </td><td align="right"> 1111 </td><td align="right">
2222 </td>
        </tr>
        <tr>
            <th align="left">        南片</th>
            <td align="right"> 9999 </td><td align="right"> 4444 </td> <td align="right">
5555 </td>
        </tr>
```

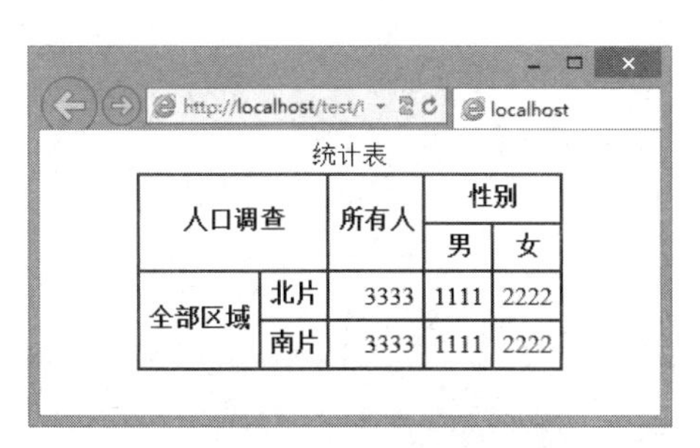

统计表

人口调查		所有人	性别	
			男	女
全部区域	北片	3333	1111	2222
	南片	3333	1111	2222

图 4.1　设计嵌套的统计表格

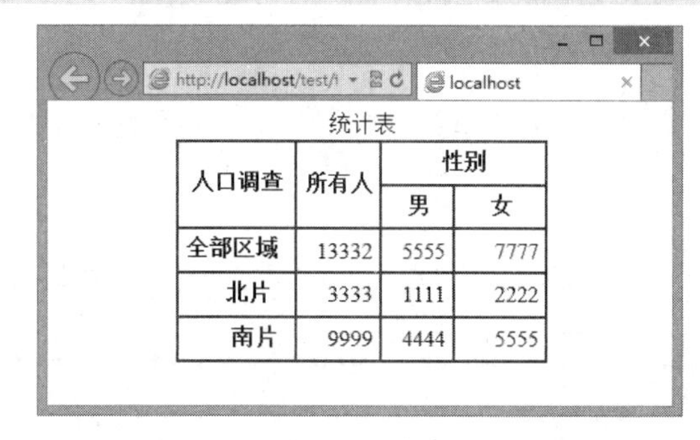

统计表

人口调查	所有人	性别	
		男	女
全部区域	13332	5555	7777
北片	3333	1111	2222
南片	9999	4444	5555

图 4.2　设计存根标题缩进的统计表格 1

第 3 步，使用单元格来控制缩进，在<th align="left">北片 </th>前面添加一个单元格<th rowspan="2"> </th>，让其横跨上下两行，效果如图 4.3 所示。局部代码如下：

```
        <tr>
            <th rowspan="2">  </th>
            <th align="left">         北片 </th>
            <td align="right"> 3333 </td><td align="right"> 1111 </td><td align="right">
2222 </td>
        </tr>
```

第 4 步，根据前 3 步的设计经验设计一个比较复杂的旅行费用报告表格，它涉及地点、日期及各项消费的交叉统一，效果如图 4.4 所示。

统计表

人口调查		所有人	性别	
			男	女
全部区域		13332	5555	7777
	北片	3333	1111	2222
	南片	9999	4444	5555

图 4.3　设计存根标题缩进的统计表格 2

旅行费用报告

	饮食	住宿	车费	分类汇总
青海				
6月25日	37.74	112.00	45.00	
6月26日	27.28	112.00	45.00	
分类汇总	65.02	224.00	90.00	379.02
西藏				
6月27日	96.25	109.00	36.00	
6月28日	35.00	109.00	36.00	
分类汇总	131.25	218.00	72.00	421.25
汇总	196.27	442.00	162.00	800.27

图 4.4　设计旅行费用报告表格

表格结构代码如下：

```
    <table  cellpadding="5" cellspacing="0" border="1" align="center"  summary="此表总结了
6 月前往青海和西藏的旅行费用">
```

```
    <caption>旅行费用报告</caption>
    <tr>
        <th colspan="10"> </th>
        <th>饮食</th> <th>住宿</th><th>车费</th> <th>分类汇总</th>
    </tr>
    <tr>
        <th align="left" colspan="10">青海</th>
        <td> </td><td> </td><td> </td><td> </td>
    </tr>
    <tr>
        <th abbr="青海" colspan="1" rowspan="3"> </th>
        <th align="left" colspan="9">6月25日</th>
        <td>37.74</td><td>112.00</td> <td>45.00</td><td> </td>
    </tr>
    <tr>
        <th align="left" colspan="9">6月26日</th>
        <td>27.28</td><td>112.00</td><td>45.00</td><td> </td>
    </tr>
    <tr>
        <th align="left" colspan="9">分类汇总</th>
        <td>65.02</td> <td>224.00</td><td>90.00</td><td>379.02</td>
    </tr>
    <tr>
        <th align="left" colspan="10">西藏</th>
        <td> </td><td> </td><td> </td><td> </td>
    </tr>
    <tr>
        <th abbr="西藏" colspan="1" rowspan="3"> </th>
        <th align="left" colspan="9">6月27日</th>
        <td>96.25</td> <td>109.00</td><td>36.00</td><td> </td>
    </tr>
    <tr>
        <th align="left" colspan="9">6月28日</th>
        <td>35.00</td><td>109.00</td> <td>36.00</td><td> </td>
    </tr>
    <tr>
        <th align="left" colspan="9">分类汇总</th>
        <td>131.25</td><td>218.00</td><td>72.00</td><td>421.25</td>
    </tr>
    <tr>
        <th align="left" colspan="10">汇总</th>
        <td>196.27</td><td>442.00</td><td>162.00</td><td>800.27</td>
    </tr>
</table>
```

扫描，拓展学习

4.1.2 设计产品信息列表

本示例设计选用商品列表页，使用表格来显示产品信息，效果如图4.5所示。

扫一扫，看视频

新建 HTML5 文档，设计基本页面结构。整个页面主体结构为上、下结构。上部内容为标题文字，底部内容为圆角表格，在该表格中显示所选商品。上部结构使用<header>标签实现，下部结构使用<section>标签实现。代码如下：

选用商品列表

商品名称	性能特点	价格
苹果 手机 iPhone8S(16GB)	支持移动4G、3G、2G，双网自由切换，空前网络体验！	¥6998.00
三星手机Max（白色）	双卡双待，四核高速处理器	¥6496.00
小米手机小米5（星空灰）移动版	迄今为止最快的小米手机	¥3099.00

图 4.5　设计产品信息列表

```
    <header class="header">
        <p class="header-title">选用商品列表 </p>
        <div class="left-head"> <a id="goBack" href="javascript:history.go(-1);"
class="tc_back"> <span class="inset_shadow"> <span class="header-return"></span> </span>
</a> </div>
    </header>
    <section id="content">
        <table cellspacing="0">
            <tbody>
                <tr>
                    <th>商品名称</th>
                    <th>性能特点</th>
                    <th>价格</th>
                </tr>
                <tr>
                    <td>苹果 手机 iPhone8S(16GB)</td>
                    <td>支持移动 4G、3G、2G，双网自由切换，空前网络体验！</td>
                    <td class="last">¥6998.00</td>
                </tr>
                ...
            </tbody>
        </table>
    </section>
```

页面用到两个外部样式表 main.css 和 common.css，其中 main.css 为页面主样式表，common.css 为通用样式表，重置常用标签默认样式。限于篇幅，本示例中的 CSS 样式代码不再赘述，读者可以参考示例源码。

提示：

在网页设计中，不要拒绝表格，应该有限度地使用表格。有需要使用表格显示的信息，一定要使用表格结构。在这种情况下若要使用列表结构或其他结构标签，会既费力又达不到好的效果。

4.2 设计表单

扫描，拓展学习

扫一扫，看视频

4.2.1 设计注册页

本示例将利用 HTML5 新的表单系统，设计一个简单的用户注册的界面，注册项目包括 ID、密码、出生日期、国籍和保密问题等。由于不同浏览器对 HTML5 特性的支持不同，其中 Opera 在表单方面支持得比较好，本示例在 Opera 中的运行效果如图 4.6 所示。

图 4.6　设计 HTML5 注册表单

第 1 步，新建 HTML5 文档，构建注册表单结构，局部代码如下：

```
<form action='#' enctype="application/x-www-form+xml" method="post">
    <p>
        <label for='name'>ID（请使用 Email 注册）</label>
        <input name='name' required="required" type='email'></input>
    </p><p>
        <label for='password'>密码</label>
        <input name='password' required="required" type='password'></input>
    </p><p>
        <label for='birthday'>出生日期</label>
        <input type='date' name='birthday'>
    </p><p>
        <label for='gender'>国籍</label>
        <select name='country' data='countries.xml'></select>
    </p><p>
        <label for='photo'>个性头像</label>
        <input type='file' name='photo' accept='image/*'></p>
    <table>
        <tr>
            <td><button type="add" template="questionId">+</button> 保密问题</td>
            <td>答案</td><td></td></tr>
        <tr id="questionId" repeat="template" repeat-start="1" repeat-min="1" repeat-
max="3">
            <td><input type="text" name="questions[questionId].q"></td>
            <td><input type="text" name="questions[questionId].a"></td>
            <td><button type="remove">删除</button></td></tr>
    </table>
    <p><input type='submit' value='提交信息' class='submit'> </p>
</form>
```

本示例运用了一些 HTML5 新的表单元素，如 Email 类型的输入框（ID），日期类型的输入框（出生日期）。使用重复模型来引导用户填写保密问题，在个性头像上传时，通过限制文件类型，帮助用户上传规范的图片。

第 2 步，在用户选择国籍的下拉列表框中，采用的是外联数据源的形式，外联数据源使用 coutries.xml，局部代码如下：

```
<select xmlns="http://www.w3.org/1999/xhtml">
    ...
    <option value="CL">智利</option>
    <option value="CN">中国</option>
    <option value="CO">哥伦比亚</option>
    ...
</select>
```

第 3 步，form 的 enctype 是 application/x-www-form+xml，也就是 HTML5 的 XML 提交。一旦 form 校验通过，form 的内容将会以 XML 的形式提交。当用户在浏览时还会发现，ID 输入框如果没有值时，或者输入了非法的 Email 类型字符串时，一旦试图提交表单，就会提示错误信息，而这都是浏览器内置的。

第 4 步，目前浏览器对于外联数据源、重复模型及 XML Submission 等新特性的支持不是很友好。针对这种情况，用户可以使用 JavaScript 脚本兼容 data 外联数据源，代码如下：

```
<script type="text/javascript" src="jquery-1.10.2.js"></script>
<script>
    $(function(){
        $("select[data]").each(function() {
            var _this = this;
            $.ajax({
                type:"GET",
                url:$(_this).attr("data"),
                success: function(xml){
                    var opts = xml.getElementsByTagName("option");
                    $(opts).each(function() {
                        $(_this).append('<option value="'+ $(this).val() +'">'+ $(this).
                            text() +'</option>');
                    });
                }
            });
        });
    })
</script>
```

4.2.2 表单验证

扫描，拓展学习

扫一扫，看视频

本示例将利用 HTML5 表单的校验机制，设计一个表单验证页面，效果如图 4.7 所示。

图 4.7　设计 HTML5 表单验证

第1步，新建HTML5文档，设计一个HTML5表单页面，代码如下：

```
<form method="post" action="" name="myform" class="form" >
    <label for="user_name">真实姓名<br/>
        <input id="user_name" type="text" name="user_name" required pattern=
"^([\u4e00-\u9fa5]+|([a-z]+\s?)+)$" />
    </label>
    <label for="user_item">比赛项目<br/>
        <input list="ball" id="user_item" type="text" name="user_item" required/>
    </label>
    <datalist id="ball">
        <option value="篮球"/>
        <option value="羽毛球"/>
        <option value="桌球"/>
    </datalist>
    <label for="user_email">电子邮箱<br/>
        <input id="user_email" type="email" name="user_email" pattern="^[0-9a-z][a-z0-
9\._-]{1,}@[a-z0-9-]{1,}[a-z0-9]\.[a-z\.]{1,}[a-z]$"  required />
    </label>
    <label for="user_phone">手机号码<br/>
        <input id="user_phone" type="tel" name="user_phone"
pattern="^1\d{10}$|^(0\d{2,3}-?|\(0\d{2,3}\))?[1-9]\d{4,7}(-\d{1,8})?$" required/>
    </label>
    <label for="user_id">身份证号
        <input id="user_id" type="text" name="user_id" required pattern="^[1-9]\d{5}
[1-9]\d{3}((0\d)|(1[0-2]))(([0|1|2]\d)|3[0-1])\d{3}([0-9]|X)$" />
    </label>
    <label for="user_born">出生年月
        <input id="user_born" type="month" name="user_born" required />
    </label>
    <label for="user_rank">名次期望 <span>第<em  id="ranknum">5</em>名</span></label>
    <input id="user_rank" type="range" name="user_rank" value="5" min="1" max="10"
step="1" required /> <br/>
    <button type="submit" name="submit" value="提交表单">提交表单</button>
</form>
```

第2步，设计表单控件的验证模式。“真实姓名”选项为普通文本框，要求必须输入required，验证模式为中文字符，代码如下：

```
pattern="^([\u4e00-\u9fa5]+|([a-z]+\s?)+)$"
```

“比赛项目”选项设计了一个数据列表，使用datalist元素设计，使用list="ball"绑定到文本框上。

第3步，“电子邮箱”选项设计type="email"类型，同时使用以下匹配模式兼容老版本浏览器：

```
pattern="^[0-9a-z][a-z0-9\._-]{1,}@[a-z0-9-]{1,}[a-z0-9]\.[a-z\.]{1,}[a-z]$"
```

第4步，“手机号码”选项设计type="tel"类型，同时使用以下匹配模式兼容老版本浏览器：

```
pattern="^1\d{10}$|^(0\d{2,3}-?|\(0\d{2,3}\))?[1-9]\d{4,7}(-\d{1,8})?$"
```

第5步，“身份证号”选项使用普通文本框设计，要求必须输入，定义匹配模式如下：

```
pattern="^[1-9]\d{5}[1-9]\d{3}((0\d)|(1[0-2]))(([0|1|2]\d)|3[0-1])\d{3}([0-9]|X)$"
```

第6步，“出生年月”选项设计type="month"类型，这样就不需要进行验证了，用户必须在日期选择器面板中进行选择，无法作弊。

第7步，“名次期望”选项设计type="range"类型，限制用户只能在1～10进行选择。

第8步，通过CSS3动画设计动态交互效果。详细代码请参考示例源码。

4.3 在线支持

本节为拓展学习，感兴趣的读者请扫码进行学习。

扫描，拓展学习

第 5 章　HTML5 结构设计实战——设计 IT 博客网站

本章通过一个 IT 博客网站的设计过程，展示如何合理运用 HTML5 各种语义元素，创建一个结构清晰、简洁的网页。由于本章所涉及的内容比较多，因此仅对主要结构和设计思路进行介绍，详细内容以源代码为准。

【练习重点】

- 熟悉 HTML5 网页结构搭建流程。
- 正确使用 HTML5 语义标签。

5.1　准 备 工 作

掌握了 HTML5 的文档结构、结构元素及大纲的生成原则后，读者就可以学习如何运用这些基础知识搭建一个语义清晰、结构分明的 HTML5 网站了。

本示例主要演示使用 HTML5 中的各种结构元素来构建博客网站，旨在通过该示例帮助读者充分了解 HTML5 中的各种结构元素的作用、使用场合及使用方法，从而构建出与之类似、结构分明、语义清晰的 HTML5 网站。

在学习本章示例之前，读者要先熟悉 HTML5 网页结构，HTML5 新增的结构元素及这些结构元素的作用与使用场合是什么，HTML5 中的网页大纲是什么，这些结构元素会在网页大纲的生成过程中起到什么作用，一份网页大纲是根据什么原则生成的。详细讲解可以参考第 3 章。

5.2　设 计 首 页

本节重点介绍首页的设计过程及实现代码。

扫一扫，看视频

5.2.1　分析首页

下面先来看一下本示例博客首页在浏览器中的显示效果，如图 5.1 所示。

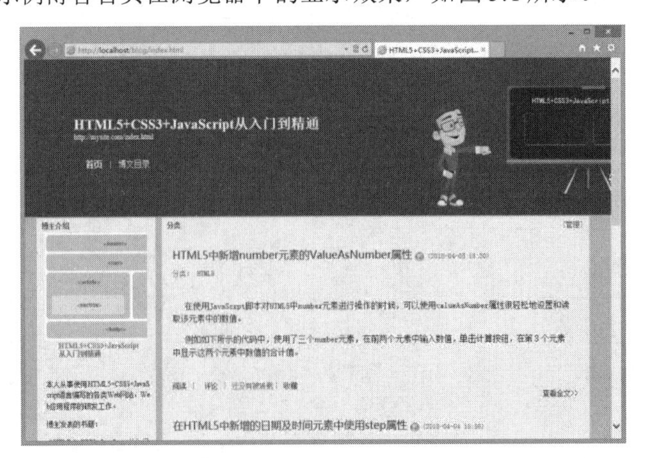

图 5.1　博客首页

博客首页主要分为 4 个部分：第 1 部分为网页标题部分，显示该博客网站的网站标题与网站导航链接；第 2 部分为网页侧边栏，显示博主的自我介绍、博客中文章的所有分类链接及网友对博客中文章的最新评论；第 3 部分为博客中文章摘要列表，即该博客首页中的主要内容；第 4 部分为页面底部的版权信息显示部分。博客首页的主体结构如图 5.2 所示。

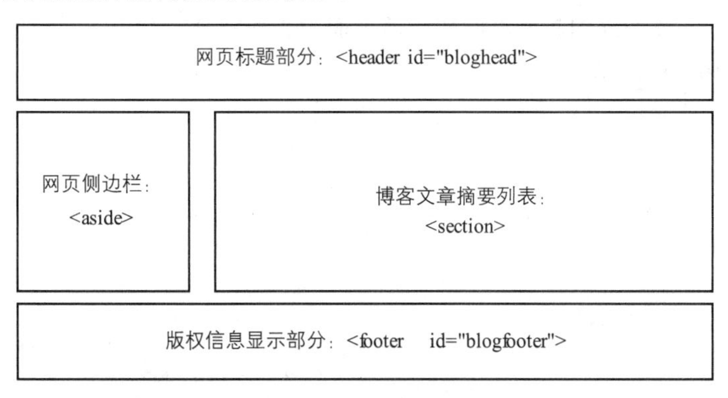

图 5.2　博客首页的结构图

在 http://gsnedders.html5.org/outliner/中在线提交本示例文档，梳理文档的层次结构，形成如图 5.3 所示的大纲。

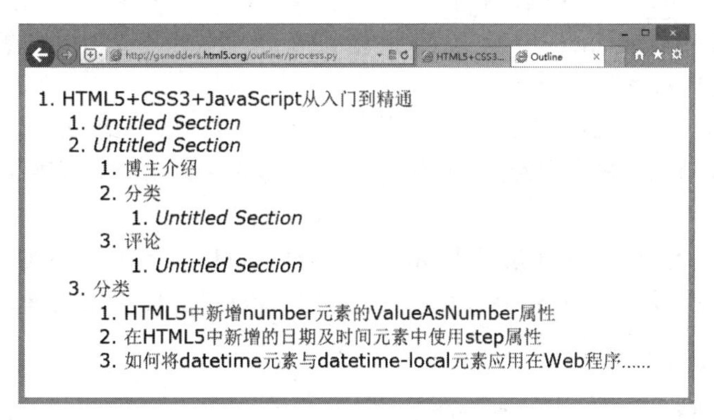

图 5.3　博客首页形成的大纲

接下来将详细介绍如何在博客首页中使用各种结构元素来搭建整体结构，在大纲中为什么会有几个说明为 Untitled Section 的节，出现这样的节是正常的、合理的吗？

5.2.2　构建网页标题

扫一扫，看视频

首先看一下博客首页中用来显示网站标题与网站导航的网页标题部分，该部分的显示效果如图 5.4 所示。

图 5.4　博客首页标题部分的效果

header 元素是一种具有引导和导航作用的结构元素，通常用来放置整个页面或页面内的一个 article 元素或 section 元素的标题。在博客首页中，一般将博客的标题与整个网站的导航链接作为整体网页的标题放置在 header 元素中。

另外，在 header 元素内部使用了一个 nav 元素。如前面所述，nav 元素是一个可以进行页面导航的链接组，其中的导航元素能链接到其他页面或当前页面的其他部分，这里将整个网站的导航链接放在该 nav 元素中。该部分的结构代码如下：

```
<header id="bloghead">
    <div id="blogTitle">
        <h1 id="blogname">HTML5+CSS3+JavaScript 从入门到精通</h1>
        <div id="bloglink">http://mysite.com/index.html</div>
    </div>
    <nav id="blognav">
        <ul id="blognavInfo">
            <li><a href="http://mysite.com/index.html" id="on">首页</a></li>
            <li><a href="http://mysite.com/list.html">博文目录</a></li>
        </ul>
    </nav>
</header>
```

由于该网页使用 header 元素来显示网页标题，在 header 元素的内部使用了 h1 元素，h1 元素中的文字为“HTML5+CSS3+JavaScript 从入门到精通”，因此整个大纲的标题为“1. HTML5+CSS3+JavaScript 从入门到精通”。

在 header 元素内部，使用 nav 元素显示整个网站的导航链接，没有给 nav 元素添加标题，在 HTML5 中，并不强求为 nav 元素添加标题，所以这个没有标题的 nav 元素在大纲中生成标题为“1. Untitled Section”的节。

在上面这段代码中，整个 body 元素（HTML5 中可以将 body 元素省略不写）内部放置了一个作为容器的 div 元素，以显示该网页的背景图，然后将其放置在 header 中。使用 ul 列表元素显示网站导航链接，在样式代码中使用 list-style 属性控制列表编号不被显示。

扫一扫，看视频

5.2.3 构建侧边栏

接下来看一下该网页中用来显示博主介绍、博客文章分类、网友评论的侧边栏部分。该部分在浏览器中的显示效果如图 5.5 所示。

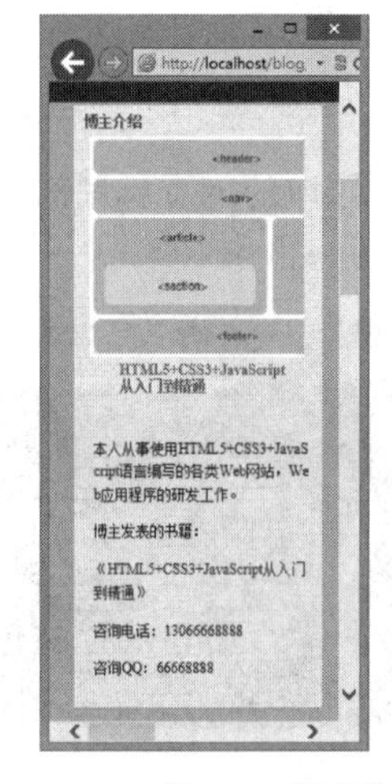

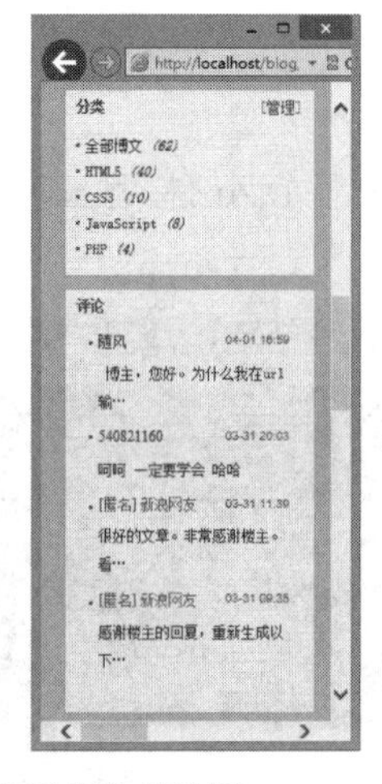

图 5.5　博客首页的侧边栏效果

该部分的结构代码如下：

```
<aside>
    <section id="conn1">
        <header id="connHead1">
            <h1>子栏目标题</h1>
        </header>
        <div id="connBody1">
            ...
        </div>
        <div id="connFoot1"></div>
    </section>
    ...
</aside>
```

前面介绍过，在 HTML5 中，aside 元素专门用来表示当前页面或文章的附属信息部分，它可以包含与当前页面或主要内容相关的引用、侧边栏、广告、导航条，以及有别于主要内容的部分。

在博客首页中，可以将博主介绍、博主的联系方式、博客文章分类、最近访问的网友信息、网友对博客文章的评论、相关文章的链接、其他网站的友情链接等很多与网站相关的但不能包含在当前网页的主体内容中的其他附属内容放在 aside 元素中。

在本示例中，在侧边栏中，当单击博主介绍、博客文章分类链接后，将主画面跳转到该分类的文章目录显示画面；当单击网友评论链接后，将跳转到被评论的文章显示画面。

侧边栏详细代码请参考本节示例源代码中的 index.html。

HTML5 会根据一个 aside 元素在大纲中生成与之对应的一个节。在本示例中，由于没有对侧边栏添加标题，是因为在 HTML5 中不强求对侧边栏添加标题，而且侧边栏位于整体网页结构中的第 2 部分，因此在大纲中生成标题为“2. Untitled Section”的节。

在 aside 元素中，因为使用了 3 个 section 元素，分别显示博主介绍、博客文章分类、网友评论这 3 个栏目的内容，在每个 section 元素内部都有一个 header 元素，在 header 元素内部都使用了 h1 标题元素，标题文字分别为“博主介绍”“分类”“评论”，所以在大纲中的侧边栏内部分别生成 3 个标题节，如图 5.6 所示。

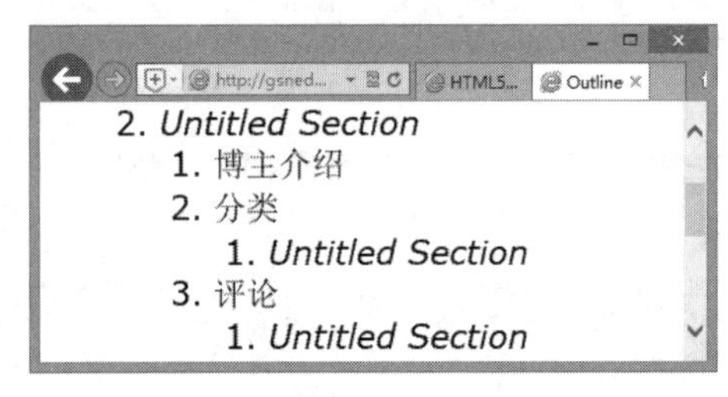

图 5.6　侧边栏的 3 个标题节

在博客文章分类栏目与网友评论栏目中使用了两个 nav 元素来分别显示博客文章分类及其链接与网友评论及其链接，所以在大纲中，根据两个 nav 元素分别生成两个标题为“1. Untitled Section”的节。

在博主介绍栏目中，使用 figure 元素来显示博主头像。在 HTML5 中，figure 元素用来表示网页上一块独立的内容，将其从网页上移除后不会对网页上的其他内容产生任何影响。figure 元素所表示的内容可以是图片、统计图或代码示例。

figcaption 元素表示 figure 元素的标题，它从属于 figure 元素，必须书写在 figure 元素内部，具体位置可以在 figure 元素内的其他从属元素的前面或后面。一个 figure 元素内部最多允许放置一个 figcaption 元素，但是允许放置多个其他元素。

本示例中 figure 元素中的代码如下：

```
<figure> <img src="images\html5.jpg" alt="HTML5+CSS3+JavaScript 从入门到精通">
    <figcaption>HTML5+CSS3+JavaScript 从入门到精通</figcaption>
</figure>
```

可以在样式代码中分别指定 figure 元素与 figcaption 元素的样式。

在网友评论栏目中，使用 time 元素与 pubdate 属性显示每条评论的发布时间。在 HTML5 中，time 元素代表 24 小时中的某个时刻或某个日期，time 元素的 putdate 属性代表评论的发布日期和时间，类似以下代码：

```
<time datetime="2018-04-01T16:59" pubdate>04-01 16:59</time>
```

整个侧边栏放置于<div id="blogbody">容器中，使用它将该网页中第 2 行（包括左边的侧边栏区域与右边的文章摘要列表区域）与网页顶部的标题区域及网页底部的脚注区域（显示版权信息的 footer 元素）区分开。

在<div id="blogbody">容器内部，又使用<div id="column_1">子容器将左边的侧边栏部分与右边的主体内容区域部分进行区分。结构位置关系代码如下：

```
<div id="blog">
    <header id="bloghead">[标题栏]</header>
    <div id="blogbody">
        <div id="column_1">
            <aside>[侧边栏]</aside>
        </div>
        <div id="column_2">[主体内容区域]</div>
    </div>
    <footer id="blogfooter">[版权栏]</footer>
</div>
```

扫一扫，看视频

5.2.4 构建主体内容

博客首页中的主体内容区域在浏览器中的显示效果如图 5.7 所示。

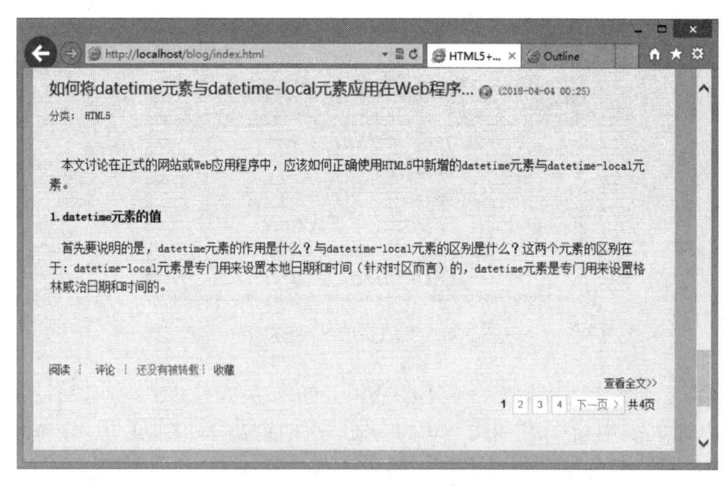

图 5.7　主体内容区域效果

该部分的整体内容被放置在一个 section 元素中，即文章摘要列表显示部分。该部分 section 元素的内部结构如下：

```
<div id="column_2">
    <section id="conn4">
        <header id="connHead4">
```

```
            <h1>分类</h1>
            <span id="edit2"><a href="#">[<cite>管理</cite>]</a></span> </header>
        <div id="connBody4">
            <div id="bloglist">
                <section>
                    <header>
                        <div id="blog_title_h1">
                            <h1 id="blog_title1"> <a href="#" target="_blank"></a> </h1>
                            <img title="此博文包含图片" src="#" id="icon1">
                            <time datetime="2018-04-05T18:30" pubdate> </time>
                        </div>
                        <div id="articleTag1"> <span id="txtb1">分类: </span> <a href="#">
</a> </div>
                    </header>
                    <div id="content1">
                        <p></p>
                    </div>
                    <footer id="tagMore1">
                        <div id="tag_txtc1"> <a href="#">阅读</a>  ¦   <a
href="#">评论</a>  ¦  还没有被转载 ¦  <a href="#">收藏</a>  </div>
                        <div id="more1"> <span id="smore1"><a href="#">查看全文
</a>&gt;&gt;</span> </div>
                    </footer>
                </section>
                ...
            </div>
        </div>
        <div id="connFoot4"> </div>
    </section>
</div>
```

在这个 section 元素内部，使用了 1 个 header 元素、4 个 section 元素、1 个 footer 元素，其中 header 元素的标题为“分类”，所以在大纲中生成标题为“3. 分类”的节。

这个 section 元素内部的 3 个 section 元素中又各自有 1 个 header 元素，其中都存放了 1 个显示标题的 h1 的元素，标题分别为文章标题，所以在大纲中分别生成标题如图 5.8 所示的 3 个节。

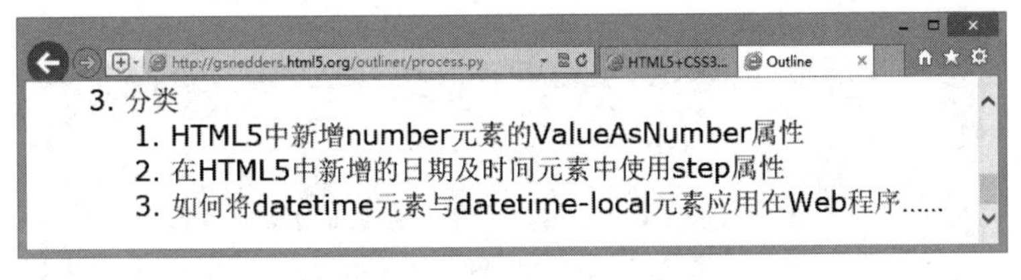

图 5.8　主体内容区域大纲结构

另外，3 个 section 元素中又各自有 1 个 footer 元素，存放每篇文章的阅读链接（单击链接后可以打开该文章）、评论链接（单击链接后可以打开该文章并跳转到评论部分）、被转载次数与收藏链接（单击链接后可以收藏该文章）。

在显示网页主体内容部分的 section 元素的结尾处又使用了 1 个 footer 元素，显示对文章摘要列表进行分页，由于 footer 元素中没有标题元素用于生成大纲，所以在大纲中没有根据这些 footer 元素生成任何节。代码如下：

```
<footer  id="SG_page">
    <ul id="SG_pages">
```

```
        <li id="SG_pgon" title="当前所在页">1</li>
        <li title="跳转至第 2 页"><a href="#">2</a></li>
        <li title="跳转至第 3 页"><a href="#">3</a></li>
        <li title="跳转至第 4 页"><a href="#">4</a></li>
        <li id="SG_pgnext" title="跳转至第 2 页"><a href="#">下一页 &gt;</a></li>
        <li id="SG_pgttl" title="">共 4 页</li>
    </ul>
</footer>
```

扫一扫，看视频

5.2.5 构建版权信息

最后来看一下位于网页底部的版权信息部分，该部分在浏览器中的显示效果如图 5.9 所示。

图 5.9 版权信息效果

该部分被放置于一个 footer 元素中，因为没有使用标题，所以也没有被显示在大纲中，代码如下：

```
<footer  id="blogfooter">
    <div>
        <p>版权所有:HTML5+CSS3+JavaScript 从入门到精通  Copyright 2018 All 
Rights Reserved</p>
    </div>
    <div>联系 QQ:66668888  联系电话: 13066668888</div>
</footer>
```

扫一扫，看视频

5.3 设计详细页面

在博客网站中打开某篇文章时，将显示该文章的详细页面，该页面在浏览器中的显示效果如图 5.10 所示。

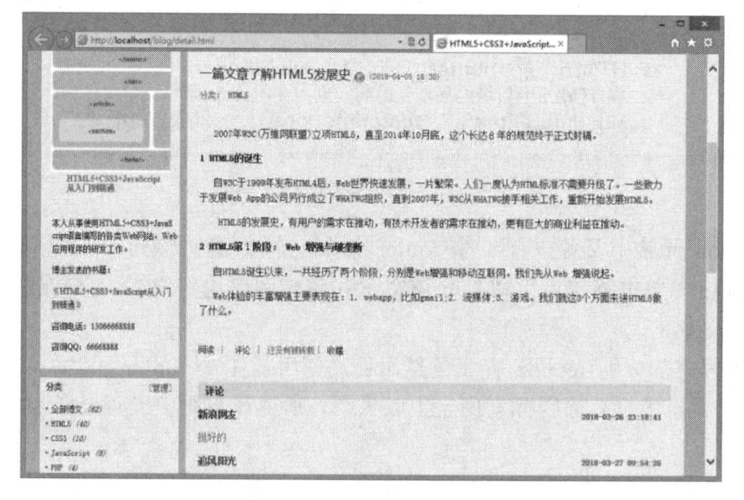

图 5.10 详细页面的效果

该页面与博客首页的结构基本相似，主要分为 4 个部分。

第 1 部分为网页标题部分，显示该博客网站的网站标题、网站链接与网站导航。

第 2 部分为网页侧边栏，显示博主自我介绍、博客文章分类链接，以及网友对博客中文章的最新评论。这两部分与博客首页中的网页标题部分及侧边栏部分完全相同。

第 3 部分为查看文章的内容及网友评论部分，也是该页面的主要内容。

第 4 部分为页面底部的版权信息内容。

该页面的主体结构也与博客首页的主体结构大致相同，只是在博客首页中使用 section 元素来显示文章摘要列表，而在文章显示页面中，使用 section 元素来显示文章内容与网友的评论内容。该页面的主体结构代码如下：

```
<div id="blog">
    <header id="bloghead">
        <div id="blogTitle">
            <h1 id="blogname">[标题栏]</h1>
        </div>
        <nav id="blognav">
            <ul id="blognavInfo">
                <li>[导航栏]</li>
            </ul>
        </nav>
    </header>
    <div id="blogbody">
        <div id="column_1">
            <aside>[侧边栏]</aside>
        </div>
        <div id="column_2">
            <section id="conn4">
                <header id="connHead4">
                    <h1>分类</h1>
                </header>
                <div id="connBody5">
                    <article id="bloglist">
                        <header>
                            <div id="blog_title_h1">
                                <h1 id="blog_title1">[文章标题栏]</h1>
                            </div>
                        </header>
                        <div id="content1">
                            <p>[文章正文]</p>
                        </div>
                        <div id="tagMore1">
                        </div>
                        <section>
                            <div id="allComm">
                                <div id="allCommTit1"><strong>
                                    <h4>[评论标题栏]</h4>
                                    </strong> </div>
                                <ul id="cmp_revert">
                                    <li id="linedot1">[评论列表]</li>
                                </ul>
                            </div>
                            <div id="writeComm">
                                <iframe src="writeComm.html" width="90%" height="300">
```

```
</iframe>
                                        </div>
                                    </section>
                                </article>
                            </div>
                        </section>
                    </div>
                </div>
                <footer  id="blogfooter">
                    <div>
                        <p>[版权信息]</p>
                    </div>
                </footer>
            </div>
```

根据文章显示页面生成的大纲如图 5.11 所示。

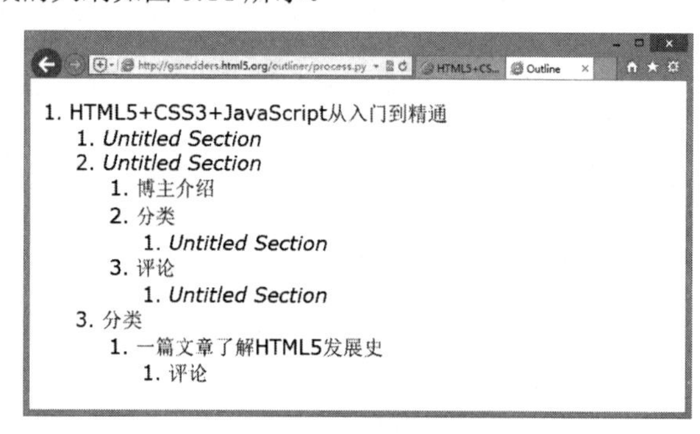

图 5.11　详细页面的大纲

网页标题部分与侧边栏部分如何生成大纲，在上面已经介绍过，这里不再赘述。接下来介绍该页面中的主体部分，即在文章内容及网友评论部分中如何使用各种结构元素来搭建该部分的组织结构，并生成这个大纲。

该部分的整体内容被放置在一个 section 元素中，该 section 元素的内部结构代码如下：

```
    <section id="conn4">
        <header id="connHead4">
            <h1>分类</h1>
            <span id="edit1"><a href="#">[<cite>管理</cite>]</a></span> </header>
        <div id="connBody5">
            <article id="bloglist">
                <header>
                    <div id="blog_title_h1">
                        <h1 id="blog_title1"> <a href="#">一篇文章了解 HTML5 发展史</a> </h1>
                        <img title="此博文包含图片" src="images/preview.gif" id="icon1">
                        <time datetime="2018-04-05T18:30" pubdate>(2018-04-05 18:30)</time>
                    </div>
                    <div id="articleTag1"> <span id="txtb1">分类：</span> <a
href="#">HTML5</a> </div>
                </header>
                <div id="content1">
                    <p>   2007 年 W3C（万维网联盟）立项 HTML5，直至 2014 年 10 月底，
这个长达 8 年的规范终于正式封稿。</p>
                    ...
                </div>
                <div id="tagMore1">
```

```
                <div id="tag_txtc1"> <a href="#">阅读</a>  ¦   <a href="#">评论
</a>  ¦  还没有被转载 ¦  <a href="javascript:;" onclick="return false;">收藏
</a>  </div>
              </div>
              <section>
                <div id="allComm">
                  <div id="allCommTit1"> <strong>
                    <h4>评论</h4>
                    </strong> </div>
                  <ul id="cmp_revert">
                    <li id="linedot1">
                      <div id="revert_Cont1">
                        <p> <span id="revert_Tit1">新浪网友</span> <span id=
"revert_Time1">
                          <time datetime="2018-03-26T23:18:41" pubdate>2018-03-26
23:18:41</time>
                            </span> </p>
                        <div id="revert_Inner_txtb1">挺好的</div>
                      </div>
                    </li>
                    ...
                  </ul>
                </div>
                <div id="writeComm">
                  <iframe src="writeComm.html" width="90%" height="300"> </iframe>
                </div>
              </section>
            </article>
          </div>
        </section>
```

在显示文章内容与评论部分的 section 元素中，首先使用了一个 header 元素，在该元素内部使用了一个标题为“分类”的元素 h1，所以在大纲中生成一个标题为“3. 分类”的节。

在 header 元素后面，紧接着使用了一个 article 元素，用来显示文章内容与网友评论。在这个 article 元素内部，使用了一个 header 元素，在该元素内部，又使用了一个标题元素 h1，所以在大纲中生成一个标题为“1. 一篇文章了解 HTML5 发展史”的节。

在 article 元素内部，在 header 元素后面，显示了标题为“一篇文章了解 HTML5 发展史”的文章的全部内容，在文章叙述完毕后，使用了一个 section 元素，在这个元素内部，又使用了一个 header 元素。在这个 header 元素中，又使用了一个标题为“评论”的元素 h4，所以在大纲中生成一个标题为“1.评论”的节。

另外，在标题为“评论”的 section 元素中，使用了一个 iframe 内嵌网页，在该网页中使用了一个表单，在该表单中放置了一个用来写评论内容的 textarea 元素，以及一个用来提交评论内容的“发评论”按钮。

5.4 在 线 支 持

本节为拓展学习，感兴趣的读者请扫码进行学习。

扫描，拓展学习

2

第 2 部分

CSS3

第 6 章　CSS3 字体和文本样式

CSS3 优化了 CSS2.1 的字体和文本属性，同时新增了各种文字特效，使网页文字更具表现力和感染力，丰富了网页设计效果，如自定义字体类型、更多的色彩模式、文本阴影、动态生成内容、各种特殊值和函数等。

【练习重点】

- 准确设计文本样式。
- 灵活定义特效文本样式。
- 灵活设计动态内容。
- 正确使用自定义字体。

扫描，拓展学习

6.1　文 本 样 式

扫一扫，看视频

6.1.1　设计棋子

本示例设计一个象棋棋子，当超链接被激活时，首行文本缩进 4px。由于使用了垂直书写模式，则文本向下移动 4px，这样就可以模拟一种动态下沉效果，如图 6.1 所示。

图 6.1　象棋棋子效果

第 1 步，新建 HTML5 文档，设计一个简单的超链接文本，代码如下：

```
<a href="#" class="btn">将</a>
```

第 2 步，在内部样式表中输入以下样式，模拟象棋棋子的样式：

```
.btn {
    width: 80px; height: 80px;                    /*固定大小*/
    line-height: 80px;                            /*垂直居中*/
    font-size: 62px;                              /*大字体*/
    cursor: pointer;                              /*手形指针样式*/
    text-align: center;                           /*文本居中显示*/
    text-decoration:none;                         /*清除下划线*/
    color: #a78252;                               /*字体颜色*/
    background-color: #ddc390;                    /*增加背景色*/
    border: 6px solid #ddc390;                    /*增加粗边框*/
    border-radius: 50%;                           /*定义圆形显示*/
    /*定义阴影和内阴影边线*/
    box-shadow: inset 0 0 0 1px #d6b681, 0 1px, 0 2px, 0 3px, 0 4px;
```

```
    writing-mode: tb-rl;
    -webkit-writing-mode: vertical-rl;
    writing-mode: vertical-rl;
}
.btn:active { text-indent: 4px;}
```

扫描，拓展学习

扫一扫，看视频

6.1.2 特效文字

【示例 1】本示例设计字体颜色，与背景颜色相同，再利用阴影把文本颜色与背景颜色区分开，让字体看起来更清晰，代码如下：

```
<style type="text/css">
    p {
        text-align: center;
        font: bold 60px helvetica, arial, sans-serif;
        color: #fff;
        text-shadow: black 0.1em 0.1em 0.2em;
    }
</style>
<p>HTML5+CSS3</p>
```

演示效果如图 6.2 所示。

【示例 2】本示例设计多重阴影，演示效果如图 6.3 所示。当使用 text-shadow 属性定义多重阴影时，每个阴影效果必须指定阴影偏移，而模糊半径、阴影颜色是可选参数，代码如下：

```
p {
    color: red;
    text-shadow: 0.2em 0.5em 0.1em #600,
        -0.3em 0.1em 0.1em #060,
        0.4em -0.3em 0.1em #006;
}
```

图 6.2　使用阴影增加前景色和背景色对比度

图 6.3　定义多色阴影 1

提示：

text-shadow 属性可以接受以逗号分隔的阴影声明列表，并应用到文本上。阴影效果按照给定的顺序应用，它们可能会互相覆盖，但是永远不会覆盖文本。

【示例 3】阴影效果可以延伸很远，但不会撑开文字框，效果如图 6.4 所示。代码如下：

```
p {
    color: red;
    border:solid 1px red;
    text-shadow: 0.5em 0.5em 0.1em #600,
        -1em 1em 0.1em #060,
        0.8em -0.8em 0.1em #006;
}
```

【示例 4】本示例借助多重阴影叠加，模拟色彩渐变效果，设计燃烧的文字特效，演示效果如图 6.5 所示。代码如下：

```
p {
    color: red;
    text-shadow: 0 0 4px white,
        0 -5px 4px #ff3,
        2px -10px 6px #fd3,
        -2px -15px 11px #f80,
        2px -25px 18px #f20;
}
```

图 6.4　定义多色阴影 2

图 6.5　定义燃烧的文字阴影

【示例 5】text-shadow 属性可以使用在:first-letter 和:first-line 伪元素上。同时还可以利用该属性设计立体文本。演示效果如图 6.6 所示。通过在左上和右下各添加 1px 错位的补色阴影，可营造一种淡淡的立体效果。使用阴影叠加出的立体文本特效代码如下：

```
p {
    color: #D1D1D1;
    background: #CCC;
    text-shadow: -1px -1px white,
        1px 1px #333;
}
```

【示例 6】反向思维，利用示例 5 的设计思路，也可以设计一种凹体效果，设计方法就是把示例 5 中左上和右下阴影颜色颠倒即可，演示效果如图 6.7 所示。主要代码如下：

```
p {
    color: #D1D1D1;
    background: #CCC;
    text-shadow: 1px 1px white,
        -1px -1px #333;
}
```

图 6.6　定义凸起的文字效果

图 6.7　定义凹下的文字效果

【示例 7】使用 text-shadow 属性还可以为文本描边，设计方法是分别为文本 4 个边添加 1px 的实体阴影，演示效果如图 6.8 所示。代码如下：

```
p {
```

```
    color: #D1D1D1;
    background:#CCC;
    text-shadow: -1px 0 black,
        0 1px black,
        1px 0 black,
        0 -1px black;
}
```

【示例 8】设计阴影不发生位移，同时定义阴影模糊显示，这样就可以模拟出文字外发光效果，演示效果如图 6.9 所示。代码如下：

```
p {
    color: #D1D1D1;
    background:#CCC;
    text-shadow: 0 0 0.2em #F87,
        0 0 0.2em #F87;
}
```

图 6.8　定义文字描边效果

图 6.9　定义文字外发光效果

扫描，拓展学习

扫一扫，看视频

6.2　动态内容：设计消息提示框

本示例借助 CSS3 增强的动态内容特性及相关动画功能，设计一个纯 CSS 的消息提示框，效果如图 6.10 所示。

图 6.10　设计消息提示框

第 1 步，新建 HTML5 文档，设计消息提示框，代码如下：

```
<div class="bubble bubble-left">左侧消息提示框<br>class="bubble bubble-left"</div>
```

第 2 步，在内部样式表中设计消息提示框基本框架样式，代码如下：

```
.bubble {
    width: 200px; eight: 50px;          /*定义消息提示框大小，可忽略，让消息提示框自由收缩*/
    background:hsla(93,96%,62%,1);      /*定义背景色，必须与下面箭头背景色保持一致*/
    padding: 12px;                      /*增加补白，防止消息文本跑到框外*/
    position: relative;                 /*定义定位包含框，方便定位箭头*/
    border-radius: 8px;                 /*圆角*/
}
```

第 3 步，使用 CSS3 的 content 属性生成箭头基本样式，代码如下：

```
.bubble:before {
    content: "";                           /*不显示任何内容*/
    width: 0; height: 0;                   /*定义箭头内容区大小*/
    position: absolute;                    /*绝对定位*/
    z-index:-1;                            /*显示在消息提示框的下面*/
}
```

第 4 步，设计左侧消息提示框的扩展样式，代码如下：

```
.bubble.bubble-left:before {
    /*调整箭头位置，right 值不变，top 值可微调，百分比值和自适应消息提示框大小变化*/
    right: 90%; top: 50%;
    /*定义箭头的倾斜角度*/
    transform: rotate(-25deg);
    /*定义箭头的长短、粗细。border-top 和 border-bottom 控制粗细和偏向，
    border-right 控制长短，其颜色值必须与消息提示框背景颜色保持一致*/
    border-top: 20px  solid transparent;
    border-right: 80px  solid  hsla(93,96%,62%,1);
    border-bottom: 20px  solid transparent;
}
```

提示：

通过调整箭头的位置和方向，可以设计多种形式的消息提示框，以满足个性化设计需求，效果如图 6.11 所示（具体代码可以参考本节示例源码）。

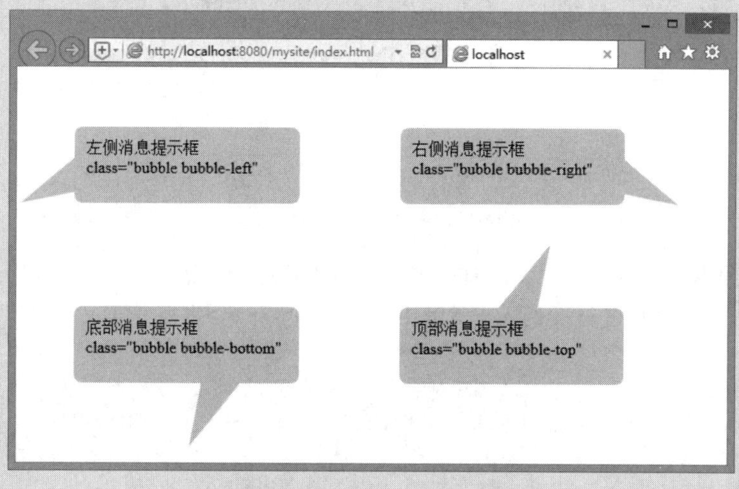

图 6.11　设计多种形式的消息提示框

6.3　自定义字体

扫描，拓展学习

CSS3 允许使用@font-face 规则加载外部字体文件，方便自定义字体类型。本示例使用外部字体文件模拟百度 Logo 样式，效果如图 6.12 所示。百度 Logo 的字体样式中“百度”二字是在“综艺体”的基础上稍加修改而成的，英文字体是 Handel Gothic BT。

扫一扫，看视频

图 6.12　模拟百度 Logo 的效果

第 1 步，新建 HTML5 文档，构建简单的网页结构，其中<p>标签中包含了两个<span>标签和一个<img>标签。代码如下：

```
<p>
    <span class="g1">Bai</span>
    <img src="images/baidu.jpg" border="0">
    <span class="g2">百度</span>
</p>
```

第 2 步，使用@font-face 引入外部字体文件。代码如下：

```
@font-face {
    font-family: "bai";              /* 选择默认的字体类型 */
    src: url(fonts/Handel.eot);      /* 兼容 IE */
    src: local("bai"), url(fonts/Handel.ttf) format("truetype"); /* 兼容非 IE */
}
@font-face {
    font-family: "du";
    src: url(fonts/方正新综艺简体.eot);
    src: local("du"), url(fonts/方正新综艺简体.ttf) format("truetype");
}
```

注意：

IE 支持.eot 字体格式，现在浏览器都不支持这一字体格式，而支持.ttf（TrueType）和.otf（OpenType）字体格式。考虑到浏览器的兼容性，建议同时定义.eot 和.ttf 字体格式，以便能够兼容所有主流浏览器。

第 3 步，分别设置两个<span>标签的样式。由于在本示例中，既有中文，又有英文，而中文和英文在显示上差别较大，所以分别进行设置，本示例中对第 1 个<span>也就是英文“Bai”的样式设置如下：

```
.g1{
    font-size:60px;                                    /* 字体大小*/
    font-family: bai, MS Ui Gothic,Arial,sans-serif;   /* 字体类型*/
    letter-spacing:1px;                                /* 字间距 */
    font-weight:bold;                                  /* 字体粗细*/
}
```

第 4 步，接下来设置第 2 个<span>，也就是中文“百度”。具体样式设置如下：

```
.g2{
    font-size:50px;
    font-family: du, MS Ui Gothic,Arial,sans-serif;
    letter-spacing:1px;
    font-weight:900;                        /* 字体粗细为 900 */
}
```

提示：

字体文件一般都很大，如果频繁申请下载，服务器会出现延迟，影响用户体验。如果只是个别或简单的标题使用艺术字体，建议使用字体图标代替进行设计。

6.4　项 目 实 战

6.4.1　网页杂志版式

本示例模拟设计一个类似杂志风格的正文网页版式：段落文本缩进两个字符，标题居中，文章首字下沉显示。演示效果如图 6.13 所示。

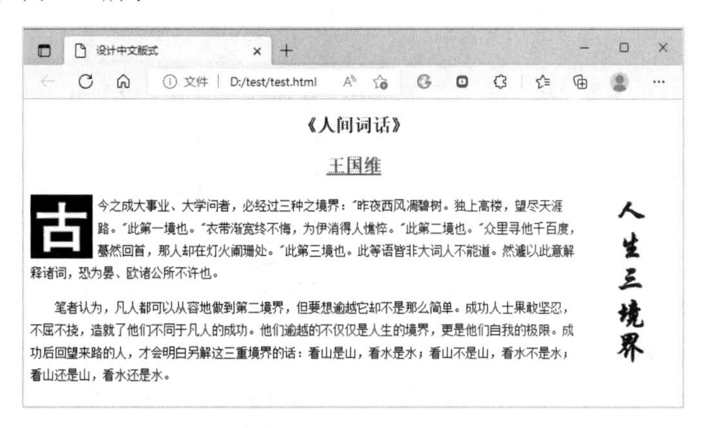

图 6.13　中文杂志版式效果

第 1 步，新建 HTML5 文档，设计网页结构。

第 2 步，新建内部样式表，定义网页基本属性。设置网页背景颜色为白色，字体颜色为黑色，字体大小为 0.875em（约为 14px），字体为新宋体。代码如下：

```
body {/* 页面基本属性 */
    background:#fff;                                          /* 背景色 */
    color:#000;                                               /* 前景色 */
    font-size:0.875em;                                        /* 网页字体大小 */
    font-family:"新宋体", Arial, Helvetica, sans-serif;       /* 网页字体默认类型 */
}
```

第 3 步，定义标题居中显示，适当调整标题底边距，统一为一个字距。间距设计的一般规律为字距小于行距，行距小于段距，段距小于块距。代码如下：

```
h1, h2 {/* 标题样式 */
    text-align:center;                                        /* 居中对齐 */
    margin-bottom:1em;                                        /* 定义底边距 */
}
```

第 4 步，为二级标题定义一个下划线，并调暗字体颜色，目的是使一级标题、二级标题有变化，避免单调。代码如下：

```
h2 {/* 设计二级标题样式 */
    color:#999;                                               /* 字体颜色 */
    text-decoration:underline;                                /* 下划线 */
}
```

第 5 步，设计三级标题右浮动，并按垂直模式书写。代码如下：

```
h3 {/* 设计三级标题样式 */
    font-family: "华文行楷";                                  /* 行书更有个性 */
```

```
    font-size: 2.5em;                           /* 放大显示 */
    float: right;                               /* 靠右显示 */
    writing-mode: tb-rl;                        /*书写模式从上到下，从右到左*/
}
```

第 6 步，定义段落文本的样式。定义行高为字体大小 1.8 倍，右侧增加距离以便显示三级标题，首行缩进两个字符。代码如下：

```
p {/* 统一段落文本样式 */
    text-indent: 2em;
    margin-right: 3em;
    line-height:1.8em;                          /* 定义行高 */
}
```

第 7 步，定义首字下沉效果。为了使首字下沉效果更明显，设计首字加粗、反白显示。代码如下：

```
p:first-of-type:first-letter {                  /* 首字下沉样式类 */
    font-size:60px;                             /* 字体大小 */
    float:left;                                 /* 向左浮动显示 */
    margin-right:6px;                           /* 增加右侧边距 */
    padding:6px;                                /* 增加首字四周的补白 */
    font-weight:bold;                           /* 加粗字体 */
    line-height:1em;                            /* 定义行距为一个字体大小，避免行高影响段落版式 */
    background:#000;                            /* 背景颜色 */
    color:#fff;                                 /* 前景颜色 */
}
```

提示：

在设计网页正文版式时，应该遵循用户的中文阅读习惯，段落文本应以块状呈现。如果说单个字是点，一行文本为线，那么段落文本就成面了，而面以块状呈现的效率最高，网站的视觉设计大部分其实都是在拼方块。在页面版式设计中，建议坚持如下设计原则。

- 方块感越强，越能给用户方向感。
- 方块越少，越容易阅读。
- 方块之间以空白的形式进行分隔，从而组合为一个更大的方块。

扫描，拓展学习

扫一扫，看视频

6.4.2 网页缩进版式

本示例设计一个简单的缩进中文版式，把一级标题、二级标题、三级标题和段落文本以阶梯状缩进，从而使信息轻重分明，更有利于用户阅读，演示效果如图 6.14 所示。

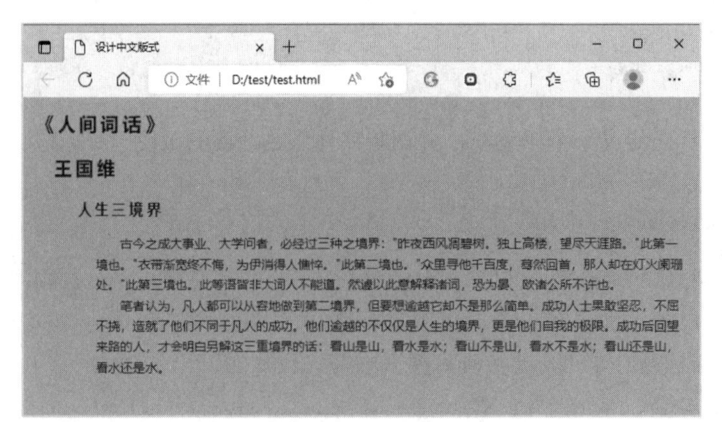

图 6.14　缩进中文版式效果

第 1 步，复制 6.4.1 小节示例源码，删除所有的 CSS 内部样式表代码。

第 2 步，定义页面的基本属性。这里定义页面背景颜色为灰绿浅色，前景颜色为深黑色，字体大小为 0.875em（约为 14px）。代码如下：

```
body {/* 页面基本属性 */
    background:#99CC99;                              /* 背景颜色 */
    color:#333333;                                   /* 前景颜色（字体颜色） */
    margin:1em;                                      /* 页边距 */
    font-size:0.875em;                               /* 页面字体大小 */
}
```

第 3 步，统一标题为非加粗显示，限定上下边距为 1 个字距。在默认情况下，不同级别的标题上下边界是不同的。适当调整字距之间的疏密。代码如下：

```
h1, h2, h3 {/* 统一标题样式 */
    font-weight:normal;                              /* 正常字体粗细 */
    letter-spacing:0.2em;                            /* 增加字距 */
    margin-top:1em;                                  /* 固定上边界 */
    margin-bottom:1em;                               /* 固定下边界 */
}
```

第 4 步，分别定义不同标题级别的缩进大小，设计阶梯状缩进效果。代码如下：

```
h1 {/* 一级标题样式 */
    font-family:Arial, Helvetica, sans-serif;  /* 标题无衬线字体 */
    margin-top:0.5em;                                /* 缩小上边边界 */}
h2 {padding-left:1em;}                               /* 左侧缩进 1 个字距 */
h3 {padding-left:3em;}                               /* 左侧缩进 3 个字距 */
```

第 5 步，定义段落文本左缩进，同时定义首行缩进效果，清除段落默认的上下边界距离。代码如下：

```
p {/* 段落文本样式 */
    line-height:1.6em;                               /* 行高 */
    text-indent:2em;                                 /* 首行缩进 */
    margin:0;                                        /* 清除边界 */
    padding:0;                                       /* 清除补白 */
    padding-left:5em;                                /* 左缩进 */
}
```

6.4.3　网页深色风格

扫描，拓展学习

本示例重点练习网页色彩搭配，以适应宅居人群的阅读习惯。页面以深黑色为背景颜色，浅灰色为前景颜色，营造一种安静的、富有内涵的网页效果。通过前景颜色与背景颜色的对比，标题右对齐，适当收缩行距，使页面看起来炫目有个性，行文也趋于紧凑，效果如图 6.15 所示。

扫一扫，看视频

图 6.15　深色风格版式效果

第1步，复制6.4.2小节示例源代码，删除所有的CSS内部样式表源代码。

第2步，调整页面基本属性。加深背景颜色，增强前景颜色。其他基本属性可以保持一致。代码如下：

```
body {/* 页面基本属性 */
    background: #191919;                    /* 深背景颜色 */
    color: #bbb;                            /* 浅灰前景颜色 */
    font-size: 13px;                        /* 网页字体大小 */
    margin: 2em;                            /* 增大页边距 */
}
```

第3步，定义标题下边界为一个字符大小，以小型大写样式显示，适当增加字距。代码如下：

```
h1, h2, h3 {/* 统一标题样式 */
    margin-bottom: 1em;                     /* 定义底边界 */
    text-transform: uppercase;              /* 小型大写字体 */
    letter-spacing: .15em;                  /* 增大字距 */
}
```

第4步，分别定义一级标题、二级标题和三级标题的样式。实现在统一标题样式基础上的差异化显示。在设计标题时，使一级标题、二级标题右对齐，三级标题左对齐，形成标题错落排列的版式效果。同时为了避免左右标题轻重不一（右侧标题偏重），定义左侧的三级标题左边线显示，以增加左右平衡。代码如下：

```
h1 {/* 一级标题样式 */
    font-size: 1.8em;                       /* 字体大小为默认大小的1.8倍 */
    color:#ddd;                             /* 加亮字体色 */
    text-align:right;                       /* 右对齐 */
}
h2 {/* 二级标题样式 */
    font-size: 1.4em;                       /* 字体大小为默认大小的1.4倍 */
    text-align:right;                       /* 右对齐 */
}
h3 {/* 三级标题样式 */
    font-size: 1.2em;                       /* 字体大小为默认大小的1.2倍 */
    padding-left:6px;                       /* 调整边框线与文本的空隙 */
    border-left:6px solid #fff;             /* 定义左边线 */
}
```

第5步，压缩段落间距，适当调弱段落文本的颜色。代码如下：

```
p {/* 段落文本样式 */
     margin: 0.6em 0;                       /* 压缩段落间距 */
    line-height: 150%;                      /* 减少行距 */
    color:#999;                             /* 调弱字体颜色 */
}
```

6.5 在线支持

本节为拓展学习，感兴趣的读者请扫码进行学习。

扫描，拓展学习

第 7 章　CSS3 图像和背景样式

使用 CSS3 可以控制图像大小、边框样式，也可以设计圆角、半透明和阴影等特效。同时 CSS3 允许设计多重背景图，控制背景图像的大小、坐标原点，使用渐变色增强背景图像等。这些 CSS3 新功能降低了网页设计的难度，减少了对外部支持的依赖，激活了设计灵感。

【练习重点】

- 正确处理网页中的图像显示。
- 正确设计背景图样式。

7.1　网 页 图 像

扫一扫，看视频

7.1.1　图像大小

1. 知识点

<img>标签包含 width 和 height 属性，使用它们可以控制图像的大小。同时使用 CSS 的 width 和 height 属性可以更灵活地设计图像大小。

针对移动设备端，下面 4 个属性更适应弹性布局，应用也更广泛。

- min-width：定义最小宽度。
- max-width：定义最大宽度。
- min-height：定义最小高度。
- max-height：定义最大高度。

2. 示例练习

图文混排版式在网页中比较常见，不管是单图，还是多图，也不管是简单的介绍，还是大段的新闻配图，图文混排的方式都很简单。本示例设计文字围绕在图片的旁边，效果如图 7.1 所示。

图 7.1　图文混排的页面效果

第 1 步，新建 HTML5 文档，设计页面结构。在<body>标签内输入以下代码，代码中省略部分段落文本，读者可以参考本小节示例源码：

```
<div class="pic_news">
    <h2>儿童节的来历</h2>
    <p><img src="images/1.jpg" alt="" /><p>
    <p>六一儿童节，也叫“六一国际儿童节”，每年 6 月 1 日举行，是全世界少年儿童的节日。</p>
    <p>...</p>
</div>
```

第 2 步，在<head>标签内添加<style type="text/css">标签，定义一个内部样式表，然后输入下面代码，设置图片的属性，将其控制到内容区域的左上角：

```
.pic_news { width: 500px;          /* 控制内容区域的宽度，根据实际情况考虑，也可以不需要 */ }
.pic_news h2 { font-family: "隶书"; font-size: 24px; text-align: center; }
.pic_news img {
    float: left;                   /* 使图片旁边的文字产生浮动效果 */
    margin-right: 16px; margin-bottom: 16px;
    height: 250px;
}
.pic_news p { text-indent:2em;     /* 首行缩进两个字符 */ }
```

提示：

当只为图像定义宽度或高度时，则浏览器能够自动调整纵横比，使宽和高能够协调缩放，避免图像变形。但是一旦同时为图像定义宽和高，就要注意宽高比，否则会失真。

扫描，拓展学习

扫一扫，看视频

7.1.2 图像边框

图像在默认状态时不会显示边框，但在为图像定义超链接时会自动显示 2～3px 宽的蓝色粗边框。使用 CSS 的 border 属性可以更灵活地定义图像边框，同时提供了丰富的样式，如边框的粗细、颜色和样式。本示例另辟蹊径，没有使用 border 属性，而是借助背景图像为照片设计镶边效果，有关背景图像的相关知识请参考 7.1.3 小节的内容，效果如图 7.2 所示。

第 1 步，事先使用 PhotoShop 设计一个 4px 高、1px 宽的渐变阴影，如图 7.3 所示。

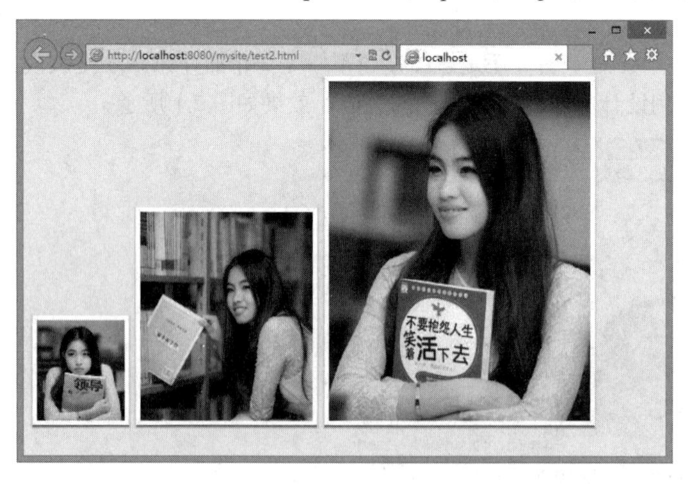

图 7.2　为图像定义镶边样式

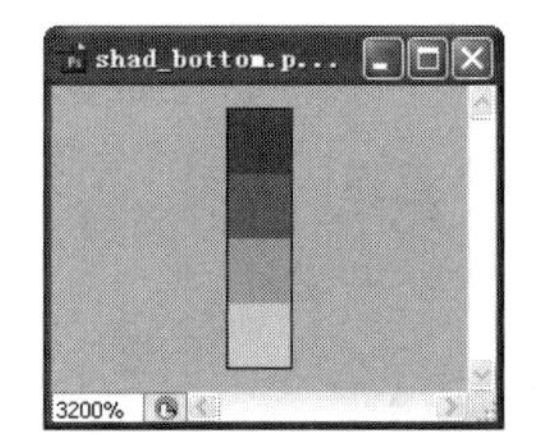

图 7.3　渐变阴影

第 2 步，新建 HTML5 文档，在<head>标签内添加<style type="text/css">标签，定义一个内部样式表，然后输入以下代码，为页面图片都添加镶边效果：

```
body { background: #F0EADA; }
img {
    background: white;                  /* 白色背景 */
    padding: 5px 5px 9px 5px;           /* 增加内边距 */
    background: white url(images/shad_bottom.gif) repeat-x bottom left; /* 底边阴影 */
    border-left: 2px solid #dcd7c8;     /* 左侧浅阴影 */
    border-right: 2px solid #dcd7c8;    /* 右侧浅阴影 */
}
```

提示：

在定义底边内边距时，考虑到底边阴影背景图像可能要占用 4px 的高度，因此要多设置 4px。左右两侧的阴影颜色可以根据网页背景颜色适当调整深浅。

7.1.3　半透明显示

扫描，拓展学习

扫一扫，看视频

本示例使用 opacity 属性设计水印特效，同时利用 CSS 定位技术实现水印与图片重叠显示，演示效果如图 7.4 所示。

图 7.4　设计水印特效

第 1 步，新建 HTML5 文档，设计一个包含框（<div class="watermark">），为水印图片提供定位参考。插入的第 1 幅图片为照片、第 2 幅图片为水印图片，具体代码如下：

```
<div class="watermark">
    <img src="images/bg.jpg" class="img" width="400">
    <img src="images/logo.png" class="logo" width="100">
</div>
```

第 2 步，在内部样式表中，定义包含框为相对定位，被设计为定位框，具体代码如下：

```
.watermark {                        /* 包含块样式 */
    position:relative;              /* 相对定位 */
    float:left;                     /* 向左浮动，这样包含元素能够自动包裹包含的照片 */
    display:inline;                 /* 行内显示，这样可避免包含元素随处浮动 */
}
```

第 3 步，定义水印图像半透明显示，被精确定位到图片的右下角位置，具体代码如下：

```
.img1 {
    filter:alpha(opacity=40);       /* 兼容 IE */
    -moz-opacity:0.4;               /* 兼容 Moz 和 Firefox */
    opacity: 0.4;                   /* 支持 CSS3 的浏览器（Firefox 1.5 也支持）*/
    position:absolute;              /* 绝对定位 */
```

```
    right:20px;                     /* 定位到照片的右侧 */
    bottom:20px;                    /* 定位到照片的底部 */
}
```

扫描，拓展学习

扫一扫，看视频

7.2 背景图像：设计镜框效果

本示例利用 CSS3 背景图像功能设计圆角栏目，主要使用 background-size 控制背景图像显示的大小，效果如图 7.5 所示。

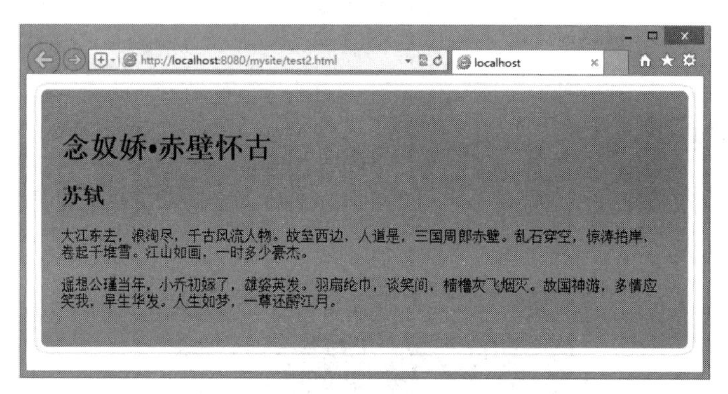

图 7.5　定义背景图像

第 1 步，新建 HTML5 文档，设计栏目结构。代码如下：

```
<div class="roundbox">
    <h1>念奴娇&#8226;赤壁怀古</h1>
    <h2>苏轼</h2>
    <p>...</p>
</div>
```

第 2 步，在内部样式表中设计包含框的背景图像样式。代码如下：

```
.roundbox {
    padding: 2em;
    /*为容器定义 8 个背景图像*/
    background-image: url(images/tl.gif),
                url(images/tr.gif),
                url(images/bl.gif),
                url(images/br.gif),
                url(images/right.gif),
                url(images/left.gif),
                url(images/top.gif),
                url(images/bottom.gif);
    /*定义 4 个顶角图像禁止平铺，4 个边框图像分别沿 x 轴或 y 轴平铺*/
    background-repeat: no-repeat,
                no-repeat,
                no-repeat,
                no-repeat,
                repeat-y,
                repeat-y,
                repeat-x,
                repeat-x;
```

```
    /*定义 4 个顶角图像分别固定在 4 个顶角位置，4 个边框图像分别固定在 4 条边位置*/
    background-position: left 0px,
                         right 0px,
                         left bottom,
                         right bottom,
                         right 0px,
                         0px 0px,
                         left 0px,
                         left bottom;
    background-color: #66CC33;
}
```

注意：

每幅背景图像的源、定位、平铺方式的先后顺序要一一对应。

7.3 渐 变 背 景

扫描，拓展学习

扫一扫，看视频

7.3.1 线性渐变

本示例使用 linear-gradient()函数为页面设计渐变网页背景，演示效果如图 7.6 所示。

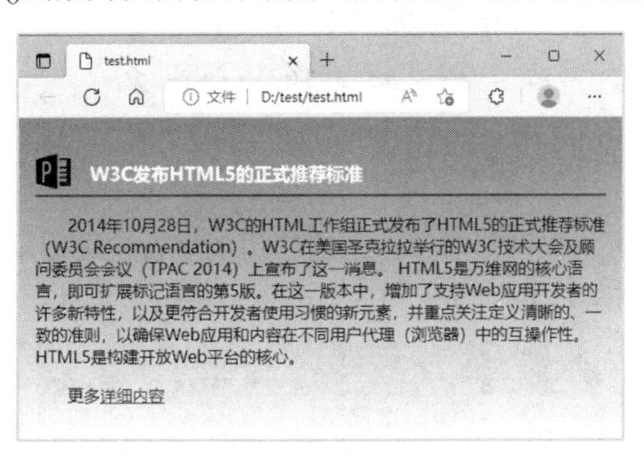

图 7.6　设计渐变网页背景

第 1 步，新建 HTML5 文档，设计页面结构。代码如下：

```
<div  class="box">
    <h1>W3C 发布 HTML5 的正式推荐标准</h1>
    <p>...</p>
    <p class="right">更多详细内容</p>
</div>
```

第 2 步，在内部样式表中设计线性渐变，从上到下由红色到白色。代码如下：

```
body {                                                             /*让渐变背景填满整个页面*/
    padding: 1em;
    margin: 0;
    background: -webkit-linear-gradient(#FF6666, #ffffff); /* Safari 5.1 - 6.0 */
    background: -o-linear-gradient(#FF6666, #ffffff);      /* Opera 11.1 - 12.0 */
    background: -moz-linear-gradient(#FF6666, #ffffff);    /* Firefox 3.6 - 15 */
    background: linear-gradient(#FF6666, #ffffff);         /* 标准语法 */
    /* IE 滤镜，兼容 IE9-版本的浏览器 */
 filter: progid:DXImageTransform.Microsoft.Gradient(gradientType=0, startColorStr=
```

```
#FF6666, endColorStr=#ffffff);
    }
```

第 3 步，为标题添加背景图像，禁止平铺，固定在左侧居中的位置。代码如下：

```
    h1 {/* 定义标题样式 */
        height: 45px;
        padding-left: 3em;
        line-height: 50px; /* 控制文本显示的位置 */
        border-bottom: solid 2px red;
        background: url(images/pe1.png) no-repeat left center; /*为标题插入一个装饰图标*/
    }
```

提示：

相同的线性渐变设计效果，可以有不同的实现方法。

- 设置一个方向：从上到下，覆盖默认值。代码如下：

```
    linear-gradient(to bottom, #fff, #333);
```

- 设置反向渐变：从下到上，同时调整起止颜色的位置。代码如下：

```
    linear-gradient(to top, #333, #fff);
```

- 使用角度值设置方向。代码如下：

```
    linear-gradient(180deg, #fff, #333);
```

- 明确起止颜色的具体位置，覆盖默认值。代码如下：

```
    linear-gradient(to bottom, #fff 0%, #333 100%);
```

扫描，拓展学习

扫一扫，看视频

7.3.2 径向渐变

本示例使用 CSS3 径向渐变制作圆形球体，主要利用多重背景进行设计，然后使用径向渐变叠加设计球体和发光的光晕效果，如图 7.7 所示。

图 7.7 设计发光的球体

第 1 步，新建 HTML5 文档，输入标签<div></div>。

第 2 步，在内部样式表中为 div 元素设计径向渐变，模拟圆球效果。代码如下：

```
    div {
        width: 300px; height: 300px; margin: 50px auto;
        border-radius: 100%;
        background-image: radial-gradient(8em circle at top, hsla(220,89%,100%,1),
hsla(30,60%,60%,.9));
    }
```

提示：

相同的径向渐变设计效果，可以有不同的实现方法。

- 设置径向渐变形状类型，默认值为 ellipse。代码如下：

```
background: radial-gradient(ellipse, red, green, blue);
```

- 设置径向渐变中心点坐标，默认为对象中心点。代码如下：

```
background: radial-gradient(ellipse at center 50%, red, green, blue);
```

- 设置径向渐变大小，这里定义填充整个对象。代码如下：

```
background: radial-gradient(farthest-corner, red, green, blue);
```

7.4　应用渐变

7.4.1　定义渐变色边框

扫一扫，看视频

渐变是一种图像类型，可以应用到所有需要图像源的地方，也可以用在 border-image-source、background-image、list-style-image、cursor 等属性上，取代 url 属性值。本示例为 background-image 属性提供渐变背景图像，定义渐变色边框，效果如图 7.8 所示。

扫描，拓展学习

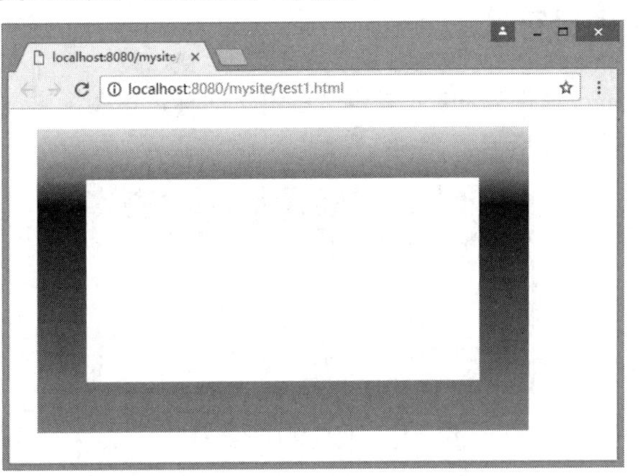

图 7.8　设计渐变色边框效果

在样式表中定义样式的核心代码如下：

```
div {
    border: solid #000 50px;
    border-image: linear-gradient(yellow, blue 20%, #0f0) 50;          /* 标准语法 */
}
```

注意：

IE 支持不是很友好。

7.4.2　定义渐变填充色

扫一扫，看视频

本示例通过 content 属性，为<div class="div1">标签嵌入一个渐变圆球，同时为这个包含框设计一个渐变背景，从而产生一种透视框的效果，如图 7.9 所示。

扫描，拓展学习

图 7.9　插入球形内容填充物，并显示边框效果

在样式表中定义样式的核心代码如下：

```
.div1 { /* 设计包含框的外形和大小 */
    width: 400px; height: 200px;
    border: 20px solid #A7D30C;
}
.div1:before {
    /*在 div 元素前插入内容对象，在该对象中绘制一个背景图形，并定义显示边框效果*/
    /* 标准语法 */
    content: radial-gradient(farthest-side at left bottom, #f00, #f99 60px, #005);
}
```

扫描，拓展学习

7.4.3　定义渐变色项目符号

扫一扫，看视频

本示例通过 list-style-image 属性为 ul 元素定义自定义图标，该图标通过渐变特效进行绘制，从而产生一种精致的两色效果，如图 7.10 所示。

图 7.10　设计项目符号效果

在样式表中定义样式的核心代码如下：

```
ul { list-style-image: linear-gradient(red 50%, blue 50%);}
```

扫描，拓展学习

7.4.4　设计按钮样式

扫一扫，看视频

本示例综合应用 CSS3 渐变背景、阴影和圆角等功能设计一组 3D 动态效果的按钮样式，效果如图 7.11 所示。

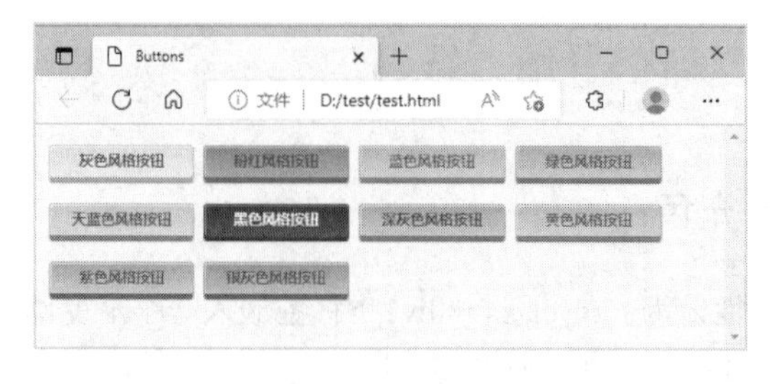

图 7.11　设计 3D 动态按钮样式

第 1 步，新建 HTML5 文档，设计一组按钮。代码如下：

```
<ul id="container">
    <li><a href="#" class="button gray">灰色风格按钮</a></li>
    <li><a href="#" class="button pink">粉红风格按钮</a></li>
    ...
</ul>
```

为了演示不同色彩风格的按钮样式，可以定义主题样式类，通过给每一个按钮应用不同的主题样式类，可以充分发挥 CSS 的便捷等优势。

第 2 步，新建内部样式表，定义基本的按钮类样式。代码如下：

```
a.button {
    display: block; float: left;
    position: relative; height: 25px; width: 120px;
    margin: 0 10px 18px 0; text-decoration: none;
}
```

第 3 步，为不同色系类（如灰色系）按钮设计鼠标经过时的动态样式效果，主要包括字体颜色和背景颜色的变化、边框线的变换，以及模拟立体效果。代码如下：

```
.gray, .gray:hover { color: #555; border-bottom: 4px solid #b2b1b1; background: #eee;}
.gray:hover { background: #e2e2e2; }
```

第 4 步，添加立体边框样式。这里使用:before 和:after 伪类为按钮生成装饰层，并样式化。代码如下：

```
a.button:before, a.button:after {
    content: '';
    position: absolute; left: -1px; bottom: -1px; height: 25px; width: 120px;
    border-radius: 3px;
}
a.button:before {
    height: 23px; bottom: -4px; border-top: 0;
    border-radius: 0 0 3px 3px;
    box-shadow: 0 1px 1px 0px #bfbfbf;
}
```

第 5 步，为按钮定义圆角和阴影效果。代码如下：

```
a.button {border-radius: 3px;}
a.button:before, a.button:after { border-radius: 3px;}
a.button:before { border-radius: 0 0 3px 3px; box-shadow: 0 1px 1px 0px #bfbfbf;}
```

第 6 步，定义鼠标经过和访问过按钮伪类状态类样式，设计渐变背景颜色特效。代码如下：

```
/* 设计灰色风格*/
a.gray, a.gray:hover, a.gray:visited {
    color: #555; background: #eee; border-bottom: 4px solid #b2b1b1;
    text-shadow: 0px 1px 0px #fafafa; box-shadow: inset 1px 1px 0 #f5f5f5;
    background: linear-gradient(to top, #eee, #e2e2e2);
}
.gray:before, .gray:after {
    border: 1px solid #cbcbcb;
    border-bottom: 1px solid #a5a5a5;
}
.gray:hover {
    background: #e2e2e2;
    background: linear-gradient(to top, #e2e2e2, #eee);
}
```

7.4.5 设计图标

扫描，拓展学习

扫一扫，看视频

本示例使用 radial-gradient()函数定义径向渐变背景，模拟立体效果；使用 border-radius:50%定义图标显示为圆形；使用 box-shadow 属性为图标添加投影；使用 text-shadow 属性为图标文本定义润边效果。设计效果如图 7.12 所示。

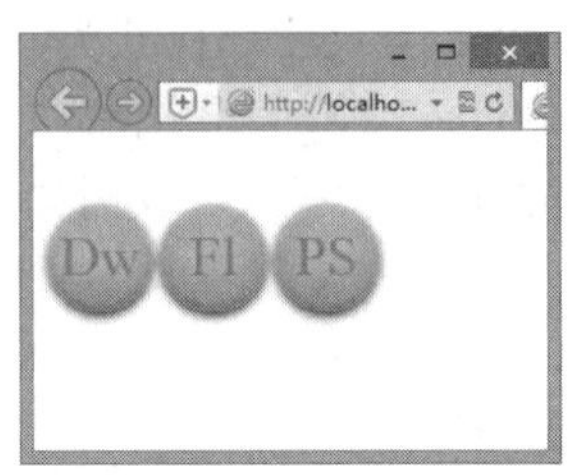

图 7.12　设计径向渐变图标效果

在样式表中定义图标样式类，然后在标签上应用该样式类即可。核心样式代码如下：

```
.icon {
    /* 固定大小，可根据实际需要酌情调整，调整时应同步调整 line-height:60px;  */
    width: 60px; height: 60px;
    /* 行内块显示，统一图标显示属性  */
    display:inline-block;
    /* 清除边框，避免边框对整个特效的破坏  */
    border: none;
    /* 设计圆形效果 */
    border-radius: 50%;
    /* 定义图标阴影，第 1 个用外阴影设计立体效果，第 2 个用内阴影设计高亮特效  */
    box-shadow: 0 1px 5px rgba(255,255,255,.5) inset,
            0 -2px 5px rgba(0,0,0,.3) inset, 0 3px 8px rgba(0,0,0,.8);
    /* 定义径向渐变，模拟明暗变化的表面效果  */
    background: radial-gradient(circle at top center, #f28fb8, #e982ad, #ec568c);
    /* 为文本添加阴影，第 1 个用阴影设计立体效果，第 2 个用阴影定义高亮特效  */
    text-shadow: 0 3px 10px #f1a2c1,
            0 -3px 10px #f1a2c1;
}
```

7.4.6 设计纹理

扫描，拓展学习

扫一扫，看视频

本示例使用 CSS3 线性渐变属性制作纹理图案，主要利用多重背景进行设计，然后使用线性渐变绘制每一条线，通过叠加和平铺完成重复性纹理背景效果，如图 7.13 所示。

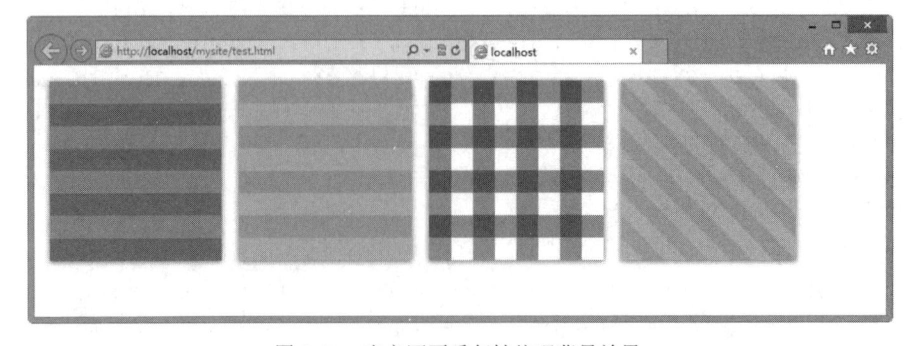

图 7.13　定义网页重复性纹理背景效果

在样式表中定义两个纹理样式类，第 1 个为基本类样式，第 2 个为配色样式类，可以根据设计需要调配其他色系，然后在标签上应用该样式类即可。核心样式代码如下：

```
    .patterns {
        width: 200px; height: 200px; float: left; margin: 10px;
        box-shadow: 0 1px 8px #666;
    }
    .pt1 {
        background-size: 50px 50px;
        background-color: #0ae;
        background-image: linear-gradient(rgba(255, 255, 255, .2) 50%, transparent 50%,
transparent);
    }
```

灵活使用径向渐变和线性渐变，还可以设计更多图案，如图 7.14 所示。

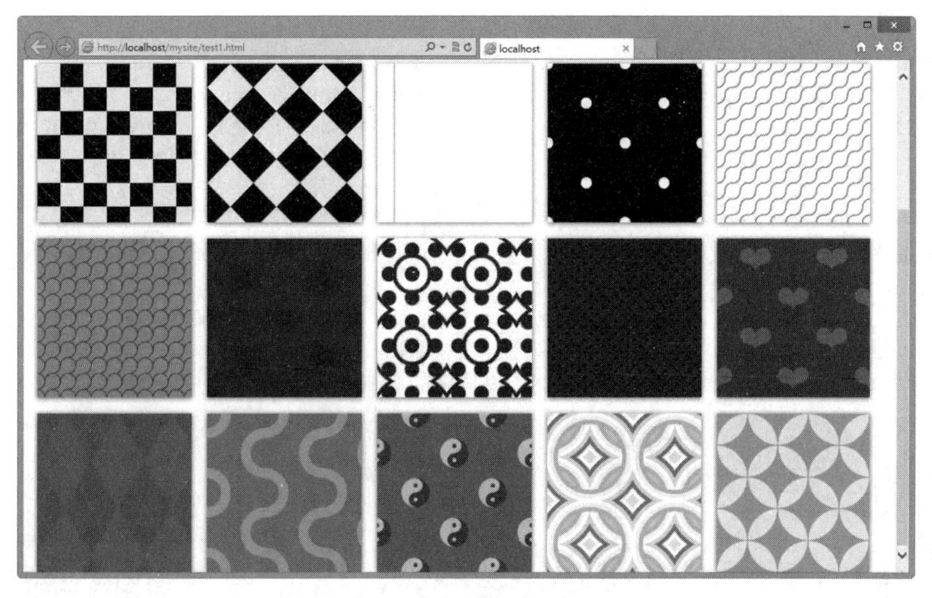

图 7.14　设计丰富的纹理背景效果

7.4.7　设计电子券

扫描，拓展学习

扫一扫，看视频

本示例应用径向渐变设计一张优惠券，效果如图 7.15 所示。

图 7.15　设计优惠券效果

第 1 步，新建 HTML5 文档，设计电子券结构。代码如下：

```
<div class="stamp stamp_yellow">
    <div class="par">
        <p>上品折扣店</p>
```

```
        <sub class="sign">￥</sub><span>50.00</span><sub>优惠券</sub>
        <p>订单满 100.00 元</p>
    </div>
    <div class="copy">副券
        <p>2018-06-01<br>
            2018-06-18</p>
        <a href="#">立即使用</a></div>
    <i></i>
</div>
```

整个结构包裹在<div class="stamp stamp_yellow">标签内。其中，stamp 类样式定制优惠券结构样式，stamp_yellow 类样式定制优惠券风格样式，即配色效果；在该包含框中，嵌入了两个子结构，<div class="par">负责设计左侧文本显示，<div class="copy">负责定制右侧信息；在包含框的底部嵌入一个<i>标签，该标签负责设计优惠券右下的高亮面。

第 2 步，设计电子券的样式。核心代码如下：

```
.stamp {/*通用类样式*/
    width: 387px; height: 140px;          /* 固定大小，方便设计 */
    padding: 0 10px;                      /* 左右留出 10px 空间，用来设计锯齿边沿效果 */
    position: relative;                   /* 相对定位，定位包含框，方便内部对象定位显示 */
    overflow: hidden;                     /* 禁止超出显示，避免破坏券面布局 */
}
.stamp:before {/* 设计底色 */
    content: '';                          /* 设计一个空的内容层 */
    position: absolute;  z-index: -1;     /* 绝对定位，并显示在文本的下方 */
    top: 0; bottom: 0;                    /* 上下铺满 */
    left: 10px; right: 10px;              /* 左右留白 10px */
}
.stamp:after {/* 设计底色阴影 */
    content: '';                          /* 设计一个空的内容层 */
    position: absolute; z-index: -2;      /* 绝对定位显示，显示在最底部 */
    left: 10px; top: 10px; right: 10px; bottom: 10px;  /* 定义大小，四周留白 10px */
    box-shadow: 0 0 20px 1px rgba(0, 0, 0, 0.5);       /* 为左右锯齿设计阴影效果 */
}
.stamp i {/* 设计高亮面 */
    position: absolute;                   /* 绝对定位显示 */
    left: 20%; top: 45px;                 /* 显示位置 */
    height: 190px; width: 390px;          /* 定义大小 */
    background-color: rgba(255,255,255,.15);   /* 定义淡淡的高亮色 */
    transform: rotate(-30deg);            /* 旋转角度，覆盖右下面*/
}
.stamp .par {/* 设计左侧文本样式 */
    float: left; padding: 16px 15px; width: 220px;
    border-right: 2px dashed rgba(255,255,255,.3); /* 在正、副券之间绘制一条垂直虚线 */
}
.stamp .copy {/* 设计右侧文本样式 */
    display: inline-block; width: 100px;
    vertical-align: text-bottom;
}
/*设计鹅黄色风格*/
.stamp_yellow  {/* 正文背景样式，通过径向渐变定义圆形纹理背景 */
    background: #F39B00;
    background: radial-gradient(rgba(0, 0, 0, 0) 0, rgba(0, 0, 0, 0) 5px, #F39B00
```

```
5px);
        background-size: 15px 15px;     /* 定义每个圆形的大小 */
        background-position: 9px 3px;  /* 左右两侧显示圆孔形背景 */
    }
    /* 设计正文部分仅显示单色背景，左右边沿显示圆孔锯齿背景 */
    .stamp_yellow:before { background-color: #F39B00; }
```

提示：

用.stamp_yellow:before 可以设计不同的电子券主题风格，其主要技巧在于修改正文背景颜色以及径向渐变的第 2 个颜色，效果如图 7.16 所示。

图 7.16 设计不同风格的优惠券效果

7.4.8 设计折角效果

本示例灵活使用 CSS3 线性渐变设计右上角缺角的栏目，效果如图 7.17 所示。

扫描，拓展学习

扫一扫，看视频

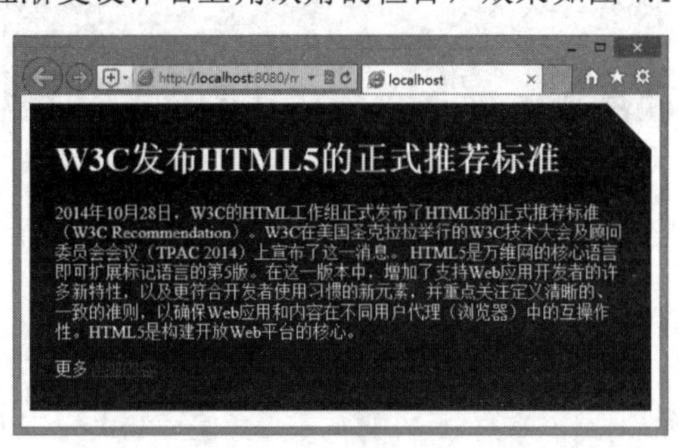

图 7.17 设计右上角缺角的栏目效果

第 1 步，新建 HTML5 文档，设计栏目结构。代码如下：

```
<div class="box">
    <h1>W3C 发布 HTML5 的正式推荐标准</h1>
    <p>...</p>
</div>
```

第 2 步，在样式表中定义样式，代码如下：

```
.box {
    background: linear-gradient(-135deg, transparent 30px, #162e48 30px);
    color: #fff;
    padding: 12px 24px;
}
```

技能拓展：

如果改变网页背景颜色，或者为栏目加上边框，就需要使用:before和:after实现折角的边框效果。代码如下：

```
.box:before {
    content: ' ';
    border: solid transparent; border-width: 30px;
    position: absolute; right: 0px; top: 0px;
    border-top-color: #fff; border-right-color: #fff;

}
.box:after {
    content: ' ';
    border: solid transparent; border-width: 30px;
    position: absolute; top: -1px; right: -1px;
    border-top-color: #000; border-right-color: #000;

}
</style>
```

注意：

网页背景颜色为深色，与.box:after边框颜色保持一致，如图7.18所示。

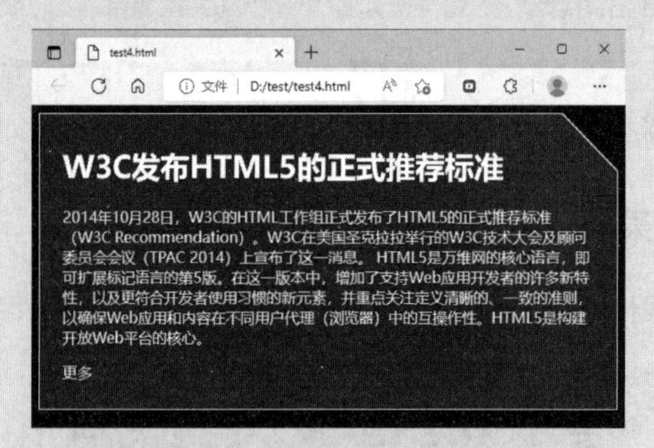

图7.18　设计缺角边框栏目效果

第1步，使用.box:before在容器内容前面插入一个粗边框对象，边框颜色为白色，宽度为30px，由于内容为空content: ' ';，因此收缩为一团。

第2步，使用绝对定位，精确定位到右上角显示。

第3步，使用.box:after在容器内容后面插入一个同样大小的三角形填充物，边框颜色为背景颜色，即黑色。

第4步，使用绝对定位，精确定位到右上角显示，并向右上角偏移1px，遮盖住白色区域，留一条白色缝隙，即可完成本示例效果的设计。

扫描，拓展学习

7.5　项目实战

扫一扫，看视频

7.5.1　设计个人简历

本示例设计一个具有台历效果的个人简历，页面整体效果精致典雅，样式主要应用了CSS定位技术，设计图片显示位置，定义图片边框效果。效果如图7.19所示。

图 7.19　精致典雅的界面设计风格

第 1 步，新建 HTML5 文档，构建网页结构，代码如下：

```
<div id="info">
    <h1>个人简历</h1>
    <h2><img src="images/header.jpg" alt="张三的头像" title="张三"></h2>
    <dl>
        <h3>基本信息</h3>
    </dl>
</div>
```

上面代码显示页面基本框架结构，完整结构请参考本节示例源码。个人信息使用列表结构来定义，<dt>标签表示列表项的标题，<dd>标签表示列表项的详细说明内容。整个结构既符合语义性，又层次清晰，没有冗余代码。

第 2 步，在<head>标签内添加<style type="text/css">标签，定义一个内部样式表。网页包含框基本样式代码如下：

```
#info {
    background:url(images/bg1.gif) no-repeat center; /* 定义背景图，居中显示 */
    width:893px; height:384px;          /* 定义网页显示宽度和高度 */
    position:relative;                  /* 为定位包含的元素指定参照坐标系 */
    margin:6px auto;                    /* 调整网页的边距，并设置居中显示 */
    text-align:left;                    /* 恢复文本默认的左对齐 */
}
```

第 3 步，定义标题和图片样式。代码如下：

```
#info h1 { position:absolute; right:180px; top:60px; }/* 一级标题定位到右侧显示 */
#info h2 img {/* 定义二级标题包含图像的样式 */
    position:absolute;                  /* 绝对定位 */
    right:205px;                        /* 距离包含框右侧的距离 */
    top:160px;                          /* 距离包含框顶部的距离 */
    width:120px;                        /* 定义图像显示宽度 */
    padding:2px;                        /* 为图像增加补白 */
    background:#fff;                    /* 定义白色背景色，设计白色边框效果 */
    border-bottom:solid 2px #888;       /* 定义右侧边框，设计阴影效果*/
    border-right:solid 2px #444;        /* 定义底部边框，设计阴影效果 */
}
```

使用绝对定位方式设置标题显示在右侧居中的位置，同时使用绝对定位方式设置图片在信息包含框右侧显示，位于一级标题的下面，使用 padding:2px 为图片镶边，定义了 background:#fff 样式后，就会在边沿显示 2px 的背景色，然后使用 border-bottom:solid 2px #888;和 border-right:solid 2px #444;模拟阴影效果。

第 4 步，定义列表样式。代码如下：

```
#info dl {/* 定义列表包含框样式 */
    margin-left:70px;              /* 调整包含框左侧的距离 */
    margin-top:20px;               /* 调整包含框顶部的距离 */
}
#info dt {/* 定义列表结构中列表项标题样式 */
    float:left;                    /* 设计列表项标题和列表项并列显示的效果 */
    clear:left;                    /* 清除左侧浮动，禁止列表项标题随意浮动 */
    margin-top:6px;                /* 调整顶部的距离 */
    width:60px;                    /* 固定宽度 */
    background:url(images/dou.gif) no-repeat 36px center;/*为列表项增加冒号效果 */
}
```

使用 margin-left:70px 和 margin-top:20px 设置文字信息在单线格中显示，同时定义字体大小和字体颜色，定义 dt 向左浮动显示，使用 margin-top:6px 调整上下间距，使用 width:60px 定义显示宽度，定义 dd 的顶部距离 margin-top:6px。即可得到最终效果。

扫描，拓展学习

7.5.2 设计景点推荐页

扫一扫，看视频

本示例通过对旅游网站的景点推荐网页的设计，重点熟悉 HTML5 中图像标签使用、CSS 背景设置、图像透明度设置等，练习在网页中合理地插入图像，恰当应用图片设计景点推荐网页的方法。网页效果如图 7.20 所示。

图 7.20 热点景点推荐网页

第 1 步，新建 HTML5 文档，设计文档结构。整个页面包含 3 部分，顶部为导航栏，中部为热点景区列表，底部为版权信息区域。基本框架代码如下：

```
<div class="wrapfix">
    <nav class="wrapline"> </nav>
    <section class="m-carousel m-fluid m-carousel-photos">
        <div class="m-carousel-inner"></div>
        <div class="m-carousel-controls m-carousel-bulleted"> </div>
    </section>
    <section>
        <div id="hotlistWrapper">
```

```
            <div class="hotlist"> </div>
            <div class="hot-item">
                <div class="hotbox"> </div>
                <div class="hotbox"> </div>
            </div>
            ...
        </div>
        <div class="show-more"> </div>
    </section>
    <footer class="footer" data-config-type=""></footer>
</div>
```

下面将操作步骤与主体结构结合，简单说明一下示例设计过程。

第 2 步，在主体结构中，<nav class="wrapline">负责设计置顶导航条，其包含 4 个项目：首页、专辑、发现和搜索。在 main.css 样式表文件中，通过下面两个样式，使用 CSS3 弹性盒布局让每个项目平均分布、水平排列。代码如下：

```
    nav { display: box; display: -webkit-box; box-orient: horizontal; -webkit-box-orient: horizontal; width: 100%; background: #9ac969; border-top: 1px solid #e9e9e9; border-bottom: 1px solid #e9e9e9; list-style-type: none; margin-bottom: 5px }
    nav a { display: inline-block; height: 40px; line-height: 40px; text-align: center; border-radius: 2px; font-weight: bold; font-size: 16px; border-left: 1px solid #fff; -webkit-box-flex: 1; -moz-box-flex: 1; box-flex: 1; }
```

第 3 步，<section class="m-carousel m-fluid m-carousel-photos">框用来设计灯箱广告。其中，<div class="m-carousel-inner">子框用来包裹所有的图文框，在图文框中包裹广告大图和一段说明文字；<div class="m-carousel-controls m-carousel-bulleted">子框包含多个链接数字，用来显示切换导航按钮。这些导航按钮以绝对定位方式显示在焦点图的右下角的位置，如图 7.21 所示。样式代码如下：

```
    .m-carousel-controls { position: absolute; right: 10px; bottom: 10px; text-align: center }
    .m-carousel-controls a { padding: 5px; -webkit-user-select: none; -moz-user-select: -moz-none; user-select: none; -webkit-user-drag: none; -moz-user-drag: -moz-none; user-drag: none }
```

第 4 步，在<section>区域，内嵌了一层容器<div id="hotlistWrapper">，其中包含了两组子模块，它们的结构相同，都包含两部分：第 1 部分是<div class="hotlist">，定义子模块的标题；第 2 部分是<div class="hot-item">，内部又包含两个图文框<div class="hotbox">，如图 7.22 所示。

图 7.21　设计焦点图

图 7.22　设计图文框

第 5 步，在 main.css 样式表文件中，通过.hot-item 弹性容器，让两个图文框水平显示。通过.hotbox img 选择器，为图片加上内补白和圆角边框，设计一种外延线和圆角特效。代码如下：

```
    .hot-item { width: 100%; display: box; display: -webkit-box; display: -moz-box }
    .hotbox { padding: 0 8px; text-align: center; -webkit-box-flex: 1; -moz-box-flex: 1 }
```

```
    .hotbox img { border: 1px solid #ccc; padding: 0.3em; border-radius: 5px }
    .hotbox p { clear: both; text-align: center; color: #666; height: 21px; line-height:
21px; font-size: 16px; text-overflow: clip; overflow: hidden; white-space: nowrap;
padding: 10px 0 }
```

7.6 在线支持

本节为拓展学习，感兴趣的读者请扫码进行学习。

扫描，拓展学习

第 8 章　CSS3 列表和超链接样式

在网页设计中，超链接对象与列表结构经常会配合使用，用来设计导航条、菜单、新闻列表、图文列表等板块或栏目。超链接与列表都有自己的默认样式，一般用户会根据实际需要重新定义它们的样式，让页面更好看。

【练习重点】

- 设计符合页面特色的超链接样式。
- 根据布局风格设计列表样式。

扫描，拓展学习

扫一扫，看视频

8.1　超　链　接

8.1.1　类型标识符

本示例借助属性选择器为超链接文本定义类型标识符。为所有外部链接旁边加一个箭头指示标识符，为所有邮箱链接定义一个邮箱标识符，效果如图 8.1 所示。

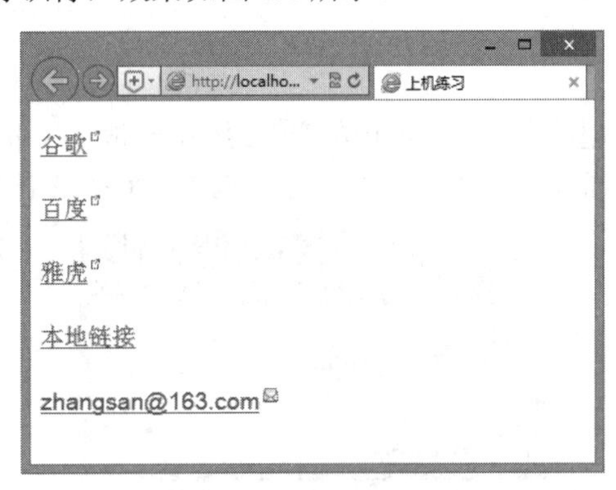

图 8.1　设置类型链接样式

第 1 步，新建 HTML5 文档。在<body>标签内定义多个不同类型的超链接。代码如下：

```
<p><a href="http://www.google.com/">谷歌</a></p>
<p><a href="http://www.baidu.com/index.php">百度</a></p>
<p><a href="http://www.yahoo.com/">雅虎</a></p>
<p><a href="css-button.htm">本地链接</a></p>
<p><a href="mailto:zhangsan@163.com">zhangsan@163.com</a></p>
```

第 2 步，在<head>标签内添加<style type="text/css">标签，定义一个内部样式表。

第 3 步，使用属性选择器找到页面中所有外部链接的<a>标签，为其添加一个标识图标。代码如下：

```
a[href^="http:"] {
    background: url(images/externalLink.gif) no-repeat right top;
    padding-right: 10px;
}
```

为 a 设置少量的右补白，从而给图标留出空间，然后将图标作为背景图像应用于链接的右上角。属性选择器允许通过对属性值的一部分和指定的文本进行匹配来寻找元素，这里使用[href^="http"]属性选择器寻找以文本http:开头的所有链接。

第4步，对邮箱链接也进行突出显示。在所有mailto 链接上添加一个小的邮箱图标，代码如下：

```
a[href^="mailto:"] {
    background: url(images/email.png) no-repeat right top;
    padding-right: 10px;
}
```

提示：

使用属性选择器，可以针对不同的链接类型定义提示图标，代码如下：

```
a[href$=".pdf"] {
    background: url(images/PdfLink.gif) no-repeat right top;
    padding-right: 10px;
}
a[href$=".doc"]{
    background: url(images/wordLink.gif) no-repeat right top;
    padding-right: 10px;
}
a[href$=".rss"], a[href$=".rdf"] {
    background: url(images/feedLink.gif) no-repeat right top;
    padding-right: 10px;
}
```

扫描，拓展学习

扫一扫，看视频

8.1.2 工具提示

Tooltip（工具提示）是网页超链接一个很实用的交互组件，一般使用JavaScript实现，它被设计为当鼠标停留在链接文本上时，会动态显示title 属性的值。本示例使用CSS设计工具提示效果，如图8.2所示。

图8.2 链接提示样式

第1步，新建HTML5文档。在<body>标签内定义超链接文本。代码如下：

```
<p><a href="http://www.baidu.com/" class="tooltip">百度<span>（百度一下，你就知道）
</span></a></p>
```

第2步，在样式表中输入以下样式，将a的position属性设置为relative。这样就可以以相对于父元素的位置对span的内容进行绝对定位：

```
a.tooltip{position: relative;}
a.tooltip span{ display: none;}
```

因为不希望链接提示在最初就显示出来，所以应该将它的display属性设置为none。

第3步，当鼠标停留在这个锚上时，希望显示span 的内容。方法是将span 的display 属性设置为block，只有在鼠标停留在该锚上时有效。代码如下：

```
a.tooltip:hover span { display: block;}
```

第4步，设计span的内容出现在锚的右下方，需要将span的position属性设置为absolute，将它定位到距离锚顶部 1em、距离左侧 2em 处。同时，添加一些修饰性样式，让 span 看起来像链接提示，可以给 span 添加填充、边框和背景颜色。代码如下：

```
    a.tooltip:hover span{
        display:block; position:absolute; top:1em; left:2em;        /*定位*/
        /*修饰*/
        padding: 0.4em 0.6em; border:1px solid #996633; background-color:#FFFF66;
color:#000;
        white-space:nowrap;          /*强迫在一行内显示链接文本*/
    }
```

注意：

绝对定位元素是相对于最近的已定位元素进行定位的，如果没有已定位元素，就相对于 body 元素。在这个示例中，已经定义 a 相对定位，所以 span 就会相对于 a 进行绝对定位。

扫描，拓展学习

扫一扫，看视频

8.1.3　图形化按钮

超链接可以显示为多种样式，如动画、按钮、图像和特效等，本示例使用 CSS 的 background-image 属性设计实现图形化按钮样式，效果如图 8.3 所示。

第 1 步，新建 HTML5 文档。在<body>标签内定义超链接文本。代码如下：

```
<a class="reg"  href="#">注册</a>
```

第 2 步，在内部样式表中定义以下类样式：

```
    a.reg { /* 超链接样式 */
        background: transparent url('images/btn2.gif') no-repeat top left; /* 背景图像 */
        display: block;              /* 块状显示，方便定义宽度和高度  */
        width:74px;                  /* 宽度，与背景图像同宽  */
        height: 25px;                /* 高度，与背景图像同高  */
        text-indent:-999px;          /* 隐藏超链接中的文本  */
    }
```

使用 background-repeat 防止背景图像重复平铺；定义<a>标签以块状或行内块状显示，方便为超链接定义高度和宽度；在定义超链接的显示大小时，其宽度和高度最好与背景图像保持一致，也可以使用 padding 属性撑开<a>标签，代替 width 和 height 属性声明；使用 text-indent 属性隐藏超链接中的文本。

注意：

如果超链接区域比背景图像大，可以使用 background-position 属性定位背景图像在超链接中的显示位置；如果背景图像比超链接区域大，可以使用 background-size 属性缩小背景图像。

还可以为超链接的不同状态定义不同背景图像：在正常状态下，超链接左侧显示一个箭头式的背景图像；当鼠标移过超链接时，背景图像被替换为另一个动态 GIF 图像，使整个超链接动态效果立即显示出来，如图 8.4 所示。

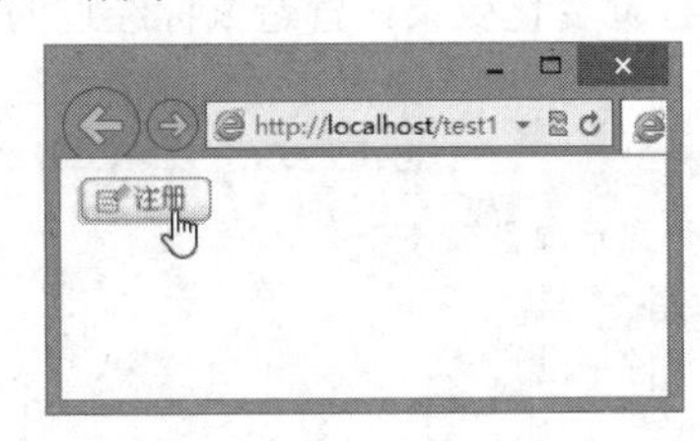

图 8.3　图形化按钮样式

图 8.4　动态背景样式

通过 padding-left 属性定义超链接左侧空隙，这样就可以使定义的背景图像显示出来，避免被链接文本所遮盖。实战中，经常需要使用 padding 属性来为超链接增加空余的空间，以便背景图像能够很好地显示出来。代码如下：

```
a.reg {/* 定义超链接正常样式：定位左侧背景图像 */
    background: url("images/arrow2.gif") no-repeat left center;
    padding-left:14px;
}
a.reg:hover {/* 定义鼠标经过时的超链接样式：定位左侧背景图像 */
    background: url("images/arrow1.gif") no-repeat left center;
    padding-left:14px;
}
```

8.2 导 航 条

扫描，拓展学习

扫一扫，看视频

8.2.1 垂直版式

列表结构默认显示为堆叠和缩进版式，这是一种符合浏览习惯的布局效果。在新闻列表、分类列表等列表页或栏目比较常见。本示例设计导航条垂直布局的样式，效果如图 8.5 所示。

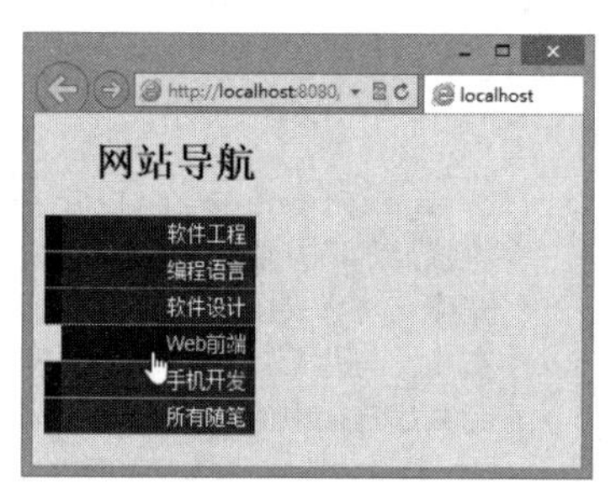

图 8.5　垂直堆叠样式

第 1 步，新建 HTML5 文档。在<body>标签内设计导航列表结构。代码如下：

```
<div  id="menu">
    <h1>网站导航</h1>
    <ul>
        <li><a href="#" title="">软件工程</a></li>
        <li><a href="#" title="">...</li>
    </ul>
</div>
```

第 2 步，在内部样式表中，先清除列表结构的默认样式，如列表项目符号、缩进显示格式等。定义列表项目的宽度和高度，定义其包含的<a>标签以块状显示，设置对应的宽度和高度。

第 3 步，使用背景颜色、字体颜色和边框颜色等要素设计视觉变化效果，营造鼠标经过的动态效果。核心代码如下：

```
#menu ul {/* 列表外框样式 */
    list-style-type: none;                          /* 不显示项目符号 */
    margin: 0px;                                    /* 清除缩进 */
    padding: 0px;                                   /* 清除缩进*/
}
#menu li { border-bottom: 1px solid #9F9FED;   /* 添加下划线 */ }
```

```
#menu li a {
    display: block;                             /* 块显示 */
    height: 1em;                                /* 定义行高 */
    padding: 5px 5px 5px 0.5em;                 /* 增加内部空隙 */
    text-decoration: none;                      /* 清除下划线 */
    border-left: 12px solid #151571;            /* 左边的粗边 */
    border-right: 1px solid #151571;            /* 右侧阴影 */
}
```

8.2.2　水平版式

扫描，拓展学习

扫一扫，看视频

把导航条设计为水平显示，常用以下两种方法。

- 定义列表项目为行内显示，设计所有列表项目在同一行内显示。
- 使用浮动显示列表项目，设计水平布局。

本示例是在 8.2.1 小节示例基础上，把垂直堆叠样式转换为水平布局样式而来的，效果如图 8.6 所示。

图 8.6　水平布局列表样式

第 1 种方法：首先，把列表项目定义为行内显示；其次，使用补白（padding）定义列表项目的宽度和高度，因为 width 和 height 属性对于行内元素是无效的；最后，利用背景颜色、边框样式和字体颜色设计超链接的动态效果。核心代码如下：

```
#menu li {
    border-bottom: 1px solid #9F9FED;       /* 添加下划线 */
    display: inline;                        /* 行内显示 */
}
#menu li a {
    padding: 8px 8px 12px 1em;              /* 通过 padding 撑开列表项目 */
}
```

提示：

如果为列表项目声明 display: inline-block;，可以使用 width 和 height 属性定义列表项目的宽度和高度。

第 2 种方法：定义列表项目浮动显示。核心代码如下：

```
#menu li {
    border-bottom: 1px solid #9F9FED;       /* 添加下划线 */
    float: left;                            /* 定义列表项目向左浮动显示 */
}
#menu li a {
    width: 120px;                           /* 定义超链接宽度 */
    display: block;                         /* 定义块显示 */
    height: 1em;                            /* 定义行高 */
}
```

提示：

为了解决浮动存在的列表框自动收缩问题，上面示例把列表框（<ul>标签）、列表项目（<li>标签）和超链接（<a>标签）都定义为浮动显示（float: left;），简化列表框自动收缩所带来的布局问题。

扫描，拓展学习

扫一扫，看视频

8.2.3 自适应版式

使用 CSS 滑动门可以设计能自适应的超链接样式。所谓滑动门，就是通过两幅相同背景图像的部分重叠，来适应链接文本长短不一的伸缩效果。这个“门”就是背景图像，它的宽度或高度应很大，确保伸缩的适应范围。“门轴”是指定义背景图像的元素，一般需要两个元素配合使用，在列表结构中<li>和<a>配合可以实现。CSS3 支持多重背景图像，因此可以直接在<a>标签上定义两幅背景图像。CSS 滑动门有两种形式：水平滑动和垂直滑动，也可同时水平滑动和垂直滑动。

本示例利用 CSS 滑动门设计的水平导航条效果如图 8.7 所示。

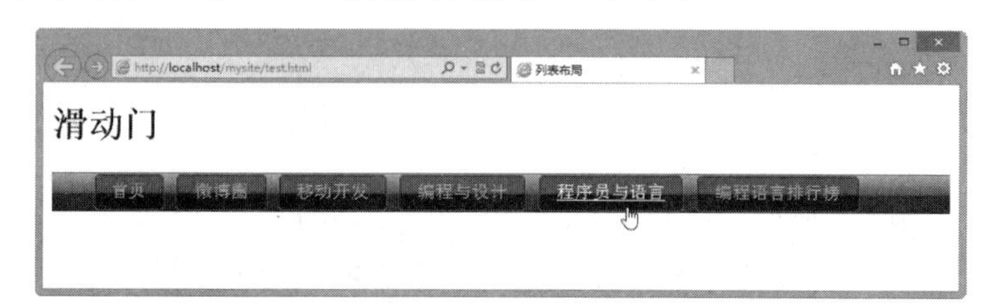

图 8.7　水平导航条

第 1 步，准备背景图像。本示例使用一幅超长背景图像进行设计，如图 8.8 所示。

图 8.8　设计滑动门背景图像

第 2 步，新建 HTML5 文档，在<body>标签内编写以下列表结构：

```
<ul id="menu">
    <li><a href="#" title="">首页</a></li>
    ...
</ul>
```

由于每个菜单项的链接文本字数不同，这里使用滑动门进行设计效果更好。

第 3 步，在内部样式表中设计样式。核心样式代码如下：

```
#menu li {/* 定义列表项样式 */
    float: left;                                    /* 向左浮动 */
    padding-left:18px;                              /* 定义左补白，避免左侧圆角覆盖 */
    background:url(images/menu4.gif) left center repeat-x; /* 定义背景图，左对齐 */
}
#menu li a {/* 定义超链接默认样式 */
    padding-right: 18px;                            /* 定义右补白，与左侧形成对称 */
    float: left;                                    /* 向左浮动 */
    height: 35px;                                   /* 固定高度 */
    line-height: 35px;                              /* 定义行高，间接实现垂直对齐 */
    background:url(images/menu4.gif) right center repeat-x; /* 定义背景图像 */
}
```

扫描，拓展学习

定义 li 的背景图像左对齐，a 的背景图像右对齐，就可以将这两个背景图像叠加在一起。为了避免上下叠加的背景图像相互挤压，导致菜单项两端的圆角效果被覆盖，为 li 左侧和 a 右侧增加补白，限制两个背景图像不能覆盖两端的圆角效果。

扫一扫，看视频

8.2.4 混合版式

本示例将水平滑动和垂直滑动融合在一起，设计菜单项能自由适应高度和宽度的变化。

第 1 步，准备背景图像。由于需要在水平和垂直两个方向滑动，需要将两幅背景图像拼合在一起，如图 8.9 所示。

图 8.9　拼合滑动背景图像

第 2 步，完善 HTML 结构，在超链接（<a>）内再包裹一层标签（<span>）。如果使用 CSS3 多重背景图像进行设计，可以不需要额外添加标签。代码如下：

```
<h1>滑动门</h1>
<ul id="menu">
    <li><a href="#" title=""><span>首页</span></a></li>
    ...
</ul>
```

第 3 步，设计水平滑动样式。核心样式代码如下：

```
#menu span {/* 定义超链接内包含元素 span 的样式 */
     float:left;                                          /* 向左浮动 */
    padding-left:18px;                                    /* 定义左补白，避免左侧被覆盖 */
    background:url(images/menu4.gif) left center repeat-x; /* 定义背景图，并左对齐 */
}
#menu li a {/* 定义超链接的默认样式 */
    padding-right: 18px;                                  /* 定义右补白，与左侧形成对称 */
    float: left;                                          /* 向左浮动 */
    height: 35px;                                         /* 固定高度 */
    line-height: 35px;                                    /* 定义行高，间接实现垂直对齐 */
    background:url(images/menu4.gif) right center repeat-x; /* 定义背景图像 */
}
```

第 4 步，设计鼠标经过时，背景图像的上下滑动效果。代码如下：

```
#menu a:hover { background:url(images/menu5.gif) right center repeat-x; }
#menu a:hover span { background:url(images/menu5.gif) left center repeat-x; }
```

提示：

如果配合 CSS3 动画技术，添加以下两个样式，可以更逼真地演示垂直滑动的动画效果，相关技术的详细讲解可以参考后面章节：

```
#menu span { transition: all .3s ease-in;}
#menu li a { transition: all .3s ease-in;}
```

8.3　板　　块

8.3.1　Tab 选项面板

扫一扫，看视频

在网页设计中经常需要设计 Tab 选项面板，因为它能够在有限的空间包含更多分类信息。

设计思路：利用 CSS 隐藏或显示栏目内容，一般 Tab 选项面板仅显示一个 Tab 菜单项，当用户选择对应的菜单项后，才会显示对应的内容。实际上，Tab 选项面板所包含的全部内容都已经下载到客户端浏览器中了。本示例设计一个水平布局的 Tab 选项卡栏目，效果如图 8.10 所示。

图 8.10　Tab 选项面板效果

第 1 步，新建 HTML5 文档，在<body>标签内编写 Tab 选项面板结构。代码如下：

```
<div id="tab">
    <div class="Menubox">
        <ul>
            <li id="tab_1" class="hover" onclick="setTab(1,4)">明星</li>
            <li id="tab_2" onclick="setTab(2,4)">...</li>
        </ul>
    </div>
    <div class="Contentbox">
        <div id="con_1" class="hover" ><img src="images/1.png" /></div>
        <div id="con_2" class="hide">...</div>
    </div>
</div>
```

在 Tab 选项面板中，<div class="Menubox">框包含的内容是菜单栏，<div class="Contentbox">框包含的是面板。

第 2 步，在样式表中定义 Tab 菜单的 CSS 样式。这里包含 3 部分 CSS 代码：第 1 部分重置列表框、列表项和超链接默认样式，第 2 部分定义 Tab 选项卡基本结构，第 3 部分定义与 Tab 菜单相关的几个类样式。核心样式代码如下：

```
#tab {/* 定义选项卡的包含框样式 */
    width:920px;                              /* 定义 Tab 面板的宽度 */
    margin:0 auto;                            /* 定义 Tab 面板居中显示 */
    overflow:hidden;                          /* 隐藏超出区域的内容 */
}
/* 菜单样式类*/
.Menubox {/* Tab 菜单栏的类样式 */
    width:100%;                               /* 定义宽度，满包含框宽度显示 */
    background:url(images/tab1.gif);          /* 定义 Tab 菜单栏的背景图像 */
    height:28px;                              /* 固定高度 */
    line-height:28px;                         /* 定义行高，实现垂直居中显示 */
}
.Menubox ul {margin:0px; padding:0px; }/* 清除列表缩进样式 */
.Menubox li {/* Tab 菜单栏包含的列表项基本样式 */
    float:left;                               /* 向左浮动，实现并列显示 */
    width:114px;                              /* 固定宽度 */
}
.Contentbox {/* 定义 Tab 面板中内容包含框基本样式类 */
```

```
    border:1px solid #A8C29F;                    /* 定义边框线样式 */
    padding-top:8px;                             /* 定义顶部补白，增加距离 */
}
.hide {display:none; /* 隐藏元素显示 */}/* 隐藏样式类 */
```

第 3 步，使用 JavaScript 脚本设计 Tab 交互效果。代码如下：

```
<script>
    //第 1 个参数定义要隐藏或显示的面板
    //第 2 个参数定义当前 Tab 面板包含几个 Tab 选项卡
    function setTab(cursel,n){
        for(i=1;i<=n;i++){
            var menu=document.getElementById("tab_"+i);
            var con=document.getElementById("con_"+i);
            menu.className=i==cursel?"hover":"";
            con.style.display=i==cursel?"block":"none";
        }
    }
</script>
```

扫描，拓展学习

有关 JavaScript 基本知识可以参考后面章节。

扫一扫，看视频

8.3.2 图片预览

图片浏览功能主要是展示图片，让图片以特定的方式显示在浏览者的面前。本示例利用纯 CSS 样式进行设计，功能简单，演示效果如图 8.11 所示。

图 8.11 图片预览

图片在默认状态情况下以缩略图的形式展现给浏览者，不压缩图片的原有宽度和高度属性，而是取图片的某个部分作为缩略图形式。当鼠标悬停于某张缩略图时，图册列表中的缩略图恢复为原始图片的宽度和高度，展现在某个固定区域。当鼠标移开缩略图时，缩略图列表恢复原始形态。鼠标悬停效果在 CSS 中主要利用:hover 伪类实现。

第 1 步，新建 HTML5 文档，设计图片组结构。使用 a 元素包含一个缩微图和一个大图，通过<span>标签包含动态显示的大图和提示文本。代码如下：

```
<div class="container">
    <a class="picture" href="#"><img class="small-pic" src="images/small-1.jpg"
/><span><img src="images/1.jpg" /><br />卤煮火烧 北京的传统小吃</span></a>
    ...
</div>
```

第2步，在样式表中定义图片浏览样式。代码如下：

```
.container {
    position: relative;
    margin-left:50px; margin-top:50px;
}
.picture img { border: 1px solid white; margin: 0 5px 5px 0;}
.picture:hover {background-color: transparent;}
.picture:hover img { border: 2px solid blue;}
.picture .small-pic {
    width:100px; height:60px;
    border:#FF6600 2px solid;
}
.picture span {
    position: absolute; left: -1000px;
    background-color:#FFCC33;
    padding: 5px; border: 1px dashed gray;
    visibility: hidden;
    color: black; font-weight:800;
    text-decoration:none; text-align:center;
}
.picture span img {
    border-width: 0; padding: 2px;
    width:400px; height:300px;
}
.picture:hover span {
    visibility: visible;
    top: 0; left: 230px;
}
```

在以上代码中，首先定义了包含框样式，设置包含框定位为相对定位 position: relative;，这样其中包含的各个绝对定位元素都将以当前包含框为参照物进行定位。默认设置 a 元素中包含的 span 元素为绝对定位显示，并隐藏起来，而当鼠标经过时，span 元素及其包含的大图重新恢复显示。鼠标移走后，再隐藏起来。由于 span 元素是绝对定位，可以把所有大图都固定到一个位置，统一大小，默认时它们都重叠在一起，并隐藏显示。

扫描，拓展学习

扫一扫，看视频

8.3.3 新闻列表

新闻栏目多使用列表结构构建，然后通过 CSS 列表样式进行美化。本示例介绍一种常见的分类新闻列表版式，效果如图 8.12 所示。

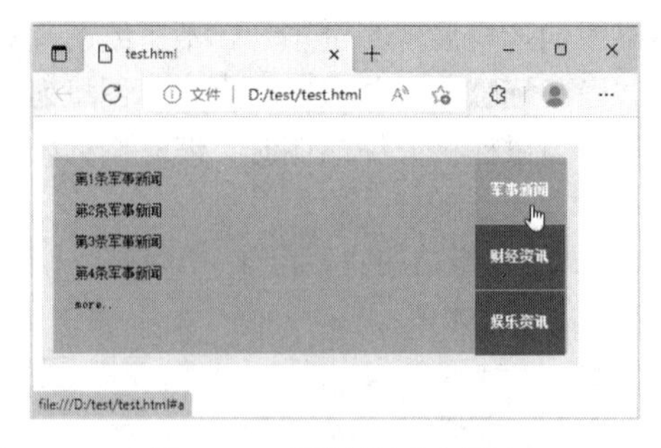

图 8.12　分类新闻列表版式

第1步，新建 HTML5 文档，构建网页结构，在<body>标签中输入以下代码：

```
<dl>
    <dt><a href="#a">军事新闻</a><a href="#b">…</a> </dt>
    <dd>
        <ul id="a">
            <li><a href="#">第 1 条军事新闻</a> </li>
            …
            <li><a href="#">more...</a> </li>
        </ul>
        ...
    </dd>
</dl>
```

在上面的代码中，首先用<dl>标签创建了一个定义列表，在<dt>标签中定义了 3 个项目，分别是“军事新闻”“财经资讯”和“娱乐资讯”，在<dd>标签中包含了 3 个<ul>标签，用于创建<ul>无序列表，分别对应“军事新闻”“财经资讯”和“娱乐资讯”3 个项目的内容。

第 2 步，规划整个页面的基本显示属性：字体颜色、背景颜色等。代码如下：

```
dl { /*定义列表样式*/
    position: absolute;                /*定义元素的绝对定位*/
    width: 460px;
    height: 170px;
    border: 10px solid #eee;           /*定义元素的边框样式*/
}
dt { /*定义 dt 标签（菜单）的样式*/
    position: absolute;                /*绝对定位，以父元素的原点为原点*/
    right: 1px;                        /*右边框离父标签 1px*/
}
dd { /*定义 dd 标签（菜单内容）的样式*/
    margin: 0;
    width: 460px;
    height: 170px;
    overflow: hidden;                  /*溢出隐藏*/
}
```

在<dd>样式中，overflow:hidden;的作用是将超出指定高度和指定宽度的内容隐藏起来，如果没有该语句，那么 3 个<ul>标签中的内容将全部显示出来。

第 3 步，设置菜单项的链接样式。代码如下：

```
dt a { /*dt（菜单项）的链接样式*/
    display: block;                    /*设置为块级元素*/
    margin: 1px;                       /*可使菜单项有 1px 间隔*/
    width: 80px;                       /*菜单项的宽度 */
    height: 56px;                      /* 菜单项的高度*/
}
dt a:hover { background: orange; } /*鼠标悬停时背景颜色改为橙色  */
```

以上代码设置了菜单项<dt>标签内的链接样式，其中 display:block 将本是行内元素的 a 标签改为了块元素，通过该语句，当鼠标进入这个块的任何部分时都会被激活，而不仅仅是在文字上方时才被激活，鼠标进入菜单区域时，背景颜色变为橙色。

第 4 步，设置<ul>列表和<li>标签的样式。代码如下：

```
ul {/*设置 ul 列表的样式*/
    margin: 0;                         /*使列表内容紧靠父标签  */
    padding: 0;
    width: 460px;
```

```
    height: 170px;
    list-style-type: none;          /*不显示列表项目*/
}
li { /* 设置li标签的样式*/
    width: 405px;                   /*li标签的宽度 */
    height: 27px;
    padding-left: 20px;             /*文字左侧距离边框20px*/
}
```

扫描，拓展学习

扫一扫，看视频

8.3.4 图文列表

图文列表的结构就是将列表内容以图片的形式在页面中显示，简单理解就是图片列表信息附带简短的文字说明。在页面主要包含列表标题、图片和图片相关说明的文字。本示例设计效果如图 8.13 所示。

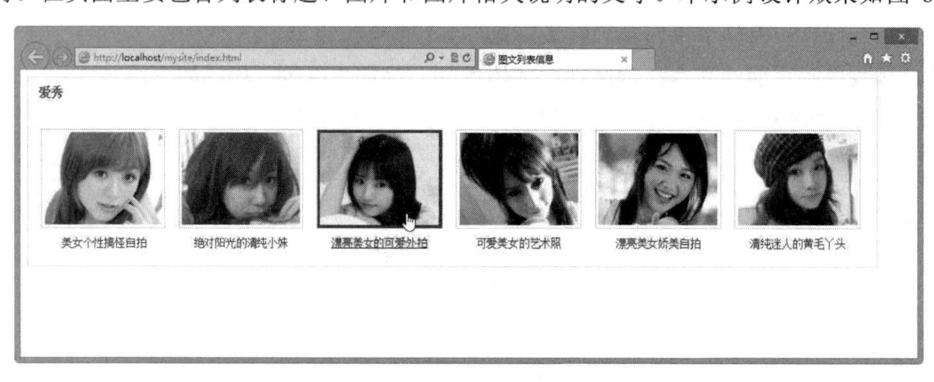

图 8.13　图文列表信息页面效果

第 1 步，新建 HTML5 文档，在<body>标签内编写以下代码，构建图文列表结构：

```
<div class="pic_list">
    <h3>爱秀</h3>
    <div class="content">
        <ul>
            <li><a href="#"><img src="images/1.jpg" alt="美女个性搞怪自拍">美女个性搞怪自拍
</a></li>
            ...
        </ul>
    </div>
</div>
```

这个结构层次清晰且富有条理，不仅在 HTML 代码中能很好地体现页面结构层次，而且方便后期使用 CSS 样式对其进行设计。

第 2 步，在<head>标签内添加<style type="text/css">标签，定义一个内部样式表，编写图文列表区域的相关 CSS 样式。代码如下：

```
.pic_list .content {
    width:942px;
    height:150px;
    overflow:hidden;          /* 设置图文列表内容区域的宽度和高度，超过部分隐藏 */
    padding:22px 0 0 15px;    /*增加图文列表内容区域与其他元素之间的间距 */
}
.pic_list .content li {
    float:left;
    width:142px;
```

```
    margin-right:15px;
    display:inline;          /* 设置浮动后增加了左右外补丁*/
}
```

栏目中每张图片的宽度均为 134px，左右内补丁分别为 3px，左右边框宽度分别为 1px，图片列表与图片列表之间的间距为 15px（即右外补丁为 15px），根据盒模型的计算方式，最终列表<li>标签的盒模型宽度值为 1px+3px+134px+3px+1px+15px=157px，因此图文列表区域总宽度值为 157px×6=942px。

.pic_list .content 作为图文列表内容区域，增加相应的内补丁使其与整体之间有空间感，这是视觉效果中必然会处理的一个问题。

.pic_list .content li 因为具有浮动属性，并且有左右外补丁中其中一个外补丁属性，在 IE6 浏览器中会产生双倍间距的 BUG 问题，添加 display:inline 可以解决该问题，不会对其他浏览器产生任何影响。

第 3 步，对图文列表的整体效果进行修饰，如图文列表的背景和边框及图文列表标题的高度、文字样式和背景等。代码如下：

```
.pic_list {
      width:960px; /* 设置图文列表整体的宽度 */
      border:1px solid #D9E5F5; /* 添加图文列表的边框 */
      background:url(images/wrap.jpg) repeat-x 0 0; /* 添加图文列表整体的背景图片 */
}
.pic_list * {/* 重置图文列表内部所有基本样式 */
      margin:0; padding:0;
      list-style:none;
}
.pic_list h3 { /* 设置图文列表标题的高度、行高、文字样式和背景图像 */
      height:34px; line-height:34px;
      text-indent:12px;
      background:url(images/h3bg.jpg) no-repeat 0 0;
}
```

8.3.5　下载列表

本示例模拟了百度文库的“相关文档推荐”栏目样式，演示如何利用属性选择器快速并准确匹配文档类型，为不同类型文档超链接定义不同的显示图标，以便浏览者准确识别文档类型。演示效果如图 8.14 所示。

扫描，拓展学习

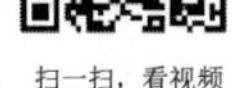

扫一扫，看视频

图 8.14　设计文档类型的显示图标

第 1 步，新建 HTML5 文档，设计列表结构。

第 2 步，定义内部样式表，在样式表中对文档进行样式初始化。代码如下：

```
/*初始化超链接、span 元素和 p 元素基本样式*/
a { padding-left: 24px; text-decoration: none; }
span { color: #999; font-size: 12px; display: block; padding-left: 24px; padding-bottom:
```

```
6px; }
    p { margin: 4px; }
```

第 3 步，利用属性选择器为不同类型文档超链接定义显示图标。代码如下：

```
    a[href$="pdf"] { /*匹配 PDF 文件*/
        background: url(images/pdf.jpg) no-repeat left center;
    }
    a[href$="ppt"] { /*匹配演示文稿*/
        background: url(images/ppt.jpg) no-repeat left center;
    }
    a[href$="txt"] { /*匹配记事本文件*/
        background: url(images/txt.jpg) no-repeat left center;
    }
    a[href$="doc"] { /*匹配 Word 文件*/
        background: url(images/doc.jpg) no-repeat left center;
    }
    a[href$="xls"] { /*匹配 Excel 文件*/
        background: url(images/xls.jpg) no-repeat left center;
    }
```

提示：

超链接的类型和形式是多样的，如锚链接、下载链接、图片链接、空链接和脚本链接等，都可以利用属性选择器来标识这些超链接的不同样式。代码如下：

```
    a[href^="http:"] { /*匹配所有有效超链接*/
        background: url(images/window.gif) no-repeat left center;
    }
    a[href$="xls"] { /*匹配 XML 样式的表文件*/
        background: url(images/icon_xls.gif) no-repeat left center;
        padding-left: 18px;
    }
    a[href$="rar"] { /*匹配压缩文件*/
        background: url(images/icon_rar.gif) no-repeat left center;
        padding-left: 18px;
    }
    a[href$="gif"] { /*匹配 GIF 图像文件*/
        background: url(images/icon_img.gif) no-repeat left center;
        padding-left: 18px;
    }
    a[href$="jpg"] { /*匹配 JPG 图像文件*/
        background: url(images/icon_img.gif) no-repeat left center;
        padding-left: 18px;
    }
    a[href$="png"] { /*匹配 PNG 图像文件*/
        background: url(images/icon_img.gif) no-repeat left center;
        padding-left: 18px;
    }
```

扫描，拓展学习

扫一扫，看视频

8.4 项目实战：设计热销榜页面

本示例设计一个热销榜页面，模拟手机“麦包包”触屏版的热销商品页面，效果如图 8.15 所示。

图 8.15　热销商品页面效果

第 1 步，新建 HTML5 文档，设计页面结构。整个页面为上、中、下结构，顶部内容包括 Logo 图片、用户登录超链接按钮和购物车超链接按钮，中部内容为热销商品列表，底部内容为多个导航超链接。代码如下：

```
<header class="mbHead">
    <div class="mbTop clearfix">
        <div class="mbTop_wrap"> </div>
    </div>
</header>
<section id="mbMain">
    <section class="productMod modTop">
        <h3 class="modHd"> </h3>
        <div class="modBd"> </div>
    </section>
</section>
<footer class="mbFoot"> </footer>
```

第 2 步，重点分解页面主体区域的列表结构。代码如下：

```
<section id="mbMain">
    <section class="productMod modTop">
        <h3 class="modHd">热销风云榜<a class="modMoreTag" href="#">更多</a> </h3>
        <div class="modBd">
            <ul class="modList clearfix">
                <li> </li>
            </ul>
            <ul class="modTextList">
                <li> </li>
            </ul>
        </div>
    </section>
</section>
```

热销榜包含<ul class= "modList clearfix">和<ul class="modTextList">两个列表框，堆叠显示，第 1 个列表框负责前 4 个产品列表项目，配有图文细节，故要单独列出；第 2 个列表框负责后面多个产品列表项目，仅包含文本，设计比较简单，单列一个包含框，便于管理。

第 3 步，图文列表项目包含 3 个子框，其中，<div class="productImg">包含链接产品样图，<div

class="productName">包含链接产品名称，<div class="productPrice">包含链接产品价格信息，3 段信息垂直堆叠显示，如图 8.16 所示。

图 8.16　图文列表

第 4 步，本页面 CSS 样式代码包含在两个外部样式表文件 main.css 和 common.css 中，其中 main.css 为页面主样式表，common.css 为通用样式表，重置常用标签默认样式。下面重点介绍样图和徽标的设计。

第 5 步，设计<div class="productImg">框为相对定位，为徽标设置定位参考。代码如下：

```
.modBd .modList .productImg { margin-bottom: 5px; position: relative }
```

第 6 步，设计产品样图大小，这里以背景图的方式加载提示性动画。因为移动网络网速有限，加载样图会有影响，如果样图没有显示，可能正在加载，请耐心等候。代码如下：

```
.modBd .modList .productImg img { background: #e8e8e8 url(../images/loading.png) center center no-repeat; background-size: 130px 130px }
```

第 7 步，设计产品样图的显示样式：弹性大小，取消边框。代码如下：

```
.modBd .modList .productImg img { width: 100%; height: auto; border: 0 }
```

第 8 步，设计徽标样式：圆形、定位到产品图左上角的位置，添加白边，高亮显示。代码如下：

```
.modRankBTag { position: absolute; top: -12px; left: -12px; width: 26px; height: 26px; display: block; border-radius: 13px; background: #fff; box-shadow: 1px 1px 1px #999 }
```

第 9 步，设计徽标包含的 span 元素，定义大小尺寸和字体样式。代码如下：

```
.modRankBTag span { background: #ec1b23; width: 16px; height: 22px; display: block; line-height: 20px; border-radius: 11px; margin: 3px 0 0 3px; font-size: 16px; text-align: left; padding: 0 0 0 6px; color: #fff; font-weight: 700 }
```

8.5　在线支持

本节为拓展学习，感兴趣的读者请扫码进行学习。

扫描，拓展学习

第 9 章　CSS3 表格和表单样式

CSS3 可以定义表格和表单的基本样式，如边界、边框、补白、背景和字体等。表格具有特殊的结构，因此 CSS3 还为其定义了多个特殊的属性。虽然表单没有特殊的属性，但是表单对象多是界面控件，使用 CSS3 会有一定的局限性，需要配合 JavaScript 实现，如单选按钮、复选框、下拉菜单、文件域等表单对象。

【练习重点】

- 设计常用的表格样式。
- 根据网页风格设计响应式表格。
- 设计基本的表单样式。

扫描，拓展学习

扫一扫，看视频

9.1　表 格 样 式

9.1.1　斑马线表格

本示例设计斑马线效果的表格样式。以浅蓝色为主色调（本书采用单色印刷，浅蓝色无法在图中显示），配以 12px 的灰色字体，营造一种轻松的视觉效果。使用隔行换色样式分行显示数据，既符合浏览需求，又可以避免错行阅读。使用渐变背景图像设计表格列标题，使表格看起来大方、富有立体感。效果如图 9.1 所示（图中数据的统计时间为 2016 年）。

http://localhost:8080/mysite/test.html　localhost

历届奥运会中国奖牌数

编号	年份	城市	金牌	银牌	铜牌	总计
第23届	1984年	洛杉矶（美国）	15	8	9	32
第24届	1988年	汉城（韩国）	5	11	12	28
第25届	1992年	巴塞罗那（西班牙）	16	22	16	54
第26届	1996年	亚特兰大（美国）	16	22	12	50
第27届	2000年	悉尼（澳大利亚）	28	16	14	58
第28届	2004年	雅典（希腊）	32	17	14	63
第29届	2008年	北京（中国）	51	21	28	100
第30届	2012年	伦敦（英国）	38	27	23	88
第31届	2016年	里约热内卢（巴西）	26	18	26	70
合计	543枚					

图 9.1　斑马线表格效果

第 1 步，新建 HTML5 文档，在<body>标签内定义表格结构。限于篇幅，表格代码请参考本小节示例源码。

第 2 步，定义表格样式。表格样式包括 3 部分内容：表格边框及背景样式、表格内容显示样式和表格布局样式。表格布局样式包括定义表格固定宽度解析，这样能够优化解析速度，显示空单元格，合并单元格的边框线，设置表格居中显示。表格边框为 1px 的浅蓝色实线框，字体为 12px 的灰色字体。代码如下：

```
table {/* 表格基本样式 */
    table-layout:fixed;                    /* 固定表格布局，优化解析速度*/
    empty-cells:show;                      /* 显示空单元格 */
```

```
    margin:0 auto;                                  /* 居中显示 */
    border-collapse: collapse;                      /* 合并单元格边框 */
    border:1px solid #cad9ea;                       /* 边框样式 */
    color:#666;                                     /* 灰色字体 */
    font-size:12px;                                 /* 字体大小 */
}
```

第3步，定义列标题样式。列标题样式主要涉及背景图像的设计，具体代码如下：

```
th {/* 列标题样式 */
    background-image: url(images/th_bg1.gif);           /* 指定渐变背景图像 */
    background-repeat:repeat-x;                         /* 定义水平平铺 */
    height:30px;                                        /* 固定高度 */
}
```

第4步，定义单元格样式。主要设置单元格的高度、边框线和补白。定义单元格左右两侧的补白，目的是避免单元格与数据拥挤在一起。代码如下：

```
td {height:20px; /* 固定高度 */}/* 单元格的高度 */
td, th {/* 单元格的边框线和补白 */
    border:1px solid #cad9ea;                       /* 单元格的边框线应与表格的边框线一致 */
    padding:0 1em 0;                                /* 单元格左右两侧的补白为一个字距 */
}
```

第5步，定义隔行变色样式，使用比边框色稍浅的背景色。代码如下：

```
tbody tr:nth-child(2n) { background-color: #f5fafe;}
```

扫描，拓展学习

9.1.2 圆边表格

扫一扫，看视频

本示例设计圆润风格的表格效果，使用 border-radius 定义圆角；使用 box-shadow 为表格添加内阴影，设计高亮边效果；使用 transition 定义过渡动画，在鼠标指针经过数据行时渐显浅色背景；使用 linear-gradient()函数定义标题列显示渐变背景效果，代替使用背景图像模拟渐变效果的传统做法；使用 text-shadow 属性定义文本阴影，让标题更富立体感。演示效果如图 9.2 所示（图中数据的统计时间为 2016 年）。

历届奥运会中国奖牌数

编号	年份	城市	金牌	银牌	铜牌	总计
第23届	1984年	洛杉矶（美国）	15	8	9	32
第24届	1988年	汉城（韩国）	5	11	12	28
第25届	1992年	巴塞罗那（西班牙）	16	22	16	54
第26届	1996年	亚特兰大（美国）	16	22	12	50
第27届	2000年	悉尼（澳大利亚）	28	16	14	58
第28届	2004年	雅典（希腊）	32	17	14	63
第29届	2008年	北京（中国）	51	21	28	100
第30届	2012年	伦敦（英国）	38	27	23	88
第31届	2016年	里约热内卢（巴西）	26	18	26	70
合计	543枚					

图 9.2　圆边表格效果

第1步，新建 HTML5 文档，复制 9.1.1 小节示例的数据表格结构。

第2步，在头部区域<head>标签中插入一个<style type="text/css">标签，在该标签中输入以下样式代码（定义表格默认样式，并定制表格外框主题类样式）：

```
table { border-spacing: 0; width: 100%;}
.bordered {
    border: solid #ccc 1px; border-radius: 6px;
    box-shadow: 0 1px 1px #ccc;
}
```

第 3 步，统一单元格样式，定义边框、空隙效果。代码如下：

```
.bordered td,  .bordered th {
    border-left: 1px solid #ccc; border-top: 1px solid #ccc;
    padding: 10px; text-align: left;
}
```

第 4 步，设计表格标题列样式，使用 CSS3 渐变设计标题列背景，添加阴影，营造立体效果。代码如下：

```
.bordered th {
    background-color: #dce9f9;
    background-image: linear-gradient(top, #ebf3fc, #dce9f9);
    box-shadow: 0 1px 0 rgba(255,255,255,.8) inset;
    border-top: none;  text-shadow: 0 1px 0 rgba(255,255,255,.5);
}
```

第 5 步，设计圆角效果，具体代码如下：

```
/*==整个表格设置了边框，并设置了圆角==*/
.bordered { border: solid #ccc 1px; border-radius: 6px;}
/*==表格第 1 行第 1 个 th 需要设置左上角圆角==*/
.bordered th:first-child { border-radius: 6px 0 0 0;}
/*==表格第 1 行最后一个 th 需要设置右上角圆角==*/
.bordered th:last-child { border-radius: 0 6px 0 0;}
/*==表格最后一行的第 1 个 td 需要设置左下角圆角==*/
.bordered tr:last-child td:first-child {border-radius: 0 0 0 6px;}
/*==表格最后一行的最后一个 td 需要设置右下角圆角==*/
.bordered tr:last-child td:last-child {border-radius: 0 0 6px 0;}
```

第 6 步，使用 box-shadow 制作表格的阴影。代码如下：

```
.bordered { box-shadow: 0 1px 1px #ccc;}
```

使用 transition 制作 hover 过渡效果。代码如下：

```
.bordered tr {transition: all 0.1s ease-in-out;}
```

使用 linear-gradient 制作表头渐变色。代码如下：

```
.bordered th {
    background-color: #dce9f9;
    background-image: linear-gradient(to top, #ebf3fc, #dce9f9);
}
```

第 7 步，为<table>标签应用 bordered 类样式。代码如下：

```
<table summary="历届奥运会中国奖牌数"   class="bordered">
```

扫描，拓展学习

9.1.3 单线表格

本示例使用 CSS3 设计一款单行线表格，效果如图 9.3 所示（图中数据的统计时间为 2016 年）。

第 1 步，新建 HTML5 文档，在<body>标签内定义表格结构。用户可以直接复制 9.1.1 小节示例的数据表格结构。

扫一扫，看视频

历届奥运会中国奖牌数

编号	年份	城市	金牌	银牌	铜牌	总计
第23届	1984年	洛杉矶（美国）	15	8	9	32
第24届	1988年	汉城（韩国）	5	11	12	28
第25届	1992年	巴塞罗那（西班牙）	16	22	16	54
第26届	1996年	亚特兰大（美国）	16	22	12	50
第27届	2000年	悉尼（澳大利亚）	28	16	14	58
第28届	2004年	雅典（希腊）	32	17	14	63
第29届	2008年	北京（中国）	51	21	28	100
第30届	2012年	伦敦（英国）	38	27	23	88
第31届	2016年	里约热内卢（巴西）	26	18	26	70
合计	543枚					

图 9.3　单线表格效果

第 2 步，在头部区域<head>标签中插入一个<style type="text/css">标签，在该标签中输入以下样式代码（定义表格默认样式，并定制表格外框主题类样式）：

```
table {
    *border-collapse: collapse; /* IE7 and lower */
    border-spacing: 0;
    width: 100%;
}
```

第 3 步，设计单元格样式，以及标题单元格样式，取消标题单元格的默认加粗和居中显示。代码如下：

```
.table td, .table th {
    padding: 4px;                            /* 增大单元格补白，避免拥挤*/
    border-bottom: 1px solid #f2f2f2;        /* 定义下边框线 */
    text-align: left;                        /* 文本左对齐 */
    font-weight:normal;                      /* 取消加粗显示 */
}
```

第 4 步，为列标题行定义渐变背景，同时增加高亮内阴影效果，为标题文本增加淡阴影色。代码如下：

```
.table thead th {
    text-shadow: 0 1px 1px rgba(0,0,0,.1);
    border-bottom: 1px solid #ccc;
    background-color: #eee;
    background-image: linear-gradient(to top, #f5f5f5, #eee);
}
```

第 5 步，设计数据隔行换色效果。代码如下：

```
.table tbody tr:nth-child(even) {
    background: #f5f5f5;
    box-shadow: 0 1px 0 rgba(255,255,255,.8) inset;
}
```

第 6 步，设计表格圆角效果。代码如下：

```
.table thead th:first-child { border-radius: 6px 0 0 0;}                    /* 左上角圆角 */
.table thead th:last-child {border-radius: 0 6px 0 0;}                      /* 右上角圆角 */
.table tfoot td:first-child, .table tfoot th:first-child{ border-radius: 0 0 0 6px;}
                                                                            /* 左下角圆角 */
.table tfoot td:last-child,.table tfoot th:last-child {border-radius: 0 0 6px 0;}
                                                                            /* 右下角圆角 */
```

扫一扫，看视频

9.1.4　分类表格

本示例设计一个分类显示的表格样式，主要应用否定伪类选择器和结构伪类选择器，配合 CSS 背景图像设计树形结构标志；使用伪类选择器设计鼠标经过时的动态背景效果，利用 CSS 边框和背景色设计标题行的立体显示效果，效果如图 9.4 所示。

历届奥运会中国奖牌数

编号	年份	城市	金牌	银牌	铜牌	总计
第一时期						
第23届	1984年	洛杉矶（美国）	15	8	9	32
第24届	1988年	汉城（韩国）	5	11	12	28
第25届	1992年	巴塞罗那（西班牙）	16	22	16	54
第26届	1996年	亚特兰大（美国）	16	22	12	50
第27届	2000年	悉尼（澳大利亚）	28	16	14	58
第28届	2004年	雅典（希腊）	32	17	14	63
第二时期						
第29届	2008年	北京（中国）	51	21	28	100
第30届	2012年	伦敦（英国）	38	27	23	88
第31届	2016年	里约热内卢（巴西）	26	18	26	70
合计	543枚					

图 9.4　分类表格效果

第 1 步，新建 HTML5 文档，设计表格结构。限于篇幅，此处不再显示具体代码，请参考本小节示例源码。

第 2 步，使用<style>标签在当前文档中定义一个样式表，并初始化表格样式。代码如下：

```
table { border-collapse: collapse; font-size: 75%; line-height: 1.4; border: solid 2px #ccc; width: 100%; }
th, td { padding: .3em .5em; cursor: pointer; }
th { font-weight: normal; text-align: left; padding-left: 15px; }
```

第 3 步，使用结构伪类选择器匹配合并单元格所在的行，定义合并单元格所在行加粗显示。代码如下：

```
td:only-of-type {
    font-weight:bold;
    color:#444;
}
```

第 4 步，使用否定伪类选择器选择主体区域非最后一个 th 元素。以背景方式在行前定义结构路径线。代码如下：

```
tbody th:not(.end) {
    background: url(images/dots.gif) 15px 56% no-repeat;
    padding-left: 26px;
}
```

第 5 步，使用类选择器选择主体区域最后一个 th 元素。以背景方式在行前定义结构封闭路径线。代码如下：

```
tbody th.end {
    background: url(images/dots3.gif) 15px 56% no-repeat;
    padding-left: 26px;
}
```

第 6 步，使用 thead 元素把表头标题独立出来，方便 CSS 控制，避免定义过多的 class 属性。th 元素有两种显示形式，一种用来定义列标题，另一种用来定义行标题。下面样式定义了表格标题列样式：

```
thead th {
    background: #c6ceda;
    border-color: #fff #fff #888 #fff;
    border-style: solid;
    border-width: 1px 1px 2px 1px;
```

```
    padding-left: .5em;
}
```

第 7 步，设计隔行换色的背景效果，这里主要使用了:nth-child(2n)选择器。同时使用:hover 动态伪类定义鼠标经过时的行背景色动画变化，以提示鼠标当前经过行时的效果。代码如下：

```
tbody tr:nth-child(2n) {background-color: #fef;}
tbody tr:hover{ background: #fbf; }
```

扫描，拓展学习

9.2 移 动 表 格

扫一扫，看视频

9.2.1 自适应布局

本示例设计一个伸缩布局表格。当调整页面宽度，或者在不同尺寸屏幕的计算机、手机等移动设备上尝试浏览时，表格将呈现自适应布局特征，能够自动地使用不同尺寸的屏幕，数据的表现不会因为屏幕大小变化而变得不合适，不至于打开视图或显示滚动条。演示效果如图 9.5 所示。

（a）手机模拟器中显示效果　　（b）桌面浏览器中显示效果

图 9.5　自适应布局表格效果

第 1 步，设计思路。根据设备的不同转换表格中的列。例如，在移动端中彻底改变表格的样式，使其不再有表格的形态，以列表的样式进行展示。

第 2 步，实现技术。使用 CSS 媒体查询中的 media 关键字，检测屏幕的宽度，然后利用 CSS 技术，重新改造，让表格变成列表，CSS 的神奇强大功能将在这里得以体现。

第 3 步，设计表格结构。限于篇幅，表格代码请参考本小节示例源码。

第 4 步，设计响应式样式。使用@media 判断当设备视图宽度，当宽度小于等于 600px 时，则隐藏表格的标题，让表格单元格以块显示，并向左浮动，从而设计垂直堆叠的显示效果；再使用 attr()函数获取 data-label 属性值，以动态方式显示在每个单元格的左侧。代码如下：

```
@media screen and (max-width: 600px) {
    table { border: 0; }
    table thead { display: none; }
    table tr {
```

```
        margin-bottom: 10px;
        display: block;
        border-bottom: 2px solid #ddd;
    }
    table td {
        display: block;
        text-align: right;
        font-size: 13px;
        border-bottom: 1px dotted #ccc;
    }
    table td:last-child { border-bottom: 0; }
    table td:before {
        content: attr(data-label);
        float: left;
        text-transform: uppercase;
        font-weight: bold;
    }
}
```

上面样式存在一个缺点，就是必须为每个单元格标签添加 data-label 属性值，如果数据比较多，那么这种方法会比较烦琐。下面样式尝试直接使用 content 属性为每个单元格添加说明文字，就不用破坏表格结构了。

第 5 步，主要响应式样式代码如下（其他代码请参考本小节示例源码）：

```
/*在小屏设备中的样式 */
@media  only screen and (max-width: 760px),  (min-device-width: 768px) and (max-device-width: 1024px) {
    /* 强制表格不再像表格一样显示  */
    table, thead, tbody, th, td, tr,caption { display: block; }
    /* 隐藏表格标题。不使用 display: none;，主要用于辅助功能  */
    thead tr {
        position: absolute;
        top: -9999px; left: -9999px;
    }
    tr { border: 1px solid #ccc; }
    td { /* 行为像一个“行”  */
        border: none; border-bottom: 1px solid #eee;
        position: relative; padding-left: 50%;
    }
    td:before {
        position: absolute;                        /* 现在像表格标题 */
        top: 6px; left: 6px;                       /* 顶/左值模仿填充 */
        width: 45%; padding-right: 10px;
        white-space: nowrap;
    }
    /*标记数据*/
    td:nth-of-type(1):before { content: "版本"; }
    td:nth-of-type(2):before { content: "发布时间"; }
    td:nth-of-type(3):before { content: "绑定系统"; }
}
```

通过这种方式设计，不需要为每个单元格添加 data-label 属性值。

扫描，拓展学习

扫一扫，看视频

9.2.2 滚动显示

本示例设计一个滚动布局表格，在窄屏设备中能够调整列的显示方式，可由纵向水平排列变成横向垂直堆叠，同时显示滚动条，滚动滑动条可显示遮挡部分的内容。演示效果如图9.6所示。

Selector	* selector	:before :after	:nth-of-type()	ba
IE7	yes	no	no	nc
IE8	yes	yes	no	nc
IE9	yes	yes	no	ye
FF 3.6	yes	yes	yes	nc
FF 4	yes	yes	yes	ye
Safari 5	yes	yes	yes	-w
Chrome 5	yes	yes	yes	-w
Opera 10	yes	yes	incorrect	bu

（a）手机模拟器中显示效果

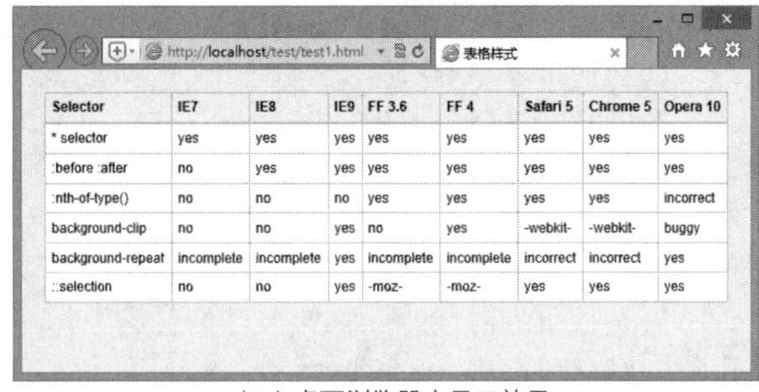

Selector	IE7	IE8	IE9	FF 3.6	FF 4	Safari 5	Chrome 5	Opera 10
* selector	yes	yes	yes	yes	yes	yes	yes	yes
:before :after	no	yes	yes	yes	yes	yes	yes	yes
:nth-of-type()	no	no	no	yes	yes	yes	yes	incorrect
background-clip	no	no	yes	no	yes	-webkit-	-webkit-	buggy
background-repeat	incomplete	incomplete	yes	incomplete	incomplete	incorrect	incorrect	yes
::selection	no	no	yes	-moz-	-moz-	yes	yes	yes

（b）桌面浏览器中显示效果

图9.6　滚动布局表格效果

第1步，设计思路。根据不同的设备，转换表格中的列。例如，在移动端中彻底改变表格样式，使其浮动显示，以列表样式进行展示，同时设置tbody水平滚动显示，这样就可以在小屏设备中滚动显示所有数据。

第2步，实现技术。使用CSS媒体查询中的media关键字检测屏幕的宽度，然后利用CSS浮动技术让表格变成列表。

第3步，设计表格结构。需要使用<thead>标签和<tbody>标签对表格进行分组，标题区和数据区各自独立显示。限于篇幅，表格代码请参考本小节示例源码。

第4步，在样式表中，设计小屏设备下的显示样式。代码如下：

```
@media only screen and (max-width: 40em) { /*640*/
    #rt1 { /*表格框样式：块显示，定义定位包含框*/
        display: block;
        position: relative;
        width: 100%;
    }
    /*标题区靠左浮动显示*/
    #rt1 thead { display: block; float: left; }
    /*数据区块显示，自动宽度，x轴自动显示滚动条，禁止换行显示 */
    #rt1 tbody {
        display: block;
        width: auto;
        position: relative;
        overflow-x: auto;
        white-space: nowrap;
    }
    #rt1 thead tr { display: block; }
    #rt1 th { display: block; }
    #rt1 tbody tr { display: inline-block; vertical-align: top;  }
    #rt1 td { display: block; min-height: 1.25em; }
    /* 整理边界  */
    .rt th { border-bottom: 0; }
    .rt td { border-left: 0; border-right: 0; border-bottom: 0; }
    .rt tbody tr { border-right: 1px solid #babcbf; }
```

```
    .rt th:last-child, .rt td:last-child { border-bottom: 1px solid #babcbf; }
}
```

9.2.3 自动隐藏列

自动隐藏列是指在移动设备中隐藏表格中不重要的列，从而达到适配移动端的布局效果。本示例主要应用 CSS 中媒体查询的 media 关键字，当检测为移动设备时，根据设备的宽度将不重要的列设置为 display: none;。演示效果如图 9.7 所示。

Index	Value	Change
ISEQ® Overall	2,725.99	-15.30
ISEQ® Financial	130.77	-3.24
ISEQ® General	3,751.79	-17.49
ISEQ® Small Cap.	1,661.94	3.76

（a）小屏显示效果

Index	Value	Change	Daily Low	Daily High
ISEQ® Overall	2,725.99	-15.30	2,712.84	2,743.31
ISEQ® Financial	130.77	-3.24	130.43	136.14
ISEQ® General	3,751.79	-17.49	3,731.15	3,770.88
ISEQ® Small Cap.	1,661.94	3.76	1,643.92	1,661.94

（b）中屏显示效果

Index	Value	Change	Change %	Year High	Year Low	Daily Low	Daily High
ISEQ® Overall	2,725.99	-15.30	-0.56%	3,037.89	2,333.35	2,712.84	2,743.31
ISEQ® Financial	130.77	-3.24	-2.42%	493.83	101.54	130.43	136.14
ISEQ® General	3,751.79	-17.49	-0.46%	4,146.84	3,188.68	3,731.15	3,770.88
ISEQ® Small Cap.	1,661.94	3.76	0.23%	2,175.60	1,633.21	1,643.92	1,661.94

（c）大屏显示效果

图 9.7　隐藏布局表格效果

第 1 步，新建 HTML5 文档，在<body>标签内定义表格结构。具体表格结构不再显示，请参考本小节示例源码。

第 2 步，在样式表中设计表格样式。下面重点介绍核心代码，先定义设备的屏幕尺寸小于等于 768px 时，隐藏最后一列的数据。代码如下：

```
@media only screen and (max-width: 768px) {
    #turnover, tr td:nth-child(9) { display: none; visibility: hidden; }
}
```

第 3 步，定义设备的屏幕尺寸小于等于 420px 时，隐藏第 4、5、6、9 列的数据。代码如下：

```
@media only screen and (max-width: 420px) {
    #changepercent, tr td:nth-child(4) { display: none; visibility: hidden; }
    #yhigh, tr td:nth-child(5) { display: none; visibility: hidden; }
    #ylow, tr td:nth-child(6) { display: none; visibility: hidden; }
    #turnover, tr td:nth-child(9) { display: none; visibility: hidden; }
}
```

第 4 步，定义设备的屏幕尺寸小于等于 320px 时，隐藏第 4、5、6、7、8、9 列的数据。代码如下：

```
@media only screen and (max-width: 320px) {
    #changepercent, tr td:nth-child(4) { display: none; visibility: hidden; }
    #yhigh, tr td:nth-child(5) { display: none; visibility: hidden; }
    #ylow, tr td:nth-child(6) { display: none; visibility: hidden; }
    #dhigh, tr td:nth-child(7) { display: none; visibility: hidden; }
    #dlow, tr td:nth-child(8) { display: none; visibility: hidden; }
    #turnover, tr td:nth-child(9) { display: none; visibility: hidden; }
}
```

9.3 表单样式

扫描，拓展学习

扫一扫，看视频

9.3.1 背景修饰

本示例演示把图标嵌入表单对象中，这样既可以点缀美化页面，又能够提示操作，效果如图 9.8 所示。

图 9.8　图标样式的表单效果

第 1 步，新建 HTML5 文档，在<body>标签内定义表单结构。具体代码不再显示，请参考本小节示例源码。

第 2 步，在<head>标签内插入<style>标签，定义内部样式表。输入以下样式代码，使用 CSS 对表单进行布局：

```
* { margin:0; padding:0; }                          /* 清除所有元素的边距 */
body { text-align:center; }                         /* 网页居中显示 */
#login {/* 表单包含框样式 */
    margin:10px auto 10px;                          /* 网页居中显示 */
    text-align:left;                                /* 文本左对齐 */
}
/* 表单域样式 */
fieldset { width:230px; margin:28px auto; font-size:12px; }
```

第 3 步，设计提示文本与表单对象换行显示，并固定宽度。代码如下：

```
label { /* 定义标签提示文本的样式 */
    width:200px;                                    /* 固定宽度 */
    display:block;                                  /* 块状显示 */
}
```

第 4 步，使用背景图像为每个文本框左侧定义一个图标。为了避免文本框内的文本遮盖背景图像图标，同时定义左侧内边距以挤出一个空间给背景图像留用。代码如下：

```
#name, #password { padding-left:20px; }    /* 定义左侧内边距，挤出定义背景图像的空间 */
#name { background:url(images/name.gif) no-repeat 4px center; }    /* 定义姓名框图标 */
#password {background:url(images/password.gif) no-repeat 4px center;}/* 定义密码框图标 */
.button_div { /* 按钮样式 */
    text-align:center;                         /* 按钮文本居中 */
    margin:6px auto;                           /* 按钮居中显示 */
}
```

9.3.2　调查表

扫描，拓展学习

扫一扫，看视频

本示例设计一个简单的调查表，继续演示背景图像在表单对象中的应用，以及使用 CSS3 新功能美化表单样式，演示效果如图 9.9 所示。

第 1 步，新建 HTML5 文档，在<body>标签内定义表单结构。具体代码不再显示，请参考本小节示例源码。

第 2 步，定义表单框样式。设置表单宽度为 500px，定义背景色、补白，添加深色边框线，为表单框定义阴影效果。代码如下：

图 9.9　调查表效果

```
form {
    width: 500px; padding: 6px 12px; margin:auto; overflow: auto;
    background: #f0f0f0; border: 1px solid #cccccc; border-radius: 7px;
    box-shadow: 2px 2px 2px #cccccc;      /*边框阴影 */
}
```

第 3 步，定义表单标签和文本框样式。定义<label>标签样式和< input >标签样式，设置标签浮动显示，便于与右侧的文本框同行显示。通过 line-height 属性定义文本垂直居中显示，使用 text-shadow 属性添加文本阴影效果。为文本区域添加背景图标，显示在右下角的位置，并固定大小。代码如下：

```
label { text-shadow: 2px 2px 2px #ccc; display: block; float: left; width: 60px;
line-height: 36px;}
input[type="text"] { padding: 8px; border: 1px solid #b9bdc1; width: 260px;}
textarea {
    width: 28em; height: 10em; padding: 8px; border: 1px solid #b9bdc1;
    background: #fff  url(images/logo.png) no-repeat 90% 90% ;
    background-size:8em ;
}
```

第 4 步，设计圆角按钮样式。使用 text-shadow 属性定义文本阴影，使用 border-radius 属性定义圆角效果，同时使用 background 属性定义渐变背景色。代码如下：

```
.button {
    float: right; margin:10px 55px 10px 0; padding: 6px 10px;
    text-shadow: 0 -1px 1px #64799e;
    background: #a5b8da;
    background: linear-gradient(to top, #a5b8da 0%, #7089b3 100%);
    border: 1px solid #5c6f91;
    border-radius: 10px;
    box-shadow: inset 0 1px 0 0 #aec3e5;                /* 阴影 */
}
```

9.3.3　搜索表单

扫描，拓展学习
扫一扫，看视频

本示例设计一个搜索框，包含“搜索类别”“搜索输入框”“搜索提示框”和“搜索按钮”，效果如图 9.10 所示。

第 1 步，新建一个 HTML5 文档，在<body>标签内输入以下结构代码，构建表单结构：

图 9.10　搜索框样式

```
<div class="search_box">
    <h3>搜索框</h3>
    <div class="content">
        <form method="post" action="">
            <select>
                <option value="1">网页</option>
                ...
            </select>
            <input type="text" value="css" /> <button type="submit">搜索</button>
            <div class="search_tips">
                <h4>搜索提示</h4>
                <ul>
                    <li><a href="#">css 视频</a><span>共有 589 个项目</span></li>
                    ...>
                </ul>
            </div>
        </form>
    </div>
</div>
```

整个表单结构分为两个部分，将“下拉选择”“文本框”和“按钮”归为一类，主要功能是信息搜索；“搜索提示”为当在“文本框”中输入文字时，将会出现的相对应的搜索提示信息，该功能主要由后台程序开发人员实现，前台设计师只需要将其以页面元素的形式表现。

第 2 步，在样式表中隐藏“站内搜索”和“搜索提示”两个标题，“搜索按钮”用图片代替，“搜索提示框”出现在“搜索输入框”的底部，并且宽度与“搜索输入框”相等。代码如下：

```
/* 设置输入框宽度，并设置为相对定位，成为其子级元素的定位参考  */
.search_box { position:relative; width:360px; }
/* 设置输入框内补丁、边界为 0，列表修饰为无，并且设置字体样式等  */
.search_box * {margin:0; padding:0; list-style:none;}
.search_box h3, .search_tips h4 {display:none; } /* 隐藏标题文字 */
```

第 3 步，为了将“搜索提示框”通过定位的方式显示在“搜索输入框”的底部，可在.search_box 中定义 position 属性，让其成为子级元素定位的参照物。文档结构中的标题在页面中不需要显示，因此可以将其隐藏。虽然现在只是将标题文字隐藏了，后期网站开发过程中如果需要显示，可以直接通过 CSS 样式修改，而不需要再次去调整文档结构。代码如下：

```
/* 将下拉框设置成浮动显示，并设置其宽度  */
.search_box select { float:left; width:60px; }
.search_box input {/* 设置搜索输入框样式，浮动显示，添加左右两边间距（边界）*/
    float:left; width:196px; height:14px;
    padding:1px 2px; margin:0 5px;
```

```
    border:1px solid #619FCF;
}
.search_box button {/* 设置按钮浮动，以缩进方式隐藏按钮文字，添加背景图  */
    float:left; width:59px; height:18px;
    text-indent:-9999px; border:0 none;
    background:url(images/btn_search.gif) no-repeat 0 0;
}
```

第 4 步，button 标签在默认情况下不具备当鼠标悬停时显示手形的功能，因此需要特殊定义。代码如下：

```
.search_tips { /* 设置搜索提示框的宽度与输入框相等，并绝对定位在输入框底部  */
    position:absolute; top:17px; left:65px;
    width:190px; padding:5px 5px 0; border:1px solid #619FCF;
}
```

第 5 步，“搜索提示框”使用绝对定位的方式显示在“搜索输入框”的底部，其宽度属性值等于输入框的宽度属性值，可以提升视觉效果。不设置提示框的高度属性值是希望搜索框能随着内容的增加而自适应高度。代码如下：

```
/* 设置列表宽度和高度，利用浮动避免 IE 浏览器中列表上下间距增多的 BUG*/
.search_tips li {
    float:left; width:100%; height:22px;
    line-height:22px;
}
```

第 6 步，在 IE 早期版本中，列表 li 标签上下间距会增大显示，为了避免该问题的出现，将所有列表 li 标签添加浮动 float 属性。宽度属性值设置为 100%，可以避免当列表 li 标签具有浮动属性时宽度自适应的问题。代码如下：

```
/* 搜索提示中相关文字居左显示，并设置相关样式  */
.search_tips li a {float:left; text-decoration:none; color:#333333;}
/* 搜索提示中相关文字在鼠标悬停时显示红色文字  */
.search_tips li a:hover { color:#FF0000;}
/* 以灰色弱化搜索提示相关数据，并居右显示  */
.search_tips li span { float:right; color:#CCCCCC;}
```

第 7 步，设置列表项<li>标签中的锚点<a>标签和<span>标签分别左右浮动，使它们靠两边显示在“搜索提示框”内，并相应添加文字样式做细节调整。

9.3.4　设计状态样式

扫一扫，看视频

扫描，拓展学习

■ 补充知识点

使用 CSS3 新增的状态伪类可以根据表单控件的状态设置其样式，简单说明如下。

- :focus：获得焦点的状态。
- :checked：单选按钮或复选框选中状态。
- :disabled：禁用状态。
- :enable：可用状态。
- :required：必填状态。
- :optional：非必填状态。
- :invalid：非法值状态。
- :valid：合法值状态。

■ 练习示例

以9.3.2小节的示例为基础，在内部样式表中添加以下样式：

```
/*为获得焦点的 input（包括提交按钮）或 textarea 添加背景色*/
input:focus,textarea:focus { background-color: greenyellow;}
/*为获得焦点的提交按钮设置浅绿色背景*/
input[type="submit"]:focus { backgroundcolor:#ff8c00;}
/*为选中的单选按钮或复选框定义绿色字体*/
input:checked + label { color: green;}
/*设置禁用文本区域以浅色显示*/
textarea:disabled { background-color: #ccc; border-color: #999;  color: #666;}
/*设置所有必填的 input 和 textarea 的边框高亮显示*/
input:required, textarea:required { border: 2px solid #000;}
/*设置电子邮件文本框中的值如果不是有效的电子邮件地址，则以红色字体显示*/
input[type="email"]:invalid { color: red; }
input[type="email"]:valid { color: black;}
```

注意：

使用以下样式可以解决:invalid状态问题：

```
input:invalid:not(:required) { border:2px solid red; }
```

invalid 状态在页面开始加载时就开始起作用了，但是如果控件设置了 required，而值为空，就会处于无效状态。为了避免此类问题，可以使用:not 伪类把 required 状态排除。在提交表单时，再使用 JavaScript 为控件添加一个无效样式类，代码如下：

```
.submitted input:invalid{ background-color: red; }
```

提示：

也可以使用属性选择器定位拥有特定属性的表单字段，如[autocomplete]、[autofocus]、[multiple]（电子邮件文本框和文件域）、[placeholder]、[type="email"]、[type="url"]。

如果希望兼容早期浏览器不支持的表单状态伪类，可以下载 Selectivzr 插件。

扫描，拓展学习

9.4 移动表单

扫一扫，看视频

9.4.1 注册表单

本示例模拟手机上的“麦包包网”的用户注册页面，浏览效果如图9.11所示。

图9.11　用户注册页面效果

第 1 步，新建 HTML5 文档，在<body>标签内定义表单结构。限于篇幅，表单代码请参考本小节示例源码。

第 2 步，在 main.css 样式表文件中定义样式。统一表单列表框基本样式。代码如下：

```
.frameLoginBox .formLogin { padding: 8px 0 15px; text-align: center }
```

第 3 步，定义每个表单对象以行内块显示，宽度为 100%。代码如下：

```
.frameLoginBox .formLogin li { width: 100%; display: inline-block; padding: 5px; box-sizing: border-box; }
```

第 4 步，设计表单控件的标签文本样式，固定宽度，左对齐，行内块显示。代码如下：

```
.frameLoginBox .formLogin label { width: 70px; text-align: left; display: inline-block }
.frameLoginBox .formLogin span { display: inline-block }
```

第 5 步，设计输入框样式，固定高度，实现垂直居中，增加浅色边框，增加 padding，打开输入框，固定宽度为 180px。代码如下：

```
.frameLoginBox .formLogin input { height: 24px; line-height: 24px; border: 1px solid #8badc2; padding: 2px 4px; width: 180px }
```

第 6 步，设计“换一张”按钮的样式为渐变阴影，外加投影。代码如下：

```
.modBtnWhite { display: inline-block; background: linear-gradient(to bottom, #f5f5f5, #e6e6e6); height: 22px; line-height: 22px; padding: 0 15px; text-align: center; border: 1px solid #bdbdbd; box-shadow: 0 1px 2px #ccc; }
```

第 7 步，设计“注册”按钮居中显示。代码如下：

```
.frameLoginBox .btnLoginBox { padding: 15px 0 10px; text-align: center }
```

第 8 步，设计按钮行内块显示，固定高度，实现垂直居中，增加渐变阴影和投影特效。代码如下：

```
.modBtnColor { display: inline-block; height: 30px; line-height: 30px; padding: 0 15px; text-align: center; color: #fff; border-radius: 2px; box-shadow: 0 1px 3px #444; }
```

9.4.2 登录表单

扫描，拓展学习

扫一扫，看视频

本示例模拟“同程旅游网”的会员登录页面，浏览效果如图 9.12 所示。

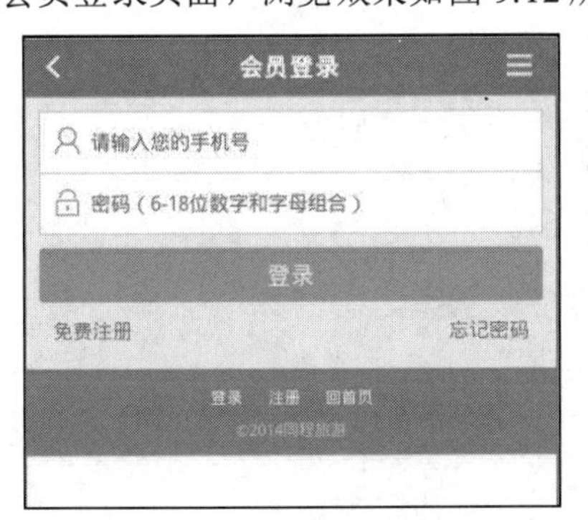

图 9.12　会员登录页面效果

第 1 步，新建 HTML5 文档，在<body>标签内定义表单结构。限于篇幅，表单代码请参考本小节示例源码。

第 2 步，在样式表中统一表单对象样式：100%宽度显示，取消轮廓线、边框线、阴影。代码如下：

```
article.bottom_c input[type="text"], article.bottom_c input[type="password"] { width: 100%; text-align: left; outline: none; box-shadow: none; border: none; color: #333;
```

```
background-color: #fff; height: 20px; margin-left: -5px; font-family: microsoft yahei; }
```

第3步，定义表单对象外框样式，添加底边框线效果。代码如下：

```
#selectBank { border-bottom: 1px solid #ccc; }
section span { float: left; padding-left: 5px }
```

第4步，为替换文本添加样式。设置字体颜色为浅灰色。代码如下：

```
input::-webkit-input-placeholder { color: #ccc;}
```

第5步，设置表单对象包含元素span的样式。代码如下：

```
section span.fRight { float: none; padding-left: 12px; position: relative; overflow: hidden; display: block; height: 44px; line-height: 44px; }
```

第6步，分别为用户名和密码框左侧定义一个图标。代码如下：

```
.username { background: url("../images/ico-user.png") no-repeat; display: inline-block; width: 25px; height: 25px; background-size: cover; margin: 6px -5px 0; }
.password { background: url("../images/ico-password.png") no-repeat; display: inline-block; width: 25px; height: 26px !important; height: 25px; background-size: cover; margin: 6px -5px 0; }
```

第7步，设计按钮风格样式。代码如下：

```
.btn-blue { margin-top: 10px; background: #fe932b; border: none; border-radius: 3px; font-family: microsoft yahei; font-size: 18px; }
```

第8步，设计按钮基本样式。代码如下：

```
.btn { width: 100%; height: 40px; display: block; line-height: 40px; text-align: center; font-size: 18px; color: #fff; margin-bottom: 10px; }
```

提示：

placeholder 属性是 HTML5 新增的表单属性，用来设置输入框的提示占位符，可以给用户一些提示，告诉用户如何进行操作，这种效果在HTML5之前一般都需要使用JavaScript来实现。

下面示例以本节演示示例为基础，模拟“掌上 1 号店”的用户登录页面，设计一个类似的登录页面，效果如图9.13所示。详细代码请参考本小节示例代码源目录下的“拓展练习”文件夹。

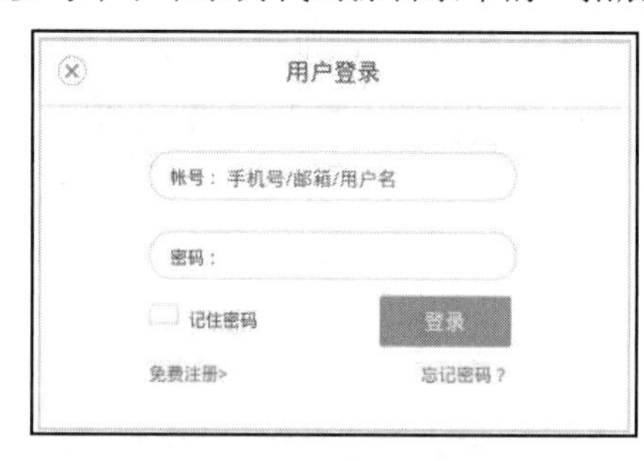

图 9.13　设计登录页面

扫描，拓展学习

9.4.3　反馈表单

扫一扫，看视频

本示例模拟“去哪儿网”的意见反馈页面，浏览效果如图 9.14 所示。

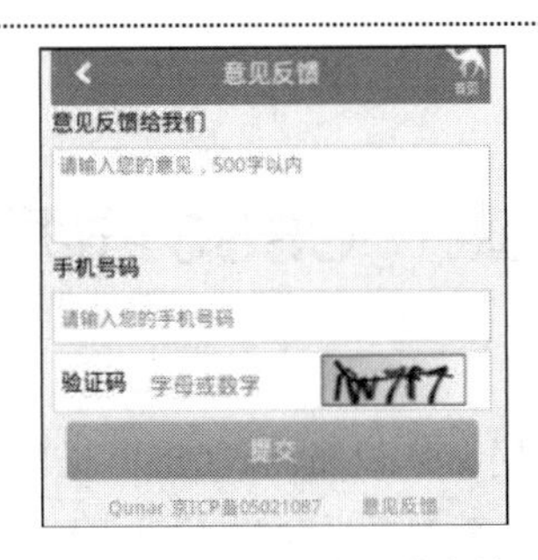

图 9.14　设计用户反馈表单

第 1 步，新建 HTML5 文档，在<body>标签内定义表单结构。限于篇幅，表单代码请参考本小节示例源码。

第 2 步，打开 main.css 样式表文件，设计表单对象样式。首先，统一文本框和文本区域的基本样式，添加浅灰色边框和内补白。代码如下：

```
.qn_pa10 input, .qn_pa10 textarea { padding: 2px 4px; border: solid 1px #bbb; width: 97%; }
.qn_lh { line-height: 1.5; }
```

第 3 步，设计验证码样式。代码如下：

```
.qn_item { font-size: 16px; line-height: 40px; height: 40px; padding: 0 5px; background: #fff; }
.qn_item.hover { background: #e0e0e0; color: #fff; }
.qn_item input { height: 30px; width: 95%; border: none; font-size: 16px; }
.qn_border { border: 1px solid #cacaca; }
.qn_fl { float: left; }
.qn_ml90 { margin-left: 60px }
.qn_ml90 input { display: inline-block; }
.qn_captcha { height: 35px; vertical-align: top; width: 105px; }
.qn_captcha { margin: 2px 0 0 0 }
```

第 4 步，设计意见反馈区域样式。代码如下：

```
.qn_plr10 { padding-left: 10px; padding-right: 10px; }
```

第 5 步，设计"提交"按钮的样式，通过渐变背景定义立体且动态的按钮效果。代码如下：

```
.qn_btn a { display: block; font-size: 18px; line-height: 40px; text-align: center; color: #fff; background: -webkit-gradient(linear, 0% 0, 0% 100%, from(#ffa442), to(#ff801a)); background: linear-gradient(to bottom, #ffa442, #ff801a); border-radius: 4px; margin-top: 6px; }
.qn_btn a:hover { background: -webkit-gradient(linear, 0% 0, 0% 100%, from(#e86800), to(#ff8400)); background: linear-gradient(to bottom, #e86800, #ff8400); }
.qn_btn a:visited { color: #fff; }
```

9.5　在线支持

本节为拓展学习，感兴趣的读者请扫码进行学习。

扫描，拓展学习

第 10 章　CSS3 布局基础

CSS 把布局分为常规布局、浮动布局、定位布局。CSS3 推出了更多布局方案：多列布局、弹性盒、模板层、网格定位、网格层、浮动盒等。本章重点介绍 CSS 的 3 种布局模型，它们能获得所有浏览器全面的、一致性的支持，因此被广泛应用。

网页布局一般是通过栏目的行列组合来实现，如单行版式、两行版式、多行版式、单列版式、两列版式和三列版式等。实现布局的方式也有多种，如流动布局、浮动布局、定位布局和混合布局等。根据网页布局的适应特性，还可以分为固定宽度布局和弹性布局等。

【学习重点】

- 设计流动布局。
- 设计浮动布局。
- 设计定位布局。

10.1　界 面 处 理

2015 年 4 月，万维网联盟（W3C）发布了 CSS 基本用户接口模块（CSS3 UI）的标准工作草案。该模块负责控制与用户接口界面相关效果的呈现方式，它包含并扩展了在 CSS2 及 Selector 规范中定义的与用户接口有关的特性。

扫描，拓展学习

扫一扫，看视频

10.1.1　轮廓线

在表单页面中当文本框获得焦点时，周围将显示一个粗轮廓线，用以提醒用户交互，效果如图 10.1 所示。

图 10.1　文本框的轮廓线

本示例 HTML 结构请参考示例源代码，然后在样式表中添加以下两个样式：

```
/*设计表单内文本框在被激活和获取焦点状态下时，轮廓线的宽度、样式和颜色*/
input[type="text"]:focus { outline: thick solid #b7ddf2 }
input[type="text"]:active  { outline: thick solid #aaa }
```

10.1.2　图像边框

扫描，拓展学习

扫一扫，看视频

■ 补充知识点

使用 CSS3 的 border-image 属性能够模拟 background-image 属性为边框定义图像。用法如下：

```
  border-image: <' border-image-source '> || <' border-image-slice '> [ / <' border-
image-width '> | / <' border-image-width '>? / <' border-image-outset '> ]? ||
<' border-image-repeat '>
```

取值说明如下。

- <' border-image-source '>：设置对象的边框是否用图像定义样式，以及图像路径。
- <' border-image-slice '>：设置边框图像的分割方式。
- <' border-image-width '>：设置对象的边框图像宽度。
- <' border-image-outset '>：设置对象的边框图像的扩展。
- <' border-image-repeat '>：设置对象的边框图像的平铺方式。

■ 练习示例

本示例为元素 div 定义边框图像，使用 border-image-source 导入外部图像源 images/border1.png，根据 border-image-slice 属性值（27 27 27 27）把图像切分为 9 块，然后分别把这 9 块图像切片按顺序填充到边框四边、四角和内容区域，效果如图 10.2 所示。

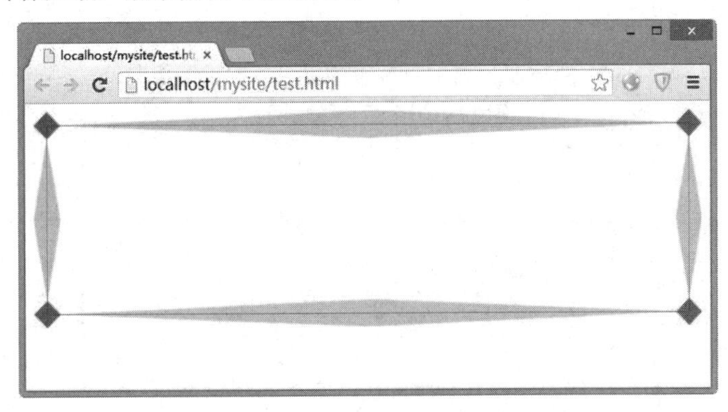

图 10.2　边框背景样式

第 1 步，新建 HTML5 文档，使用<div>标签定义一个盒子。代码如下：

```
<div></div>
```

第 2 步，在样式表中输入以下样式：

```
div {
    height:160px;  border:solid 27px;
    border-image: url(images/border1.png) 27;          /*设置边框图像*/
}
```

本示例使用一个 71px×71px 大小的图像，这个正方形的图像被等分为 9 个方块，每个方块的高和宽都是 21px×21px 大小。当声明 border-image-slice 属性值为 27、27、27、27 时，则按以下说明进行解析。

- 第 1 个参数值表示从上向下裁切图像，显示在顶边。
- 第 2 个参数值表示从右向左裁切图像，显示在右边。
- 第 3 个参数值表示从下向上裁切图像，显示在底边。
- 第 4 个参数值表示从左向右裁切图像，显示在左边。

图像被 4 个参数值裁切为 9 块，再根据边框的大小进行自适应显示。例如，当分别设置边框为不同大小时，则显示效果除了粗细外，其他都完全相同。

提示：

border-image 包含多个子属性，具体说明如下。

- border-image-repeat：设置对象边框图像的平铺方式。其中，stretch，拉伸填充，为默认值；repeat，平铺填充；round，平铺填充，会根据边框动态调整大小直至正好可以铺满整个边框；space，平铺填充，会根据边框动态调整图像间距直至正好铺满整个边框。例如，设置 border-image-repeat:round;，效果如图 10.3 所示。
- border-image-width：设置对象的边框图像的宽度。
- border-image-slice：设置对象的边框图像的分割方式。例如，设置裁切值为 10，即 border-image-slice：10;，效果如图 10.4 所示。

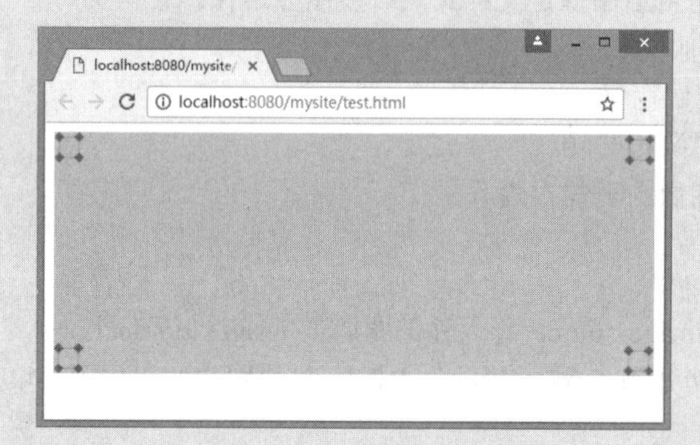

图 10.3　定义边框图像平铺显示

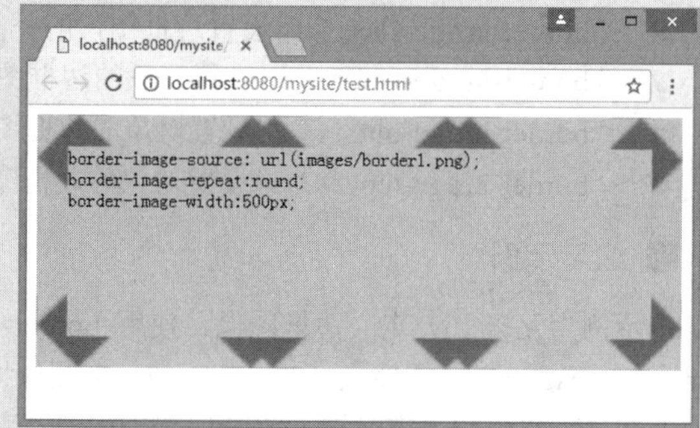

图 10.4　定义边框图像裁切值

- border-image-outset：设置对象的边框图像的扩展。例如，设置边框图像向外扩展 50px，效果如图 10.5 所示。

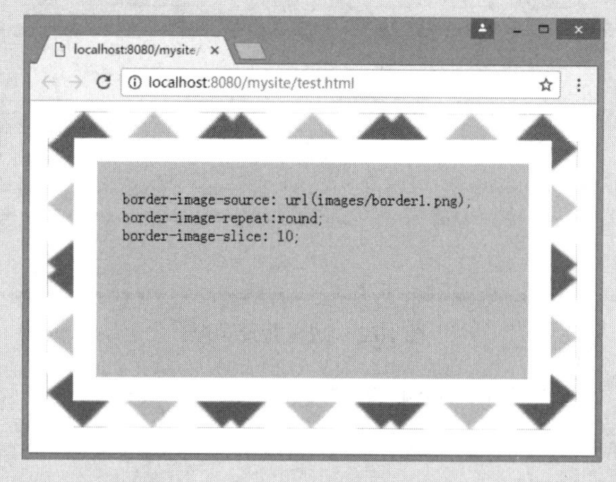

图 10.5　定义边框图像向外扩展

扫一扫，看视频

10.1.3　盒子阴影

下面通过一个简单的示例练习 box-shadow 的使用方法。

第 1 步，设计一个简单的盒子，并定义其基本形状。代码如下：

```
<style type="text/css">
    .box{
        width:100px; height:100px;                    /*固定大小*/
        text-align:center; line-height:100px;         /*显示在中央*/
        background-color:rgba(255,204,0,.5);          /*浅色背景*/
```

```
        border-radius:10px;                         /*适当圆角*/
        padding:10px; margin:10px;                  /*添加间距*/
    }
</style>
<div class="box bs1">box-shadow</div>
```

第 2 步，阴影就是对原对象的复制，包括内边距和边框都属于 box 的占位范围，阴影也包括对内边距和边框的复制，但是阴影本身不占据布局的空间，演示效果如图 10.6 所示。代码如下：

```
.bs1{box-shadow:120px 0px #ccc;}
```

第 3 步，设计四周都有模糊阴影的效果，如图 10.7 所示。代码如下：

```
.bs1{ box-shadow:0 0 20px #666;}
```

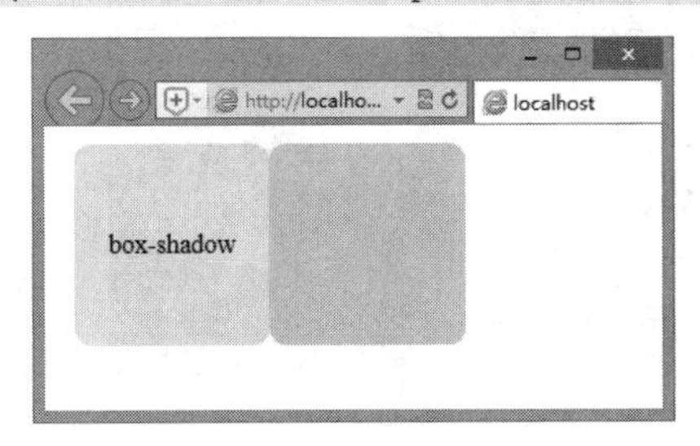

图 10.6　比较对象和阴影大小

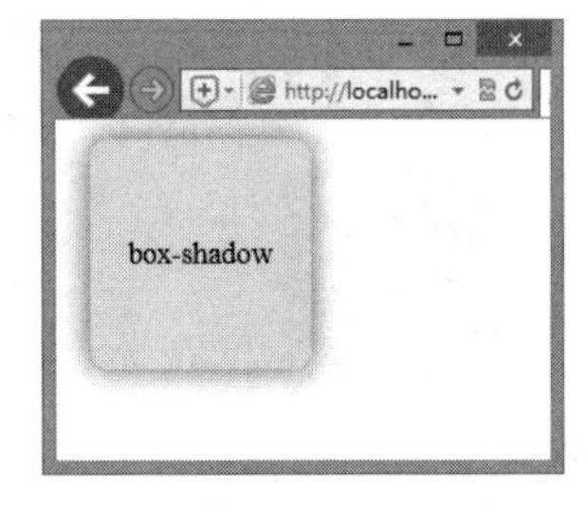

图 10.7　四周同时显示阴影

第 4 步，定义 5px 扩展阴影，如图 10.8 所示。代码如下：

```
.bs1{ box-shadow:0 0 0 5px #333;}
```

阴影不像 border 要占据布局的空间，因此要实现鼠标经过对象时产生外围的边框，可以使用阴影的扩展来代替 border。或者使用 border 的 transparent 实现，不过不如 box-shadow 的 spread 扩展方便。如果使用 border，布局会产生影响。

第 5 步，拓展为负值的阴影，如图 10.9 所示。代码如下：

```
.bs1 { box-shadow: 0 15px 10px -15px #333; border: none; }
```

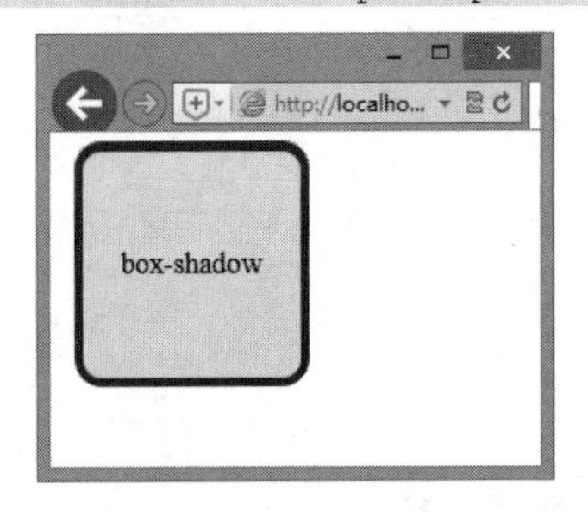

图 10.8　定义扩展阴影

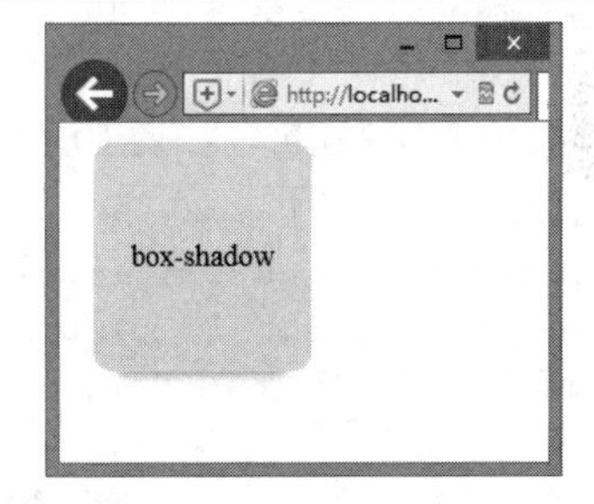

图 10.9　定义负值阴影

注意：

要产生这样的效果，y 轴的值和 spread 的值正负相反，大小相等。其他边设计同理。

第 6 步，定义内阴影，如图 10.10 所示。代码如下：

```
.bs1 { background-color: #1C8426; box-shadow: 0px 0px 20px #fff inset;}
```

注意：

可以直接为 div 这样的盒子设置 box-shadow 盒阴影，但是不能直接为 img 图片设置盒阴影。代码如下：

```
/* 直接在图片上添加内阴影，无效*/
.img-shadow img {box-shadow: inset 0 0 20px red;}
```

可以通过为 img 的容器 div 设置内阴影，然后让 img 的 z-index 为-1，解决这个问题。但是这种做法不可以为容器设置背景颜色，因为容器的级别比图片高，设置了背景颜色会挡住图片，效果如图 10.11 所示。代码如下：

```
/* 在图片容器上添加内阴影，生效*/
.box-shadow { box-shadow: inset 0 0 20px red; display:inline-block;}
.box-shadow img {position: relative; z-index: -1;}
```

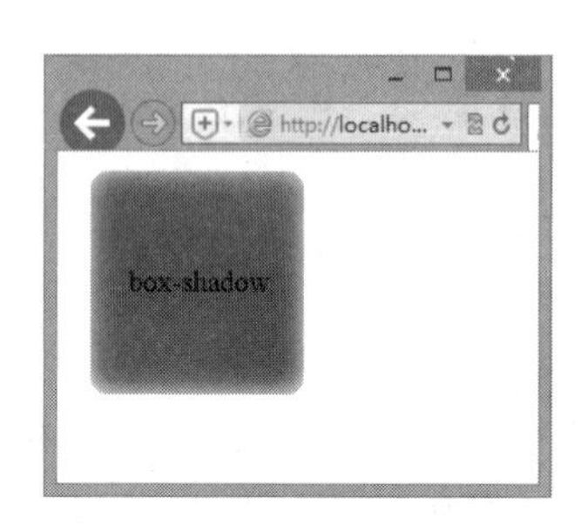

图 10.10　定义内阴影

图 10.11　为图片定义内阴影

还有一个更好的方法，不用考虑图片的层级，利用:before 伪元素实现，而且还可以为父容器添加背景颜色等。代码如下：

```
/*在图片容器上添加伪元素或伪类，不用为 img 设置负值的 z-index。有内阴影*/
img { position: relative; background-color: #FC3; padding: 5px;}
img:before {
    content: '';
    position: absolute; top: 0; right: 0; bottom: 0;  left: 0;
    box-shadow: inset 0 0 40px #f00;
}
```

第 7 步，定义多个阴影，如图 10.12 所示。代码如下：

```
.bs1 {
    box-shadow: 40px 40px rgba(26,202,221,0.5),
    80px 80px rgba(236,43,120,.5);
    border-radius: 0;
}
```

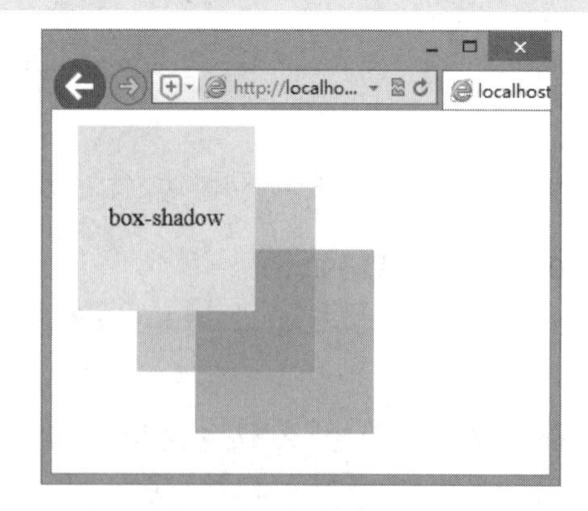

图 10.12　定义多个阴影

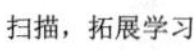

提示：

阴影也是有层叠关系的，前面的阴影层级高，会压住后面的阴影。阴影和阴影之间的透明度可见，而主体对象的透明度对阴影不起作用。

扫描，拓展学习

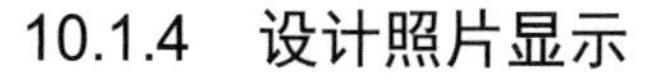

10.1.4　设计照片显示

扫一扫，看视频

本示例使用 box-shadow 设计照片以翘边的样式显示，翘边效果就是四角翘起后形成阴影，如图 10.13 所示。

图 10.13　翘边阴影效果

第 1 步，新建 HTML5 文档，设计照片列表结构。代码如下：

```
<ul class="box">
    <li><img src="images/1.jpg" /></li>
    <li><img src="images/2.jpg" /></li>
    <li><img src="images/3.jpg" /></li>
</ul>
```

第 2 步，使用 CSS3 的伪类:before 和:after，分别在照片包含框的前面和后面动态插入空内容。使用 z-index 属性设置元素的堆叠顺序。然后使用 skew()和 rotate()函数让阴影内容倾斜、旋转显示。核心样式如下：

```
.box li {/*设计每个图片的外框样式*/
    background: #fff;                    /*白色背景*/
    float: left;                         /*浮动并列显示*/
    position: relative;                  /*定义定位包含框*/
    margin: 20px 10px;                   /*调整项目间距*/
    border: 2px solid #efefef;           /*增加浅色边框*/
    /*添加内阴影*/
    box-shadow: 0 1px 4px rgba(0,0,0,0.27), 0 0 4px rgba(0,0,0,0.1) inset;
}
.box li:before {/*在左侧添加翘起阴影*/
    content: "";                         /*空内容*/
    position: absolute;                  /*固定定位*/
    width: 90%; height: 80%;             /*定义大小*/
    bottom: 13px; left: 21px;            /*定位*/
    background: transparent;             /*透明背景*/
    z-index: -2;                         /*显示在照片下面*/
```

```
    box-shadow: 0 8px 20px rgba(0,0,0,0.8);      /*添加阴影*/
    transform: skew(-12deg) rotate(-6deg);       /*变形并旋转阴影，让其翘起*/
}
.box li:after {/*在右侧添加翘起阴影，方法同上*/
    content: "";
    position: absolute;
    width: 90%;height: 80%;
    bottom: 13px; right: 21px;
    z-index: -2;
    background: transparent; box-shadow: 0 8px 20px rgba(0,0,0,0.8);
    transform: skew(12deg) rotate(6deg);
}
```

扫描，拓展学习

扫一扫，看视频

10.1.5 设计文章块

本示例使用 box-shadow、text-shadow 和 border-radius 等属性，定义一个包含阴影、圆角的特效，同时利用 CSS 渐变、半透明特效设计精致的栏目效果，如图 10.14 所示。

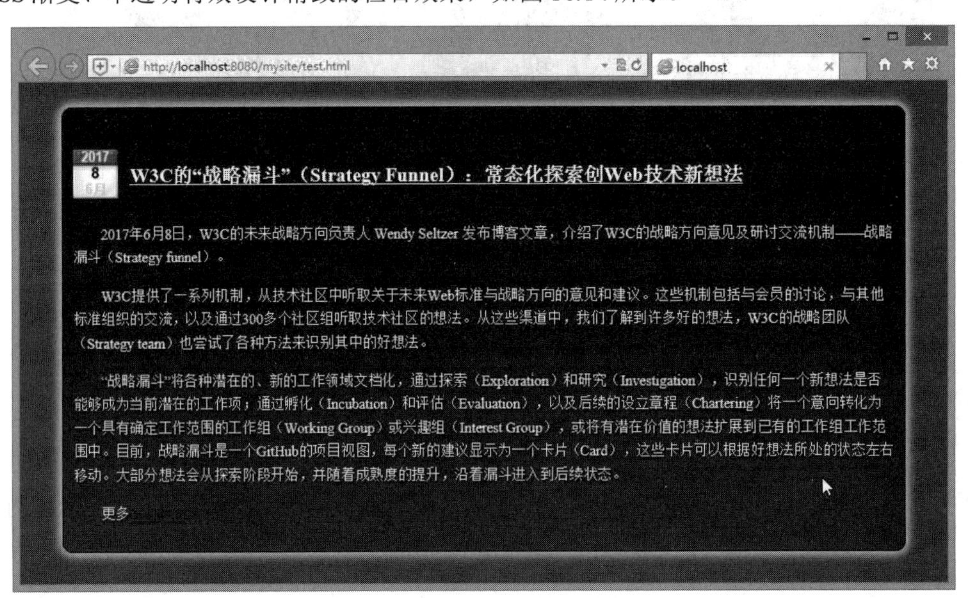

图 10.14　正文内容页面

第 1 步，新建 HTML5 文档，构建页面结构。代码如下：

```
<div  class="box">
    <h1>W3C 的“战略漏斗（Strategy Funnel）”：常态化探索创 Web 技术新想法</h1>
    <p>2017 年 6 月 8 日，W3C 的未来战略方向负责人 Wendy Seltzer 发布博客文章，介绍了 W3C 的战略方向意见及研讨交流机制—— 战略漏斗（Strategy  funnel）。</p>
    <p>...</p>
    <p class="right">更多<a href="http://www.chinaw3c.org/archives/1844/"
target="_blank">详细内容</a></p>
</div>
```

第 2 步，新建内部样式表，设计页面初始化，以及包含框的样式。核心代码如下：

```
.box {/*设计包含框样式*/
    border-radius: 10px;                              /* 设计圆角 */
    box-shadow: 0 0 12px 1px rgba(205, 205, 205, 1);  /* 设计栏目阴影*/
    text-shadow: black 1px 2px 2px;                   /* 设计包含文本阴影 */
```

```
    /* 设计直线渐变背景 */
    background-image: linear-gradient(to bottom, black, rgba(0, 47, 94, 0.4));
    background-color: rgba(43, 43, 43, 0.5);
}
```

第 3 步，鼠标经过时，放大阴影亮度。代码如下：

```
.box:hover { box-shadow: 0 0 12px 5px rgba(205, 205, 205, 1);}
```

第 4 步，设计标题样式。在标题正文前面使用 content 生成一个日期图标。代码如下：

```
h1 {margin-bottom:34px;}
/* 在标题前添加额外内容 */
h1:before { content: url(images/date.png); position:relative; top:16px; margin-right:12px; }
```

第 5 步，设计正文段落样式。调整段落文本的行高、间距，定义首行缩进显示。

扫描，拓展学习

扫一扫，看视频

10.1.6　设计应用界面

本示例使用 CSS3 的 box-shadow、border-radius 、text-shadow、border-color、border-image 等属性来模拟应用界面效果，如图 10.15 所示。

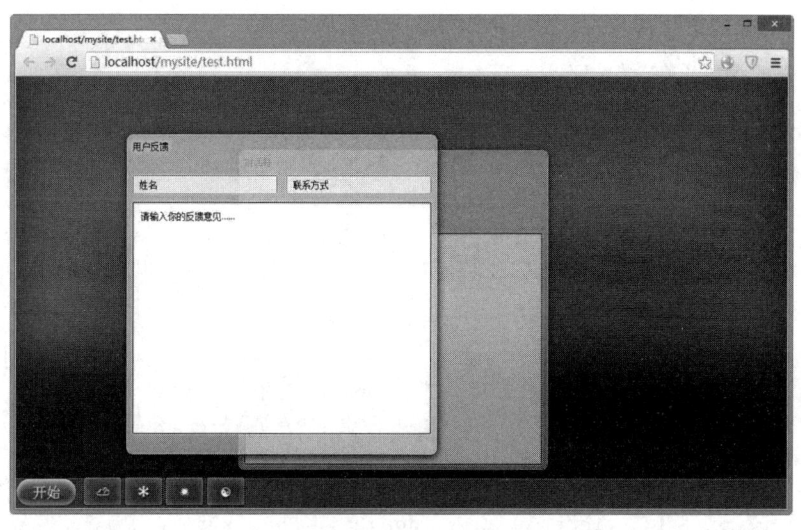

图 10.15　应用界面效果

第 1 步，新建 HTML5 文档，设计页面结构。整个 UI 界面的结构比较简单，代码如下：

```
<div id="desktop">
    <div id="bgWindow" class="window secondary">
        <span>对话框</span>
        <div class="content"></div>
    </div>
    <div id="frontWindow" class="window">
        <span>用户反馈</span>
        <div id="winInput"><input type="text" value="姓名"><input type="text" value="联系方式"></div>
        <div id="winContent" class="content">请输入你的反馈意见……</div>
    </div>
    <div id="startmenu">
        <button id="winflag">开始</button>
```

```
        <span id="toolBtn"><!--任务栏图标-->
            <button class="application">☁</button>
            <button class="application">✱</button>
            <button class="application">☀</button>
            <button class="application">☯</button>
        </span>
    </div>
</div>
```

第2步，设计桌面效果。代码如下：

```
#desktop { /*定制桌面背景效果*/
    background: #2c609b;
    height:100%;              /*满窗口显示*/
    position: relative;       /*定义包含框，为后面的桌面定位元素提供参考*/
    /*定义桌面内阴影，使用 3 个内阴影设计梦幻效果*/
    box-shadow: inset 0 -200px 100px #032b5c,
        inset -100px 100px 100px #2073b5,
        inset 100px 200px 100px #1f9bb1;
    overflow: hidden;         /*隐藏超出的内容*/
}
```

第3步，设计开始菜单和任务栏。核心代码如下：

```
#startmenu { /*设置任务栏效果*/
    position: absolute; bottom: 0;              /*固定显示在页面底部*/
    height: 40px; width: 100%;                  /*固定大小*/
    background: rgba(178, 215, 255, 0.25); /*增加半透明效果*/
    /*为任务栏设计顶部外阴影，以及在内部添加两道阴影*/
    box-shadow: 0 -2px 20px rgba(0, 0, 0, 0.25), inset 0 1px #042754, inset 0 2px
#5785b0;
    overflow: hidden;
}
#startmenu button { text-shadow: 1px 2px 2px #00294b; }          /*为按钮文字增加阴影效果*/
#startmenu #winflag {                           /*设计“开始”按钮样式*/
    border-radius: 40px;                        /*设计“开始”按钮圆角显示*/
    /*设计“开始”按钮内外阴影效果*/
    box-shadow: 0 0 1px #fff,  0 0 3px #000,  0 0 3px #000,
        inset 0 1px #fff,  inset 0 12px rgba(255, 255, 255, 0.15),
        inset 0 4px 10px #cef,  inset 0 22px 5px #0773b4, inset 0 -5px 10px #0df;
}
#startmenu .application {                       /*设计任务栏图标样式*/
    position: relative; bottom: 1px; height: 38px; width: 52px;
    transition: .3s all;                        /*设计渐变效果*/
    border-radius: 4px;                         /*设计任务栏图标圆角显示*/
    /*设计任务栏图标内外阴影效果*/
    box-shadow: inset 0 0 1px #fff, inset 4px 4px 20px rgba(255, 255, 255, 0.33),
        inset -2px -2px 10px rgba(255, 255, 255, 0.25);
}
/*当鼠标经过时，图标显示为半透明的色彩变化效果*/
#startmenu .application:hover { background-color: rgba(255, 255, 255, 0.25); }
```

第4步，设计窗口效果。核心代码如下：

```
/*设计窗口外框效果*/
.window {
```

```
    /*定位窗体大小和位置*/
    position: absolute; left: 150px; top: 75px; width: 400px; height: 400px; padding: 7px;
    /*设计半透明度效果的边框和背景效果*/
    border: 1px solid rgba(255, 255, 255, 0.6); background: rgba(178, 215, 255, 0.75);
    /*设计窗体外框圆角显示*/
    border-radius: 8px;
    /*设计窗体外框的外阴影效果*/
    box-shadow: 0 2px 16px #000,  0 0 1px #000,  0 0 1px #000;
    /*设计晕边效果*/
    text-shadow: 0 0 15px #fff, 0 0 15px #fff;
}
.window span { display: block; }
.window input {  /*文本输入框样式*/
    /*设计文本输入框圆角显示*/
    border-radius: 2px;
    /*设计文本输入框的内外阴影效果*/
    box-shadow: 0 0 2px #fff,  0 0 1px #fff, inset 0 0 3px #fff;
}
.window input + input { margin-left: 12px; }
.window.secondary { left: 300px; top: 125px; opacity: 0.66;} /*第 2 个窗体位置和不透明度*/
.window.secondary span { margin-bottom: 85px; }
.window .content {/*设计窗口内文本区域样式*/
    padding: 10px; height: 279px;
    border-radius: 2px;         /*设计文本区域圆角显示*/
    /*设计文本区域的内外阴影效果*/
    box-shadow: 0 0 5px #fff, 0 0 1px #fff, inset 0 1px 2px #aaa;
    text-shadow: none;          /*取消文本阴影*/
}
```

10.2　布 局 方 式

扫描，拓展学习

扫一扫，看视频

10.2.1　流动布局

当定义元素为相对定位，即设置 position:relative;属性时，会遵循流动布局，跟随 HTML 文档流自上而下流动。本示例定义 strong 元素对象为相对定位，然后通过相对定位调整标题在文档顶部的位置，显示效果如图 10.16 所示。

（a）定位前

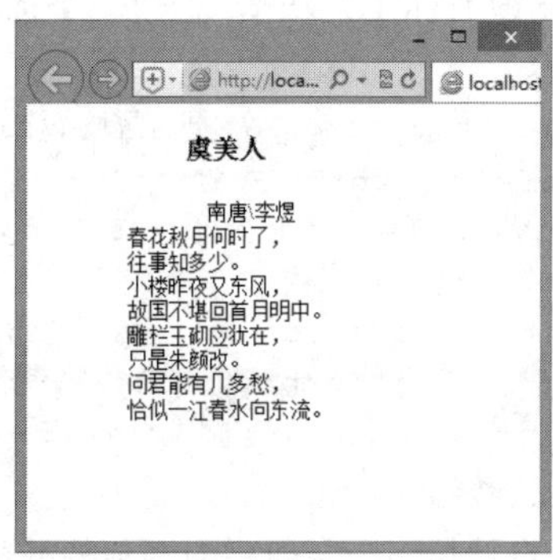

（b）定位后

图 10.16　相对定位显示效果

第 1 步，新建 HTML5 文档，设计一段文本。代码如下：

```
<p> <span><strong>虞美人</strong>南唐 李煜</span> <br>春花秋月何时了，<br>往事知多少。<br>小楼昨夜又东风，<br>故国不堪回首月明中。<br>雕栏玉砌应犹在，<br>只是朱颜改。<br>问君能有几多愁，<br>恰似一江春水向东流。 </p>
```

第 2 步，在样式表中设计<strong>标签相对定位，偏移到文章块的顶部显示。代码如下：

```
p { margin: 60px; font-size: 14px;}
p span { position: relative; }
p strong { position: relative; left: 40px; top: -40px; font-size: 18px;} /*[相对定位]*/
```

提示：

相对定位元素遵循的是流动布局，存在于正常的文档流中，但是它的位置可以根据原位置进行偏移。由于相对定位元素占有自己的空间，即原始位置保留不变，因此它不会挤占其他元素的位置，但是可以覆盖在其他元素上面进行显示。

扫描，拓展学习

扫一扫，看视频

10.2.2 浮动布局

本示例设计了包含 5 个栏目的模板结构，通过浮动布局实现网页 3 行 2 列显示，效果如图 10.17 所示。

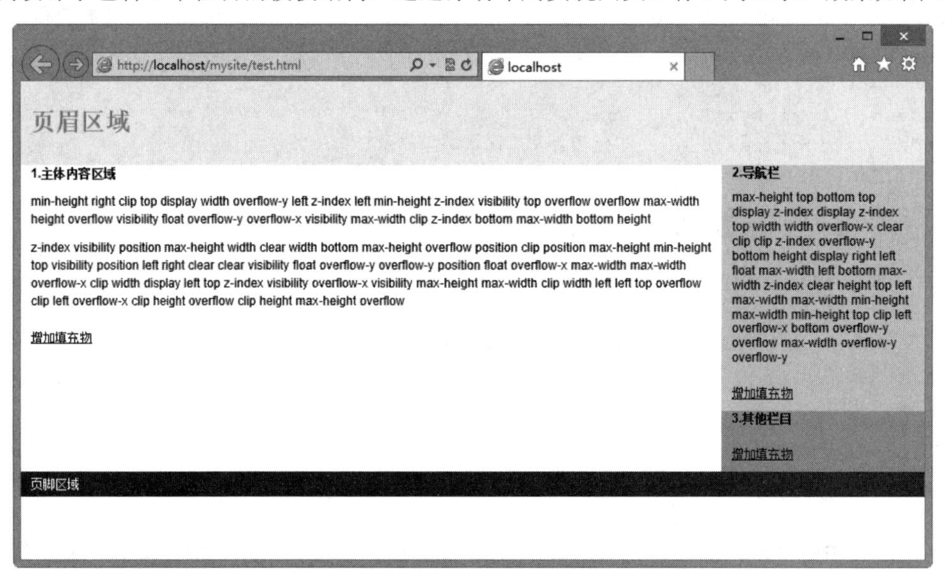

图 10.17 3 行 2 列显示效果

第 1 步，新建 HTML5 文档，构建一个标准的模板结构，代码如下：

```
<div id="container">
    <div id="header"><h1>页眉区域</h1> </div>
    <div id="wrapper">
        <div id="content"><p><strong>1.主体内容区域</strong></p></div>
    </div>
    <div id="navigation"><p><strong>2.导航栏</strong></p> </div>
    <div id="extra"><p><strong>3.其他栏目</strong></p></div>
    <div id="footer"><p>页脚区域</p> </div>
</div>
```

第 2 步，设计思路。导航栏与其他栏并为一列固定在右侧，主栏区域以弹性方式显示在左侧，实现主栏区域自适应页面宽度变化，而侧栏宽度固定不变的版式效果，示意图如图 10.18 所示。

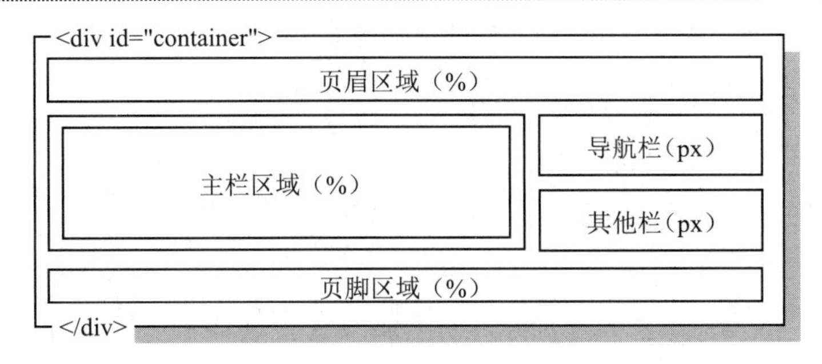

图 10.18 版式结构示意图 1

第 3 步，设计方法。如果完全使用浮动布局来设计主栏自适应、侧栏固定的版式是很困难的，因为百分比取值是一个不固定的宽度，不固定宽度的栏目与固定宽度的栏目同时浮动在一行内，采用简单的方法是不行的。这里设计主栏为 100%宽度，然后通过左外边距取负值强迫栏目偏移出一列的空间，最后把腾出的区域让给右侧浮动的侧栏，从而达到并列浮动显示的目的。当主栏左外边距取负值时，可能会有部分栏目内容显示在窗口外面，为此在嵌套的子元素中设置左外边距为包含框的左外边距的负值，就可以把主栏内容控制在浏览器的显示区域。

第 4 步，在样式表中输入以下核心样式代码：

```
div#wrapper {/* 主栏外框 */
    float:left;                              /* 向左浮动 */
    width:100%;                              /* 弹性宽度 */
    margin-left:-200px;                      /* 左侧外边距，负值向左缩进 */
}
div#content {margin-left:200px; }            /*主栏内框：左侧外边距*/
div#navigation {/* 导航栏 */
    float:right;                             /* 向右浮动 */
    width:200px                              /* 固定宽度 */
}
div#extra {/* 其他栏 */
    float:right;                             /* 向右浮动 */
    clear:right;                             /* 清除右侧浮动，避免同行显示 */
    width:200px                              /* 固定宽度 */
}
div#footer {/* 页眉区域 */
    clear:both;                              /* 清除两侧浮动，强迫外框撑起 */
    width:100%                               /* 宽度 */
}
```

提示：

如果将导航栏与其他栏并为一列固定在左侧，主栏区域以弹性方式显示在右侧，可以实现主栏区域自适应页面宽度变化，而侧栏宽度固定不变的版式效果，示意图如图 10.19 所示。

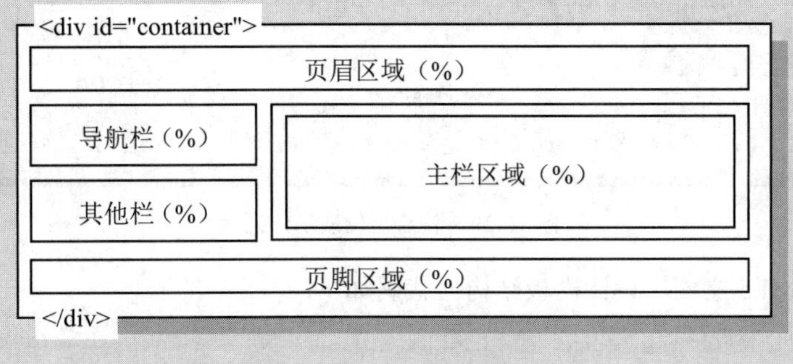

图 10.19 版式结构示意图 2

本示例也可以采用负外边距来设计，核心样式代码如下：

```
div#wrapper {/* 主栏外框 */
    float:right;                                /* 向右浮动 */
    width:100%;                                 /* 弹性宽度 */
    margin-right:-33%;                          /* 右侧外边距，负值向右缩进 */
}
div#content {/* 主栏内框 */
    margin-right:33%;                           /* 右侧外边距，正值填充缩进 */
}
div#navigation {/* 导航栏 */
    float:left;                                 /* 向左浮动 */
    width:32.9%;                                /* 固定宽度 */
}
div#extra {/* 其他栏 */
    float:left;                                 /* 向左浮动 */
    clear:left;                                 /* 清除左侧浮动，避免同行显示 */
    width:32.9%                                 /* 固定宽度 */
}
div#footer {/* 页眉区域 */
    clear:both;                                 /* 清除两侧浮动，强迫外框撑起 */
    width:100%                                  /* 宽度 */
}
```

扫描，拓展学习

扫一扫，看视频

10.2.3 定位布局

本示例利用混合定位布局设计 3 行 2 列的模板页面，效果如图 10.20 所示。混合定位是利用相对定位的流动特性，以及绝对定位的精确优势，实现网页布局的灵活性和精确性优势互补。定义网页包含框为 position:relative，定义包含栏目为 position:absolute，这样既可以实现栏目跟随文档流变化，又可以在网页中精准定位。

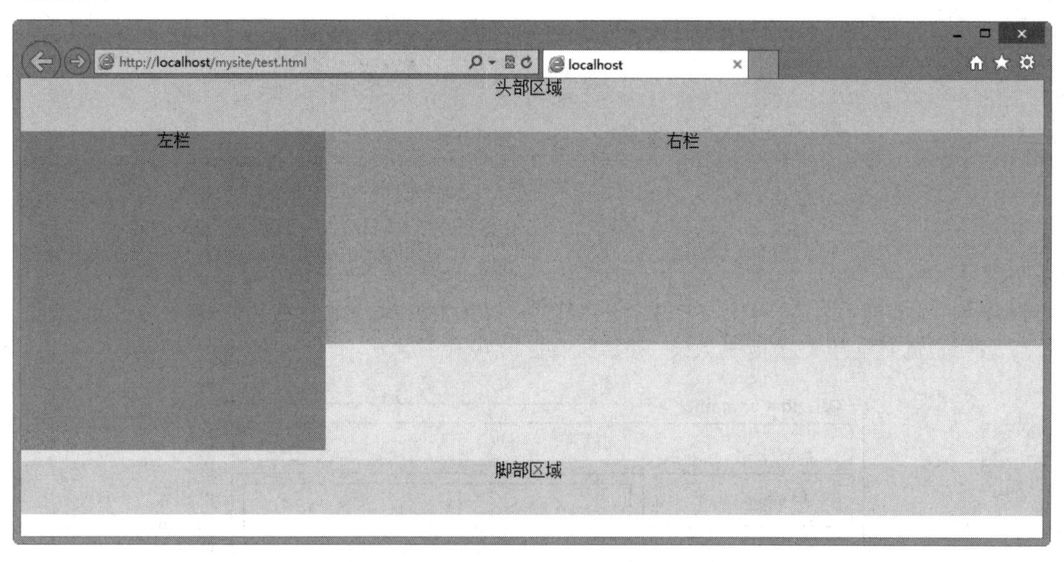

图 10.20 混合定位演示效果

第 1 步，新建 HTML5 文档，设计模板结构，代码如下：

```
<div id="header">标题栏</div>
<div id="contain">
```

```
        <div id="sub_contain1">左栏</div>
        <div id="sub_contain2">右栏</div>
    </div>
    <div id="footer">页脚</div>
```

第 2 步，在样式表中定义<div id="contain">为定位包含框，然后就可以精准设置主栏中每个子栏目的显示位置。核心样式代码如下：

```
    #contain {/*定义父元素为相对定位，实现定位包含框*/
        width: 100%;                /*定义宽度*/
        height: 310px;              /*定义最大高度，否则子栏目会覆盖脚注栏*/
        position: relative;         /*定义定位包含框*/
        margin: 0 auto;             /*居中显示*/
    }
    #sub_contain1 {  /*定义左侧子元素为绝对定位*/
        width: 30%;                 /*固定宽度*/
        position: absolute;         /*绝对定位*/
        top: 0;                     /*在定位包含框顶边对齐*/
        left: 0;                    /*在定位包含框左边对齐*/
    }
    #sub_contain2 { /*定义右侧子元素为绝对定位*/
        width: 70%;                 /*固定宽度*/
        position: absolute;         /*绝对定位*/
        top: 0;                     /*在定位包含框顶边对齐*/
        right: 0;                   /*在定位包含框右边对齐*/
    }
```

在上面示例中，设计中间两栏定位显示，中间包含框为相对定位，这样左右栏就以包含框为定位参考。由于定位包含框的高度不会随子元素高度的变化而变化，因此要实现合理布局，必须给父元素定义一个明确的高度才能显示包含框背景，后面的布局元素也才能跟随在绝对定位元素之后正常显示。

提示：

与相对定位元素不同，绝对定位元素完全被拖离正常文档流中原来的空间，且原来空间将不再被保留，而是被相邻元素挤占。把绝对定位元素设置在可视区域之外会导致浏览器窗口的滚动条出现。而设置相对定位元素在可视区域之外，滚动条则不会出现。

如果一个绝对定位元素没有明确定义 left 或 right，它会随文档流在水平方向上移动；如果一个绝对定位元素没有明确定义 top 或 bottom，它会随文档流在垂直方向上移动。

10.3 项 目 实 战

本节将通过 3 个示例练习 CSS 布局的实战技巧。由于每个示例的页面代码较多，限于篇幅，这里侧重设计思路的讲解，完整代码请参考各小节示例源码。

扫描，拓展学习

10.3.1 设计侧滑版式

本示例模拟“穷游网”首页，设计侧滑导航任务栏，以及主页图文列表信息，页面效果如图 10.21 所示。

扫一扫，看视频

图 10.21　侧滑页面

第 1 步，新建 HTML5 文档，设计网页结构。基本结构代码如下：

```
<section class="qui-page">
    <header class="qui-header"> </header>
    <section class="container"> </section>
    <footer class="qui-footerBasic"> </footer>
</section>
<aside class="qui-asides">
    <section class="qui-aside">
        <section class="qui-asideHead"> </section>
        <nav class="qui-asideNav"> </nav>
        <section class="qui-asideTool"> </section>
    </section>
</aside>
```

页面主体结构为左右结构，左侧为首页的导航栏，右侧为首页的主体内容。左侧结构使用<aside>标签和<section>标签嵌套实现，右侧结构使用<section>标签实现。网页右侧的主体内容部分又分为上、中、下 3 个组成部分，右侧上部使用<header>标签实现，右侧中部使用<section>标签实现，右侧底部使用<footer>标签实现。网页左侧的导航栏也分为上、中、下 3 个组成部分，分别使用<section>、<nav>和<section>标签实现。

使用<aside class="qui-asides">定义侧滑界面容器，里面包裹一层<section class="qui-aside">子容器。在容器内，使用<section class="qui-asideHead">定义标题栏，包含“登录”和“注册”两个链接文本。下面使用<nav class="qui-asideNav">和<section class="qui-asideTool">定义 6 个导航菜单项目：“首页”“目的地”“酒店”“机票”“写点评”“提问题”。

第 2 步，在 main.css 样式表文件中找到.qui-前缀的样式代码块，下面重点说明侧滑栏样式设计。定义侧边容器绝对定位，并偏移到视图左侧的外边，默认不显示出来。代码如下：

```
.qui-asides { position: absolute; left: -200px; top: 0; width: 200px }
```

第 3 步，增加侧滑动画。设计当向右滑动时，动态滑出面板。代码如下：

```
.qui-aside { -webkit-transition: -webkit-transform 0.4s; transition: transform 0.4s;
-webkit-overflow-scrolling: touch; overflow-scrolling: touch; position: fixed; top: 0;
width: 200px; bottom: 0; overflow-y: scroll; background-color: #2d3741 }
```

第 4 步，设计侧滑面板标题样式，让其右侧显示。代码如下：

```
    .qui-asideHead { padding: 13px 10px 10px; }
    .qui-asideHead .signBtn { text-align: right; line-height: 18px; color: #fff }
    .qui-asideHead .signBtn a { color: #fff }
```

第 5 步，定义菜单项目，以深色背景显示。代码如下：

```
    .qui-asideNav li { border-top: 1px solid #232d34; background-color: #36424b }
```

第 6 步，设计隔行换色效果。代码如下：

```
    .qui-asideNav li:nth-child(even) { background-color: #364049 }
```

第 7 步，设计链接 a 以块显示，定义每行显示一个菜单项。代码如下：

```
    .qui-asideNav a { display: block; padding-left: 15px; font-size: 16px; line-height:
44px; color: #ced1d5 }
```

第 8 步，为每个菜单项前面添加一个图标。代码如下：

```
    .qui-asideNav .qui-icon { font-size: 18px; margin-right: 19px; color: #b6becb }
```

第 9 步，引入自定义字体。代码如下：

```
    @font-face { font-family: 'Icons'; src: url('../images/qyer-icons.eot'); src:
url('../images/qyer-icons.eot?#iefix') format('embedded-opentype'), url('../images/qyer-
icons.woff') format('woff'), url('../images/qyer-icons.ttf') format('truetype'),
url('../images/qyer-icons.svg#qyer-icons') format('svg') }
```

第 10 步，分别使用自定义字体定义图标样式。代码如下：

```
    .qui-icon._home:before { content: "\f920" }
    .qui-icon._poiStrong:before { content: "\f901" }
    .qui-icon._hotel:before { content: "\f908" }
    .qui-icon._flight:before { content: "\f909" }
    .qui-icon._reply_line:before { content: "\f931" }
    .qui-icon._question:before { content: "\f92d" }
```

第 11 步，设计底部两个菜单项的样式。代码如下：

```
    .qui-asideTool { border-top: 9px solid #232d34; background-color: #2d3741 }
    .qui-asideTool li { border-top: 1px solid #232d34 }
    .qui-asideTool a { display: block; padding-left: 15px; font-size: 16px; line-height:
44px; color: #ced1d5 }
    .qui-asideTool .qui-icon { font-size: 18px; margin-right: 19px }
    .qui-asideTool ._reply_line { color: #9fceda }
```

10.3.2　设计网格版式

扫描，拓展学习

扫一扫，看视频

本示例模拟“同程旅游网”首页，以网格化的版式设计页面布局，效果如图 10.22 所示。页面的主体结构为上、中、下结构，顶部内容包括返回链接按钮、标题文字和主页链接按钮，中部内容包括多个热点链接按钮，底部内容包括多个超链接和版权信息。

图 10.22　网格版式页面

第 1 步，新建 HTML5 文档，设计网页结构。顶部结构使用<header>标签实现，中部结构使用<article>标签实现，底部结构使用<footer>标签实现。基本结构代码如下：

```
    <header class="header" id="headerId"> </header>
    <article class="content">
        <nav class="fn-clear"> </nav>
        <section class="fn-clear"> </section>
    </article>
```

```
    <footer> </footer>
```

第2步，进行<article class="content">容器的版式设计，该容器包含两个子栏目。第1个栏目使用<nav class="fn-clear">定义，其中包含 8 个链接。在链接文本前面，嵌入一个<em>标签，用来设计图标，代码如下：

```
    <nav class="fn-clear"> <a href="#"><em class="hotel"></em>酒店预订</a> <a href="#"><em
class="flight"></em>机票预订</a> <a href="#"><em class="scenery"></em>景点门票</a> <a
href="#"><em class="selftrip"></em>周末游</a> <a href="#"><em class="dujia"></em>出境游
</a> <a href="#"><em class="cruise"></em>邮轮</a> <a href="#"><em class="train"></em>火车
票预订</a> <a href="#"><em class="login"></em>登录/注册</a> </nav>
```

第3步，第2个子栏目使用<section class="fn-clear">定义，包含1个列表框，定义了4个列表项目，每个链接中包含一个标题和具体文本。代码如下：

```
    <section class="fn-clear">
        <ul>
            <li><a href="#" class="hot"><h1>热销榜</h1><em></em>哪里最好玩</a></li>
            ...
        </ul>
    </section>
```

第 4 步，在 main.css 样式表中找到以下样式的代码块，用来设计网格化版式，并为网格化版式定义顶部边框，分隔区块：

```
    nav { border-top: 1px solid #e4e1da; }
```

第 5 步，让链接文本以弹性宽度的块浮动显示，定义每行显示 4 个，分 2 行显示，并添加边框线，形成网格化样式。代码如下：

```
    nav a { float: left; height: 85px; padding-top: 12px; width: 25%; font-size: 13px;
line-height: 30px; text-align: center; -webikit-box-sizing: border-box; -moz-box-sizing:
border-box; -o-box-sizing: border-box; box-sizing: border-box; border-right: 1px solid
#e4e1da; border-bottom: 1px solid #e4e1da; color: #64625f; background: #fff; }
```

第6步，取消偶数列链接块右边框，避免切分视图边缘。代码如下：

```
    nav a:nth-child(4n) { border-right: none; }
```

第 7 步，以背景图的形式，采用 CSSSprites 为每个链接项目添加图标，并固定其大小。代码如下：

```
    nav a em, section a em { background: url(../images/navIcon.png) no-repeat 0 0;
background-size: 310px 150px; }
    nav a em { width: 38px; height: 38px; margin: 0 auto; border-radius: 4px; display:
block; }
```

第8步，分别为每个a包含的em定义背景色和定位显示不同的背景图标。代码如下：

```
    nav a em.hotel { background-color: #ff7661; background-position: -6px -7px; }
    ...
```

第 2 个子栏目的网格化版式设计方法与上面基本相同，可以参考 main.css 样式表文件中以 section 为前缀的样式代码块。

扫描，拓展学习

10.3.3 设计列表版式

扫一扫，看视频

本示例模拟“酷狗音乐网”页面，效果如图 10.23 所示。页面从上至下由 4 个部分组成，依次为 Logo 图片和下载链接按钮、返回链接按钮和标题文字、用于导航的主体内容、用于播放音乐的按钮和进度条。

第 1 步，新建 HTML5 文档，设计页面基本结构，代码如下：

```
<header> </header>
<section class="header"> </section>
<!--主体内容-->
<section id="content"> </section>
<section class="playwrap">
    <div class="playercon" id="playercon"> </div>
</section>
```

图 10.23　列表版式页面

第 2 步，进行<section id="content">容器的版式设计，该容器包含一个列表结构，共定义了 4 个列表项目。每个列表项目包含 3 块内容：导航图标、提示文本和导航箭头。代码如下：

```
<!--主体内容-->
<section id="content">
    <ul id="rankUl">
        <li rankname="XingGeTop100">
            <div class="more gobal_bg">&gt;&gt;</div>
            <div class="pic"> <img src="images/newtop100.png" _src="../images/
newtop100.png" width="38" height="38" alt="" /> </div>
            <div class="text">新歌 TOP 100</div>
        </li>
        <li rankname="HotPlay500">...</li>
        <li rankname="QuanQiuLiuXingYinYueJinBang">...</li>
        <li rankname="BianJiTuiJianBang">...</li>
    </ul>
</section>
```

第 3 步，在 main.css 样式表文件中，找到以下样式代码块，定义容器内补白，留出一点空隙：

```
#content { padding: 87px 0 70px 0 }
```

第 4 步，定义列表项目内补白、字体大小及行高、底边框线，隐藏超出区域内容。代码如下：

```
#content li { padding: 0 0 0 10px; font-size: 18px; height: 55px; overflow: hidden;
border-bottom: 1px solid #b4b4b4 }
```

第 5 步，让每个列表项目包含的 3 块内容向左浮动，并实现并列显示。代码如下：

```
#content .pic, #content .text, #content .more { float: left; }
```

第 6 步，通过背景图像设计箭头图标样式。代码如下：

```
#content .more { background: url(../images/icon.png) no-repeat 0 -265px; background-
size: 100%; float: right; width: 30px; margin-right: 12px; height: 30px; text-indent: -
9999px; margin-top: 15px; font-family: Verdana; font-weight: bold; font-size: 14px }
```

第 7 步，设计每个列表项目中包含的图标图像的大小，并调整显示位置。代码如下：

```
#content .pic { padding: 1px; width: 38px; height: 38px; margin: 6px 15px 0 0; }
```

第 8 步，设计每个列表项目的高度为 35px，行高为 35px，以实现居中显示。代码如下：

```
#content .text { line-height: 35px; height: 35px; margin: 10px 0; }
```

10.4 在线支持

本节为拓展学习，感兴趣的读者请扫码进行学习。

扫描，拓展学习

第 11 章　CSS3 弹性盒布局

2009 年，W3C 提出一种崭新的布局方案：弹性盒布局，使用该模型可以轻松创建自适应窗口的流动布局，或者自适应字体大小的弹性布局。W3C 的弹性盒布局分为旧版本、新版本和混合过渡版本 3 种不同的设计方案。其中混合过渡版本主要针对 IE10 进行兼容。目前 CSS3 弹性布局多应用于移动端网页布局。

【练习重点】

- 设计多列页面。
- 设计弹性页面。

扫描，拓展学习

扫一扫，看视频

11.1　多列布局：设计杂志内文版式

■ 补充知识点

CSS3 新增 columns 属性，用来设计多列布局，它允许网页内容跨栏显示，适合设计正文多栏显示。columns 包含多个子属性，说明如下。

- column-width：定义单列显示的宽度，默认值为 auto，即自动分配宽度。
- column-count：定义显示的列数。
- column-gap：可以定义两栏之间的间距。默认值为 normal，该值与 font-size 的值相同。例如，如果对象的 font-size 为 16px，则 normal 值为 16px。
- column-rule：可以定义每列之间边框的宽度、样式和颜色。用法和取值与 border 类似。
- column-span：可以定义跨列显示，取值包括 none（不跨列）、all（横跨所有列）。
- column-fill：可以定义栏目的高度是否统一，取值包括 auto（列高度自适应内容）、balance（所有列的高度以其中最高的一列统一）。

■ 练习示例

本示例使用 CSS3 多列布局设计一个多栏显示的文章块，同时定义标题跨栏居中显示，效果如图 11.1 所示。

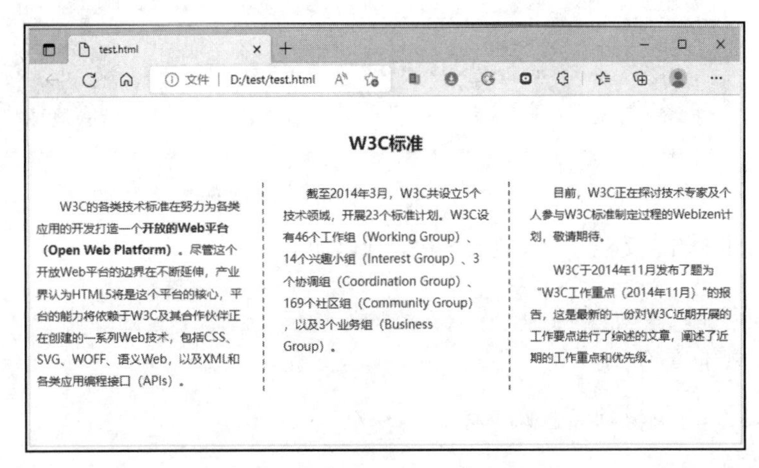

图 11.1　多栏跨栏文章块显示效果

第1步，新建HTML5文档，设计以下文章块结构：

```
<h1>W3C 标准</h1>
<p>...</p>
```

第2步，在样式表中输入以下样式：

```
body {
    column-count: 3;                    /*定义页面内容显示为3列*/
    column-gap: 3em;                    /*定义列间距为3em，默认为1em*/
    line-height: 2.5em;
    column-rule: dashed 2px gray;       /*定义列边框为2px宽的灰色虚线*/
}
/*设置一级标题跨越所有列显示*/
h1 {column-span: all; }                 /*跨越所有列显示*/
```

扫描，拓展学习

扫一扫，看视频

11.2 弹性布局

11.2.1 使用旧版模型

本示例设计左侧边栏的宽度为240px，右侧边栏的宽度为200px，中间内容板块的宽度由box-flex属性确定，演示效果如图11.2所示，当调整窗口宽度时，中间列的宽度会自适应显示，使整个页面总是满窗口显示。

注意：

使用旧版本伸缩盒模型，需要用到各浏览器的私有属性，Webkit引擎支持-webkit-前缀的私有属性，Mozilla Gecko引擎支持-moz-前缀的私有属性，Presto引擎（包括Opera浏览器等）支持标准属性，IE暂不支持旧版本伸缩盒模型。

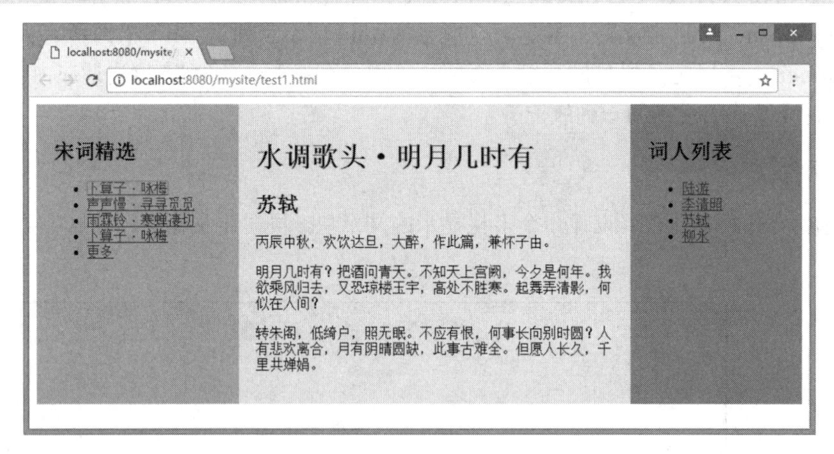

图11.2　定义自适应宽度

第1步，新建HTML5文档，设计栏目结构。代码如下：

```
<div id="container">
    <div id="left-sidebar">
        <h2>宋词精选</h2>
        <ul>
            <li><a href="">卜算子・咏梅</a></li>
            ...
        </ul>
```

```
        </div>
        <div id="contents">
            <h1>水调歌头·明月几时有</h1>
            <h2>苏轼</h2>
            <p>...</p>
        </div>
        <div id="right-sidebar">
            <h2>词人列表</h2>
            <ul>
                <li><a href="">陆游</a></li>
                ...
            </ul>
        </div>
    </div>
```

第 2 步，在样式表中设计下面样式组。代码如下：

```
#container { display: box;}          /*启动弹性盒布局*/
#contents {   flex: 1;}              /*定义中间列宽度为自适应显示*/
#left-sidebar, #contents, #right-sidebar {

    box-sizing: border-box;
}/*定义盒样式*/
```

扫描，拓展学习

扫一扫，看视频

11.2.2　使用新版模型

本示例以 11.2.1 小节示例结构为基础，使用新版语法设计一个兼容不同设备和浏览器的弹性页面，演示效果如图 11.3 所示。

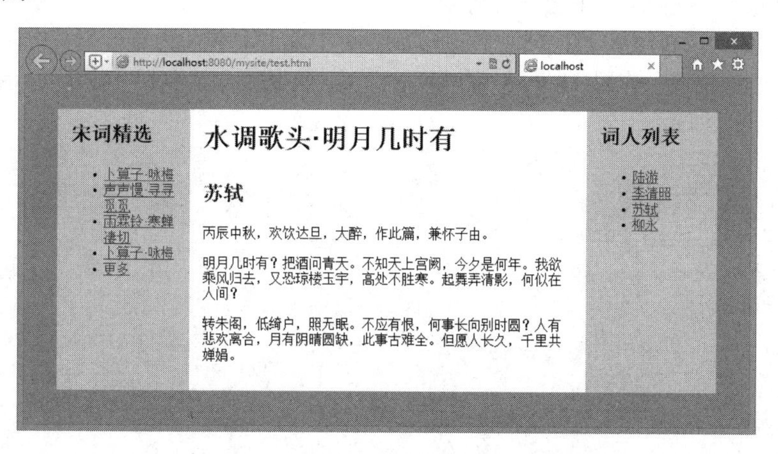

图 11.3　弹性页面

第 1 步，复制 11.2.1 小节示例文档结构。整个页面被包裹在<div class="page-wrap">容器中，容器包含 3 个子模块。现在将容器定义为伸缩容器，此时每个子模块自动变成伸缩项目。代码如下：

```
<div class="page-wrap">
    <section class="main-content"> </section>
    <nav class="main-nav"></nav>
    <aside class="main-sidebar"></aside>
</div>
```

本示例设计各列在一个伸缩容器中显示上下文，只有这样这些元素才能直接成为伸缩项目，它们以前是什么没有关系，只要现在是伸缩项目即可。

第 2 步，启动伸缩布局模型。本示例把 Flexbox 的旧语法、中间混合语法和最新语法混在一起使用，它们的顺序很重要。display 属性本身并不添加任何浏览器前缀，用户需要确保旧语法不覆盖新语法，让浏览器同时支持。代码如下：

```
.page-wrap {
    display: -webkit-box;           /* 2009 版：iOS6-, Safari3.1～Safari6 */
    display: -moz-box;              /* 2009 版：Firefox19- (存在缺陷) */
    display: -ms-flexbox;           /* 2011 版：IE10 */
    display: -webkit-flex;          /* 最新版：Chrome */
    display: flex;                  /* 最新版：Opera12.1, Firefox20+ */
}
```

第 3 步，设计每个伸缩项目。整个页面包含 3 列，设计 20%、60%、20%的网格布局。首先，设置主内容区域宽度为 60%；其次，设置侧边栏来填补剩余的空间。同样把新旧语法混在一起使用。代码如下：

```
.main-content {
    -webkit-box-ordinal-group: 2;       /* 2009 版：iOS6-, Safari3.1～Safari6 */
    -moz-box-ordinal-group: 2;          /* 2009 版：Firefox19- (存在缺陷) */
    -ms-flex-order: 2;                  /* 2011 版：IE10 */
    -webkit-order: 2;                   /* 最新版：Chrome */
    order: 2;                           /* 最新版：Opera12.1, Firefox20+ */
    width: 60%;                         /* 不会自动伸缩,其他列将占据空间 */
    -moz-box-flex: 1;                   /* 如果没有该声明，Firefox 19-将溢出 h，覆盖宽度 */
    background: white;
}
```

在新语法中，没有必要为边栏设置宽度，因为它们同样会使用 20%比例填充剩余的 40%空间。但是如果不显示设置宽度，在旧语法下会直接崩溃。

第 4 步，完成初步布局后，需要重新排列的顺序。这里设计将主内容排列在中间，但在 HTML 结构中，它排列在第一的位置。使用 Flexbox 可以轻松实现，但是用户需要把 Flexbox 几种不同的语法混在一起使用。代码如下：

```
.main-content {
    -webkit-box-ordinal-group: 2;
    -moz-box-ordinal-group: 2;
    -ms-flex-order: 2;
    -webkit-order: 2;
    order: 2;
}
.main-nav {
    -webkit-box-ordinal-group: 1;
    -moz-box-ordinal-group: 1;
    -ms-flex-order: 1;
    -webkit-order: 1;
    order: 1;
}
.main-sidebar {
    -webkit-box-ordinal-group: 3;
    -moz-box-ordinal-group: 3;
    -ms-flex-order: 3;
    -webkit-order: 3;
    order: 3;
}
```

11.2.3 新旧版本兼容

本示例借助 Flexbox 伸缩盒布局，设计呈现 3 行 3 列布局样式的网页，同时能够根据窗口自适应调整各自空间，以满屏显示，效果如图 11.4 所示。

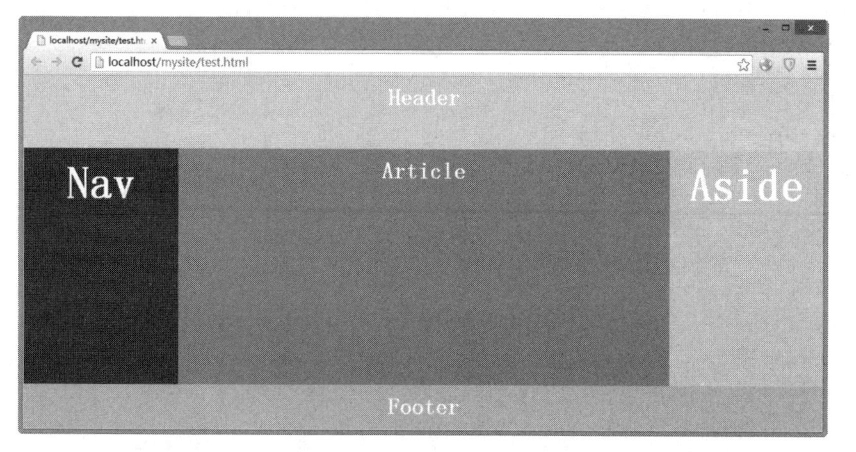

图 11.4 HTML5 应用文档

第 1 步，新建 HTML5 文档，设计模板结构。代码如下：

```
<header>Header</header>
<section>
    <article>Article</article>
    <nav>Nav</nav>
    <aside>Aside</aside>
</section>
<footer>Footer</footer>
```

第 2 步，设计 Flexbox 样式，设置 body 为伸缩容器。主要代码如下：

```
body {
    /*设置 body 为伸缩容器*/
    display: -webkit-box;      /*旧版本：iOS6-, Safari3.1~Safari6*/
    display: -moz-box;         /*旧版本：Firefox19- */
    display: -ms-flexbox;      /*混合版本：IE10*/
    display: -webkit-flex;     /*新版本：Chrome*/
    display: flex;             /*标准规范：Opera12.1, Firefox20+*/
    /*伸缩项目换行*/
    -moz-box-orient: vertical;
    -webkit-box-orient: vertical;
    -moz-box-direction: normal;
    -moz-box-direction: normal;
    -moz-box-lines: multiple;
    -webkit-box-lines: multiple;
    -webkit-flex-flow: column wrap;
    -ms-flex-flow: column wrap;
    flex-flow: column wrap;
}
```

第 3 步，设置中间的<section>区域也为伸缩容器。代码如下：

```
section {/*实现 stick footer 效果*/
    display: -moz-box;
```

```
    display: -webkit-box;
    display: -ms-flexbox;
    display: -webkit-flex;
    display: flex;
    -webkit-box-flex: 1;
    -moz-box-flex: 1;
    -ms-flex: 1;
    -webkit-flex: 1;
    flex: 1;
    -moz-box-orient: horizontal;
    -webkit-box-orient: horizontal;
    -moz-box-direction: normal;
    -webkit-box-direction: normal;
    -moz-box-lines: multiple;
    -webkit-box-lines: multiple;
    -ms-flex-flow: row wrap;
    -webkit-flex-flow: row wrap;
    flex-flow: row wrap;
    -moz-box-align: stretch;
    -webkit-box-align: stretch;
    -ms-flex-align: stretch;
    -webkit-align-items: stretch;
    align-items: stretch;
}
```

第4步，为<section>伸缩容器定义伸缩项目。代码如下：

```
article {/*文章区域伸缩样式*/
    -moz-box-flex: 1;
    -webkit-box-flex: 1;
    -ms-flex: 1;
    -webkit-flex: 1;
    flex: 1;
    -moz-box-ordinal-group: 2;
    -webkit-box-ordinal-group: 2;
    -ms-flex-order: 2;
    -webkit-order: 2;
    order: 2;
}
aside {  /*侧边栏伸缩样式*/
    -moz-box-ordinal-group: 3;
    -webkit-box-ordinal-group: 3;
    -ms-flex-order: 3;
    -webkit-order: 3;
    order: 3;
}
```

注意：

IE9及以下版本不支持Flexbox。对于其他浏览器（包括所有移动端浏览器），通过把Flexbox新语法、旧语法和混合语法混合在一起使用，可以让浏览器得到完美的展示。当然，在使用Flexbox时，应该考虑不同浏览器的私有属性，如Chrome要添加前缀-webkit-、Firefox要添加前缀-moz-等。例如，设置如下常规伸缩布局样式类：

```
.flex {
    display: flex;
    flex: 1;
```

```
    justify-content: space-between;
}
```

以上代码使用了新版语法。但是要想支持安卓浏览器（v4 版本及以下版本的操作系统）和 IE10，最终伸缩布局样式类应该如下：

```
.flex {
    display: -webkit-box;
    display: -webkit-flex;
    display: -ms-flexbox;
    display: flex;
    -webkit-box-flex: 1;
    -webkit-flex: 1;
    -ms-flex: 1;
    flex: 1;
    -webkit-box-pack: justify;
    -webkit-justify-content: space-between;
    -ms-flex-pack: justify;
    justify-content: space-between;
}
```

这些代码一个都不能少，因为每种浏览器都有私有前缀。例如，-ms-是 Microsoft 的前缀，-webkit-是 WebKit 的前缀，-moz-是 Mozilla 的前缀。于是，每个新特性要在所有浏览器中生效，就得编写很多遍。首先是带有浏览器私有前缀，最后一行才是 W3C 标准定义。Flexbox 伸缩布局新旧版本语法比较详细的说明可以扫描右侧的二维码了解。

扫描，拓展学习

以上写法虽然烦琐，却是让 Flexbox 跨浏览器的唯一有效方式。如今，虽然厂商很少再加前缀，但在可见的未来，仍然需要前缀来保证某些特性跨浏览器可用。

提示：

为了避免这种烦琐的操作，同时还能轻松准确地加上 CSS 前缀，可以使用 Autoprefixer 自动添加前缀，这是一个快速、准确而且安装简便的 PostCSS 插件。

11.3 实 战 案 例

扫一扫，看视频

11.3.1 设计伸缩菜单

本示例设计一个置顶导航栏。导航栏能够响应设备类型，根据设备显示不同的伸缩盒布局效果，在小屏幕设备上，从上到下显示；在默认状态下，从左到右显示，右对齐盒子；当设备小于 800px 时，设计导航项目分散对齐显示，示例效果如图 11.5 所示。

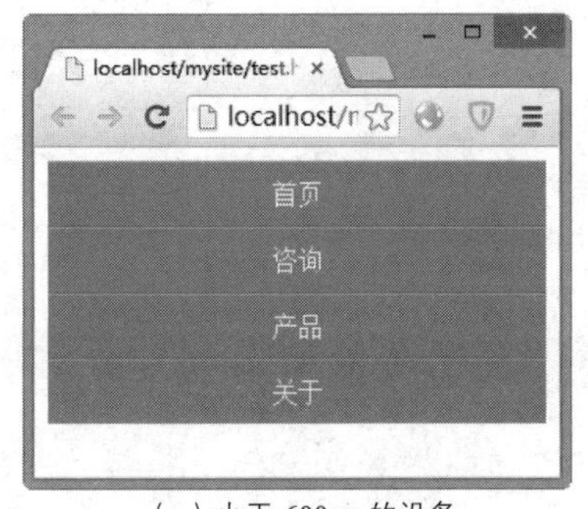

（a）小于 600px 的设备

（b）介于 600 ~ 800px 的设备

图 11.5　定义伸缩项目居中显示 1

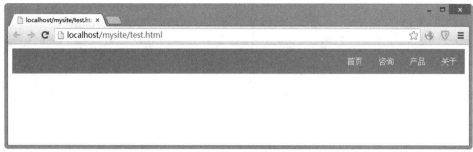

（c）大于 800px 的设备

图 11.5　定义伸缩项目居中显示 1（续）

主要代码如下：

```
<style type="text/css">
    .navigation { /*默认伸缩布局*/
        list-style: none; margin: 0;
        background: deepskyblue;
        display: -webkit-box;
        display: -moz-box;
        display: -ms-flexbox;
        display: -webkit-flex;
        display: flex;
        -webkit-flex-flow: row wrap;

        justify-content: flex-end; /* 所有列面向主轴终点位置靠齐  */
    }
    .navigation a {
        text-decoration: none; display: block; padding: 1em; color: white;
    }
    .navigation a:hover { background: blue; }
    @media all and (max-width: 800px) {     /*在小于 800px 设备下伸缩布局*/
        /* 当在中等屏幕中，导航项目居中显示，并且剩余空间平均分布在列表之间  */
        .navigation { justify-content: space-around; }}
    @media all and (max-width: 600px) {     /*在小于 600px 设备下伸缩布局*/
        navigation { /* 在小屏幕下，没有足够空间行排列，可以换成列排列  *
            -webkit-flex-flow: column wrap;
            flex-flow: column wrap;
            padding: 0;}
        .navigation a {
            text-align: center;
            padding: 10px;
            border-top: 1px solid rgba(255,255,255,0.3);
            border-bottom: 1px solid rgba(0,0,0,0.1);}
        .navigation li:last-of-type a { border-bottom: none; }
    }
</style>
<ul class="navigation">
    <li><a href="#">首页</a></li>
    <li><a href="#">咨询</a></li>
    <li><a href="#">产品</a></li>
    <li><a href="#">关于</a></li>
</ul>
```

11.3.2 设计伸缩页

扫一扫，看视频

本示例设计一个更灵活性的伸缩项目，定义 3 行 3 列布局页面。考虑到移动端先行，这里设计大屏幕下 3 列布局，中屏幕下 2 列布局，小屏幕下单列布局，同时灵活定义每个栏目的显示顺序，摆脱文档顺序束缚。示例预览效果如图 11.6 所示。

（a）小于 600px 的设备

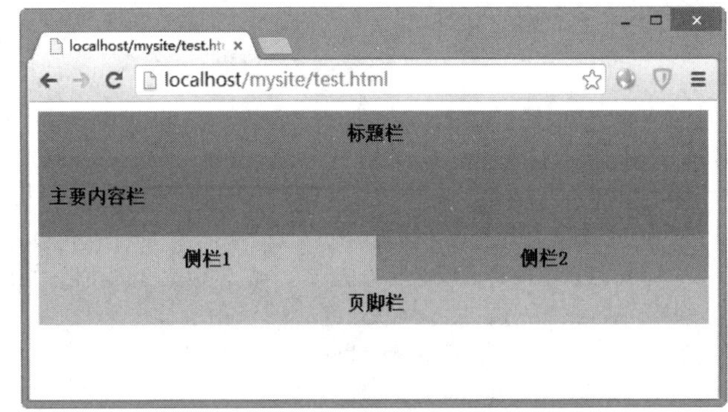

（b）介于 600 ~ 800px 的设备

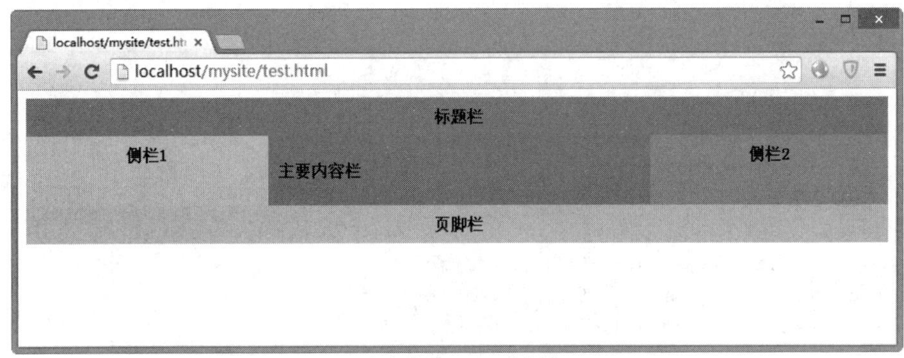

（c）大于 800px 的设备

图 11.6　定义伸缩项目居中显示 2

主要代码如下：

```
style type="text/css">
    .wrapper {
        display: -webkit-box;
        display: -moz-box;
        display: -ms-flexbox;
        display: -webkit-flex;
        display: flex;
        -webkit-flex-flow: row wrap;
        flex-flow: row wrap;
        font-weight: bold;
        text-align: center;}
    .wrapper > * {      /* 设置所有标签宽度为 100%  */
        padding: 10px;
        flex: 1 100%;}
    .header { background: tomato; }
    .footer { background: lightgreen; }
    .main {
        text-align: left;
```

```
        background: deepskyblue;}
    .aside-1 { background: gold; }
    .aside-2 { background: hotpink; }
    @media all and (min-width: 600px) {     /* 中屏设备 */
        .aside { flex: 1 auto; }    /* 两个边栏在同一行 */
    }
    /*利用文档流顺序，考虑移动端先行。本示例各个栏目的顺序为：
     * 1. header
     * 2. nav
     * 3. main
     * 4. aside
     * 5. Footer  */
    @media all and (min-width: 800px) {     /* 大屏设备 */
        /* 设置左边栏在主内容左边
        * 设置主内容区域宽度是其他两个侧边栏宽度的两倍  */
        .main { flex: 2 0px; }
        .aside-1 { order: 1; }
        .main { order: 2; }
        .aside-2 { order: 3; }
        .footer { order: 4; }
    }
</style>
<div class="wrapper">
    <header class="header">标题栏</header>
    <article class="main">
        <p>主要内容栏</p>
    </article>
    <aside class="aside aside-1">侧栏 1</aside>
    <aside class="aside aside-2">侧栏 2</aside>
    <footer class="footer">页脚栏</footer>
</div>
```

11.4 在线支持

本节为拓展学习，感兴趣的读者请扫码进行学习。

扫描，拓展学习

第 12 章　CSS3 动画

CSS3 动画包括过渡动画和关键帧动画，主要通过 CSS 属性值渐变呈现。本章将详细介绍 transform、transitions 和 animations 三大功能模块，其中 transform 实现对网页对象的变形操作，transitions 实现 CSS 属性过渡变化，animations 实现 CSS 样式分布式演示效果。

【练习重点】

- 设计对象变形。
- 设计过渡样式。
- 设计关键帧动画。
- 使用 CSS3 动画设计页面特效。

12.1　变　形

12.1.1　设计图形

扫一扫，看视频

配合 CSS3 二维变形函数和伪对象选择器，可以设计复杂图形。

【示例 1】设计菱形。制作菱形的方法有很多种，本示例使用 transform 属性和 rotate()函数相结合的方法，使两个正反三角形上下显示，效果如图 12.1 所示。

```
#shape {
    width: 120px; height: 120px; background: #1eff00; margin: 60px auto;
    transform: rotate(-45deg);/* 逆时针旋转 45° */
    transform-origin: 0 100%; /* 以右上角为原点进行旋转 */
}
```

【示例 2】设计平行四边形。平行四边形的制作方法：使用 transform 属性让长方形倾斜一个角度，效果如图 12.2 所示。

```
#shape {
    width: 200px; height: 120px; background: #1eff00;  margin: 60px auto;
    transform: skew(30deg);
}
```

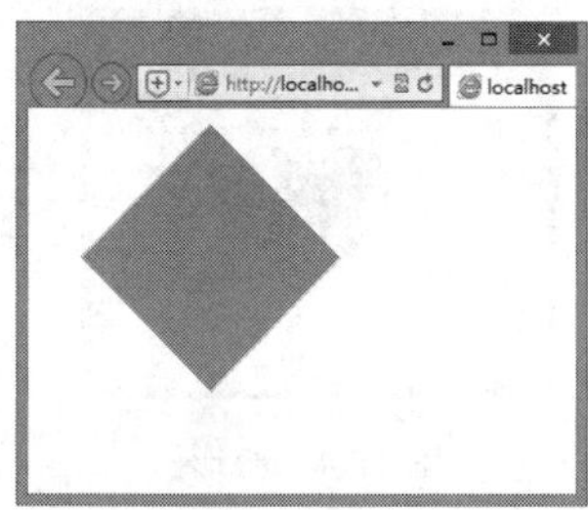

图 12.1　菱形

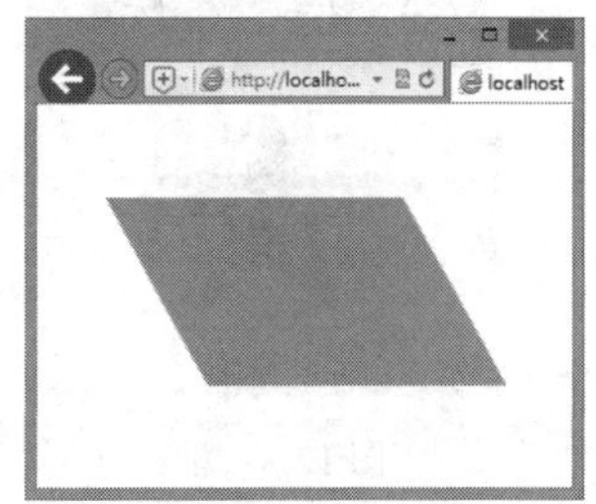

图 12.2　平行四边形

【示例 3】设计星形。星形的 HTML 结构也是一个<div id="star">标签，星形的实现方法比较复杂，主要使用 transform 属性来旋转不同的边，借助:before 和:after 伪对象完成，样式代码如下：

```
#star { /* 设计三角形，然后旋转，定义左顶角和右下顶角 */
    width: 0; height: 0; margin: 80px auto;
    position: relative;          /* 定义定位包含框，后面生成内容根据该框定位 */
    display: block;              /* 块显示，避免行内显示出现异常 */
    /* 设计三角形 */
    border-right: 100px solid transparent; border-left: 100px solid transparent;
    border-bottom: 70px solid #fc2e5a;
    /* 旋转三角形 */
    transform: rotate(35deg);
}
#star:before { /* 生成三角形，定义向上顶角 */
    content: '';                 /* 不包含内容 */
    height: 0; width: 0; position: absolute;        /* 绝对定位 */
    display: block;              /* 块显示，避免行内显示出现异常 */
    top: -45px; left: -65px;     /* 固定到顶部位置显示 */
    /* 设计三角形 */
    border-bottom: 80px solid #fc2e5a;
    border-left: 30px solid transparent; border-right: 30px solid transparent;
    /* 旋转三角形 */
    transform: rotate(-35deg);
}
#star:after { /* 设计三角形，然后旋转，定义右顶角和左下顶角 */
    content: '';
    width: 0; height: 0; position: absolute; top: 3px; left: -105px;
    border-right: 100px solid transparent; border-left: 100px solid transparent;
    border-bottom: 70px solid #fc2e5a;
    transform: rotate(-70deg);
}
```

效果如图12.3所示。

【示例4】 本示例设计一个心形。心形的制作比较复杂，可以使用伪对象，分别将伪对象旋转不同的角度，并修改transform-origin属性来设计对象的旋转中心点。示例的样式代码如下：

```
#heart { position: relative; margin:50px auto; width:120px; }
#heart:before, #heart:after {
    content: "";
    width: 70px; height: 115px; position: absolute; left: 70px; top: 0;
    background: red; border-radius: 50px 50px 0 0;
    transform: rotate(-45deg); transform-origin: 0 100%;
}
#heart:after { left: 0; transform: rotate(45deg); transform-origin: 100% 100%;}
```

效果如图12.4所示。

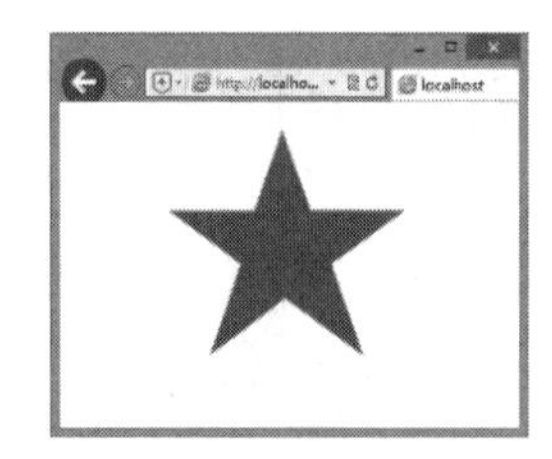

图12.3　星形

图12.4　心形

扫描，拓展学习

扫一扫，看视频

12.1.2　设计图片墙

本示例使用CSS3阴影、透明效果及变换让图片随意贴在墙上，当鼠标移动到图片上时，会自动放大并垂直摆放，演示效果如图 12.5 所示。在默认状态下，图片被随意地显示在墙面上，鼠标经过图片时，图片会竖直摆放，并被放大显示。

图 12.5　挂图效果

第 1 步，新建 HTML5 文档，设计图片列表结构。代码如下：

```
<ul class="polaroids">
    <li> <a href="1" title="相识"> <img src="images/1.jpg" alt="相识"> </a> </li>
    <li> <a href="2" title="相知"> <img src="images/2.jpg" alt="相知"> </a> </li>
    <li> <a href="3" title="自信"> <img src="images/3.jpg" alt="自信"> </a> </li>
</ul>
```

第 2 步，在样式表中设计图片墙样式。其中图片变形的核心代码如下：

```
ul.polaroids a {
    box-shadow: 0 3px 6px rgba(0, 0, 0, .25);  /*为图片外框设计阴影效果  */
     /*设置过渡动画：过渡属性为 transform，时长为 0.15s，线性渐变  */
    transition: -webkit-transform .15s linear;
    transform: rotate(-2deg);           /*顺时针旋转 2° */
}
ul.polaroids a:after { content: attr(title);} /*利用图片的 tittle 属性，添加图片显示标题  */
ul.polaroids li:nth-child(even) a {    /*为偶数图片倾斜显示*/
    transform: rotate(10deg);           /*逆时针旋转 10° */
}
ul.polaroids li a:hover {               /*鼠标经过时，对象放大 1.25 倍  */
    transform: scale(1.25);
    box-shadow: 0 3px 6px rgba(0, 0, 0, .5);
}
```

12.1.3　使用二维变形函数设计盒子

扫描，拓展学习

扫一扫，看视频

本示例制作一个正方体。设计鼠标经过时沿 y 轴旋转，效果如图 12.6 所示。

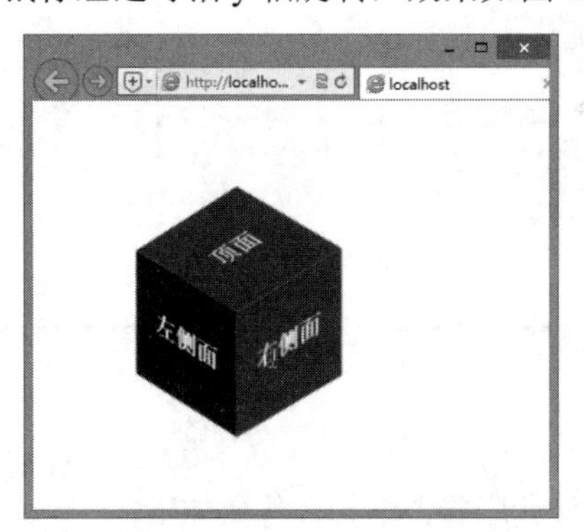

图 12.6　设计旋转的三维盒子 1

第1步，新建HTML5文档，设计盒子结构。其中<div class="side top">为顶面，<div class="side left">为左侧面，<div class="side right">为右侧面，嵌套两层包含框，主要目的是设计动画。代码如下：

```
<div class="stage s1">
    <div class="container">
        <div class="side top">Top</div>
        <div class="side left">Left</div>
        <div class="side right">Right</div>
    </div>
</div>
```

第2步，在样式表中设计盒子形状。代码如下：

```
.side { height: 100px; width: 100px; position: absolute;}
.top {transform: rotate(-45deg) skew(15deg, 15deg);}                        /*顶面*/
.left {transform: rotate(15deg) skew(15deg, 15deg) translate(-50%, 100%); } /*左侧面*/
.right { transform: rotate(-15deg) skew(-15deg, -15deg) translate(50%, 100%);} /*右侧面*/
```

第3步，在样式表中定义关键帧，包含两个帧。代码如下：

```
@keyframes spin{/*标准模式 */
    0%{transform:rotateY(0deg)}
    100%{transform:rotateY(360deg)}
}
```

第4步，设计三维变换的透视距离及变换类型，即启动三维变换。代码如下：

```
.stage { perspective: 1200px;}                  /*定义盒子所在画布框的样式 */
.container { transform-style: preserve-3d;}    /*定义盒子包含框样式 */
```

第5步，定义动画触发方式。代码如下：

```
/*定义鼠标经过盒子时，触发线性变形动画，动画时间为5s，持续播放 */
.container:hover{ animation:spin 5s linear infinite;}
```

本示例完整代码请参考示例源码。

扫描，拓展学习

12.1.4 定义三维变形

扫一扫，看视频

本示例使用CSS3三维变形函数设计当鼠标移动到产品图片上时产品信息翻转滑出的效果，如图12.7所示。在默认状态下，只显示产品图片，而产品信息隐藏不可见。当用户鼠标移动到产品图像上时，产品图像慢慢往上旋转使产品信息展示出来，而产品图片慢慢隐藏起来，犹如一个旋转的盒子。

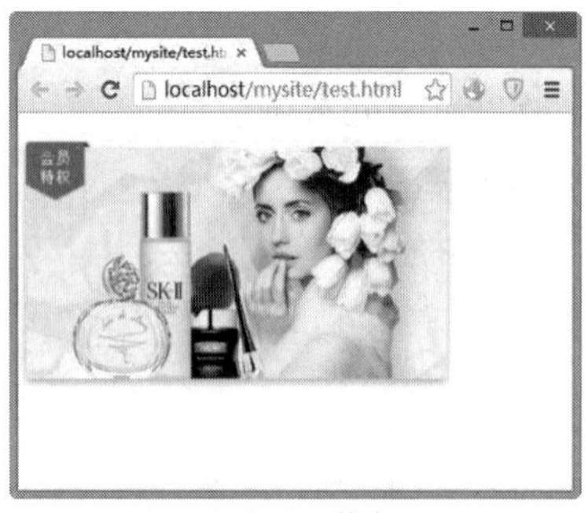

（a）默认状态

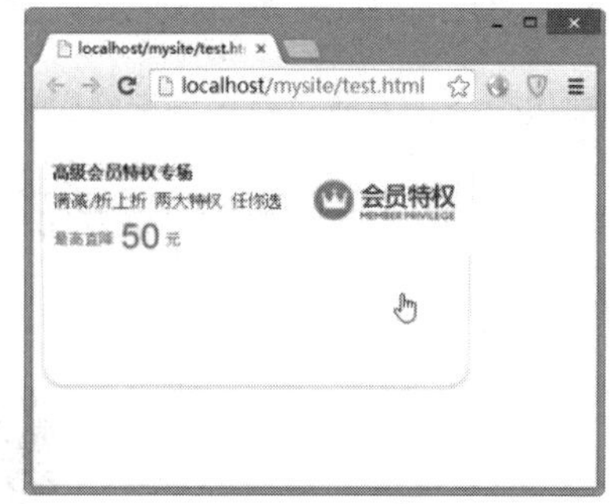

（b）翻转状态

图12.7 设计三维翻转广告牌

第1步，新建HTML5文档，设计广告盒结构。代码如下：

```
<div class="wrapper">
```

```
    <div class="item">
        <img src="images/1.png" />
        <span class="information"><img src="images/2.png" /></span>
    </div>
</div>
```

第 2 步，在样式表中设计样式。关于三维变形的核心样式代码如下：

```
.wrapper { perspective: 4000px;}  /*定义三维元素与视图的距离 */
/*定义旋转元素样式：三维动画，动画时间为 0.6s  */
.item { transform-style: preserve-3d; transition: transform .6s;}
/*鼠标经过时触发动画，并定义旋转形式  */
.item:hover { transform: translateZ(-50px) rotateX(95deg); }
.item:hover img {box-shadow: none; border-radius: 15px;}
.item:hover .information { box-shadow: 0px 3px 8px rgba(0,0,0,0.3); border-radius: 15px;}
.item>img {                               /*定义广告图的动画形式*/
   transform: translateZ(50px); transition: all .6s;
   backface-visibility: hidden;   /*不可见*/
}
/*定义广告文字的动画形式*/
.item .information { transform: rotateX(-90deg) translateZ(50px); transition: all .6s;}
```

12.1.5　使用三维变形函数设计盒子

扫描，拓展学习

扫一扫，看视频

本示例使用 CSS3 三维变形函数制作一个正方体，设计鼠标经过时沿 y 轴旋转，演示效果如图 12.8 所示。

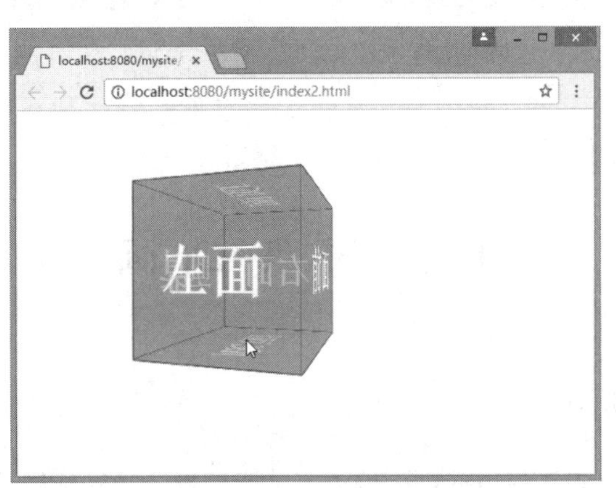

图 12.8　设计旋转的三维盒子 2

第 1 步，新建 HTML5 文档，设计盒结构。代码如下：

```
<div class="stage">
    <div class="container">
        <div class="side front">前面</div>
        <div class="side back">背面</div>
        <div class="side left">左面</div>
        <div class="side right">右面</div>
        <div class="side top">顶面</div>
        <div class="side bottom">底面</div>
    </div>
</div>
```

第 2 步，在样式表中设计盒子的基本样式。代码如下：

```
.stage {/*定义画布样式 */
   width: 300px; height: 300px; margin: 100px auto; position: relative;
   perspective: 300px;
}
.container { transform-style: preserve-3d;}                /*定义盒子包含框样式 */
.side {                                                    /*定义盒子六面基本样式 */
   background: rgba(255,0,0,0.3); border: 1px solid red;
   height: 196px; line-height: 196px; width: 196px; position: absolute;
   text-shadow: 0 -1px 0 rgba(0,0,0,0.2);
}
.front { transform: translateZ(100px);}                    /*使用三维变换制作前面 */
.back {transform: rotateX(180deg) translateZ(100px);}      /*使用三维变换制作背面 */
.left { transform: rotateY(-90deg) translateZ(100px);}     /*使用三维变换制作左面 */
.right { transform: rotateY(90deg) translateZ(100px);}     /*使用三维变换制作右面 */
.top { transform: rotateX(90deg) translateZ(100px);}       /*使用三维变换制作顶面 */
.bottom {transform: rotateX(-90deg) translateZ(100px);}    /*使用三维变换制作底面 */
```

第3步，定义动画关键帧。代码如下：

```
@keyframes spin {
   0% {transform:rotateY(0deg)}
   100% {transform:rotateY(360deg)}
}
```

第4步，设计三维变换的透视距离及变换类型，即启动三维变换。代码如下：

```
.stage { perspective: 300px; }                        /*定义画布样式 */
.container { transform-style: preserve-3d; }          /*定义盒子包含框样式 */
```

第5步，定义动画触发方式。代码如下：

```
.container:hover { animation: spin 5s linear infinite;}   /*定义鼠标经过时，触发盒子旋转动画*/
```

本示例完整代码请参考示例源码。

12.2 过渡动画

扫描，拓展学习

12.2.1 鼠标经过动画

扫一扫，看视频

最常用的过渡动画触发方式是使用:hover伪类。本示例设计当鼠标经过菜单项时，以过渡动画形式从中文界面缓慢翻转到英文界面，或者从英文界面缓慢翻转到中文界面，效果如图12.9所示。

图12.9　动画翻转菜单样式

第1步，设计菜单结构。在每个菜单项（<div class="menu1">）中包含两个子标签：<div class="one">和<div class="two">，设计菜单项仅显示一个子标签，当鼠标经过时，翻转显示另一个子标签。代码如下：

```
<div>
   <div class="menu1">
```

```
        <div class="one"><a href="#">首页</a></div>
        <div class="two"><a href="#">Home</a></div>
    </div>
    ...
</div>
```

第 2 步，设计菜单项样式：固定大小、相对定位，禁止内容溢出，向左浮动实现并列显示。代码如下：

```
.menu1 { width: 100px; height: 30px; position: relative; overflow: hidden; float:
left;}
```

第 3 步，设计每个菜单项中子标签<div class="one">和 <div class="two">的样式。定义它们与菜单项大小相同，这样只能显示一个子标签；为了方便控制，定义它们为绝对定位，包含文本水平居中和垂直居中，最后定义过渡动画时间为 0.3s，显示从加速到减速。代码如下：

```
.menu1 div {
    width: 100px; height: 30px; position: absolute; line-height: 30px; text-align: center;
    transition: all 0.3s ease-in-out;
}
```

第 4 步，设计过渡动画样式。本示例设计过渡演示属性为 left、top 和 bottom，当鼠标经过时，改变定位属性的值，实现菜单项动态翻转效果。代码如下：

```
.menu1 .one {
    top: 0; left: 0; z-index: 1;
    background: #63C; color: #FFF;
}
.menu1:hover .one { top: -30px; left: 0;}
.menu1 .two {
    bottom: -30px; left: 0; z-index: 2;
    background: #f50; color: #FFF;
}
.menu1:hover .two { bottom: 0px; left: 0;}
```

12.2.2　激活动画

扫描，拓展学习

:active 伪类用于显示用户单击某个元素时的状态。本示例为按钮背景图像定义动态移动效果，设计当鼠标经过时，按钮背景绚丽多彩，不断产生冒泡动画效果，而当用户单击按钮，使按钮处于激活状态时，下沉并产生反向运动的泡泡动画，效果如图 12.10 所示。

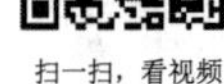
扫一扫，看视频

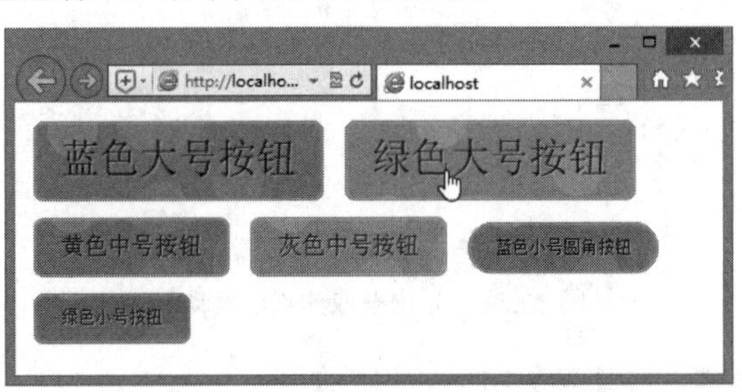

图 12.10　背景冒泡效果的按钮样式

第 1 步，设计按钮的基本样式。代码如下：

```
.button{
    text-shadow:1px 1px 0 rgba(255,255,255,0.4);     /*半透明的文本阴影*/
    text-decoration:none !important;                  /*重写默认下划线的链接样式*/
    white-space:nowrap;                               /*禁止文本换行显示*/
```

```
    display:inline-block;                        /*行内块显示*/
    vertical-align:baseline;                     /*垂直基线对齐*/
    position:relative;                           /*相对定位*/
    cursor:pointer;                              /*鼠标指针为手形*/
    padding:10px 20px;                           /*增加按钮内空间*/
    background-repeat:no-repeat;
    /*下面两个规则是回退，以备浏览器不支持多重背景时使用 */
    background-position:bottom left;
    background-image:url('images/button_bg.png');
    /*多重背景。背景图像在颜色类中单独定义*/
    background-position:bottom left, top right, 0 0, 0 0;
    background-clip:border-box;
    border-radius:8px;                           /* 设计圆角 */
    box-shadow:0 0 1px #fff inset;               /* 添加 1px 的高亮效果*/
    /* 设计 CSS 过渡动画，动画属性为背景图像的位置*/
    transition:background-position 1s;
}
```

第2步，设计鼠标经过时的动态样式。代码如下：

```
.button:hover {
    background-position: top left; /* 回退技术，兼容浏览器不支持多背景*/
    background-position: top left, bottom right, 0 0, 0 0;
}
```

第3步，设计激活时按钮下沉的动态样式。代码如下：

```
.button:active {
    background-position: bottom right;
    background-position:  bottom right, top left, 0 0, 0 0;
    bottom: -1px;
 }
```

扫描，拓展学习

扫一扫，看视频

12.2.3 焦点动画

:focus 伪类通常会在表单对象接收键盘响应时出现。本示例设计当文本框获取焦点时，文本框背景色会逐步高亮显示，如图12.11所示。

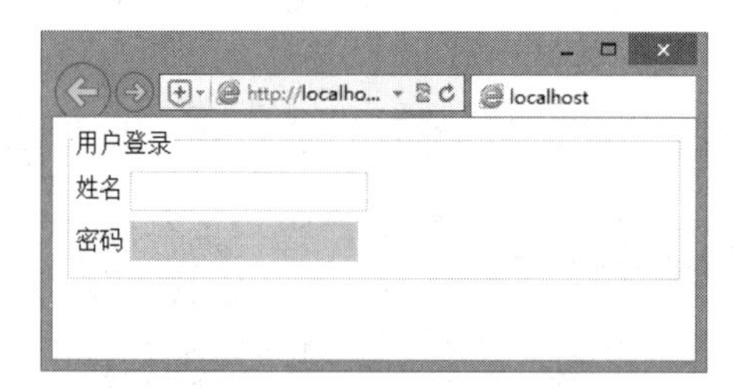

图12.11　定义获取焦点触发动画

第1步，新建HTML5文档，设计表单结构。代码如下：

```
<form id=fm-form action="" method=post>
    <fieldset>
        <legend>用户登录</legend>
        <label for="name">姓名<input type="text" id="name" name="name" ></label>
        <label for="pass">密码<input type="password" id="pass" name="pass" ></label>
    </fieldset>
</form>
```

第 2 步，在样式表中设计动画样式，核心代码如下：

```
input[type="text"], input[type="password"] {
    padding: 4px;
    border: solid 1px #ddd;
    transition: background-color 1s ease-in;
}
input:focus { background-color: #9FFC54;}
```

提示：

如果配合:hover 伪类与:focus 伪类使用，能够丰富鼠标用户和键盘用户的体验。

12.2.4 选择动画

扫描，拓展学习

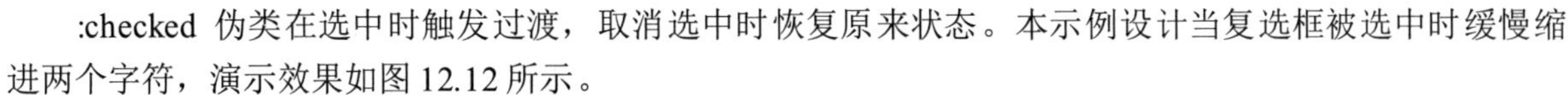

:checked 伪类在选中时触发过渡，取消选中时恢复原来状态。本示例设计当复选框被选中时缓慢缩进两个字符，演示效果如图 12.12 所示。

扫一扫，看视频

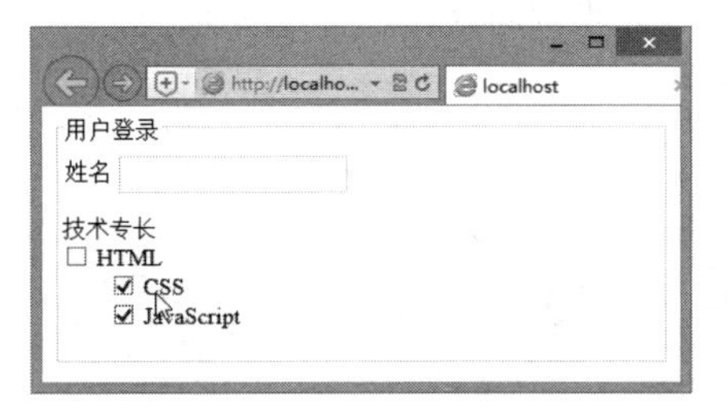

图 12.12 定义被选中时触发动画

第 1 步，新建 HTML5 文档，设计表单结构。代码如下：

```
<form id=fm-form action="" method=post>
    <fieldset>
        <legend>用户登录</legend>
        <label class="name" for="name">姓名
            <input type="text" id="name" name="name" ></label>
        <p>技术专长<br>
            <label><input type="checkbox" name="web" value="html" id="web_0">
                HTML</label><br>
            <label><input type="checkbox" name="web" value="css" id="web_1">
                CSS</label><br>
            <label><input type="checkbox" name="web" value="javascript" id="web_2">
                JavaScript</label><br>
        </p>
    </fieldset>
</form>
```

第 2 步，在样式表中设计动画样式，核心代码如下：

```
input[type="checkbox"] { transition: margin 1s ease;}
input[type="checkbox"]:checked { margin-left: 2em;}
```

扫描，拓展学习

12.2.5 目标动画

扫一扫，看视频

本示例使用 CSS3 的目标伪类:target 设计折叠面板效果，使用过渡属性设计滑动效果，折叠动画效果如图 12.13 所示。

图 12.13　折叠动画效果

第 1 步，新建 HTML5 文档，设计折叠面板结构。代码如下：

```
<div class="accordion">
    <h2>我爱买</h2>
    <div id="one" class="section">
        <h3> <a href="#one">爱逛</a> </h3>
        <div><img src="images/11.png"></div>
    </div>
    <div id="two" class="section">
        <h3> <a href="#two">爱美丽</a> </h3>
        <div><img src="images/22.png"></div>
    </div>
    <div id="three" class="section">
        <h3> <a href="#three">爱吃</a> </h3>
        <div><img src="images/33.png"></div>
    </div>
</div>
```

第 2 步，在样式表中设计动画样式，核心代码如下：

```
.accordion :target h3 a { font-weight: bold; }/* 当获得目标焦点时，标题为粗体*/
.accordion h3 + div {                          /* 选项栏标题对应的选项子框样式  */
    height: 0; padding:0 1em;  overflow: hidden;
    transition: height 0.3s ease-in;           /*定义高度渐渐显示，过渡时间为 0.3s  */
}
.accordion h3 + div img { margin:4px; }
.accordion :target h3 + div {                  /* 当获得目标焦点时，子选项内容框样式  */
    height:300px; overflow:auto;               /*当获取目标之后，高度为 300px*/
}
```

扫描，拓展学习

12.2.6　响应式动画

扫一扫，看视频

触发元素状态变化的另一种方法是使用 CSS3 媒体查询。本示例设计页面宽度为 980px，对于桌面屏幕来说，该宽度适用于任何大于 1024px 的分辨率。通过媒体查询监测宽度小于 980px 的设备，将页面宽度由固定方式改为液态版式，布局元素的宽度也会随着浏览器窗口的尺寸变化进行调整。当可视部分的宽度进一步减小到 650px 以下时，主要内容部分的容器宽度会增大至全屏，而侧边栏将被置于主要内容部分的下方，整个页面变为单列布局。演示效果如图 12.14 所示。

图 12.14 不同宽度下的视图效果

第 1 步，新建 HTML5 文档，构建文档结构，包括页头、主要内容部分、侧边栏和页脚。代码如下：

```
<div id="pagewrap">
    <header id="header">
        <hgroup><h1 id="site-logo">网站 LOGO</h1></hgroup>
        <nav><ul id="main-nav"><li><a href="#">导航链接</a></li></ul> </nav>
        <form id="searchform"><input type="search"></form>
    </header>
    <div id="content"><article class="post">主体内容区域</article></div>
    <aside id="sidebar"><section class="widget"> 侧栏栏目</section></aside>
    <footer id="footer">页脚区域</footer>
</div>
```

提示：

本示例代码较多，限于篇幅本步骤仅讲解核心样式代码，完整代码请参考本小节示例源码。

第 2 步，设计主要结构的 CSS 样式。这里主要介绍整体布局。在默认情况下，页面容器的固定宽度为 980px；页头部分（header）的固定高度为 160px；主要内容部分（content）的宽度为 600px，左浮动；侧边栏（sidebar）右浮动，宽度为 280px。代码如下：

```
#pagewrap { width: 980px; margin: 0 auto; }
#header { height: 160px; }
#content { width: 600px; float: left;}
#sidebar { width: 280px; float: right;}
#footer { clear: both; }
```

第 3 步，借助媒体查询设计自适应布局。当浏览器可视部分宽度大于 650px、小于 981px 时，将 pagewrap 的宽度设置为 95%，将 content 的宽度设置为 60%，将 sidebar 的宽度设置为 30%。代码如下：

```
@media screen and (max-width: 980px) {
    #pagewrap { width: 95%; }
    #content {width: 60%; padding: 3% 4%; }
    #sidebar { width: 30%; }
    #sidebar .widget { padding: 8% 7%;margin-bottom: 10px; }
}
```

第 4 步，当浏览器可视部分宽度小于 651px 时，将 header 的高度设置为 auto；将 searchform 绝对定位在 top: 5px 的位置；将 main-nav、site-logo、site-description 的定位设置为 static；将 content 的宽度设置

为 auto（主要内容部分的宽度将扩展至满屏），并取消 float 设置；将 sidebar 的宽度设置为 100%，并取消 float 设置。代码如下：

```
@media screen and (max-width: 650px) {
    #header { height: auto; }
    #searchform { position: absolute; top: 5px; right: 0; }
    #main-nav { position: static; }
    #site-logo { margin: 15px 100px 5px 0; position: static; }
    #site-description { margin: 0 0 15px; position: static; }
    #content {width: auto; margin: 20px 0; float: none; }
    #sidebar {width: 100%; margin: 0; float: none; }
}
```

第 5 步，当浏览器可视部分宽度小于 481px 时（480px 是传统手机横屏时的宽度），禁用 HTML 节点的字号自动调整。在默认情况下，手机会将过小的字号放大，这里可以通过-webkit-text-size-adjust 属性进行调整，在 main-nav 中设置字号为 90%。代码如下：

```
@media screen and (max-width: 480px) {
    html {-webkit-text-size-adjust: none;}
    #main-nav a {font-size: 90%; padding: 10px 8px; }
}
```

第 6 步，设计弹性图片。为图片设置 max-width: 100%和 height: auto，设计图像弹性显示。代码如下：

```
img { max-width: 100%; height: auto; width: auto\9; /*兼容 IE8 */ }
```

第 7 步，设计弹性视频。对视频也需要做 max-width: 100%的设置，但是 Safari 对 embed 的弹性属性支持不是很好，所以使用 width: 100%来代替。代码如下：

```
.video embed, .video object, .video iframe { width: 100%; min-height: 300px; height: auto;}
```

第 8 步，在默认情况下，手机端 Safari 浏览器会对页面进行自动缩放，以适应屏幕尺寸。这里可以使用下面的 meta 设置将设备的默认宽度作为页面在 Safari 的可视部分宽度，并禁止初始化缩放：

```
<meta name="viewport" content="width=device-width; initial-scale=1.0">
```

第 9 步，在样式表中添加以下样式，为页面所有对象启动过渡动画，当页面发生响应式变化时，会自动以动画形式缓慢进行过渡。代码如下：

```
*{ transition: all 1s ease;}
```

扫描，拓展学习

扫一扫，看视频

12.2.7 事件动画

本示例在文档中设计一个盒子和一个按钮，当单击按钮时，使用 JavaScript 脚本切换盒子的类样式，从而触发过渡动画，演示效果如图 12.15 所示。也可以通过其他方法触发这些更改，包括通过 JavaScript 脚本动态更改 CSS 属性。

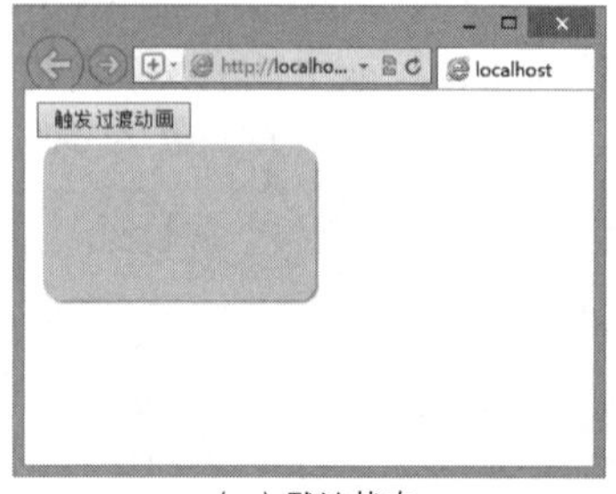

（a）默认状态

（b）JavaScript 事件激活状态

图 12.15　使用 JavaScript 脚本触发动画

提示：

从执行效率的角度来看，简单的过渡动画使用 CSS 触发会更方便。

第 1 步，新建 HTML5 文档，在文档中插入一个盒子和按钮。代码如下：

```
<input type="button" id="button" value="触发过渡动画" />
<div class="box"></div>
```

第 2 步，在样式表中设计盒子样式，并为其开启宽度和高度的过渡动画。然后定义一个简单的类样式，设计改变盒子的宽度和高度。代码如下：

```
.box {
    margin:4px; width: 50%; height: 100px;
    background: #93FB40; border-radius: 12px; box-shadow: 2px 2px 2px #999;
    transition: width 2s ease, height 2s ease;
}
.change { width: 100%; height: 120px;}
```

第 3 步，通过 jQuery　脚本触发过渡。设计当用户单击按钮时动态切换盒子的类样式。代码如下：

```
<script type="text/javascript" src="images/jquery-1.10.2.js"></script>
    <script type="text/javascript">
    $(function() {
        $("#button").click(function() {
            $(".box").toggleClass("change");
        });
    });
</script>
```

扫描，拓展学习

扫一扫，看视频

12.3　帧　动　画

12.3.1　设计运动的方盒

本示例使用 CSS3 帧动画设计一个小方盒，让其沿着方形框内壁匀速运动，如图 12.16 所示。

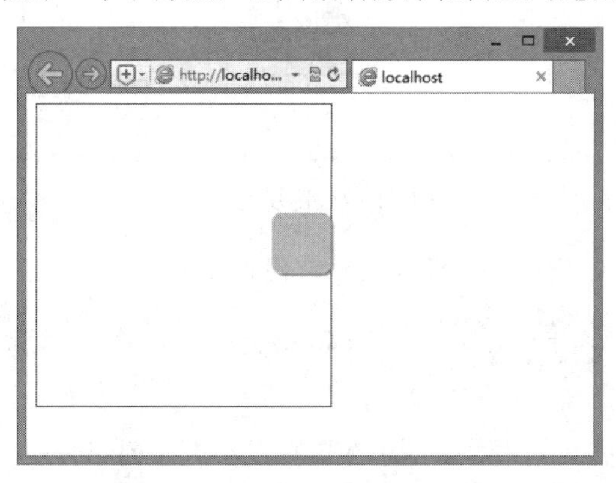

图 12.16　小盒子运动动画

第 1 步，新建 HTML5 文档，设计一个简单的盒子和包含框。代码如下：

```
<div id="wrap">
    <div id="box"></div>
</div>
```

第2步，在样式表中定义关键帧：共5帧，在时间轴上的位置分别为0%、25%、50%、75%、100%。代码如下：

```
@keyframes ball {/*设置动画属性为left和top，匀速渐变，产生运动动画效果*/
    0% {left:0;top:0;}
    25% {left:200px;top:0;}
    50% {left:200px;top:200px;}
    75% {left:0;top:200px;}
    100% {left:0;top:0;}
}
```

第3步，定义包含框为定位包含框，然后定义盒子定位在包含框内，并在盒子上应用帧动画。代码如下：

```
#wrap { position:relative; } /* 定义定位包含框，避免小盒子到包含框外运动*/
#box {/* 定义运动小盒子的样式*/
    position:absolute; left:0; top:0; width: 50px; height: 50px;
    background: #93FB40; border-radius: 8px; box-shadow: 2px 2px 2px #999;
    /*定义帧动画：名称为ball，动画时长5s，动画类型为匀速渐变，动画无限播放*/
    animation: ball 5s linear infinite;
}
```

扫描，拓展学习

扫一扫，看视频

12.3.2 设计跑步的小人

本示例设计一个跑步动画效果，主要使用CSS3帧动画控制一个序列人物跑步的背景图像，在页面固定“镜头”中快速切换实现动画效果，如图12.17所示。

图12.17 跑步的小人

第1步，新建HTML文档，设计舞台场景结构。代码如下：

```
<div class="charector-wrap " id="js_wrap">
    <div class="charector"></div>
</div>
```

第2步，设计舞台基本样式。其中导入的小人图片是小人序列集合，如图12.18所示。代码如下：

```
    .charector-wrap { position: relative; width: 180px; height: 300px; left: 50%; margin-left: -90px;}
    .charector{
        position: absolute; width: 180px; height:300px;
        background: url(img/charector.png) 0 0 no-repeat;
    }
```

图 12.18　小人序列集合

本示例主要设计任务就是让序列小人仅显示一个，然后通过 CSS3 动画，让其快速闪现在固定大小的包含框中。

第 3 步，设计动画关键帧。代码如下：

```
@keyframes person-normal{/*跑步动画名称 */
    0% {background-position: 0 0;}
    12.3% {background-position: -180px 0;}
    28.6% {background-position: -360px 0;}
    42.9% {background-position: -540px 0;}
    57.2% {background-position: -720px 0;}
    71.5% {background-position: -900px 0;}
    85.8% {background-position: -1080px 0;}
    100% {background-position: 0 0;}
}
```

第 4 步，设置动画属性。代码如下：

```
.charector{
    animation-iteration-count: infinite;/* 动画无限播放 */
    animation-timing-function:step-start;/* 马上跳到动画每一结束帧的状态 */
}
```

第 5 步，启动动画，并设置动画频率。代码如下：

```
/* 启动动画，并控制跑步动作的频率*/
.charector{ animation-name: person-normal; animation-duration: 800ms;}
```

12.4　在 线 支 持

本节为拓展学习，感兴趣的读者请扫码进行学习。

扫描，拓展学习

第 13 章　CSS3 媒体查询

2017 年 9 月，W3C 发布了媒体查询（Media Query Level 4）候选推荐标准规范，它扩展了已经发布的媒体查询功能。该规范用于 CSS 的@media 规则，可以为文档设定特定条件的样式，也可以用于 HTML 和 JavaScript 等语言中。

【练习重点】

- 正常使用媒体查询。
- 设计响应式网页布局。

扫描，拓展学习

13.1　媒 体 查 询

扫一扫，看视频

13.1.1　自动显示焦点

在传统设计中，针对不同的设备常常通过 CSS 调整图片的大小，以适应不同设备的显示。但是这种方法存在一个问题：在小设备中，由于图片被压缩得很小，图片焦点信息无法准确传递。本示例设计在计算机端浏览器中显示大图广告，而当在移动设备中预览时，仅显示广告图中的焦点信息，效果如图 13.1 所示。

（a）计算机屏幕

（b）移动设备

图 13.1　针对不同设备显示不同焦点图

新建 HTML5 文档，编写如下代码：

```
<script src="images/picturefill.js" type="text/javascript"></script>
<picture>
    <source srcset="images/big.jpg" media="(min-width: 800px)">
    <img srcset="images/small.jpg"> </picture>
</body>
```

如果要兼容早期版本的浏览器，可以使用 picturefill 插件，在最新版本的浏览器中，直接通过 media 属性控制。

扫一扫，看视频

13.1.2 设计响应式图片

针对 13.1.1 小节示例，本示例巧用媒体查询，根据屏幕宽度的不同，显示不同大小的响应式图片。

第 1 步，复制 13.1.1 小节示例代码。首先，编写 HTML 代码，设计广告框<div class="changeImg">；然后，引入 CSS 的样式类 changeImg，便于使用媒体查询技术。代码如下：

```
<div class="changeImg"></div>
```

第 2 步，编写响应设备的样式，在 CSS 代码中利用 media 关键字，当屏幕宽度大于等于 641px 时，可显示 big.jpg 图片；当屏幕宽度小于 641px 时，可显示 small.jpg 图片。代码如下：

```
@media screen and (min-width: 641px) {
    .changeImg {
        background-image:url(images/big.jpg); background-repeat: no-repeat;
        height: 440px;
    }
}
@media screen and (max-width: 640px) {
    .changeImg {
        background-image:url(images/small.jpg); background-repeat: no-repeat;
        height: 440px;
    }
}
```

13.1.3 设计响应式版式

扫描，拓展学习

扫一扫，看视频

本示例设计一个响应式版式。定义当显示屏幕宽度在 999px 以上时，页面以 3 栏并列显示，预览效果如图 13.2 所示。

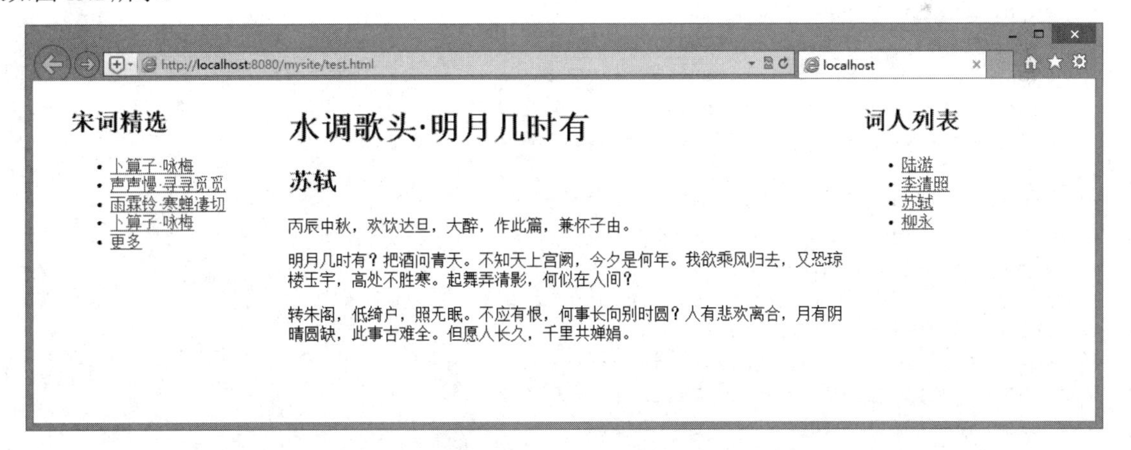

图 13.2 屏幕宽度在 999px 以上时的页面显示效果

当显示屏幕宽度在 639px 以上、1000px 以下时，页面以 2 栏显示，预览效果如图 13.3 所示；当显示屏幕宽度在 640px 以下时，3 个栏目从上往下堆叠显示，预览效果如图 13.4 所示。

第 1 步，新建 HTML5 文档，在页面中设计 3 个栏目，详细代码可以参考本小节示例源码。

- <div id="main">：主要内容栏目。
- <div id="sub">：次要内容栏目。

➘ <div id="sidebar">：侧边栏栏目。

图 13.3　屏幕宽度在 639px 以上、1000px 以下时的效果

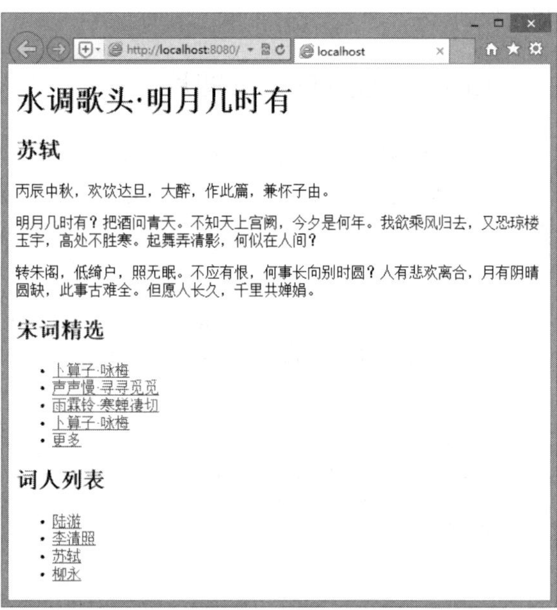

图 13.4　屏幕宽度在 640px 以下时的效果

第 2 步，在样式表中设计页面能够自适应屏幕宽度，以呈现不同的版式布局。核心代码如下：

```
#container { width: 960px; margin: auto;}      /* 网页宽度固定，并居中显示  */
#wrapper {width: 740px; float: left;}      /*主体宽度 */
/*设计 3 个栏目并列显示*/
#main {width: 520px; float: right;}
#sub { width: 200px; float: left;}
#sidebar { width: 200px; float: right;}
@media screen and (min-width: 1000px) {/* 当窗口宽度在 999px 以上时，3 栏显示  */
    #container { width: 1000px; }
    #wrapper { width: 780px; float: left; }
    #main {width: 560px; float: right; }
    #sub { width: 200px; float: left; }
    #sidebar { width: 200px; float: right; }
}
/* 当窗口宽度在 639px 以上、1000px 以下时，2 栏显示*/
@media screen and (min-width: 640px) and (max-width: 999px) {
    #container { width: 640px; }
    #wrapper { width: 640px; float: none; }
    .height { line-height: 300px; }
    #main { width: 420px; float: right; }
    #sub {width: 200px; float: left; }
    #sidebar {width: 100%; float: none; }
}
@media screen and (max-width: 639px) {/* 当窗口宽度在 640px 以下时，上下堆叠显示*/
    #container { width: 100%; }
    #wrapper { width: 100%; float: none; }
    #main {width: 100%; float: none; }
    #sub { width: 100%; float: none; }
    #sidebar { width: 100%; float: none; }
}
```

13.1.4　栏目自动显隐

扫描，拓展学习

扫一扫，看视频

本示例设计一个响应式页面布局效果，并能根据显示屏幕宽度变化自动隐藏或调整版式显示。示例效果如图 13.5 所示。

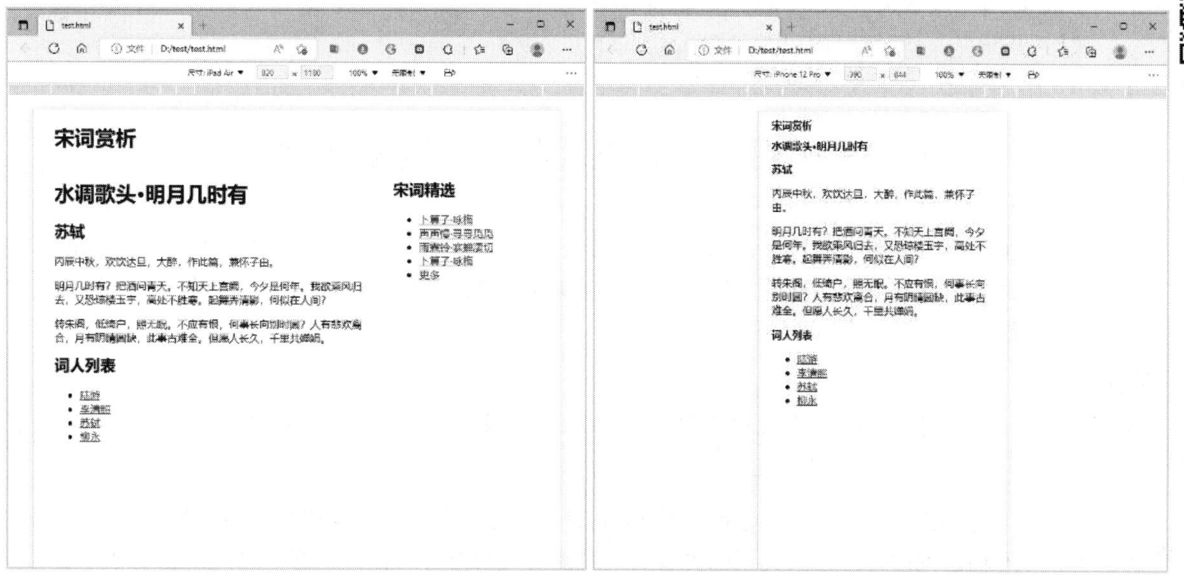

（a）平板屏幕下的效果　　　　（b）手机屏幕下的效果

图 13.5　不同屏幕宽度下的效果

第 1 步，新建 HTML5 文档，在头部<head>标签内定义视口信息。使用<meta>标签设置视口缩放比例为 1，让浏览器使用设备的宽度作为视图的宽度，并禁止初始缩放。代码如下：

```
<meta name="viewport" content="width=device-width, initial-scale=1.0">
```

第 2 步，IE8 或更早版本的浏览器并不支持媒体查询。可以使用 media-queries.js 或 respond.js 插件进行兼容。代码如下：

```
<!--[if lt IE 9]>
    <script src="http://css3-mediaqueries-js.googlecode.com/svn/trunk/css3-mediaqueries.js"></script>
<![endif]-->
```

第 3 步，设计页面 HTML 结构。整个页面基本布局包括头部、内容、侧边栏和页脚。内容容器宽度是 600px，而侧边栏宽度是 300px。完整示例代码请参考本小节示例源码。

第 4 步，当视图宽度为小于等于 980px 时，使用 CSS3 媒体查询设计以下规则将会生效。基本上，会将所有的容器宽度从像素值设置为百分比以使容器大小自适应。代码如下：

```
@media screen and (max-width: 980px) {/* 当窗口视图小于等于 980px 时响应以下样式 */
    #pagewrap { width: 94%; }
    #content { width: 65%; }
    #sidebar { width: 30%; }
}
```

第 5 步，为小于等于 700px 的视图指定<div id="content">和<div id="sidebar">的宽度为自适应，并且清除浮动，使这些容器以全宽度显示。代码如下：

```
@media screen and (max-width: 700px) {/* 当窗口视图小于等于 700px 时响应以下样式 */
    #content { width: auto; float: none; }
```

```
    #sidebar { width: auto; float: none; }
}
```

第 6 步，对于小于等于 480px（手机屏幕）的情况，将 h1 和 h2 的字体大小修改为 16px，并隐藏侧边栏<div id="sidebar">。代码如下：

```
@media screen and (max-width: 480px) {/* 当窗口视图小于等于480px时响应以下样式  */
    h1, h2 { font-size: 16px; }
    #sidebar { display: none; }
}
```

扫一扫，看视频

13.2　项目实战：设计移动端响应式网站

创建可伸缩图像

创建弹性布局

理解了可伸缩图像、弹性布局和媒体查询的知识后，就可以将它们组合在一起，创建响应式网站。本节将重点介绍如何建立响应式网站，以及用于实现响应式网站的媒体查询类型。完整的样式需要读者参考本节示例源码。

注意：

不需要先做出一个定宽的设计，然后再将它转换成响应式的页面。如何创建可伸缩图像和弹性布局，读者可扫码了解。

第 1 步，创建 HTML 结构。在动手进行响应式设计之前，应该把内容和结构设计妥当。如果使用临时占位符设计和构建网站，当填入真正的内容后，可能形式与内容结合得不好。因此，应该尽可能地将内容采集工作提前进行。具体操作不再展开，请参考本节示例源码。

第 2 步，在 head 元素中添加以下代码：

```
<meta name= "viewport" content="width=device-width, initialscale=1"/>
```

关于以上代码的作用，可以参考 13.1 节。

第 3 步，遵循移动端优先的设计原则为页面设计样式。首先，为所有的设备提供基准样式。这同时也是旧版浏览器和功能比较简单的设备显示的内容。

基准样式通常包括基本的文本样式（字体、颜色、大小）、内边距、边框、外边距和背景（视情况而定），以及设置的可伸缩图像的样式。通常，在这个阶段需要避免让元素浮动，或者对容器设定宽度，因为最小的屏幕并不够宽。内容将按照常规的文档流由上到下进行显示。

网站的目标是在单列显示样式中是清晰的、好看的。这样，网站对所有的设备都具有可访问性。在不同设备下，外观可能有差异，但这些差异在可接受范围内。

第 4 步，从基本样式开始，使用媒体查询逐渐为更大的屏幕，或者其他媒体特性定义样式，如 orientation。一般情况下，min-width 和 max-width 媒体查询特性是最主要的工具。

采用渐进增强的设计流程，先处理能力较弱的（通常也是较旧的）设备和浏览器，根据它们能理解的 CSS，设计网站相对简单的版本。然后处理能力较强的设备和浏览器，显示增强的版本。代码如下：

```
body { font: 100%/1.2 Georgia, "Times New Roman", serif; margin: 0; ...  }
* { /* 参见示例源码 */
    box-sizing: border-box;
}
.page {
    margin: 0 auto;
    max-width: 60em;                          /* 960px */
}
```

```
h1 {
    font-family: "Lato", sans-serif; font-weight: 300;
    font-size: 2.25em;                          /* 36px/16px */
}
.about h2, .mod h2 {font-size: .875em;    /* 15px/16px */}
.logo, .social-sites,.nav-main li {text-align: center;}
/* 创建可伸缩图像 */
.post-photo, .post-photo-full,.about img, .map { max-width: 100%; }
```

应用于所有视觉区域（小屏幕和大屏幕设备）的效果如图 13.6 所示。注意，本示例为整个页面设定了 60em 的最大宽度，通常等价于 960px，并使用 auto 外边距让其居中，还让所有的元素使用 boxsizing:border-box;，将大多数图像设置为可伸缩图像。

图 13.6　页面结构默认显示效果

如果没有设计媒体查询，仅应用了基础样式，则页面右侧栏目的部分会出现在左侧栏目的下面。在这种状态下，要确保页面的用户体验。由于没有设定固定宽度，因此在大屏设备中查看页面时，内容的宽度会延伸至整个浏览器窗口的宽度。

第 5 步，逐步完善布局，使用媒体查询为页面中的每个断点（breakpoint）定义样式。断点即内容需做适当调整。在本示例中，应用基准样式规则后，为下列断点创建了样式规则。

注意：

对于每个最小宽度（没有对应的最大宽度），样式定位的是所有宽度大于该 min-width 值的设备，包括台式机及更早的设备。

- 设置最小宽度为 20em，通常为 320px，定位纵向模式下的 iPhone、iPod touch、Android 设备和其他移动电话。代码如下：

```
@media only screen and (min-width:20em) { /* 20em (大于等于 320px) */
    .nav-main li { border-left: 1px solid #c8c8c8; text-align: left; display: inline-block; }
    .nav-main li:first-child {border-left: none; }
    .nav-main a {display: inline-block; font-size: 1em; padding: .5em .9em .5em 1.15em; }
}
```

这里针对视觉区域不小于 20em 的浏览器修改了主导航的样式。在 body 元素字体大小为 16px 的情况下，20em 通常等价于 320px，因为 20×16=320。这样，链接会出现在单独的一行，而不是上下堆叠，如图 13.7 所示。

- 设置最小宽度为 30em，通常为 480px，如图 13.8 所示。定位大一些的移动电话，以及横向模式下的大量 320px 设备（iPhone、iPod touch、Android 设备）。

图 13.7　小屏显示效果

图 13.8　中屏显示效果

- 设置最小宽度介于 30em（通常为 480px）和 47.9375em（通常为 767px）之间。这适用于处于横向模式的手机、一些特定尺寸的平板电脑（如 Galaxy Tab、Kindle Fire），以及比通常情况更窄的桌面浏览器。
- 设置最小宽度为 48em，通常为 768px。这适用于常见宽度及更宽的 iPad、其他平板电脑和台式机的浏览器。

主导航显示为一行，每个链接之间由灰色的竖线分隔。这个样式会在 iPhone（以及很多其他手机）中生效，因为它们在纵向模式下是 320px 宽。如果希望报头更矮一些，可以让标识居左，社交图标居右。将这种样式用在下一个媒体查询中，代码如下：

```
@media only screen and (min-width: 30em) {     /* 30em （大于等于 480px）*/
    .masthead { position: relative; }
    .social-sites { position: absolute; right: -3px; top: 41px; }
    .logo { margin-bottom: 8px; text-align: left; }
    .nav-main { margin-top: 0; }
}
```

现在，样式表中有了定位视觉区域至少为 30em（通常为 480px）的设备的媒体查询。这样的设备包括屏幕更大的手机，以及横向模式下的 iPhone。这些样式会再次调整报头。

- 在更大的视觉区域，报头宽度会自动调大，样式代码如下：

```
@media only screen and (min-width: 30em) {     /* 30em（大于等于 480px）*/
    .post-photo { float: left; margin-bottom: 2px; margin-right: 22px; max-width: 
61.667%; }
    .post-footer { clear: left; }
}
```

第 6 步，继续在同一个媒体查询块内添加样式，让图像向左浮动，减少其 max-width，从而让更多的文字可以浮动到其右侧。文本环绕在浮动图像周围的断点可能跟此处用的不同。这取决于哪些断点适合内容和设计。

为适应更宽的视图，一般不会创建超过 48em 的断点，也不必严格按照设备视图的宽度创建断点。

```
/* 30～47.9375em（在 480～767px）*/
@media only screen and (min-width: 30em) and (max-width: 47.9375em) {
    .about { overflow: hidden; }
    .about img { float: left; margin-right: 15px; }
}
```

第 7 步，让“关于自己”图像向左浮动。不过，这种样式仅当视图宽度在 30～47.9375em 时才生效。超过这个宽度会让布局变成两列布局，关于“自我介绍”文字会再次出现在图像的下面。具体代码如下：

```
@media only screen and (min-width: 48em) {     /* 48em（大于等于 768px）*/
    .container {background: url(../img/bg.png) repeat-y 65.9375% 0; padding-bottom: 1.875em;}
    main { float: left; width: 62.5%; }
    .sidebar { float: right; margin-top: 1.875em; width: 31.25%; }
    .nav-main { margin-bottom: 0; }
}
```

这是最终的媒体查询，定位宽度至少为 48em 的视觉区域，如图 13.9 所示。该媒体查询对大多数桌面浏览器来说都为真，除非用户让窗口变窄。它同时也适用于纵向模式下的 iPad 及其他平板电脑。

图 13.9　大屏显示效果

在桌面浏览器中（尽管要宽一些）也是类似的。由于宽度是用百分数定义的，因此主体内容栏和附注栏会自动伸展。

第 8 步，在发布响应式页面之前，应在移动设备和桌面浏览器上对其测试一遍。构建响应式页面时，用户可以放大或缩小桌面浏览器的窗口，模拟不同手机和平板电脑的视觉区域尺寸。然后再对样式进行相应的调整。这有助于建立有效的样式，减少在真实设备上的优化时间。

第 9 步，对 Retina 及类似显示屏使用媒体查询。针对高像素密度设备，可以使用以下媒体查询代码：

```
@media (-o-min-device-pixel-ratio: 5/4),(-webkit-min-device-pixel-ratio:1.25),(min-resolution: 120dpi) {
    .your-class { background-image:url(sprite-2x.png); background-size: 200px 150px; }
}
```

注意：

background-size 设置成了原始尺寸，而不是 400px×300px。

提示：

限于篇幅，本节主要演示了响应式网站设计的一般思路。关于本示例完整代码和模拟练习，可参考本节示例源码，进行动手测试和练习。

13.3 在线支持

本节为拓展学习，感兴趣的读者请扫码进行学习。

扫描，拓展学习

3

第 3 部分 JavaScript 核心

第 14 章　JavaScript 基础

JavaScript 是一种轻量级、解释型的 Web 开发语言，获得了所有浏览器的支持，是目前广泛使用的编程语言之一。本章针对 JavaScript 语言基础部分的重点知识进行练习，包括语句优化、字符串的处理和正则表达式的应用。

【练习重点】

- 正确检测类型。
- 优化表达式。
- 优化分支和循环结构。
- 处理字符串。
- 灵活设计正则表达式。

14.1　变　　量

使用 typeof 运算符可以检测原始数据类型，但是 typeof 有很多局限性，本节介绍两种更灵活的方法，以满足高级开发中可能遇到的各种复杂需求。

扫一扫，看视频

14.1.1　使用 constructor 检测类型

constructor 是 Object 的原型属性，它能够返回当前对象的构造器（类型函数）。利用该属性，可以检测复合型数据的类型，如对象、数组和函数等。

【示例 1】下面代码可以检测对象和数组的类型，以此可以过滤对象、数组：

```
var o = {};
var a = [];
if(o.constructor == Object) console.log("o 是对象");
if(a.constructor == Array) console.log("a 是数组");
```

结合 typeof 运算符和 constructor 原型属性，可以检测不同类型的数据，表 14.1 中列举了常用类型数据的检测结果。

表 14.1　数据类型检测

值（value）	typeof value（表达式返回值）	value.constructor（构造函数的属性值）
var value = 1	"number"	Number
var value = "a"	"string"	String
var value = true	"boolean"	Boolean
var value = {}	"object"	Object
var value = new Object()	"object"	Object
var value = []	"object"	Array
var value = new Array()	"object"	Array
var value = function(){}	"function"	Function
function className(){}; var value = new className();	"object"	className

【示例 2】undefined 和 null 没有 constructor 属性，不能够直接读取，否则会抛出异常。因此，一般应先检测值是否为 undefined 和 null 等特殊值，然后再调用 constructor 属性。代码如下：

```
var value = undefined;
console.log(value && value.constructor);  //返回 undefined
var value = null;
console.log(value && value.constructor);  //返回 null
```

数值直接量也不能直接读取 constructor 属性，应该先把它转换为对象后再调用。代码如下：

```
console.log(10.constructor) ;              //抛出异常
console.log((10).constructor) ;            //返回 Number 类型
console.log(Number(10).constructor);       //返回 Number 类型
```

14.1.2 使用 toString()检测类型

扫一扫，看视频

toString 是 Object 的原型方法，它能够返回当前对象的字符串。分析不同类型对象的 toString()方法返回值，会发现由 Object.prototype.toString()直接调用返回字符串的格式如下：

```
[object Class]
```

其中，object 表示对象的基本类型；Class 表示对象的子类型，子类型的名称与该对象的构造函数名称一一对应。例如，Object 对象的 Class 为“Object”，Array 对象的 Class 为“Array”，Function 对象的 Class 为“Function”，Date 对象的 Class 为“Date”，Math 对象的 Class 为“Math”，Error 对象（包括 Error 子类）的 Class 为“Error”等。宿主对象也有预定的 Class 值，如“Window”“Document”和“Form”等。用户自定义对象的 Class 为“Object”。用户自定义的类型，可以根据这个格式自定义类型表示。

【实现代码】

```
function typeOf(obj){                        //类型检测函数，返回字符串
    var str = Object.prototype.toString.call(obj);
    return str.match(/\[object (.*?)\]/)[1].toLowerCase();
};
['Null', 'Undefined', 'Object', 'Array', 'String', 'Number', 'Boolean', 'Function',
'RegExp'].forEach(function (t) {             //类型判断，返回布尔值
    typeOf['is' + t] = function (o) {
        return typeOf(o) === t.toLowerCase();
    };
});
```

【应用代码】

```
//类型检测
console.log( typeOf({}) );              // "object"
console.log( typeOf([]) );              // "array"
console.log( typeOf(0) );               // "number"
console.log( typeOf(null) );            // "null"
console.log( typeOf(undefined) );       // "undefined"
console.log( typeOf(/ /) );             // "regex"
console.log( typeOf(new Date()) );      // "date"
//类型判断
console.log( typeOf.isObject({}) );     // true
console.log( typeOf.isNumber(NaN) );    // true
console.log( typeOf.isRegExp(true) ); // false
```

14.2 表 达 式

扫一扫，看视频

14.2.1 表达式优化

表达式的优化包括两种方法。

- 运算顺序分组优化。
- 逻辑运算结构优化。

下面重点介绍逻辑运算结构优化。

在复杂表达式中，一些不良的逻辑结构与人的思维结构相悖，会影响代码阅读，这时就应该根据人的思维习惯来优化表达式的逻辑结构。

【示例1】设计一个筛选学龄人群的表达式。使用表达式描述：年龄大于等于6岁且小于18岁的人。代码如下：

```
if(age >= 6 && age < 18){  }
```

表达式 age>=6 && age<18 可以很容易阅读和理解。

如果再设计一个更复杂的表达式：筛选所有弱势年龄人群，以便在购票时实施半价优惠。使用表达式来描述就是年龄大于等于6岁且小于18岁，或者年龄大于等于65岁的人。代码如下：

```
if(age >= 6 && age < 18 || age >= 65){  }
```

从逻辑上分析，上面表达式没有错误。但是在结构上分析就比较紊乱，先使用小括号对逻辑结构进行分组，以便阅读。代码如下：

```
if((age >= 6 && age < 18) || age >= 65){  }
```

人的思维是一种线性的、有联系、有参照的思维，模型如图14.1所示。

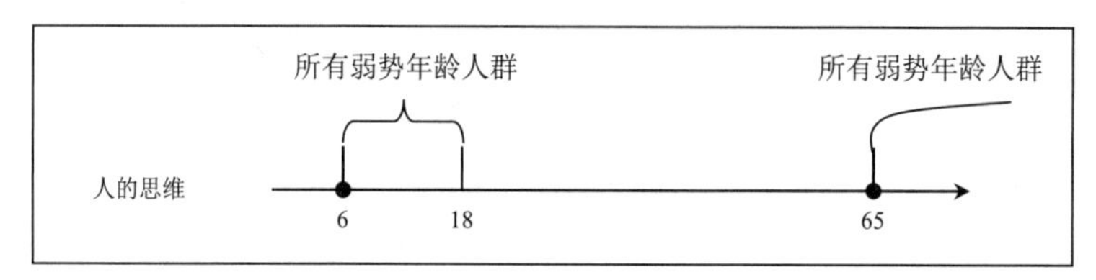

图14.1 人的思维模型

如果仔细分析(age >= 6 && age < 18) || age >= 65表达式的逻辑，模型如图14.2所示。可以看到它是非线性的，且呈多线交叉模式。

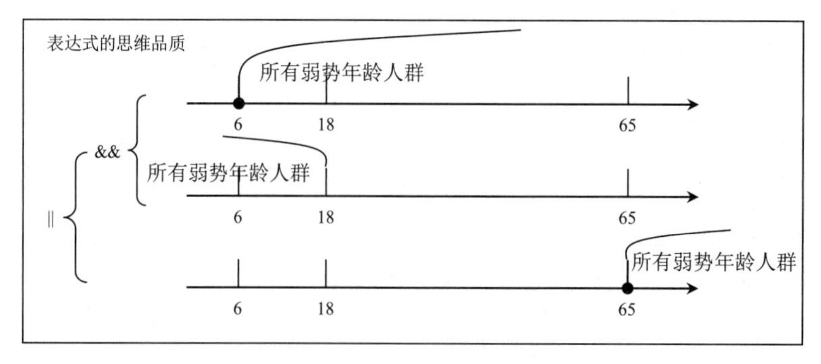

图14.2 该表达式的思维模型

对于机器来说，表达式本身没有问题。但是对于阅读者来说，思维比较紊乱，不容易形成一条逻辑线，原因是随意混用关系运算符。

如果调整一下表达式的结构顺序，就会非常清晰。代码如下：

```
if(( 6 <= age && age < 18) || 65 <= age ){  }
```

这里使用统一的大于小于号，即所有参与比较的项都按照从左到右、从小到大的思维顺序进行排列。而不再恪守变量位置。

【示例 2】优化逻辑表达式的嵌套。例如，以下条件表达式：

```
if(  !(!isA || !isB)  ){   }
```

经过优化后如下：

```
if(  !( ! (isA && isB) )  ){   }
```

类似的逻辑表达式（嵌套）如下：

```
if(  !( ! isA && ! isB )  ){   }
```

经过优化如下：

```
if(  !( ! (isA || isB) )  ){   }
```

【示例 3】条件运算符在表达式运算中经常使用。但是不容易阅读，必要时可以考虑使用 if 语句对其进行优化。例如，以下代码使用条件运算符设计了一个复杂表达式：

```
var a = {};
a.e = function(x){ return x;};
a.f = function(x){ return x + "";};
a.b = new Object( a.d ? a.e(1) : a.f(1 ));
```

使用 if 语句优化后，就非常清晰了，具体如下：

```
if(a.d){
    a.b = new Object(a.e(1));
}else{
    a.b = new Object(a.f(0));
}
```

14.2.2　表达式连续运算

扫一扫，看视频

JavaScript 是函数式编程语言，表达式运算的能力比较强大，通过连续运算可以设计敏捷的程序代码。

【示例 1】最常用的是连续赋值运算。代码如下：

```
var a = b = c = 1;
```

以上代码相当于声明了 3 个变量，且初始化值全部为 1。

【示例 2】条件运算符在连续运算中扮演着重要的角色，它可以把复杂的分支结构浓缩到一个表达式中。例如，在事件处理函数中，经常会用以下表达式处理事件对象的兼容问题：

```
event ? event : window.event;
```

拆分为分支结构后如下：

```
if(event)
    event = event;                          //如果支持 event 参数，则直接使用 event
else
    event = window.event;                   //否则调用 window 对象的 event 属性
```

【示例 3】使用条件运算符设计多重分支结构。代码如下：

```
var a = (( a == 1 ) ? console.log( 1 ) :  //如果 a 等于 1，则提示 1
```

```
    ( a == 2 ) ? console.log( 2 ) :      //如果 a 等于 2，则提示 2
    ( a == 3 ) ? console.log( 3 ) :      //如果 a 等于 3，则提示 3
    ( a == 4 ) ? console.log( 4 ) :      //如果 a 等于 4，则提示 4
   console.log( undefined )              //否则提示 undefined
);
```

拆分为多重分支结构如下：

```
switch (a){
   case 1:
      console.log(1);
      break;
   case 2:
      console.log(2);
      break;
   case 3:
      console.log(3);
      break;
   case 4:
      console.log(4);
      break;
   default:
      console.log(undefined);
}
```

【示例 4】复合型数据：对象、数组、函数，都可以作为操作数，参与表达式运算。例如，先定义函数，再调用函数，代码如下：

```
var f = function(x,y){     //定义匿名函数
   return (x+y)/2;
}
console.log(f(10,20));     //调用匿名函数
```

使用表达式表示如下：

```
console.log(
    (function( x, y ){
      return ( x + y ) / 2;
   })( 10, 20 )             //直接调用匿名函数
);                          //返回值 15
```

【示例 5】通过小括号连续调用，使用表达式可以设计多层嵌套的函数结构。代码如下：

```
console.log(
    ( function(){
      return function(x, y){
         return function(){
            return ( x + y ) / 2;
         }
      }
   })()( 10, 20 )()         //连续 3 次调用运算
);                          //返回值 15
```

如果转换为命令式语句，则代码如下：

```
var f = function(){
   return function(x, y){
      return function(){
         return ( x + y ) / 2;
```

```
        }
    }
}
var f1 = f();                   //第 1 次调用外层函数
var f2 = f1(10,20);             //第 2 次调用中层函数
var f3 = f2();                  //第 3 次调用内层函数
console.log(f3);                //返回值 15
```

【示例 6】演示如何使用表达式创建对象。代码如下：

```
var o = typeof 56;              //返回数值 56 的类型
console.log(
    (new (                      //根据多条件运算式返回值创建对象
        (o == "string") ? String :
        (o == "number") ? Number :
        (o == "boolean") ? Boolean :
        (o == "array") ? Array :
        Object
      )
    ).toString()                //把创建的对象转换为字符串后返回
)
```

上面代码使用条件运算符的嵌套，连续判断变量 o 的值，然后使用 new 创建对象，最后通过点运算符调用 toString()方法把新创建的对象转换为字符串并返回。

提示：

如果使用逻辑运算符，可以进一步浓缩表达式，代码如下：

```
console.log((new ((o == "string") ? String :(o == "number") ? Number :(o == "boolean") ?
Boolean :(o == "array") ? Array :Object)).toString())
```

14.2.3　把命令式语句转换为表达式

扫一扫，看视频

在表达式运算中，求值是运算的核心。由于运算只产生值，因此可以把所有命令式语句都转换为表达式，并进行求值。

提示：

把命令式语句转换为表达式后，循环和分支中的一些子句可以弃用，如 break、continue、标签语句等。变量声明语句不需要了，只需要值声明和函数内的 return 子句，其他命令都可以省略。

【示例 1】使用条件运算符或逻辑运算符，可以把分支结构转换为表达式。代码如下：

```
var a = (( a == 1 ) && console.log( 1 ) ||     //如果 a 等于 1，则提示 1
       ( a == 2 ) && console.log( 2 ) ||       //如果 a 等于 2，则提示 2
       ( a == 3 ) && console.log( 3 ) ||       //如果 a 等于 3，则提示 3
       ( a == 4 ) && console.log( 4 ) ||       //如果 a 等于 4，则提示 4
       console.log( undefined )                //否则提示 undefined
    );
```

以上代码主要利用逻辑运算符“&&”和“||”来执行连续运算。对于逻辑“与”运算来说，如果运算符左侧的操作数为 true，才会执行右侧的操作数，否则忽略右侧的操作数；而对于逻辑“或”运算来说，如果运算符左侧的操作数为 false，才会执行右侧的操作数，否则忽略右侧的操作数。

逻辑“与”和逻辑“或”的组合使用可以模拟条件运算符的运算功能。这也说明 JavaScript 逻辑运算符并非为了布尔计算而设计，它实际上是分支结构的一种表达式化。

【示例 2】使用递归运算可以把循环结构转换为表达式。代码如下：

```
for( var i = 1 ; i < 100; i ++ ){
    console.log( i );                              //可执行命令
}
```

使用递归函数进行设计，代码如下：

```
var i = 1;                                         //声明变量 i，并初始化
(function(){                                       //定义匿名函数
    console.log( i );                              //可执行命令
    (++i < 100 ) && arguments.callee();
                                                   //如果递增后变量 i 小于 100，则执行递归运算
})()                                               //调用函数
```

使用嵌套函数进一步封装，代码如下：

```
(function(){
    var i = 1;
    return function(){
        console.log( i );                          //可执行命令
        (++i < 100 ) && arguments.callee();//有条件递归运算
    }
})()()                                             //调用函数的返回函数
```

提示：

函数递归运算需要为每次函数调用保留私有空间，因此会消耗大量的系统资源。不过使用尾递归可以避免此类问题。

函数也可以作为表达式的操作数，具有值的含义。不管函数内部结构多么复杂，最终返回的只是一个值，因此可以在函数内封装复杂的逻辑。

例如，在函数中包含循环语句来执行高效运算，这样就把语句作为表达式的一部分直接投入连续运算中。在特殊环境下只能使用表达式运算，如浏览器地址栏内仅能够运行表达式代码。

【示例 3】本示例是一个连续运算的表达式，该表达式是一个分支结构，在分支结构中包含函数体，以判断两种表达式的大小，并输出提示信息。整个代码以表达式的形式运算，与命令式语言风格迥然不同，代码如下：

```
( ( function f( x, y ){
    return ( x + y ) * ( x + y );
})( 25, 36 )>
( function f( x, y ){
    return x * x + y * y;
})( 25, 36 ) ) ?
console.log( "( x + y )^2" ) : console.log( "x ^2+ y^2" ) //返回提示信息"( x + y )^2"
```

【示例 4】本示例使用函数封装复杂的循环结构，然后直接参与表达式运算。代码如下：

```
console.log(( function( x, y ){
    var c=0,a =[]
    for( var i = 0; i < x; i ++ ){
        for( var j = 0; j < y; j ++ ) {
            a[c] = i.toString() + j.toString();
            document.write(++c + " ");
        }
        document.write( "<br />");
    }
    return a;
}
)( 10, 10 ) );
```

以上代码把两个嵌套的循环结构封装在函数体内，从而实现连续求值的目的。因此，使用连续运算的表达式可以设计足够复杂的逻辑。

注意：

这种复杂的表达式也存在一定的风险，不容易阅读，也不容易调试。如以下代码：

```
console.log(( function( x, y ){var c=0,a =[];for( var i = 0; i < x; i ++ )
{for( var j = 0; j < y; j ++ )
{a[c] = i.toString() + j.toString();document.write
(++c + " ");}document.write
( "<br />");}return a;} )( 10, 10 ) );
```

应该养成良好的编码习惯，设计良好的结构可以降低代码难度。对于长表达式，应该对其进行格式化。从语义上分析，函数的调用过程实际上就是表达式运算中求值的过程。从这一点来看，在函数式编程中，函数是一种高效的连续运算的工具。例如，对于循环结构来说，使用递归运算会存在系统损耗，但是如果把循环结构封装在函数结构中，然后使函数作为值参与表达式的运算，实际上也是高效实现循环结构的表达式化。

14.3 语　　句

14.3.1 if 和 switch

扫一扫，看视频

if 和 switch 都可以设计多重分支结构，一般情况下 switch 语句的执行效率要高于 if 语句。相对而言，下列情况更适宜选用 switch 语句。

- 枚举表达式的值。这种枚举是可以期望的、平行的和有逻辑关系的。
- 表达式的值具有离散性，不具有线性的非连续的区间值。
- 表达式的值是固定的，不会动态变化。
- 表达式的值是有限的，而不是无限的，一般应该比较少。
- 表达式的值一般为整数、字符串等简单的值。

下列情况更适宜选用 if 语句。

- 具有复杂的逻辑关系。
- 表达式的值具有线性特征，如对连续的区间值进行判断。
- 表达式的值是动态的。
- 测试任意类型的数据。

【示例 1】本示例设计根据学生分数进行等级评定：如果分数小于 60，则不及格；如果分数在 60～75，则评定为合格；如果分数在 75～85，则评定为良好；如果分数在 85～100，则评定为优秀。

根据上述需求描述，可确定检测的分数是一个线性区间值，因此使用 if 语句会更适合。代码如下：

```
if(score < 60){ console.log("不及格"); }          //线性区间值判断
else if( score < 75){ console.log("合格"); }     //线性区间值判断
else if( score < 85){ console.log("良好"); }     //线性区间值判断
else { console.log("优秀"); }
```

如果使用 switch 语句，则需要枚举 100 种可能，如果分数值还包括小数，则这种情况就更加复杂了，此时使用 switch 语句就不是明智之举。

【示例 2】根据性别进行分类管理。这个案例属于有限枚举条件案例，使用 switch 语句会更高效。代码如下：

```
switch(sex){ //离散值判断
    case 1:
```

```
            console.log("女士");
            break;
        case 2:
            console.log("男士");
            break;
        default:
            console.log("请选择性别");
    }
```

扫一扫，看视频

扫一扫，看视频

扫一扫，看视频

14.3.2 优化多分支结构

在多分支检测中，表达式的重复运算会影响性能。如果检测的条件满足以下两条，可以考虑使用数据映射法来快速匹配，这样有助于保持代码的可读性，同时还可以大大提高程序的响应速度。

- 条件体的数目庞大。
- 测试的条件值呈现离散状态。

实现方法：通过数组或普通对象实现。

【示例 1】在以下代码中，使用 switch 多分支检测离散值：

```
    function map(value){
        switch(value) {
            case 0: return "result0";
            case 1: return "result1";
            case 2: return "result2";
            case 3: return "result3";
            case 4: return "result4";
            case 5: return "result5";
            case 6: return "result6";
            case 7: return "result7";
            case 8: return "result8";
            case 9: return "result9";
            default: return "result10";
        }
    }
```

【示例 2】针对示例 1 可以使用数组查询替代 switch 语句。以下代码把所有离散值存储到一个数组中，然后通过数组下标快速检测元素的值：

```
    function map(value){
        var results = ["result0", "result1", "result2", "result3", "result4", "result5",
"result6", "result7", "result8", "result9", "result10"]
        return results[value];
    }
```

使用数据映射法可以消除所有条件判断，由于没有条件判断，当候选值数量增加时，基本上不会增加额外的性能开销。

如果每个键映射的不是简单的值，而是一系列的动作，则使用 switch 语句更适合。当然，也可以把这些动作包装在函数中，再把函数作为一个值与键进行映射。

【示例 3】如果条件查询中键名不是有序数字，则无法与数组下标映射，这时可以使用对象数据映射法。代码如下：

```
    function map(value){
        var results = {
            "a":"result0", "b":"result1", "c":"result2","d": "result3", "e":"result4","f":
```

```
"result5", "g":"result6", "h":"result7", "i":"result8", "j":"result9", "k":"result10"
        }
        return results[value];
    }
```

14.3.3　优化循环结构

循环是最耗费资源的操作，任意一点小的损耗都将会被成倍放大，从而影响程序整体运行的效率。有以下两个因素影响循环的性能。

- 每次迭代做什么。
- 迭代的次数。

通过减少这两者中一个或全部的执行时间，可以提高循环的整体性能。如果一次循环需要很长时间，那么多次循环将需要更长时间。

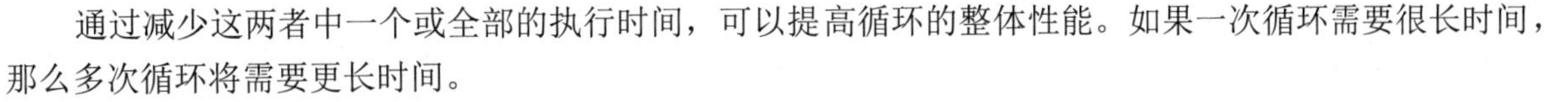

【示例 1】 以下使用 3 类循环语句设计一个典型的数组遍历，代码如下：

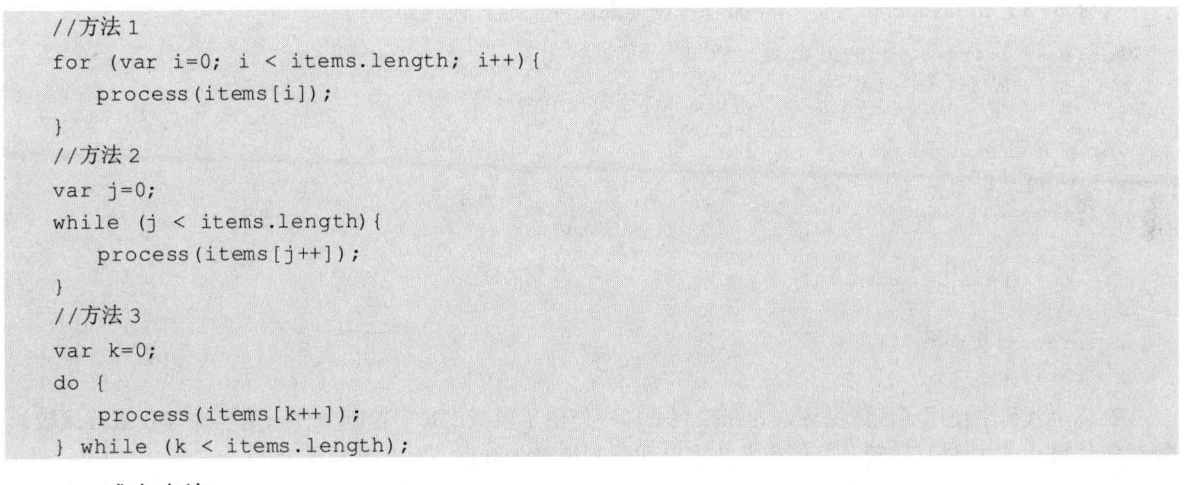

```
//方法 1
for (var i=0; i < items.length; i++){
    process(items[i]);
}
//方法 2
var j=0;
while (j < items.length){
    process(items[j++]);
}
//方法 3
var k=0;
do {
    process(items[k++]);
} while (k < items.length);
```

1. 减少查询

对于任何循环来说，每次执行循环体都要发生以下操作。

第 1 步，在控制条件中读一次属性（items.length）。

第 2 步，在控制条件中执行一次比较（i < items.length）。

第 3 步，判断 i < items.length 表达式的值是不是 true（i < items.length == true）。

第 4 步，一次自加操作（i++）。

第 5 步，一次数组查找（items[i]）。

第 6 步，一次函数调用（process(items[i])）。

在循环体内，代码运行速度很大程度上由 process()对每个项目的操作所决定，即便如此，减少每次迭代中操作的总数也可以大幅度提高循环的性能。

优化循环的第 1 步是减少对象成员和数组项查找的次数。在大多数浏览器上，这些操作比访问局部变量或直接量需要更长时间。例如，在上面的步骤中，每次循环都查找 items.length，这是一种浪费，因为该值在循环体执行过程中不会改变，因此产生了不必要的性能损失。

【示例 2】 可以简单地将 items. length 存入一个局部变量中，在控制条件中使用这个局部变量，从而提高循环性能。代码如下：

```
for (var i=0, len=items.length; i < len; i++){
    process(items[i]);
}
```

```
var j=0, count = items.length;
while (j < count){
   process(items[j++]);
}
var k=0, num = items.length;
do {
   process(items[k++]);
} while (k < num);
```

这些重写后的循环只在循环执行之前对数组长度进行一次属性查询，使控制条件中只有局部变量参与运算，所以执行速度更快。

2. 倒序循环

还可以通过改变循环的顺序来提高循环性能。通常，数组元素的处理顺序与任务无关，可以从最后一个开始，直到处理完第1个元素。倒序循环是编程语言中常用的性能优化方法。

【示例 3】在 JavaScript 中，倒序循环可以提高循环性能。代码如下：

```
for (var i=items.length; i--; ){
   process(items[i]);
}
var j = items.length;
while (j--){
   process(items[j]);
}
var k = items.length-1;
do {
   process(items[k]);
} while (k--);
```

在以上代码中使用了倒序循环，并在控制条件中使用了自减。每个控制条件只简单地与0进行比较。控制条件与true 值进行比较，任何非零数字自动强制转换为true，而0等同于false。

实际上，控制条件已经从两次比较减少到一次比较，大幅提高了循环速度。现在与原始版本相比，每次迭代中只进行以下操作。

第1步，在控制条件中进行一次比较（i == true）。

第2步，一次减法操作（i--）。

第3步，一次数组查询（items[i]）。

第4步，一次函数调用（process(items[i])）。

每次迭代中减少两个操作，如果迭代次数成千上万地增长，那么性能将显著提升。

14.4 字 符 串

扫一扫，看视频

14.4.1 检测特殊字符

在接收表单数据时，经常需要检测特殊字符，过滤敏感词汇。本示例为String扩展一个原型方法filter()，用来检测字符串中是否包含指定的特殊字符。

定义 filter()的参数为任意长度和个数的特殊字符列表，检测的返回结果为布尔值。如果检测到任意指定的特殊字符，则返回true，否则返回false。代码如下：

```
// 检测特殊字符，参数为特殊字符列表，返回 true 表示存在特殊字符，否则不存在特殊字符
```

```
String.prototype.filter = function(){
    if(arguments.length < 1) throw new Error("缺少参数");// 如果没有参数，则抛出异常
    var a = [], _this = this;       // 定义空数组，把字符串存储在内部变量中
    for(var i = 0 ; i < arguments.length; i ++ ){       // 遍历参数，把参数列表转换为数组
        a.push(arguments[i]);       // 把每个参数值推入数组
    }
    var i = - 1;                    // 初始化临时变量为-1
    a.forEach(function(key){        // 迭代数组，检测字符串中是否包含特殊字符
        if(i != - 1) return true;   // 如果临时变量不等于-1，提前返回 true
        i = _this.indexOf(key)      // 检索到的字符串下标位置
    });
    if(i == - 1){                   // 如果 i 等于-1，返回 false，说明没有检测到特殊字符
        return false;
    }else{                          // 如果 i 不等于-1，返回 true，说明检测到特殊字符
        return true;
    }
}
```

【应用代码】

下面应用 String 类型的扩展方法 check()检测字符串中是否包含特殊字符尖角号，以判断字符串中是否存在 HTML 标签。代码如下：

```
var  s = '<script language="javascript" type="text/javascript">';  // 定义字符串直接量
var b = s.filter("<",">");     // 调用 String 扩展方法，检测字符串
console.log(b);                // 返回 true，说明存在"<"或">"，即存在 HTML 标签
```

Array 的原型方法 forEach()能够多层迭代数组，可以以数组的形式传递参数。代码如下：

```
var  s = '<script language="javascript" type="text/javascript">';
var a = ["<", ">","\"","\'","\\","\/","\;","\|"];
var b = s.check(a);
console.log(b);
```

把特殊字符存储在数组中，这样更方便管理和引用。

14.4.2　自定义编码和解码

扫一扫，看视频

本示例将根据字符在 Unicode 字符表中的编号对字符串进行个性编码。例如，字符“中”的 Unicode 编码为 20013，如果在网页中使用 Unicode 编码显示，则可以输入“中”。

使用 charCodeAt()方法能够把指定的字符转换为 Unicode 编码，然后利用 replace()方法逐个地对字符进行匹配、编码转换，最后返回网页能够显示的编码格式的信息。

1. 设计编码

以下代码利用字符串的 charCodeAt()方法对字符串进行自定义编码：

```
var toUnicode = String.prototype.toUnicode = function(){// 对字符串进行编码操作
   var _this = arguments[0] || this; // 判断是否存在参数，如果存在则使用静态方法调用参数值，否则作为字符串对象的方法来处理当前字符串对象
   function f(){// 定义替换文本函数
      return "&#" + arguments[0].charCodeAt(0) + ";"; // 以网页编码格式显示被编码的字符串
   }
   return _this.replace(/[^\u00-\uFF]|\w/gmi, f); // 使用 replace()方法执行匹配和替换操作
};
```

在函数体内首先判断参数以决定执行操作的方式，然后在 replace()方法中借助替换函数完成被匹配

字符的转码操作。

【应用编码】

```
var s = "JavaScript中国";        // 定义字符串
s = toUnicode(s);                // 以静态函数调用
console.log(s);
//&#106;&#97;&#118;&#97;&#115;&#99;&#114;&#105;&#112;&#116;&#20013;&#22269;
var s = "JavaScript中国";
s = s.toUnicode();               // 以String的原型方法
document.write(s);               // 显示为"JavaScript中国"
```

2. 设计解码

与toUnicode()编码操作相反，但是设计思路和设计编码基本相同。代码如下：

```
var fromUnicode = String.prototype.fromUnicode = function(){// 对Unicode编码进行解码操作
   var _this = arguments[0] || this;   // 判断是否存在参数，如果存在则使用静态方法调用参数值，
否则作为字符串对象的方法来处理当前字符串对象
   function f(){                       // 定义替换文本函数
     return String.fromCharCode(arguments[1]); //把第1个子表达式值转换为字符
   }
   return _this.replace(/&#(\d*);/gmi, f); // 使用replace()匹配并替换Unicode编码为字符
};
```

对于ASCII字符来说，其Unicode编码在\u00~\uFF（十六进制），而对于双字节的汉字来说，则应该是大于\uFF编码的字符集，因此在判断时要考虑不同的字符集合。

【应用解码】

```
var s = "JavaScript中国"; // 定义字符串
s = s.toUnicode();          // 对字符串进行Unicode编码
console.log(s);             // 返回字符串
// "&#106;&#97;&#118;&#97;&#115;&#99;&#114;&#105;&#112;&#116;&#20013;&#22269;"
s = s.fromUnicode();        // 对被编码的字符串进行解码
console.log(s);             // 返回字符串"JavaScript中国"
```

扫一扫，看视频

14.4.3 字符串加密和解密

字符串加密和解密的关键是算法设计，字符串经过复杂的编码处理，将返回一组看似杂乱无章的字符串。对于人类来说，输入的字符串是可以阅读的信息，但是被函数打乱或编码后显示的字符串就变成了无意义的信息。要想把这些杂乱的信息变为可用信息，还需要使用相反的算法把它们逆转回来。

如果把字符串"中"进行自定义加密。可以考虑用charCodeAt()方法获取该字符的Unicode编码。代码如下：

```
var s = "中";
var b = s.charCodeAt(0); // 返回值20013
```

然后以36为倍数不断求取余数，代码如下：

```
b1 = b % 36;                // 返回值33，求余数
b = (b - b1) / 36;          // 返回值555，求倍数
b2 = b % 36;                // 返回值15，求余数
b = (b - b2) / 36;          // 返回值15，求倍数
b3 = b % 36;                // 返回值15，求余数
```

那么不断求得的余数，可以通过以下公式反算出原编码值：

```
var m = b3 * 36 * 36 + b2 * 36 + b1; // 返回值20013，反求字符"中"的编码值
```

有了这种算法，就可以实现字符与加密数值之间的相互转换。

再定义一个密钥，代码如下：

```
var key = "0123456789ABCDEFGHIJKLMNOPQRSTUVWXYZ";
```

把余数定位到密钥中某个下标值相等的字符上，就实现了加密效果。反过来，如果知道某个字符在密钥中的下标值，然后反算出被加密字符的 Unicode 编码值，最后就可以逆推出被加密字符的原信息。

本示例设定密钥是以 36 个不同的字母和数字组成的字符串。不同密钥加密解密的结果是不同的，加密结果以密钥中的字符作为基本元素。

加密字符串如下：

```
var toCode = function(str){                        // 加密字符串
    // 定义密钥，36 个字母和数字
    var key = "0123456789ABCDEFGHIJKLMNOPQRSTUVWXYZ";
    var l = key.length;                            // 获取密钥的长度
    var a = key.split("");                         // 把密钥字符串转换为字符数组
    var s = "", b, b1, b2, b3;                     // 定义临时变量
    for(var i = 0; i < str.length; i ++ ){ // 遍历字符串
        b = str.charCodeAt(i);                     // 逐个提取字符，并获取 Unicode 编码值
        b1 = b % l;                                // 求 Unicode 编码值的余数
        b = (b - b1) / l;                          // 求最大倍数
        b2 = b % l;                                // 求最大倍数的余数
        b = (b - b2) / l;                          // 求最大倍数
        b3 = b % l;                                // 求最大倍数的余数
        s += a[b3] + a[b2] + a[b1];                // 根据余数值映射到密钥中对应下标位置的字符
    }
    return s; ;                                    // 返回该映射的字符
}
```

解密字符串如下：

```
var fromCode = function(str){                      // 解密 toCode()方法加密的字符串
    // 定义密钥，36 个字母和数字
    var key = "0123456789ABCDEFGHIJKLMNOPQRSTUVWXYZ";
    var l = key.length;                            // 获取密钥的长度
    var b, b1, b2, b3, d = 0, s;                   // 定义临时变量
    s = new Array(Math.floor(str.length / 3)) // 计算加密字符串包含的字符数，并定义数组
    b = s.length;                                  // 获取数组的长度
    for(var i = 0; i < b; i ++ ){                  // 以数组的长度为循环次数，遍历加密字符串
        b1 = key.indexOf(str.charAt(d))            // 截取周期内第 1 个字符，计算密钥下标值
        d ++ ;
        b2 = key.indexOf(str.charAt(d))            // 截取周期内第 2 个字符，计算密钥下标值
        d ++ ;
        b3 = key.indexOf(str.charAt(d))            // 截取周期内第 3 个字符，计算密钥下标值
        d ++ ;
        s[i] = b1 * l * l + b2 * l + b3            // 利用下标值，反推被加密字符的 Unicode 编码值
    }
    b = eval("String.fromCharCode(" + s.join(',') + ")");// 用 fromCharCode()算出字符串
    return b;                                      // 返回被解密的字符串
}
```

应用代码如下：

```
var s = "JavaScript 中国";                          // 字符串直接量
s = toCode(s);                                     // 加密字符串
console.log(s);
```

```
// 返回"02Y02P03A02 P03702R03602X034038FFXH6L"
s = fromCode(s);                                     // 解密被加密的字符串
console.log(s);                                      // 返回字符串"JavaScript 中国"
```

14.5 正则表达式

扫一扫，看视频

14.5.1 匹配十六进制颜色值

十六进制颜色值字符串格式如下：

```
#ffbbad
#Fc01DF
#FFF
#ffE
```

模式分析如下：

- 表示一个十六进制字符，可以用字符类[0-9a-fA-F]来匹配。
- 其中字符可以出现 3 次或 6 次，需要使用量词和分支结构。
- 使用分支结构时，需要注意顺序。

设计代码如下：

```
var regex = /#([0-9a-fA-F]{6}|[0-9a-fA-F]{3})/g;
var string = "#ffbbad #Fc01DF #FFF #ffE";
console.log( string.match(regex) );//["#ffbbad", "#Fc01DF", "#FFF", "#ffE"]
```

扫一扫，看视频

14.5.2 匹配时间

以 24 小时制为例，时间字符串格式如下：

```
23:59
02:07
```

模式分析如下：

- 共 4 位数字，第 1 位数字可以为 [0-2]。
- 当第 1 位为 2 时，第 2 位可以为 [0-3]，其他情况时，第 2 位为[0-9]。
- 第 3 位数字为[0-5]，第 4 位为 [0-9]。

设计代码如下：

```
var regex = /^([01][0-9]|[2][0-3]):[0-5][0-9]$/;
console.log( regex.test("23:59") );   // => true
console.log( regex.test("02:07") );   // => true
```

如果要求匹配 7:9 格式，也就是说时分前面的 0 可以省略。优化后的代码如下：

```
var regex = /^(0?[0-9]|1[0-9]|[2][0-3]):(0?[0-9]|[1-5][0-9])$/;
console.log( regex.test("23:59") );   // => true
console.log( regex.test("02:07") );   // => true
console.log( regex.test("7:9") );     // => true
```

扫一扫，看视频

14.5.3 匹配日期

常见日期格式：yyyy-mm-dd，如 2018-06-10。

模式分析如下：

- 年，4 位数字，可用 [0-9]{4}表示。
- 月，共 12 个月，分两种情况：01、02、…、09 和 10、11、12，可用(0[1-9]|1[0-2])表示。
- 日，最大 31 天，可用 (0[1-9]|[12][0-9]|3[01])表示。

设计代码如下：

```
var regex = /^[0-9]{4}-(0[1-9]|1[0-2])-(0[1-9]|[12][0-9]|3[01])$/;
console.log( regex.test("2018-06-10") );          // => true
```

14.5.4 匹配成对标签

扫一扫，看视频

成对标签的格式如下：

```
<title>标题文本</title>
<p>段落文本</p>
```

模式分析如下：

- 匹配一个开标签，可以使用<[^>]+>。
- 匹配一个闭标签，可以使用 <\/[^>]+>。
- 匹配成对标签，需要使用反向引用，其中开标签<[\^>]+>改成<([^>]+)>，使用小括号的目的是后面能够使用反向引用，闭标签使用了反向引用<\/\1>。
- [\d\D]表示这个字符是或不是数字，因此匹配任意字符。

设计代码如下：

```
var regex = /<([^>]+)>[\d\D]*<\/\1>/;
var string1 = "<title>标题文本</title>";
var string2 = "<p>段落文本</p>";
var string3 = "<div>非法嵌套</p>";
console.log( regex.test(string1) );    // true
console.log( regex.test(string2) );    // true
console.log( regex.test(string3) );    // false
```

14.5.5 匹配物理路径

扫一扫，看视频

物理路径字符串格式如下：

```
F:\study\javascript\regex\regular expression.pdf
F:\study\javascript\regex\
F:\study\javascript
F:\
```

模式分析如下：

- 整体模式为“盘符:\文件夹\文件夹\文件夹\”。
- 匹配 F:\需要使用[a-zA-Z]:\\，盘符不区分大小写。注意，“\”字符需要转义。
- 文件名或文件夹名，不能包含特殊字符，此时需要排除字符类[^\\:*<>|"?\r\n/]来表示合法字符。
- 名字不能为空，至少有一个字符，也就是要使用量词“+”。因此匹配“文件夹\”，可用[^\\:*<>|"?\r\n/]+\\。
- “文件夹\”可以出现任意次，就是 ([^\\:*<>|"?\r\n/]+\\)*。其中括号表示其内部正则是一个整体。
- 路径的最后一部分可以是“文件夹”，没有“\”，因此需要添加([^\\:*<>|"?\r\n/]+)?。
- 最后拼接成一个比较复杂的正则表达式。

设计代码如下：

```
var regex = /^[a-zA-Z]:\\([^\\:*<>|"?\r\n/]+\\)*([^\\:*<>|"?\r\n/]+)?$/;
```

```
console.log(regex.test("F:\\javascript\\regex\\index.html")); // => true
console.log( regex.test("F:\\javascript\\regex\\") );         // => true
console.log( regex.test("F:\\javascript") );                  // => true
console.log( regex.test("F:\\") );                            // => true
```

14.6 实战案例：绘制杨辉三角

杨辉三角是一个经典的编程案例，它揭示了多次方二项式展开后各项系数的分布规律。

简单描述：每行开头和结尾的数字为 1，除第 1 行外，每个数都等于它上方两数之和，如图 14.3 所示。

定义两个数组，数组 1 为上一行数字列表，为已知数组；数组 2 为下一行数字列表，为待求数组。假设上一行数组为[1,1]，即第 2 行数字，那么下一行数组的元素值就等于上一行相邻两个数字的和，即为 2，然后数组两端的值为 1，这样就可以求出下一行数组，即第 3 行数字列表。求第 4 行数组的值，可以把已计算出的第 3 行数组作为上一行数组，而第 4 行数字为待求的下一行数组，以此类推。

设计思路：使用嵌套循环结构，外层循环遍历高次方的幂数（即行数），内层循环遍历每次方的项数（即列数）。核心代码如下：

```
var a1 = [1, 1];                            //上一行数组，初始化为[1, 1]
var a2 = [1, 1];                            //下一行数组，初始化为[1, 1]
for(var i = 2; i <= n; i ++ ){              //从第 3 行开始遍历高次方的幂数，n 为幂数
    a2[0] = 1;                              //定义下一行数组的第 1 个元素为 1
    for(var j = 1; j < i - 1; j ++ ){       //遍历上一行数组，并计算下一行数组中间的数字
        a2[j] = a1[j - 1] + a1[j];
    }
    a2[j] = 1;                              //定义下一行数组的最后一个元素为 1
    for(var k = 0; k <= j; k ++ ){          //把数组的值传递给上一行数组，实现交替循环
        a1[k] = a2[k];
    }
}
```

完成算法设计后，就可以设计输出数表，完整代码请参考本源码，效果如图 14.4 所示。

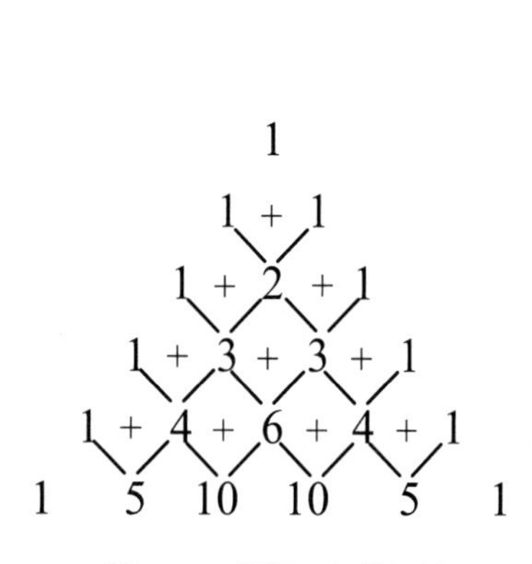

图 14.3　杨辉三角的规律

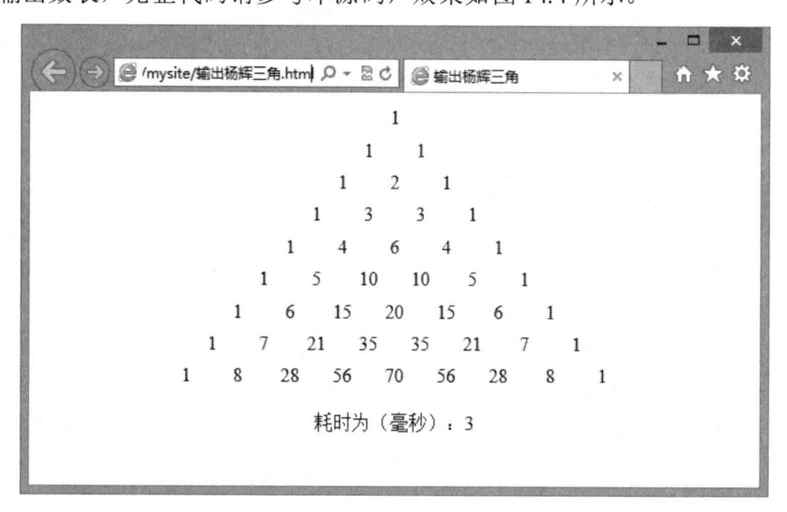

图 14.4　9 次幂杨辉三角数表分布图

14.7 在线支持

本节为拓展学习，感兴趣的读者请扫码进行学习。

扫描，拓展学习

第 15 章　使用标准库对象

数字、字符串、对象、数组等是 JavaScript 语言的基础，可以作为语言本身的一部分。本章介绍其他重要但不太基础的 API，也称为 JavaScript 的标准库，这些是 JavaScript 内置的有用类和函数，可用于 JavaScript 所有程序。

【练习重点】

- 使用 Math 和 Date。
- 使用 JSON。

15.1　Math

Math 是 JavaScript 的内置对象，提供了一系列数学常数和数学方法。该对象不是构造函数，不能生成实例，所有的属性和方法都必须在 Math 对象上调用。

扫一扫，看视频

15.1.1　生成指定范围的随机数和字符串

补充知识点

Math 对象提供以下静态方法。

- Math.abs()：绝对值。
- Math.ceil()：向上取整。
- Math.floor()：向下取整。
- Math.max()：最大值。
- Math.min()：最小值。
- Math.pow()：幂运算。
- Math.sqrt()：平方根。
- Math.log()：自然对数。
- Math.exp()：e 的指数。
- Math.round()：四舍五入。
- Math.random()：随机数。

使用 Math.random()静态函数可以返回 0～1 的一个随机数。注意，随机数可能等于 0，但一定小于 1。

示例设计

【示例 1】获取指定范围的随机数。代码如下：

```
var  getRand = function(min, max) {
    return Math.random() * (max - min) + min;
}
console.log( getRand(10.1, 20.9) );   //18.69690815702027
```

【示例 2】获取指定范围的随机整数。代码如下：

```
var  getRand = function(min, max) {
```

```
    return parseInt (Math.random() * (max - min)) + min;
}
console.log( getRand(2, 4) );              //3
```

【示例 3】获取指定长度的随机字符串。代码如下：

```
var  getRandStr = function( length ) {
    var _string = "ABCDEFGHIJKLMNOPQRSTUVWXYZ";            //26 个大写字母
      _string += 'abcdefghijklmnopqrstuvwxyz';             //26 个小写字母
      _string += '0123456789-_';                           //10 个数字、下划线、连字符
    var _temp = '', _length = _string.length - 1 ;
    for (var i = 0; i < length; i++ ) {                    //根据指定长度生成随机字符串
        var n = parseInt (Math.random() * _length );       //获取随机数字
        _temp += _string[n];                               //映射成字符
    }
    return _temp;                                          //返回映射后的字符串
}
console.log( getRandStr( 16 ) );                           //Gz0BvwHEaGnILNge
```

15.1.2　数字取整

扫一扫，看视频

■ 知识点

使用 parseInt()方法可以对小数进行取整，使用 Math 对象的静态函数也可以进行取整，简单说明如下。

- Math.floor()：返回小于参数值的最大整数。
- Math.ceil()：返回大于参数值的最小整数。
- Math.round()：四舍五入。

■ 示例设计

【示例 1】下面代码简单比较了 3 个方法的不同取值：

```
console.log( Math.floor(2.5) );        //2
console.log( Math.floor(-2.5) );       //-3
console.log( Math.ceil(2.5) );         //3
console.log( Math.ceil(-2.5) );        //-2
console.log( Math.round(2.5) );        //3
console.log( Math.round(-2.5) );       //-2
console.log( Math.round(-2.6) );       //-3
```

【示例 2】以下代码结合 Math.ceil()和 Math.floor()方法，设计一个数字取整的函数：

```
var toInt = function( num ) {
    var num = Number(num);             //强制转换为数字
    return num < 0 ? Math.ceil(num) : Math.floor(num);
}
console.log( toInt( 2.5 ) );           //2
console.log( toInt( -2.5) );           //-2
```

提示：

Math 对象还提供了一系列三角函数方法。

- Math.sin()：返回参数的正弦，参数为弧度值。
- Math.cos()：返回参数的余弦，参数为弧度值。
- Math.tan()：返回参数的正切，参数为弧度值。

- Math.asin()：返回参数的反正弦，返回值为弧度值。
- Math.acos()：返回参数的反余弦，返回值为弧度值。
- Math.atan()：返回参数的反正切，返回值为弧度值。

Math 对象的静态属性，提供以下数学常数。

- Math.E：常数 e。
- Math.LN2：2 的自然对数。
- Math.LN10：10 的自然对数。
- Math.LOG2E：以 2 为底的 e 的对数。
- Math.LOG10E：以 10 为底的 e 的对数。
- Math.PI：常数 π。
- Math.SQRT1_2：0.5 的平方根。
- Math.SQRT2：2 的平方根。

15.2 Date

Date 对象是 JavaScript 原生的时间库。它以国际标准时间（UTC）1970 年 1 月 1 日 0 时 0 分 0 秒作为时间的零点，可以表示的时间范围是前后各 1 亿天（单位为毫秒）。

扫一扫，看视频

15.2.1 设计时间显示牌

■ 补充知识点

使用 new 命令调用 Date()构造函数，会返回一个 Date 对象的实例。如果不输入参数，实例代表的就是当前时间。代码如下：

```
var today = new Date();
```

该构造函数可以接受多种格式的参数，返回一个该参数对应的时间实例。如以下代码：

```
// 参数为从时间零点开始计算的毫秒数
new Date(1378218728000)
// 参数为日期字符串
new Date('January 6, 2021');
// 参数为多个整数，代表年、月、日、小时、分钟、秒、毫秒
new Date(2021, 0, 1, 0, 0, 0, 0)
```

关于 Date()构造函数的参数，应该注意以下几个问题。

- 参数可以是负整数，代表 1970 年 1 月 1 日之前的时间。
- 只要是能被 Date.parse()方法解析的字符串，都可以作为参数。如以下代码：

```
new Date('2021-2-15')
new Date('2021/2/15')
new Date('02/15/2021')
new Date('2021-FEB-15')
new Date('FEB, 15, 2021')
new Date('FEB 15, 2021')
new Date('February, 15, 2021')
new Date('February 15, 2021')
new Date('15 Feb 2021')
new Date('15, February, 2021')
```

以上多种日期字符串的写法，返回的都是同一个时间。

参数为年、月、日等多个整数时，年和月是不能省略的，其他参数可以省略。也就是说，这时至少需要两个参数，因为如果只使用“年”这一个参数，Date()会将其解释为毫秒数。例如，下面代码中，2021 被解释为毫秒数，而不是年份：

```
new Date(2021)
```

Date 提供如下静态方法。

- Date.now()：返回当前时间距离时间零点（1970 年 1 月 1 日 0 时 0 分 0 秒，UTC）的毫秒数。
- Date.parse()：解析日期字符串，返回该时间距离时间零点的毫秒数。例如，以下日期字符串都可以解析：

```
Date.parse('Aug 9, 2021')
Date.parse('January 26, 2021 13:51:50')
Date.parse('Mon, 25 Dec 2021 13:30:00 GMT')
Date.parse('Mon, 25 Dec 2021 13:30:00 +0430')
Date.parse('2021-10-10')
Date.parse('2021-10-10T14:48:00')
```

- Date.UTC()：接受年、月、日等变量作为参数，返回该时间距离时间零点（1970 年 1 月 1 日 0 时 0 分 0 秒，UTC）的毫秒数。

■ 示例设计

本示例设计一个时间显示牌，先使用 new Date()创建一个现在时间对象，然后使用 get 为前缀的时间读取方法，分别获取现在时间的年、月、日、时、分、秒等信息，最后通过定时器设置每秒执行一次，实现实时更新。

第 1 步，设计时间显示函数，在这个函数中先创建 Date 对象，获取当前时间，然后分别获取年、月、日、时、分、秒等信息，最后组装成一个时间字符串返回。代码如下：

```
var showtime = function( ) {
    var nowdate=new Date();                    //创建 Date 对象，获取当前时间
    var year=nowdate.getFullYear(),            //获取年份
        month=nowdate.getMonth()+1,            //获取月份，getMonth()得到的是 0～11，需要加 1
        date=nowdate.getDate(),                //获取日期
        day=nowdate.getDay(),                  //获取一周中的某一天，getDay()得到的是 0～6
        week=["星期日","星期一","星期二","星期三","星期四","星期五","星期六"],
        h=nowdate.getHours(),
        m=nowdate.getMinutes(),
        s=nowdate.getSeconds(),
        h=checkTime(h),                        // checkTime()函数用于格式化时、分、秒
        m=checkTime(m),
        s=checkTime(s);
  return year+"年" + month + "月" + date + "日 " + week[day] + " " + h + ":" + m +
":" + s;
 }
```

第 2 步，因为平时看到的时间格式一般是 00:00:01，而 getHours()、getMinutes()、getSeconds()方法得到格式是 0～9，不是 00～09 这样的格式。所以在从 9 变成 10 的过程中，从一位数变成了两位数，同样再从 59 秒变为 0 秒，或者从 59 分变为 0 分，或者 23 时变为 0 时。例如，23:59:59 的下一秒应该为 00:00:00，实际为 0:0:0，这样格式上就不统一了，在视觉上也是字数突然增加，或者突然减少，产生一种晃动的感觉。

下面定义一个辅助函数，把一位数字的时间改为两位数字显示。代码如下：

```
var checkTime = function (i) {
   if (i<10) {
      i="0"+i;
   }
   return i;
}
```

第3步，在页面中添加一个标签，设置id值。代码如下：

```
<h1 id="showtime"></h1>
```

第4步，为标签绑定定时器，在定时器中设置每秒钟调用一次时间显示函数。代码如下：

```
var div = document.getElementById("showtime");
setInterval(function(){
   div.innerHTML = showtime();
}, 1000);//反复执行函数
```

扫一扫，看视频

15.2.2 设计倒计时

■ 补充知识点

Date的实例对象，拥有10多个实例方法，除了valueOf()和toString()外，可以分为以下3类。

- to类：从Date对象返回一个字符串，表示指定的时间。
  - toString()：返回一个完整的日期字符串。
  - toUTCString()：返回对应的UTC时间。
  - toISOString()：返回对应时间的ISO8601写法。
  - toJSON()：返回一个符合JSON格式的ISO日期字符串，与toISOString()方法的返回结果完全相同。
  - toDateString()：返回日期字符串（不含时、分和秒）。
  - toTimeString()：返回时间字符串（不含年、月、日）。
  - toLocaleString()：完整的本地时间。
  - toLocaleDateString()：本地日期（不含时、分和秒）。
  - toLocaleTimeString()：本地时间（不含年、月、日）。
- get类：获取Date对象的日期和时间。
  - getTime()：返回实例距离1970年1月1日0时0分0秒的毫秒数，等同于valueOf()方法。
  - getDate()：返回实例对象对应每个月的第几日（从1开始）。
  - getDay()：返回星期数，星期日为0，星期一为1，以此类推。
  - getFullYear()：返回4位数的年份。
  - getMonth()：返回月份（0表示1月，11表示12月）。
  - getHours()：返回时（0～23）。
  - getMilliseconds()：返回毫秒（0～999）。
  - getMinutes()：返回分钟（0～59）。
  - getSeconds()：返回秒（0～59）。
  - getTimezoneOffset()：返回当前时间与UTC的时区差异，以分钟表示，返回结果考虑夏令时因素。

所有这些get*()方法返回的都是整数，不同方法返回值的范围不一样。分钟和秒为0～59，时为0～23，星期为0（星期天）～6（星期六），日期为1～31，月份为0（1月）～11（12月）。另外，Date对象还提供了这些方法对应的UTC版本，用来返回UTC时间，如getUTCDate()等。

- set 类：设置 Date 对象的日期和时间。
  - setDate(date)：设置实例对象对应的每个月的第几日（1～31），返回改变后毫秒时间戳。
  - setFullYear(year [, month, date])：设置 4 位数的年份。
  - setHours(hour [, min, sec, ms])：设置时（0～23）。
  - setMilliseconds()：设置毫秒（0～999）。
  - setMinutes(min [, sec, ms])：设置分钟（0～59）。
  - setMonth(month [, date])：设置月份（0～11）。
  - setSeconds(sec [, ms])：设置秒（0～59）。
  - setTime(milliseconds)：设置毫秒时间戳。

这些方法基本与 get*()方法是一一对应的，但没有 setDay()方法，因为星期几是计算出来的，而不是设置的。另外，凡是涉及设置月份，都是从 0 开始计算的，即 0 是 1 月，11 是 12 月。

set*()系列方法除了 setTime()，都有对应的 UTC 版本，即设置 UTC 时区的时间，如 setUTCDate()等。

■ 示例设计

本示例设计一个倒计时显示牌。

实现方法：用结束时间减去现在时间，获取时间差，再利用数学方法从时间差中分别获取日、时、分、秒等信息，最后通过定时器设置每秒执行一次，实现实时更新。

第 1 步，使用 new Date()获取当前时间，使用 new 调用带有参数的 Date 对象，定义结束的时间，endtime=new Date("2020/8/8")。使用 getTime()方法获取现在时间和结束时间距离 1970 年 1 月 1 日的毫秒数。然后，求两个时间差。

把时间差转换为天数、时数、分钟数和秒数显示。主要使用“%”做取模运算。得到距离结束时间的毫秒数（剩余毫秒数），除以 1000 得到剩余秒数，再除以 60 得到剩余分钟数，再除以 60 得到剩余时数。除以 24 得到剩余天数。剩余秒数 lefttime/1000 模 60 得到秒数，剩余分钟数 lefttime/(1000*60) 模 60 得到分钟数，剩余时数 lefttime/(1000*60*60)　模 24 得到时数。

完整代码如下：

```
var showtime = function( ) {
    var nowtime=new Date(),                                    //获取当前时间
        endtime=new Date("2020/8/8");                          //定义结束时间
    var lefttime=endtime.getTime()-nowtime.getTime(),          //距离结束时间的毫秒数
        leftd=Math.floor(lefttime/(1000*60*60*24)),            //计算天数
        lefth=Math.floor(lefttime/(1000*60*60)%24),            //计算时数
        leftm=Math.floor(lefttime/(1000*60)%60),               //计算分钟数
        lefts=Math.floor(lefttime/1000%60);                    //计算秒数
    return leftd+"天"+lefth+":"+leftm+":"+lefts;               //返回倒计时的字符串
}
```

第 2 步，使用定时器设计每秒钟调用倒计时函数一次。代码如下：

```
var div = document.getElementById("showtime");
setInterval(function(){
    div.innerHTML = showtime();
}, 1000);//反复执行函数本身
```

15.3　JSON

JSON 全称 JavaScript Object Notation，是一种用于数据交换的文本格式，2001 年由 Douglas Crockford 提出，目的是取代烦琐笨重的 XML 格式。

扫一扫，看视频

15.3.1 JSON结构

每个 JSON 对象就是一个值，可能是一个数组或对象，也可能是一个原始类型的值。总之，只能是一个值，不能是两个或多个值。JSON对值的类型和格式有严格的规定。

- 复合类型的值只能是数组或对象，不能是函数、正则表达式对象、日期对象。
- 原始类型的值只有 4 种：字符串、数值（必须以十进制表示）、布尔值和 null。不能使用 NaN、Infinity、-Infinity 和 undefined。
- 字符串必须使用双引号表示，不能使用单引号表示。
- 对象的键名必须放在双引号里面。
- 数组或对象最后一个成员的后面，不能加逗号。

【示例 1】 以下都是合法的 JSON：

```
["one", "two", "three"]
{ "one": 1, "two": 2, "three": 3 }
{"names": ["张三", "李四"] }
[ { "name": "张三"}, {"name": "李四"} ]
```

【示例 2】 以下都是不合法的 JSON：

```
{ name: "张三", 'age': 32 }                    // 属性名必须使用双引号
[32, 64, 128, 0xFFF]                           // 不能使用十六进制的数值
{ "name": "张三", "age": undefined }           // 不能使用 undefined
{ "name": "张三",
  "birthday": new Date('Fri, 26 Aug 2021 07:13:10 GMT'),
  "getName": function () {
      return this.name;
  }
}                                              // 属性值不能使用函数和日期对象
```

注意：

null、空数组和空对象都是合法的 JSON 值。

扫一扫，看视频

15.3.2 比较 JSON 与 XML 格式

相比 XML 格式，JSON 格式书写简单，一目了然；符合 JavaScript 原生语法，可以由解释引擎直接处理，不用另外添加解析代码。因此，JSON 迅速被接受，已经成为各大网站交换数据的标准格式，被写入标准。下面通过示例进行比较。

【示例 1】 对于以下 XML 文档，如果想获取其中的数据，则必须先定义 XMLDOM 对象，加载 XML 文档，然后再利用该对象所提供的方法和属性遍历结构并逐一读取每个节点包含的数据，整个操作过程非常烦琐，而且还要考虑浏览器的兼容性。

```
<?xml version="1.0" encoding="utf-8"?>
<bookstore>
    <book>
        <title lang="cn">XPath 语言基础</title>
        <author>w3c</author>
        <date>2021</date>
        <price>30.5</price>
    </book>
    <book>
        <title lang="en">精通 XPath</title>
```

```
        <author>css2</author>
        <date>2021</date>
        <price>50</price>
    </book>
</bookstore>
```

如果使用 JSON 数据表示，则代码如下：

```
[
    {
        "title" : [
            { "lang" : "cn"},
            "XPath 语言基础"
        ],
        "author" : "w3c",
        "date" : "2021",
        "price" : 30.5
    },
    {
        "title" : [
            {"lang" : "en"},
            "精通 XPath"
        ],
        "author" : "css2",
        "date" : "2021",
        "price" : 50
    }
]
```

直观比较，很显然 JSON 数据更简洁，它没有很多元素名，数据传输量当然就小。这仅是一个优势，更重要的是，JSON 格式与 JavaScript 语言的语法规则一致，因此可以在 JavaScript 脚本中直接读取数据。

【示例 2】在以下脚本中，把示例 1 中 JSON 数据传递给变量 books，此时 books 就是一个数组，读取的第 1 个元素的值正好是一个对象直接量，然后以点语法读取对象中的 title 属性值，该属性值又是一个数组，再读取该数组的第 2 个元素的值，就会返回第 1 本书的名称。

```
<script>
    var books = [
        {"title" : [{"lang" : "cn"}, "XPath 语言基础"], "author" : "w3c","date" : "2021",
"price" : 30.5},
        {"title" : [{"lang" : "en"}, "精通 XPath"], "author" : "css2", "date" :"2021",
"price" : 50}
    ]
alert(books[0].title[1]);                // 返回字符串“XPath 语言基础”
</script>
```

【示例 3】下面是 XML 格式的结构数据代码：

```
<?xml version="1.0" encoding="utf-8"?>
<bookstore>
    <book>
        <title lang="cn">XPath 语言基础</title>
        <author>w3c</author>
        <date>2021</date>
        <price>30.5</price>
    </book>
    <book>
```

```
        <title lang="en">精通 XPath</title>
        <author>w3c</author>
        <date>2021</date>
        <price>50</price>
    </book>
</bookstore>
```

可以转换成 JSON 格式，代码如下：

```
{
    "author" : "w3c",
    "date" : "2021",
    "book" : [{
        "title" : [{"lang" : "cn"},"XPath 语言基础"],
        "price" : 30.5
    },
    {
        "title" : [{"lang" : "en"},"精通 XPath"],
        "price" : 50
    }]
}
```

其中，把两组数据中相同项提取出来单独显示，这样当把它赋值给变量 books 后，该变量就是一个对象变量，而不是一个数组变量，引用其中的数据如下：

```
alert(books.book[0].title[1]);          // 返回字符串"XPath 语言基础"
```

通过以上示例可以看出使用 JSON 格式处理数据的形式是灵活多变的。因此，比较 XML 和 JSON 两种数据格式，具有下面几点不同。

- 可读性：两者都具有很强的可读性。XML 数据严格遵循 XML DOM 模型规范，而 JSON 严格遵循 JavaScript 语法。
- 可扩展性：都具有超强的扩展性。XML 数据通过自定义标签，可以设计更复杂的数据嵌套结构，JSON 通过数组和对象的嵌套组合也能够模拟任意 XML 数据结构。
- 编码难度：XML 有丰富的编码工具（如 Dom4j、JDom 等），JSON 也有 json.org 提供的工具。但是 JSON 编码比 XML 明显容易，即使不借助工具也可以手写 JSON 代码，但是要手写 XML 文档就非常困难。
- 解码难度：XML 数据解析需要考虑结构层次，以及节点关系，解析难度大，而 JSON 数据不存在解析难度。

扫一扫，看视频

15.3.3 优化 JSON 数据

JSON 是一个轻量级并易于解析的数据格式，它按照 JavaScript 对象和数组字面语法来编写。

【示例 1】以下代码是用 JSON 编写的用户列表：

```
[{
    "id" : 1,
    "username" : "alice",
    "realname" : "Alice ",
    "email" : "alice@163.com"
}, {
    "id" : 2,
    "username" : "bob",
    "realname" : "Bob ",
```

```
        "email" : "bob@163.com"
    }, {
        "id" : 3,
        "username" : "carol",
        "realname" : "Carol ",
        "email" : "carol@163.com"
    }, {
        "id" : 4,
        "username" : "dave",
        "realname" : "Dave ",
        "email" : "dave@163.com"
    }]
```

用户为一个对象，用户列表为一个数组，与 JavaScript 中其他数组或对象的写法相同。这意味着如果对象被包装在一个回调函数中，JSON 数据就成为能够运行的 JavaScript 代码。

在 JavaScript 中解析 JSON 可简单地使用()。代码如下：

```
function parseJSON(responseText) {
    return ('(' + responseText + ')');
}
```

【示例 2】上面的 JSON 数据也可以提炼成一个更简单的版本，将名字缩短。代码如下：

```
[{
    "i" : 1,
    "u" : "alice",
    "r" : "Alice ",
    "e" : "alice@163.com"
}, {
    "i" : 2,
    "u" : "bob",
    "r" : "Bob ",
    "e" : "bob@163.com"
}, {
    "i" : 3,
    "u" : "carol",
    "r" : "Carol ",
    "e" : "carol@163.com"
}, {
    "i" : 4,
    "u" : "dave",
    "r" : "Dave ",
    "e" : "dave@163.com"
}]
```

JSON 精简版将相同的数据以更少的结构和更小的字节尺寸传递给浏览器。

【示例 3】也可以完全去掉属性名，与原格式相比，这种格式可读性更差，但是更简练，文件尺寸非常小，大约只有标准 JSON 格式的一半。代码如下：

```
[
    [ 1, "alice", "Alice ", "alice@163.com" ],
    [ 2, "bob", "Bob", "bob@163.com" ],
    [ 3, "carol", "Carol ", "carol@163.com" ],
    [ 4, "dave", "Dave ", "dave@163.com" ]
]
```

【示例 4】在解析示例 3 的 JSON 数据时，需要保持数据的顺序，也就是说，这种精简格式在进行格式转换时必须保持和第 1 个 JSON 格式一样的属性名。代码如下：

```
function parseJSON(responseText) {
    var users = [];
    var usersArray = ('(' + responseText + ')');
    for(var i = 0, len = usersArray.length; i < len; i++) {
        users[i] = {
            id : usersArray[i][0],
            username : usersArray[i][1],
            realname : usersArray[i][2],
            email : usersArray[i][3]
        };
    }
    return users;
}
```

在以上代码中，使用()将字符串转换为一个本地 JavaScript 数组，然后再将它转换为一个对象数组，用一个更复杂的解析函数换取了较小的文件尺寸和更快的时间。数组形式的 JSON 在每一项性能比较中均获胜，它文件尺寸最小，下载最快，平均解析时间最短。

事实上，JSON 可以被本地执行有几个重要的性能影响。当使用 XHR 时，JSON 数据作为一个字符串返回。该字符串通过()转换为一个本地对象。然而，当使用动态脚本标签插入时，JSON 数据被视为另一个 JavaScript 文件并作为本地代码执行。为做到这一点，数据必须被包装在回调函数中，这就是所谓的 JSONP（JSON 填充）。

【示例 5】本示例使用 JSONP 格式编写用户列表。代码如下：

```
parseJSON([{
    "id" : 1,
    "username" : "alice",
    "realname" : "Alice ",
    "email" : "alice@163.com"
}, {
    "id" : 2,
    "username" : "bob",
    "realname" : "Bob ",
    "email" : "bob@163.com"
}, {
    "id" : 3,
    "username" : "carol",
    "realname" : "Carol",
    "email" : "carol@163.com"
}, {
    "id" : 4,
    "username" : "dave",
    "realname" : "Dave ",
    "email" : "dave@163.com"
}]);
```

因为回调包装的原因，JSONP 略微增加了文件尺寸，但是与其在解析性能上的改进相比这点增加微不足道。由于数据作为本地 JavaScript 处理，它的解析速度与本地 JavaScript 一样快。

JSONP 文件大小、下载时间与 XHR 测试基本相同，而解析时间几乎快了 10 倍。标准 JSONP 的解析时间为 0，因为根本不需要解析，它已经是本地格式了。简化版 JSONP 和数组 JSONP 也是如此，只是每种 JSONP 都需要转换成标准 JSONP 能够直接使用的格式。

最快的 JSON 格式是使用数组的 JSONP 格式，虽然这种格式只比使用 XHR 的 JSON 略快，但是这种差异随着列表尺寸的增大而增大。如果所从事的项目需要一个由 10000 或 100000 个单元构成的列表，那么使用 JSONP 比使用 JSON 好很多。

扫一扫，看视频

15.3.4 解析 JSON

ECMAScript 5 提供一个全局的 JSON 对象，用来序列化和反序列化对象为 JSON 格式。JSON.parse()能够把 JSON 格式的文本转换成一个 ECMAScript 值（如对象或数组）。用法如下：

```
JSON.parse(text [, reviver])
```

参数 text 表示一个有效的 JSON 字符串，最后返回一个对象或数组。

提示：

如果浏览器不支持该功能，可以考虑使用 Douglas Crockford 的 json2.js 插件，确保浏览器实现同样的功能。

【示例 1】 本示例使用 JSON.parse()将 JSON 字符串转换成对象，代码如下：

```
var jsontext = '{"name":"张三","qq":"111111111","phone":["010-66666666","010-88888888"]}';
var contact = JSON.parse(jsontext);
document.write(contact.name + ", " + contact.qq);// 输出: 张三, 111111111
```

reviver 为可选参数，它表示一个转换函数，JSON.parse()将为对象的每个成员调用该参数函数。如果成员包含嵌套对象，则先于父对象转换嵌套对象。对于每个成员，会发生以下情况。

- 如果 reviver 函数返回一个有效值，则成员值将替换为转换后的值。
- 如果 reviver 函数返回它接收的相同值，则不修改成员值。
- 如果 reviver 函数返回 null 或 undefined，则删除成员。

【示例 2】 可选参数 reviver 是带有 key 和 value 两个参数的函数，其作用于结果，让过滤和转换返回值成为可能。例如，本示例将把字符串{"a": "1.5", "b": "2.3"};转换为对象，然后通过 int()函数对转换的对象成员值进行处理，确保每个值都为整数，代码如下：

```
var n = '{"a": "1.5", "b": "2.3"}';
var result = JSON.parse(n,int );
document.write(result.a);                          //输出 1
function  int(key, value){
    if (typeof value == 'string'){
        return parseInt(value);
    } else {
        return value;
    }
}
```

reviver 参数函数常用于将 ISO 日期字符串的 JSON 表示形式转换为 UTC 格式的 Date 对象。

【示例 3】 本示例使用 JSON.parse()序列化 ISO 格式的日期字符串，在序列化过程中调用 dateReviver()函数将每个成员的值进行转换，并返回 Date 格式的对象，代码如下：

```
var jsontext2 = '{ "hiredate": "2015-01-01T12:00:00Z", "birthdate": "2015-12-25T12:00:00Z" }';
var dates = JSON.parse(jsontext2, dateReviver);
document.write(dates.birthdate.toUTCString());  //输出: Fri, 25 Dec 2015 12:00:00 UTC
function dateReviver(key, value) {
    var a;
```

```
    if (typeof value === 'string') {
        a = /^(\d{4})-(\d{2})-
(\d{2})T(\d{2}):(\d{2}):(\d{2}(?:\.\d*)?)Z$/.exec(value);
        if (a) {
            return new Date(Date.UTC(+a[1], +a[2] - 1, +a[3], +a[4], +a[5], +a[6]));
        }
    }
    return value;
};
```

提示：

JSON 解析方法共有两种：eval()和 JSON.parse()。eval()在解析字符串时，会执行该字符串中的代码。由于用 eval()解析 JSON 字符串会造成原 value 值的改变，因此，在代码中使用 eval()是很危险的，特别是用它执行第三方的 JSON 数据（可能包含恶意代码）时。尽可能使用 JSON.parse()方法解析字符串本身，该方法可以捕捉 JSON 中的语法错误，并允许传入一个函数，用于过滤或转换解析结果。

扫一扫，看视频

15.3.5 序列化 JSON

JSON.stringify()函数能够将 JavaScript 值转换为 JSON 字符串。具体用法如下：

```
JSON.stringify(value [, replacer] [, space])
```

参数说明如下。

- value：必需参数，设置要转换的 JavaScript 值，通常为对象或数组。
- replacer：可选参数，用于转换结果的函数或数组。
  - 如果 replacer 为函数，则 JSON.stringify()将调用该函数，传入每个成员的键和值。使用返回值而不是原始值。如果该参数函数返回 undefined，则排除该成员。根对象的键是一个空字符串""。
  - 如果 replacer 为数组，则仅转换该数组中具有键值的成员。成员的转换顺序与键在数组中的顺序一样。当 value 参数也为数组时，将忽略 replacer 数组。
- space：可选参数，用于向返回值 JSON 字符串添加缩进、空格和换行符，以使其更易于阅读。
  - 如果省略 space，则将生成返回值文本，而没有任何额外空格。
  - 如果 space 是一个数字，则返回值文本在每个级别缩进指定数目的空格。如果 space 大于 10，则文本缩进 10 个空格。
  - 如果 space 是一个非空字符串（如“\t”），则返回值文本在每个级别中缩进字符串中的字符。
  - 如果 space 是长度大于 10 个字符的字符串，则使用前 10 个字符。

JSON.stringify()函数的返回值是一个 JSON 格式的字符串。

【示例 1】本示例演示了如何使用 JSON.stringify()将数组转换成 JSON 字符串，然后使用 JSON.parse()将该字符串重新转换成数组，代码如下：

```
var arr = ["a", "b", "c"];
var str = JSON.stringify(arr);
document.write(str);           // ["a","b","c"]
document.write ("<br/>");
var newArr = JSON.parse(str);
while (newArr.length > 0) {
    document.write(newArr.pop() + "<br/>");
}
```

【示例 2】本示例把对象 nums 转换为 JSON 字符串，然后传入 replacer()函数过滤出即将被字符串化的对象中值为 13 的属性，代码如下：

```
var nums = {
   "first": 7,
   "second": 14,
   "third": 13
}
var luckyNums = JSON.stringify(nums,replacer);
document.write(luckyNums);                //{"first":7,"second":14}
function replacer(key, value){
   if (value == 13) {
      return undefined;
   } else {
      return value;
   }
}
```

【示例 3】本示例是在示例 2 的基础上，设置 space 参数值为 4，格式化 JSON 字符串，设置水平缩进为 4 个空格数，显示效果如图 15.1（a）所示。如果不传递 space 参数值，则显示效果如图 15.1（b）所示，代码如下：

```
var nums = {
   "first": 7,
   "second": 14,
   "third": 13
}
var luckyNums = JSON.stringify(nums,replacer,4);
document.write("<pre>" + luckyNums + "</pre>");
function replacer(key, value){
   if (value == 13) {
      return undefined;
   } else {
      return value;
   }
}
```

（a）格式化效果

（b）非格式化效果

图 15.1 输出序列号 JSON 字符串

【示例 4】本示例使用 JSON.stringify()将 contact 对象转换为 JSON 文本，定义 memberfilter 数组以便只转换 name、sex 和 tel 成员，同时排序显示为 name、sex 和 tel，效果如图 15.2 所示，代码如下：

```
var contact = {
   qq : "111111111",
   name : "张三",
   tel : "13555556666",
   sex : "men",
```

```
    url : "http://www.mysite.cn/"
}
var memberfilter = ["name","sex","tel"];
var jsonText = JSON.stringify(contact, memberfilter, "\t");
document.write("<pre>" + jsonText + "</pre>");
```

图 15.2　根据数组元素顺序和值输出对象成员的 JSON 文本

【示例 5】本示例使用 JSON.stringify()将数组进行转换，调用 replaceToUpper()函数将数组中的每个字符串转换为大写形式，代码如下：

```
var continents = ["Europe","Asia","Australia","Antarctica","North America","South America","Africa"];
var jsonText = JSON.stringify(continents, replaceToUpper);
function replaceToUpper(key, value) {
    return value.toString().toUpperCase();
}
document.write(jsonText);      //输出 EUROPE,ASIA,AUSTRALIA,ANTARCTICA,NORTH
                               //AMERICA,SOUTH AMERICA,AFRICA
```

15.4　在线支持

本节为拓展学习，感兴趣的读者请扫码进行学习。

扫描，拓展学习

第 16 章　函　　数

JavaScript 作为一种典型的多范式编程语言，随着 Vue、React 的快速发展，函数式编程的概念也开始流行起来，RxJS、cycleJS、lodashJS、underscoreJS 等多种开源库都使用了函数式的特性。本章重点介绍函数式编程的知识和概念。

【练习重点】

- 正确运用函数式运算。
- 灵活使用高阶函数。

16.1　函数式运算

函数式编程有两种最基本的运算：compose（函数合成）和 curry（函数柯里化）。

16.1.1　函数合成

扫一扫，看视频

1．问题提出

在函数式编程中，经常见到如下表达式：

```
a(b(c(x)));
```

这是“包菜式”多层函数调用，其呈现不是很优雅。为了解决函数多层调用的嵌套问题，需要用到函数合成。合成如下语法形式：

```
var f = compose(a, b, c) ;                //合成函数
f(x);
```

例如，以下示例：

```
var compose = function (f, g) {           //两个函数合成
    return function (x) {
        return f(g(x));
    };
};
var add = function (x) { return x + 1;}   //加法运算
var mul = function (x) { return x * 5;}   //乘法运算
compose(mul, add)(2);                     //合并加法运算和乘法运算，返回 15
```

在以上代码中，compose()函数的作用就是组合函数，将函数串联起来执行，将多个函数组合起来，一个函数的输出结果是另一个函数的输入参数，一旦第 1 个函数开始执行，就会像多米诺骨牌一样推导执行了。

注意：

使用 compose 要注意 3 点。

- compose 的参数是函数，返回的也是一个函数。
- 除了初始函数（最右侧的一个）外，其他函数的接收参数都是上一个函数的返回值，所以初始函数的参数可以是多元的，而其他函数的接收值是一元的。

- compsoe函数可以接收任意的参数，所有的参数都是函数，且执行方向是从右向左的，初始函数放到参数的最右侧。

2. 实现代码

下面来完善compose，实现无限函数合成。

设计思路：既然函数像多米诺骨牌式的执行，可以使用递归或迭代在函数内不断地执行 arguments 中的函数，将上一个函数的执行结果作为下一个执行函数的输入参数，代码如下：

```
//函数合成，从右到左合成函数
var compose = function() {
    var _arguments = arguments;                         //缓存外层参数
    var length = _arguments.length;                     //缓存长度
    var index = length;                                 //定义游标变量
    //检测参数，如果存在非函数参数，则抛出异常
    while (index--) {
        if (typeof _arguments[index] !== 'function') {
            throw new TypeError('参数必须为函数!');
        }
    }
    return function() {
        var index = length-1;                           //定位到最后一个参数下标
        //如果存在两个及以上参数，则调用最后一个参数函数，传入内层参数
        //否则直接返回第1个参数函数
        var result = length ? _arguments[index].apply(this, arguments) : arguments[0];
        //迭代参数函数
        while ( index-- ) {
            //把右侧函数的执行结果作为参数传给左侧参数函数，调用
            result = _arguments[index].call(this, result);
        }
        return result;                                  //返回最左侧参数函数的执行结果
    }
}
//反向函数合成，即从左到右合成函数
var composeLeft = function() {
    return compose.apply(null, [].reverse.call( arguments));
}
```

3. 应用代码

在上面实现代码中，compose 是从右到左进行合成，也提供了从左到右的合成，即 composeLeft，同时在compose函数内添加了一层函数的校验，允许传递一个或多个参数。代码如下：

```
var add = function (x) { return x + 5;}    //加法运算
var mul = function (x) { return x * 5;}    //乘法运算
var sub = function (x) { return x - 5;}    //减法运算
var div = function (x) { return x / 5;}    //除法运算
var fn = compose(add, mul, sub, div);
console.log(fn(50));                       //返回 30
var fn = compose(add, compose(mul, sub, div));
console.log(fn(50));                       //返回 30
var fn = compose(compose(add, mul), sub, div);
console.log(fn(50));                       //返回 30
```

以上几种组合方式都可以，最后都返回30。注意，排列顺序要保持一致。

16.1.2　函数柯里化

1．问题提出

函数合成是把多个单一参数函数合成一个多参数函数的运算。例如，$a(x)$和 $b(x)$组合为 $a(b(x))$，则合成为$f(a, b, x)$。注意，这里的$a(x)$和$b(x)$都只能接收一个参数。如果接收多个参数，如$a(x, y)$和$b(a, b, c)$，那么函数合成就比较麻烦。

这时就要用到函数柯里化。所谓函数柯里化，就是把一个多参数的函数，转化为单一参数函数。有了柯里化运算之后，就能做到使所有函数只接收一个参数。

2．设计思路

先用传递给函数的一部分参数来调用它，让它返回一个函数，然后再去处理剩下的参数。也就是说，把多参数的函数，分解为多步操作的函数，以实现每次调用函数时，仅需要传递更少或单个参数。例如，以下代码是一个简单的求和函数 add()：

```
var add = function (x, y) {
    return x + y;
}
```

每次调动 add()，需要同时传入两个参数，如果希望每次仅需要传入一个参数，可以这样进行柯里化：

```
var add = function (x) {              //柯里化
    return function (y) {
        return x + y
    }
}
console.log(add(2)(6));               //8，连续调用
var add1 = add(200);
console.log(add1(2));                 //202，分步调用
```

函数 add()接收一个参数，返回一个函数，这个返回的函数可以再接收一个参数，并返回两个参数之和。某种意义上讲，这是一种对参数的“缓存”，是一种非常高效的函数式运算方法。柯里化在 DOM 的回调中非常有用。

3．实现代码

设想 curry 可以接收一个函数，即原始函数，返回的也是一个函数，即柯里化函数。返回的柯里化函数在执行过程中，会不断地返回存储了传入参数的函数，直到触发了原始函数执行的条件。例如，设计一个 add()函数，计算两个参数之和：

```
var add = function (x, y) {
    return x + y;
}
```

柯里化函数如下：

```
var curryAdd = curry(add)
```

该 add()需要两个参数，但是执行 curryAdd 时，可以传入更少的参数，当传入的参数少于 add()需要的参数时，add()函数并不会执行，curryAdd 会将这个参数记录下来，返回另外一个函数，这个函数可以继续执行传入参数。如果传入参数的总数等于 add()需要参数的总数，就执行原始参数，返回所需结果。如果没有参数限制，最后会根据空的小括号作为执行原始参数的条件，返回运算结果。

curry()实现的封装代码如下：

```
//柯里化函数
function curry(fn) {
    var _argLen = fn.length;                        //记录原始函数的形参个数
    var _args = [].slice.call(arguments,1);         //把传入的第 2 个及以后参数转换为数组
    function wrap() {                               //curry()函数
        //把当前参数转换为数组，与前面参数进行合并
        _args = _args.concat([].slice.call(arguments));
        function act() {                            //参数处理函数
            //把当前参数转换为数组，与前面参数进行合并
            _args = _args.concat([].slice.call(arguments));
            //如果传入参数总和大于等于原始参数的个数，触发执行条件
            if ( ( _argLen == 0  && arguments.length == 0) ||
                 ( _argLen > 0 &&  _args.length >= _argLen)  ) {
                // 执行原始函数，并把每次传入参数传入进去，返回执行结果，停止 curry()
                return fn.apply(null, _args);
            }
            return arguments.callee;
        }
       //如果传入参数大于等于原始函数的参数个数，即触发了执行条件
        if ( (_argLen == 0 && arguments.length ==0 ) ||
             (_argLen > 0 &&  _args.length >= _argLen) ) {
            return fn.apply(null, _args);
        }
        act.toString = function () {
            return fn.toString();
        }
        return act;                                 //返回处理函数
    }
    return wrap;                                    //返回 curry()函数
}
```

4. 应用代码

（1）应用函数无形参限制。设计求和函数，没有形参限制，柯里化函数将空小括号作为最后调用原始函数的条件。代码如下：

```
//求和函数，参数不限
var add= function () {
    // 把参数转换为数组，然后调用数组的 reduce()方法
    // 迭代所有参数值，返回最后汇总的值
    return [].slice.call(arguments).reduce(function  (a, b)  {
        // 如果元素的值为数值，则参与求和运算，否则设置为 0，跳过非数字的值
        return  (typeof a == "number" ? a  : 0) + (typeof b == "number" ? b : 0);
    })
}
//柯里化函数
var curried = curry(add);
console.log(curried(1)(2)(3)());            //6
var curried = curry(add);
console.log(curried(1, 2, 3)(4)());         //10
var curried = curry(add,1);
console.log(curried(1, 2)(3)(3)());         //10
var curried = curry(add,1,5);
console.log(curried(1, 2, 3, 4)(5)());      //21
```

（2）应用函数有形参限制。设计求和函数，返回 3 个参数之和。代码如下：

```
var add = function (a,b,c) {        //求和函数，3 个参数之和
    return a + b+c;
}
//柯里化函数
var curried = curry(add,2)
console.log(curried(1)(2));         //5
var curried = curry(add,2,1)
console.log(curried(2));            //5
var curried = curry(add)
console.log(curried(1)(2)(6));      //9
var curried = curry(add)
console.log(curried(1, 2, 6));      //9
```

提示：

curry()函数的设计不是固定的，可以根据具体应用场景灵活定制。curry()主要有 3 个作用：缓存参数、暂缓函数执行、分解执行任务。

16.2 高阶函数

高阶函数也称算子（运算符）或泛函。作为函数式编程最显著的特征，是对函数运算做进一步的抽象。高阶函数的形式应至少满足下列条件之一。

- 函数可以作为参数被传入，也称为回调函数，如函数合成运算。
- 可以返回函数作为输出，如函数柯里化运算。

以下结合不同的应用场景，介绍高阶函数的常规应用。

16.2.1 回调函数

扫一扫，看视频

把函数作为值传入另一个函数，当传入函数被调用时，就称为回调函数，即异步调用已绑定的函数。例如，事件处理函数、定时器中的回调函数、异步请求中的回调函数、replace()方法中的替换函数和数组迭代中的回调函数（sort、map、forEach、filter、some、every、reduce 和 reduceRight 等）都是回调函数的不同应用形式。这些回调函数将结合各章具体的知识点进行介绍，这里不再赘述。

下面仅举两个示例，演示回调函数的应用。

【示例 1】本示例根据日期对对象进行排序。代码如下：

```
// 声明 3 个对象，每个对象都有属性 id 和 date
var a  = { id:1, date:new Date(2019,3,12)},
    b  = { id:2, date:new Date(2019,1,14)},
    c  = { id:3, date:new Date(2019,2,26)};
var arr = [a, b, c];               //存入 arr 数组中
arr.sort(function(x,y){
    return x.date-y.date;
});                                //按日期进行排序
for(var i=0; i<arr.length; i++){
    console.log(arr[i].id + " " + arr[i].date.toLocaleString());
}
```

输出结果如下：

```
2 2019年2月14日 0:00:00
```

```
3 2019年3月26日0:00:00
1 2019年4月12日0:00:00
```

在数组排序时，会迭代数组中的每个元素，并逐一调用回调函数 function (x,y) {return x.date-y.date; }。

【示例 2】在第 15 章中曾经介绍过数组的 map()方法，实际上很多函数式编程语言均有此函数。它的语法形式为 map(array, func)，map 表达式将 func()函数作用于 array 的每一个元素，并返回一个新的 array。以下使用 JavaScript 实现 map(array, func)表达式运算：

```
function map(array, func){
    var res = [];
    for(var i in  array) {
        res.push(func(array[i]));
    }
    return res;
}
console.log( map([1, 3, 5, 7, 8], function(n){//返回元素值平方
    return n*n;
}));                                             //1、9、25、49、64
console.log( map(["one", "two", "three", "four"], function(item) {//返回首字母大写
    return  item[0].toUpperCase() + item.slice(1).toLowerCase() ;
}));                                             //One、Two、Three、Four
```

两次调用 map，但得到了截然不同的结果，因为 map()的参数本身已经进行了一次抽象，map()函数做的是第 2 次抽象，高阶的"阶"可以理解为抽象的层次。

扫一扫，看视频

16.2.2 单例模式

下面将针对高阶函数的返回函数的不同应用场景分节进行介绍，本小节重点介绍单例模式。

单例就是保证一个类只有一个实例。实现方法：先判断实例是否存在，如果存在则直接返回，否则创建实例再返回。

单例模式可以确保一个类型只有一个实例对象。在 JavaScript 中，单例可以作为一个命名空间提供一个唯一的访问点来访问该对象。单例模式封装代码如下：

```
var getSingle = function(fn) {
    var ret;
    return function() {
        return ret || (ret = fn.apply(this, arguments));
    };
};
```

【示例 1】在脚本中定义 XMLHttpRequest 对象，由于一个页面可能需要多次创建异步请求对象，使用单例模式封装之后，不用再重复创建实例对象，共用一个实例对象即可。示例代码如下：

```
function XHR(){                         // 定义XMLHttpRequest对象
    return new XMLHttpRequest();
}
var xhr = getSingle(XHR);               //封装XHR实例
var a = xhr();                          //实例1
var b = xhr();                          //实例2
console.log(a===b);                     //true，说明两个实例实际上相同
```

【示例 2】可以限定函数仅能调用一次，避免重复调用，这在事件处理函数中非常有用。示例代码如下：

```
<button>仅能单击一次</button>
```

```
<script>
    function getSingle(fn) {                              //封装单例模式
        var ret;
        return function() {
            return ret || (ret = fn.apply(this, arguments));
        };
    };
    var f = function(){console.log(this.nodeName) ;}     //事件处理函数
    document.getElementsByTagName("button")[0].onclick = getSingle(f);
</script>
```

扫一扫，看视频

16.2.3 实现 AOP

AOP，即面向切面编程，就是把一些跟业务逻辑模块无关的功能抽离出来，如日志统计、安全控制、异常处理等，然后再通过“动态织入”的方式掺入业务逻辑模块中。这样设计的好处是，首先可以保证业务逻辑模块的纯净和高内聚性，其次可以方便地复用日志统计等功能模块。

【示例】 在 JavaScript 中实现 AOP，一般是把一个函数“动态织入”到另外一个函数中，具体实现方法有很多。下面通过扩展 Function.prototype 方法实现 AOP：

```
Function.prototype.before = function(beforefn) {
    var __self = this;                              // 保存原函数的引用
    return function() {                             // 返回包含了原函数和新函数的“代理”函数
        beforefn.apply(this, arguments);            // 执行新函数，修正 this
        return __self.apply(this, arguments);       // 执行原函数
    }
};
Function.prototype.after = function(afterfn) {
    var __self = this;                              // 保存原函数的引用
    return function() {                             // 返回包含了原函数和新函数的“代理”函数
        var ret = __self.apply(this, arguments);    // 执行原函数
        afterfn.apply(this, arguments);             // 执行新函数，修正 this
        return ret;
    }
};
var func = function() {
    console.log(2);
};
func = func.before(function() {
    console.log(1);
}).after(function() {
    console.log(3);
});
func();                                             // 按顺序输出 1、2、3
```

扫一扫，看视频

16.2.4 函数节流

函数节流就是降低函数被调用的频率，主要是针对 DOM 事件暴露出的问题提出的一种解决方案。例如，使用 resize、mousemove、mouseover、mouseout、keydown、keyup 等事件都会频繁地触发事件。如果这些事件的处理函数中包含大量耗时操作，如 AJAX 请求、数据库查询、DOM 遍历等，可能会让浏览器崩溃，严重影响用户体验。

例如，在大型网店平台的导航栏中，为了解决 mouseover 和 mouseout 移动过快时给浏览器处理带来

的负担，特别是减轻涉及AJAX调用给服务器造成的极大负担，都会进行函数节流处理。

设计思想：让代码在间断的情况下重复执行。

实现方法：使用定时器对函数进行节流。

1. 实现代码

```
//函数节流封装代码，参数method表示要执行的函数，参数delay表示要延迟的时间，单位为ms
function throttle(method,delay){
    var timer=null;                                     //定时器句柄
    return function(){                                  //返回节流函数
        var context=this, args=arguments;               //上下文环境和参数对象
        clearTimeout(timer);                            //先清理未执行的函数
        timer=setTimeout(function(){                    //重新定义定时器，记录新的定时器句柄
            method.apply(context,args);                 //执行预设的函数
        },delay);
    }
}
```

2. 应用代码

设计文本框的keyup 事件和窗口的 resize 事件，在浏览器中拖动窗口，或者在文本框中输入字符，然后在控制台查看事件的响应次数和速度。代码如下：

```
<input id="search" type="text" name="search">
<script>
    function queryData(text){ console.log("搜索：" + text);}
    var input = document.getElementById("search");
    input.addEventListener("keyup", function(event){ queryData(this.value);});
    var n=0;                                                //记录响应次数
    function f(){console.log("响应次数：" + ++n);}
    window.onresize=f;
</script>
```

通过观察可以发现，在拖动改变窗口的一瞬间，resize 事件响应了几十次。如果在文本框中输入字符，keyup 事件会立即响应。

现在，使用 throttle()封装函数，把上面的事件处理函数转换为节流函数，同时设置延迟时间为500ms。代码如下：

```
input.addEventListener("keyup", function(event){
    throttle(queryData, 500)(this.value);
});
window.onresize=throttle(f, 500);
```

最后再重新测试，会发现拖动一次窗口改变大小，仅响应一次，而在文本框中输入字符时，也不会立即响应，等半秒钟过后，才显示输入的字符。

扫一扫，看视频

16.2.5 分时函数

分时函数与函数节流的设计思路相近，但应用场景略有不同。当批量操作影响页面性能时，如一次向页面中添加大量DOM节点，会给浏览器渲染带来影响，极端情况下可能会出现卡顿或假死等现象。

设计思路：把批量操作分批处理，如把1s创建1000个节点，改为每隔200ms创建100个节点等。

1. 实现代码

```
var timeChunk = function(ary, fn, count) {
    var t;
```

```
    var start = function() {
        for ( var i = 0; i < Math.min( count || 1, ary.length ); i++ ){
            var obj = ary.shift();
            fn( obj );
        }
    };
    return function() {
        t = setInterval(function() {
          if (ary.length === 0) {   // 如果全部节点都已经被创建好
              return clearInterval(t);
          }
          start();
        }, 200);                              // 分批执行的时间间隔，也可以用参数的形式传入
    };
};
```

timeChunk 函数接收 3 个参数，第 1 个参数表示批量操作时需要用到的数据，第 2 个参数封装了批量操作的逻辑函数，第 3 个参数表示分批操作的数量。

2. 应用代码

接下来，在页面中插入 10000 个 span 元素，由于数量巨大，使用分时函数进行分批操作。代码如下：

```
var arr = [];
for(var i=1; i <= 10000;i++){
    var span = document.createElement("span");
    span.style.padding = "6px 12px";
    span.innerHTML = i;
    arr.push(span);
}
var fn = function(obj){
    document.body.appendChild(obj);
}
timeChunk(arr, fn, 100)();
```

16.2.6 惰性载入函数

扫一扫，看视频

惰性载入就是在第 1 次根据条件执行函数后，第 2 次调用函数时，就不再检测条件，而是直接执行函数。

问题由来：由于浏览器之间的行为差异，很多脚本会包含大量的条件检测，通过条件决定不同行为的浏览器执行不同的代码。

设计思路如下：

第 1 步，当函数第 1 次被调用时，执行一次条件检测。

第 2 步，在第 1 次调用的过程中，使用另外一个根据条件检测，按合适方式执行的函数，覆盖第 1 次调用的函数。

第 3 步，当再次调用该函数时，不再是调用原来的函数，而是直接调用被覆盖后的函数，这样就不用再次执行条件检测了。

【示例】在注册事件处理函数时，经常需要考虑浏览器的事件模型，先要检测当前浏览器是 DOM 模型还是 IE 的事情模型，然后调用不同的方法进行注册。代码如下：

```
var addEvent = function(element, type, handle) {
    if(element.addEventListener){
```

```
        element.addEventListener(type, handle, false);
    }else{
        element.attachEvent("on" + type, handle);
    }
}
addEvent(document, "mousemove", function(){
    console.log("移动鼠标: " + (( this.n)?(++this.n ):(this.n = 1)));
})
addEvent(window, "resize", function(){
    console.log("改变窗口大小: " + (( this.n)?(++this.n ):(this.n = 1)));
})
```

在高频、巨量操作中，每次调用 addEvent()方法都需要做条件检测，是不经济的。现在，使用惰性载入方法，重写 addEvent()函数，代码如下：

```
var addEvent = function(element, type, handle) {
    //先检测浏览器，然后使用合适的操作函数覆盖当前 addEvent()
    addEvent = element.addEventListener ? function(element, type, handle) {
        element.addEventListener(type, handle, false);
    } : function(element, type, handle) {
        element.attachEvent("on" + type, handle);
    };
    //在第 1 次执行 addEvent()函数时，修改了 addEvent()函数之后，必须执行一次。
    addEvent(element, type, handle);
}
```

在以上代码中，当第 1 次调用 addEvent()函数时，做一次条件检测，然后根据浏览器选择相应的事件注册方法，同时把这个操作封装在一个匿名函数中，然后使用该函数覆盖 addEvent()函数，最后执行第 1 次事件注册操作。这样，当第 2 次开始再次注册事件时，就不需要做条件检测。

扫一扫，看视频

16.2.7 分支函数

分支函数与惰性载入函数都能解决条件检测问题。分支函数类似面向对象编程的接口，对外提供相同的操作接口，内部实现则会根据不同的条件执行不同的操作。分支函数与惰性载入函数在设计原理上是非常相近的，只是在代码实现方面略有差异。

【示例】使用分支函数解决浏览器兼容性判断问题。一般方法是使用 if 语句进行特性检测或能力检测，然后根据浏览器的不同，实现功能上的兼容。这样做的问题是每执行一次代码，可能都需要进行一次浏览器兼容性方面的检测，这是没有必要的。

分支函数的设计思路：在代码初始化执行时检测浏览器的兼容性，在之后的代码执行过程中，就不再进行检测。

下面声明一个 XMLHttpRequest 实例对象：

```
var XHR = function() {
    var standard = {
        createXHR : function() {
            return new XMLHttpRequest();
        }
    }
    var newActionXObject = {
        createXHR : function() {
            return new ActionXObject("Msxml2.XMLHTTP");
        }
```

```
    }
    var oldActionXObject = {
        createXHR : function() {
            return new ActionXObject("Microsoft.XMLHTTP");
        }
    }
    if(standard.createXHR()) {
        return standard;
    } else {
        try {
            newActionXObject.createXHR();
            return newActionXObject;
        } catch(o) {
            oldActionXObject.createXHR();
            return oldActionXObject;
        }
    }
}();
var xhr = XHR.createXHR();          //创建 XMLHttpRequest 实例对象
```

在代码初始化执行后，XHR 被初始化为一个对象，拥有 createXHR()方法，该方法已经在初始化阶段根据当前浏览器选择了合适的方法，当调用 XHR.createXHR()方法创建 XMLHttpRequest 实例对象时，就不再去检测浏览器的兼容性。

16.2.8　偏函数

扫一扫，看视频

偏函数是函数柯里化运算的一种特定应用场景。它是把一个函数的某些参数先固化，也就是设置默认值，再返回一个新函数，在新函数中继续接收剩余参数，如此调用新函数会更简单。

【示例 1】以下是一个类型检测函数，接收两个参数，第 1 个表示类型字符串，第 2 个表示检测的数据：

```
var isType=function(type, obj){
    return Object.prototype.toString.call(obj)=='[object ' + type+ ']';
}
```

该函数包含两个设置参数，使用时比较烦琐。一般常按如下方式进行设计：

```
var isString=function(obj){
    return Object.prototype.toString.call(obj)=='[object String]';
};
var isFunction=function(obj){
    return Object.prototype.toString.call(obj)=='[object Function]';
};
```

函数接收的参数单一，检测的功能也单一，这样更方便在表达式运算中有针对性地调用。接下来，对 isType()函数进行扁平化设计，代码如下：

```
var isType=function(type){                    //偏函数
     return function(obj){
         return Object.prototype.toString.call(obj)=='[object ' + type+ ']';
     }
}
```

然后根据偏函数获取不同类型的检测函数，代码如下：

```
var isString = isType("String");                //专一功能检测函数，检测字符串
```

```
var isFunction = isType("Function");           //专一功能检测函数，检测函数
```

应用代码如下：

```
console.log( isString("12"));                  //true
console.log( isFunction(function(){}));        //true
console.log( isFunction( {} ));                //false
```

【示例 2】本示例设计一个 wrap()偏函数，功能主要是产生一个 HTML 包裹函数，即样式标签，代码如下：

```
function wrap(tag) {
    var stag = '<' + tag + '>';
    var etag = '</' + tag.replace(/s.*/, '') + '>';
    return function(x) {
        return stag + x + etag;
    }
}
var b = wrap('b');
document.write( b('粗体字') );
var i = wrap('i');
document.write( i('斜体字') );
var u = wrap('u');
document.write(u('下划线字'));
```

扫一扫，看视频

16.2.9 泛型函数

JavaScript 具有动态类型语言的部分特点，如用户不用关心对象是否拥有某个方法，对象也不必只能使用自己的方法，使用 call 或 apply 就能动态调用其他对象的方法，这样该方法中 this 就不再局限于原对象，而是被泛化，从而得到更广泛的适用性。

泛型函数（uncurry）的设计目的：将泛化 this 的过程提取出来，将 fn.call 或 fn.apply 抽象成通用的函数。

1. 实现代码

```
Function.prototype.uncurry = function() { //泛型函数
    var self = this;
    return function() {
        return Function.prototype.apply.apply(self, arguments);
    }
};
```

2. 应用代码

下面将 Array.prototype.push 原型方法进行泛化，此时 push 函数的作用与 Array.prototype.push 一样，但不仅局限于操作 Array 对象，还可以操作 Object 对象。示例代码如下：

```
//泛化 Array.prototype.push
var push = Array.prototype.push.uncurry();
var obj = {};
push(obj, [3, 4, 5]);                  //可以把数组转换为类数组
for(var i in obj)
    console.log(i);                    //输出类数组：{0: 3, 1: 4, 2: 5, length: 3}
```

3. 逆向解析

首先，调用 push(obj, [3, 4, 5]);，等效于以下原始动态调用的方法：

```
Array.prototype.push.apply(obj, [3, 4, 5]);
```

然后，调用 Array.prototype.push.uncurry();泛型化后，实际上 push()就是以下函数：

```
push = function(){
    return Function.prototype.apply.apply(Array.prototype.push, arguments);
}
```

最后，调用 push(obj, [3, 4, 5]);，对代码进行以下逻辑转换：

```
Array.prototype.push.(Function.prototype.apply)(obj, [3, 4, 5]);
```

逻辑转换代码如下：

```
Array.prototype.push.apply(obj, [3, 4, 5]);
```

实际上，上面代码使用两个 apply 动态调用，实现逻辑思路的两次翻转。

扫一扫，看视频

16.2.10 类型检测

在第 2 章中曾经介绍过如何利用 toString()方法封装 typeOf()函数，以便检测值的类型。本小节使用 JavaScript 高阶函数特性来重新设计 typeOf()函数，提供单项类型判断函数。

1. 实现代码

```
function typeOf(obj){                    //类型检测，返回字符串
    var str = Object.prototype.toString.call(obj);
    return str.match(/\[object (.*?)\]/)[1].toLowerCase();
};
['Null', 'Undefined', 'Object', 'Array', 'String', 'Number', 'Boolean', 'Function',
'RegExp'].forEach(function (t) {         //类型判断，返回布尔值
    typeOf['is' + t] = function (o) {
        return typeOf(o) === t.toLowerCase();
    };
});
```

2. 应用代码

```
//类型检测
console.log( typeOf({}) );                // "object"
console.log( typeOf([]) );                // "array"
console.log( typeOf(0) );                 // "number"
console.log( typeOf(null) );              // "null"
console.log( typeOf(undefined) );         // "undefined"
console.log( typeOf(/ /) );               // "regex"
console.log( typeOf(new Date()) );        // "date"
//类型判断
console.log( typeOf.isObject({}) );       // true
console.log( typeOf.isNumber(NaN) );      // true
console.log( typeOf.isRegExp(true) );     // false
```

16.3 在线支持

本节为拓展学习，感兴趣的读者请扫码进行学习。

扫描，拓展学习

第 17 章　构造函数、原型和继承

JavaScript 是基于对象，但不是完全面向对象的编程语言。在面向对象的编程模式中，有两个核心概念：对象和类。而在 ECMAScript 6 规范之前，JavaScript 没有类的概念，仅允许通过构造函数来模拟类，通过原型实现继承。本章模仿构建 jQuery 框架结构，设计一个 Web 应用模型，掌握 JavaScript 构造函数、原型和继承的高级应用方法，训练 JavaScript 面向对象的编程技能。

【练习重点】

- 设计 JavaScript 类型。
- 正确使用原型继承。
- 设计基于原型模式的 Web 应用框架。

17.1　项目实战：构造 jQuery 框架原型

扫一扫，看视频

17.1.1　定义类型

■ 设计思路

在 JavaScript 中，可以把构造函数理解为一个类型，这个类型是 JavaScript 面向对象编程的基础。定义一个函数就相当于构建了一个类型，然后借助这个类型来实例化对象。

■ 设计过程

以下代码定义了一个空类型，类名是 jQuery：

```
var jQuery = function(){
    //函数体
}
```

以下为 jQuery 的扩展原型：

```
var jQuery = function(){}
jQuery.prototype = {
    //扩展的原型对象
}
```

为 jQuery 的原型对象起个别名 fn。如果直接命名为 fn，则表示它属于 window 对象，这样不安全。更安全的方法是：为 jQuery 类型对象定义一个静态引用 jQuery.fn，然后把 jQuery 的原型对象传递给 Query.fn，实现代码如下：

```
jQuery.fn = jQuery.prototype = {
    //扩展的原型对象
}
```

jQuery.fn 引用 jQuery.prototype，因此要访问 jQuery 的原型对象，使用 jQuery.fn 即可，当然直接使用 jQuery.prototype 也是可以的。

为 jQuery 类型起个别名$。代码如下：

```
var $ = jQuery = function(){}
```

模仿 jQuery 框架，给 jQuery 原型添加两个成员，一个是原型属性 version，另一个是原型方法 size()，分别定义 jQuery 框架的版本号和 jQuery 对象的长度。代码如下：

```
var $ = jQuery = function(){}
jQuery.fn = jQuery.prototype = {
    version: "3.2.1",                   //原型属性
    size: function() {                  //原型方法
        return this.length;
    }
}
```

17.1.2　返回 jQuery 对象

扫一扫，看视频

■ 设计思路

本小节介绍如何调用原型成员 version 属性和 size()方法。

一般可以按以下方法调用：

```
var test = new $();                     //实例化
console.log( test.version );            //读取属性，返回"3.2.1"
console.log( test.size() );             //调用方法，返回 undefined
```

jQuery 框架也可按以下方法进行调用：

```
$().version;
$().size();
```

jQuery 没有使用 new 命令调用 jQuery()构造函数，直接使用()运算符调用 jQuery()构造函数，然后在后面直接访问原型成员。

■ 设计过程

如何实现上述操作呢？

【示例 1】 可以使用 return 语句返回一个 jQuery 实例。代码如下：

```
var $ = jQuery = function(){
    return new jQuery();            //返回类的实例
}
jQuery.fn = jQuery.prototype = {
    version: "3.2.1",               //原型属性
    size: function() {              //原型方法
        return this.length;
    }
}
```

执行以下代码，会出现如图 17.1 所示的内存溢出错误：

```
$().version;
$().size();
```

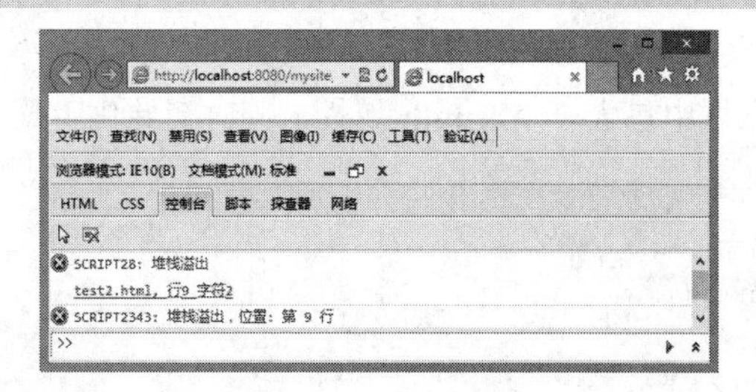

图 17.1　内存溢出错误

这说明在构造函数内部实例化对象是不允许的，因为这个引用导致死循环。

【示例 2】本示例尝试使用工厂模式进行设计，即在 jQuery()构造函数中返回 jQuery 的原型引用。代码如下：

```
var $ = jQuery = function(){
    return jQuery.prototype;          //返回类的原型
}
jQuery.fn = jQuery.prototype = {
    version: "3.2.1",                 //原型属性
    size: function() {                //原型方法
        return this.length;
    }
}
console.log($().version );            //读取属性，返回"3.2.1"
console.log($().size() );             //调用方法，返回 undefined
```

【示例 3】示例 2 基本实现了$().size()这种形式的用法，但是在构造函数中直接返回原型对象，设计思路过于狭窄，无法实现框架内部的管理和扩展。本示例模拟其他面向对象语言的设计模式，在类型内部定义一个初始化构造函数 init()，当类型实例化后，直接执行初始化构造函数 init()，然后再返回 jQuery 的原型对象。代码如下：

```
var $ = jQuery = function(){
    return jQuery.fn.init();          //调用原型方法 init()，模拟类的初始化构造函数
}
jQuery.fn = jQuery.prototype = {
    init : function(){                //在原型的初始化方法中返回原型对象
        return this;
    },
    version: "3.2.1",                 //原型属性
    size: function() {                //原型方法
        return this.length;
    }
}
console.log($().version );            //读取属性，返回"3.2.1"
console.log($().size() );             //调用方法，返回 undefined
```

扫一扫，看视频

17.1.3 设计作用域

■ 设计思路

17.1.2 小节模拟 jQuery 的用法，让 jQuery()返回 jQuery 类型的原型。实现方法是定义初始化函数 init()返回 this，而 this 引用的是 jQuery 原型 jQuery.prototype。但是在使用过程中也会发现一个问题，即作用域混乱，给后期的扩展带来隐患。下面结合示例进行说明。

■ 设计过程

【示例 1】定义 jQuery 原型中包含一个 length 属性，同时初始化函数 init()内部也包含一个 length 属性和一个_size()方法。代码如下：

```
var $ =jQuery = function(){
    return jQuery.fn.init();
}
jQuery.fn = jQuery.prototype = {
```

```
    init : function(){
        this.length = 0;                //原型属性
        this._size = function(){        //原型方法
            return this.length;
        }
        return this;
    },
    length: 1,
    version: "3.2.1",                   //原型属性
    size: function() {                  //原型方法
        return this.length;
    }
}
console.log( $().version );             //返回"3.2.1"
console.log( $()._size() );             //返回 0
console.log( $().size() );              //返回 0
```

运行示例，可以看到，init()函数内的 this 与外面的 this 均引用同一个对象，即 jQuery.prototype 原型对象。因此，会出现 init()函数内部的 this.length 会覆盖外部的 this.length 的情况。

简单概括就是初始化函数 init()的内外作用域缺乏独立性，对于 jQuery 这样的框架来说，很可能造成消极影响。而 jQuery 框架是通过以下方式调用 init()初始化函数的：

```
var $ =jQuery = function( selector, context ){
    return new jQuery.fn.init(selector, context );    //实例化 init()，分隔作用域
}
```

使用 new 命令调用初始化函数 init()，创建一个独立的实例对象，这样就分隔了 init()函数内外的作用域，可确保内外 this 引用不同。

【示例 2】修改示例 1 中的 jQuery()，使用 return 返回新创建的实例。代码如下：

```
var $ =jQuery = function(){
    return new jQuery.fn.init();
}
jQuery.fn = jQuery.prototype = {
    init : function(){
        this.length = 0;                //本地属性
        this._size = function(){        //本地方法
            return this.length;
        }
        return this;
    },
    length: 1,
    version: "3.2.1",                   //原型属性
    size: function() {                  //原型方法
        return this.length;
    }
}
console.log( $().version );             //返回 undefined
console.log( $()._size() );             //返回 0
console.log( $().size() );              //抛出异常
```

运行示例 2，会发现由于作用域被阻断，将导致无法访问 jQuery.fn 对象的属性或方法。

扫一扫，看视频

17.1.4 跨域访问

■ 设计思路

下面来探索如何越过作用域的限制，实现跨域访问外部的 jQuery.prototype。

分析 jQuery 框架源码，发现它可通过原型传递解决这个问题，实现方法是把 jQuery.fn 传递给 jQuery.fn.init.prototype，用 jQuery 的原型对象覆盖 init 的原型对象，从而实现跨域访问。

■ 设计过程

以下代码演示了跨域访问的过程：

```
var $ =jQuery = function(){
    return new jQuery.fn.init();
}
jQuery.fn = jQuery.prototype = {
    init : function(){
        this.length = 0;                    //本地属性
        this._size = function(){            //本地方法
            return this.length;
        }
        return this;
    },
    length: 1,
    version: "3.2.1",                       //原型属性
    size: function() {                      //原型方法
        return this.length;
    }
}
jQuery.fn.init.prototype = jQuery.fn; //使用 jQuery 的原型对象覆盖 init 的原型对象
console.log( $().version );                 //返回"3.2.1"
console.log( $()._size() );                 //返回 0
console.log( $().size() );                  //返回 0
```

new jQuery.fn.init()将创建一个新的实例对象，它拥有 init 类型的 prototype 原型对象，现在通过改变 prototype 指针，使其指向 jQuery 类的 prototype，这样新实例实际上就继承了 jQuery.fn 原型对象的成员。

扫一扫，看视频

17.1.5 设计选择器

■ 设计思路

前面几节分步讲解了 jQuery 框架模型的顶层逻辑结构，下面再来探索 jQuery 内部的核心功能——选择器。使用过 jQuery 的用户应该熟悉，jQuery 返回的是 jQuery 对象，jQuery 对象实际上就是伪类数组。

■ 设计过程

本示例尝试为 jQuery()构造函数传递一个参数，让它返回一个 jQuery 对象。

jQuery()构造函数包含两个参数（selector 和 context），其中 selector 表示选择器，context 表示匹配的下上文，即可以选择的范围，它表示一个 DOM 元素。为了简化操作，本示例假设选择器的类型仅为标签选择器。代码如下：

```
<script>
```

```
    var $ =jQuery = function(selector, context ){       //jQuery 构造函数
        return new jQuery.fn.init(selector, context );  //jQuery 实例对象
    }
    jQuery.fn = jQuery.prototype = {                    //jQuery 原型对象
        init : function(selector, context){             //初始化构造函数
            selector = selector || document;            //初始化选择器，默认值为 document
            context = context || document;              //初始化上下文对象，默认值为 document
            if ( selector.nodeType ) {                  //如果是 DOM 元素
                this[0] = selector;                     //直接把该 DOM 元素传递给实例对象的伪数组
                this.length = 1;                        //设置实例对象的 length 属性，表示包含一个元素
                this.context = selector;                //重新设置上下文为 DOM 元素
                return this;                            //返回当前实例
            }
            if ( typeof selector === "string" ) { //如果是选择符类型的字符串
                var e = context.getElementsByTagName(selector);  //获取指定名称的元素
                for(var i = 0;i<e.length;i++){          //使用 for 把所有元素传入当前实例数组中
                    this[i] = e[i];
                }
                this.length = e.length;                 //设置实例的 length 属性，定义包含元素的个数
                this.context = context;                 //保存上下文对象
                return this;                            //返回当前实例
            } else{
                this.length = 0;                        //设置实例的 length 属性值为 0，表示不包含元素
                this.context = context;                 //保存上下文对象
                return this;                            //返回当前实例
            }
        }
    }
jQuery.fn.init.prototype = jQuery.fn;
window.onload = function(){
    console.log( $("div").length );                     //返回 3
}
</script>
<div></div>
<div></div>
<div></div>
```

在以上示例中，$("div")基本拥有了 jQuery 框架中$("div")选择器的功能，使用它可以选取页面中指定范围的 div 元素。同时，读取 length 属性可以返回 jQuery 对象的长度。

17.1.6 设计迭代器

扫一扫，看视频

■ 设计思路

前文探索了 jQuery 选择器的基本实现方法，下面探索如何操作 jQuery 对象。

在 jQuery 框架中，jQuery 对象是一个普通的 JavaScript 对象，但是它以索引数组的形式包含了一组数据，这组数据就是使用选择器匹配的所有 DOM 元素。

操作 jQuery 对象，实际上就是操作这些 DOM 元素，但是无法直接使用 JavaScript 方法来操作 jQuery 对象。只有逐一读取它包含的每一个 DOM 元素才能够实现各种操作，如插入、删除、嵌套、赋值和读写属性等。

在实际使用 jQuery 过程中，可以看到类似以下的 jQuery 用法：

```
$("div").html()
```

直接在 jQuery 对象上调用 html()方法来操作 jQuery 包含的所有 DOM 元素。那么这个功能是怎么实现的呢？

jQuery 定义了一个工具函数 each()，利用这个工具可以遍历 jQuery 对象中所有的 DOM 元素，并把操作 jQuery 对象的行为封装到一个回调函数中，然后通过在每个 DOM 元素上调用这个回调函数来逐一操作每个 DOM 元素。

■ 设计过程

实现代码如下：

```
var $ =jQuery = function(selector, context ){      //jQuery 构造函数
    return new jQuery.fn.init(selector, context ); //jQuery 实例对象
}
jQuery.fn = jQuery.prototype = {                   //jQuery 原型对象
    init : function(selector, context){            //初始化构造函数
        selector = selector || document;           //初始化选择器，默认值为 document
        context = context || document;             //初始化上下文对象，默认值为 document
        if ( selector.nodeType ) {                 //如果是 DOM 元素
            this[0] = selector;                    //直接把该 DOM 元素传递给实例对象的伪数组
            this.length = 1;                       //设置实例对象的 length 属性，表示包含一个元素
            this.context = selector;               //重新设置上下文为 DOM 元素
            return this;                           //返回当前实例
        }
        if ( typeof selector === "string" ) {      //如果是选择符字符串
            var e = context.getElementsByTagName(selector); //获取指定名称的元素
            for(var i = 0;i<e.length;i++){         //使用 for 把所有元素传入当前实例数组中
                this[i] = e[i];
            }
            this.length = e.length;                //设置实例的 length 属性，定义包含元素的个数
            this.context = context;                //保存上下文对象
            return this;                           //返回当前实例
        } else{
            this.length = 0;                       //设置实例的 length 属性值为 0，表示不包含元素
            this.context = context;                //保存上下文对象
            return this;                           //返回当前实例
        }
    },
    html: function(val){ //模仿 jQuery 的 html()方法，为匹配 DOM 元素插入 html 字符串
        jQuery.each(this, function(val){           //为每一个 DOM 元素执行回调函数
            this.innerHTML = val;
        }, val);
    }
}
jQuery.fn.init.prototype = jQuery.fn;
//扩展方法：jQuery 迭代函数
jQuery.each = function( object, callback, args ){
    for(var i = 0; i<object.length; i++){          //使用 for 迭代 jQuery 对象中每个 DOM 元素
        callback.call(object[i],args);             //在每个 DOM 元素上调用回调函数
    }
    return object;                                 //返回 jQuery 对象
}
```

在以上代码中，为 jQuery 对象绑定 html()方法，然后利用 jQuery()选择器获取页面中所有的 div 元素，调用 html()方法，为所有匹配的元素插入 HTML 字符串。

注意，each()的当前作用对象是 jQuery 对象，故 this 指向当前 jQuery 对象；而在 html()内部，由于是在指定 DOM 元素上执行操作，则 this 指向的是当前 DOM 元素，不再是 jQuery 对象。

最后，在页面中进行测试，代码如下：

```
<script>
    window.onload = function(){
        $("div").html("<h1>你好</h1>");
    }
</script>
<div></div>
<div></div>
<div></div>
```

预览效果如图 17.2 所示。

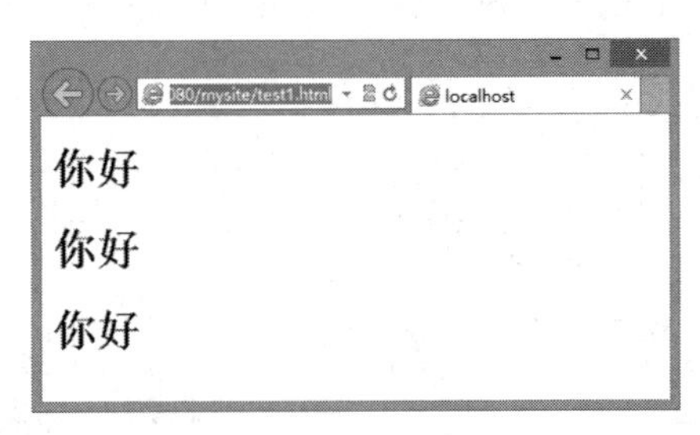

图 17.2　jQuery 对象

当然，以上示例所定义的 each()函数和 html()方法的功能比较有限。在 jQuery 框架中，它封装的 each()函数功能就很强大，具体代码将在后面章节中详细讲解。

17.1.7　设计扩展

扫一扫，看视频

■ 设计思路

jQuery 提供了良好的扩展接口，方便用户自定义 jQuery 方法。根据设计习惯，如果为 jQuery 新增方法，可以直接在 jQuery.prototype 原型对象内增加。如果分析 jQuery 源码，就会发现它是通过 extend()函数实现功能扩展的。

■ 设计过程

【示例 1】本示例中，jQuery 框架通过 extend()函数扩展功能，代码如下：

```
jQuery.extend({                         //扩展工具函数
    noConflict: function( deep ) {},
    isFunction: function( obj ) {},
    isArray: function( obj ) {},
    isXMLDoc: function( elem ) {},
    globalEval: function( data ) {}
});
```

或者使用以下代码：

```
jQuery.fn.extend({                      //扩展 jQuery 对象方法
    show: function(speed,callback){},
    hide: function(speed,callback){},
```

```
    toggle: function( fn, fn2 ){},
    fadeTo: function(speed,to,callback){},
    animate: function( prop, speed, easing, callback ) {},
    stop: function(clearQueue, gotoEnd){}
});
```

这样可以方便用户快速扩展 jQuery 功能，但不会破坏 jQuery 框架的结构。如果直接在 jQuery 源码中添加方法，容易破坏 jQuery 框架的纯洁性，也不方便后期代码维护。如果不需要某个插件，使用 jQuery 提供的扩展工具简单删除，而不需要在 jQuery 源码中寻找要删除的代码段。

extend()函数的功能很简单，它只是把指定对象的方法复制给 jQuery 对象或 jQuery.prototype。

【示例 2】在本示例中，为 jQuery 类型和 jQuery 对象定义了一个扩展函数 extend()，设计把参数对象包含的所有属性复制给 jQuery 对象或 jQuery.prototype，这样就可以实现动态扩展 jQuery 的方法。代码如下：

```
var $ =jQuery = function(selector, context ){        //jQuery 构造函数
    return new jQuery.fn.init(selector, context ); //jQuery 实例对象
}
jQuery.fn = jQuery.prototype = {                     //jQuery 原型对象
    init : function(selector, context){              //初始化构造函数
        selector = selector || document;             //初始化选择器，默认值为 document
        context = context || document;               //初始化上下文对象，默认值为 document
        if ( selector.nodeType ) {                   //如果是 DOM 元素
            this[0] = selector;                      //直接把该 DOM 元素传递给实例对象的伪数组
            this.length = 1;                         //设置实例对象的 length 属性，表示包含一个元素
            this.context = selector;                 //重新设置上下文为 DOM 元素
            return this;                             //返回当前实例
        }
        if ( typeof selector === "string" ) {        //如果是选择符字符串
            var e = context.getElementsByTagName(selector); //获取指定名称的元素
            for(var i = 0;i<e.length;i++){           //使用 for 把所有元素传入当前实例数组中
                this[i] = e[i];
            }
            this.length = e.length;                  //设置实例的 length 属性，定义包含元素的个数
            this.context = context;                  //保存上下文对象
            return this;                             //返回当前实例
        } else{
            this.length = 0;                         //设置实例的 length 属性值为 0，表示不包含元素
            this.context = context;                  //保存上下文对象
            return this;                             //返回当前实例
        }
    }
}
jQuery.fn.init.prototype = jQuery.fn;
//扩展方法：jQuery 迭代函数
jQuery.each = function( object, callback, args ){
    for(var i = 0; i<object.length; i++){            //使用 for 迭代 jQuery 对象中每个 DOM 元素
        callback.call(object[i],args);               //在每个 DOM 元素上调用回调函数
    }
    return object;                                   //返回 jQuery 对象
}
//jQuery 扩展函数
jQuery.extend = jQuery.fn.extend = function(obj) {
    for (var prop in obj) {
```

```
        this[prop] = obj[prop];
    }
    return this;
}
// jQuery 对象扩展方法
jQuery.fn.extend({
    html: function(val){            //模仿 jQuery 的 html()方法，为匹配 DOM 元素插入 html 字符串
        jQuery.each(this, function(val){    //为每一个 DOM 元素执行回调函数
            this.innerHTML = val;
        }, val);
    }
})
window.onload = function(){
    $("div").html("<h1>你好</h1>");
}
```

在以上示例中，先定义一个 jQuery 扩展函数 extend()，然后为 jQuery.fn 原型对象调用 extend()函数，为其添加一个 jQuery 方法 html()。这样就可以设计出与 17.1.6 小节相同的示例效果。

17.1.8 传递参数

扫一扫，看视频

■ 设计思路

如果 jQuery 方法有参数，一般都要求传递参数对象，如以下代码：

```
$.ajax({
    type: "GET",
    url: "test.js",
    dataType: "script"
});
```

使用对象直接量作为参数进行传递，方便参数管理。当方法或函数的参数长度不固定时，使用对象直接量作为参数进行传递有很多优势。

- 参数个数不受限制。
- 参数顺序可以随意。

这体现了 jQuery 用法的灵活性。

如果 ajax()函数的参数长度是固定的，位置也会是固定的，如$.ajax("GET", "test.js","script")。这种用法本身没有问题，但是 jQuery 方法包含大量的可选参数，参数位置没有必要限制，再使用传统方式来设计参数，就比较麻烦。所以使用对象直接量作为参数进行传递，是最佳的解决方法。

■ 设计过程

使用对象直接量作为参数进行传递，就涉及参数处理问题，解析并提取参数，以及处理默认值，可以通过下面的方式来实现。

第 1 步，在前面示例的基础上，重新编写 jQuery.extend()工具函数。代码如下：

```
var $ =jQuery = function(selector, context ){       //jQuery 构造函数
    return new jQuery.fn.init(selector, context ); //jQuery 实例对象
}
jQuery.fn = jQuery.prototype = {                   //jQuery 原型对象
    init : function(selector, context){            //初始化构造函数
        selector = selector || document;           //初始化选择器，默认值为 document
        context = context || document;             //初始化上下文对象，默认值为 document
```

```
        if ( selector.nodeType ) {                    //如果是 DOM 元素
            this[0] = selector;                       //直接把该 DOM 元素传递给实例对象的伪数组
            this.length = 1;                          //设置实例对象的 length 属性，表示包含一个元素
            this.context = selector;                  //重新设置上下文为 DOM 元素
            return this;                              //返回当前实例
        }
        if ( typeof selector === "string" ) {         //如果是选择符字符串
            var e = context.getElementsByTagName(selector); //获取指定名称的元素
            for(var i = 0;i<e.length;i++){            //使用 for 把所有元素传入当前实例数组中
                this[i] = e[i];
            }
            this.length = e.length;                   //设置实例的 length 属性，定义包含元素的个数
            this.context = context;                   //保存上下文对象
            return this;                              //返回当前实例
        } else{
            this.length = 0;                          //设置实例的 length 属性值为 0，表示不包含元素
            this.context = context;                   //保存上下文对象
            return this;                              //返回当前实例
        }
    }
}
jQuery.fn.init.prototype = jQuery.fn;
//扩展方法：jQuery 迭代函数
jQuery.each = function( object, callback, args ){
    for(var i = 0; i<object.length; i++){            //使用 for 迭代 jQuery 对象中每个 DOM 元素
        callback.call(object[i],args);                //在每个 DOM 元素上调用回调函数
    }
    return object;                                    //返回 jQuery 对象
}
/*重新定义 jQuery 扩展函数*********************************************/
jQuery.extend = jQuery.fn.extend = function() {
    var destination = arguments[0], source =  arguments[1];//获取第 1 个和第 2 个参数
    //如果两个参数都存在，且都为对象
    if(  typeof destination == "object" && typeof source == "object"){
        //把第 2 个参数对象合并到第 1 个参数对象中，并返回合并后的对象
        for (var property in source) {
            destination[property] = source[property];
        }
        return destination;
    }else{//如果包含一个参数，则为 jQuery 扩展功能，把插件复制到 jQuery 原型对象上
        for (var prop in destination) {
            this[prop] =  destination[prop];
        }
        return this;
    }
}
```

在以上代码中，重写了 jQuery.extend()工具函数，并实现两个功能：合并对象和扩展插件。

为此，在 jQuery.extend()工具函数中通过 if 条件语句检测参数对象 arguments 所包含的参数个数，以及参数类型来决定是合并对象，还是扩展插件。

如果用户给了两个参数，且都为对象，则把第 2 个对象合并到第 1 个对象中，并返回第 1 个对象；如果用户给了一个参数，则继续沿用前面的设计方法，把参数对象复制到 jQuery 原型对象上，实现插件

扩展。

第 2 步，利用 jQuery.extend()工具函数，为 jQuery 扩展一个插件 fontStyle()，使用这个插件可以定义网页字体样式，代码如下：

```
//jQuery 对象扩展方法
jQuery.fn.extend({
    fontStyle: function(obj){                                   //设置字体样式
        var  defaults = {                                       //设置默认值，可以扩展
                color :    "#000",
                bgcolor :  "#fff",
                size :     "14px",
                style :    "normal"
        };
        defaults = jQuery.extend(defaults, obj || {});   //如果传递参数，则覆盖原默认参数
        jQuery.each(this, function(){                           //为每一个 DOM 元素执行回调函数
            this.style.color = defaults.color;
            this.style.backgroundColor = defaults.bgcolor;
            this.style.fontSize = defaults.size;
            this.style.fontStyle = defaults.style;
        });
    }
})
```

在上面的插件函数 fontStyle()中，首先定义一个默认配置对象 defaults，初始化字体样式：字体颜色为黑色，背景颜色为白色，字体大小为 14px，字体样式为正常。

接下来，使用 jQuery.extend()工具函数把用户传递的参数对象 obj 合并到默认配置参数对象 defaults，返回并覆盖 defaults 对象。为了避免用户没有传递参数，使用 obj || {}检测用户是否传递参数对象；如果用户没有传递参数，则使用空对象参与合并操作。

最后，使用迭代函数 jQuery.each()逐个访问 jQuery 对象中包含的 DOM 元素，然后分别为它设置字体样式。

第 3 步，在页面中调用 jQuery 查找所有段落文本 p，然后调用 fontStyle()方法，设置字体颜色为白色，字体背景颜色为黑色，字体大小为 24px，字体样式保持默认值。代码如下：

```
window.onload = function(){
    $("p").fontStyle({
        color: "#fff",
        bgcolor: "#000",
        size:"24px"
    });
}
```

第 4 步，在<body>内设计两段文本，代码如下：

```
<p>少年不识愁滋味，爱上层楼。爱上层楼，为赋新词强说愁。</p>
<p>而今识尽愁滋味，欲说还休。欲说还休，却道天凉好个秋。</p>
```

最后在浏览器中查看效果，如图 17.3 所示。

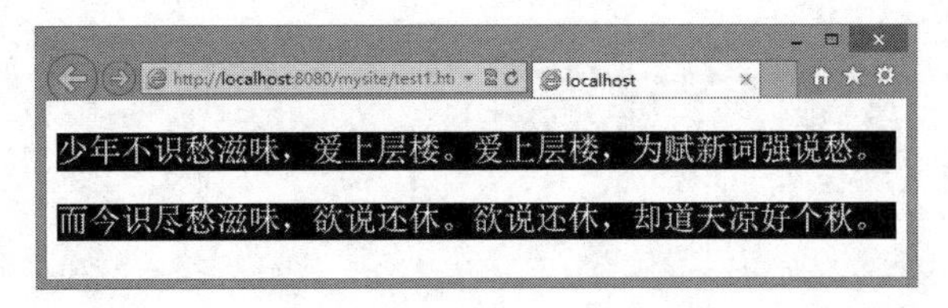

图 17.3　jQuery 扩展的参数传递

在 jQuery 框架中，extend()函数功能很强大，既能为 jQuery 扩展方法，也能处理参数对象，覆盖默认值，在后面章节中会详细分析它的源码。

扫一扫，看视频

17.1.9 设计独立空间

■ 设计思路

当在页面中引入多个 JavaScript 框架，或者编写大量 JavaScript 代码时，很难确保这些代码不发生冲突。如果希望 jQuery 框架与其他代码完全隔离开，闭包体是最佳的选择。

■ 设计过程

在本示例中，把前面设计的 jQuery 框架模型放入了匿名函数中，然后自调用，传入 window 对象，代码如下：

```
(function(window){
    var $ =jQuery = function(selector, context ){           //jQuery 构造函数
        return new jQuery.fn.init(selector, context );  //jQuery 实例对象
    }
    jQuery.fn = jQuery.prototype = {                        //jQuery 原型对象
        init : function(selector, context){                 //初始化构造函数
            //省略代码，可参考 17.1.8 小节的示例，或者本示例源代码
        }
    }
    jQuery.fn.init.prototype = jQuery.fn;
    //扩展方法：jQuery 迭代函数
    jQuery.each = function( object, callback, args ){
        for(var i = 0; i<object.length; i++){           //使用 for 迭代 jQuery 对象中每个 DOM 元素
            callback.call(object[i],args);              //在每个 DOM 元素上调用回调函数
        }
        return object;                                  //返回 jQuery 对象
    }
    // jQuery 扩展函数
    jQuery.extend = jQuery.fn.extend = function() {
        var destination = arguments[0], source =  arguments[1];//获取第 1 个参数和第 2 个参数
        //如果两个参数都存在，且都为对象
        if(  typeof destination == "object" && typeof source == "object"){
            //把第 2 个参数对象合并到第 1 个参数对象中，返回合并后的对象
            for (var property in source) {
                destination[property] = source[property];
            }
            return destination;
        }else{//如果包含一个参数，则把插件复制到 jQuery 原型对象上
            for (var prop in destination) {
                this[prop] =  destination[prop];
            }
            return this;
        }
    }
    //开放 jQuery 接口
    window.jQuery = window.$ = jQuery;
})(window)
```

内部代码结构就不再详细说明，其中最后一行代码如下：

```
window.jQuery = window.$ = jQuery;
```

其主要作用是把闭包体内的私有变量 jQuery 传递给参数对象 window 的 jQuery 属性，而参数对象 window 引用外部传入的 window 变量，window 变量引用全局对象 window。因此，在全局作用域中就可以通过 jQuery 变量来访问闭包体内的 jQuery 框架，通过这种方式向外界暴露自己，允许外界使用 jQuery 框架。但是外界只能访问 jQuery，不能访问闭包体内的其他私有变量。

至此，jQuery 框架的模型就大致设置完成了，后面的工作就是根据需要使用 extend()函数扩展 jQuery 功能。例如，在闭包体外，直接引用 jQuery.fn.extend()函数为 jQuery 扩展 fontStyle 插件。代码如下：

```
//jQuery 对象扩展方法
jQuery.fn.extend({
    fontStyle: function(obj){                          //设置字体样式
        var defaults = {                               //设置默认值，可以扩展
            color :    "#000",
            bgcolor :  "#fff",
            size :     "14px",
            style :    "normal"
        };
        defaults = jQuery.extend(defaults, obj || {}); //如果传递参数，则覆盖原默认参数
        jQuery.each(this, function(){                  //为每一个 DOM 元素执行回调函数
            this.style.color = defaults.color;
            this.style.backgroundColor = defaults.bgcolor;
            this.style.fontSize = defaults.size;
            this.style.fontStyle = defaults.style;
        });
    }
})
```

最后，就可以在页面中使用 fontStyle 插件了。调用代码如下：

```
window.onload = function(){
    $("p").fontStyle({
        color: "#fff",
        bgcolor: "#000",
        size:"24px"
    });
}
```

以上代码与 17.1.8 小节相同，这里不再赘述，本示例完整代码请参考示例源码。

17.2 在线支持

本节为拓展学习，感兴趣的读者请扫码进行学习。

扫描，拓展学习

4

第 4 部分

JavaScript 客户端

第 18 章　BOM 操作

浏览器对象模型（Browser Object Model，BOM）用于管理客户端浏览器。BOM 概念提出得比较早，但是一直没有被标准化，不过各主流浏览器均支持 BOM，都遵守最基本的规则和用法，W3C 也将 BOM 纳入 HTML5 规范中。

【学习重点】

- 使用 window 对象和框架集。
- 使用 navigator 对象、location 对象、screen 对象。
- 使用 history 对象。

18.1　window 对象

window 是客户端浏览器对象模型的基类，window 对象是客户端 JavaScript 的全局对象。一个 window 对象就是一个独立的窗口，对于框架页来说，浏览器窗口中每个框架代表一个 window 对象。

18.1.1　全局作用域

扫一扫，看视频

在客户端浏览器中，window 对象是 BOM 入口，可通过 window.document 访问 document 对象，通过 window.self 访问自身的 window 等。同时 window 为客户端 JavaScript 提供全局作用域。

【示例】由于 window 是全局对象，因此所有的全局变量都被解析为该对象的属性。示例代码如下：

```
var a = "window.a";              //全局变量
function f(){                    //全局函数
   console.log(a);
}
console.log(window.a);           //返回字符串"window.a"
window.f();                      //返回字符串"window.a"
```

注意：

使用 delete 运算符可以删除属性，但是不能删除变量。

18.1.2　访问客户端对象

扫一扫，看视频

BOM 表示浏览器对象模型，window 对象代表根节点，浏览器对象关系如图 18.1 所示。使用 window 对象可以访问客户端其他对象。

每个对象说明如下。

- window 对象：客户端 JavaScript 顶层对象。每当<body>标签或<frameset>标签出现时，window 对象就会被自动创建。
- navigator 对象：包含有关客户端浏览器的信息。
- screen 对象：包含客户端屏幕的信息。
- history 对象：包含浏览器窗口访问过的 URL 信息。
- location 对象：包含当前网页文档的 URL 信息。

- document 对象：包含整个 HTML 文档，可用于访问文档内容及其所有页面元素。

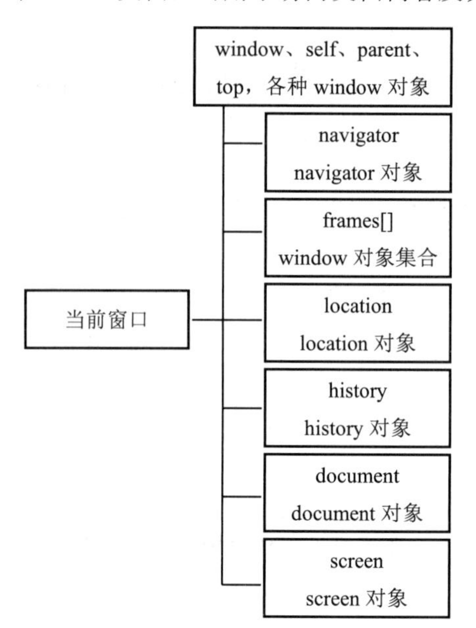

图 18.1　浏览器对象关系

扫一扫，看视频

18.1.3　使用系统对话框

window 对象定义了 3 个人机交互的方法，方便对 JavaScript 代码进行测试。

- alert()：确定提示框。由浏览器向用户弹出提示性信息。该方法包含一个可选的提示信息参数。如果没有指定参数，则弹出一个空对话框。
- confirm()：选择提示框。由浏览器向用户弹出提示性信息，弹出的对话框中包含两个按钮，分别表示“确定”和“取消”。如果单击“确定”按钮，则该方法将返回 true；如果单击“取消”按钮，则该方法将返回 false。confirm()方法也包含一个可选的提示信息参数，没有指定参数，则弹出一个空对话框。
- prompt()：输入提示框。可以接收用户输入的信息，并返回输入的信息。prompt()方法也包含一个可选的提示信息参数，如果没有指定参数，则弹出一个没有提示信息的输入文本对话框。

【示例 1】本示例演示了如何综合调用这 3 个方法来设计一个人机交互的对话框。代码如下：

```
var user = prompt("请输入你的用户名：");
if( ! ! user){          //把输入的信息转换为布尔值
    var ok = confirm("你输入的用户名为：\n" + user + "\n 请确认。");//输入信息确认
    if(ok){
        alert("欢迎你：\n" + user );
    }
    else{               //重新输入信息
        user = prompt("请重新输入你的用户名：");
        alert("欢迎你：\n" + user );
    }
}else {                 //提示输入信息
    user = prompt("请输入你的用户名：");
}
```

这 3 个方法仅接收纯文本信息，忽略 HTML 字符串，只能使用空格、换行符和各种符号来格式化提示对话框中的显示文本。

提示：

不同浏览器对这 3 个对话框的显示效果略有不同。

【示例 2】 本示例演示如何重置 alert()方法，通过 HTML+CSS 方式，把提示信息以 HTML 层的形式显示在页面中央。

设计思路：通过 HTML 方式在客户端输出一段 HTML 片段，然后使用 CSS 修饰对话框的显示样式，借助 JavaScript 设计对话框的行为和交互效果。代码如下：

```
window.alert =  function(title, info){//重写 window 对象的 alert()方法
    var box = document.getElementById("alert_box");
    var html = '<dl><dt>' + title + '</dt><dd>' + info + '</dd><\/dl>';
    if( box ){//如果窗口中已经存在提示对话框，则直接显示内容
        box.innerHTML = html;
        box.style.display = "block";
    }
    else {//如果窗口中不存在提示对话框，则创建提示对话框，并显示内容
        var div = document.createElement("div");
        div.id = "alert_box";
        div.style.display = "block";
        document.body.appendChild(div);
        div.innerHTML = html;
    }
}
alert("重写 alert()方法", "这仅是一个设计思路，还可以进一步设计");
```

这里仅提供 JavaScript 脚本部分，有关 HTML 结构和 CSS 样式请参考本小节示例源码，效果如图 18.2 所示。

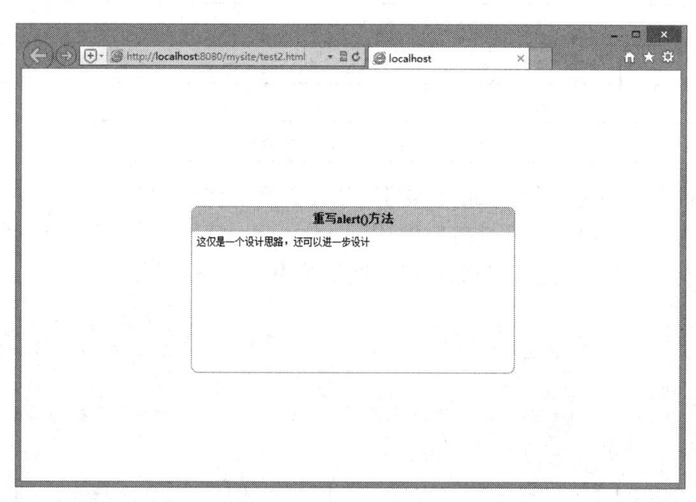

图 18.2　alert()方法

注意：

显示系统对话框时，JavaScript 代码会停止执行，只有当关闭对话框后，JavaScript 代码才会恢复执行。因此，不建议在实战中使用这 3 个方法，把其当作开发人员的内测工具还是不错的。

18.1.4　打开和关闭窗口

使用 window 对象的 open()方法，可以打开一个新窗口。用法如下：

```
window.open(URL,name,features,replace)
```

参数说明如下。

- URL：可选字符串，声明在新窗口中显示网页文档的 URL。如果省略，或者为空，则新窗口就不会显示任何文档。
- name：可选字符串，声明新窗口的名称。这个名称可以用作标记<a>和<form>的 target 目标值。如果该参数指定了一个已经存在的窗口，那么 open()方法就不再创建新窗口，而只是返回对指定窗口的引用，在这种情况下，features 参数将被忽略。
- features：可选字符串，声明了新窗口要显示的标准浏览器的特征，具体说明见表 18.1。如果省略该参数，新窗口将具有所有标准特征。
- replace：可选布尔值。规定了装载到窗口的 URL 是在窗口的浏览历史中创建一个新条目，还是替换浏览历史中的当前条目。

open()方法返回值为新创建的 window 对象，使用它可以引用新创建的窗口。

表 18.1　新窗口显示特征

特　征	说　明
fullscreen=yes|no|1|0	是否使用全屏模式显示浏览器，默认是 no。处于全屏模式的窗口同时处于剧院模式
height=pixels	窗口文档显示区的高度，以像素计
left=pixels	窗口的 x 坐标，以像素计
location=yes|no|1|0	是否显示地址字段，默认是 yes
menubar=yes|no|1|0	是否显示菜单栏，默认是 yes
resizable=yes|no|1|0	窗口是否可调节尺寸，默认是 yes
scrollbars=yes|no|1|0	是否显示滚动条，默认是 yes
status=yes|no|1|0	是否添加状态栏，默认是 yes
toolbar=yes|no|1|0	是否显示浏览器的工具栏，默认是 yes
top=pixels	窗口的 y 坐标
width=pixels	窗口的文档显示区的宽度，以像素计

新创建的 window 对象拥有一个 opener 属性，引用打开它的原始窗口对象。opener 只在弹出窗口的最外层 window 对象（top）中定义，而且指向调用 window.open()方法的窗口或框架。

【示例 1】本示例演示打开的窗口与原窗口之间的关系。代码如下：

```
win=window.open();                                  //打开新的空白窗口
win.document.write("<h1>这是新打开的窗口</h1>");     //在新窗口中输出提示信息
win.focus();                                        //让原窗口获取焦点
win.opener.document.write("<h1>这是原来窗口</h1>"); //在原窗口中输出提示信息
console.log( win.opener == window);                 //检测 win.opener 属性值
```

使用 window 的 close()方法可以关闭一个窗口。例如，关闭一个新创建的 win 窗口，可以使用以下方法实现：

```
win.close();
```

如果在打开窗口的内部关闭自身窗口，则应该使用以下方法：

```
window.close();
```

使用 window.closed 属性可以检测当前窗口是否关闭。如果关闭，则返回 true；否则返回 false。

【示例 2】本示例演示如何自动弹出一个窗口，然后设置半秒钟后自动关闭该窗口，同时允许用户单击页面超链接时更换弹出窗口内显示的网页 URL。代码如下：

```
var url = "http://news.baidu.com/";                 //要打开的网页地址
```

```
    var features = "height=500, width=800, top=100, left=100,toolbar=no, menubar=no,
scrollbars=no, resizable=no, location=no, status=no"; //设置新窗口的特性
    //动态生成一个超链接
    document.write('<a href="http://www.baidu.com/" target="newW" >切换到百度首页</a>');
    var me = window.open (url, "newW", features);          //打开新窗口
    setTimeout(function(){                                 //定时器
        if(me.closed){
            console.log("创建的窗口已经关闭。")
        }else{
            me.close();
        }
    },5000);                                               //半秒钟后关闭该窗口
```

扫一扫，看视频

18.1.5 使用定时器

window 对象包含 4 个定时器专用方法，见表 18.2，使用它们可以实现代码定时运行，或者延迟执行，使用定时器可以设计动画效果。

表 18.2 window 对象定时器方法列表

方　法	说　明
setTimeout()	在指定的毫秒数后调用函数或计算表达式
setInterval()	按照指定的周期（以毫秒计）调用函数或计算表达式
clearInterval()	取消由 setInterval()方法生成的定时器
clearTimeout()	取消由 setTimeout()方法生成的定时器

1. setTimeout()方法

setTimeout()方法能够在指定的时间段后执行特定代码。用法如下：

```
var o = setTimeout( code, delay )
```

参数 code 表示要延迟执行的字符串型代码将在 window 环境中执行，如果包含多个语句，应该使用分号进行分隔；delay 表示延迟时间，以毫秒为单位。

该方法返回值是一个 Timer ID，这个 ID 编号指向延迟执行的代码控制句柄。如果把这个句柄传递给 clearTimeout()方法，则会取消代码的延迟执行。

【示例 1】 本示例演示了当鼠标经过段落文本时，会延迟半秒钟弹出提示对话框，显示当前元素的名称。代码如下：

```
<p>段落文本</p>
<script>
    var p = document.getElementsByTagName("p")[0];
    p.onmouseover = function(i){
        setTimeout(function(){
            console.log(p.tagName)
        }, 500);
    }
</script>
```

setTimeout()方法的第 1 个参数可以是 JavaScript 代码字符串，也可以是一个函数。由于代码字符串编写麻烦，不容易纠错，一般建议使用函数作为参数传递给 setTimeout()方法，等待延迟调用。

【示例 2】 本示例演示如何为每个集合元素绑定一个延迟的事件处理函数。代码如下：

```
var o = document.getElementsByTagName("body")[0].childNodes;    //获取 body 下的所有子元素
```

```
for(var i = 0; i < o.length; i ++ ){     //遍历元素集合
    o[i].onmouseover = function(i){      //注册鼠标经过事件处理函数
        return function(){               //返回闭包函数
            f(o[i]);                     //调用函数 f，并传递当前对象引用
        }
    }(i);//调用函数并传递循环序号，实现在闭包中存储对象序号值
}
function f(o){                           //延迟处理函数
    var out = setTimeout( function(){
        console.log(o.tagName);          //显示当前元素的名称
    }, 500);                             //定义延迟半秒钟后执行代码
}
```

这样当鼠标经过每个页面元素时，都会延迟半秒钟后弹出一个提示对话框，显示元素名称。

【示例 3】可以利用 clearTimeout()方法在特定条件下清除延迟处理代码。例如，当鼠标经过某个元素时，停留半秒钟后才会弹出提示信息，一旦鼠标移出当前元素，就立即清除前面定义的延迟处理函数，避免相互干扰。代码如下：

```
var o = document.getElementsByTagName("body")[0].childNodes;
for(var i = 0; i < o.length; i ++ ){
    o[i].onmouseover = function(i){      //为每个元素注册鼠标经过时事件延迟处理函数
        return function(){
            f(o[i])
        }
    } (i);
    o[i].onmouseout = function(i) {      //为每个元素注册鼠标移出时清除延迟处理函数
        return function(){
            clearTimeout(o[i].out);      //清除已注册的延迟处理函数
        }
    } (i);
}
function f(o){
    o.out = setTimeout(function(){       //把延迟处理定时器存储在每个元素的 out 属性中
        console.log(o.tagName);
    } , 500);
}
```

如果在 setTimeout()延迟执行的代码中包含对自身的调用，可以设计循环操作，功能类似 setInterval()方法。

【示例 4】本示例设计在页面内的文本框中按秒针速度显示递加的数字，当循环执行 10 次后，再调用 clearTimeout()方法清除对代码的执行，并弹出提示信息。代码如下：

```
<input type="text" />
<script>
    var t = document.getElementsByTagName("input")[0];
    var i = 1;
    function f(){
        var out = setTimeout(            //定义延迟执行的方法
        function(){                      //延迟执行函数
            t.value = i ++ ;             //递加数字
            f();                         //调用包含 setTimeout()方法的函数
        }, 1000);                        //设置每秒执行一次调用
        if(i > 10){                      //如果调用超过 10 次，则清除执行，并弹出提示信息
            clearTimeout(out);
```

```
            console.log("10 秒钟已到");
        }
    }
    f(); //调用函数
</script>
```

2．setInterval()方法

setInterval()方法能够周期性执行指定的代码，如果不加以处理，那么该方法将会被持续执行，直到浏览器窗口关闭，或者跳转到其他页面为止。用法如下：

```
var o = setInterval( code, interval )
```

setInterval()方法的用法与 setTimeout()方法基本相同，其中参数 code 表示要周期执行的代码字符串，参数 interval 表示周期执行的时间间隔，以毫秒为单位。

setInterval()方法返回值是一个 Timer ID，这个 ID 编号指向对当前周期函数的执行引用，利用该值对计时器进行访问时，如果把这个值传递给 clearTimeout()方法，则会强制取消周期性执行代码。

如果 setInterval()方法的第 1 个参数是一个函数，则 setInterval()方法可以接收任意多个参数，这些参数将作为该函数的参数使用。格式如下：

```
var o = setInterval( function, interval[,arg1,arg2,...argn])
```

【示例 5】针对示例 4 可以按以下方法进行设计：

```
<input type="text" />
<script>
    var t = document.getElementsByTagName("input")[0];
    var i = 1;
    var out = setInterval(f, 1000);     //定义周期性执行的函数
    function f(){
        t.value = i ++ ;
        if(i > 10){                     //如果重复执行 10 次，则清除周期性调用函数
            clearTimeout(out);
            console.log("10 秒钟已到");
        }
    }
</script>
```

提示：

setTimeout()方法主要用于延迟代码执行，而 setInterval()方法主要实现周期性执行代码。它们都可以设计周期性动作，其中 setTimeout()方法适合不定时执行某个动作，而 setInterval()方法适合定时执行某个动作。

注意：

setTimeout()方法不会每隔固定时间就执行一次动作，它受 JavaScript 任务队列的影响，只有前面没有任务时，才会按时延迟执行动作。而 setInterval()方法不受任务队列的限制，它只是简单地每隔一定时间就重复执行一次动作，如果前面任务还没有执行完毕，setInterval()方法可能会插队按时执行动作。

18.1.6 使用框架集

扫一扫，看视频

HTML 允许使用 frameset 和 frame 标签创建框架集页面。另外，在文档中可以使用 iframe 标签创建浮动框架。这两种类型的框架性质是相同的。

【示例 1】本示例是一个框架集文档，共包含了 4 个框架，设置第 1 个框架装载文档名为 left.htm，第 2 个框架装载文档名为 middle.htm，第 3 个框架装载文档名为 right.htm，第 4 个框架装载文档名为

bottom.htm。代码如下：

```
<!DOCTYPE html PUBLIC "-// W3C// DTD XHTML 1.0 Frameset// EN"
"http:// www.w3.org/TR/xhtml1/DTD/xhtml1-frameset.dtd">
<html xmlns="http:// www.w3.org/1999/xhtml">
<head>
    <title>框架集</title>
    <meta http-equiv="Content-Type" content="text/html; charset=utf-8" />
</head>
<frameset rows="50%,50%" cols="*" frameborder="yes" border=
    "1" framespacing="0">
        <frameset rows="*" cols="33%,*,33%" framespacing=
    "0" frameborder="yes" border="1">
            <frame src="left.htm" name="left" id="left" />
            <frame src="middle.htm" name="middle" id="middle" />
            <frame src="right.htm" name="right" id="right" />
        </frameset>
        <frame src="bottom.htm" name="bottom" id="bottom" />
</frameset>
<noframes><body></body></noframes>
</html>
```

以上代码创建了一个框架集，其中前3个框架居上，第4个框架居下，如图18.3所示。

图18.3　框架之间的关系

每个框架都有一个window对象，使用frames可以访问每个window对象。frames是一个数据集合，存储客户端浏览器中所有window对象，下标值从0开始，访问顺序为从左到右、从上到下。例如，top.window.frames[0]和parent.frames[0]表示第1个框架的window对象。

提示：

使用frame标签的name，可以以关联数组的形式访问每个window对象。例如，top.window.frames["left"]和parent.frames["left"]表示第1个框架的window对象。

框架之间可以通过window相关属性进行引用，详细说明见表18.3。

表 18.3　window 对象属性

属　性	说　明
top	如果当前窗口是框架，它就是对包含这个框架的顶级窗口的 window 对象的引用。注意，对于嵌套在其他框架中的框架，top 未必等于 parent
parent	如果当前窗口是框架，它就是对窗口中包含这个框架的父级框架引用
window	自引用，是对当前 window 对象的引用，与 self 属性同义
self	自引用，是对当前 window 对象的引用，与 window 属性同义
frames[]	window 对象集合，代表窗口中的各个框架（如果存在）
name	窗口的名称。可被 HTML 标签<a>的 target 属性使用
opener	对打开当前窗口的 window 对象的引用

【示例 2】针对示例 1，以下代码可以访问当前窗口中第 3 个框架：

```
window.onload = function(){
    document.body.onclick = f;
}
var f = function(){//改变第 3 个框架文档的背景色为红色
    parent.frames[2].document.body.style.backgroundColor = "red";
}
```

【示例 3】针对示例 1，在 left.htm 文档中定义一个函数。代码如下：

```
function left(){
    alert("left.htm");
}
```

然后，就可以在第 2 个框架的 middle.htm 文档中调用该函数。代码如下：

```
window.onload = function(){
    document.body.onclick = f;
}
var f = function(){
    parent.frames[0].left();//调用第 1 个框架中的函数 left()
}
```

18.1.7　控制窗口位置

扫一扫，看视频

使用 window 对象的 screenLeft 和 screenTop 属性可以读取或设置窗口的位置，即相对于屏幕左边和上边的位置。IE、Safari、Opera 和 Chrome 都支持这两个属性。Firefox 支持使用 window 对象的 screenX 和 screenY 属性进行相同的操作，Safari 和 Chrome 也同时支持这两个属性。

【示例 1】使用以下代码可以跨浏览器取得窗口左边和上边的位置：

```
var leftPos = (typeof window.screenLeft == "number") ? window.screenLeft : window.screenX;
var topPos = (typeof window.screenTop == "number") ? window.screenTop : window.screenY;
```

上面示例代码先确定 screenLeft 和 screenTop 属性是否存在，如果是在 IE、Safari、Opera 和 Chrome 浏览器中，则读取这两个属性的值。如果在 Firefox 中，则读取 screenX 和 screenY 的值。

注意：

不同浏览器读取的位置值存在偏差，用户无法在跨浏览器的条件下取得窗口左边和上边的精确坐标值。

使用 window 对象的 moveTo()和 moveBy()方法可以将窗口精确地移动到一个新位置。这两个方法都接收两个参数，其中 moveTo()接收的是新位置的 x 和 y 坐标值，而 moveBy()接收的是在水平和垂直方向上移动的像素数。

【示例 2】在本示例中分别使用 moveTo()和 moveBy()方法移动窗口到屏幕不同位置，代码如下：

```
window.moveTo(0,0);                    //将窗口移动到屏幕左上角
window.moveBy(0, 100);                 //将窗口向下移动 100px
window.moveTo(200, 300);               //将窗口移动到(200,300)位置
window.moveBy(-50, 0);                 //将窗口向左移动 50px
```

注意：

这两个方法可能会被浏览器禁用，在 Opera 和 IE7+中默认就是禁用的。另外，这两个方法都不适用于框架，仅适用于最外层的 window 对象。

扫一扫，看视频

18.1.8 控制窗口大小

使用 window 对象的 innerWidth、innerHeight、outerWidth 和 outerHeight 这 4 个属性可以确定窗口大小。IE9+、Firefox、Safari、Opera 和 Chrome 都支持这 4 个属性。

在 IE9+、Safari 和 Firefox 中，outerWidth 和 outerHeight 返回浏览器窗口本身的尺寸；在 Opera 中，outerWidth 和 outerHeight 返回视图容器的大小。innerWidth 和 innerHeight 表示页面视图的大小，去掉边框的宽度。在 Chrome 中，outerWidth、outerHeight 与 innerWidth、innerHeight 返回相同的值，即视图大小。

IE8 及更早版本的浏览器没有提供取得当前浏览器窗口尺寸的属性，主要通过 DOM 提供页面可见区域的相关信息。

在 IE、Firefox、Safari、Opera 和 Chrome 中，document.documentElement.clientWidth 和 document.documentElement.clientHeight 保存了页面视图的信息。在 IE6 中，这些属性必须在标准模式下才有效，如果是怪异模式，就必须通过 document.body.clientWidth 和 document.body.clientHeight 取得相同信息。而对于怪异模式下的 Chrome，则无论通过 document.documentElement 还是 document.body 中的 clientWidth 和 clientHeigh 属性，都可以取得视图的大小。

【示例 1】用户无法确定浏览器窗口本身的大小，但是通过以下代码可以取得页面视图的大小：

```
var pageWidth = window.innerWidth,
    pageHeight = window.innerHeight;
f (typeof pageWidth != "number"){
    if (document.compatMode == "CSS1Compat"){
        pageWidth = document.documentElement.clientWidth;
        pageHeight = document.documentElement.clientHeight;
    } else {
        pageWidth = document.body.clientWidth;
        pageHeight = document.body.clientHeight;
    }
}
```

在以上代码中，先将 window.innerWidth 和 window.innerHeight 的值分别赋给了 pageWidth 和 pageHeight。然后，检查 pageWidth 中保存的是不是一个数值，如果不是，则通过检查 document.compatMode 属性确定页面是否处于标准模式；如果是，则分别使用 document.documentElement.clientWidth 和 document.documentElement.clientHeight 的值。

对于移动设备，window.innerWidth 和 window.innerHeight 保存着可见视图，也就是屏幕上可见页面区域的大小。移动 IE 浏览器不支持这些属性，但是通过 document.documentElement.clientWidth 和 document.documentElement.clientHeight 可提供相同的信息。随着页面的缩放，这些值也会相应变化。

在其他移动浏览器中，document.documentElement 是布局视图，即渲染后页面的实际大小，与可见视图不同，可见视图只是整个页面中的一小部分。移动 IE 浏览器把布局视图的信息保存在

document.body.clientWidth 和 document.body.clientHeight 中。这些值不会随着页面缩放而变化。

由于与桌面浏览器间存在这些差异，最好先检测用户使用的是不是移动设备，然后再决定使用哪个属性。

另外，window 对象定义了 resizeBy()和 resizeTo()方法，它们可以按照相对数量和绝对数量调整窗口的大小。这两个方法都包含两个参数，分别表示 x 轴坐标值和 y 轴坐标值。名称中包含 To 字符串的方法都是绝对的，也就是 x 和 y 参数坐标给出窗口新的绝对位置、大小或滚动偏移；名称中包含 By 字符串的方法都是相对的，也就是它们在窗口的当前位置、大小或滚动偏移上增加所指定的参数 x 和 y 的值。

scrollBy()方法会将窗口中显示的文档向左、向右或向上、向下滚动指定数量的像素。

scrollTo()方法会将文档滚动到一个绝对位置，它会移动文档以便在窗口文档区的左上角显示指定的文档坐标。

【示例 2】本示例能够将当前浏览器窗口的大小重新设置为 200px 宽、200px 高，然后生成一个任意数字来随机定位窗口在屏幕中的显示位置，代码如下：

```
window.onload = function(){
    timer = window.setInterval("jump()", 1000);
}
function jump(){
    window.resizeTo(200, 200)
    x = Math.ceil(Math.random() * 1024)
    y = Math.ceil(Math.random() * 760)
    window.moveTo(x, y)
}
```

提示：

window 对象还定义了 focus()和 blur()方法，用来控制窗口的显示焦点。调用 focus()方法会请求系统将键盘焦点赋予窗口，调用 blur()方法则会放弃键盘焦点。此外，focus()方法还会把窗口移到堆栈顺序的顶部，使窗口可见。在使用 window.open()方法打开新窗口时，浏览器会自动在顶部创建窗口。但是如果它的第 2 个参数指定的窗口名已经存在，open()方法不会自动令该窗口可见。

18.2　navigator 对象

navigator 对象存储了与浏览器相关的基本信息，如名称、版本和系统等。通过 window.navigator 可以访问该对象，通过相关属性可以获取客户端的基本信息。

18.2.1　检测浏览器类型

扫一扫，看视频

检测浏览器类型的方法有多种，常用方法包括两种：特征检测法和字符串检测法。这两种方法都存在各自的优点与缺点，用户可以根据需要选择。

1. 特征检测法

特征检测法就是根据浏览器是否支持特定功能来决定相应操作的方式。这是一种非精确判断法，但却是最安全的检测方法。因为准确检测浏览器的类型和型号是一件很困难的事情，而且很容易存在误差。如果不关心浏览器的身份，仅仅在意浏览器的执行能力，那么使用特征检测法就完全可以满足需要。

【示例 1】以下代码检测当前浏览器是否支持 document.getElementsByName 特性，如果支持，就使用该方法获取文档中的 a 元素；如果不支持，则再检测是否支持 document.getElementsByTagName 特性，如果支持就使用该方法获取文档中的 a 元素：

```
if(document.getElementsByName){                //如果支持，则使用该方法获取 a 元素
```

```
    var a = document.getElementsByName("a");
}
else if(document.getElementsByTagName){    //如果支持，则使用该方法获取 a 元素
    var a = document.getElementsByTagName("a");
}
```

当使用一个对象、方法或属性时，先判断它是否存在。如果存在，则说明浏览器支持该对象、方法或属性，就可以放心使用。

2. 字符串检测法

客户端浏览器每次发送 HTTP 请求时，都会附带一个 user-agent（用户代理）字符串，对于 Web 开发人员来说，可以使用用户代理字符串检测浏览器类型。

【示例 2】BOM 在 navigator 对象中定义了 userAgent 属性，利用该属性可以捕获客户端 user-agent 字符串信息。代码如下：

```
var s = window.navigator.userAgent;
//简写方法
var s = navigator.userAgent;
console.log(s);
//返回类似信息：Mozilla/5.0 (compatible; MSIE 10.0; Windows NT 6.2; WOW64; Trident/6.0;
.NET4.0E; .NET4.0C; InfoPath.3; .NET CLR 3.5.30729; .NET CLR 2.0.50727; .NET CLR 3.0.30729)
```

user-agent 字符串包含了 Web 浏览器的大量信息，如浏览器的名称和版本。

注意：

对于不同浏览器来说，该字符串所包含的信息也不相同。随着浏览器版本的不断升级，返回的 user-agent 字符串格式和信息会不断变化。

扫一扫，看视频

18.2.2 检测浏览器的类型和版本号

检测浏览器的类型和版本号比较容易，用户只需要根据不同浏览器类型匹配特殊信息。

【示例 1】以下方法能够检测当前主流浏览器类型，包括 IE、Opera、Safari、Chrome 和 Firefox 浏览器：

```
var ua = navigator.userAgent.toLowerCase();          // 获取用户端信息
var info ={
    ie : /msie/.test(ua) && !/opera/.test(ua),       //匹配 IE 浏览器
    op : /opera/.test(ua),                           //匹配 Opera 浏览器
    sa : /version.*safari/.test(ua),                 //匹配 Safari 浏览器
    ch : /chrome/.test(ua),                          //匹配 Chrome 浏览器
    ff : /gecko/.test(ua) && !/webkit/.test(ua)      //匹配 Firefox 浏览器
};
```

在脚本中调用该对象的属性，如果为 true，说明为对应类型浏览器；否则就返回 false。

```
(info.ie) && console.log("IE 浏览器");
(info.op) && console.log("Opera 浏览器");
(info.sa) && console.log("Safari 浏览器");
(info.ff) && console.log("Firefox 浏览器");
(info.ch) && console.log("Chrome 浏览器");
```

【示例 2】通过解析 navigator 对象的 userAgent 属性，可以获得浏览器的完整版本号。对于 IE 浏览器来说，它是在 MSIE 字符串后面带一个空格，然后跟随版本号及分号。因此，可以设计以下的函数获取 IE 的版本号：

```
// 获取 IE 浏览器的版本号
```

```
// 返回数值，显示 IE 的主版本号
function getIEVer(){
    var ua = navigator.userAgent;                //获取用户端信息
    var b = ua.indexOf("MSIE ");                 //检测特殊字符串 MSIE 的位置
    if(b < 0){
        return 0;
    }
    return parseFloat(ua.substring(b + 5, ua.indexOf(";", b)));//截取版本号，并转换为数值
}
```

直接调用该函数即可获取当前 IE 浏览器的版本号。

```
console.log(getIEVer()); //返回类似数值：10
```

IE 浏览器版本众多，一般可以使用大于某个数字的形式进行范围匹配，因为浏览器是向后兼容的，指定使用某个版本显然不能适应新版本的需要。

【**示例 3**】利用同样的方法可以检测其他类型浏览器的版本号，以下函数用于检测 Firefox 浏览器的版本号：

```
function getFFVer(){
    var ua = navigator.userAgent;
    var b = ua.indexOf("Firefox/");
    if(b < 0){
        return 0;
    }
    return  parseFloat(ua.substring(b + 8,ua.lastIndexOf("\.")));
}
console.log(getFFVer()); //返回类似数值：64
```

对于 Opera 等浏览器，可以使用 navigator.userAgent 属性来获取版本号，只不过其用户端信息与 IE 有所不同，如 Opera/9.02 (Windows NT 5.1; U; en)，根据这些格式可以获取其版本号。

注意：

如果浏览器的某些对象或属性不能向后兼容，这种检测方法也容易产生问题。所以更稳妥的方法是使用特征检测法，不建议使用字符串检测法。

18.2.3 检测操作系统

扫一扫，看视频

navigator.userAgent 返回值一般都会包含操作系统的基本信息，不过这些信息比较散乱，没有统一规则。用户可以检测一些更为通用的信息，如检测是否为 Windows 系统。如果检测为 Macintosh 系统，则不去分辨操作系统的版本号。

例如，如果仅检测通用信息，那么所有 Windows 版本的操作系统都会包含 Win 字符串，所有 Macintosh 版本的操作系统都包含 Mac 字符串，所有 UNIX 版本的操作系统都包含 X11，而 Linux 操作系统会同时包含 X11 和 Linux。

【**示例**】通过以下方法可以快速检测客户端信息中是否包含上述字符串：

```
['Win', 'Mac', 'X11', 'Linux'].forEach(function(t) {
    ( t === 'X11') ? t = 'Unix' : t;                  //处理 UNIX 系统的字符串
    navigator['is' + t] = function () {               //为 navigator 对象扩展专用系统检测方法
        return navigator.userAgent.indexOf(t) != - 1; //检测是否包含特定字符串
    };
});
console.log( navigator.isWin());                       //true
```

```
console.log( navigator.isMac());                    //false
console.log( navigator.isLinux());                  //false
console.log( navigator.isUnix());                   //false
```

扫一扫，看视频

18.2.4 检测插件

用户经常需要检测浏览器中是否安装了特定插件。

对于非 IE 浏览器，可以使用 navigator 对象的 plugins 属性实现。plugins 是一个数组，该数组中的每一项都包含下列属性。

- name：插件的名字。
- description：插件的描述。
- filename：插件的文件名。
- length：插件所处理的 MIME 类型数量。

【示例 1】一般来说，name 属性包含检测插件所有必需的信息，在检测插件时，使用以下循环迭代每个插件，并将插件的 name 与给定的名字进行比较：

```
function hasPlugin(name){            //检测非 IE 浏览器插件
    name = name.toLowerCase();
    for (var i=0; i < navigator.plugins.length; i++){
        if (navigator.plugins[i].name.toLowerCase().indexOf(name) > -1){
            return true;
        }
    }
    return false;
}
alert(hasPlugin("Flash"));
alert(hasPlugin("QuickTime"));
alert(hasPlugin("Java"));
```

以上代码说明了在 Firefox、Safari、Opera 和 Chrome 中如何使用这种方法来检测插件。

hasPlugin()函数包含一个参数：要检测的插件名。检测的第 1 步是将传入的名称转换为小写形式，以便比较；然后，迭代 plugins 数组，通过 indexOf()方法检测每个 name 属性，以确定传入的名称是否出现在字符串的某个地方。比较的字符串都使用小写形式，避免因大小写不一致导致的错误。而传入的参数应该尽可能具体，以避免混淆，如 Flash 和 QuickTime。

【示例 2】在 IE 中检测插件可以使用 ActiveXObject 尝试创建一个特定插件的实例。IE 是以 COM 对象的方式实现插件的，而 COM 对象使用唯一标识符来标识。因此，要想检查特定的插件，就必须知道其 COM 标识符。例如，Flash 的标识符是 ShockwaveFlash.ShockwaveFlash。知道唯一标识符后，就可以编写以下函数来检测 IE 中是否安装相应插件：

```
function hasIEPlugin(name){    //检测 IE 浏览器插件
    try {
        new ActiveXObject(name);
        return true;
    } catch (ex){
        return false;
    }
}
alert(hasIEPlugin("ShockwaveFlash.ShockwaveFlash"));
alert(hasIEPlugin("QuickTime.QuickTime"));
```

如果兼容不同浏览器，可以把上面两个检测函数同时应用。

18.3　location 对象

location 对象存储了与当前文档位置（URL）相关的信息，简单说就是网页地址字符串。使用 window.location 可以访问。

location 对象定义了 8 个属性，其中 7 个属性可以获取当前 URL 的各部分信息，另一个属性（href）包含了完整的 URL 信息，详细说明见表 18.4。为了便于更直观地理解，表 18.4 中各个属性将以下 URL 信息为参考进行说明，代码如下：

```
http:// www.mysite.cn:80/news/index.asp?id=123&name= location#top
```

表 18.4　location 对象属性

属　性	说　明
href	声明了当前显示文档的完整 URL，与其他 location 属性只声明部分 URL 不同，把该属性设置为新的 URL 会使浏览器读取并显示新 URL 的内容
protocol	声明了 URL 的协议部分，包括后缀的冒号。例如，http:
host	声明了当前 URL 中的主机名和端口部分。例如，www.mysite.cn:80
hostname	声明了当前 URL 中的主机名。例如，www.mysite.cn
port	声明了当前 URL 的端口部分。例如，80
pathname	声明了当前 URL 的路径部分。例如，news/index.asp
search	声明了当前 URL 的查询部分，包括前导问号。例如，?id=123&name=location
hash	声明了当前 URL 中锚部分，包括前导符“#”。例如，#top 指定在文档中锚记的名称

使用 location 对象，结合字符串操作方法可以抽取 URL 中查询字符串的参数值。

【示例】 本示例定义一个获取 URL 查询字符串参数值的通用函数，该函数能够抽取每个参数和参数值，并以名/值对的形式存储在对象中返回。代码如下：

```
var queryString = function(){                   //获取 URL 查询字符串参数值的通用函数
    var q = location.search.substring(1);       //获取查询字符串，如 id=123&name= location
    var a = q.split("&");                       //以“&”符号为界把查询字符串分开为数组
    var o = {};                                 //定义一个临时对象
    for( var i = 0; i <a.length; i++){          //遍历数组
        var n = a[i].indexOf("=");              //获取每个参数中的等号小标位置
        if(n == -1) continue;                   //如果没有发现则跳到下一次循环继续操作
        var v1 = a[i].substring(0, n);          //截取等号前的参数名称
        var v2 = a[i].substring(n+1);           //截取等号后的参数值
        o[v1] = unescape(v2);                   //以名/值对的形式存储在对象中
    }
    return o;                                   //返回对象
}
```

然后调用 queryString()函数，即可获取 URL 中的查询字符串信息，并以对象形式读取它们的值。代码如下：

```
var f1 = queryString();                         //调用查询字符串函数
for(var i in f1){                               //遍历返回对象，获取每个参数和它的值
    console.log(i + "=" + f1[i]);
}
```

如果当前页面的 URL 中没有查询字符串信息，用户可以在浏览器的地址栏中补加完整的查询字符串，如?id=123&name= location，再次刷新页面，即可显示查询的字符串信息。

提示：

location 对象的属性都是可读写的。例如，如果把一个含有 URL 的字符串赋给 location 对象或它的 href 属性，浏览器就会把新的 URL 所指的文档加载并显示出来。代码如下：

```
location = "http:// www.mysite.cn/navi/";        //页面会自动跳转到对应的网页
location.href = "http:// www.mysite.cn/";        //页面会自动跳转到对应的网页
```

如果改变 location.hash 属性值，则页面会跳转到新的锚点（<a name="anchor">或<element id="anchor">），但页面不会重载。代码如下：

```
location.hash = "#top";
```

除了设置 location 对象的 href 属性外，还可以修改部分 URL 信息，用户只需要给 location 对象的其他属性赋值。这时会创建一个新的 URL，浏览器会将它装载并显示出来。

如果需要 URL 其他信息，只能通过字符串处理方法获取。例如，如果要获取网页的名称，可以进行以下设计：

```
var p = location.pathname;
var n = p.substring(p.lastIndexOf("/")+1);
```

如果要获取文件扩展名，可以进行以下设计：

```
var c = p.substring(p.lastIndexOf(".")+1);
```

location 对象还定义了两个方法 reload()和 replace()。

- reload()：可以重新装载当前文档。
- replace()：可以装载一个新文档而无须为它创建新的历史记录。也就是说，在浏览器的历史列表中，新文档将替换当前文档，这样在浏览器中就不能通过“返回”按钮返回当前文档。

对那些使用了框架并且显示多个临时页的网站来说，replace()方法比较有用。这样临时页面都不被存储在历史列表中。

注意：

window.location 与 document.location 不同，前者引用 location 对象，后者只是一个只读字符串，与 document.URL 同义。但是当存在服务器重定向时，document.location 包含的是已经装载的 URL，而 location.href 包含的则是原始请求文档的 URL。

18.4 history 对象

history 对象存储了客户端浏览器的浏览历史，即最近访问的、有限条目的 URL 信息。通过 window.history 可以访问该对象。

扫一扫，看视频

18.4.1 操作历史记录

1. HTML4

（1）在历史记录中后退，代码如下：

```
window.history.back();
```

这行代码等效于在浏览器的工具栏上单击“返回”按钮。

（2）在历史记录中前进，代码如下：

```
window.history.forward();
```

这行代码等效于在浏览器中单击“前进”按钮。

（3）移动到指定的历史记录点。使用 go()方法从当前会话的历史记录中加载页面。当前页面位置索引值为0，上一页为-1，下一页为1，以此类推。代码如下：

```
window.history.go(-1);      //相当于调用 back()
window.history.go(1);       //相当于调用 forward()
```

（4）length 属性。使用 length 属性可以了解历史记录中的存储页数，代码如下：

```
var num = window.history.length;
```

2. HTML5

HTML4 为了保护客户端浏览信息的安全和隐私，禁止 JavaScript 脚本直接操作 history 访问信息。HTML 5 新增 History API，该 API 允许用户通过 JavaScript 管理浏览器的历史记录，实现无刷新更改浏览器地址栏的链接地址，配合 AJAX 技术可以设计无刷新的页面跳转。

HTML5 新增 history.pushState()和 history.replaceState()方法，允许用户逐条添加和修改历史记录条目。

（1）pushState()方法。pushState()方法包含 3 个参数，简单说明如下。

第 1 个参数：状态对象。与调用 pushState()方法创建的新历史记录条目相关联。无论用户何时导航到该条目状态，popstate 事件都会被触发，并且事件对象的 state 属性会包含这个状态对象的复制。

第 2 个参数：标题。标记当前条目。FireFox 浏览器可能忽略该参数，考虑到向后兼容性，传一个空字符串会比较安全。

第 3 个参数：可选参数，新的历史记录条目。浏览器不会在调用 pushState()方法后加载该条目，不指定则为当前文档的 URL。

（2）replaceState()方法。history.replaceState()与 history.pushState()方法的用法相同，都包含 3 个相同的参数。

不同之处：pushState()方法是在 history 中添加一个新条目，replaceState()方法是替换当前的记录值。当执行 replaceState()时，history 的记录条数不变；当执行 pushState()时，history 的记录条数加 1。

（3）popstate 事件。每当激活的历史记录发生变化时，都会触发 popstate 事件。如果被激活的历史记录条目是由 pushState()创建，或者是被 replaceState()方法替换的，popstate 事件的状态属性将包含历史记录的状态对象的一个复制。

注意：

当浏览会话历史记录时，不管是单击浏览器工具栏中“前进”或“后退”按钮，还是使用 JavaScript 的 history.go()和 history.back()方法，popstate 事件都会被触发。

【示例】假设在 http://mysite.com/foo.html 页面中执行以下 JavaScript 代码：

```
var stateObj = { foo: "bar" };
history.pushState(stateObj, "page 2", "bar.html");
```

这时浏览器的地址栏将显示 http:// mysite.com/bar.html，但不会加载 bar.html 页面，也不会检查 bar.html 是否存在。

如果现在导航到 http://mysite.com/ 页面，然后单击“后退”按钮，此时地址栏会显示 http://mysite.com/bar.html，会触发 popstate 事件，该事件中的状态对象会包含 stateObj 的一个复制。

如果再次单击“后退”按钮，URL 将返回 http://mysite.com/foo.html，文档将触发另一个 popstate 事件，这次的状态对象为 null，回退同样不会改变文档内容。

提示：

使用以下代码可以直接读取当前历史记录条目的状态，而不需要等待 popstate 事件：

```
var currentState = history.state;
```

扫一扫，看视频

18.4.2 设计无刷新导航

本示例设计一个无刷新导航，在首页（index.html）包含一个导航列表，当用户单击不同的列表项目时，首页的内容容器（<div id="content">）会自动更新内容，正确显示对应目标页面的 HTML 内容，同时浏览器地址栏正确显示目标页面的 URL，但是首页并没有被刷新，而是仅显示目标页面。演示效果如图 18.4 所示。

（a）显示 index.html 页面

（b）显示 news.html 页面

图 18.4　应用 History API

在浏览器工具栏中单击“后退”按钮，浏览器能够正确显示上一次单击的链接地址，虽然页面并没有被刷新，同时地址栏中正确显示上一次浏览页面的 URL，如图 18.5 所示。如果没有 History API 支持，使用 AJAX 实现异步请求时，工具栏中的“后退”按钮是无效的。

但是如果在工具栏中单击“刷新”按钮，则页面将根据地址栏的 URL 信息，重新刷新页面，将显示独立的目标页面，效果如图 18.6 所示。

图 18.5　正确后退和前进历史记录

图 18.6　重新刷新页面显示效果

此时，如果再单击工具栏中的“后退”和“前进”按钮，会发现导航功能失效，页面总是显示目标页面，如图 18.7 所示。这说明使用 History API 控制导航与浏览器导航功能存在差异，一个是 JavaScript 脚本控制，一个是系统自动控制。

图 18.7　刷新页面之后工具栏导航失效

第 1 步，设计首页（index.html）。新建文档，保存为 index.html，构建 HTML 导航结构。代码如下：

```
<h1>History API 示例</h1>
<ul id="menu">
    <li><a href="news.html">News</a></li>
    <li><a href="about.html">About</a></li>
    <li><a href="contact.html">Contact</a></li>
</ul>
<div id="content">
    <h2>当前内容页：index.html</h2>
</div>
```

第 2 步，本示例使用 jQuery 作为辅助操作，因此需要在文档头部位置导入 jQuery 框架。代码如下：

```
<script src="jquery/jquery-1.11.0.js" type="text/javascript"></script>
```

第 3 步，定义异步请求函数。该函数根据参数 url 值，异步加载目标地址的页面内容，把它置入内容容器（<div id="content">）中，根据第 2 个参数 addEntry 的值执行额外操作。如果第 2 个参数值为 true，则使用 history.pushState()方法把目标地址推入浏览器历史记录堆栈中。代码如下：

```
function getContent(url, addEntry) {
    $.get(url)                                   //异步请求
    .done(function( data ) {
        $('#content').html(data);                //动态加载目标页面
        if(addEntry == true) {
            history.pushState(null, null, url);  //把目标地址推入浏览器历史记录堆栈中
        }
    });
}
```

第 4 步，在页面初始化事件处理函数中，为每个导航链接绑定 click 事件，在 click 事件处理函数中调用 getContent()函数，同时阻止页面的刷新操作。代码如下：

```
$(function(){
    $('#menu a').on('click', function(e){
        e.preventDefault();                      //阻止页面刷新操作
        var href = $(this).attr('href');
        getContent(href, true);                  //执行页面内容更新操作
        $('#menu a').removeClass('active');
        $(this).addClass('active');
    });
});
```

第 5 步，注册 popstate 事件，跟踪浏览器历史记录的变化。如果发生变化，则调用 getContent()函数更新页面内容，但是不再把目标地址添加到历史记录堆栈中。代码如下：

```
window.addEventListener("popstate", function(e) {
    getContent(location.pathname, false);
});
```

第 6 步，设计其他页：about.html、contact.html、news.html，详细代码请参考本小节示例源码。

18.5 screen 对象

扫一扫，看视频

screen 对象存储了客户端屏幕信息。这些信息可以用来探测客户端硬件配置。

利用 screen 提供的信息，可以优化程序设计，提升用户体验。例如，根据显示器的大小选择使用的

图像大小，根据显示器的颜色深度选择使用16色图像或8色图像，设计当打开新窗口时居中显示等。

【示例】本示例演示了如何让弹出的窗口居中显示。代码如下：

```
function center(url){                              //窗口居中处理函数
    var w = screen.availWidth / 2;                 //获取客户端屏幕的宽度一半
    var h = screen.availHeight/2;                  //获取客户端屏幕的高度一半
    var t = (screen.availHeight - h)/2;            //计算居中显示时顶部坐标
    var l = (screen.availWidth - w)/2;             //计算居中显示时左侧坐标
    var p = "top=" + t + ",left=" + l + ",width=" + w + ",height=" +h;
                                                   //设计坐标参数字符串
    var win = window.open(url,"url",p);            //打开指定的窗口，并传递参数
    win.focus();                                   //获取窗口焦点
}
center("https://www.baidu.com/");                  //调用该函数
```

注意：

不同浏览器在解析 screen 对象的 width 和 height 属性时存在差异。

18.6 document 对象

document 对象代表当前文档，使用 window.document 可以访问。

扫一扫，看视频

18.6.1 访问文档对象

当浏览器加载文档后，会自动构建文档对象模型，把文档中每个元素都映射到一个数据集合中，然后通过 document 进行访问。

document 对象与它所包含的各种节点（如表单、图像和链接）构成了早期的文档对象模型（DOM0 级），如图 18.8 所示。

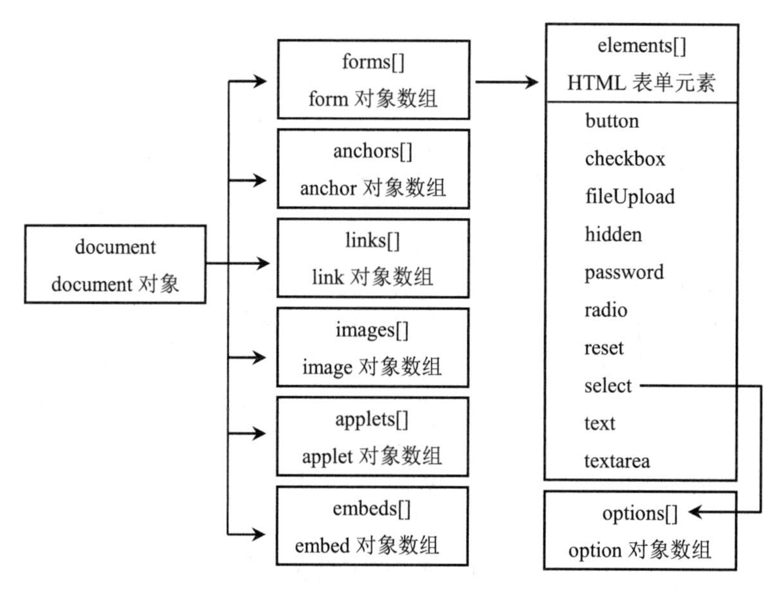

图 18.8 文档对象模型

【示例 1】本示例使用 name 访问文档元素。代码如下：

```
<img name="img" src = "bg.gif" />
```

```
<form name="form" method="post" action="http://www.mysite.cn/navi/">
</form>
<script>
    console.log(document.img.src);                //返回图像的地址
    console.log(document.form.action);            //返回表单提交的路径
</script>
```

【示例 2】本示例使用文档对象集合快速检索元素。代码如下：

```
<img src = "bg.gif" />
<form method="post" action="http://www.mysite.cn/navi/">
</form>
<script>
    console.log(document.images[0].src);          //返回图像的地址
    console.log(document.forms[0].action);        //返回表单提交的路径
</script>
```

【示例 3】如果设置了 name 属性，也可以使用关联数组引用对应的元素对象。代码如下：

```
<img name="img" src = "bg.gif" />
<form name="form" method="post" action="http://www.mysite.cn/navi/">
</form>
<script>
    console.log(document.images["img"].src);      //返回图像的地址
    console.log(document.forms["form"].action);   //返回表单提交的路径
</script>
```

18.6.2 动态生成文档内容

扫一扫，看视频

使用 document 对象的 write()和 writeln()方法可以动态生成文档内容。包括以下两种方式。

- 在浏览器解析时动态输出信息。
- 在调用事件处理函数时使用 write()或 writeln()方法生成文档内容。

write()方法支持多个参数，当为它传递多个参数时，这些参数将被依次写入文档。

【示例 1】本示例使用 write()方法生成文档内容。代码如下：

```
document.write('Hello',',','World');
```

实际上，上面代码与下面代码的用法是相同的：

```
document.write('Hello,World');
```

write()方法与 writeln()方法完全相同，只不过在输出参数之后附加一个换行符。由于 HTML 忽略换行符，所以很少使用该方法，不过在非 HTML 文档输出时使用会比较方便。

【示例 2】本示例演示了 write()和 writeln()方法如何混合使用。代码如下：

```
function f(){
    document.write('<p>调用事件处理函数时动态生成的内容</p>');
}
document.write('<p onclick="f()">文档解析时动态生成的内容</p>');
```

在页面初始化后，文档中显示文本为“文档解析时动态生成的内容”，而一旦单击该文本后，则 write()方法将动态输出文本“调用事件处理函数时动态生成的内容”，并覆盖原来文档中显示的内容。

注意：

只能在当前文档正在解析时使用 write()方法在文档中输出 HTML 代码，即在<script>标签中调用 write()方法，因为这些脚本的执行是文档解析的一部分。

如果从事件处理函数中调用 write()方法，那么 write()方法动态输出的结果将会覆盖当前文档，包括它的事件处理函数，而不是将文本添加其中。因此，使用时一定要小心，不可以在事件处理函数中包含 write()或 writeln()方法。

18.7 实战案例

扫一扫，看视频

18.7.1 使用浮动框架设计异步通信

使用框架集设计远程脚本存在如下缺陷。

- 框架集文档需要多个网页文件配合使用，结构不符合标准，也不利于代码优化。
- 框架集缺乏灵活性，如果完全使用脚本控制异步请求与交互，不是很方便。

浮动框架（iframe 元素）与框架集（frameset）功能相同，但是<iframe>是一个普通标签，可以插入页面任意位置，不需要框架集管理，也便于 CSS 样式和 JavaScript 脚本控制。

第 1 步，在客户端交互页面（main.html）中新建函数 hideIframe()，使用该函数动态创建浮动框架，借助这个浮动框架与服务器进行异步通信。代码如下：

```
// 创建浮动框架
// 参数：url 表示要请求的服务器端文件路径
// 返回值：无
function hideIframe(url){
    var hideFrame = null;                            //定义浮动框架变量
    hideFrame = document.createElement("iframe");   //创建 iframe 元素
    hideFrame.name = "hideFrame";                    //设置名称属性
    hideFrame.id = "hideFrame";                      //设置 ID 属性
    hideFrame.style.height = "0px";                  //设置高度为 0px
    hideFrame.style.width = "0px";                   //设置宽度为 0px
    hideFrame.style.position = "absolute";           //设置绝对定位，避免浮动框架占据页面空间
    hideFrame.style.visibility = "hidden";           //设置隐藏显示
    document.body.appendChild(hideFrame);            //把浮动框架元素插入 body 元素中
    setTimeout(function(){                           //设置延缓请求时间
        frames["hideFrame"].location.href = url;
    }, 10)
}
```

当使用 DOM 创建 iframe 元素时，应设置同名的 name 和 id 属性，因为不同类型浏览器引用框架时会分别使用 name 或 id 属性值。当创建好 iframe 元素后，大部分浏览器（如 Mozilla 和 Opera）会需要一点时间（约为几毫秒）来识别新框架并将其添加到帧集合中，因此当加载地址准备向服务器进行请求时，应该使用 setTimeout()函数使发送请求的操作延迟 10ms。这样当执行请求时，浏览器就能够识别这些新的框架，避免发生错误。

如果页面中需要多处调用请求函数，则建议定义一个全局变量，专门用来存储浮动框架对象，这样就可以避免每次请求时都创建新的 iframe 对象。

第 2 步，修改客户端交互页面中 request()函数的请求内容，直接调用 hideIframe()函数，并传递 url 参数信息。代码如下：

```
function request(){                                   //异步请求函数
    var user = document.getElementById("user");// 获取用户名文本框，注意引用路径的不同
    var pass = document.getElementById("pass");// 获取密码域，注意引用路径的不同
    var s = "iframe_server.html?user=" + user.value + "&pass=" + pass.value;
    hideIframe(s);                                    //创建浮动框架，指定请求文件和传递的信息
}
```

由于浮动框架与框架集是属于不同级别的作用域，浮动框架是被包含在当前窗口中的，所以应该使用 parent，而不是 parent.frames[0]来调用回调函数，或者在回调函数中读取文档中的元素，客户端交互页面的详细代码请参阅 iframe_main.html 文件。代码如下：

```
function callback(b, n){
    if(b && n){                                   //如果返回信息合法，则在页面中显示新的信息
        var e = document.getElementsByTagName("body")[0];
        e.innerHTML = "<h1>" + n + "</h1><p>您好，欢迎登录站点</p>";
    } else{// 否则，提示错误信息，并显示表单要求重新输入
        console.log("你输入的用户名或密码有误，请重新输入");
        var user = parent.document.getElementById("user");  // 获取文档中的用户名文本框
        var pass = parent.document.getElementById("pass");  // 获取文档中的密码域
        user.value = "";                                    //清空用户文本框
        pass.value = "";                                    //清空密码域
    }
}
```

第 3 步，在服务器端响应页面中修改引用客户端回调函数的路径（服务器端响应页面详细代码请参阅 server.html 文件）。代码如下：

```
window.onload = function(){
    //...
    parent.callback(b, n);                          //注意：引用路径的变化
}
```

这样通过 iframe 浮动框架只需要两个文件：客户端交互页面（main.html）和服务器端响应页面（server.html），就可以完成异步信息交互的任务。

18.7.2 设计可回退的画板

扫一扫，看视频

本示例利用 History API 的状态对象实时记录用户的每一次操作，把每一次操作信息作为浏览器的历史记录保存起来，这样当用户单击浏览器的“后退”按钮时，会逐步恢复前面的操作状态，从而实现历史恢复功能。在示例页面中显示一个 canvas 元素，用户可以在该 canvas 元素中随意使用鼠标绘画，当用户单击一次或连续单击浏览器的“后退”按钮时，可以撤销当前绘制的最后一笔或多笔，当用户单击一次或连续单击浏览器的“前进”按钮时，可以重绘当前书写或绘制的最后一笔或多笔，演示效果如图 18.9 所示。

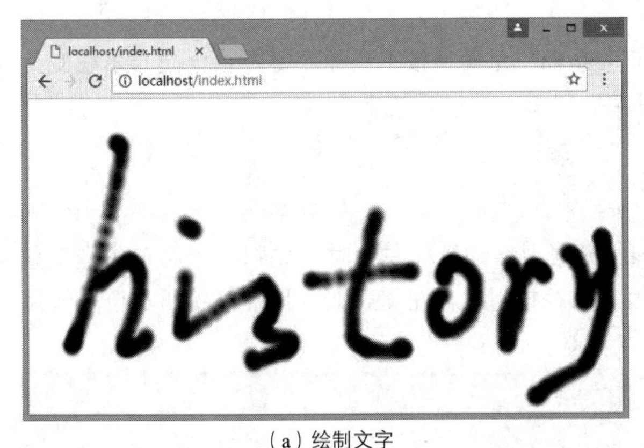

（a）绘制文字

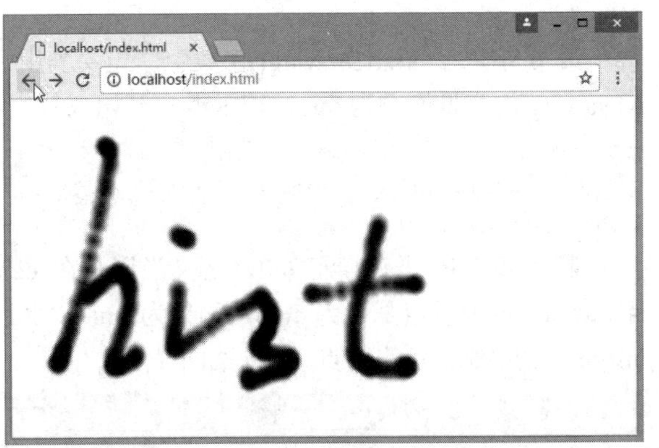

（b）恢复前面的绘制

图 18.9　设计历史恢复效果

第 1 步，设计文档结构。本示例利用 canvas 元素把页面设计为一块画板，image 元素用于在页面中

加载一个黑色小圆点，当用户在 canvas 元素中按下并连续拖动鼠标左键时，根据鼠标拖动轨迹连续绘制该黑色小圆点，这样处理后会在浏览器中显示用户绘制的图像。代码如下：

```
<canvas id="canvas"></canvas>
<image id="image" src="brush.png" style="display:none;"/>
```

第2步，设计 CSS 样式，定义 canvas 元素满屏显示。代码如下：

```
#canvas {
    position: absolute; top: 0; left: 0; width: 100%; height: 100%;
    margin: 0; display: block;
}
```

第3步，添加 JavaScript 脚本。首先，定义引用 image 元素的全局变量、引用 canvas 元素的全局变量、引用 canvas 元素上下文对象的 context 全局变量，用于控制是否继续进行绘制操作的布尔型全局变量 isDrawing，当 isDrawing 的值为 true 时表示用户已按下鼠标左键，可以继续绘制，当该值为 false 时表示用户已松开鼠标左键，将停止绘制。代码如下：

```
var image = document.getElementById("image");
var canvas = document.getElementById("canvas");
var context = canvas.getContext("2d");
var isDrawing =false;
```

第4步，屏蔽用户在 canvas 元素中通过按下鼠标左键、以手指或手写笔触发的 pointerdown 事件，它属于一种 touch 事件。代码如下：

```
canvas.addEventListener("pointerdown", function(e){
    e.preventManipulation(
)}, false);
```

第5步，监听用户在 canvas 元素中按下鼠标左键时触发的 mousedown 事件，并将事件处理函数指定为 startDrawing()函数；监听用户在 canvas 元素中移动鼠标时触发的 mousemove 事件，并将事件处理函数指定为 draw()函数；监听用户在 canvas 元素中松开鼠标左键时触发的 mouseup 事件，并将事件处理函数指定为 stopDrawing()函数；监听用户单击浏览器的“后退”按钮或“前进”按钮时触发的 popstate 事件，并将事件处理函数指定为 loadState()函数。代码如下：

```
canvas.addEventListener("mousedown",startDrawing, false);
canvas.addEventListener("mousemove", draw,false);
canvas.addEventListener("mouseup", stopDrawing, false);
window.addEventListener("popstate",function(e){
    loadState(e.state);
});
```

第6步，在 startDrawing()函数中，定义当用户在 canvas 元素中按下鼠标左键时将全局布尔型变量 isDrawing 的变量值设为 true，表示用户开始书写文字或绘制图画。代码如下：

```
function startDrawing() {
    isDrawing = true;
}
```

第7步，在 draw()函数中，定义当用户在 canvas 元素中移动鼠标左键时，先判断全局布尔型变量 isDrawing 的变量值是否为 true，如果为 true，表示用户已经按下鼠标左键，则在鼠标左键所在位置使用 image 元素绘制黑色小圆点。代码如下：

```
function draw(event) {
    if(isDrawing) {
        var sx = canvas.width / canvas.offsetWidth;
        var sy = canvas.height / canvas.offsetHeight;
        var x = sx * event.clientX - image.naturalWidth / 2;
        var y = sy * event.clientY - image.naturalHeight / 2;
```

```
        context.drawImage(image, x, y);
    }
}
```

第 8 步，在 stopDrawing()函数中，当用户在 canvas 元素中松开鼠标左键时，将全局布尔型变量 isDrawing 的变量值设为 false，表示用户已经停止书写文字或绘制图画，然后当用户在 canvas 元素中未按鼠标左键，而是直接移动鼠标时，不执行绘制操作。代码如下：

```
function stopDrawing() {
    isDrawing = false;
}
```

第 9 步，使用 History API 的 pushState()方法将当前所绘图像保存在浏览器的历史记录中。代码如下：

```
function stopDrawing() {
    isDrawing = false;
    var state = context.getImageData(0, 0, canvas.width, canvas.height);
    history.pushState(state,null);
}
```

在本示例中，将 pushState()方法的第 1 个参数值设置为 CanvasPixelArray 对象。CanvasPixelArray 对象保存了每个像素点的颜色信息，包括 RGB 值和透明度 alpha 值，这些信息以数组的形式存储。

第 10 步，在 loadState()函数中定义当用户单击浏览器的“后退”按钮或“前进”按钮时，首先清除 canvas 元素中的图像，然后读取触发 popstate 事件的事件对象的 state 属性值，该属性值即为执行 pushState()方法时所使用的第 1 个参数值，其中保存了在向浏览器历史记录中添加记录时同步保存的对象，在本示例中为一个保存了由 canvas 元素中的所有像素构成的数组的 CanvasPixelArray 对象。最后，调用 canvas 元素的上下文对象的 putImageData()方法在 canvas 元素中输出保存在 CanvasPixelArray 对象中的所有像素，即将每一个历史记录中保存的图像绘制在 canvas 元素中。代码如下：

```
function loadState(state) {
    context.clearRect(0, 0, canvas.width,canvas.height);
    if(state){
        context.putImageData(state, 0, 0);
    }
}
```

第 11 步，当用户在 canvas 元素中绘制多笔后，重新在浏览器的地址栏中输入页面地址，然后重新绘制第 1 笔，再单击浏览器的“后退”按钮时，canvas 元素中并不显示空白图像，而是直接显示输入页面地址之前的绘制图像，这样看起来浏览器中的历史记录并不连贯，因为 canvas 元素中缺少了一幅空白图像。为此，可在页面打开时就将 canvas 元素中的空白图像保存在历史记录中。代码如下：

```
var state = context.getImageData(0, 0, canvas.width, canvas.height);
history.pushState(state,null);
```

18.8 在线支持

本节为拓展学习，感兴趣的读者请扫码进行学习。

扫描，拓展学习

第 19 章　DOM 操作

文档对象模型（Document Object Model，DOM）是 W3C 制定的一套技术规范，是 JavaScript 脚本如何与 HTML/XML 文档进行交互的 Web 标准。DOM 规定了一系列标准接口，允许开发人员通过标准方式访问文档结构、操作网页内容、控制样式和行为等。

【学习重点】

- 使用 JavaScript 操作节点。
- 使用 JavaScript 操作元素。
- 使用 JavaScript 操作文本和属性。
- 使用 JavaScript 操作文档和文档片段。

19.1　DOM 基础

在 W3C 推出 DOM 标准之前，市场上已经流行了不同版本的 DOM 规范，主要包括 IE 和 Netscape 两个浏览器厂商各自制定的私有规范，这些规范定义了一套文档结构操作的基本方法。虽然这些规范存在差异，但是思路和用法基本相同，如文档结构对象、事件处理方式、脚本化样式等。习惯上把这些规范称为 DOM0 级，虽然这些规范没有实现标准化，但是得到了所有浏览器的支持，被广泛应用。

1998 年，W3C 开始对 DOM 进行标准化，先后推出了 3 个不同的版本，每个版本都在上一个版本的基础上进行了完善和扩展。在某些情况下，不同版本之间可能会存在不兼容的问题。

1．DOM1 级

1998 年 10 月，W3C 推出 DOM1.0 版本规范，作为推荐标准进行正式发布，主要包括 2 个子规范。

- DOM Core（核心部分）：把 XML 文档设计为树形节点结构，并为这种结构的运行机制制定了一套规范化标准。同时定义了创建、编辑、操作这些文档结构的基本属性和方法。
- DOM HTML：针对 HTML 文档、标签集合，以及与个别 HTML 标签相关的元素定义的对象、属性和方法。

2．DOM2 级

2000 年 11 月，W3C 正式发布了更新后的 DOM 核心部分，并在这次发布中添加了一些新规范，于是就把这次发布的规范称为 DOM2 级规范。

2003 年 1 月，W3C 又正式发布了对 DOM HTML 子规范的修订，添加了针对 HTML4.01 和 XHTML 1.0 版本文档的很多对象、属性和方法。W3C 把新修订的 DOM 规范统一称为 DOM2.0 推荐版本，该版本主要包括 6 个推荐子规范。

- DOM2 Core：继承于 DOM Core 子规范，系统规定了 DOM 文档结构模型，添加了更多的特性，如针对命名空间的方法等。
- DOM2 HTML：继承于 DOM HTML，系统规定了针对 HTML 的 DOM 文档结构模型，添加了一些属性。
- DOM2 Events：规定了与鼠标相关的事件（包括目标、捕获、冒泡和取消）的控制机制，但是不包含与键盘相关事件的处理部分。

- DOM2 Style（或 DOM2 CSS）：提供了访问和操作所有与 CSS 相关的样式及规则的能力。
- DOM2 Traversal 和 DOM2 Range：DOM2 Traversal 规范允许开发人员通过迭代方式访问 DOM，DOM2 Range 规范允许对指定范围的内容进行操作。
- DOM2 Views：提供了访问和更新文档表现（视图）的能力。

3. DOM3 级

2004 年 4 月，W3C 发布了 DOM3.0 版本。DOM3 级规范主要包括以下 3 个推荐子规范。

- DOM3 Core：继承于 DOM2 Core，并添加了更多新方法和属性，同时修改了一些已有的方法。
- DOM3 Load and Save：提供将 XML 文档的内容加载到 DOM 文档中，以及将 DOM 文档序列化为 XML 文档的能力。
- DOM3 Validation：提供了确保动态生成的文档的有效性的能力，即如何符合文档类型声明。

19.2 节 点 概 述

在网页中所有对象和内容都被称为节点（node），如文档、元素、文本、属性、注释等。节点是 DOM 最基本的单元，也是基类，派生出不同类型的子类，它们共同构成了文档的树形结构模型。

扫一扫，看视频

19.2.1 节点类型

根据 DOM 规范，整个文档是一个文档节点，每个标签是一个元素节点，元素包含的文本是文本节点，元素的属性是一个属性节点，注释属于注释节点等。

DOM 支持的节点类型说明见表 19.1。

表 19.1 DOM 支持的节点类型说明

节点类型	说 明	可包含的子节点类型
Document	表示整个文档，DOM 树的根节点	Element（最多一个）、ProcessingInstruction、Comment、DocumentType
DocumentFragment	表示文档片段，轻量级的 Document 对象，仅包含部分文档	ProcessingInstruction、Comment、Text、CDATASection、EntityReference
DocumentType	为文档定义的实体提供接口	None
ProcessingInstruction	表示处理指令	None
EntityReference	表示实体引用元素	ProcessingInstruction、Comment、Text、CDATASection、EntityReference
Element	表示元素	Text、Comment、ProcessingInstruction、CDATASection、EntityReference
Attr	表示属性	Text、EntityReference
Text	表示元素或属性中的文本内容	None
CDATASection	表示文档中的 CDATA 区段，其包含的文本不会被解析器解析	None
Comment	表示注释	None
Entity	表示实体	ProcessingInstruction、Comment、Text、CDATASection、EntityReference
Notation	表示在 DTD 中声明的符号	None

使用 nodeType 属性可以判断一个节点的类型，取值说明见表 19.2。

表 19.2　nodeType 属性返回值说明

节点类型	nodeType 属性返回值	常量名
Element	1	ELEMENT_NODE
Attr	2	ATTRIBUTE_NODE
Text	3	TEXT_NODE
CDATASection	4	CDATA_SECTION_NODE
EntityReference	5	ENTITY_REFERENCE_NODE
Entity	6	ENTITY_NODE
ProcessingInstruction	7	PROCESSING_INSTRUCTION_NODE
Comment	8	COMMENT_NODE
Document	9	DOCUMENT_NODE
DocumentType	10	DOCUMENT_TYPE_NODE
DocumentFragment	11	DOCUMENT_FRAGMENT_NODE
Notation	12	NOTATION_NODE

【示例】本示例演示如何借助节点的 nodeType 属性检索当前文档中包含元素的个数，代码如下：

```
<!doctype html>
<html>
<head>
    <meta charset="utf-8">
</head>
<body>
<h1>DOM</h1>
<p>DOM 是<cite>Document Object Model</cite>首字母简写，中文翻译为<b>文档对象模型</b>，是
<i>W3C</i>组织推荐的处理可扩展标识语言的标准编程接口。</p>
<ul>
    <li>D 表示文档，HTML 文档结构。</li>
    <li>O 表示对象，文档结构的 JavaScript 脚本化映射。</li>
    <li>M 表示模型，脚本与结构交互的方法和行为。</li>
</ul>
<script>
    function count(n){                                  //定义文档元素统计函数
        var num = 0;                                    //初始化变量
        if(n.nodeType == 1)                             //检查是否为元素节点
        num ++ ;                                        //如果是，则计数器加 1
        var son = n.childNodes;                         //获取所有子节点
        for(var i = 0; i < son.length; i ++ ){          //循环统一每个子元素
            num += count (son[i]);                      //递归操作
        }
        return num;                                     //返回统计值
    }
    console.log("当前文档包含 " + count(document) + " 个元素");// 计算元素的总个数
</script>
</body>
</html>
```

演示效果如图 19.1 所示。

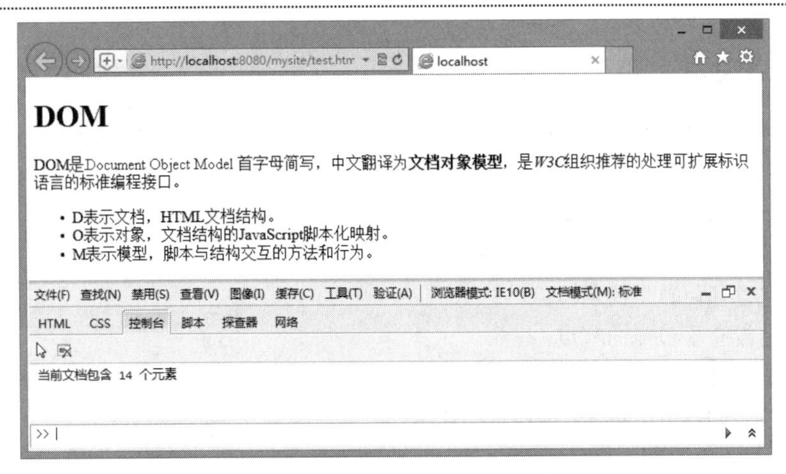

图 19.1　使用 nodeType 属性检索文档中元素个数

在上面的 JavaScript 脚本中，定义了一个计数函数，然后通过递归调用的方式逐层检索 document 下所包含的全部节点，在计数函数中再通过 n.nodeType == 1 过滤非元素节点，进而统计文档中包含的全部元素个数。

扫一扫，看视频

19.2.2　节点名称和值

使用 nodeName 和 nodeValue 属性可以读取节点的名称和值。属性取值说明见表 19.3。

表 19.3　节点的 nodeName 和 nodeValue 属性说明

节点类型	nodeName 返回值	nodeValue 返回值
Document	#document	null
DocumentFragment	#document-fragment	null
DocumentType	doctype 名称	null
EntityReference	实体引用名称	null
Element	元素的名称（或标签名称）	null
Attr	属性的名称	属性的值
ProcessingInstruction	target	节点的内容
Comment	#comment	注释的文本
Text	#text	节点的内容
CDATASection	#cdata-section	节点的内容
Entity	实体名称	null
Notation	符号名称	null

【示例】由表 19.3 可以看到，不同类型节点的 nodeName 和 nodeValue 属性取值不同。元素的 nodeName 属性返回值是标签名，而元素的 nodeValue 属性返回值为 null。因此在读取属性值之前，应该先检测类型，代码如下：

```
var node = document.getElementsByTagName("body")[0];
if (node.nodeType==1)
    var value = node.nodeName;
console.log(value);
```

nodeName 属性在处理标签时比较实用，nodeValue 属性在处理文本信息时比较实用。

扫一扫，看视频

19.2.3 节点关系

DOM把文档视为一棵树形结构，也称为节点树。节点之间的关系包括上下父子关系、相邻兄弟关系。简单描述如下。

- 在节点树中，最顶端节点为根节点。
- 除了根节点之外，每个节点都有一个父节点。
- 节点可以包含任何数量的子节点。
- 叶子节点是没有子节点的节点。
- 同级节点是拥有相同父节点的节点。

【示例】本示例为HTML文档结构，代码如下：

```
<!doctype html>
<html>
<head>
<title>标准DOM示例</title>
<meta charset="utf-8">
    </head>
    <body>
        <h1>标准DOM</h1>
        <p>这是一份简单的<strong>文档对象模型</strong></p>
        <ul>
            <li>D表示文档，DOM的结构基础</li>
            <li>O表示对象，DOM的对象基础</li>
            <li>M表示模型，DOM的方法基础</li>
        </ul>
    </body>
</html>
```

在上面的HTML文档结构中，首先是doctype文档类型声明，然后是html元素，网页里所有元素都包含在这个元素里。从文档结构看，html元素既没有“父辈”，也没有“兄弟”。如果用树来表示，这个html元素就是树根，代表整个文档。由html元素派生出head和body两个子元素，它们属于同一级别，且互不包含，可以称为兄弟关系。head和body元素拥有共同的父元素html，同时它们又是其他元素的父元素，但包含的子元素不同。head元素包含title元素，title元素又包含文本节点“标准DOM示例”。body元素包含3个子元素h1、p和ul，它们是兄弟关系。如果继续访问，ul元素也是一个父元素，它包含3个li子元素。整个文档如果使用树形结构表示，示意图如图19.2所示。使用树形结构可以很直观地把文档结构中各个元素之间的关系表现出来。

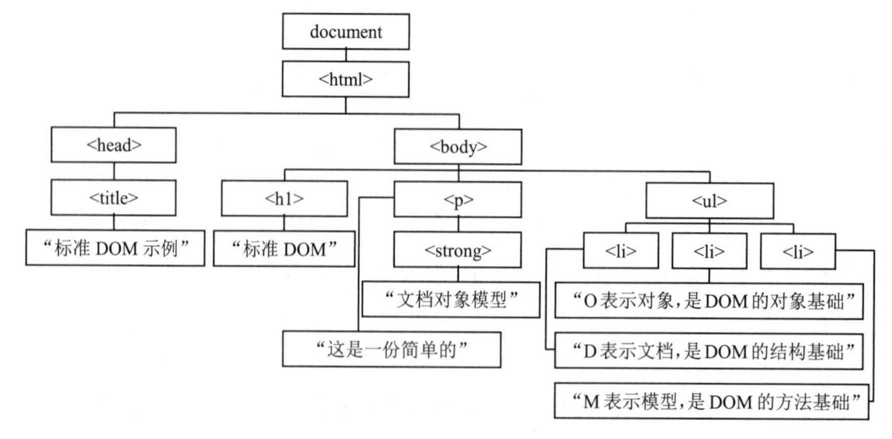

图19.2 文档对象模型的树形结构

19.2.4 访问节点

DOM 为 Node 类型定义以下属性，以方便 JavaScript 访问节点。

- ownerDocument：返回当前节点的根元素（document 对象）。
- parentNode：返回当前节点的父节点，所有的节点都仅有一个父节点。
- childNodes：返回当前节点的所有子节点的节点列表。
- firstChild：返回当前节点的第 1 个子节点。
- lastChild：返回当前节点的最后一个子节点。
- nextSibling：返回当前节点之后相邻的同级节点。
- previousSibling：返回当前节点之前相邻的同级节点。

1. childNodes

childNodes 返回所有子节点的列表，它是一个随时可变的类数组。

【示例 1】本示例演示了如何访问 childNodes 中的节点。代码如下：

```
<ul>
    <li>D 表示文档，HTML 文档结构。</li>
    <li>O 表示对象，文档结构的 JavaScript 脚本化映射。</li>
    <li>M 表示模型，脚本与结构交互的方法和行为。</li>
</ul>
<script>
    var tag = document.getElementsByTagName("ul")[0];  //获取列表元素
    var a = tag.childNodes;                            //获取列表元素包含的所有子节点
    console.log(a[0].nodeType);                        //第 1 个节点类型，返回值为 3，显示为文本节点
    console.log(a.item(1).innerHTML);                  //显示第 2 个节点包含的文本
    console.log(a.length);                             //包含子节点个数，nodeList 长度
</script>
```

使用方括号语法或者 item()方法，都可以访问 childNodes 包含的子元素。childNodes 的 length 属性可以动态返回子节点的个数，如果列表项目发生变化，length 属性值也会随之变化。

【示例 2】childNodes 是一个类数组，不能够直接使用数组方法，但是可以通过动态调用数组方法把它转换为数组。本示例把 childNodes 转换为数组，然后调用数组的 reverse()方法，颠倒数组中元素的顺序，代码如下：

```
var tag = document.getElementsByTagName("ul")[0];        //获取列表元素
var a = Array.prototype.slice.call(tag.childNodes,0); //把 childNodes 属性值转换为数组
a.reverse();                        //颠倒数组中元素的顺序
console.log(a[0].nodeType);         //第 1 个节点类型，返回值为 3，显示为文本节点
console.log(a[1].innerHTML);        //显示第 2 个节点包含的文本
console.log(a.length);              //包含子节点个数，childNodes 属性值长度
```

演示效果如图 19.3 所示。

提示：

文本节点和属性节点都不包含任何子节点，所以它们的 childNodes 属性返回值是一个空集合。可使用 haschildNodes()方法或 childNodes.length>0 来判断一个节点是否包含子节点。

2. parentNode

parentNode 返回元素类型的父节点，因为只有元素才可能包含子节点。不过 document 节点没有父节点，document 节点的 parentNode 属性返回 null。

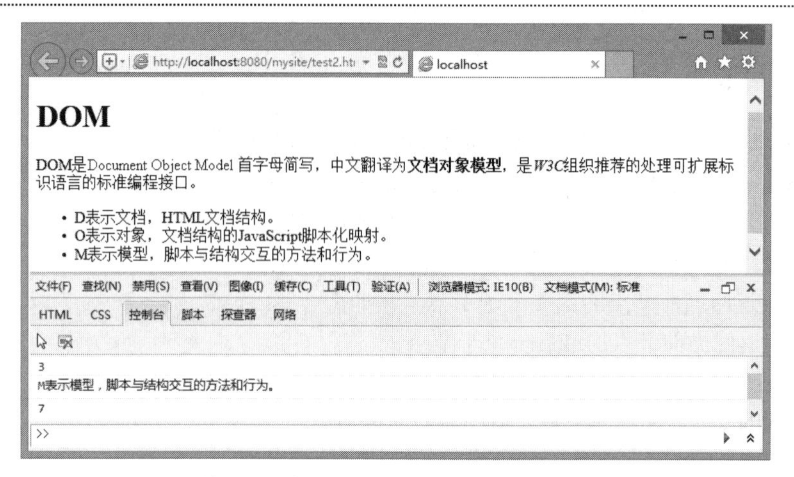

图 19.3　把 childNodes 属性值转换为数组

3．firstChild 和 lastChild

firstChild 返回第 1 个子节点，lastChild 返回最后一个子节点。文本节点和属性节点的 firstChild 和 lastChild 属性返回值为 null。

注意：

firstChild 等价于 childNodes 的第 1 个元素，lastChild 属性值等价于 childNodes 的最后一个元素的属性值。如果 firstChild 等于 null，则说明当前节点为空节点，不包含任何内容。

4．nextSibling 和 previousSibling

nextSibling 返回下一个相邻节点，previousSibling 返回上一个相邻节点。如果没有同属一个父节点的相邻节点，则返回 null。

5．ownerDocument

ownerDocument 表示根节点。node.ownerDocument 等价于 document.documentElement。

【示例 3】对于以下文档结构：

```
<!doctype html>
<html>
<head>
    <meta charset="utf-8">
</head>
<body><span class="red">body</span>元素</body></html>
```

可以使用以下方法访问 body 元素：

```
var b = document.documentElement.lastChild;
var b = document.documentElement.firstChild.nextSibling.nextSibling;
```

通过以下方法可以访问 span 包含的文本：

```
var text = document.documentElement.lastChild.firstChild.firstChild.nodeValue;
```

扫一扫，看视频

19.2.5　操作节点

操作节点的基本方法见表 19.4。

表 19.4 操作节点的基本方法

方 法	说 明
appendChild()	向节点的子节点列表的结尾添加新的子节点
cloneNode()	复制节点
hasChildNodes()	判断当前节点是否拥有子节点
insertBefore()	在指定的子节点前插入新的子节点
normalize()	合并相邻的 Text 节点并删除空的 Text 节点
removeChild()	删除（并返回）当前节点的指定子节点
replaceChild()	用新节点替换一个子节点

提示：

其中，appendChild()、insertBefore()、removeChild()、replaceChild() 4 个方法用于对子节点进行操作。使用这 4 个方法之前，可以使用 parentNode 属性获取父节点。另外，并不是所有类型的节点都有子节点，如果在不支持子节点的节点上调用了这些方法将会出现错误。

【示例】本示例为列表框绑定一个 click 事件处理程序，通过深度复制，新的列表框没有添加 JavaScript 事件，仅复制了 HTML 类样式和 style 属性，代码如下：

```
<h1>DOM</h1>
<p>DOM 是<cite>Document Object Model</cite>首字母简写，中文翻译为<b>文档对象模型</b>，是<i>W3C</i>组织推荐的处理可扩展标识语言的标准编程接口。</p>
<ul>
    <li class="red">D 表示文档，HTML 文档结构。</li>
    <li title="列表项目 2">O 表示对象，文档结构的 JavaScript 脚本化映射。</li>
    <li style="color:red;">M 表示模型，脚本与结构交互的方法和行为。</li>
</ul>
<script>
    var ul = document.getElementsByTagName("ul")[0];      //获取列表元素
    ul.onclick = function(){                              //绑定事件处理程序
        this.style.border= "solid blue 1px";
    }
    var ul1 = ul.cloneNode(true);                         //深度复制
    document.body.appendChild(ul1);                       //添加到文档树的 body 元素中
</script>
```

效果如图 19.4 所示。

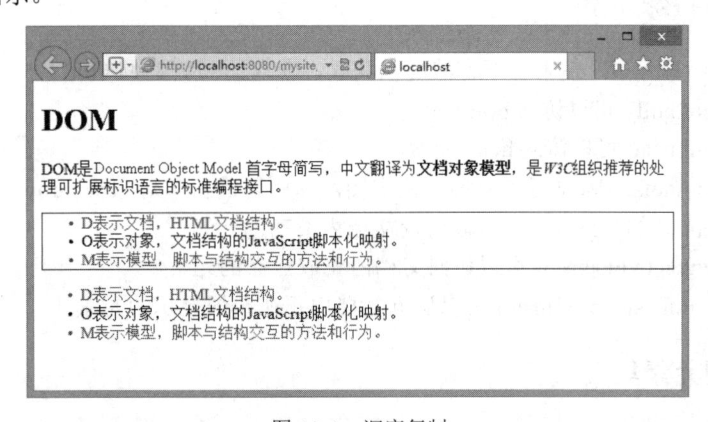

图 19.4 深度复制

19.3 文 档 节 点

文档节点代表整个文档，使用 document 可以访问。它是文档内其他节点的访问入口，提供了操作其他节点的方法。主要特征值：nodeType 等于 9、nodeName 等于"#document"、nodeValue 等于 null、parentNode 等于 null、ownerDocument 等于 null。

注意：

在文档中，文档节点是唯一的，也是只读的。

19.3.1 访问文档

在不同环境中，获取文档节点的方法不同，具体说明如下。

- 在文档内部节点中使用 ownerDocument 访问。
- 在脚本中使用 document 访问。
- 在框架页使用 contentDocument 访问。
- 在异步通信中使用 XMLHttpRequest 对象的 responseXML 访问。

扫一扫，看视频

19.3.2 访问子节点

文档子节点包括以下几项。

- doctype 文档类型，如<!doctype html>。
- html 元素，如<html>。
- 处理指令，如<?xml-stylesheet type="text/xsl" href="xsl.xsl" ?>。
- 注释，如<!--注释-->。

访问方法如下。

- 使用 document.documentElement 可以访问 html 元素。
- 使用 document.doctype 可以访问 doctype。注意：部分浏览器不支持。
- 使用 document.childNodes 可以遍历子节点。
- 使用 document.firstChild 可以访问第 1 个子节点，一般为 doctype。
- 使用 document.lastChild 可以访问最后一个子节点，如 html 元素或注释。

扫一扫，看视频

19.3.3 访问特殊元素

文档中存在很多特殊元素，使用以下方法可以获取，获取不到就返回 null。

- 使用 document.body 可以访问 body 元素。
- 使用 document.head 可以访问 head 元素。
- 使用 document.defaultView 可以访问默认视图，即所属的窗口对象 window。
- 使用 document.scrollingElement 可以访问文档内滚动的元素。
- 使用 document.activeElement 可以访问文档内获取焦点的元素。
- 使用 document.fullscreenElement 可以访问文档内正在全屏显示的元素。

扫一扫，看视频

19.3.4 访问元素集合

document 包含一组集合对象，使用它们可以快速访问文档内元素，简单说明如下。

- document.anchors：返回所有设置 name 属性的<a>标签。
- document.links：返回所有设置 href 属性的<a>标签。
- document.forms：返回所有 form 对象。
- document.images：返回所有 image 对象。
- document.applets：返回所有 applet 对象。
- document.embeds：返回所有 embed 对象。
- document.plugins：返回所有 plugin 对象。
- document.scripts：返回所有 script 对象。
- document.styleSheets：返回所有样式表集合。

扫一扫，看视频

19.3.5 访问文档信息

document 包含很多信息，简单说明如下。

1. 静态信息

- document.URL：返回当前文档的网址。
- document.domain：返回当前文档的域名，不包含协议和接口。
- document.location：访问 location 对象。
- document.lastModified：返回当前文档最后的修改时间。
- document.title：返回当前文档的标题。
- document.characterSet：返回当前文档的编码。
- document.referrer：返回当前文档的访问者的出处。
- document.dir：返回文字方向。
- document.compatMode：返回浏览器处理文档的模式，值包括 BackCompat（向后兼容模式）和 CSS1Compat（严格模式）。

2. 状态信息

- document.hidden：表示当前页面是否可见。如果窗口最小化、切换页面，document.hidden 返回 true。
- document.visibilityState：返回文档的可见状态，取值包括 visible（可见）、hidden（不可见）、prerender（正在渲染）、unloaded（已卸载）。
- document.readyState：返回当前文档的状态，取值包括 loading（正在加载）、interactive（加载外部资源）、complete（加载完成）。

19.3.6 访问文档元素

扫一扫，看视频

document 对象包含多个访问文档内的元素的方法，简单说明如下。

- getElementById()：返回指定 id 属性值的元素。注意：id 值要区分大小写，如果找到多个 id 相同的元素，则返回第 1 个元素，如果没有找到指定 id 值的元素，则返回 null。

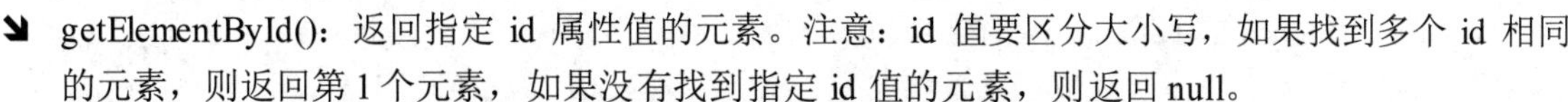

- getElementsByTagName()：返回所有指定标签名称的元素节点。
- getElementsByName()：返回所有指定名称（name 属性值）的元素节点。该方法多用于表单结构中，用于获取单选按钮组或复选框组。

提示：

getElementsByTagName()方法返回的是一个 HTMLCollection 对象，与 nodeList 对象类似，可以使用方括号语法

或 item()方法访问 HTMLCollection 对象中的元素，并通过 length 属性取得这个对象中元素的数量。

【示例】HTMLCollection 对象还包含一个 namedItem()方法，该方法可以通过元素的 name 特性取得集合中的项目。本示例可以通过 namedItem("news");方法找到 HTMLCollection 对象中 name 为 news 的图片，代码如下：

```
<img src="1.gif" />
<img src="2.gif" name="news" />
<script>
    var images = document.getElementsByTagName("img");
    var news = images.namedItem("news");
</script>
```

还可以使用以下用法获取页面中的所有元素，其中参数“*”表示所有元素：

```
var allElements = document.getElementsByTagName("*");
```

19.4 元素节点

在客户端开发中，大部分操作都针对元素节点。主要特征值：nodeType 等于 1、nodeName 等于标签名称、nodeValue 等于 null。元素节点包含 5 个公共属性：id（标识符）、title（提示标签）、lang（语言编码）、dir（语言方向）、className（CSS 类样式），这些属性可读可写。

扫一扫，看视频

19.4.1 访问元素

1. getElementById()方法

使用 getElementById()方法可以准确获取文档中的指定元素，用法如下：

```
document.getElementById(ID)
```

参数 ID 表示文档中对应元素 id 的属性值。如果文档中不存在指定元素，则返回值为 null。getElementById()方法只适用于 document 对象。

【示例 1】在本示例中，使用 getElementById()方法获取<div id="box">对象，然后使用 nodeName、nodeType、parentNode 和 childNodes 属性查看该对象的节点类型、节点名称、父节点和第 1 个子节点的名称，代码如下：

```
<div id="box">盒子</div>
<script>
    var box = document.getElementById("box");                  //获取指定盒子的引用
    var info = "nodeName: " + box.nodeName;                     //获取该节点的名称
    info += "\rnodeType: " + box.nodeType;                      //获取该节点的类型
    info += "\rparentNode: " + box.parentNode.nodeName;         //获取该节点的父节点名称
    info += "\rchildNodes: " + box.childNodes[0].nodeName;  //获取该节点的子节点名称
    console.log(info);                                          //显示提示信息
</script>
```

2. getElementByTagName()方法

使用 getElementByTagName()方法可以获取指定标签名称的所有元素，用法如下：

```
document.getElementsByTagName(tagName)
```

参数 tagName 表示指定名称的标签，该方法返回值为一个节点集合，使用 length 属性可以获取集合中包含元素的个数，利用下标可以访问某个元素对象。

【示例 2】以下代码使用 for 循环获取每个 p 元素，并设置 p 元素的 class 属性为“red”：

```
var p = document.getElementsByTagName("p");     //获取 p 元素的所有引用
for(var i=0;i<p.length;i++){  //遍历 p 数据集合
   p[i].setAttribute("class","red");  //为每个 p 元素定义 red 类样式
}
```

扫一扫，看视频

19.4.2 遍历元素

使用 parentNode、nextSibling、previousSibling、firstChild 和 lastChild 属性可以遍历文档树中任意类型节点，包括空字符（文本节点）。HTML5 新添加 5 个属性专用于访问元素节点。

- childElementCount：返回子元素的个数，不包括文本节点和注释。
- firscElementChild：返回第 1 个子元素。
- lastElementChild：返回最后一个子元素。
- previousElementSibling：返回前一个相邻兄弟元素。
- nextElementSibling：返回后一个相邻兄弟元素。

支持的浏览器：IE9+、Firefox3.5+、Safari4+、Chrome 和 Opera10+。

扫一扫，看视频

19.4.3 创建元素

使用 document 对象的 createElement()方法能够根据参数指定的标签名称创建新的元素，并返回新建元素的引用。用法如下：

```
var element = document.createElement("tagName");
```

其中，element 表示新建元素的引用，createElement()是 document 对象的一个方法，该方法只有一个参数，用于指定创建元素的标签名称。

【示例 1】本示例在当前文档中创建了一个段落标记 p，存储到变量 p 中。由于该变量表示一个元素节点，所以它的 nodeType 属性值等于 1，而 nodeName 属性值等于 p。代码如下：

```
var p = document.createElement("p");          //创建段落元素
var info = "nodeName: " + p.nodeName;         //获取元素名称
info += ", nodeType: " + p.nodeType;          // 获取元素类型，如果为 1 则表示元素节点
console.log(info);
```

使用 createElement()方法创建的新元素不会被自动添加到文档中。如果要把这个元素添加到文档中，还需要使用 appendChild()、insertBefore()或 replaceChild()方法。

【示例 2】本示例演示如何把新创建的 p 元素添加到 body 元素下。当元素被添加到文档树中，就会立即显示出来，代码如下：

```
var p = document.createElement("p");          //创建段落元素
document.body.appendChild(p);                 //添加段落元素到 body 元素下
```

扫一扫，看视频

19.4.4 复制节点

cloneNode()方法可以创建一个节点的副本，其用法可以参考 19.2.5 小节。

【示例 1】在本示例中，首先创建一个节点 p，然后复制该节点为 p1，再利用 nodeName 和 nodeType 属性获取复制节点的基本信息，该节点的信息与原来创建的节点的基本信息相同。代码如下：

```
var p = document.createElement("p");          //创建节点
var p1 = p.cloneNode(false);                  //复制节点
```

```
var info = "nodeName: " + p1.nodeName;     //获取复制节点的名称
info += ", nodeType: " + p1.nodeType;      //获取复制节点的类型
console.log(info);                         //显示复制节点的名称和类型相同
```

【示例 2】以示例 1 为基础，再创建一个文本节点，然后尝试把复制的文本节点添加到段落元素中，再把段落元素添加到标题元素中，最后把标题元素添加到 body 元素中。如果此时调用复制文本节点的 nodeName 和 nodeType 属性，则返回的 nodeType 属性值为 3，而 nodeName 属性值为#text。代码如下：

```
var p = document.createElement("p");               //创建一个 p 元素
var h1 = document.createElement("h1");             //创建一个 h1 元素
var txt = document.createTextNode("Hello World");  //创建一个文本节点
var hello = txt.cloneNode(false);                  //复制创建的文本节点
p.appendChild(txt);                                //把复制的文本节点添加到段落节点中
h1.appendChild(p);                                 //把段落节点添加到标题节点中
document.body.appendChild(h1);                     //把标题节点添加到 body 节点中
```

【示例 3】本示例演示了如何复制一个节点及其所包含的子节点。当复制其中创建的标题 1 节点后，该节点所包含的子节点及文本节点都将复制过来，然后添加到 body 元素的尾部。代码如下：

```
var p = document.createElement("p");               //创建一个 p 元素
var h1 = document.createElement("h1");             //创建一个 h1 元素
var txt = document.createTextNode("Hello World");//创建一个文本节点，文本内容为 Hello World
p.appendChild(txt);                                //把文本节点添加到段落中
h1.appendChild(p);                                 //把段落元素添加到标题元素中
document.body.appendChild(h1);                     //把标题元素添加到 body 元素中
var new_h1 = h1.cloneNode(true);                   //复制标题元素及其所有子节点
document.body.appendChild(new_h1);                 //把复制的新标题元素添加到文档中
```

注意：

由于复制的节点会包含原节点的所有特性，如果原节点中包含 id 属性，就会出现 id 属性值重叠的情况。一般情况下，在同一个文档中，不同元素的 id 属性值应该不同。为了避免潜在冲突，应修改其中某个节点的 id 属性值。

扫一扫，看视频

19.4.5 插入节点

在文档中插入节点主要有两种方法。

1. appendChild()方法

appendChild()方法可向当前节点的子节点列表的末尾添加新的子节点。用法如下：

```
appendChild(newchild)
```

参数 newchild 表示新添加的节点对象，并返回新增的节点。

【示例 1】本示例展示了如何把段落文本添加到文档中的指定 div 元素中，使它成为当前节点的最后一个子节点。代码如下：

```
<div id="box"></div>
<script>
    var p = document.createElement("p");                  //创建段落节点
    var txt = document.createTextNode("盒模型");           //创建文本节点，文本内容为“盒模型”
    p.appendChild(txt);                                   //把文本节点添加到段落节点中
    document.getElementById("box").appendChild(p); //获取 box 元素，把段落节点添加进来
</script>
```

如果文档树中已经存在参数节点，则将从文档树中删除，然后重新插入新的位置。如果添加的是 DocumentFragment 节点，则不会直接插入，而是把它的子节点插入当前节点的末尾。

提示：

将元素添加到文档树中，浏览器就会立即呈现该元素。此后，对这个元素所做的任何修改都会实时反映在浏览器中。

【示例 2】在本示例中，新建两个盒子和一个按钮，使用 CSS 设计两个盒子显示为不同的效果。然后为按钮绑定事件处理程序，当单击按钮时执行插入操作。代码如下：

```
<div id="red">
    <h1>红盒子</h1>
</div>
<div id="blue">蓝盒子</div>
<button id="ok">移动</button>
<script>
    var ok = document.getElementById("ok");           //获取按钮元素的引用
    ok.onclick = function(){                          //为按钮注册一个鼠标单击事件处理函数
        var red = document.getElementById("red");     //获取红色盒子的引用
        var blue = document.getElementById("blue");   //获取蓝色盒子的引用
        blue.appendChild(red);                        //最后移动红色盒子到蓝色盒子中
    }
</script>
```

以上代码使用 appendChild()方法把红色盒子移动到蓝色盒子中。在移动指定节点时，会同时移动指定节点包含的所有子节点，演示效果如图 19.5 所示。

（a）移动前

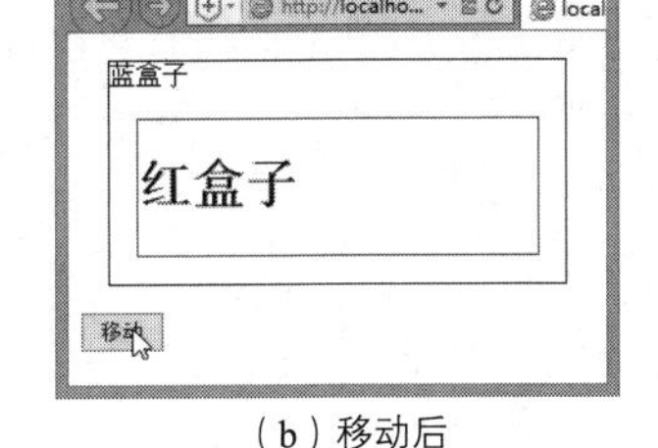

（b）移动后

图 19.5　使用 appendChild()方法移动元素

2. insertBefore()方法

使用 insertBefore()方法可在已有的子节点前插入一个新的子节点。用法如下：

```
insertBefore(newchild,refchild)
```

其中，参数 newchild 表示新插入的节点，refchild 表示插入新节点后的节点，用于指定插入节点的后面相邻位置。插入成功后，该方法将返回新插入的子节点。

【示例 3】对于示例 2，如果把蓝色盒子移动到红色盒子所包含的标题元素的前面，使用 appendChild()方法是无法实现的，此时不妨使用 insertBefore()方法来实现，代码如下：

```
var ok = document.getElementById("ok");                  //获取按钮元素的引用
ok.onclick = function(){                                 //为按钮注册一个鼠标单击事件处理函数
    var red = document.getElementById("red");            //获取红色盒子的引用
    var blue = document.getElementById("blue");          //获取蓝色盒子的引用
    var h1 = document.getElementsByTagName("h1")[0];     //获取标题元素的引用
    red.insertBefore(blue, h1);                      //把蓝色盒子移动到红色盒子内，且位于标题前面
}
```

当单击“移动”按钮之后，则蓝色盒子被移动到红色盒子内部，且位于标题元素前面，效果如图 19.6 所示。

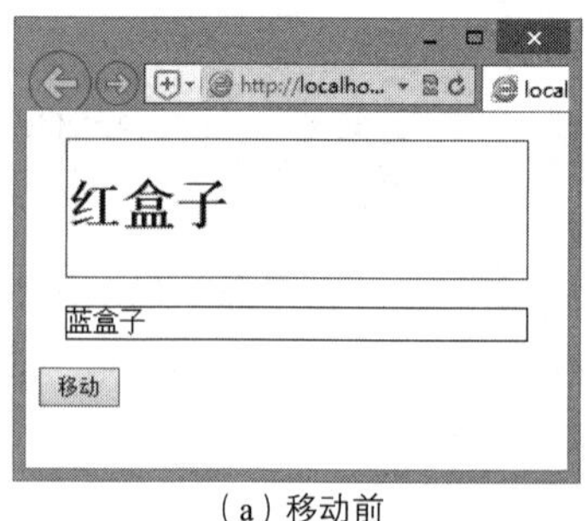

（a）移动前

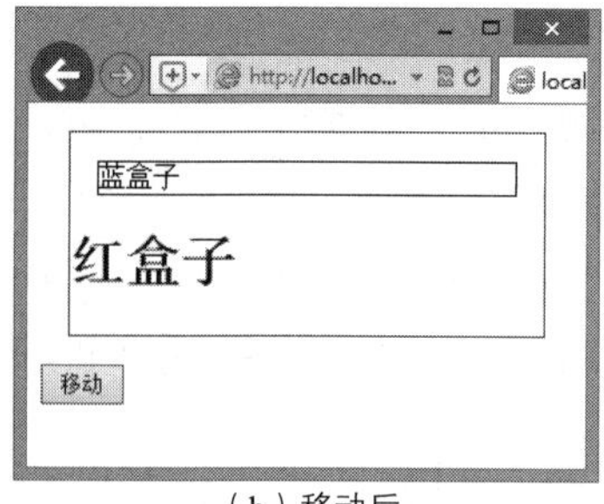

（b）移动后

图 19.6　使用 insertBefore()方法移动元素

提示：

insertBefore()方法与 appendChild()方法一样，可以把指定元素及其所包含的所有子节点都一起插入指定位置中。同时会先删除移动的元素，然后再重新插入新的位置。

扫一扫，看视频

19.4.6　删除节点

removeChild()方法可以从子节点列表中删除某个节点。用法如下：

```
nodeObject.removeChild(node)
```

其中，参数 node 为要删除的节点。如果删除成功，则返回被删除的节点；如果失败，则返回 null。当使用 removeChild()方法删除节点时，该节点所包含的所有子节点将同时被删除。

【示例 1】在本示例中单击按钮时将删除红盒子中的一级标题，代码如下：

```
<div id="red">
    <h1>红盒子</h1>
</div>
<div id="blue">蓝盒子</div>
<button id="ok">移动</button>
<script>
    var ok = document.getElementById("ok");                //获取按钮元素的引用
    ok.onclick = function(){                               //为按钮注册一个鼠标单击事件处理函数
        var red = document.getElementById("red");          //获取红色盒子的引用
        var h1 = document.getElementsByTagName("h1")[0];   //获取标题元素的引用
        red.removeChild(h1);                               //移出红色盒子包含的标题元素
    }
</script>
```

【示例 2】如果想删除蓝色盒子，但是又无法确定它的父元素，此时可以使用 parentNode 属性来快速获取父元素的引用，并借助这个引用来实现删除操作。代码如下：

```
var ok = document.getElementById("ok");            //获取按钮元素的引用
ok.onclick = function(){                           //为按钮注册一个鼠标单击事件处理函数
    var blue = document.getElementById("blue");    //获取蓝色盒子的引用
        var parent = blue.parentNode;              //获取蓝色盒子父元素的引用
    parent.removeChild(blue);                      //移出蓝色盒子
}
```

如果希望把删除节点插入文档的其他位置，可以使用 removeChild()方法实现，也可以使用 appendChild()和 insertBefore()方法实现。

【示例 3】在 DOM 文档操作中，删除节点与创建、插入节点一样都是最频繁的，为此可以封装删除节点操作函数，代码如下：

```
// 封装删除节点操作函数
// 参数：e 表示预删除的节点
// 返回值：返回被删除的节点，如果不存在指定的节点，则返回 undefined
function remove(e){
    if(e){
        var _e = e.parentNode.removeChild(e);
        return _e;
    }
    return undefined;
}
```

【示例 4】如果要删除指定节点下的所有子节点，则封装方法如下：

```
// 封装删除所有子节点的方法
// 参数：e 表示预删除所有子节点的父节点
function empty(e){
    while(e.firstChild){
        e.removeChild(e.firstChild);
    }
}
```

19.4.7 替换节点

扫一扫，看视频

replaceChild()方法可以将某个子节点替换为另一个。用法如下：

```
nodeObject.replaceChild(new_node,old_node)
```

其中，参数 new_node 为指定的新节点，old_node 为被替换的节点。如果替换成功，则返回被替换的节点；如果替换失败，则返回 null。

【示例 1】以 19.4.6 小节的示例为基础，重写脚本，新建一个二级标题元素，并替换红色盒子中的一级标题元素。代码如下：

```
var ok = document.getElementById("ok");                // 获取按钮元素的引用
ok.onclick = function(){                               //为按钮注册一个鼠标单击事件处理函数
    var red = document.getElementById("red");          //获取红色盒子的引用
    var h1 = document.getElementsByTagName("h1")[0];   //获取一级标题的引用
    var h2 = document.createElement("h2");             //创建二级标题元素，并引用
    red.replaceChild(h2,h1);                           //把一级标题替换为二级标题
}
```

通过演示发现，当使用新创建的二级标题替换一级标题后，原来的一级标题所包含的标题文本不存在了。说明替换节点的操作不是替换元素名称，而是替换其包含的所有子节点，以及其包含的所有内容。

同样的道理，如果替换节点还包含子节点，则子节点将一同被插入被替换的节点中。可以借助 replaceChild()方法在文档中使用现有的节点替换另一个存在的节点。

【示例 2】在本示例中使用蓝色盒子替换红色盒子中包含的一级标题元素。此时可以看到，蓝色盒子原来显示的位置已经被删除，同时被替换元素 h1 也被删除。代码如下：

```
var ok = document.getElementById("ok");                //获取按钮元素的引用
ok.onclick = function(){                               //为按钮注册一个鼠标单击事件处理函数
    var red = document.getElementById("red");          //获取红色盒子的引用
    var blue = document.getElementById("blue");        //获取蓝色盒子的引用
    var h1 = document.getElementsByTagName("h1")[0];   //获取一级标题的引用
    red.replaceChild(blue,h1);                         //把红色盒子中包含的一级标题替换为蓝色盒子
}
```

【示例 3】replaceChild()方法能够返回被替换的节点引用，因此还可以把被替换的元素找回来，并增

加到文档中的指定节点中。针对以上示例，使用一个变量 del_h1 存储被替换的一级标题，然后再把它插入红盒子前面。代码如下：

```
var ok = document.getElementById("ok");              //获取按钮元素的引用
ok.onclick = function(){                              //为按钮注册一个鼠标单击事件处理函数
    var red = document.getElementById("red");         //获取红色盒子的引用
    var blue = document.getElementById("blue");       //获取蓝色盒子的引用
    var h1 = document.getElementsByTagName("h1")[0]; //获取一级标题的引用
    var del_h1 = red.replaceChild(blue,h1);           //把红色盒子中包含的一级标题替换为蓝色盒子
    red.parentNode.insertBefore(del_h1,red);          //把替换的一级标题插入红色盒子前面
}
```

19.5 文本节点

文本节点表示元素和属性的文本内容，包含纯文本内容、转义字符，但不包含 HTML 代码。文本节点不包含子节点。主要特征值：nodeType 等于 3、nodeName 等于#text、nodeValue 等于包含的文本。

扫一扫，看视频

19.5.1 创建文本节点

使用 document 对象的 createTextNode()方法可创建文本节点。用法如下：

```
document.createTextNode(data)
```

参数 data 表示字符串。

【示例】本示例创建一个新的 div 元素，并为它设置 class 值为 red，然后添加到文档中。代码如下：

```
var element = document.createElement("div");
element.className = "red";
document.body.appendChild(element);
```

注意：

由于 DOM 操作等原因，可能会出现文本节点不包含文本，或者接连出现两个文本节点的情况。为了避免这种情况，一般应该在父元素上调用 normalize()方法，删除空文本节点，合并相邻文本节点。

扫一扫，看视频

19.5.2 访问文本节点

使用 nodeValue 或 data 属性可以访问文本节点包含的文本。使用 length 属性可以获取包含文本的长度，利用该属性可以遍历文本节点中的每个字符。

【示例】本示例为一个读取元素包含文本的通用方法。代码如下：

```
// 获取指定元素包含的文本
// 参数：e 表示指定元素
// 返回值：返回包含的所有文本，包括子元素中包含的文本
function text(e){
    var s = "";
    var e = e.childNodes || e;                   //判断元素是否包含子节点
    for( var i = 0; i < e.length; i++){          //遍历所有子节点
        s += e[i].nodeType != 1 ? e[i].nodeValue : text(e[i].childNodes);
      //通过递归遍历所有元素的子节点
    }
    return s;
}
```

在以上代码中，通过递归函数检索指定元素的所有子节点，然后判断每个子节点的类型，如果不是元素，则读取该节点的值；否则再递归遍历该元素包含的所有子节点。

使用以上定义的通用方法读取 div 元素包含的所有文本信息，代码如下：

```
<div id="div1">
    <span class="red">div</span>
    元素
</div>
<script>
    var div = document.getElementById("div1");
    var s = text(div);             //调用读取元素的文本通用方法
    console.log(s);                    //返回字符串“div 元素”
</script>
```

这个通用方法不仅可以在 HTML DOM 中使用，也可以在 XML DOM 文档中使用，并兼容不同浏览器。

扫一扫，看视频

19.5.3　操作文本节点

使用下列方法可以操作文本节点中的文本。

- appendData(string)：将字符串 string 追加到文本节点的尾部。
- deleteData(start,length)：从 start 下标位置开始删除 length 个字符。
- insertData(start,string)：在 start 下标位置插入字符串 string。
- replaceData(start,length,string)：使用字符串 string 替换从 start 下标位置开始的 length 个字符。
- splitText(offset)：在 offset 下标位置把一个 Text 节点分割成两个节点。
- substringData(start,length)：从 start 下标位置开始提取 length 个字符。

注意：

在默认情况下，每个可以包含内容的元素最多只能有一个文本节点，而且必须确实有内容存在。在开始标签与结束标签之间只要存在空隙，就会创建文本节点。代码如下：

```
<!-- 下面 div 不包含文本节点 -->
<div></div>
<!--下面 div 包含文本节点，值为空格-->
<div> </div>
<!--下面 div 包含文本节点，值为换行符-->
<div>
</div>
<!--下面 div 包含文本节点，值为 Hello World!-->
<div>Hello World!</div>
```

19.5.4　读取 HTML 字符串

扫一扫，看视频

使用元素的 innerHTML 属性可以返回调用元素包含的所有子节点对应的 HTML 标记字符串。最初它是 IE 的私有属性，HTML5 规范了 innerHTML 的使用，并得到所有浏览器的支持。

【示例】 本示例使用 innerHTML 属性读取 div 元素包含的 HTML 字符串。代码如下：

```
<div id="div1">
    <style type="text/css">p { color:red;}</style>
    <p><span>div</span>元素</p>
</div>
<script>
    var div = document.getElementById("div1");
    var s = div.innerHTML;
```

```
    console.log(s);
</script>
```

扫一扫，看视频

19.5.5 插入 HTML 字符串

使用 innerHTML 属性可以根据传入的 HTML 字符串创建新的 DOM 片段，然后用这个 DOM 片段完全替换调用元素原有的所有子节点。设置 innerHTML 属性值后，可以像访问文档中的其他节点一样访问新创建的节点。

【示例】本示例将创建一个 1000 行的表格。先构造一个 HTML 字符串，然后更新 DOM 的 innerHTML 属性。代码如下：

```
<script>
    function tableInnerHTML() {
        var i, h = ['<table border="1" width="100%">'];
        h.push('<thead>');
        h.push('<tr><th>id<\/th><th>yes?<\/th><th>name<\/th><th>url<\/th><th>action<\/th>
<\/tr>');
        h.push('<\/thead>');
        h.push('<tbody>');
        for( i = 1; i <= 1000; i++) {
            h.push('<tr><td>');
            h.push(i);
            h.push('<\/td><td>');
            h.push('And the answer is... ' + (i % 2 ? 'yes' : 'no'));
            h.push('<\/td><td>');
            h.push('my name is #' + i);
            h.push('<\/td><td>');
            h.push('<a href="http://example.org/' + i + '.html">http://example.org/' +
i + '.html<\/a>');
            h.push('<\/td><td>');
            h.push('<ul>');
            h.push(' <li><a href="edit.php?id=' + i + '">edit<\/a><\/li>');
            h.push(' <li><a href="delete.php?id="' + i + '-id001">delete<\/a><\/li>');
            h.push('<\/ul>');
            h.push('<\/td>');
            h.push('<\/tr>');
        }
        h.push('<\/tbody>');
        h.push('<\/table>');
        document.getElementById('here').innerHTML = h.join('');
    };
</script>
<div id="here"></div>
<script>
    tableInnerHTML();
</script>
```

如果通过 DOM 的 document.createElement()和 document.createTextNode()方法创建同样的表格，代码会非常冗长。在一个性能苛刻的操作中更新一大块 HTML 页面，innerHTML 在大多数浏览器中执行得更快。

注意：

使用 innerHTML 属性也有一些限制。例如，在大多数浏览器中，通过 innerHTML 插入<script>标记后，并不会执行<script>标记的脚本。

扫一扫，看视频

19.5.6　替换 HTML 字符串

outerHTML 是 IE 的私有属性，后来被 HTML5 规范，与 innerHTML 的功能相同，但是它会包含元素自身。支持的浏览器：IE4+、Firefox8+、Safari4+、Chrome 和 Opera8+。

【示例】本示例演示了 outerHTML 与 innerHTML 属性的不同效果。分别为列表结构中不同列表项定义一个鼠标单击事件，在事件处理函数中分别使用 outerHTML 和 innerHTML 属性改变原列表项的 HTML 标记，会发现 outerHTML 是使用<h2>替换<li>，而 innerHTML 是把<h2>插入<li>中。代码如下：

```
<h1>单击回答问题</h1>
<ul>
    <li>你叫什么？</li>
    <li>你喜欢 JS 吗？ </li>
</ul>
<script>
    var ul = document.getElementsByTagName("ul")[0];      //获取列表结构
    var lis = ul.getElementsByTagName("li");              //获取列表结构的所有列表项
    lis[0].onclick = function(){                           //为第 2 个列表项绑定事件处理函数
        this.innerHTML = "<h2>我是一名初学者</h2>";         //替换 HTML 文本
    }
    lis[1].onclick = function(){                           //为第 4 个列表项绑定事件处理函数
        this.outerHTML = "<h2>当然喜欢</h2>";               //覆盖列表项标签及其包含内容
}
</script>
```

演示效果如图 19.7 所示。

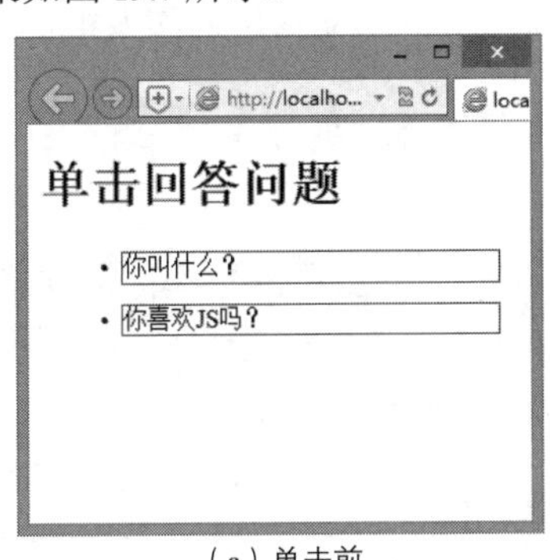

（a）单击前

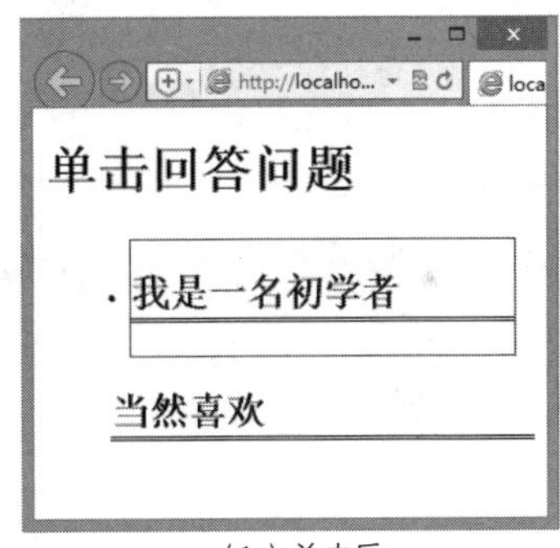

（b）单击后

图 19.7　比较 outerHTML 和 innerHTML 属性的不同效果

注意：

在使用 innerHTML 和 outerHTML 时，应删除被替换元素的所有事件处理程序和 JavaScript 对象属性。

扫一扫，看视频

19.5.7　读写文本

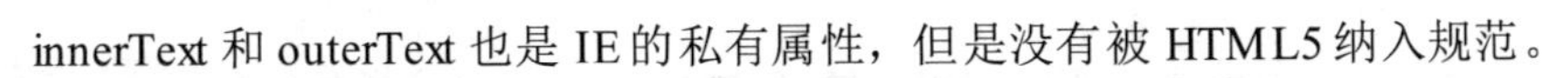

innerText 和 outerText 也是 IE 的私有属性，但是没有被 HTML5 纳入规范。

1. innerText 属性

innerText 在指定元素中插入文本内容，如果文本中包含 HTML 字符串，将被编码显示。

支持的浏览器：IE4+、Safari3+、Chrome 和 Opera8+。Firefox 提供 textContent 属性支持相同的功能。支持 textContent 属性的浏览器还有 IE9+、Safari3+、Opera10+和 Chrome。

2. outerText 属性

outerText 与 innerText 功能类似，但是它能够覆盖原有的元素。

【示例】本示例使用 outerText、innerText、outerHTML 和 innerHTML 4 种属性为列表结构中不同列表项插入文本，代码如下：

```
<h1>单击回答问题</h1>
<ul>
    <li>你好</li>
    <li>你叫什么？</li>
    <li>你干什么？ </li>
    <li>你喜欢 JS 吗？ </li>
</ul>
<script>
    var ul = document.getElementsByTagName("ul")[0];       //获取列表结构
    var lis = ul.getElementsByTagName("li");               //获取列表结构的所有列表项
    lis[0].onclick = function(){                           //为第 1 个列表项绑定事件处理函数
        this.innerText = "谢谢";                           //替换文本
    }
    lis[1].onclick = function(){                           //为第 2 个列表项绑定事件处理函数
        this.innerHTML = "<h2>我是一名初学者</h2>";         //替换 HTML 文本
    }
    lis[2].onclick = function(){                           //为第 3 个列表项绑定事件处理函数
        this.outerText = "我是学生";                       //覆盖列表项标签及其包含内容
    }
    lis[3].onclick = function(){                           //为第 4 个列表项绑定事件处理函数
        this.outerHTML = "<h2>当然喜欢</h2>";               //覆盖列表项标签及其包含内容
    }
</script>
```

演示效果如图 19.8 所示。

（a）单击前

（b）单击后

图 19.8　比较不同文本插入属性的效果

19.6 属 性 节 点

属性节点的主要特征值：nodeType 等于 2，nodeName 等于属性的名称，nodeValue 等于属性的值，parentNode 等于 null。在 HTML 中不包含子节点。属性节点继承于 Node 类型，包含 3 个专用属性。

- name：表示属性名称，等效于 nodeName。
- value：表示属性值，可读写，等效于 nodeValue。
- specified：如果属性值是在代码中设置的，则返回 true；如果为默认值，则返回 false。

扫一扫，看视频

19.6.1 创建属性节点

使用 document 对象的 createAttribute()方法可以创建属性节点，用法如下：

```
document.createAttribute(name)
```

参数 name 表示新创建的属性名称。

【示例 1】本示例创建一个属性节点，名称为 align，值为 center，然后为标签<div id="box">设置属性 align，最后分别使用 3 种方法读取属性 align 的值。代码如下：

```
<div id="box">document.createAttribute(name)</div>
<script>
    var element = document.getElementById("box");
    var attr = document.createAttribute("align");
    attr.value = "center";
    element.setAttributeNode(attr);
    console.log(element.attributes["align"].value);          //"center"
    console.log(element.getAttributeNode("align").value);    //"center"
    console.log(element.getAttribute("align"));              //"center"
</script>
```

提示：

属性节点一般位于元素的头部标签中。元素的属性列表会随着元素信息预先加载，并被存储在关联数组中。例如，下面的 HTML 结构：

```
<div id="div1" class="style1" lang="en" title="div"></div>
```

当 DOM 加载后，表示 div 元素的变量 divElement 就会自动生成一个关联集合，它以名值对形式检索这些属性。代码如下：

```
divElement.attributes = {
    id : "div1",
    class : "style1",
    lang : "en",
    title : "div"
}
```

在传统 DOM 中，常用点语法通过元素直接访问 HTML 属性，如 img.src 和 a.href 等，这种方式虽然不标准，但是获得了所有浏览器支持。

【示例 2】img 元素拥有 src 属性，所有图像对象都拥有一个 src 脚本属性，它与 HTML 的 src 特性关联在一起。下面两种用法都可以很好地工作在不同浏览器中：

```
<img id="img1" src="" />
<script>
    var img = document.getElementById("img1");
    img.setAttribute("src","http:// www.w3.org/");  //HTML 属性
    img.src = "http:// www.w3.org/";                 //JavaScript 属性
</script>
```

类似的还有 onclick、style 和 href 等。为了保证 JavaScript 脚本在不同浏览器中都能很好地工作，建议采用标准用法，而且很多 HTML 属性并没有被 JavaScript 映射，所以也就是无法直接通过脚本属性进行读写。

扫一扫，看视频

19.6.2 读取属性值

使用元素的 getAttribute()方法可以读取指定属性的值，用法如下：

```
getAttribute(name)
```

参数 name 表示属性名称。

注意：

使用元素的 attributes 属性和 getAttributeNode()方法可以返回对应属性节点。

【示例 1】本示例访问红色盒子和蓝色盒子，然后读取这些元素所包含的 id 属性值。代码如下：

```
<div id="red">红盒子</div>
<div id="blue">蓝盒子</div>
<script>
    var red = document.getElementById("red");        //获取红色盒子
    console.log(red.getAttribute("id"));             //显示红色盒子的 id 属性值
    var blue = document.getElementById("blue");      //获取蓝色盒子
    console.log(blue.getAttribute("id"));            //显示蓝色盒子的 id 属性值
</script>
```

【示例 2】HTML DOM 也支持使用点语法读取属性值，使用比较简单，也获得所有浏览器的支持。代码如下：

```
var red = document.getElementById("red");
console.log(red.id);
var blue = document.getElementById("blue");
console.log(blue.id);
```

注意：

对于 class 属性，必须使用 className 属性名，因为 class 是 JavaScript 语言的保留字；对于 for 属性，则必须使用 htmlFor 属性名，这与 CSS 脚本中 float 和 text 属性被改名为 cssFloat 和 cssText 是一个道理。

【示例 3】本示例使用 className 读写样式类。代码如下：

```
<label id="label1" class="class1" for="textfield">文本框:
    <input type="text" name="textfield" id="textfield" />
</label>
<script>
    var label = document.getElementById("label1");
    console.log(label.className);
    console.log(label.htmlFor);
</script>
```

【示例 4】对于复合类样式，需要使用 split()方法分开返回的字符串，然后遍历读取类样式。代码如下：

```
<div id="red" class="red blue">红盒子</div>
<script>
    // 所有类名生成的数组
    var classNameArray = document.getElementById("red").className.split(" ");
    for(var i in classNameArray ){              //遍历数组
        console.log(classNameArray[i]);      //当前 class 名称
    }
</script>
```

19.6.3　设置属性值

使用元素的 setAttribute()方法可以设置元素的属性值，用法如下：

```
setAttribute(name,value)
```

参数 name 和 value 分别表示属性名称和属性值。属性名称和属性值必须以字符串的形式进行传递。如果元素中存在指定的属性，则它的值将被刷新；如果不存在，则 setAttribute()方法将为元素创建该属性并赋值。

【示例 1】本示例为页面中的 div 元素设置 title 属性。代码如下：

```
<div id="red">红盒子</div>
<div id="blue">蓝盒子</div>
<script>
    var red = document.getElementById("red");          //获取红色盒子的引用
    var blue = document.getElementById("blue");        //获取蓝色盒子的引用
    red.setAttribute("title", "这是红盒子");            //为红色盒子对象设置 title 属性和值
    blue.setAttribute("title", "这是蓝盒子");           //为蓝色盒子对象设置 title 属性和值
</script>
```

【示例 2】本示例定义了一个文本节点和元素节点，并为一级标题元素设置 title 属性，最后把它们添加到文档结构中。代码如下：

```
var hello = document.createTextNode("Hello World! ");  //创建一个文本节点
var h1 = document.createElement("h1");                 //创建一个一级标题
h1.setAttribute("title", "你好，欢迎光临！");            //为一级标题定义 title 属性
h1.appendChild(hello);                                 //把文本节点添加到一级标题中
document.body.appendChild(h1);                         //把一级标题添加到文档结构中
```

【示例 3】本示例通过快捷方法设置 HTML DOM 文档中元素的属性值。代码如下：

```
<label id="label1">文本框:
    <input type="text" name="textfield" id="textfield" />
</label>
<script>
    var label = document.getElementById("label1");
    label.className="class1";
    label.htmlFor="textfield";
</script>
```

DOM 支持使用 getAttribute()和 setAttribute()方法读写自定义属性，不过 IE6.0 及其以下版本的浏览器对其的支持不是很完善。

【示例 4】直接使用 className 添加类样式，会覆盖元素原来的类样式。这时可以采用叠加的方式添加类。代码如下：

```
<div id="red">红盒子</div>
<script>
    var red = document.getElementById("red");
    red.className = "red";
    red.className +=  " blue";
</script>
```

【示例 5】使用叠加的方式添加类也存在问题，即容易添加大量重复的类。为此，应定义一个检测函数，判断元素是否包含指定的类，然后再决定是否添加类。代码如下：

```
<script>
    function hasClass(element,className){        //类名检测函数
```

```
        var reg =new RegExp('(\\s|^)'+ className + '(\\s|$)');
        return  reg.test(element.className);          //使用正则表达式检测是否有相同的样式
    }
    function addClass(element,className){             //添加类名函数
        if(!hasClass(element, className))
            element.className +=' ' + className;
    }
</script>
<div id="red">红盒子</div>
<script>
    var red = document.getElementById("red");
    addClass(red,'red');
    addClass(red,'blue');
</script>
```

扫一扫，看视频

19.6.4 删除属性

使用元素的 removeAttribute()方法可以删除指定的属性。用法如下：

```
removeAttribute(name)
```

参数 name 表示元素的属性名。

【示例 1】 本示例演示了如何动态设置表格的边框。代码如下：

```
<script>
    window.onload = function() {                              //绑定页面加载完毕时的事件处理函数
        var table = document.getElementsByTagName("table")[0];  //获取表格外框的引用
        var del = document.getElementById("del");             //获取“删除”按钮的引用
        var reset = document.getElementById("reset");         //获取“恢复”按钮的引用
        del.onclick = function(){                             //为“删除”按钮绑定事件处理函数
            table.removeAttribute("border");                  //移除边框属性
        }
        reset.onclick = function(){                           //为“恢复”按钮绑定事件处理函数
            table.setAttribute("border", "2");                //设置表格的边框属性
        }
    }
</script>
<table width="100%" border="2">
    <tr>
        <td>数据表格</td>
    </tr>
</table>
<button id="del">删除</button><button id="reset">恢复</button>
```

在以上代码中，设计了两个按钮，并分别绑定不同的事件处理函数。单击“删除”按钮即可调用表格的 removeAttribute()方法清除表格边框，单击“恢复”按钮即可调用表格的 setAttribute()方法重新设置表格边框的粗细。

【示例 2】 本示例演示了如何自定义删除类函数，并调用该函数删除指定类名。代码如下：

```
<script>
    function hasClass(element,className){//类名检测函数
        var reg =new RegExp('(\\s|^)'+ className + '(\\s|$)');
        return  reg.test(element.className);          //使用正则表达式检测是否有相同的样式
    }
    function deleteClass(element,className){
```

```
        if(hasClass(element,className)){
            element.className.replace(reg,' '); //捕获要删除的样式，然后替换为空白字符串
        }
    }
</script>
<div id="red" class="red blue  bold">红盒子</div>
<script>
    var red = document.getElementById("red");
    deleteClass(red,'blue');
</script>
```

以上代码使用正则表达式检测 className 属性值字符串中是否包含指定的类名，如果存在，则使用空字符替换匹配到的子字符串，从而实现删除类名的目的。

19.6.5　使用类选择器

扫一扫，看视频

HTML5 为 document 对象和 HTML 元素新增了 getElementsByClassName()方法，使用该方法可以选择指定类名的元素。getElementsByClassName()方法可以接收一个字符串参数，包含一个或多个类名，类名通过空格分隔，不分先后顺序，该方法返回带有指定类的所有元素的 NodeList。

支持的浏览器：IE9+、Firefox3.0+、Safari3+、Chrome 和 Opera9.5+。

如果不考虑兼容早期 IE 浏览器或怪异模式，就可以放心使用。

【示例 1】 本示例使用 document.getElementsByClassName("red")方法选择文档中所有包含 red 类的元素。代码如下：

```
<div class="red">红盒子</div>
<div class="blue red">蓝盒子</div>
<div class="green red">绿盒子</div>
<script>
    var divs = document.getElementsByClassName("red");
    for(var i=0; i<divs.length;i++){
        console.log(divs[i].innerHTML);
    }
</script>
```

【示例 2】 本示例使用 document.getElementById("box")方法先获取<div id="box">，然后在它下面使用 getElementsByClassName("blue red")选择同时包含 blue 和 red 类的元素。代码如下：

```
<div id="box">
    <div class="blue red green">blue red green</div>
</div>
<div class="blue red  black">blue red  black</div>
<script>
    var divs = document.getElementById("box").getElementsByClassName("blue red");
    for(var i=0; i<divs.length;i++){
        console.log(divs[i].innerHTML);
    }
</script>
```

在 document 对象上调用 getElementsByClassName()方法会返回与类名匹配的所有元素，在元素上调用该方法就只会返回后代元素中匹配的元素。

扫一扫，看视频

19.6.6 自定义属性

HTML5 允许用户为元素自定义属性，但要求添加 data-前缀，目的是为元素提供与渲染无关的附加信息，或者提供语义信息。例如，以下代码：

```
<div id="box" data-myid="12345" data-myname="zhangsan"  data-mypass="zhang123">自定义数据属性</div>
```

添加自定义数据属性之后，可以通过元素的 dataset 属性访问自定义属性。dataset 属性的值是一个 DOMStringMap 实例，也就是一个名值对的映射。在这个映射中，每个 data-name 形式的属性都会有一个对应的属性，只不过属性名没有 data-前缀。

支持的浏览器：Firefox6+和 Chrome。

【示例】以下代码演示了如何自定义属性，以及如何读取这些附加信息：

```
var div = document.getElementById("box");
//访问自定义属性值
var id = div.dataset.myid;
var name = div.dataset.myname;
var pass = div.dataset.mypass;
//重置自定义属性值
div.dataset.myid = "54321";
div.dataset.myname = "lisi";
div.dataset.mypass = "lisi543";
//检测自定义属性
if (div.dataset.myname){
    console.log(div.dataset.myname);
}
```

虽然上述用法未获得所有浏览器支持，但是仍然可以使用这种方法为元素添加自定义属性，然后使用 getAttribute()方法读取元素的附加信息。

扫一扫，看视频

19.7 文档片段节点

DocumentFragment 是一个虚拟的节点类型，仅存在于内存中，没有添加到文档树，所以在网页中看不到渲染效果。使用文档片段的好处就是避免浏览器渲染和占用资源。当文档片段设计完善后，再使用 JavaScript 一次性添加到文档树中显示出来，就可以提高效率。

主要特征值：nodeType 等于 11，nodeName 等于#document-fragment，nodeValue 等于 null，parentNode 等于 null。

创建文档片段的方法如下：

```
var fragment = document.createDocumentFragment();
```

使用 appendChild()或 insertBefore()方法可以把文档片段添加到文档树中。

每次使用 JavaScript 操作 DOM，都会改变页面的呈现，并触发整个页面重新渲染（回流），从而消耗系统资源。为解决这个问题，可以先创建一个文档片段，把所有新节点附加到文档片段上，最后再把文档片段一次性添加到文档中，减少页面重绘的次数。

【示例】本示例使用文档片段创建主流 Web 浏览器列表。代码如下：

```
<ul id="ul"></ul>
<script>
    var element  = document.getElementById('ul');
```

```
    var fragment = document.createDocumentFragment();
    var browsers = ['Firefox', 'Chrome', 'Opera', 'Safari', 'Internet Explorer'];
    browsers.forEach(function(browser) {
        var li = document.createElement('li');
        li.textContent = browser;
        fragment.appendChild(li);             //此处向文档片段中插入子节点，不会引起回流
    });
    element.appendChild(fragment);            //将打包好的文档片段插入 ul 节点
</script>
```

以上代码准备为 ul 元素添加 5 个列表项。如果逐个添加列表项，将会导致浏览器反复渲染页面。为避免这个问题，可以使用一个文档片段来保存创建的列表项，然后再一次性将它们添加到文档中，这样能够提高系统的执行效率。

扫一扫，看视频

19.8　CSS 选择器

在 2008 年以前，浏览器中大部分 DOM 扩展都是专有的。此后，W3C 将一些已经成为事实标准的专有扩展标准化，合并写入规范中。Selectors API 就是由 W3C 发布的一个事实标准，是浏览器原生的 CSS 选择器。

Selector API level 1 的核心是两个方法：querySelector()和 querySelectorAll()，在兼容浏览器中可以通过文档节点或元素节点调用。目前已完全支持 Selector API Level 1 的浏览器有 IE8+、Firefox3.5+、Safari3.1+、Chrome 和 Opera10+。

Selector API level 2 规范为元素增加了 matchesSelector()方法，这个方法接收一个 CSS 选择符参数，如果调用的元素与该选择符匹配，则返回 true；否则返回 false。目前，浏览器对其的支持不是很好。

querySelector()和 querySelectorAll()方法的参数必须是符合 CSS 选择符语法规则的字符串，其中 querySelector()方法返回一个匹配元素，querySelectorAll()方法返回的一个匹配集合。

【示例 1】 新建网页文档，输入以下 HTML 结构代码：

```
<div class="content">
    <ul>
        <li>首页</li>
        <li class="red">财经</li>
        <li class="blue">娱乐</li>
        <li class="red">时尚</li>
        <li class="blue">互联网</li>
    </ul>
</div>
```

如果要获得第 1 个 li 元素，可以使用以下方法：

```
document.querySelector(".content ul li");
```

如果要获得所有 li 元素，可以使用以下方法：

```
document.querySelectorAll(".content ul li");
```

如果要获得所有 class 为 red 的 li 元素，可以使用以下方法：

```
document.querySelectorAll("li.red");
```

提示：

DOM API 模块也可包含 getElementsByClassName()方法，使用该方法可以获取指定类名的元素，代码如下：

```
document.getElementsByClassName("red");
```

注意：

getElementsByClassName()方法只能接收字符串，且为类名，而不需要加点号前缀，如果没有匹配到任何元素则返回空数组。

CSS 选择器是一个便捷地确定元素的方法，这是因为大家已经对 CSS 很熟悉了。当需要联合查询时，使用 querySelectorAll()方法更加便利。

【示例 2】在文档中一些 li 元素的 class 名称是 red，另一些 class 名称是 blue，可以用 querySelectorAll()方法一次性获得这两类节点。代码如下：

```
var lis =  document.querySelectorAll("li.red, li.blue");
```

如果不使用 querySelectorAll()方法，那么要获得同样列表，需要选择所有的 li 元素，然后通过迭代操作过滤出那些不需要的列表项目。代码如下：

```
var result = [], lis1 = document.getElementsByTagName('li'), classname = '';
for(var i = 0, len = lis1.length; i < len; i++) {
    classname = lis1[i].className;
    if(classname === 'red' || classname === 'blue') {
        result.push(lis1[i]);
    }
}
```

比较上面两种不同的用法，使用选择器 querySelectorAll()方法比使用 getElementsByTagName()方法的处理速度要快很多。因此，如果浏览器支持 document.querySelectorAll()方法，那么最好使用它。

扫一扫，看视频

19.9 实战案例

动态脚本是指在页面加载时不存在，将来的某一时刻通过修改 DOM 动态添加的脚本。与操作 HTML 元素一样，创建动态脚本也有两种方式：插入外部文件和直接插入 JavaScript 代码。

【示例 1】动态加载的外部 JavaScript 文件能够立即运行。代码如下：

```
<script type='text/javascript" src="test.js'></script>
```

使用动态脚本来设计，代码如下：

```
var script = document.createElement("script");
script.type = "text/javascript";
script.src = "test.js";
document.body.appendChild(script);
```

当以上代码被执行时，在最后一行代码中把<script>元素添加到页面中之前，是不会下载外部文件的。整个过程可以使用以下函数来封装：

```
function loadScript(url){
    var script = document.createElement("script");
    script.type = "text/javascript";
    script.src = url;
    document.body.appendChild(script);
}
```

然后，就可以通过调用这个函数来动态加载外部的 JavaScript 文件了，代码如下：

```
loadScript("test.js");
```

【示例 2】另一种指定 JavaScript 代码的方式是行内方式，代码如下：

```
function say(){
```

```
    alert("hi");
}
```

以上代码可以转换为动态方式：

```
var script = document.createElement("script");
script.type = "text/javascript";
script.appendChild(document.createTextNode("function say(){alert('hi');}"));
document.body.appendChild(script);
```

在 Firefox、Safari、Chrome 和 Opera 中，上面这些 DOM 代码可以正常运行。但在 IE 中，则会导致错误。IE 将<script>视为一个特殊元素，不允许 DOM 访问其子节点。不过，可以使用<script>元素的 text 属性来指定 JavaScript 代码，代码如下：

```
var script = document.createElement("script");
script.type = "text/javascript";
script.text = "function say(){alert('hi');}";
document.body.appendChild(script);
```

【示例 3】从兼容角度考虑，通常使用函数对以上代码进行封装，然后在页面中定义一个调用函数，通过按钮动态加载要执行的脚本。页面主要代码如下：

```
<input type="button" value="Add Script" onclick="addScript()">
<script>
    function loadScriptString(code){
        var script = document.createElement("script");
        script.type = "text/javascript";
        try {
            script.appendChild(document.createTextNode(code));
        } catch (ex){
            script.text = code;
        }
        document.body.appendChild(script);
    }
    function addScript(){
        loadScriptString("function sayHi(){alert('hi');}");
        sayHi();
    }
</script>
```

Firefox、Opera、Chorme 和 Safari 都会在<script>包含代码接收完成之后发出一个 load 事件，这样可以监听<script>标签的 load 事件，以获取脚本准备好的通知。代码如下：

```
var script = document.createElement ("script")
script.type = "text/javascript";
//兼容 Firefox、 Opera、Chrome、Safari 3+
script.onload = function(){
    alert("Script loaded!");
};
script.src = "file1.js";
document.getElementsByTagName("head")[0].appendChild(script);
```

IE 不支持标签的 load 事件，却支持另一种实现方式，它会发出一个 readystatechange 事件。<script>元素有一个 readyState 属性，它的值随着下载外部文件的进程而改变。readyState 有 5 种取值：

- uninitialized，默认状态。
- loading，下载开始。
- loaded，下载完成。

- interactive，下载完成但尚不可用。
- complete，所有数据已经准备好。

在<script>元素的生命周期中，readyState 的这些取值不一定全部出现，也并没有指出哪些取值总会被用到。不过在实践中 loaded 和 complete 状态值很重要。在 IE 中这两个 readyState 值所表示的最终状态并不一致，有时<script>元素会得到 loader，却从不出现 complete，而在另外一些情况下出现 complete 而用不到 loaded。最安全的办法就是在 readystatechange 事件中检查这两种状态，并且当其中一种状态出现时，删除 readystatechange 事件句柄，保证事件不会被处理两次。示例代码如下：

```
var script = document.createElement ("script")
script.type = "text/javascript";
script.onreadystatechange = function(){  //兼容 IE
    if (script.readyState == "loaded" || script.readyState == "complete"){
        script.onreadystatechange = null;
        alert("Script loaded.");
    }
};
script.src = "file1.js";
document.getElementsByTagName("head")[0].appendChild(script);
```

【示例 4】下面的函数封装了标准实现和 IE 实现所需的功能：

```
function loadScript(url, callback) {
    var script = document.createElement("script")
    script.type = "text/javascript";
    if(script.readyState) {                    //兼容 IE
        script.onreadystatechange = function() {
            if(script.readyState == "loaded" || script.readyState == "complete") {
                script.onreadystatechange = null;
                callback();
            }
        };
    } else {                                   //兼容其他浏览器
        script.onload = function() {
            callback();
        };
    }
    script.src = url;
    document.getElementsByTagName("head")[0].appendChild(script);
}
```

上面的封装函数接收两个参数：JavaScript 文件的 URL 和当 JavaScript 接收完成时触发的回调函数。属性检查用于决定监视哪种事件。最后设置 src 属性，并将<script>元素添加至页面。此 loadScript()函数的使用方法如下：

```
loadScript("file1.js", function(){
    alert("文件加载完成！");
});
```

可以在页面中动态加载很多 JavaScript 文件，只是要注意，浏览器不保证文件加载的顺序。在所有主流浏览器中，只有 Firefox 和 Opera 保证脚本按照指定的顺序执行，其他浏览器将按照服务器返回次序下载并执行不同的代码文件。可以将下载操作串联在一起以保证它们的次序，代码如下：

```
loadScript("file1.js", function() {
    loadScript("file2.js", function() {
        loadScript("file3.js", function() {
```

```
            alert("所有文件都已经加载!");
        });
    });
});
```

此代码待 file1.js 可用之后才开始加载 file2.js，待 file2.js 可用之后才开始加载 file3.js。虽然此方法可行，但是如果要下载和执行的文件很多，还是有些麻烦。如果多个文件的次序十分重要，那么更好的办法是将这些文件按照正确的次序连接成一个文件。独立文件可以一次性下载所有代码，由于这是异步执行，因此使用一个大文件并没有什么损失。

19.10 在线支持

本节为拓展学习，感兴趣的读者请扫码进行学习。

扫描，拓展学习

第 20 章　事件处理

早期的互联网访问速度是非常慢的。为了解决用户漫长等待的问题，开发人员尝试把服务器端处理的任务部分前移到客户端，让客户端 JavaScript 脚本代替解决，如表单信息验证等。于是在 IE3.0 和 Netscape2.0 浏览器中开始出现事件。DOM2 规范开始标准化 DOM 事件，直到 2004 年发布 DOM3.0 时，W3C 才完善事件模型。目前主流浏览器都支持 DOM3 事件模块。

【练习重点】

- 了解事件模型。
- 能够正确注册、销毁事件。
- 掌握鼠标和键盘事件开发技能。
- 掌握页面和 UI 事件开发技能。

20.1　事 件 基 础

20.1.1　事件模型

在浏览器发展历史中，出现了 4 种事件处理模型。

- 基本事件模型：也称为 DOM0 事件模型，是浏览器初期出现的一种比较简单的事件模型，主要通过 HTML 事件属性为指定标签绑定事件处理函数。由于这种模型应用比较广泛，获得了所有浏览器的支持，目前依然比较流行。但是这种模型对于 HTML 文档标签依赖严重，不利于 JavaScript 独立开发。
- DOM 事件模型：由 W3C 制定，是目前标准的事件处理模型。所有符合标准的浏览器都支持该模型，IE 不支持怪异模式。DOM 事件模型包括 DOM2 事件模块和 DOM3 事件模块。DOM3 事件模块为 DOM2 事件模块的升级版，略有完善，主要新增了一些事情类型，以适应移动设备的开发需要，但是大部分规范和用法一致。
- IE 事件模型：IE4.0 及其以上版本的浏览器支持，与 DOM 事件模型相似，但是用法不同。
- Netscape 事件模型：由 Netscape4 浏览器实现，在 Netscape6 中停止支持。

扫一扫，看视频

20.1.2　事件流

事件流就是多个节点对象对同一种事件进行响应的先后顺序，主要包括 3 种类型。

1. 冒泡型

事件从最特定的目标向最不特定的目标（document 对象）触发，也就是事件从下向上进行响应，这个传递过程被形象地称为冒泡。

【示例 1】 在本示例中，文档包含 5 层嵌套的 div 元素，为它们定义相同的 click 事件，同时为每层 <div>标签定义不同的类名。当单击<div>标签时，设计当前对象边框显示为红色虚线效果，同时抓取当前标签的类名，以此标识每个标签的响应顺序。代码如下：

```
<script>
```

```
        function bubble(){
            var div = document.getElementsByTagName('div');
            var show = document.getElementById("show");
            for (var i = 0; i < div.length; ++i){          //遍历 div 元素
                div[i].onclick = (function(i){             //为每个 div 元素注册鼠标单击事件处理函数
                return function(){                         //返回闭包函数
                    div[i].style.border = '1px dashed red';  //定义当前元素的边框线为红色虚线
                    show.innerHTML += div[i].className + " > ";  //标识每个 div 元素的响应顺序
                }
                })(i);
            }
        }
        window.onload = bubble;
    </script>
    <div class="div-1">div-1
        <div class="div-2">div-2
            <div class="div-3">div-3
                <div class="div-4">div-4
                    <div class="div-5">div-5</div>
                </div>
            </div>
        </div>
    </div>
    <p id="show"></p>
```

在浏览器中预览，如果单击最内层的<div>标签，则 click 事件按照从里到外的顺序逐层响应，从结构上看就是从下向上触发，在<p>标签中显示事件响应的顺序。

2. 捕获型

事件从最不特定的目标（document 对象）开始触发，然后到最特定的目标，也就是事件从上向下进行响应。

【示例 2】对于示例 1，修改 JavaScript 脚本，使用 addEventListener()方法为 5 个 div 元素注册 click 事件，在注册事件时定义响应类型为捕获型事件，即设置第 3 个参数值为 true。代码如下：

```
function bubble(){
    var div = document.getElementsByTagName('div');
    var show = document.getElementById("show");
    for (var i = 0; i < div.length; ++i){                  //遍历 div 元素
        div[i].addEventListener("click", (function(i){     //注册鼠标单击事件
        return function(){                                 //返回闭包函数
            div[i].style.border = '1px dashed red';        //定义当前元素的边框为红色虚线
            show.innerHTML += div[i].className + " > ";
        }
        })(i), true);                                      //定义捕获阶段响应事件
    }
}
window.onload = bubble;
```

在浏览器中预览，如果单击最里层的<div>标签，则 click 事件将按照从外到里的顺序逐层响应，在<p>标签中显示 5 个<div>标签的响应顺序。

3. 混合型

W3C 的 DOM 事件模型支持捕获型和冒泡型两种事件流，其中捕获型事件流先发生，冒泡型事件流

后发生。两种事件流会触及 DOM 中的所有层级对象，从 document 对象开始，最后从 document 对象结束。因此，可以把事件传播的整个过程分为 3 个阶段。

- 捕获阶段：事件从 document 对象沿着文档树向下传播到目标节点，如果目标节点的任何一个上级节点注册了相同事件，那么事件在传播过程中就会首先在最接近顶部的上级节点中执行，依次向下传播。
- 目标阶段：注册在目标节点上的事件被执行。
- 冒泡阶段：事件从目标节点向上触发，如果上级节点注册了相同事件，将会逐级响应，依次向上传播。

扫一扫，看视频

20.1.3 绑定事件

在基本事件模型中，JavaScript 支持两种绑定方式。

1. 静态绑定

把 JavaScript 脚本作为属性值，直接赋给事件属性。

【示例 1】在本示例中，把 JavaScript 脚本以字符串的形式传递给 onclick 属性，为<button>标签绑定 click 事件。当单击按钮时，就会触发 click 事件，执行以下 JavaScript 代码：

```
<button onclick="alert('你单击了一次！');">按钮</button>
```

2. 动态绑定

使用 DOM 对象的事件属性进行赋值。

【示例 2】在本示例中，使用 document.getElementById()方法获取 button 元素，然后把一个匿名函数作为值传递给 button 元素的 onclick 属性，实现事件绑定操作。代码如下：

```
<button id="btn">按钮</button>
<script>
    var button = document.getElementById("btn");
    button.onclick = function(){
        alert("你单击了一次！");
    }
</script>
```

可以在脚本中直接为页面元素附加事件，不破坏 HTML 结构，比上一种方式更灵活。

扫一扫，看视频

20.1.4 事件处理函数

事件处理函数是一类特殊的函数，与函数直接量结构相同，主要任务是实现事件处理，为异步回调函数，由事件触发进行响应。

事件处理函数一般没有明确的返回值。在特定事件中，用户可以利用事件处理函数的返回值影响程序的执行，如单击超链接时，禁止默认的跳转行为。

【示例 1】本示例为 form 元素的 onsubmit 事件属性定义字符串脚本，当文本框中输入值为空时，定义事件处理函数返回值为 false。这样将强制表单禁止提交数据。代码如下：

```
<form id="form1" name="form1" method="post" action="http://www.mysite.cn/" onsubmit=
"if(this.elements[0].value.length==0) return false;">
    姓名：<input id="user" name="user" type="text" />
    <input type="submit" name="btn" id="btn" value="提交" />
</form>
```

在以上代码中，this 表示当前 form 元素，elements[0]表示姓名文本框，如果该文本框的 value.length 属性值长度为 0，表示当前文本框为空，则返回 false，禁止提交表单。

事件处理函数不需要参数。在 DOM 事件模型中，事件处理函数默认包含 event 参数对象，event 参数对象包含事件信息，在函数内进行传播。

【示例 2】本示例为按钮对象绑定一个单击事件。在这个事件处理函数中，参数 e 为形参，响应事件之后，浏览器会把 event 对象传递给形参 e，再把 event 对象作为一个实参进行传递，读取 event 对象包含的事件信息，在事件处理函数中输出当前源对象节点名称。代码如下：

```
<button id="btn">按钮</button>
<script>
    var button = document.getElementById("btn");
    button.onclick = function(e){
        var e = e || window.event;                                  //获取事件对象
        document.write(e.srcElement ? e.srcElement : e.target); //获取当前单击对象的标签名
    }
</script>
```

提示：

IE 事件模型和 DOM 事件模型对 event 对象的处理方式不同，IE 事件模型把 event 对象定义为 window 对象的一个属性，而 DOM 事件模型把 event 对象定义为事件处理函数的默认参数。因此，在处理 event 参数时，应该判断 event 在当前解析环境中的状态，如果当前浏览器支持，则使用 event（DOM 事件模型）；如果不支持，则说明当前环境是 IE 浏览器，通过 window.event 获取 event 对象。

event.srcElement 表示当前事件的源，即响应事件的当前对象，这是 IE 事件模型用法。但是 DOM 事件模型不支持该属性，需要使用 event 对象的 target 属性解决此问题，该属性是一个符合标准的源属性。为了能够兼容不同浏览器，这里使用了一个条件运算符，先判断 event.srcElement 属性是否存在，否则使用 event.target 属性来获取当前事件对象的源。

在事件处理函数中，this 表示当前事件对象，与 event 对象的 srcElement 属性（IE 事件模型）或 target（DOM 事件模型）属性所代表的意思相同。

【示例 3】在本示例中，定义当单击按钮时改变当前按钮的背景色为红色，其中 this 关键字表示 button 按钮对象。代码如下：

```
<button id="btn" onclick="this.style.background='red';">按钮</button>
```

也可以使用以下代码来表示：

```
<button id="btn" onclick="(event.srcElement?event.srcElement:event.target).style.background=
'red';">按    钮</button>
```

在一些特殊环境中，this 并非都表示当前事件对象。

【示例 4】本示例分别使用 this 和事件源来指定当前对象，但是会发现 this 并没有指向当前的事件对象按钮，而是指向 window 对象，所以此时继续使用 this 引用当前对象就会出错。代码如下：

```
<script>
    function btn1(){//事件处理函数，函数中的 this 表示调用该函数的当前对象
        this.style.background = "red";
    }
    function btn2(event){                           //事件处理函数
        event = event || window.event;          //获取事件对象 event
        var src = event.srcElement ? event.srcElement : event.target; //获取当前事件源
        src.style.background = "red";           //改变当前事件源的背景色
    }
</script>
```

```
<button id="btn1" onclick="btn1();">按 钮 1</button>
<button id="btn2" onclick="btn2(event);">按 钮 2</button>
```

为了能够准确获取当前事件对象，在第2个按钮的click事件处理函数中，直接把event传递给btn2()。如果不传递该参数，支持DOM事件模型的浏览器就会找不到event对象。

扫一扫，看视频

20.1.5 注册事件

在DOM事件模型中，通过调用对象的addEventListener()方法注册事件，用法如下：

```
element.addEventListener(String type, Function listener, boolean useCapture);
```

参数说明如下。

- type：注册事件的类型名。事件类型与事件属性不同，事件类型名没有on前缀。例如，对于事件属性onclick来说，所对应的事件类型为click。
- listener：监听函数，即事件处理函数。在指定类型的事件发生时将调用该函数。调用该函数时，默认传递给它的唯一参数是event对象。
- useCapture：是一个布尔值。如果该值为true，则指定的事件处理函数将在事件传播的捕获阶段触发；如果该值为false，则事件处理函数将在冒泡阶段触发。

【示例1】本示例使用addEventListener()为所有按钮注册click事件。首先，调用document的getElementsByTagName()方法捕获所有按钮对象；其次，使用for语句遍历按钮集（btn），使用addEventListener()方法分别为每一个按钮注册事件函数，获取当前对象所显示的文本。代码如下：

```
<button id="btn1" onclick="btn1();">按 钮 1</button>
<button id="btn2" onclick="btn2(event);">按 钮 2</button>
<script>
    var btn = document.getElementsByTagName("button"); //捕获所有按钮
    for(var i in btn){                                  //遍历按钮集合
        btn[i].addEventListener("click", function(){
        alert(this.innerHTML);
        }, true);                   //为每个按钮对象注册一个事件处理函数，定义在捕获阶段进行响应
    }
</script>
```

使用addEventListener()方法能够为多个对象注册相同的事件处理函数，也可以为同一个对象注册多个事件处理函数（为同一个对象注册多个事件处理函数对于模块化开发非常有用）。

【示例2】在本示例中，为段落文本注册两个事件：mouseover和mouseout。当鼠标移到段落文本上面时会显示为蓝色背景，当鼠标移出段落文本时会显示为红色背景。如此不需要破坏文档结构就能为段落文本增加多个事件属性。代码如下：

```
<p id="p1">为对象注册多个事件</p>
<script>
    var p1 = document.getElementById("p1");     //捕获段落元素的句柄
    p1.addEventListener("mouseover", function(){
        this.style.background = 'blue';
    } , true);                                  //为段落元素注册第 1 个事件处理函数
    p1.addEventListener("mouseout", function(){
        this.style.background = 'red';
    }, true);                                   //为段落元素注册第 2 个事件处理函数
</script>
```

IE事件模型使用attachEvent()方法注册事件，用法如下：

```
element.attachEvent(etype,eventName)
```

参数说明如下。

- etype：设置事件类型，如 onclick、onkeyup、onmousemove 等。
- eventName：设置事件名称，也就是事件处理函数。

【示例 3】在本示例中，为段落标签<p>注册两个事件：mouseover 和 mouseout。设计当鼠标经过时，段落文本背景色显示为蓝色；设置当鼠标移开后，背景色显示为红色。代码如下：

```
<p id="p1">IE 事件注册</p>
<script>
   var p1 = document.getElementById("p1");           //捕获段落元素
   p1.attachEvent("onmouseover", function(){
      p1.style.background = 'blue';
   });                                                 //注册 mouseover 事件
   p1.attachEvent("onmouseout", function(){
      p1.style.background = 'red';
   });                                                 //注册 mouseout 事件
</script>
```

提示：

使用 attachEvent()注册事件时，其事件处理函数的调用对象不再是当前事件对象本身，而是 window 对象，因此事件函数中的 this 就指向 window，而不是当前对象。如果要获取当前对象，应该使用 event 的 srcElement 属性。

注意：

IE 事件模型中的 attachEvent()方法第 1 个参数为事件类型名称，需要加上 on 前缀；而使用 addEventListener()方法时，不需要 on 前缀，如 click。

扫一扫，看视频

20.1.6　销毁事件

在 DOM 事件模型中，使用 removeEventListener()方法可以从指定对象中删除已经注册的事件处理函数。用法如下：

```
element.removeEventListener(String type, Function listener, boolean useCapture);
```

参数说明参阅 addEventListener()方法参数说明。

【示例 1】在本示例中，分别为按钮 a 和按钮 b 注册 click 事件，其中，按钮 a 的事件函数为 ok()，按钮 b 的事件函数为 delete_event()。在浏览器中预览，当单击“点我”按钮将弹出一个对话框，在不删除之前这个事件是一直存在；当单击“删除事件”按钮之后，“点我”按钮将失去任何效果。代码如下：

```
<input id="a" type="button" value="点我" />
<input id="b" type="button" value="删除事件" />
<script>
   var a = document.getElementById("a");               //获取按钮 a
   var b = document.getElementById("b");               //获取按钮 b
   function ok(){                                      //按钮 a 的事件处理函数
      alert("您好，欢迎光临！");
   }
   function delete_event(){                            //按钮 b 的事件处理函数
      a.removeEventListener("click",ok,false);         //移出按钮 a 的 click 事件
   }
   a.addEventListener("click",ok,false);               //默认为按钮 a 注册事件
   b.addEventListener("click",delete_event,false);     //默认为按钮 b 注册事件
</script>
```

提示：

removeEventListener()方法只能删除 addEventListener()方法注册的事件。如果要直接使用 onclick 等直接写在元素上的事件，将无法使用 removeEventListener()方法删除。

当临时注册一个事件时，可以在处理完毕之后迅速删除它，这样能够节省系统资源。

IE 事件模型使用 detachEvent()方法注销事件，用法如下：

```
element.detachEvent(etype,eventName)
```

参数说明参阅 attachEvent()方法参数说明。

由于 IE 怪异模式不支持 DOM 事件模型，为了保证页面的兼容性，开发时需要兼容两种事件模型以实现在不同浏览器中具有相同交互行为的效果。

【示例 2】为了能够兼容 IE 事件模型和 DOM 事件模型，本示例使用 if 语句判断当前浏览器支持的事件处理模型，然后分别使用 DOM 注册方法和 IE 注册方法为段落文本注册 mouseover 和 mouseout 两个事件。当触发 mouseout 事件之后，再把 mouseover 和 mouseout 事件注销。代码如下：

```
<p id="p1">注册兼容性事件</p>
<script>
    var p1 = document.getElementById("p1");                 // 捕获段落元素
    var f1 = function(){                                    //定义事件处理函数 1
        p1.style.background = 'blue';
    };
    var f2 = function(){                                    //定义事件处理函数 2
        p1.style.background = 'red';
        if(p1.detachEvent){                                 //兼容 IE 事件模型
            p1.detachEvent("onmouseover", f1);              //注销事件 mouseover
            p1.detachEvent("onmouseout", f2);               //注销事件 mouseout
        } else{                                             //兼容 DOM 事件模型
            p1.removeEventListener("mouseover", f1);        //注销事件 mouseover
            p1.removeEventListener("mouseout", f2);         //注销事件 mouseout
        }
    };
    if(p1.attachEvent){                                     //兼容 IE 事件模型
        p1.attachEvent("onmouseover", f1);                  //注册事件 mouseover
        p1.attachEvent("onmouseout", f2);                   //注册事件 mouseout
    }else{                                                  //兼容 DOM 事件模型
        p1.addEventListener("mouseover", f1);               //注册事件 mouseover
        p1.addEventListener("mouseout", f2);                //注册事件 mouseout
    }
</script>
```

扫一扫，看视频

20.1.7 使用 event 对象

event 对象由事件自动创建，记录了当前事件的状态，如事件发生的源节点、键盘按键的响应状态、鼠标指针的移动位置、鼠标按键的响应状态等信息。event 对象的属性提供了有关事件的细节，其方法可以控制事件的传播。

2 级 DOM Events 规范定义了一个标准的事件模型，它被除 IE 怪异模式以外的所有浏览器所实现，而 IE 定义了专用的、不兼容的模型。简单比较两种事件模型。

- 在 DOM 事件模型中，event 对象被传递给事件处理函数；在 IE 事件模型中，它被存储在 window 对象的 event 属性中。
- 在 DOM 事件模型中，Event 类型的各种子接口定义了额外的属性，它们提供了与特定事件类型相关的细节；在 IE 事件模型中，只有一种类型的 event 对象，它用于所有类型的事件。

表 20.1 列出了 2 级 DOM 事件标准定义的 event 对象属性。注意，这些属性都是只读属性。

表 20.1 DOM 事件模型中的 event 对象属性

属 性	说 明
bubbles	返回布尔值，指示事件是否是冒泡事件类型，如果是，则返回 true，否则返回 fasle
cancelable	返回布尔值，指示事件是否为可以取消的默认动作。如果使用 preventDefault()方法可以取消与事件关联的默认动作，则返回值为 true，否则为 fasle
currentTarget	返回触发事件的当前节点，即当前处理该事件的元素、文档或窗口。在捕获和冒泡阶段，该属性是非常有用的，因为在这两个阶段，它不同于 target 属性
eventPhase	返回事件传播的当前阶段，包括捕获阶段、目标事件阶段和冒泡阶段
target	返回事件的目标节点（触发该事件的节点），如生成事件的元素、文档或窗口
timeStamp	返回事件生成的日期和时间
type	返回当前 event 对象表示的事件的名称，如 submit、load 或 click

表 20.2 列出了 2 级 DOM 事件标准定义的 event 对象方法，IE 事件模型不支持这些方法。

表 20.2 DOM 事件模型中的 event 对象方法

方 法	说 明
initEvent()	初始化新创建的 event 对象的属性
preventDefault()	通知浏览器不要执行与事件关联的默认动作
stopPropagation()	终止事件在传播过程的捕获阶段、目标处理阶段或冒泡阶段进一步传播。调用该方法后，该节点上处理该事件的处理函数将被调用，但事件不再被分派到其他节点

提示：

表 20.3 是 Event 类型提供的基本属性，各个事件子模块也都定义了专用属性和方法。例如，UIEvent 提供了 view（发生事件的 window 对象）和 detail（事件的详细信息）属性。而 MouseEvent 除了拥有 Event 和 UIEvent 属性与方法外，也定义了更多实用属性。

IE7 及其早期版本、IE 怪异模式不支持标准的 DOM 事件模型，并且 IE 的 event 对象定义了一组完全不同的属性，见表 20.3。

表 20.3 IE 事件模型中的 event 对象属性

属 性	说 明
cancelBubble	如果想在事件处理函数中阻止事件传播到上级包含对象，必须把该属性设为 true
fromElement	对于 mouseover 和 mouseout 事件，fromElement 引用移出鼠标的元素
keyCode	对于 keypress 事件，该属性声明了被按下的键生成的 Unicode 字符码。对于 keydown 和 keyup 事件，它指定了被按下的键的虚拟键盘码。虚拟键盘码可能和使用的键盘的布局相关
offsetX、offsetY	发生事件的地点在事件源元素的坐标系统中的 x 坐标和 y 坐标
returnValue	如果设置了该属性，它的值比事件处理函数的返回值优先级高。把这个属性设置为 fasle，可以取消发生事件的源元素的默认动作
srcElement	对于生成事件的 window 对象、document 对象或 element 对象的引用
toElement	对于 mouseover 和 mouseout 事件，该属性引用移入鼠标的元素
x、y	事件发生的位置的 x 坐标和 y 坐标，它们相对于用 CSS 定位的最内层包含元素

IE 事件模型并没有为不同的事件定义继承类型，因此所有和任何事件的类型相关的属性都在表 20.3 中。

提示：

为了兼容 IE 和 DOM 两种事件模型，可以使用以下表达式：

```
var event = event || window.event;              // 兼容不同模型的 event 对象
```

以上代码右侧是一个选择运算表达式。如果事件处理函数存在 event 实参，则使用 event 形参来传递事件信息；如果不存在 event 参数，则调用 window 对象的 event 属性来获取事件信息。把上面表达式放在事件处理函数中即可进行兼容。

在以事件驱动为核心的设计模型中，一次只能够处理一个事件，由于从来不会并发两个事件，因此使用全局变量来存储事件信息是一种比较安全的方法。

【示例】 本示例演示了如何禁止超链接默认的跳转行为，代码如下：

```
<a href="https://www.baidu.com/" id="a1">禁止超链接跳转</a>
<script>
    document.getElementById('a1').onclick = function(e) {
        e = e || window.event;                              //兼容事件对象
        var target = e.target || e.srcElement;              //兼容事件目标元素
        if(target.nodeName !== 'A') {                       //仅针对超链接起作用
            return;
        }
        if( typeof e.preventDefault === 'function') {      //兼容 DOM 事件模型
            e.preventDefault();                             //禁止默认行为
            e.stopPropagation();                            //禁止事件传播
        } else {                                            //兼容 IE 事件模型
            e.returnValue = false;                          //禁止默认行为
            e.cancelBubble = true;                          //禁止冒泡
        }
    };
</script>
```

扫一扫，看视频

20.1.8 事件委托

事件委托也称为事件托管或事件代理，就是把目标节点的事件绑定到祖先节点上。这种简单而优雅的事件注册方式基于事件传播过程中，逐层冒泡总能被祖先节点捕获。

这样做的好处：优化代码，提升运行性能，真正把 HTML 和 JavaScript 分离了，也能防止在动态添加或删除节点过程中注册的事件丢失的问题出现。

【示例 1】 本示例使用一般方法为列表结构中每个列表项目绑定 click 事件，单击列表项目，将弹出提示对话框，提示当前节点包含的文本信息。如果为列表框动态添加列表项目，新添加的列表项目就不会绑定 click 事件。代码如下：

```
<button id="btn">添加列表项目</button>
<ul id="list">
    <li>列表项目 1</li>
    <li>列表项目 2</li>
    <li>列表项目 3</li>
</ul>
<script>
    var ul=document.getElementById("list");
    var lis=ul.getElementsByTagName("li");
    for(var i=0;i<lis.length;i++){
        lis[i].addEventListener('click',function(e){
            var e = e || window.event;
            var target = e.target || e.srcElement;
```

```
            alert(e.target.innerHTML);
        },false);
    }
    var i = 4;
    var btn=document.getElementById("btn");
    btn.addEventListener("click",function(){
        var li = document.createElement("li");
        li.innerHTML = "列表项目" + i++;
        ul.appendChild(li);
    });
</script>
```

【示例 2】本示例借助事件委托技巧，利用事件传播机制，在列表框 ul 元素上绑定 click 事件，当事件传播到父节点 ul 上时，将捕获 click 事件，然后在事件处理函数中检测当前事件响应节点类型，如果是 li 元素，则进一步执行以下代码，否则跳出事件处理函数，结束响应：

```
<button id="btn">添加列表项目</button>
<ul id="list">
    <li>列表项目 1</li>
    <li>列表项目 2</li>
    <li>列表项目 3</li>
</ul>
<script>
    var ul=document.getElementById("list");
    ul.addEventListener('click',function(e){
        var e = e || window.event;
        var target = e.target || e.srcElement;
        if(e.target&&e.target.nodeName.toUpperCase()=="LI"){     /*判断目标事件是否为 li*/
            alert(e.target.innerHTML);
        }
    },false);
    var i = 4;
    var btn=document.getElementById("btn");
    btn.addEventListener("click",function(){
        var li = document.createElement("li");
        li.innerHTML = "列表项目" + i++;
        ul.appendChild(li);
    });
</script>
```

当页面存在大量元素，每个元素都注册了一个或多个事件时，可能会影响性能。访问和修改更多的 DOM 节点，程序就会更慢，特别是事件连接过程都发生在 load（或 DOMContentReady）事件中时，对任何一个富交互网页来说，这都是一个繁忙的时间段。另外，浏览器需要保存每个事件句柄的记录，也会占用更多内存。

20.2 使用鼠标事件

鼠标事件是 Web 开发中最常用的事件类型，鼠标事件类型的详细说明见表 20.4。

表 20.4 鼠标事件类型

事件类型	说 明
click	单击时发生，如果右键也按下则不会发生。当用户的焦点在按钮上，并按 Enter 键时，同样会触发这个事件

续表

事件类型	说　明
dblclick	双击鼠标左键时发生，如果右键也按下则不会发生
mousedown	单击任意一个鼠标按钮时发生
mouseout	鼠标指针位于某个元素上，且将要移出元素的边界时发生
mouseover	鼠标指针移出某个元素，到另一个元素上时发生
mouseup	松开任意一个鼠标按钮时发生
mousemove	鼠标在某个元素上时持续发生

扫一扫，看视频

20.2.1 鼠标点击

鼠标点击事件包括 4 个：click（单击）、dblclick（双击）、mousedown（按下）和 mouseup（松开）。其中 click 事件类型比较常用，而 mousedown 和 mouseup 事件类型多用在鼠标拖放、拉伸操作中。当这些事件处理函数的返回值为 false 时，则会禁止绑定对象的默认行为。

【示例】在本示例中，当定义超链接指向自身时（多在设计过程中 href 属性值暂时使用"#"或"？"表示），可以取消超链接被单击时的默认行为，即刷新页面。代码如下：

```
<a name="tag" id="tag" href="#">a</a>
<script>
    var a = document.getElementsByTagName("a");      // 获取页面中所有超链接元素
    for(var i = 0; i < a.length; i ++ ){              // 遍历所有 a 元素
        if((new RegExp(window.location.href)).test(a[i].href)){
            // 如果当前超链接 href 属性中包含本页面的 URL 信息
            a[i].onclick = function(){                // 则为超链接注册鼠标单击事件
                return false;                         // 将禁止超链接的默认行为
            }
        }
    }
</script>
```

当单击示例中的超链接时，页面不会发生跳转变化（即禁止页面发生刷新效果）。

扫一扫，看视频

20.2.2 鼠标移动

鼠标移动事件类型是一个实时响应的事件，当鼠标指针的位置发生变化时（至少移动 1px），就会触发鼠标移动事件。该事件响应的灵敏度主要参考鼠标指针移动速度的快慢，以及浏览器跟踪更新的速度。

【示例】本示例演示了如何综合应用各种鼠标事件实现页面元素拖放操作的设计过程。

实现拖放操作设计，需要注意以下 3 个问题。

- 定义拖放元素为绝对定位，以及设计事件的响应过程，这个比较容易实现。
- 清楚几个坐标概念，按下鼠标时的指针坐标，移动中当前鼠标的指针坐标，松开鼠标时的指针坐标，拖放元素的原始坐标，拖动中的元素坐标。
- 算法设计：按下鼠标时，获取被拖放元素和鼠标指针的位置，在移动中实时计算鼠标偏移的距离，并利用偏移的距离加上被拖放元素的原坐标位置，获得拖放元素的实时坐标。如图 20.1 所示，其中变量 ox 和 oy 分别记录按下鼠标时被拖放元素的纵横坐标值，它们可以通过事件对象的 offsetLeft 和 offsetTop 属性获取；变量 mx 和 my 分别表示按下鼠标时，鼠标指针的坐标位置；event.mx 和 event.my 是事件对象的自定义属性，用它们来存储当鼠标移动时鼠标指针的实时位置。

当获取了上面 3 对坐标值之后，就可以动态计算拖动中元素的实时坐标，即 x 轴值为 ox + event.mx – mx，y 轴为 oy + event.my – my。当释放鼠标时，则可以释放事件类型，并记下松开鼠标指针时拖动元素的坐标值，以及鼠标指针的位置，等待下一次拖放操作时调用。

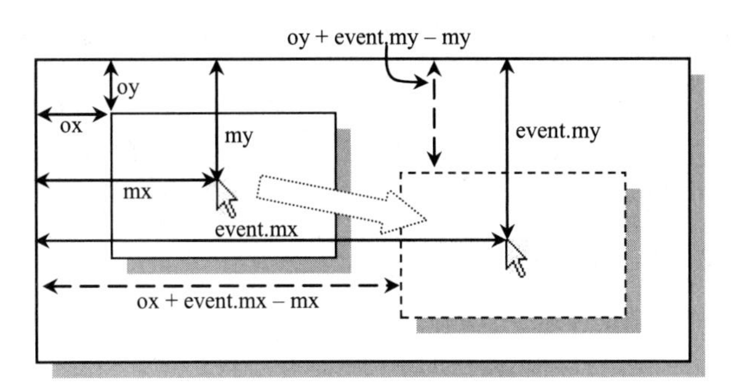

图 20.1 拖放操作设计示意图

拖放操作的代码如下：

```
<div id="box" ></div>
<script>
    // 初始化拖放对象
    var box = document.getElementById("box");  // 获取页面中被拖放元素的引用指针
    box.style.position = "absolute";           // 绝对定位
    box.style.width = "160px";                 // 定义宽度
    box.style.height = "120px";                // 定义高度
    box.style.backgroundColor = "red";         // 定义背景色
    // 初始化变量，标准化事件对象
    var mx, my, ox, oy;                        // 定义备用变量
    function e(event){                         // 定义事件对象标准化函数
        if( ! event){                          // 兼容 IE 事件模型
            event = window.event;
            event.target = event.srcElement;
            event.layerX = event.offsetX;
            event.layerY = event.offsetY;
        }
        event.mx = event.pageX || event.clientX + document.body.scrollLeft;
        // 计算鼠标指针的 x 轴距离
        event.my = event.pageY || event.clientY + document.body.scrollTop;
        // 计算鼠标指针的 y 轴距离
        return event;                          // 返回标准化的事件对象
    }
    // 定义鼠标事件处理函数
    document.onmousedown = function(event){    // 按下鼠标时，初始化处理
        event = e(event);                      // 获取标准事件对象
        o = event.target;                      // 获取当前拖放的元素
        ox = parseInt(o.offsetLeft);           // 拖放元素的 x 轴坐标
        oy = parseInt(o.offsetTop);            // 拖放元素的 y 轴坐标
        mx = event.mx;                         // 按下鼠标指针的 x 轴坐标
        my = event.my;                         // 按下鼠标指针的 y 轴坐标
        document.onmousemove = move;           // 注册鼠标移动事件处理函数
        document.onmouseup = stop;             // 注册松开鼠标事件处理函数
    }
    function move(event){                      // 鼠标移动处理函数
        event = e(event);
        o.style.left = ox + event.mx - mx  + "px";  // 定义拖动元素的 x 轴距离
```

```
        o.style.top = oy + event.my - my + "px";    // 定义拖动元素的 y 轴距离
    }
    function stop(event){                             // 松开鼠标处理函数
        event = e(event);
        ox = parseInt(o.offsetLeft);                  // 记录拖放元素的 x 轴坐标
        oy = parseInt(o.offsetTop);                   // 记录拖放元素的 y 轴坐标
        mx = event.mx ;                               // 记录鼠标指针的 x 轴坐标
        my = event.my ;                               // 记录鼠标指针的 y 轴坐标
        o = document.onmousemove = document.onmouseup = null; // 释放所有操作对象
    }
</script>
```

扫一扫，看视频

20.2.3 鼠标经过

鼠标经过包括移过和移出两种事件类型。当移动鼠标指针到某个元素上时，将触发 mouseover 事件；当把鼠标指针移出某个元素时，将触发 mouseout 事件。如果从父元素中移到子元素中，也会触发父元素的 mouseover 事件类型。

【示例】在本示例中分别为 3 个嵌套的 div 元素定义了 mouseover 和 mouseout 事件处理函数，这样当从外层的父元素中移动子元素时，将会触发父元素的 mouseover 事件类型，但是不会触发 mouseout 事件类型。代码如下：

```
<div>
    <div>
        <div>盒子</div>
    </div>
</div>
<script>
    var div = document.getElementsByTagName("div");      // 获取 3 个嵌套的 div 元素
    for(var i=0;i<div.length;i++){                         // 遍历嵌套的 div 元素
        div[i].onmouseover = function(e){                  // 注册移过事件处理函数
            this.style.border = "solid blue";
        }
        div[i].onmouseout = function(){                    // 注册移出事件处理函数
            this.style.border = "solid red";
        }
    }
</script>
```

扫一扫，看视频

20.2.4 鼠标来源

当一个事件发生后，可以使用事件对象的 target 属性获取发生事件的节点元素。如果在 IE 事件模型中实现相同的目标，可以使用 srcElement 属性。

【示例】在本示例中当鼠标移过页面中的 div 元素时，会弹出提示对话框，提示当前元素的节点名称。代码如下：

```
<div>div 元素</div>
<script>
    var div = document.getElementsByTagName("div")[0];
    div.onmouseover = function(e){              // 注册 mouseover 事件处理函数
        var e = e || window.event;              // 标准化事件对象，兼容 DOM 和 IE 事件模型
        var o = e.target || e.srcElement;       // 标准化事件属性，获取当前事件的节点
        alert(o.tagName);                       // 返回字符串“div”
    }
```

```
</script>
```

在 DOM 事件模型中，还定义了 currentTarget 属性，当事件在传播过程中（如捕获和冒泡阶段）时，该属性值与 target 属性值不同。因此，一般在事件处理函数中，应该使用该属性而不是 this 关键字获取当前对象。

除了使用以上提到的通用事件属性外，如果想获取鼠标指针来源于哪个元素，在 DOM 事件模型中可以使用 relatedTarget 属性获取当前事件对象的相关节点元素；在 IE 事件模型中，可以使用 fromElement 获取 mouseover 事件中鼠标移过的元素，使用 toElement 属性获取在 mouseout 事件中鼠标移到的文档元素。

20.2.5 鼠标定位

扫一扫，看视频

当事件发生时，获取鼠标的位置是很重要的事件。由于浏览器的不兼容性，不同浏览器分别在各自事件对象中定义了不同的属性，说明见表 20.5。这些属性都以像素值定义了鼠标指针的坐标，但是它们参照的坐标系不同，导致准确计算鼠标的位置比较麻烦。

表 20.5 属性及其兼容属性

属　性	说　　明	兼容性
clientX	以浏览器窗口左上顶角为原点，定位 x 轴坐标	所有浏览器，不兼容 Safari
clientY	以浏览器窗口左上顶角为原点，定位 y 轴坐标	所有浏览器，不兼容 Safari
offsetX	以当前事件的目标对象左上顶角为原点，定位 x 轴坐标	所有浏览器，不兼容 Mozilla
offsetY	以当前事件的目标对象左上顶角为原点，定位 y 轴坐标	所有浏览器，不兼容 Mozilla
pageX	以 document 对象（即文档窗口）左上顶角为原点，定位 x 轴坐标	所有浏览器，不兼容 IE
pageY	以 document 对象（即文档窗口）左上顶角为原点，定位 y 轴坐标	所有浏览器，不兼容 IE
screenX	以计算机屏幕左上顶角为原点，定位 x 轴坐标	所有浏览器
screenY	以计算机屏幕左上顶角为原点，定位 y 轴坐标	所有浏览器
layerX	以最近的绝对定位的父元素（如果没有，则为 document 对象）左上顶角为原点，定位 x 轴坐标	Mozilla 和 Safari
layerY	以最近的绝对定位的父元素（如果没有，则为 document 对象）左上顶角为原点，定位 y 轴坐标	Mozilla 和 Safari

【示例 1】本示例介绍如何配合使用多种鼠标坐标属性，以实现兼容不同浏览器的鼠标定位设计方案。

首先是 screenX 和 screenY 属性。这两个属性获得了所有浏览器的支持，应该说是最优选用属性，但是它们的坐标系是计算机屏幕，也就是说，以计算机屏幕左上角为定位原点。这对于以浏览器窗口为活动空间的网页来说，没有任何价值。因为不同的屏幕分辨率，不同的浏览器窗口大小和位置都使在网页中定位鼠标成为一件很困难的事情。

其次，如果以 document 对象为坐标系，则可以考虑选用 pageX 和 pageY 属性，实现在浏览器窗口中进行定位。这对于设计鼠标跟随是一个好主意，因为跟随元素一般都以绝对定位的方式在浏览器窗口中移动，在 mousemove 事件处理函数中把 pageX 和 pageY 属性值传递给绝对定位元素的 top 和 left 样式属性。

IE 事件模型不支持上面属性，为此还需寻求兼容 IE 的方法。clientX 和 clientY 属性是以 window 对象为坐标系的，且 IE 事件模型支持它们，可以选用。不过考虑 window 对象等可能出现的滚动条偏移量，还应加上相对于 window 对象的页面滚动的偏移量。代码如下：

```
var posX = 0, posY = 0;                    // 定义坐标变量初始值
var event = event || window.event;         // 标准化事件对象
if(event.pageX || event.pageY){            // 如果浏览器支持该属性，则采用它们
    posX = event.pageX;
    posY = event.pageY;
```

```
}
else if(event.clientX || event.clientY){ // 否则，如果浏览器支持该属性，则采用它们
    posX = event.clientX + document.documentElement.scrollLeft +
    document.body.scrollLeft;
    posY = event.clientY + document.documentElement.scrollTop +
    document.body.scrollTop;
}
```

在以上代码中，先检测 pageX 和 pageY 属性是否存在，如果存在则获取它们的值；如果不存在，则检测并获取 clientX 和 clientY 属性值，然后加上 document.documentElement 和 document.body 对象的 scrollLeft 和 scrollTop 属性值，这样就在不同浏览器中获得了相同的坐标值。

【示例 2】封装鼠标定位代码。设计思路：根据指定的对象以及设置的相对鼠标指针的偏移值，可以设置该对象跟随鼠标移动。

先应定义一个封装函数，设计函数传入参数为对象引用指针、相对鼠标指针的偏移距离，以及事件对象。然后封装函数能够根据事件对象获取鼠标的坐标值，并设置该对象为绝对定位，绝对定位的值为鼠标指针当前的坐标值。封装代码如下：

```
var pos = function(o, x, y,event){     // 鼠标定位赋值函数
    var posX = 0, posY = 0;             // 临时变量值
    var e = event || window.event;      // 标准化事件对象
    if(e.pageX || e.pageY){             // 获取鼠标指针的当前坐标值
        posX = e.pageX;
        posY = e.pageY;
    }
    else if(e.clientX || e.clientY){
        posX = e.clientX + document.documentElement.scrollLeft +
        document.body.scrollLeft;
        posY = e.clientY + document.documentElement.scrollTop +
        document.body.scrollTop;
    }
    o.style.position = "absolute";      // 定义当前对象为绝对定位
    o.style.top = (posY + y) + "px";    // 用鼠标指针的 y 轴坐标和传入偏移值设置对象 y 轴坐标
    o.style.left = (posX + x) + "px";   // 用鼠标指针的 x 轴坐标和传入偏移值设置对象 x 轴坐标
}
```

下面测试封装代码，为 document 对象注册鼠标移动事件处理函数，并传入鼠标定位封装函数，传入的对象为<div>元素，设置其位置向鼠标指针右下方偏移（10px,20px）的距离。考虑到 DOM 事件模型通过参数形式传递事件对象，不要忘记在调用函数中传递事件对象。代码如下：

```
<div id="div1">鼠标跟随</div>
<script>
    var div1 = document.getElementById("div1");
    document.onmousemove = function(event){
        pos(div1, 10, 20,event);
    }
</script>
```

【示例 3】获取鼠标指针在元素内的坐标。使用 offsetX 和 offsetY 属性可以实现这样的目标，但是 Mozilla 浏览器不支持。可以使用 layerX 和 layerY 属性来兼容 Mozilla 浏览器。代码如下：

```
var event = event || window.event;
if(event.offsetX || event.offsetY ){        // 适用非 Mozilla 浏览器
    x = event.offsetX;
    y = event.offsetY;
}
```

```
else if(event.layerX || event.layerY ){    // 兼容 Mozilla 浏览器
    x = event.layerX;
    y = event.layerY;
}
```

但是 layerX 和 layerY 属性是以绝对定位的父元素为参照物的，而不是元素自身。如果没有绝对定位的父元素，则会以 document 对象为参照物。为此，可以通过脚本动态添加或手动添加的方式，设计在元素的外层包围一个绝对定位的父元素，这样可以解决浏览器的兼容问题。考虑到由于元素之间的距离造成的误差，可以适当减去偏移量。

扫一扫，看视频

20.2.6　鼠标按键

通过事件对象的 button 属性可以获取当前鼠标按下的键，该属性可用于 click、mousedown、mouseup 事件类型。不同模型的规定不同，具体说明见表 20.6。

表 20.6　鼠标事件对象的 button 属性

单击	IE 事件模型	DOM 事件模型
左键	1	0
右键	2	2
中键	4	1

IE 事件模型支持位掩码技术，它能够侦测到同时按下的多个键。例如，当同时按下左右键，则 button 属性值为 1+2=3；当同时按下中键和右键时，则 button 属性值为 4+2=6；当同时按下左键和中键时，则 button 属性值为 1+4=5；当同时按下 3 个键时，则 button 属性值为 1+2+4=7。

但是 DOM 事件模型不支持这种掩码技术，如果同时按下多个键，就不能够准确侦测。例如，按下右键（2）与同时按下左键和右键（0+2=2）的值是相同的。因此，对于 DOM 事件模型来说，这种 button 属性约定值存在很大的缺陷。不过，在实际开发中很少需要同时检测多个鼠标按钮，也许仅仅需要探测按下鼠标左键或右键的行为。

【示例】 下面代码能够监测按下右键操作，并阻止发生默认行为：

```
document.onclick = function(e){
    var e = e || window.event;        // 标准化事件对象
    if(e.button == 2){
    e.preventDefault();               // 禁止事件默认行为
        return false;
    }
}
```

提示：

当鼠标单击事件发生时，会触发很多事件：mousedown、mouseup、click、dblclick。这些事件响应的顺序如下：

mousedown→mouseup→click→mousedown→mouseup→click→dblclick

当鼠标在对象间移动时，首先，触发的事件是 mouseout，即鼠标移出某个对象时；其次，在这两个对象上都会触发 mousemove 事件；最后，当鼠标移动到对象上时触发 mouseover 事件。

20.3　使用键盘事件

当用户操作键盘时会触发键盘事件，键盘事件主要包括以下 3 种类型。

- keydown：在键盘上按下某个键时触发。如果按住某个键，会不断触发该事件，但是 Opera 浏览器不支持这种连续操作。该事件处理函数返回 false 时，会取消默认的动作（如输入的键盘字符，在 IE 和 Safari 浏览器下还会禁止 keypress 事件响应）。

- keypress：在键盘上按下某个键并释放时触发。如果按住某个键，会不断触发该事件。该事件处理函数返回 false 时，会取消默认的动作（如输入的键盘字符）。
- keyup：释放某个键盘键时触发。该事件仅在释放键盘键时触发一次，不是一个持续的响应状态。

对于用户正按下的键码信息，可以使用 keydown、keypress 和 keyup 事件来获取。其中 keydown 和 keypress 事件基本上是同义事件，它们的表现也完全一致，不过一些浏览器不允许使用 keypress 事件获取按键信息。所有元素都支持键盘事件，但键盘事件多被应用在表单输入中。

扫一扫，看视频

20.3.1 键盘事件属性

键盘事件定义了很多属性，见表 20.7。利用这些属性可以精确控制键盘操作。键盘事件属性一般只在键盘相关事件发生时才会存在于事件对象中，但是 ctrlKey 和 shiftKey 属性除外，因为它们可以在鼠标事件中存在。例如，当按下 Ctrl 键或 Shift 键时单击鼠标操作。

表 20.7 键盘事件定义的属性

属 性	说 明
keyCode	该属性包含键盘中对应键位的键值
charCode	该属性包含键盘中对应键位的 Unicode 编码，仅 DOM 支持
target	发生事件的节点（包含元素），仅 DOM 支持
srcElement	发生事件的元素，仅 IE 支持
shiftKey	是否按下 Shift 键，如果按下则返回 true；否则为 false
ctrlKey	是否按下 Ctrl 键，如果按下则返回 true；否则为 false
altKey	是否按下 Alt 键，如果按下则返回 true；否则为 false
metaKey	是否按下 Meta 键，如果按下则返回 true；否则为 false，仅 DOM 支持

【示例 1】 ctrlKey 和 shiftKey 属性可存在于键盘和鼠标事件中，表示键盘上的 Ctrl 键和 Shift 键是否被按住。本示例能够监测 Ctrl 键和 Shift 键是否被同时按下。如果同时按下，且鼠标单击某个页面元素，则会把该元素从页面中删除。代码如下：

```
document.onclick = function(e){
    var e = e || window.event;          // 标准化事件对象
    var t = e.target || e.srcElement;   // 获取发生事件的元素，兼容 IE 和 DOM
    if(e.ctrlKey && e.shiftKey)         // 如果同时按下 Ctrl 键和 Shift 键
        t.parentNode.removeChild(t);    // 移出当前元素
}
```

keyCode 和 charCode 属性的使用比较复杂，但是它们在实际开发中又比较常用，故比较这两个属性在不同事件类型和不同浏览器中的表现是非常必要的，见表 20.8。读者可以根据需要有针对性地选用事件响应类型和引用属性值。

表 20.8 keyCode 和 charCode 属性值

属 性	IE 事件模型	DOM 事件模型
keyCode（keypress）	返回所有字符键的正确值，区分大写状态（65~90）和小写状态（97~122）	功能键返回正确值，而 Shift、Ctrl、Alt、PrintScreen、ScrollLock 无返回值，其他所有键值都返回 0
keyCode（keydown）	返回所有键值（除 PrintScreen 键），字母键都以大写状态显示键值（65~90）	返回所有键值（除 PrintScreen 键），字母键都以大写状态显示键值（65~90）

续表

属　性	IE 事件模型	DOM 事件模型
keyCode（keyup）	返回所有键值（除 PrintScreen 键），字母键都以大写状态显示键值（65~90）	返回所有键值（除 PrintScreen 键），字母键都以大写状态显示键值（65~90）
charCode（keypress）	不支持该属性	返回字符键，区分大写状态（65~90）和小写状态（97~122），Shift、Ctrl、Alt、PrintScreen、ScrollLock 键无返回值，其他所有键值为 0
charCode（keydown）	不支持该属性	所有键值为 0
charCode（keyup）	不支持该属性	所有键值为 0

某些键的可用性不是很确定，如 PageUp 键和 Home 键等。不过常用功能键和字符键都是比较稳定的，见表 20.9。

表 20.9　键位和码值对照表

键位	码值	键位	码值
0~9（数字键）	48~57	A~Z（字母键）	65~90
Backspace（退格键）	8	Tab（制表键）	9
Enter（回车键）	13	Space（空格键）	32
Left arrow（左箭头键）	37	Top arrow（上箭头键）	38
Right arrow（右箭头键）	39	Down arrow（下箭头键）	40

【示例 2】本示例演示了如何使用方向键控制页面元素的移动效果。代码如下：

```
<div id="box"></div>
<script>
    var box = document.getElementById("box");   // 获取页面元素的引用指针
    box.style.position = "absolute";            // 色块绝对定位
    box.style.width = "20px";                   // 色块宽度
    box.style.height = "20px";                  // 色块高度
    box.style.backgroundColor = "red";          // 色块背景
    document.onkeydown = keyDown;               // 在 document 对象中注册 keyDown 事件处理函数
    function keyDown(event){                    // 方向键控制元素移动函数
        var event = event || window.event;      // 标准化事件对象
        switch(event.keyCode){                  // 获取当前按下键盘键的编码
        case 37 :                               // 按下左箭头键，向左移动 5px
            box.style.left = box.offsetLeft - 5  + "px";
            break;
        case 39 :                               // 按下右箭头键，向右移动 5px
            box.style.left = box.offsetLeft + 5 + "px";
            break;
        case 38 :                               // 按下上箭头键，向上移动 5px
            box.style.top = box.offsetTop  - 5 + "px";
            break;
        case 40 :                               // 按下下箭头键，向下移动 5px
            box.style.top = box.offsetTop  + 5 + "px";
            break;
        }
        return false
    }
</script>
```

在上面代码中，首先获取页面元素，然后通过 CSS 脚本控制元素的绝对定位、大小和背景色。然后在 document 对象上注册鼠标按下事件类型处理函数，在事件回调函数 keyDown()中侦测当前按下的方向键，并决定定位元素在窗口中的位置。其中元素的 offsetLeft 和 offsetTop 属性可以存取它在页面中的位置。

扫一扫，看视频

20.3.2　键盘响应顺序

当按下键盘键时，会连续触发多个事件，它们将按顺序发生。

- 对于字符键来说，键盘事件的响应顺序为：keydown、keypress、keyup。
- 对于非字符键（如功能键或特殊键）来说，键盘事件的响应顺序为：keydown、keyup。
- 如果按下字符键不放，则 keydown 和 keypress 事件将逐个持续发生，直至松开按键。
- 如果按下非字符键不放，则只有 keydown 事件持续发生，直至松开按键。

【示例】本示例获取键盘事件响应顺序，如图 20.2 所示，代码如下：

```
<textarea id="text" cols="26" rows="16"></textarea>
<script>
    var n = 1;                                  // 定义编号变量
    var text = document.getElementById("text"); // 获取文本区域的引用指针
    text.onkeydown = f;                         // 注册 keydown 事件处理函数
    text.onkeyup = f;                           // 注册 keyup 事件处理函数
    text.onkeypress = f;                        // 注册 keypress 事件处理函数
    function f(e){                              // 事件调用函数
        var e = e || window.event; // 标准化事件对象
        text.value += (n++) + "=" + e.type +"  (keyCode=" + e.keyCode + ")\n"; // 捕获响应信息
    }
</script>
```

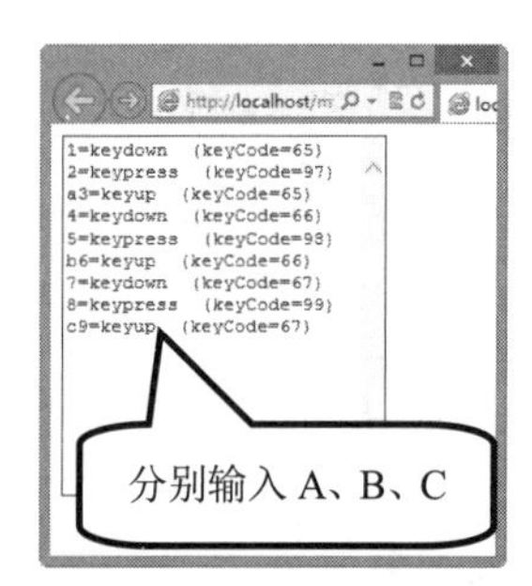

图 20.2　键盘事件响应顺序比较效果

20.4　使用页面事件

所有页面事件都明确地处理整个页面的函数和状态。主要包括页面的加载和卸载，即用户访问页面和离开关闭页面的事件类型。

扫一扫，看视频

20.4.1　页面初始化

load 事件类型在页面完全加载完毕时触发。该事件包含所有图形图像、外部文件（如 CSS、JavaScript 文件等）的加载，也就是说，在页面所有内容全部加载之前，任何 DOM 操作都不会发生。为 window 对象绑定 load 事件类型的方法有 3 种。

（1）为 window 对象注册页面初始化事件处理函数，代码如下：

```
window.onload = f;
function f(){
```

```
    alert("页面加载完毕");
}
```

（2）在页面<body>标签中定义 onload 事件处理属性，代码如下：

```
<body onload="f()">
<script>
    function f(){
        alert("页面加载完毕");
    }
</script>
```

（3）通过事件注册的方式来实现，代码如下：

```
if(window.addEventListener){                          // 兼容 DOM 标准
    window.addEventListener("load",f1,false);  // 为 load 添加事件处理函数
    window.addEventListener("load",f2,false);  // 为 load 添加事件处理函数
}
else{                                                 // 兼容 IE 事件模型
    window.attachEvent("onload",f1);
    window.attachEvent("onload",f2);
}
```

提示：

在实际开发中，load 事件类型经常需要调用附带参数的函数，但是 load 事件类型不能够直接调用函数，要解决这个问题，可以有两种方法。

方法 1：在 body 元素中通过事件属性的形式调用函数。代码如下：

```
<body onload="f('Hi')">
<script>
    function f(a){
        alert(a);
    }
    </script>
</body>
```

方法 2：通过函数嵌套或闭包函数来实现。代码如下：

```
window.onload = function(){          // 事件处理函数
    f("Hi");                         // 调用函数
}
function f(a){                       // 被处理的函数
    alert(a);
}
```

或者采用闭包函数形式，这样在注册事件时，虽然调用的是函数，但是其返回值依然是一个函数，不会引发语法错误，代码如下：

```
window.onload = f("Hi");
function f(a){
    return function(){
        alert(a);
    }
}
```

20.4.2 结构初始化

扫一扫，看视频

load 事件需要所有资源文件全部载入完成之后才会被触发，而 DOMContentLoaded 事件是在 DOM 文档结构加载完时就触发，因此要比 load 事件发生得早。

【示例 1】如果在标准 DOM 中，可以进行以下设计：

```
<script>
    window.onload = f1;                          // 注册 load 事件类型
    if(document.addEventListener){               // 兼容 DOM 标准
        document.addEventListener("DOMContentLoaded", f, false); //注册事件类型
    }
    function f(){alert("我提前执行了");}
    function f1(){alert("页面初始化完毕");}
</script>
<img src="Winter.jpg">
```

这样在图片加载之前，会弹出“我提前执行了”提示信息，而当图片加载完毕之后才会弹出“页面初始化完毕”提示信息。

【示例 2】由于 IE 事件模型不支持 DOMContentLoaded 事件类型，为了实现兼容处理，需要运用一点小技巧，即在文档中写入一个新的 script 元素，但是该元素会延迟到文件最后加载。然后使用 Script 对象的 onreadystatechange 方法进行类似的 readyState 检查后及时调用载入事件，代码如下：

```
if(window.ActiveXObject){                              // 兼容 IE 事件模型
    document.write("<script id=ie_onload defer src=javascript:void(0)>
<\/script>");                                          // 写入脚本标签
    document.getElementById("ie_onload").onreadystatechange=function(){
        // 判断脚本标签的状态
        if(this.readyState == "complete"){  // 如果状态为完成，则说明文档结构加载已完毕
            this.onreadystatechange = null; // 清空当前方法
            f();                            // 调用预先执行的回调函数
        }
    }
}
```

在写入的<script>标签中包含了 defer 属性，defer 表示“延期”的意思，使用 defer 属性可以让脚本在整个页面装载完成之后再解析，而非边加载边解析。这对于只包含事件触发的脚本来说，可以提高整个页面的加载速度。与 src 属性联合使用，它还可以使这些脚本在后台被下载，前台的内容则正常显示给用户，目前只有 IE 事件模型支持该属性。当定义了 defer 属性后，<script>标签中就不应包含 document.write 命令，因为 document.write 将产生直接输出效果，而且不包括任何立即执行脚本要使用的全局变量或函数。

<script>标签在文档结构加载完毕之后才加载，于是只要判断它的状态就可以确定当前文档结构是否已经加载完毕，并触发响应的事件。

【示例 3】针对 Safari 浏览器，可以使用 setInterval()函数周期性地检查 document 对象的 readyState 属性，随时监控文档是否加载完毕，如果加载完毕则调用回调函数，代码如下：

```
if (/WebKit/i.test(navigator.userAgent)){           // 兼容 Safari 浏览器
    var _timer = setInterval(function(){            // 定义时间监测器
        if (/loaded|complete/.test(document.readyState)) { // 如果当前状态显示完成
            clearInterval(_timer);                  // 清除时间监测器
            f();                                    // 调用预先执行的回调函数
        }
    }, 10);
}
```

示例 1 至示例 3 的条件合并在一起即可实现兼容不同浏览器的 DOMContentLoaded 事件处理函数。

20.4.3 页面卸载

扫一扫，看视频

unload 表示卸载，通过超链接、前进或后退按钮等从一个页面跳转到其他页面，或者在关闭浏览器窗口时触发。

【示例】本示例的提示信息将在卸载页面时发生，即在离开页面或关闭窗口前执行。代码如下：

```
window.onunload = f;
function f(){
    alert("888");
}
```

在 unload 事件类型中无法有效阻止默认行为，因为该事件结束后，页面将不复存在。由于在窗口关闭或离开页面之前只有很短的时间执行事件处理函数，所以不建议使用该事件类型。使用该事件类型的最佳方式是取消该页面的对象引用。

提示：

beforeunload 事件类型与 unload 事件类型功能相近，不过它更人性化，如果 beforeunload 事件处理函数返回字符串信息，那么该字符串会显示一个确认对话框，询问用户是否离开当前页面。例如，当刷新或关闭页面时，运行以下代码：

```
window.onbeforeunload = function(e){
    return "你的数据还没有保存呢！";
}
```

beforeunload 事件处理函数返回值可以为任意类型，IE 和 Safari 浏览器的 JavaScript 解释器能够调用 toString()方法把它转换为字符串,并显示在提示对话框中。而对于 Mozilla 浏览器来说,则会视为空字符串显示。如果 beforeunload 事件处理函数没有返回值，则不会弹出任何提示对话框，此时与 unload 事件类型响应效果相同。

20.4.4 窗口重置

扫一扫，看视频

resize 事件类型在浏览器窗口被重置时触发，如当用户调整窗口大小、最大化或最小化、恢复窗口大小显示时触发 resize 事件。利用该事件可以跟踪窗口大小的变化以便动态调整页面元素的显示大小。

【示例】本示例能够跟踪窗口大小变化，及时调整页面内红色盒子的大小，使其始终保持与窗口呈固定比例的显示，代码如下：

```
<div id="box"></div>
<script>
    var box = document.getElementById("box");       // 获取盒子的引用指针
    box.style.position = "absolute";                // 绝对定位
    box.style.backgroundColor = "red";              // 背景色
    box.style.width = w() * 0.8 + "px";             // 设置盒子宽度为窗口宽度的 4/5
    box.style.height = h() * 0.8 + "px";            // 设置盒子高度为窗口高度的 4/5
    window.onresize = function(){                   // 注册事件处理函数，动态调整盒子大小
        box.style.width = w() * 0.8 + "px";
        box.style.height = h() * 0.8 + "px";
    }
    function w(){                                   // 获取窗口宽度
        if (window.innerWidth)                      // 兼容 DOM
            return window.innerWidth;
        else if ((document.body) && (document.body.clientWidth))  // 兼容 IE
            return document.body.clientWidth;
    }
    function h(){                                   // 获取窗口高度
```

```
        if (window.innerHeight)                          // 兼容 DOM
            return window.innerHeight;
        else if ((document.body) && (document.body.clientHeight)) // 兼容 IE
            return document.body.clientHeight;
    }
</script>
```

扫一扫，看视频

20.4.5 页面滚动

scroll 事件类型在浏览器窗口内移动文档的位置时触发，如通过键盘箭头键、翻页键或空格键移动文档位置，或者通过滚动条滚动文档位置。利用该事件可以跟踪文档位置的变化，及时调整某些元素的显示位置，确保它始终显示在屏幕可见区域中。

【示例】在本示例中，控制红色盒子始终位于窗口内坐标为（100px,100px）的位置。代码如下：

```
<div id="box"></div>
<script>
    var box = document.getElementById("box");
    box.style.position = "absolute";
    box.style.backgroundColor = "red";
    box.style.width = "200px";
    box.style.height = "160px";
    window.onload = f;                          // 页面初始化时固定其位置
    window.onscroll = f;                        // 当文档位置发生变化时重新固定其位置
    function f(){                               // 元素位置固定函数
        box.style.left = 100 + parseInt(document.body.scrollLeft) + "px";
        box.style.top = 100 + parseInt(document.body.scrollTop) + "px";
    }
</script>
<div style="height:2000px;width:2000px;"></div>
```

还有一种方法，就是利用 settimeout()函数实现每间隔一定时间校正一次元素的位置，不过这种方法的损耗比较大，不建议使用。

扫一扫，看视频

20.4.6 错误处理

error 事件类型是在 JavaScript 代码发生错误时触发的，利用该事件可以捕获并处理错误信息。error 事件类型与 try/catch 语句功能相似，都用来捕获页面错误信息。不过 error 事件类型无须传递事件对象，且可以包含已经发生错误的解释信息。

【示例】在本示例中，当页面发生编译错误时，将会触发 error 事件注册的事件处理函数，并弹出错误信息。代码如下：

```
window.onerror = function(message){          // 捕获浏览器错误行为
    alert("错误原因: " + arguments[0]+
        "\n 错误 URL: " +  arguments[1] +
        "\n 错误行号: " + arguments[2]
    );
    return true;                              // 禁止浏览器显示标准出错信息
}
a.innerHTML = "";                             // 制造错误机会
```

在 error 事件处理函数中，默认包含 3 个参数，第 1 个参数表示错误信息，第 2 个参数表示出错文件的 URL，第 3 个参数表示文件中错误位置的行号。

error 事件处理函数的返回值可以决定浏览器是否显示一个标准出错信息。如果返回值为 false，则浏览器会弹出错误提示对话框，显示标准出错信息；如果返回值为 true，则浏览器不会显示标准出错信息。

20.5　使用 UI 事件

UI，英文全称 User Interface，即用户界面，负责响应用户与页面元素的交互。

扫一扫，看视频

20.5.1　焦点处理

焦点处理主要包括 focus（获取焦点）和 blur（失去焦点）事件类型。所谓焦点，就是激活表单字段，使其可以响应键盘事件。

1．focus

当单击或使用 Tab 键切换到某个表单元素或超链接对象时，会触发该事件。focus 事件是确定页面内鼠标当前定位的一种方式。在默认情况下，整个文档处于焦点状态，但是单击或使用 Tab 键可以改变焦点的位置。

2．blur

blur 事件类型表示在元素失去焦点时响应，它与 focus 事件类型是对应的，主要作用于表单元素和超链接对象。

【示例】 在本示例中为所有输入表单元素绑定了 focus 和 blur 事件处理函数，设置当元素获取焦点时呈凸起显示，失去焦点时则显示为默认的凹陷效果。代码如下：

```
<input type="text" />
<input type="text" />
<script>
    var  o = document.getElementsByTagName("input");     // 获取输入表单元素集合
    for(var i=0;i<o.length;i++){                          // 遍历所有表单元素
        o[i].onfocus  = function(){                       // 注册 focus 事件处理函数
            this.style.borderStyle = "outset";
        }
        o[i].onblur  = function(){                        // 注册 blur 事件处理函数
            this.style.borderStyle = "inset";
        }
    }
</script>
```

每个表单字段都有两个方法 focus()和 blur()。其中 focus()方法用于设置表单字段为焦点。

注意：

如果是隐藏字段（<input type="hidden">），或者使用 CSS 的 display 和 visibility 隐藏字段显示，设置其获取焦点将引发异常。

blur()方法的作用是从元素中移走焦点。在调用 blur ()方法时，并不会把焦点转移到某个特定元素上，仅仅是将焦点移走。在早期开发中会使用 blur()方法代替 readonly 属性，创建只读字段。

扫一扫，看视频

20.5.2 选择文本

当在文本框或文本区域内选择文本时，将触发 select 事件。通过该事件，可以设计用户选择操作的交互行为。

在 IE9+、Opera、Firefox、Chrome 和 Safari 中，只有用户选择了文本，而且要释放鼠标，才会触发 select 事件；但是在 IE8 及更早版本中，只要用户选择了一个字母，不必释放鼠标，就会触发 select 事件。另外，在调用 select()方法时也会触发 select 事件。

【示例】在本示例中当选择第 1 个文本框中的文本时，则在第 2 个文本框中会动态显示用户所选择的文本。代码如下：

```
<input type="text" id="a" value="请随意选择字符串" />
<input type="text" id="b" />
    <script>
    var a = document.getElementsByTagName("input")[0];      // 获取第 1 个文本框的引用指针
    var b = document.getElementsByTagName("input")[1];      // 获取第 2 个文本框的引用指针
    a.onselect = function(){                                // 为第 1 个文本框绑定事件
        if (document.selection){                            // 兼容 IE
            o = document.selection.createRange();           // 创建选择区域
            if(o.text.length > 0)                           // 如果选择区域内存在文本
                b.value = o.text;                           // 则把文本赋值给第 2 个文本框
        }else{                                              // 兼容 DOM
            p1 = a.selectionStart;                          // 获取文本框中选择的初始位置
            p2 = a.selectionEnd;                            // 获取文本框中选择的结束位置
            b.value = a.value.substring(p1, p2);
            // 截取文本框中被选取的文本字符串，然后赋值给第 2 个文本框
        }
    }
</script>
```

扫一扫，看视频

20.5.3 字段值变化监测

change 事件类型在表单元素的值发生变化时触发，它主要用于 input、select 和 textarea 元素。对于 input 和 textarea 元素，当它们失去焦点且 value 值改变时触发；对于 select 元素，在其选项改变时触发，也就是说不失去焦点，也会触发 change 事件。

【示例 1】在本示例中，当在第 1 个文本框中输入或修改值时，则第 2 个文本框内会立即显示第 1 个文本框中的当前值。

```
<input type="text" id="a" />
<input type="text" id="b" />
<script>
    var a = document.getElementsByTagName("input")[0];
    var b = document.getElementsByTagName("input")[1];
    a.onchange = function(){                // 为第 1 个文本框绑定 change 事件处理函数
        b.value = this.value;               // 把第 1 个文本框中的值传递给第 2 个文本框
    }
</script>
```

【示例 2】本示例演示了当在下拉列表框中选择不同的网站时，会自动打开该网站的首页。代码如下：

```
<select>
    <option value="http://www.baidu.com/">百度</option>
```

```
    <option value="http://www.google.cn/">Google</option>
</select>
<script>
    var a = document.getElementsByTagName("select")[0];
    a.onchange = function(){
        window.open(this.value,"");     // 根据下拉列表框的当前值打开指定的网址
    }
</script>
```

20.5.4　提交表单

扫一扫，看视频

使用<input>或<button>标签可以定义提交按钮，只要将 type 属性值设置为 submit，而图像按钮则通过将<input>的 type 属性值设置为 image 定义提交按钮。当单击“提交”按钮或图像按钮时，就会提交表单。submit 事件类型仅在单击“提交”按钮，或者在文本框中输入文本时按 Enter 键触发。

【示例 1】在本示例中，当在表单内的文本框中输入文本后，单击“提交”按钮，会触发 submit 事件，该函数将禁止表单提交数据，会弹出提示对话框显示需要输入文本信息。代码如下：

```
<form id="form1" name="form1" method="post" action="">
    <input type="text" name="t" id="t" />
    <input name="" type="submit" />
</form>
<script>
    var t = document.getElementsByTagName("input")[0]; // 获取文本框的引用指针
    var f = document.getElementsByTagName("form")[0];  // 获取表单的引用指针
    f.onsubmit = function(e){                          // 在表单元素上注册事件
        alert(t.value);
        return false;                                  // 禁止提交数据到服务器
    }
</script>
```

【示例 2】在本示例中，当表单内没有包含提交按钮时，在文本框中输入文本后，只要按 Enter 键也一样能够触发 submit 事件。代码如下：

```
<form id="form1" name="form1" method="post" action="">
    <input type="text" name="t" id="t" />
</form>
<script>
    var t = document.getElementsByTagName("input")[0];
    var f = document.getElementsByTagName("form")[0];
    f.onsubmit = function(e){
        alert(t.value);
    }
</script>
```

注意：

在<textarea>文本区中按 Enter 键只会换行，不会提交表单。

以这种方式提交表单时，浏览器会在将请求发送给服务器之前触发 submit 事件，用户有机会验证表单数据，并决定是否允许表单提交。

扫一扫，看视频

20.5.5　重置表单

为<input>标签或<button>标签设置 type="reset"属性可以定义重置按钮。代码如下：

```
<input type="reset" value="重置按钮">
<button type="reset">重置按钮</button>
```

当单击“重置”按钮时，表单将被重置，所有表单字段恢复为初始值。这时会触发reset事件。

【示例】本示例设计当单击“重置”按钮时，弹出提示框，显示文本框中的输入值，同时恢复文本框的默认值，如果没有默认值，则显示为空。代码如下：

```
<form id="form1" name="form1" method="post" action="">
    <input type="text" name="t" id="t" />
    <input name="" type="reset" />
</form>
<script>
    var t = document.getElementsByTagName("input")[0]; // 获取文本框的引用指针
    var f = document.getElementsByTagName("form")[0];  // 获取表单的引用指针
    f.onreset = function(e){                    // 在表单元素上注册 reset 事件处理函数
        alert(t.value);
    }
</script>
```

扫一扫，看视频

20.5.6 剪贴板数据

HTML5规范了剪贴板数据操作，主要包括以下6个剪贴板事件。

- beforecopy：在发生复制操作前触发。
- copy：在发生复制操作时触发。
- beforecut：在发生剪切操作前触发。
- cut：在发生剪切操作时触发。
- beforepaste：在发生粘贴操作前触发。
- paste：在发生粘贴操作时触发。

支持的浏览器：IE、Safari2+、Chrome和Firefox3+。Opera不支持访问剪贴板数据。

提示：

在Safari、Chrome和Firefox中，beforecopy、beforecut和beforepaste事件只会在显示针对文本框的上下文菜单的情况下触发。IE则会在触发copy、cut和paste事件之前先行触发这些事件。

copy、cut和paste事件，只要在上下文菜单中选择相应选项，或者使用相应的键盘组合键，所有浏览器都会触发它们。在实际的事件发生之前，通过beforecopy、beforecut和beforepaste事件可以向剪贴板发送数据，或者从剪贴板中取得数据。

使用clipboardData对象可以访问剪贴板中的数据。在IE中可以在任何情况状态下使用window.clipboardData访问剪贴板；在Firefox4+、Safari和Chrome中通过事件对象的clipboardData属性访问剪贴板，且只有在处理剪贴板事件期间clipboardData对象才有效。

clipboardData对象定义了两个方法。

- getData()：从剪贴板中读取数据。包含一个参数，设置取得的数据格式。IE提供两种数据格式：text和URL；Firefox、Safari和Chrome中定义参数为MIME类型，可以用text代表text/plain。
- setData()：设置剪贴板数据。包含两个参数，其中第1个参数设置数据类型，第2个参数是要放在剪贴板中的文本。对于第1个参数，IE支持text和URL类型，而Safari和Chrome仍然只支持MIME类型，但不再识别text类型。在成功将文本放到剪贴板中后，都会返回true；否则返回false。

【示例】本示例利用剪贴板事件，当用户向文本框粘贴文本时，先检测剪贴板中的数据是否为数字，如果不是数字，则取消默认的行为，禁止粘贴操作，这样可以确保文本框只能接收数字字符，代码如下：

```
<form id="myform"  method="post" action="#">
    <input type="text" size="25" maxlength="50" value="123456">
</form>
<script>
    var form = document.getElementById("myform");
    var field1 = form.elements[0];
    var getClipboardText = function(event){
        var clipboardData =  (event.clipboardData || window.clipboardData);
        return clipboardData.getData("text");
    }
    var  setClipboardText = function(event, value){
        if (event.clipboardData){
            event.clipboardData.setData("text/plain", value);
        } else if (window.clipboardData){
            window.clipboardData.setData("text", value);
        }
    }
    var  addHandler = function(element, type, handler){
        if (element.addEventListener){
            element.addEventListener(type, handler, false);
        } else if (element.attachEvent){
            element.attachEvent("on" + type, handler);
        } else {
            element["on" + type] = handler;
        }
    }
    addHandler(field1, "paste", function(event){
        event = event || window.event;
        var text =  getClipboardText(event);
        if (!/^\d*$/.test(text)){
            if (event.preventDefault){
                event.preventDefault();
            } else {
                event.returnValue = false;
            }
        }
    })
</script>
```

20.6 封装事件

扫一扫，看视频

JavaScript 事件用法不统一，需要考虑 DOM 事件模型和 IE 事件模型，为此需要编写很多兼容性代码，这给开发带来很多麻烦。为了简化开发，本节把事件处理中经常使用的操作进行封装，以方便调用。

定义事件模块对象 EventUtil，该对象包含事件处理中的常规操作，如注册事件、销毁事件、获取事件对象、获取按钮及键盘信息、获取响应对象等。封装代码如下：

```
var EventUtil = {
    //注册事件，参数包括注册对象、事件类型和事件处理函数
    addHandler: function(element, type, handler){
        if (element.addEventListener){
            element.addEventListener(type, handler, false);
```

```
        } else if (element.attachEvent){
            element.attachEvent("on" + type, handler);
        } else {
            element["on" + type] = handler;
        }
    },
    getButton: function(event){            //获取按钮信息
        //如果是标准事件直接返回
        if (document.implementation.hasFeature("MouseEvents", "2.0")){
            return event.button;
        } else {                           //如果是 IE 事件模型，对返回值进行简单处理
            switch(event.button){
                case 0:
                case 1:
                case 3:
                case 5:
                case 7:
                    return 0;
                case 2:
                case 6:
                    return 2;
                case 4: return 1;
            }
        }
    },
    getCharCode: function(event){          //获取键盘键值编码
        if (typeof event.charCode == "number"){
            return event.charCode;
        } else {
            return event.keyCode;
        }
    },
    getClipboardText: function(event){ //获取剪切板文本
        var clipboardData =  (event.clipboardData || window.clipboardData);
        return clipboardData.getData("text");
    },
    getEvent: function(event){             //获取事件对象
        return event ? event : window.event;
    },
    getRelatedTarget: function(event){ //获取相关目标对象
        if (event.relatedTarget){
            return event.relatedTarget;
        } else if (event.toElement){
            return event.toElement;
        } else if (event.fromElement){
            return event.fromElement;
        } else {
            return null;
        }
    },
    getTarget: function(event){            //获取当前响应对象
        return event.target || event.srcElement;
    },
```

```
    getWheelDelta: function(event){          //获取滚轮信息
        if (event.wheelDelta){
            return (client.engine.opera && client.engine.opera < 9.5 ?
-event.wheelDelta : event.wheelDelta);
        } else {
            return -event.detail * 40;
        }
    },
    preventDefault: function(event){         //阻止默认事件发生，参数为事件对象
        if (event.preventDefault){
            event.preventDefault();
        } else {
            event.returnValue = false;
        }
    },
    removeHandler: function(element, type, handler){ //移出已注册或已绑定的事件
        if (element.removeEventListener){
            element.removeEventListener(type, handler, false);
        } else if (element.detachEvent){
            element.detachEvent("on" + type, handler);
        } else {
            element["on" + type] = null;
        }
    },
    setClipboardText: function(event, value){ //设置剪切板文本
        if (event.clipboardData){
            event.clipboardData.setData("text/plain", value);
        } else if (window.clipboardData){
            window.clipboardData.setData("text", value);
        }
    },
    stopPropagation: function(event){           //阻止事件流传播，参数为事件对象
        if (event.stopPropagation){
            event.stopPropagation();
        } else {
            event.cancelBubble = true;
        }
    }
};
```

扫一扫，看视频

20.7 模拟事件

DOM2 事件规范允许用户模拟特定事件，IE9、Opera、Firefox、Chrome 和 Safari 均支持，IE 有自己模拟事件的方式。

第 1 步，在页面中设计两个按钮。代码如下：

```
<input type="button" value="按钮 1" id="btn1" />
<input type="button" value="按钮 2" id="btn2" />
```

第 2 步，在 JavaScript 脚本中获取两个按钮，然后为它们注册 click 事件。代码如下：

```
<script>
```

```
    var btn1 = document.getElementById("btn1");
    var btn2 = document.getElementById("btn2");
    EventUtil.addHandler(btn1, "click", function(event){
        alert(event.screenX);        //鼠标指针的 x 轴坐标
    });
    EventUtil.addHandler(btn2, "click", function(event){
    });
```

第 3 步，创建事件对象。代码如下：

```
    //创建事件对象
    var event = document.createEvent("MouseEvents");
```

提示：

使用 document 对象的 createEvent()方法可以创建 event 对象。用法如下：

```
createEvent(eventType)
```

参数 eventType 表示要获取的 event 对象的事件模块名，以字符串的形式传递。有效事件模块如下。

- HTMLEvents：接口 HTMLEvent，初始化方法 iniEvent()。
- MouseEvents：接口 MouseEvent，初始化方法 iniMouseEvent()。
- UIEvents：接口 UIEvent，初始化方法 iniUIEvent()。

在 DOM2 中所有字符串都使用复数形式，而在 DOM3 中使用单数形式。

第 4 步，初始化事件对象。在创建 event 对象后，还需要使用与事件有关的信息对其进行初始化。每种类型的 event 对象都有特殊的方法，为它传入适当的数据就可以初始化该 event 对象。代码如下：

```
    //初始化事件对象
    event.initMouseEvent("click", true, true, document.defaultView, 0, 100, 0, 0, 0,
false, false, false, false, 0, btn2);
```

提示：

initMouseEvent()方法用于初始化 MouseEvent 对象，在 dispatchEvent()方法指派 MouseEvent 之前调用。initMouseEvent()初始化方法的用法如下：

```
    initMouseEvent(String typeArg, boolean canBubbleArg, boolean cancelableArg,
org.w3c.dom.views.AbstractView viewArg, int detailArg, int screenXArg, int screenYArg,
int clientXArg, int clientYArg, boolean ctrlKeyArg, boolean altKeyArg, boolean
shiftKeyArg, boolean metaKeyArg, short buttonArg, EventTarget relatedTargetArg)
```

参数说明如下。

- typeArg：指定事件类型。
- canBubbleArg：指定该事件是否可以使用气泡。
- cancelableArg：指定是否可以阻止事件的默认行为。
- viewArg：指定 event 的 AbstractView。
- detailArg：指定 event 的鼠标单击量。
- screenXArg：指定 event 屏幕的 x 坐标。
- screenYArg：指定 event 屏幕的 y 坐标。
- clientXArg：指定 event 客户机的 x 坐标。
- clientYArg：指定 event 客户机的 y 坐标。
- ctrlKeyArg：指定是否在 event 期间按下 Ctrl 键。
- altKeyArg：指定是否在 event 期间按下 Alt 键。
- shiftKeyArg：指定是否在 event 期间按下 Shift 键。
- metaKeyArg：指定是否在 event 期间按下 Meta 键。
- buttonArg：指定 event 的鼠标按键。
- relatedTargetArg：指定 event 相关的 EventTarget。

第 5 步，触发事件。使用 dispatchEvent()方法定义触发事件。调用 dispatchEvent()方法时，需要传入一个参数，即表示要触发事件的 event 对象。代码如下：

```
btn1.dispatchEvent(event);      //触发事件
```

第 6 步，在浏览器中预览，当单击按钮 2 时，将触发按钮 1 的 click 事件，同时发现响应的事件类型为 click，事件对象反馈的鼠标指针 x 轴坐标值始终为 100。

20.8 自定义事件

无论是从事 Web 开发，还是从事 GUI 开发，事件都是经常用到的。随着 Web 技术的发展，使用 JavaScript 自定义事件愈发频繁，为创建的对象绑定事件机制，通过事件对外通信，可以极大提高开发效率。本节结合一个项目，逐步介绍如何设计自定义事件。

20.8.1 设计弹出对话框

扫一扫，看视频

事件并不是可有可无的，在某些需求下是必需的。本示例通过简单的需求说明事件的重要性，在 Web 开发中对话框是很常见的组件，每个对话框都有一个关闭按钮，关闭按钮对应关闭对话框的方法。主要代码如下：

```
<style type="text/css" >
    /*对话框外框样式*/
    .dialog { width: 300px; height: 200px; margin:auto; box-shadow: 2px 2px 4px #ccc; background-color: #f1f1f1; border: solid 1px #aaa; border-radius: 4px; overflow: hidden; display: none; }
    /*对话框的标题栏样式*/
    .dialog .title { font-size: 16px; font-weight: bold; color: #fff; padding: 6px; background-color: #404040; }
    /*关闭按钮样式*/
    .dialog .close { width: 20px; height: 20px; margin: 3px; float: right; cursor: pointer; color: #fff; }
</style>
<input type="button" value="打开对话框" onclick="openDialog();"/>
<div id="dlgTest" class="dialog"><span class="close">&times;</span>
    <div class="title">对话框标题栏</div>
    <div class="content">对话框内容框</div>
</div>
<script type="text/javascript">
    function Dialog(id){                                    //定义对话框类型对象
        this.id=id;                                         //存储对话框包含框的 ID
        var that=this;                                      //存储 Dialog 的实例对象
        document.getElementById(id).children[0].onclick=function(){
            that.close();                                   //调用 Dialog 的原型方法关闭对话框
        }
    }
    //定义 Dialog 原型方法
    Dialog.prototype.show=function(){                       //显示 Dialog 对话框
        var dlg=document.getElementById(this.id);           //根据 id 获取对话框的 DOM 引用
        dlg.style.display='block';                          //显示对话框
        dlg=null;                                           //清空引用，避免生成闭包
    }
```

```
    Dialog.prototype.close=function(){                    //关闭 Dialog 对话框
        var dlg=document.getElementById(this.id);    //根据 id 获取对话框的 DOM 引用
        dlg.style.display='none';                         //隐藏对话框
        dlg=null;                                         //清空引用，避免生成闭包
    }
    function openDialog(){                                //定义打开对话框的方法
        var dlg=new Dialog('dlgTest');                    //实例化 Dialog
        dlg.show();                                       //调用原型方法，显示对话框
    }
</script>
```

演示效果如图 20.3 所示。

图 20.3　打开对话框

在以上代码中，单击页面中的“打开对话框”按钮，就可以弹出对话框，单击对话框右上角的“关闭”按钮，可以隐藏对话框。

扫一扫，看视频

20.8.2　设计遮罩层

一般对话框在显示时，页面还会弹出一层灰蒙蒙半透明的遮罩层，阻止用户对页面其他对象进行操作，当对话框隐藏时，遮罩层会自动消失，页面又能够被操作。本小节以 20.8.1 小节的示例为基础，进一步执行下面操作。

第 1 步，复制 20.8.1 小节的示例文件 test1.html，在<body>顶部添加遮罩层，代码如下：

```
<div id="pageCover" class="pageCover"></div>
```

第 2 步，为其添加样式，代码如下：

```
.pageCover { width: 100%; height: 100%; position: absolute; z-index: 10; background-color: #666; opacity: 0.5; display: none; }
```

第 3 步，设计打开对话框时，显示遮罩层，需要修改 openDialog 方法代码，代码如下：

```
function openDialog(){
    //新增的代码
    //显示遮罩层
    document.getElementById('pageCover').style.display='block';
    var dlg=new Dialog('dlgTest');
    dlg.show();
}
```

第 4 步，重新设计对话框的样式，避免被遮罩层覆盖，同时清理 body 的默认边距。代码如下：

```
body{ margin:0; padding:0;}          /*清除页边距，避免其对遮罩层的影响*/
/*设计对话框固定定位显示，让其显示在覆盖层上面，并总是显示在窗口中央的位置*/
.dialog { width: 300px; height: 200px;
```

```
    position:fixed;                    /*固定定位*/
    left:50%;top:50%;margin-top:-100px; margin-left:-150px; /*窗口中央显示*/
    z-index: 30;                       /*在覆盖层上面显示*/
    box-shadow: 2px 2px 4px #ccc; background-color: #f1f1f1; border: solid 1px #aaa;
border-radius: 4px; overflow: hidden; display: none; }
```

第 5 步，保存文档，在浏览器中预览，显示效果如图 20.4 所示。

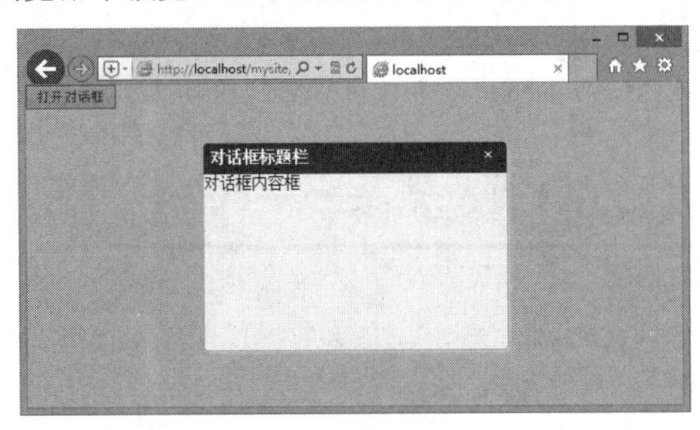

图 20.4　重新设计对话框

在上面的示例中，当打开对话框后，半透明的遮罩层在对话框弹出后，遮盖住页面上的按钮，对话框在遮罩层之上。但是当关闭对话框时，遮罩层仍然在页面中，没有代码能够将其隐藏。

打开时怎么显示遮罩层，关闭时就怎么隐藏。这个试验没有成功，因为显示遮罩层的代码是在页面上按钮事件处理函数中定义的，而关闭对话框的方法存在于 Dialog 内部，与页面无关，是不是修改 Dialog 的 close 方法就可以？也不行，仔细分析有以下两个原因。

（1）在定义 Dialog 时并不知道遮罩层的存在，这两个组件之间没有耦合关系，如果把隐藏遮罩层的逻辑写在 Dialog 的 close 方法内，那么 Dialog 将依赖于遮罩层。也就是说，如果页面上没有遮罩层，Dialog 就会出错。

（2）在定义 Dialog 时，并不知道特定页面遮罩层的 ID（<div id="pageCover">），也没有办法知道隐藏哪个<div>标签。

是不是在构造 Dialog 时，把遮罩层的 ID 传入就可以了？这样两个组件不再有依赖关系，也能够通过 ID 找到遮罩层所在的<div>标签，但是如果用户需要部分页面弹出遮罩层，部分页面不需要遮罩层，又将怎么办？即便能够实现，但是这种写法比较笨拙，代码不够简洁。

20.8.3　自定义事件

扫一扫，看视频

通过 20.8.2 小节的示例分析说明，如果简单针对某个具体页面，所有问题都可以迎刃而解，但如果是设计适应能力强、可以满足不同用户需求的对话框组件，使用自定义事件是最好的方法。

复制 20.8.2 小节的示例文件 test1.html，修改 Dialog 对象和 openDialog()方法。代码如下：

```
//重写对话框类型对象
function Dialog(id){
    this.id=id;
    //新增代码
    //定义一个句柄性质的本地属性，默认值为空
    this.close_handler=null;
    var that=this;
    document.getElementById(id).children[0].onclick=function(){
        that.close();
         //新增代码
         //如果句柄的值为函数，则调用该函数，实现自定义事件函数异步触发
```

```
            if(typeof that.close_handler=='function'){
                that.close_handler();
            }
        }
    }
    //重写打开对话框方法
    function openDialog(){
        document.getElementById('pageCover').style.display='block';
        var dlg=new Dialog('dlgTest');
        dlg.show();
        //新增代码
        //注册事件，为句柄（本地属性）传递一个事件处理函数
        dlg.close_handler=function(){
            //隐藏遮罩层
            //把对遮罩层的具体操作放在本地实例中实现，避免干扰 Dialog 类型
            //这时也就形成了自定义事件的雏形
            document.getElementById('pageCover').style.display='none';
        }
    }
```

在 Dialog 对象内部添加一个句柄（属性），关闭按钮的 click 事件处理程序在调用 close 方法后，判断该句柄是否为函数。如果是函数，就调用执行该句柄函数。

在 openDialog()方法中，创建 Dialog 对象后为句柄赋值，传递一个隐藏遮罩层的方法，这样在关闭 Dialog 时，就隐藏了遮罩层，同时没有造成两个组件之间的耦合。

上面这个交互过程就是一个简单的自定义事件，即先绑定事件处理程序，然后在原生事件处理函数中调用，以实现触发事件的过程。DOM 对象的事件，如 button 的 click 事件，也是类似的原理。

扫一扫，看视频

20.8.4 设计事件触发模型

设计高级自定义事件。20.8.3 小节的示例简单演示了如何自定义事件，远不及 DOM 预定义事件抽象和复杂，这种简单的事件处理有很多弊端。

- 没有共同性。如果定义一个组件，还需要编写一套类似的结构来处理。
- 事件绑定有排斥性。只能绑定一个 close 事件处理程序，绑定新的会覆盖之前的绑定。
- 封装不够完善。如果用户不知道有 close_handler 句柄，就没有办法绑定该事件，只能去查源代码。

针对第 1 个弊端，可以使用继承来解决；对于第 2 个弊端，则可以提供容器（二维数组）来统一管理所有事件；针对第 3 个弊端，需要和第 1 个弊端结合，在自定义的事件管理对象中添加统一接口，用于添加、删除、触发事件。代码如下：

```
/* 使用观察者模式实现事件监听
  自定义事件类型   */
function EventTarget(){             //初始化本地事件句柄为空
    this.handlers={};
}
EventTarget.prototype={             //扩展自定义事件类型的原型
    constructor:EventTarget,        //修复 EventTarget 构造器为自身
    //注册事件
    //参数 type 表示事件类型
    //参数 handler 表示事件处理函数
    addHandler:function(type,handler){
        //检测本地事件句柄中是否存在指定类型事件
        if(typeof this.handlers[type]=='undefined'){
            //如果没有注册指定类型事件，则初始化为空数组
```

```
            this.handlers[type]=new Array();
        }
        //把当前事件处理函数推入当前事件类型句柄队列的尾部
        this.handlers[type].push(handler);
    },
    //注销事件
    //参数 type 表示事件类型
    //参数 handler 表示事件处理函数
    removeHandler:function(type,handler){
        //检测本地事件句柄中指定类型事件是否为数组
        if(this.handlers[type] instanceof Array){
            //获取指定事件类型
            var handlers=this.handlers[type];
            //枚举事件类型队列
            for(var i=0,len=handlers.length;i<len;i++){
                //检测事件类型中是否存在指定事件处理函数
                if(handler[i]==handler){
                    //如果存在指定事件处理函数，则删除该处理函数，然后跳出循环
                    handlers.splice(i,1);
                    break;
                }
            }
        }
    },
    //触发事件
    //参数 event 表示事件类型
    trigger:function(event){
        //检测事件触发对象，如果不存在，则指向当前调用对象
        if(!event.target){
            event.target=this;
        }
        //检测事件类型句柄是否为数组
        if(this.handlers[event.type] instanceof Array){     //获取事件类型句柄
            var handlers=this.handlers[event.type];          //枚举当前事件类型
           for(var i=0,len=handlers.length;i<len;i++){
            //逐一调用队列中每个事件处理函数，并把参数 event 传递给它
                handlers[i](event);
            }
        }
    }
}
```

addHandler 方法用于添加事件处理程序，removeHandler 方法用于移除事件处理程序，所有的事件处理程序在属性 handlers 中统一存储管理。调用 trigger 方法触发一个事件，该方法接收至少包含 type 属性的对象作为参数，触发时会查找 handlers 属性中对应 type 的事件处理程序。

编写以下代码来测试自定义事件的添加和触发过程：

```
function onClose(event){        //自定义事件处理函数
    alert('message:'+event.message);
}
var target=new EventTarget(); //实例化自定义事件类型
//自定义一个 close 事件，并绑定事件处理函数为 onClose
target.addHandler('close',onClose);
var event={                         //创建事件对象，传递事件类型，以及其他信息
    type:'close',
    message:'Page Cover closed!'
```

```
};
target.trigger(event);          //触发 close 事件
```

扫一扫，看视频

20.8.5 应用事件模型

前文简单分解了高级自定义事件的设计过程，本示例将利用继承机制处理第 1 个弊端。以下是寄生式组合继承的核心代码：

```
//原型继承扩展工具函数
//参数 subType 表示子类
//参数 superType 表示父类
function extend(subType,superType){
    var prototype=Object(superType.prototype);
    prototype.constructor=subType;
    subType.prototype=prototype;
}
```

这种继承方式是 JavaScript 最佳继承方式。

最后，演示效果如图 20.5 所示。完整的自定义事件代码请参考本节示例源码。

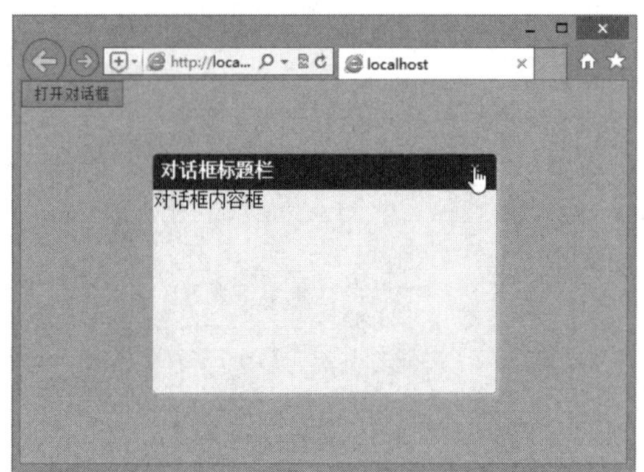

（a）打开

（b）关闭

图 20.5　优化后对话框组件应用效果

用户也可以把打开 Dialog 显示遮罩层也写成类似关闭事件的方式（test5.html）。当代码中存在多个部分时，在特定时刻相互交互的情况下，自定义事件就非常有用。

如果每个对象都有其他对象的引用，那么整个代码高度耦合，对象改动会影响其他对象，维护起来就困难重重。自定义事件能使对象解耦，主要功能是隔绝，这样对象之间就可以实现高度聚合。

20.9 在线支持

本节为拓展学习，感兴趣的读者请扫码进行学习。

扫描，拓展学习

第 21 章　CSS 处理

脚本化 CSS 就是使用 JavaScript 来操作 CSS，配合 HTML5、AJAX、jQuery 等技术，可以设计出细腻、逼真的页面特效和交互行为，如显示、定位、变形和运动等动态样式特效。

【练习重点】

- 使用 JavaScript 控制行内样式。
- 使用 JavaScript 控制样式表。
- 使用 JavaScript 控制对象大小。
- 使用 JavaScript 控制对象位置。
- 设计显示、隐藏以及动画效果。

21.1　CSS 脚本化基础

扫一扫，看视频

21.1.1　读写行内样式

任何支持 style 特性的 HTML 标签，在 JavaScript 中都有一个对应的 style 脚本属性。style 是一个可读写的对象，包含了一组 CSS 样式。

使用 style 的 cssText 属性可以返回行内样式的字符串表示。同时 style 对象还包含一组与 CSS 样式属性一一映射的脚本属性。这些脚本属性的名称与 CSS 样式属性的名称对应。在 JavaScript 中，由于连字符是减号运算符，含有连字符的样式属性（如 font-family），脚本属性会以驼峰命名法重新命名（如 fontFamily）。

【示例】对于 border-right-color 属性来说，在脚本中应该使用 borderRightColor。代码如下：

```
<div id="box" >盒子</div>
<script>
    var box = document.getElementById("box");
    box.style.borderRightColor = "red";
    box.style.borderRightStyle = "solid";
</script>
```

提示：

使用 CSS 脚本属性时，需要注意以下几个问题。

- float 是 JavaScript 的保留字，因此使用 cssFloat 表示与之对应的脚本属性的名称。
- 在 JavaScript 中，所有 CSS 属性值都是字符串，必须加上引号，用法如下：

```
elementNode.style.fontFamily = "Arial, Helvetica, sans-serif";
elementNode.style.cssFloat = "left";
elementNode.style.color = "#ff0000";
```

- CSS 样式声明结尾的分号不能够作为脚本属性值的一部分。
- 属性值和单位必须完整地传递给 CSS 脚本属性，省略单位则所设置的脚本样式无效。用法如下：

```
elementNode.style.width = "100px";
elementNode.style.width = width + "px";
```

扫一扫，看视频

21.1.2 使用 style 对象

DOM2 级样式规范为 style 对象定义了一些属性和方法，简单说明如下。

- cssText：返回 style 的 CSS 样式字符串。
- length：返回 style 声明 CSS 样式的数量。
- parentRule：返回 style 所属的 CSSRule 对象。
- getPropertyCSSValue()：返回包含指定属性的 CSSValue 对象。
- getPropertyPriority()：返回包含指定属性是否附加了!important 命令。
- item()：返回指定下标位置的 CSS 属性的名称。
- getPropertyValue()：返回指定属性的字符串值。
- removeProperty()：从样式中删除指定属性。
- setProperty()：为指定属性设置值，也可以附加优先权标志。

下面重点介绍几个常用方法。

1. getPropertyValue()方法

getPropertyValue()方法能够获取指定元素样式属性的值。具体用法如下：

```
var value = e.style.getPropertyValue(propertyName)
```

参数 propertyName 表示 CSS 属性名，不表示 CSS 脚本属性名。复合名应使用连字符进行连接。

【示例 1】本示例使用 getPropertyValue()获取行内样式中的 width 属性值，然后输出显示，代码如下：

```
<script>
    window.onload = function(){
        var box = document.getElementById("box");                   //获取<div id="box">
        var width = box.style.getPropertyValue("width");            //读取 div 元素的 width 属性值
        box.innerHTML =  "盒子宽度：" + width;                        //输出显示 width 值
    }
</script>
<div id="box" style="width:300px; height:200px;border:solid 1px red" >盒子</div>
```

2. setProperty()方法

setProperty()方法可以为指定元素设置样式。具体用法如下：

```
e.style.setProperty(propertyName, value, priority)
```

参数说明如下。

- propertyName：设置 CSS 属性名。
- value ：设置 CSS 属性值，包含属性值的单位。
- priority：表示是否设置!important 优先级命令，如果不设置可以用空字符串表示。

【示例 2】在本示例中使用 setProperty()方法定义盒子的显示宽度和显示高度分别为 400px 和 200px，代码如下：

```
<script>
    window.onload = function(){
        var box = document.getElementById("box");                   //获取<div id="box">
        box.style.setProperty("width","400px","");                  //定义盒子宽度为 400px
        box.style.setProperty("height","200px","");                 //定义盒子高度为 200px
    }
</script>
<div id="box" style="border:solid 1px red" >盒子</div>
```

3. removeProperty()方法

removeProperty()方法可以移除指定 CSS 属性的样式声明。具体用法如下：

```
e.style.removeProperty (propertyName)
```

4. item()方法

item()方法返回 style 对象中指定索引位置的 CSS 属性名称。具体用法如下：

```
var name = e.style.item(index)
```

参数 index 表示 CSS 样式的索引号。

5. getPropertyPriority()方法

getPropertyPriority()方法可以获取指定 CSS 属性中是否附加了!important 优先级命令，如果存在则返回 important 字符串；否则返回空字符串。

【示例 3】在本示例中，定义当鼠标移过盒子时盒子的背景色为蓝色，而边框颜色为红色；当移出盒子时，又恢复到盒子默认设置的样式；单击盒子时则在盒子内输出动态信息，显示当前盒子的宽度和高度，代码如下：

```
<script>
    window.onload = function(){
        var box = document.getElementById("box");            //获取盒子的引用
        box.onmouseover = function(){
            box.style.backgroundColor = "blue";               //设置背景样式
            box.style.border = "solid 50px red";              //设置边框样式
        }
        box.onclick = function(){                             //读取并输出行内样式
            box .innerHTML = "width:" + box.style.width;
            box .innerHTML = box .innerHTML + "<br>" + "height:" + box.style.height;
        }
        box.onmouseout = function(){                          //设计移出之后，恢复默认样式
            box.style.backgroundColor = "red";
            box.style.border = "solid 50px blue";
        }
    }
</script>
<div id="box" style="width:100px; height:100px; background-color:red; border:solid
50px blue;"></div>
```

21.1.3 使用 styleSheets 对象

扫一扫，看视频

在 DOM2 级样式规范中，使用 styleSheets 对象可以访问页面中的所有样式表，包括用<style>标签定义的内部样式表，以及用<link>标签或@import 命令导入的外部样式表。

cssRules 对象包含指定样式表中的所有规则（样式）。而 IE 支持 rules 对象表示样式表中的规则。可以使用以下代码兼容不同浏览器：

```
var cssRules = document.styleSheets[0].cssRules || document.styleSheets[0].rules;
```

在以上代码中，先判断浏览器是否支持 cssRules 对象，如果支持，则使用 cssRules（非 IE 浏览器）；否则使用 rules（IE 浏览器）。

【示例】在本示例中，通过<style>标签定义一个内部样式表，为页面中的<div id="box">标签定义 4 个属性：宽度、高度、背景色和边框。然后在脚本中使用 styleSheets 访问这个内部样式表，把样式表

中的第1个样式的所有规则读取出来，在盒子中输出显示。代码如下：

```
<style type="text/css">
    #box {
        width: 400px;
        height: 200px;
        background-color:#BFFB8F;
        border: solid 1px blue;
    }
</style>
<script>
    window.onload = function(){
        var box = document.getElementById("box");
        //判断浏览器类型
        var cssRules = document.styleSheets[0].cssRules || document.styleSheets[0].rules;
        box.innerHTML =  "<h3>盒子样式</h3>"
        box.innerHTML +=  "<br>边框: " + cssRules[0].style.border; //cssRules 的 border 属性
        box.innerHTML +=  "<br>背景: " + cssRules[0].style.backgroundColor;
        box.innerHTML +=  "<br>高度: " + cssRules[0].style.height;
        box.innerHTML +=  "<br>宽度: " + cssRules[0].style.width;
    }
</script>
<div id="box"></div>
```

提示：

cssRules（或 rules）的 style 对象在访问 CSS 属性时，使用的是 CSS 脚本属性名，因此所有属性名中不能使用连字符。例如，以下代码：

```
cssRules[0].style.backgroundColor;
```

扫一扫，看视频

21.1.4 使用 selectorText 对象

使用 selectorText 对象可以获取样式的选择器字符串。

【示例】 在本示例中，使用 selectorText 属性获取第 1 个样式表（styleSheets[0]）中的第 3 个样式（cssRules[2]）的选择器名称，输出显示为.blue。代码如下：

```
<style type="text/css">
    #box { color:green; }
    .red { color:red; }
    .blue { color:blue; }
</style>
<link href="style1.css" rel="stylesheet" type="text/css" media="all" />
<script>
    window.onload = function(){
        var cssRules = document.styleSheets[0].cssRules || document.styleSheets[0].rules;
        var box = document.getElementById("box");
        box.innerHTML =  "第 1 个样式表中第 3 个样式选择符  = " + cssRules[2].selectorText;
    }
</script>
<div id="box"></div>
```

扫一扫，看视频

21.1.5 编辑样式

cssRules 的 style 不仅可以读取，还可以写入属性值。

【示例】在本示例中，样式表中包含 3 个样式，其中蓝色样式类（.blue）定义字体颜色为蓝色。然后用脚本修改该样式类（.blue 规则）的字体颜色为浅灰色（#999）。代码如下：

```
<style type="text/css">
    #box { color:green; }
    .red { color:red; }
    .blue { color:blue; }
</style>
<script>
    window.onload = function(){
        var cssRules = document.styleSheets[0].cssRules || document.styleSheets[0].rules;
        cssRules[2].style.color="#999";           //修改样式表中指定属性的值
    }
</script>
<p class="blue">原为蓝色字体，现在显示为浅灰色。</p>
```

提示：

使用上述方法修改样式表中的类样式，会影响其他对象或其他文档对当前样式表的引用，因此在使用时请务必谨慎。

21.1.6　添加样式

扫一扫，看视频

使用 addRule()方法可以为样式表增加一个样式。具体用法如下：

```
styleSheet.addRule(selector,style ,[index])
```

styleSheet 表示样式表引用，参数说明如下。

- selector：表示样式选择符，以字符串的形式传递。
- style：表示具体的声明，以字符串的形式传递。
- index：索引号，表示添加样式在样式表中的索引位置，默认为-1，表示位于样式表的末尾，该参数可以不设置。

Firefox 支持使用 insertRule()方法添加样式。用法如下：

```
styleSheet.insertRule(rule ,[index])
```

参数说明如下。

- rule：表示一个完整的样式字符串，
- index：与 addRule()方法中的 index 参数有相同作用，但默认为 0，放置在样式表的末尾。

【示例】在本示例中，先在文档中定义一个内部样式表，然后使用 styleSheets 集合获取当前样式表，利用数组默认属性 length 获取样式表中包含的样式个数。最后在脚本中使用 addRule()（或 insertRule()）方法增加一个新样式，样式选择符为 p，样式声明背景色为红色，字体颜色为白色，段落内部补白为一个字体大小。代码如下：

```
<style type="text/css">
    #box { color:green; }
    .red { color:red; }
    .blue { color:blue; }
    </style>
<script>
    window.onload = function(){
        var styleSheets = document.styleSheets[0];  //获取样式表引用
        var index = styleSheets.length;             //获取样式表中包含样式的个数
        if(styleSheets.insertRule){                 //判断浏览器是否支持 insertRule()方法
```

```
            //在内部样式表中增加p标签选择符的样式，插入样式表的末尾
            styleSheets.insertRule("p{background-color:red;color:#fff;padding:1em;}", index);
        }else{                                             //如果浏览器不支持insertRule()方法
            styleSheets.addRule("P", "background-color:red;color:#fff;padding:1em;", index);
        }
    }
</script>
<p>在样式表中增加样式操作</p>
```

扫一扫，看视频

21.1.7 读取渲染样式

CSS 样式具有重叠特性，因此定义的样式与最终渲染的样式并非完全相同。DOM 定义了一个方法帮助用户快速检测当前对象的渲染样式，不过 IE 和标准 DOM 实现的方法不同。

1. IE

IE 使用 currentStyle 对象读取元素的最终渲染样式，为一个只读对象。currentStyle 对象包含元素的 style 属性，以及浏览器预定义的默认 style 属性。

【示例 1】 以 21.1.6 小节的示例为基础，为类样式 blue 增加一个背景色为白色的声明，然后把该类样式应用到段落文本中。代码如下：

```
<style type="text/css">
    #box { color:green; }
    .red { color:red; }
    .blue {color:blue; background-color:#FFFFFF; }
</style>
<script>
    window.onload = function(){
        var styleSheets = document.styleSheets[0];          //获取样式表引用
        var index = styleSheets.length;                      //获取样式表中包含样式的个数
        if(styleSheets.insertRule){                          //判断是否支持insertRule()方法
            styleSheets.insertRule("p{background-color:red;color:#fff;padding:1em;}", index);
        }else{
            styleSheets.addRule("P", "background-color:red;color:#fff;padding:1em;", index);
        }
    }
</script>
<p class="blue">在样式表中增加样式操作</p>
```

在浏览器中预览，会发现脚本中使用 insertRule()（或 addRule()）方法添加的样式无效，这时可以使用 currentStyle 对象获取当前 p 元素的最终渲染样式。代码如下：

```
<script>
    window.onload = function(){
        var styleSheets = document.styleSheets[0];              //获取样式表引用
        var index = styleSheets.length;                          //获取样式表中包含样式的个数
        if(styleSheets.insertRule){ //判断是否支持insertRule()方法，否则调用addRule
                styleSheets.insertRule("p{background-color:red;color:#fff;padding:1em;}", index);
        }else{
                styleSheets.addRule("P", "background-color:red;color:#fff;padding:1em;", index);
        }
        var p = document.getElementsByTagName("p")[0];
        p.innerHTML = "背 景 色: "+p.currentStyle.backgroundColor+"<br>字体颜色:
"+p.currentStyle.color;
    }
</script>
```

在以上代码中，首先使用 getElementsByTagName()方法获取段落文本的引用，然后调用该对象的 currentStyle 子对象，并获取指定属性的对应值。通过这种方式，会发现 insertRule()（或 addRule()）方法添加的样式被 blue 类样式覆盖，这是因为类选择符的优先级大于标签选择符的样式。

2. 非 IE 浏览器

DOM 使用 getComputedStyle()方法获取目标对象的渲染样式，但是它属于 document.defaultView 对象。getComputedStyle()方法包含两个参数。

第 1 个参数表示元素，用来获取样式的对象；第 2 个参数表示伪类字符串，定义显示位置，一般可以省略，或者设置为 null。

【示例 2】为了能够兼容非 IE 浏览器，下面对示例 1 的页面脚本进行修改。使用 if 语句判断当前浏览器是否支持 styleSheets.inserRule，如果支持则使用 styleSheets.inserRule()方法添加样式；否则使用 styleSheets.addRule()方法添加样式。代码如下：

```
<script>
    window.onload = function(){
        var styleSheets = document.styleSheets[0];          //获取样式表引用指针
        var index = styleSheets.length;                     //获取样式表中包含样式的个数
        if(styleSheets.insertRule){                          //判断浏览器是否支持
                styleSheets.insertRule("p{background-color:red;color:#fff;padding:1em;}", index);
        }else{
            styleSheets.addRule("P", "background-color:red;color:#fff;padding:1em;", index);
        }
        //...
    }
</script>
```

21.1.8 读取媒体查询

扫一扫，看视频

使用 window.matchMedia()方法可以访问 CSS 的 Media Query 语句。window.matchMedia()方法接收 Media Query 语句的字符串作为参数，并返回 MediaQueryList 对象。该对象有以下两个属性。

- media：返回所查询的 Media Query 语句字符串。
- matches：返回一个布尔值，表示当前环境是否匹配查询语句。

```
var result = window.matchMedia('(min-width: 600px)');
result.media                          // (min-width: 600px)
result.matches                        // true
```

【示例 1】本示例根据 Media Query 是否匹配当前环境，执行不同的 JavaScript 代码。代码如下：

```
var result = window.matchMedia('(max-width: 700px)');
if (result.matches) {
    console.log('页面宽度小于等于 700px');
} else {
    console.log('页面宽度大于 700px');
}
```

【示例 2】本示例根据 Media Query 是否匹配当前环境，加载相应的 CSS 样式表。代码如下：

```
var result = window.matchMedia("(max-width: 700px)");
if (result.matches){
    var linkElm = document.createElement('link');
    linkElm.setAttribute('rel', 'stylesheet');
    linkElm.setAttribute('type', 'text/css');
```

```
    linkElm.setAttribute('href', 'small.css');
    document.head.appendChild(linkElm);
}
```

注意：

如果 window.matchMedia()无法解析 MediaQuery 参数，返回的是 false，而不是报错。例如，以下用法：

```
window.matchMedia('bad string').matches        // false
```

window.matchMedia()方法返回的MediaQueryList对象有两个方法，即addListener()方法和removeListener()方法，用来监听事件。如果 Media Query 查询结果发生变化，就调用指定回调函数。例如，以下用法：

```
var mql = window.matchMedia("(max-width: 700px)");
mql.addListener(mqCallback);        // 指定回调函数
mql.removeListener(mqCallback);   // 撤销回调函数
function mqCallback(mql) {
    if (mql.matches) {
        // 宽度小于等于 700px
    } else {
        // 宽度大于 700px
    }
}
```

在以上代码中，回调函数的参数是 MediaQueryList 对象。回调函数的调用可能存在两种情况：一种是显示宽度从 700px 以上变为以下，另一种是从 700px 以下变为以上；所以在回调函数内部要判断一下当前屏幕的宽度。

扫一扫，看视频

21.1.9 使用 CSS 事件

1. TransitionEnd 事件

CSS 的过渡（transition）效果结束后，会触发 TransitionEnd 事件。例如，以下用法：

```
el.addEventListener('transitionend', onTransitionEnd, false);
function onTransitionEnd() {
    console.log('Transition end');
}
```

TransitionEnd 的事件对象具有以下属性。

- propertyName：发生过渡效果的 CSS 属性名。
- elapsedTime：过渡效果持续的秒数，不含 transition-delay 的时间。
- pseudoElement：如果过渡效果发生在伪元素，会返回该伪元素的名称，以“::”开头。如果不发生在伪元素上，则返回一个空字符串。

实际使用 TransitionEnd 事件时，可能需要添加浏览器前缀。代码如下：

```
el.addEventListener('webkitTransitionEnd', function () {
     el.style.transition = 'none';
});
```

2. animationstart 事件、animationend 事件和 animationiteration 事件

CSS 动画有以下 3 个事件。

- animationstart 事件：动画开始时触发。
- animationend 事件：动画结束时触发。
- animationiteration 事件：开始新一轮动画循环时触发。如果 animation-iteration-count 属性等于 1，

该事件不触发，即只播放一轮的 CSS 动画，不会触发 animationiteration 事件。

【示例】这 3 个事件的事件对象都有 animationName 属性（返回产生过渡效果的 CSS 属性名）和 elapsedTime 属性（动画已经运行的秒数）。对于 animationstart 事件，elapsedTime 属性等于 0，除非 animation-delay 属性等于负值。代码如下：

```
var el = document.getElementById("animation");
el.addEventListener("animationstart", listener, false);
el.addEventListener("animationend", listener, false);
el.addEventListener("animationiteration", listener, false);
function listener(e) {
  var li = document.createElement("li");
  switch(e.type) {
    case "animationstart":
      li.innerHTML = "Started: elapsed time is " + e.elapsedTime;
      break;
    case "animationend":
      li.innerHTML = "Ended: elapsed time is " + e.elapsedTime;
      break;
    case "animationiteration":
      li.innerHTML = "New loop started at time " + e.elapsedTime;
      break;
  }
  document.getElementById("output").appendChild(li);
}
```

以上代码的运行结果如下：

```
Started: elapsed time is 0
New loop started at time 3.01200008392334
New loop started at time 6.00600004196167
Ended: elapsed time is 9.234000205993652
```

animation-play-state 属性可以控制动画的状态（暂停/播放），该属性需要加上浏览器前缀，代码如下：

```
element.style.webkitAnimationPlayState = "paused";
element.style.webkitAnimationPlayState = "running";
```

21.2 元 素 大 小

扫一扫，看视频

21.2.1 访问 CSS 宽度和高度

获取元素的大小应该是件很轻松的事情，但是由于各浏览器的不兼容性，使该操作变得很烦琐。在 JavaScript 中，通过 style 访问元素的 width 和 height，就可以精确获取元素大小。

【示例】本示例自定义扩展函数，兼容 IE 和标准实现方法。函数参数为当前元素 e 和元素属性名 n，函数返回值为该元素的样式属性值。代码如下：

```
// 获取指定元素的样式属性值
// 参数：e 表示具体的元素，n 表示要获取元素的脚本样式的属性名，如 width、borderColor
// 返回值：返回该元素 e 的样式属性 n 的值
function getStyle(e,n){
  if(e.style[n]){                    // 如果在 style 对象中存在，说明已显式定义，则返回这个值
     return e.style[n];
```

```
    } else if(e.currentStyle){                         // 否则，如果是 IE 浏览器，则利用它的私有方法读取当前值
        return e.currentStyle[n];
    // 如果是支持 DOM 标准的浏览器，则利用 DOM 定义的方法读取样式属性值
    } else if(document.defaultView && document.defaultView.
getComputedStyle){
        n = n.replace(/([A-Z])/g,"-$1");          // 转换参数的属性名
        n = n.toLowerCase();
        var s = document.defaultView.getComputedStyle(e,null); // 获取当前元素样式属性
        if(s)                                      // 如果当前元素的样式属性对象存在
            return s.getPropertyValue(n);          // 则获取属性值
    } else                                         // 如果都不支持，则返回 null
        return null;
}
```

DOM 标准在读取 CSS 属性值时比较特殊，它遵循 CSS 语法规则中约定的属性名，即在复合属性名中使用连字符来连接多个单词，而不是遵循驼峰命名法，利用首字母大写的方式来区分不同的单词。例如，属性 borderColor 被传递给 DOM 时，就需要转换为 border-color，否则就会错判。因此，对于传递参数名还需要进行转换，不过利用正则表达式可以轻松实现。

下面调用这个扩展函数来获取指定元素的实际宽度：

```
<div id="div"></div>
<script>
    var div = document.getElementsByTagName("div")[0]; // 获取当前元素
    var w = getStyle(div,"width");                       // 调用扩展函数，返回字符串 auto
</script>
```

如果为 div 元素显式定义 200px 的宽度，代码如下：

```
<div id="div" style="width:200px;border-style:solid;"></div>
```

调用扩展函数 getStryle()后，就会返回字符串 200px，代码如下：

```
var w = getStyle(div,"width");          // 调用扩展函数，返回字符串 200px
```

扫一扫，看视频

21.2.2 把值转换为整数

21.2.1 小节自定义的 getStyle()扩展函数获取的值为字符串格式，且包含单位，而且可能还包含 auto 默认值或百分比取值。auto 表示父元素的宽度，而百分比取值是根据父元素的宽度进行计算的。

【示例】本示例设计一个扩展函数 fromStyle()，该函数对 getStyle()进行了补充。设计 fromStyle ()函数的参数为要获取大小的元素，以及利用 getStyle()函数所得到的值。然后返回这个元素的具体大小值（数字），代码如下：

```
// 把 fromStyle()函数返回值转换为实际的值
// 参数：e 表示具体的元素；w 表示元素的样式属性值，通过 getStyle()函数获取；p 表示当前元素百分比转换
为小数的值，以便在上级元素中计算当前元素的尺寸
// 返回值：返回具体的数字值
function fromStyle(e, w, p){
    var p = arguments[2];                  // 获取百分比转换后的小数值
    if( ! p) p = 1;                        // 如果不存在，则默认为 1
    if(/px/.test(w) && parseInt(w) ) return parseInt(parseInt(w) * p);
  // 如果元素尺寸的值为具体的像素值，则直接转换为数字，乘以百分比值，返回该值
    else if(/\%/.test(w) && parseInt(w)){ // 如果元素宽度值为百分比值
        var b = parseInt(w) / 100;         // 则把该值转换为小数值
        if((p != 1) && p) b *= p;          // 如果子元素的尺寸也是百分比，则乘以转换后的小数值
        e = e.parentNode;                  // 获取父元素的引用指针
```

```
        if(e.tagName == "BODY") throw new Error("整个文档结构都没有定义固定尺寸，没有办法计算，请使用其他方法获取尺寸。");                    // 如果父元素是 body 元素，则抛出异常
        w = getStyle(e, "width");                // 调用 getStyle()函数，获取父元素的宽度值
        return arguments.callee(e, w, b);        // 回调函数，把上面的值当作参数进行传递，实现迭代计算
    } else if(/auto/.test(w)){                   // 如果元素宽度值为默认值
        var b = 1;        // 定义百分比为 1
        if((p != 1) && p) b *= p;                // 如果子元素的尺寸是百分比，则乘以转换后的小数值
        e = e.parentNode;                        // 获取父元素的引用指针
        if(e.tagName == "BODY") throw new Error("整个文档结构都没有定义固定尺寸，没有办法计算，请使用其他方法获取尺寸。");                    // 如果父元素是 body 元素，则抛出异常
        w = getStyle(e, "width");                // 调用 getStyle()函数，获取父元素的宽度值
        return arguments.callee(e, w , b); // 回调函数，实现迭代计算
    } else              // 如果 getStyle()函数返回值包含其他单位，则抛出异常，不再计算
        throw new Error("元素或其父元素的尺寸定义了特殊的单位。");
}
```

最后，对上面的嵌套结构调用该函数就可以直接计算出元素的实际值，用法如下：

```
var div = document.getElementById("div"); // 获取元素的引用指针
var w = getStyle(div, "width");             // 获取元素的样式属性值
w = fromStyle(div, w);                      // 把样式属性值转换为实际值，即返回数值 25
```

如果要获取元素的高度值，则应该在getStyle()函数中修改第2个参数值为字符串height，包括在fromStyle()函数中调用的getStyle()函数参数值。

扫一扫，看视频

21.2.3 使用 offsetWidth 和 offsetHeight

使用 offsetWidth 和 offsetHeight 属性可以获取元素的尺寸，其中 offsetWidth 表示元素在页面中所占据的总宽度，offsetHeight 表示元素在页面中所占据的总高度。

【示例 1】使用 offsetWidth 和 offsetHeight 属性获取元素大小。代码如下：

```
<div style="height:200px;width:200px;">
    <div style="height:50%;width:50%;">
        <div style="height:50%;width:50%;">
            <div style="height:50%;width:50%;">
                <div id="div" style="height:50%;width:50%;border-style:solid;"></div>
            </div>
        </div>
    </div>
</div>
<script>
    var div = document.getElementById("div");
    var w = div.offsetWidth;             // 返回元素的总宽度
    var h = div.offsetHeight;            // 返回元素的总高度
</script>
```

以上示例在 IE 诡异模式下和支持 DOM 事件模型的浏览器中解析结果差异很大。其中 IE 诡异模式解析返回宽度为 21px，高度为 21px；而在支持 DOM 事件模型的浏览器中返回高度和宽度都为 19px。

根据以上示例中行内样式定义的值，可以计算出最内层元素的宽和高都为 12.5px，实际取值为 12px。但是对 IE 诡异模式来说，样式属性 width 和 height 的值就是元素的总宽度和总高度。由于 IE 是根据四舍五入法处理小数部分的值，故该元素的总高度和总宽度都是 13px。同时，由于 IE 事件模型定义每个元素都有一个默认行高，即使元素内不包含任何文本，所以实际高度就显示为 21px。

而对于支持 DOM 事件模型的浏览器来说，它们认为元素样式属性中的宽度和高度仅是元素内部包含内容区域的尺寸，而元素的总高度和总宽度应该加上补白和边框，由于元素默认边框值为 3px，所以最

后计算的总高度和总宽度都是 19px。

【示例 2】 解决 offsetWidth 和 offsetHeight 属性的缺陷。当为元素设置样式属性 display 的值为 none 时，则 offsetWidth 和 offsetHeight 属性返回值都为 0。

当父级元素的 display 样式属性为 none 时，当前元素也会被隐藏显示，此时 offsetWidth 和 offsetHeight 属性值都是 0。总之，对于隐藏元素来说，不管它的实际高度和实际宽度是多少，最终使用 offsetWidth 和 offsetHeight 属性读取时都是 0。

解决方法：先判断元素的样式属性 display 的值是否为 none，如果不是，则直接调用 offsetWidth 和 offsetHeight 属性读取。如果为 none，则可以暂时显示元素，然后读取它的尺寸，读完之后再把它恢复为隐藏样式。

先设计两个功能函数，使用它们可以分别重设和恢复元素的样式属性值。代码如下：

```
// 重设元素的样式属性值
// 参数：e 表示重设样式的元素，o 表示要设置的值，它是一个对象，可以包含多个名值对
// 返回值：重设样式的原属性值，以对象形式返回
function setCSS(e, o){
    var a = {};                      // 定义临时对象直接量
    for(var i in o){                 // 遍历参数对象，传递包含样式设置值
        a[i] = e.style[i];           // 先存储样式表中原来的值
        e.style[i] = o[i];           // 用参数值覆盖原来的值
    }
    return a;                        // 返回原样式属性值
}
// 恢复元素的样式属性值
// 参数：e 表示重设样式的元素，o 表示要恢复的值，它是一个对象，可以包含多个名值对
// 返回值：无
function resetCSS(e,o){
    for(var i in o){                 // 遍历参数对象
        e.style[i] = o[i];           // 恢复原来的样式值
    }
}
```

再自定义 getW()和 getH()函数。不管元素是否被隐藏显示，这两个函数能够获取元素的宽度和高度。代码如下：

```
// 获取元素的存在宽度
// 参数：e 表示元素
// 返回值：存在宽度
function getW(e){ // 如果元素没有隐藏显示，则获取它的宽度
// 如果 offsetWidth 属性值存在，则返回该值
// 如果不存在，则调用自定义扩展函数 getStyle()和 fromStyle()获取元素的宽度
    if(getStyle(e,"display") != "none") return e.offsetWidth ||
fromStyle(getStyle(e,"width"));
    var r = setCSS( e, {// 如果元素隐藏，调用 setCSS()函数临时显示元素，存储原始属性值
        display:"",
        position:"absolute",
        visibility:"hidden"
    });
    var w = e.offsetWidth || fromStyle(getStyle(e,"width"));// 读取元素的宽度值
    resetCSS(e,r);                       // 调用 resetCSS()函数恢复元素的样式属性值
    return w;                            // 返回存在宽度
}
// 获取元素的存在高度
// 参数：e 表示元素
```

```
// 返回值：存在高度
function getH(e){ // 如果元素没有隐藏显示，则获取它的高度
// 如果 offsetHeight 属性值存在，则返回该值
// 如果不存在，则调用自定义扩展函数 getStyle()和 fromStyle()获取元素的高度
    if(getStyle(e,"display") != "none") return e.offsetHeight ||
fromStyle(getStyle(e,"height"));
    var r = setCSS( e, {// 如果元素隐藏，调用 setCSS()函数临时显示元素，存储原始属性值
        display:"",
        position:"absolute",
        visibility:"hidden"
    });
    var h = e.offsetHeight || fromStyle(getStyle(e,"height"));// 读取元素的高度值
    resetCSS(e,r);                          // 调用 resetCSS()函数恢复元素的样式属性值
    return h;                               // 返回存在高度
}
```

最后，调用 getW()和 getH()函数进行测试，代码如下：

```
<div id="div" style="height:200px;width:200px;
border-style:solid;display:none;"></div>
<script>
    var div = document.getElementById("div");
    var w = div.offsetWidth;                // 返回 0
    var h = div.offsetHeight;               // 返回 0
    var w1 = getW(div);                     // 返回 206
    var h1 = getH(div);                     // 返回 206
</script>
```

21.2.4 元素尺寸

扫一扫，看视频

在某些情况下，如果需要精确计算元素尺寸，可以选用 HTML 特有的属性，这些属性虽然不是 DOM 标准的一部分，但是由于它们获得了所有浏览器的支持，所以在 JavaScript 开发中还是被普遍应用，说明见表 21.1。

表 21.1 元素尺寸专用属性

元素尺寸专用属性	说明
clientWidth	获取元素可视部分的宽度，即 CSS 的 width 和 padding 属性值之和，元素边框和滚动条不包括在内，也不包含任何可能的滚动区域
clientHeight	获取元素可视部分的高度，即 CSS 的 height 和 padding 属性值之和，元素边框和滚动条不包括在内，也不包含任何可能的滚动区域
offsetWidth	元素在页面中占据的宽度总和，包括 width、padding、border 以及滚动条的宽度
offsetHeight	元素在页面中占据的高度总和，包括 height、padding、border 以及滚动条的高度
scrollWidth	当元素设置了 overflow:visible 样式属性时，表示元素的总宽度。也有人把它解释为元素的滚动宽度。在默认状态下，如果该属性值大于 clientWidth 属性值，则元素会显示滚动条，以便能够翻阅被隐藏的区域
scrollHeight	当元素设置了 overflow:visible 样式属性时，表示元素的总高度。也有人把它解释为元素的滚动高度。在默认状态下，如果该属性值大于 clientHeight 属性值，则元素会显示滚动条，以便能够翻阅被隐藏的区域

【示例】本示例设计一个简单的盒子，盒子的 height 值为 200px，width 值为 200px，边框显示为 50px，补白区域为 50px。内部包含信息框，其宽度设置为 400px，高度设置为 400px。代码如下

```
<div id="div" style="height:200px;width:200px;border:solid 50px red;
```

```
overflow:auto;padding:50px;">
    <div id="info" style="height:400px;width:400px;
border:solid 1px blue;"></div>
</div>
```

然后，利用 JavaScript 脚本在内容框中插入一些行列号，让内容超出窗口显示。

分别调用 offsetHeight、scrollHeight、clientHeight 属性以及自定义函数 getH()，则可以看到获取不同区域的高度，代码如下：

```
var div = document.getElementById("div");
// 以下返回值是根据 IE7.0 浏览器而定的
var ho = div.offsetHeight;          // 返回 400
var hs = div.scrollHeight;          // 返回 502
var hc = div.clientHeight;          // 返回 283
var hg = getH(div);                 // 返回 400
```

盒模型不同区域的高度示意图如图 21.1 所示。

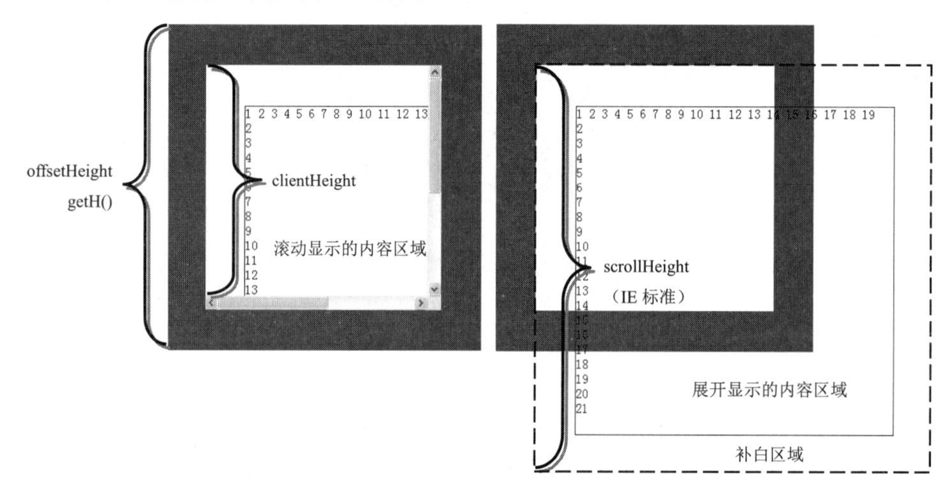

图 21.1　盒模型不同区域的高度示意图

用法如下：

- offsetHeight = border-top-width + padding-top + height + padding-bottom+ border-bottom-width
- scrollHeight = padding-top + 包含内容的完全高度 + padding-bottom
- clientHeight = padding-top + height + border-bottom-width – 滚动条的宽度

如果设置盒子的 overflow 属性为 visible，则 clientHeight 值为 300，代码如下：

```
clientHeight = padding-top + height + border-bottom-width
```

提示：

不同浏览器对 scrollHeight 和 scrollWidth 属性的解析方式不同。结合上面示例，具体说明见表 21.2，而 scrollWidth 属性与 scrollHeight 属性相同。

表 21.2　不同浏览器解析 scrollHeight 和 scrollWidth 属性比较 1

浏览器	返回值	计算公式
IE	502	padding-top + 包含内容的完全高度 + padding-bottom
Firefox	452	padding-top + 包含内容的完全高度
Opera	419	包含内容的完全高度 + 底部滚动条的宽度
Safari	452	padding-top + 包含内容的完全高度

说明：

如果隐藏滚动条显示，则 clientHeight 属性值不用减去滚动条的宽度，即滚动条的区域被转化为可视内容区域。同时，不同浏览器对于 scrollHeight 和 scrollWidth 属性的解析也不同，结合上面示例，具体说明见表 21.3。

表 21.3　不同浏览器解析 scrollHeight 和 scrollWidth 属性比较 2

浏览器	返回值	计算公式
IE	502	padding-top + 包含内容的完全高度 + padding-bottom
Firefox	400	border-top-width + padding-top + height + padding-bottom + border-bottom-width
Opera	502	padding-top + 包含内容的完全高度 + padding-bottom
Safari	502	padding-top + 包含内容的完全高度 + padding-bottom

21.2.5　视图尺寸

扫一扫，看视频

scrollLeft 和 scrollTop 属性可以获取移出可视区域外面的宽度和高度。用户利用这两个属性确定滚动条的位置，也可以使用它们获取当前滚动区域内容，说明见表 21.4。

表 21.4　scrollLeft 和 scrollTop 属性说明

视图尺寸专用属性	说明
scrollLeft	元素左侧已经滚动的距离（像素值）。更通俗地说，就是设置或获取位于元素左边界与元素中当前可见内容的最左端之间的距离
scrollTop	元素顶部已经滚动的距离（像素值）。更通俗地说，就是设置或获取位于元素顶部边界与元素中当前可见内容的最顶端之间的距离

【示例】本示例演示了如何设置和获取滚动区域的尺寸，代码如下：

```
<textarea id="text" rows="5" cols="25" style="float:right;">
</textarea>
<div id="div" style="height:200px;width:200px;border:solid 50px
red;padding:50px;overflow:auto;">
    <div id="info" style="height:400px;width:400px;border:solid 1px blue;"></div>
</div>
<script>
    var div = document.getElementById("div");
    div.scrollLeft = 200;                    // 设置盒子左边滚出区域宽度为 200px
    div.scrollTop = 200;                     // 设置盒子顶部滚出区域高度为 200px
    var text = document.getElementById("text");
    div.onscroll = function(){               // 注册滚动事件处理函数
        text.value =   "scrollLeft   = " + div.scrollLeft + "\n" +
                    "scrollTop  = " + div.scrollTop + "\n" +
                    "scrollWidth = " + div.scrollWidth + "\n" +
                    "scrollHeight = " + div.scrollHeight ;
    }
</script>
```

效果如图 21.2 所示。

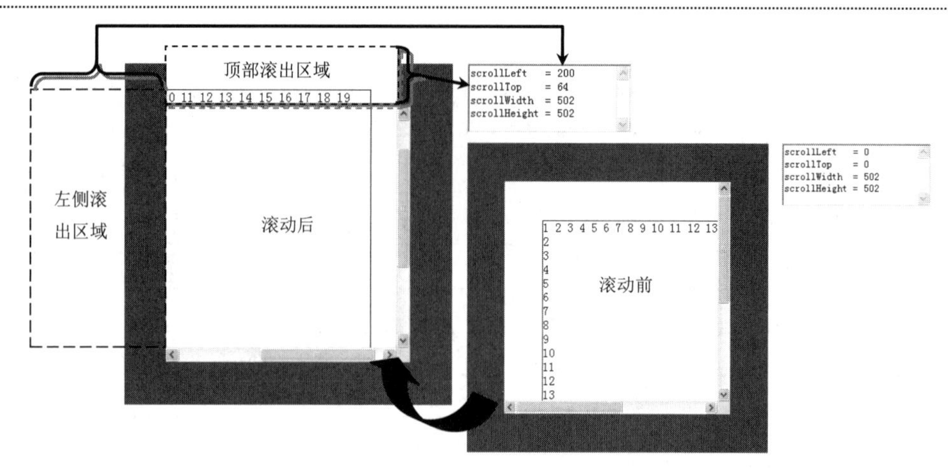

图 21.2 scrollLeft 和 scrollTop 属性指示区域示意图

扫一扫，看视频

21.2.6 窗口尺寸

如果获取<html>标签的 clientWidth 和 clientHeight 属性，就可以得到浏览器窗口的可视宽度和高度，而<html>标签在脚本中表示为 document.documentElement。

在 IE 怪异模式下，body 是最顶层的可视元素，而 html 元素隐藏。所以只有通过<body>标签的 clientWidth 和 clientHeight 属性才可以得到浏览器窗口的可视宽度和高度，而<body>标签在脚本中表示为 document.body。因此，考虑到浏览器的兼容性，可以进行以下设计：

```
var w = document.documentElement.clientWidth || document.body.clientWidth;
var h = document.documentElement.clientHeight || document.body.clientHeight;
```

如果浏览器支持 DOM 标准，则使用 documentElement 对象读取；如果该对象不存在，则使用 body 对象读取。

如果窗口包含内容超出了窗口可视区域，则应该使用 scrollWidth 和 scrollHeight 属性来获取窗口的实际宽度和高度。但是对于 document.documentElement 和 document.body 来说，不同浏览器对于它们的支持略有差异。代码如下：

```
<body style="border:solid 2px blue;margin:0;padding:0">
   <div style="width:2000px;height:1000px;border:solid 1px red;">
</div>
</body>
<script>
   var wb = document.body.scrollWidth;
   var hb = document.body.scrollHeight;
   var wh = document.documentElement.scrollWidth;
   var hh = document.documentElement.scrollHeight;
</script>
```

不同浏览器的返回值比较见表 21.5。

表 21.5 不同浏览器解析 scrollWidth 与 clientWidth 属性比较

浏览器	body.scrollWidth	body.scrollHeight	documentElement.scrollWidth	documentElement.scrollHeight
IE	2002	1002	2004	1006
Firefox	2002	1002	2004	1006
Opera	2004	1006	2004	1006
Chrome	2004	1006	2004	1006

通过比较表 21.5 中的返回值，可以看到不同浏览器对于使用 documentElement 对象获取浏览器窗口的实际尺寸是一致的，但是使用 Body 对象来获取对应尺寸就会存在很大的差异，特别是 Firefox 浏览器，它把 scrollWidth 与 clientWidth 属性值视为相等。

21.3 位置偏移

21.3.1 窗口位置

CSS 的 left 和 top 属性不能真实反映元素相对于页面或其他对象的精确位置，不过每个元素都拥有 offsetLeft 和 offsetTop 属性，它们描述了元素的偏移位置。但不同浏览器定义元素的偏移参照对象不同。例如，IE 会以父元素为参照对象进行偏移，而支持 DOM 标准的浏览器会以最近定位元素为参照对象进行偏移。

【示例 1】本示例是一个 3 层嵌套的结构，其中最外层 div 元素被定义为相对定位显示。在 JavaScript 脚本中使用 alert(box.offsetLeft);语句获取最内层 div 元素的偏移位置，则 IE 返回值为 50px；而其他支持 DOM 标准的浏览器会返回 101px。效果如图 21.3 所示。

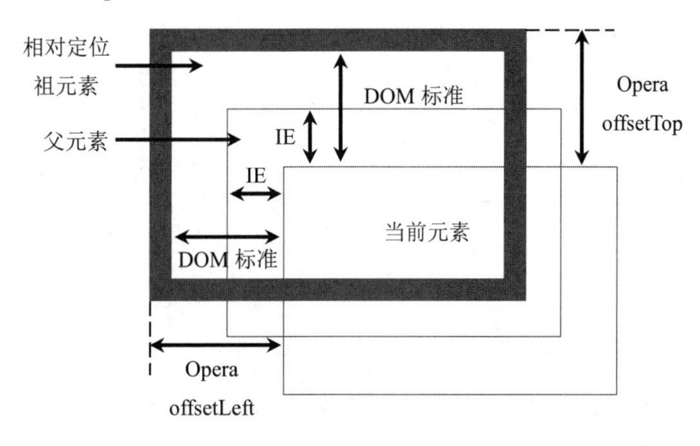

图 21.3　获取元素的位置示意图

注意：

早期 Opera 返回值为 121px，因为它是以 ID 为 wrap 元素的边框外壁为起点进行计算的，而其他支持 DOM 标准的浏览器是以 ID 为 wrap 元素的边框内壁为起点进行计算的。用法如下：

```
<style type="text/css">
    div {width:200px; height:100px; border:solid 1px red; padding:50px;}
    #wrap { position:relative; border-width:20px; }
</style>
<div id="wrap">
    <div id="sub">
        <div id="box"></div>
    </div>
</div>
```

对于任何浏览器来说，offsetParent 属性总能够自动识别当前元素偏移的参照对象，所以不用担心 offsetParent 在不同浏览器中具体指代什么元素。这样就能够通过迭代来计算当前元素距离窗口左上顶角的坐标值，示意图如图 21.4 所示。

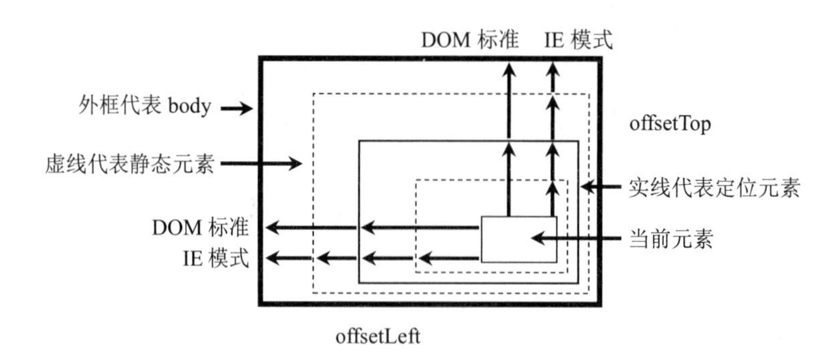

图 21.4　能够兼容不同浏览器的元素偏移位置计算演示示意图

通过图 21.4 可以看到，尽管不同浏览器的 offsetParent 属性指代的元素不同，但是通过迭代计算，当前元素距离浏览器窗口的坐标距离都是相同的。

【示例 2】根据上面分析可以设计一个扩展函数，代码如下：

```
// 获取指定元素距离窗口左上角的偏移坐标
// 参数：e 表示获取位置的元素
// 返回值：返回对象直接量，其中属性 x 表示 x 轴偏移距离，属性 y 表示 y 轴偏移距离
function getPoint(e){
    var x = y = 0;              // 初始化临时变量
    while(e.offsetParent){      // 如果存在 offsetParent 指代的元素，则获取它的偏移坐标
        x += e.offsetLeft;      // 累计总的 x 轴偏移距离
        y += e.offsetTop;       // 累计总的 y 轴偏移距离
        e = e.offsetParent;     // 把当前元素的 offsetParent 属性值传递给循环条件表达式
    }
    return {// 遍历到 body 元素后，停止循环，把叠加的值赋给对象直接量并返回
        "x" : x,
        "y" : y
    };
}
```

由于 body 元素和 html 元素没有 offsetParent 属性，所以当迭代到 body 元素时，会自动停止并计算出当前元素距离窗口左上角的坐标距离。

注意：

不要为包含元素定义边框，因为不同浏览器对边框的处理方式不同。例如，IE 浏览器会忽略所有包含元素的边框，因为所有元素都是参照对象，且以参照对象的边框内壁作为边线进行计算。Firefox 和 Safari 浏览器会把静态元素的边框作为实际距离进行计算，因为对于它们来说，静态元素不作为参照对象。而对于 Opera 浏览器来说，它根据非静态元素边框的外壁作为边线进行计算，所以该浏览器所获取的值又不同。如果不为所有包含元素定义边框，就可以避免不同浏览器解析的分歧，最终实现返回相同的距离。

扫一扫，看视频

21.3.2　相对位置

在复杂的嵌套结构中，仅仅获取元素相对于浏览器窗口的位置并没有多大利用价值，因为定位元素是根据最近的上级非静态元素进行定位的。同时对于静态元素它是根据父元素的位置来决定自己的显示位置。

要获取相对父级元素的位置，用户可以调用 21.3.1 小节自定义的 getPoint()扩展函数分别获取当前元素和父元素离窗口的距离，然后求两个值的差。

【示例】为了提高执行效率，可以先判断 offsetParent 属性是否指向父级元素，如果是，则可以直接使用 offsetLeft 和 offsetTop 属性获取元素相对于父元素的距离；否则就调用 getPoint()扩展函数分别获得

当前元素和父元素距离窗口的坐标，然后求差。代码如下：

```
// 获取指定元素距离父元素左上角的偏移坐标
// 参数：e 表示获取位置的元素
// 返回值：返回对象直接量，其中属性 x 表示 x 轴偏移距离，属性 y 表示 y 轴偏移距离
function getP(e){
    if(e.parentNode == e.offsetParent){      // 判断 offsetParent 属性是否指向父级元素
        var x = e.offsetLeft;                // 如果是，则直接读取 offsetLeft 属性值
        var y = e.offsetTop ;                // 读取 offsetTop 属性值
    }else{// 调用 getW()获取当前元素和父元素的 x 轴坐标，并返回它们的差值
        var o = getPoint(e);
        var p = getPoint(e.parentNode);
        var x = o.x - p.x;
        var y = o.y - p.y;
    }
    return {// 返回对象直接量，对象包含当前元素距离父元素的坐标
        "x" : x,
        "y" : y
    };
}
```

下面调用该扩展函数获取指定元素相对父元素的偏移坐标：

```
var box = document.getElementById("box");
var o = getP(box);            // 调用扩展函数获取元素相对父元素的偏移坐标
alert(o.x);                   // 读取 x 轴坐标偏移值
alert(o.y);                   // 读取 y 轴坐标偏移值
```

21.3.3 定位位置

扫一扫，看视频

定位包含框就是定位元素参照的包含框对象，一般为距离当前元素最近的上级定位元素。获取元素相对定位包含框的位置可以直接读取 CSS 样式中 left 和 top 属性值，它们记录了定位元素的坐标值。

【示例】本扩展函数 getB()调用了 getStyle()扩展函数，该函数能够获取元素的 CSS 样式属性值。对于默认状态的定位元素或静态元素，它们的 left 和 top 属性值一般为 auto。因此，获取 left 和 top 属性值之后，可以尝试使用 parseInt()方法把它转换为数值。如果失败，说明其值为 auto，则设置为 0，否则返回转换的数值。用法如下：

```
// 获取指定元素距离定位包含框元素左上角的偏移坐标
// 参数：e 表示获取位置的元素
// 返回值：返回对象直接量，其中属性 x 表示 x 轴偏移距离，属性 y 表示 y 轴偏移距离
function getB(e){
    return {
        "x" : (parseInt(getStyle(e, "left")) || 0) ,
        "y" : (parseInt(getStyle(e, "top")) || 0)
    };
}
```

21.3.4 设置偏移位置

扫一扫，看视频

与获取元素的位置相比，设置元素的偏移位置比较容易，可以直接使用 CSS 属性进行设置。不过对于页面元素来说，只有定位元素才允许设置元素的位置。考虑到在页面中定位元素的位置常用绝对定位方式，所以不妨把设置元素的位置封装到一个函数中。

【示例】下面代码中的函数能够根据指定元素及其传递的坐标值，快速设置元素相对于上级定位元素的

位置：

```
// 设置元素的偏移位置，即以于上级定位元素为参照对象定位元素的位置
// 参数：e 表示设置位置的元素；o 表示一个对象，对象包含的属性 x 代表 x 轴距离，属性 y 代表 y 轴距离，不用
// 附带单位，默认以 px 为单位
// 返回值：无
function setP(e,o){
    (e.style.position) || (e.style.position = "absolute");// 如果元素静态显示，进行绝对定位
    e.style.left = o.x + "px";            // 设置 x 轴的距离
    e.style.top = o.y + "px";             // 设置 y 轴的距离
}
```

定位元素还可以使用 right 和 bottom 属性，但是一般更习惯使用 left 和 top 属性来定位元素的位置。所以在该函数中没有考虑 right 和 bottom 属性。

扫一扫，看视频

21.3.5 设置相对位置

偏移位置是重新定位元素的位置，不考虑元素可能存在的定位值。但是在动画设计中，经常需要对元素以当前位置为起点进行偏移。

【示例】定义一个扩展函数，以实现元素相对当前位置进行偏移。该函数中调用了 21.3.3 小节介绍的 getB()扩展函数，此函数能够获取当前元素的定位坐标值，代码如下：

```
// 设置元素的相对位置，即相对于当前位置进行偏移
// 参数：e 表示设置位置的元素；o 表示一个对象，对象包含的属性 x 代表 x 轴偏移距离，属性 y 代表 y 轴偏移距
// 离，不用附带单位，默认以 px 为单位
// 返回值：无
function offsetP(e, o){
    (e.style.position) || (e.style.position = "absolute");// 如果元素静态显示，则进行绝对定位
    e.style.left = getB(e).x + o.x + "px";      // 设置 x 轴的距离
    e.style.top = getB(e).y + o.y + "px";       // 设置 y 轴的距离
}
```

用户可以调用 offsetP()函数设置 ID 为 sub 的 div 元素向右下方偏移（10,100）坐标距离。代码如下：

```
<style type="text/css">
    div {width:200px; height:100px; border:solid 1px red; padding:50px;
position:absolute; left:50px; top:50px; }
</style>
<div id="wrap">
    <div id="sub">
        <div id="box"></div>
    </div>
</div>
<script>
    var sub = document.getElementById("sub");
    offsetP(sub,{
        x : 10, y : 100
    });
</script>
```

扫一扫，看视频

21.3.6 鼠标指针绝对位置

要获取鼠标指针的页面位置，首先应捕获当前事件对象，然后读取事件对象中包含的定位信息。考虑到浏览器的不兼容性，可以选用 pageX/pageY（兼容 Safari）或 clientX/clientY（兼容 IE）属性对。另

外，还需要配合使用scrollLeft和scrollTop属性，具体用法如下：

```
// 获取鼠标指针的页面位置
// 参数：e 表示当前事件对象，由系统自动捕获
// 返回值：返回鼠标相对页面的坐标对象，其中属性 x 表示 x 轴偏移距离，属性 y 表示 y 轴偏移距离
function getMP(e){
    var e = e || window.event;                    // 标准化事件对象
    return {
        x : e.pageX || e.clientX + (document.documentElement.scrollLeft ||
document.body.scrollLeft),
        y : e.pageY || e.clientY + (document.documentElement.scrollTop ||
document.body.scrollTop)
    }
}
```

pageX 和 pageY 事件属性不被 IE 浏览器支持，而 clientX 和 clientY 事件属性不被 Safari 浏览器支持，因此可以混合使用它们以兼容不同的浏览器。同时，对于 IE 怪异解析模式来说，body 元素代表页面区域，而 html 元素被隐藏，但是支持 DOM 标准的浏览器认为 html 元素代表页面区域，而 body 元素仅是一个独立的页面元素，所以需要兼容这两种解析方式。

扫一扫，看视频

21.3.7 鼠标指针相对位置

除了考虑鼠标的页面位置外，在开发中还应该考虑鼠标在当前元素内的位置，这需要用到事件对象的 offsetX/offsetY 或 layerX/layerY 属性对。由于早期 Mozilla 类型浏览器不支持 offsetX/offsetY 事件属性，可以考虑用 layerX/layerY 事件属性，但是这两个事件属性是以定位包含框为参照对象的，而不是元素自身左上顶角为参照对象的，因此还需要减去当前元素的 offsetLeft/offsetTop 值。

【示例 1】可以使用 offsetLeft 和 offsetTop 属性获取元素在定位包含框中的偏移坐标，然后使用 layerX 属性值减去 offsetLeft 属性值，使用 layerY 属性值减去 offsetTop 属性值，即可得到鼠标指针在元素内部的位置，用法如下：

```
// 获取鼠标指针在元素内的位置
// 参数：e 表示当前事件对象，o 表示当前元素
// 返回值：返回鼠标相对元素的坐标位置，其中 x 表示 x 轴偏移距离，y 表示 y 轴偏移距离
function getME(e, o){
    var e = e || window.event;
    return {
        x : e.offsetX || (e.layerX - o.offsetLeft),
        y : e.offsetY || (e.layerY - o.offsetTop)
    }
}
```

在实践中上面的扩展函数存在以下几个问题。

- 为了兼容 Mozilla 类型浏览器，通过鼠标偏移坐标减去元素的偏移坐标，得到元素内鼠标偏移坐标的参考原点元素边框外壁的左上角。
- Safari 浏览器的 offsetX 和 offsetY 是以元素边框外壁的左上角为坐标原点，而其他浏览器则是以元素边框内壁的左上角为坐标原点，这就导致不同浏览器的解析不同。
- 由于边框对于鼠标位置的影响，当元素边框很宽时，必须考虑如何消除边框对于鼠标位置的影响。但是由于边框样式的不同，它存在 3px 的默认宽度，为获取元素的边框实际宽度带来了麻烦。需要设置更多的条件，来判断当前元素的边框宽度。

【示例 2】本示例对获取鼠标指针在元素内的位置扩展函数进行完善，代码如下：

```
// 完善获取鼠标指针在元素内的位置
// 参数：e 表示当前事件对象，o 表示当前元素
// 返回值：返回鼠标相对元素的坐标位置，其中 x 表示 x 轴偏移距离，y 表示 y 轴偏移距离
function getME(e, o){
    var e = e || window.event;
    // 获取元素左侧边框的宽度
    // 调用 getStyle()扩展函数获取边框样式值，尝试转换为数值，如果转换成功，则赋值
    // 否则判断是否定义了边框样式，如果定义了边框样式，且值不为 none，则说明边框宽度为默认值，即为 3px
    // 如果没有定义边框样式，且宽度值为 auto，则说明边框宽度为 0
    var bl = parseInt(getStyle(o, "borderLeftWidth")) ||
            ((o.style.borderLeftStyle && o.style.borderLeftStyle != "none" )? 3 : 0);
    // 获取元素顶部边框的宽度，设计思路与获取左侧边框方法相同
    var bt = parseInt(getStyle(o, "borderTopWidth")) ||
            ((o.style.borderTopStyle && o.style.borderTopStyle !=
"none" ) ? 3 : 0);
    var x = e.offsetX ||                          // 一般浏览器下鼠标偏移值
            (e.layerX - o.offsetLeft - bl);
 // 兼容 Mozilla 类型浏览器，减去边框宽度
    var y = e.offsetY ||                          // 一般浏览器下鼠标偏移值
            (e.layerY - o.offsetTop - bt);
 // 兼容 Mozilla 类型浏览器，减去边框宽度
    var u = navigator.userAgent;                  // 获取浏览器的用户数据
    if( (u.indexOf("KHTML") > - 1) ||
        (u.indexOf("Konqueror") > - 1) ||
        (u.indexOf("AppleWebKit") > - 1)
    ){                                            // 如果是 Safari 浏览器，则减去边框的影响
        x -= bl;
        y -= bt;
    }
    return {// 返回兼容不同浏览器的鼠标位置对象，以元素边框内壁左上角为定位原点
        x : x,
        y : y
    }
}
```

扫一扫，看视频

21.3.8 滚动条位置

【示例】对于浏览器窗口的滚动条来说，使用 scrollLeft 和 scrollTop 属性也可以获取窗口滚动条的位置。代码如下：

```
// 获取窗口滚动条的位置
// 参数：无
// 返回值：返回滚动条的位置，其中属性 x 表示 x 轴偏移距离，属性 y 表示 y 轴偏移距离
function getPS(){
    var h = document.documentElement;             // 获取页面引用指针
    var x = self.pageXOffset ||                   // 兼容早期浏览器
            (h && h.scrollLeft) ||                // 兼容标准浏览器
            document.body.scrollLeft;             // 兼容 IE 怪异模式
    var y = self.pageYOffset ||                   // 兼容早期浏览器
            (h && h.scrollTop) ||                 // 兼容标准浏览器
            document.body.scrollTop;              // 兼容 IE 怪异模式
    return {
        x : x,
```

```
        y : y
    };
}
```

21.3.9　设置滚动条位置

扫一扫，看视频

window 对象定义了 scrollTo(x, y)方法，该方法能够根据传递的参数值定位滚动条的位置，其中参数 x 可以定位页面内容在 x 轴方向上的偏移量，参数 y 可以定位页面内容在 y 轴方向上的偏移量。

【示例】扩展函数能够把滚动条定位到指定的元素位置。其中调用了 21.3.1 小节中定义的 getPoint () 扩展函数，使用 getPoint ()函数获取指定元素的页面位置，代码如下：

```
// 滚动到指定的元素位置
// 参数：指定的对象
// 返回值：无
function setPS(e){
    window.scrollTo(getPoint(e).x, getPoint(e).y);
}
```

21.4　可　见　性

21.4.1　显示和隐藏

扫一扫，看视频

使用 CSS 的 visibility 和 display 属性可以控制元素的显示和隐藏。如果希望隐藏元素之后不会破坏页面结构和布局，可以选用 visibility 属性。使用 visibility 属性隐藏元素之后，在页面中会留下一块空白区域。如果担心空白区域影响视觉效果，同时不考虑布局问题，则可以使用 display 属性。

使用 style.display 属性可以设计元素的显示和隐藏。恢复 style.display 属性的默认值，只需设置 style.display 属性值为空字符串（style.display = ""）。

【示例】本示例设计一个扩展函数，根据参数决定是否进行显示或隐藏。代码如下：

```
// 设置或切换元素的显示或隐藏
// 参数：e 表示操作元素，b 为 ture 时，将显示元素 e；b 为 false 时，将隐藏元素 e
// 如果省略参数 b，则根据元素 e 的显示状态进行显示或隐藏的切换
function display(e, b){
    //如果第 2 个参数存在且不为布尔值，则抛出异常
    if(b && (typeof b != "boolean")) throw new Error("第 2 个参数应该是布尔值!");
    var c = getStyle(e, "display");          // 获取当前元素的显示属性值
    (c != "none") && (e._display = c);       // 记录元素的显示性质，并存储到元素的属性中
    e._display = e._display || "";           // 如果没有定义显示性质，则赋值为空字符串
    if(b || (c == "none") ){                 // 当第 2 个参数值为 true，或者元素隐藏时
        e.style.display = e._display;        // 则将调用元素的_display 属性值恢复元素或显示元素
    }
    else{
        e.style.display = "none";            // 否则隐藏元素
    }
}
```

21.4.2　半透明显示

扫一扫，看视频

设计元素的不透明度实现方法：IE 怪异模式支持 filters 滤镜集，DOM 标准浏览器支持 style.opacity

属性。它们的取值范围也不同。

- IE的filters属性值的范围为0～100，其中0表示完全透明，100表示不透明。
- DOM标准的style.opacity属性值的范围为0～1，其中0表示完全透明，1表示不透明。

【示例】为了兼容不同的浏览器，可以把设置元素透明度的功能进行函数封装，代码如下：

```
// 设置元素的透明度
// 参数：e 表示要预设置的元素，n 表示数值，取值范围为 0~100，如果省略，则默认为 100，即不透明显示该元素
function setOpacity(e, n){
    var n = parseFloat(n);              // 把第 2 个参数转换为浮点数
    if(n && (n>100) || !n) n=100;  // 如果第 2 个参数大于 100，或者不存在，则设置为 100
    if(n && (n<0))  n =0;               // 如果第 2 个参数存在且值小于 0，则设置为 0
    if (e.filters){                      // 兼容 IE 浏览器
        e.style.filter = "alpha(opacity=" + n + ")";
    } else{                              // 兼容 DOM 标准
        e.style.opacity = n / 100;
    }
}
```

提示：

在获取元素的透明度时，应注意在IE浏览器中不能够直接通过属性读取，而应借助filters集合的item()方法获取Alpha对象，然后读取它的opacity属性值。

21.5 动　　画

在HTML5+CSS3时代，设计Web动画可以有多种选择，简单说明如下。

- 使用CSS3的animattion或transition。
- 使用HTML5的canvas绘图。
- 使用JavaScript原生的window.setTimout()方法或window.setInterval()方法。
- 使用HTML5新增的window.requestAnimationFrame()方法。

本节重点介绍定时器动画和请求动画帧。

扫一扫，看视频

21.5.1 移动动画

JavaScript传统动画主要利用定时器（setTimeout和setInterval）来实现。

设计思路：通过循环改变元素的某个CSS样式属性，从而达到动态效果，如移动位置、缩放大小和渐隐渐显等。

移动动画主要通过动态修改元素的坐标来实现。技术要点如下。

- 考虑元素的初始坐标、终点坐标以及移动坐标等定位要素。
- 移动速度、频率等问题。可以借助定时器来实现，但是效果的模拟涉及算法问题，不同的算法，可能会设计出不同的移动效果，如匀速运动、加速或减速运动。

【示例】本示例将演示如何设计一个简单的元素滑动效果。通过指向元素、移动的位置以及移动的步数，可以设计按一定的速度把元素从当前位置移动到指定位置。本示例引用前面介绍的getB()方法，该方法能够获取当前元素的绝对定位坐标值。代码如下：

```
// 简单的移动函数
// 参数：e 表示元素，x 和 y 表示要移动的终点坐标，t 表示元素移动的步数
function slide(e, x, y, t){
    var t = t || 100;                                    // 初始化步数，步数越大，速度越慢，移动越逼真
```

```
    var o = getB(e);                             // 当前元素的绝对定位坐标值
    var x0 = o.x;
    var y0 = o.y;
    var stepx = Math.round((x - x0) / t);
    // 计算 x 轴每次移动的步长，由于像素点不可为小数，所以会存在一定的误差
    var stepy = Math.round((y - y0) / t);        // 计算 y 轴每次移动的步长
    var out =  setInterval(function(){           // 设计定时器
        var o = getB(e);                         // 获取每次移动后的绝对定位坐标值
        var x0 = o.x;
        var y0 = o.y;
        e.style["left"] = (x0 + stepx) + 'px';  // 定位每次移动的位置
        e.style["top"] = (y0 + stepy) + 'px';   // 定位每次移动的位置
        // 如果离终点的距离小于步长，则停止循环，并校正最终坐标位置
        if (Math.abs(x - x0) <= Math.abs(stepx) || Math.abs(y - y0) <=
Math.abs(stepy)) {
            e.style["left"] = x + 'px';
            e.style["top"] = y + 'px';
            clearTimeout(out);
        };
    }, 2)
};
```

21.5.2　渐隐和渐显

扫一扫，看视频

渐隐和渐显效果主要通过动态修改元素的透明度来实现。

【示例】本示例实现一个简单的渐隐渐显动画效果。代码如下：

```
// 渐隐渐显动画显示函数
// 参数：e 表示元素，t 表示速度，值越大速度越慢
// io 表示显方式，true 表示渐显，false 表示渐隐
function fade(e, t, io){
    var t = t || 10;                         // 初始化渐隐渐显速度
    if(io){ var i = 0; }                     // 初始化渐隐渐显方式
    else{ var i = 100; }
    var out = setInterval(function(){        // 设计定时器
        setOpacity(e, i);                    // 调用 setOpacity()函数
        if(io) {                             // 渐隐渐显方式决定执行效果
            i ++ ;
            if(i >= 100)  clearTimeout(out);
        } else{
            i-- ;
            if(i <= 0)  clearTimeout(out);
        }
    }, t);
}
```

21.5.3　使用 requestAnimFrame

在传统网页设计中，一般使用 setTimeout()或 setInterval()来设计动画。CSS3 动画出现后，又可以使用 CSS3 来实现，而且性能和流畅度也得到了很大提升。但是 CSS3 动画还是有很多局限性，如不是所有属性都能参与动画、动画缓动效果太少、无法完全控制动画过程等。

HTML5 为 window 对象新增了 window.requestAnimFrame()方法，可用于设计动画。推出这个 API 的

目的是让各种网页动画（如 DOM 动画、canvas 动画、SVG 动画、WebGL 动画等）能够有统一的刷新机制，从而节省系统资源，提高系统性能，改善视觉效果。

requestAnimationFrame()的优势：能够充分利用显示器的刷新机制，比较节省系统资源。解决了浏览器获取动画开始时间和最佳循环间隔时间信息的问题。

- 如果有多个 requestAnimationFrame()要执行，浏览器只需通知一次即可。而 setTimeout()是做不到这点的。
- 一旦页面不处于当前页面，如最小化或切换页面，页面是不会进行重绘的，自然requestAnimationFrame()也不会触发，页面绘制将全部停止，资源高效利用。

显示器都有固定的刷新频率，如 60Hz 或 75Hz，即每秒最多只能重绘 60 次或 75 次。requestAnimationFrame()的设计思路：与显示器的刷新频率保持同步，根据刷新频率进行页面重绘。如果浏览器绘制间隔是 16.7ms，就按这个间隔绘制；如果浏览器绘制间隔是 10ms，就按 10ms 绘制。这样就不会存在过度绘制的问题，动画也不会丢帧。

目前，Firefox26+、Chrome31+、IE10+、Opera19+、Safari6+版本的浏览器对 requestAnimationFrame()提供支持。也可以使用下面的封装代码兼容各种早期版本的浏览器：

```
window.requestAnimFrame = (function() {
    return  window.requestAnimationFrame ||
            window.webkitRequestAnimationFrame ||
            window.mozRequestAnimationFrame ||
            window.oRequestAnimationFrame ||
            window.msRequestAnimationFrame ||
        function( /* function FrameRequestCallback */ callback, /* DOMElement Element
*/ element) {
            return window.setTimeout(callback, 1000 / 60);
        };
})();
```

各主流浏览器都支持自己的私有实现，所以要兼容早期版本的浏览器，需要加前缀，对于不支持 requestAnimationFrame()的浏览器，最后只能使用 setTimeout()，因为两者的使用方式几乎相同，而且兼容起来并不困难。

requestAnimationFrame()的使用方式如下：

```
function animate() {                        //动画函数
    //执行动画
    requestAnimationFrame(animate);         //循环请求动画
}
requestAnimationFrame(animate);             //初次请求动画
```

requestAnimationFrame()与 setInterval()一样会返回一个句柄，然后把动画句柄作为参数传递给 cancelAnimationFrame()函数，可以取消动画。控制动画的代码如下：

```
var globalID;
function animate() {                                //动画函数
    //执行动画
    globalID = requestAnimationFrame(animate); //循环请求动画
    if(条件表达式)
        cancelAnimationFrame(globalID);             //取消动画
}
globalID = requestAnimationFrame(animate);     //初次请求动画
```

21.5.4　设计进度条动画

扫一扫，看视频

本示例模拟一个进度条动画，初始 div 宽度为 1px，在 step()函数中将进度加 1，然后再更新到 div 宽度上，在进度达到 100 之前，一直重复这一过程。为了演示方便添加一个 Run 按钮，演示效果如图 21.5 所示。

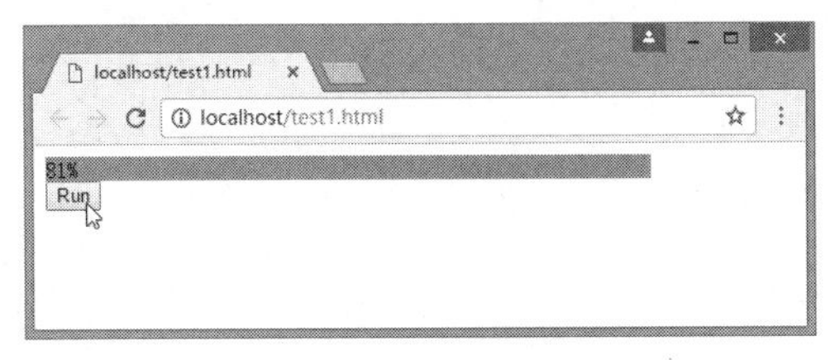

图 21.5　进度条动画

示例的主要代码如下：

```
<div id="test" style="width:1px;height:17px;background:#0f0;">0%</div>
<input type="button" value="Run" id="run"/>
<script>
    window.requestAnimationFrame = window.requestAnimationFrame ||
window.mozRequestAnimationFrame || window.webkitRequestAnimationFrame ||
window.msRequestAnimationFrame;
    var start = null;
    var ele = document.getElementById("test");
    var progress = 0;
    function step(timestamp) {                    //动画函数
        progress += 1;                            //递增变量
        ele.style.width = progress + "%";         //递增进度条的宽度
        ele.innerHTML=progress + "%";             //动态更新进度条的宽度
        if (progress < 100) {                     //设置执行动画的条件
            requestAnimationFrame(step);          //循环请求动画
        }
    }
    requestAnimationFrame(step);                  //初始启动动画
    document.getElementById("run").addEventListener("click", function() {
        ele.style.width = "1px";
        progress = 0;
        requestAnimationFrame(step);
    }, false);
</script>
```

21.5.5　设计旋转的小球

扫一扫，看视频

本示例设计通过 window.requestAnimationFrame()方法在 canvas 画布中绘制一个小球运动动画。代码如下：

```
<style>body{ margin:0px; padding:0px;}</style>
<script>
    window.requestAnimFrame = (function(){
        return  window.requestAnimationFrame        ||
                window.webkitRequestAnimationFrame ||
                window.mozRequestAnimationFrame     ||
```

```
                window.oRequestAnimationFrame      ||
                window.msRequestAnimationFrame     ||
                function(){
                    window.setTimeout(callback, 1000 / 60);
                };
    })();
    var canvas, context;
    init();
    animate();
    function init() {
        canvas = document.createElement('canvas');
        canvas.style.left=0;
        canvas.style.top=0;
        canvas.width = 210;
        canvas.height = 210;
        context = canvas.getContext('2d');
        document.body.appendChild( canvas );
    }
    function animate() {
        requestAnimFrame( animate );
        draw();
    }
    function draw() {
        var time = new Date().getTime() * 0.002;
        var x = Math.sin( time ) * 96 +105;
        var y = Math.cos( time * 0.9 ) * 96 + 105;
        context.fillStyle ='pink';
        context.fillRect( 0, 0, 255, 255 );
        context.fillStyle='rgb(255,0,0)';
        context.beginPath();
        context.arc(x,y,10,0,Math.PI * 2,true);
        context.closePath();
        context.fill();
    }
</script>
```

21.6 实战案例

扫描，拓展学习

21.6.1 设计缓动动画

Tween 表示缓动的意思，用来描述现实生活中各种真实的运动效果，如加速、减速、弹跳、助力跑、碰撞等。目前，Tween 已经成为算法实践的一个重要分支，在 Web 开发中被大量应用。Tween 算法设计的基础和 JavaScript 实现的基本方法请读者扫码学习。

扫描，拓展学习

21.6.2 设计工具提示

Tooltip（工具提示）是一种比较实用的 JavaScript 应用。当为一个元素（一般为超链接 a 元素）定义 title 属性时，会在鼠标经过时显示提示信息，这些提示能够详细描绘经过对象的信息，对于超链接（特别是图像式超链接）非常有用。详细内容请读者扫码学习。

21.7 在线支持

本节为拓展学习，感兴趣的读者请扫码进行学习。

扫描，拓展学习

第 22 章　异步请求

XMLHttpRequest 是一个异步请求 API，提供了客户端向服务器发出 HTTP 请求数据的功能，请求过程允许不同步，不需要刷新页面。Fetch 是 HTML5 新增的异步请求 API，功能与 XMLHttpRequest 相似，但用法更简洁，功能更强大。本章将以 Windows 系统+Apache 服务器+PHP 语言为基础介绍 XMLHttpRequest 和 Fetch 的使用。

【学习重点】

- 使用 responseType 和 response 属性。
- 使用 XMLHttpRequest 发送特殊类型数据。
- 使用 XMLHttpRequest 跨域请求。
- 使用 Fetch 请求数据。

22.1　XMLHttpRequest

AJAX 的英文全称是 Asynchronous JavaScript and XML，是使用 JavaScript 脚本，借助 XMLHttpRequest 插件，在客户端与服务器端之间实现异步通信的一种方法。2005 年 2 月，AJAX 第 1 次正式出现，从此 AJAX 成为 JavaScript 发起 HTTP 异步请求的代名词。2006 年，W3C 发布了 AJAX 标准，AJAX 技术开始快速普及。

扫一扫，看视频

22.1.1　定义 XMLHttpRequest 对象

XMLHttpRequest 是客户端的一个 API，它为浏览器与服务器通信提供了一个便捷通道。目前，浏览器都支持 XMLHttpRequest API，如 IE7+、Firefox、Chrome、Safari 和 Opera 等。

使用 XMLHttpRequest 插件的第 1 步：创建 XMLHttpRequest 对象。

具体方法如下：

```
var xhr = new XMLHttpRequest();
```

提示：

IE5.0 版本开始以 ActiveX 组件的形式支持 XMLHttpRequest，IE7.0 版本开始支持标准化 XMLHttpRequest。不过所有浏览器实现的 XMLHttpRequest 对象都提供相同的接口和用法。

【示例】本示例使用工厂模式把 XMLHttpRequest 对象进行封装，这样只要调用 createXHR()方法就可以返回一个 XMLHttpRequest 对象。代码如下：

```
// 创建 XMLHttpRequest 对象
// 参数：无
// 返回值：XMLHttpRequest 对象
function createXHR(){
    var XHR = [// 兼容不同浏览器和版本创建函数数组
        function () {return new XMLHttpRequest()},
        function () {return new ActiveXObject("Msxml2.XMLHTTP")},
        function () {return new ActiveXObject("Msxml3.XMLHTTP")},
        function () {return new ActiveXObject("Microsoft.XMLHTTP")}
```

```
    ];
    var xhr = null;
    //尝试调用函数，如果成功则返回 XMLHttpRequest 对象，否则继续尝试
    for (var i = 0; i < XHR.length; i ++ ){
        try{
            xhr = XHR[i]();
        }catch (e){
            continue                        //如果发生异常，则继续调用下一个函数
        }
        break;                              //如果成功，则中止循环
    }
    return xhr;                             //返回对象实例
}
```

在以上代码中，首先定义一个数组，收集各种创建 XMLHttpRequest 对象的函数。第 1 个函数是标准用法，其他函数主要针对 IE 浏览器的不同版本尝试创建 ActiveX 对象。其次设置变量 xhr 为 null，表示为空对象。再次遍历工厂内所有函数并尝试执行它们，为了避免发生异常，把所有调用函数放在 try 中执行，如果发生错误，则在 catch 中捕获异常，并执行 continue 命令，返回继续执行，避免抛出异常。如果创建成功，则中止循环，返回 XMLHttpRequest 对象。

22.1.2　建立 HTTP 连接

扫一扫，看视频

使用 XMLHttpRequest 对象的 open()方法可以创建一个 HTTP 请求。用法如下：

```
xhr.open(method, url, async, username, password);
```

其中 xhr 表示 XMLHttpRequest 对象，open()方法包含 5 个参数，简单说明如下。

- method：HTTP 请求方法，必设参数，值包括 POST、GET 和 HEAD，大小写不敏感。
- url：请求的 URL 字符串，必设参数，大部分浏览器仅支持同源请求。
- async：指定请求是否为异步方式，默认为 true；如果为 false，当状态改变时会立即调用 onreadystatechange 属性指定的回调函数。
- username：可选参数，如果服务器需要验证，该参数指定用户名，如果未指定，当服务器需要验证时，会弹出验证窗口。
- password：可选参数，验证信息中的密码部分，如果用户名为空，则该值将被忽略。

建立连接后，可以使用 send()方法发送请求，用法如下：

```
xhr.send(body);
```

参数 body 表示通过该请求发送的数据，如果不传递信息，可以设置为 null 或省略。

发送请求后，可以使用 XMLHttpRequest 对象的 responseBody、responseStream、responseText 或 responseXML 属性等待接收响应数据。

【示例】本示例简单演示了如何实现异步通信。代码如下：

```
var xhr = createXHR();                      //实例化 XMLHttpRequest 对象
xhr.open("GET","server.txt", false);        //建立连接，要求同步响应
xhr.send(null);                             //发送请求
console.log(xhr.responseText);              //接收数据
```

在服务器端文件（server.txt）中输入以下字符串：

```
Hello World                                 //服务器端脚本
```

在浏览器控制台会显示 Hello World 提示信息。该字符串是从服务器端响应的字符串。

扫一扫，看视频

22.1.3 发送 GET 请求

发送 GET 请求简单、方便，适用于简单字符串，不适用于大容量或加密数据。实现方法：将包含查询字符串的 URL 传入 XMLHttpRequest 对象的 open()方法，设置第 1 个参数值为 GET。服务器能够通过查询字符串接收用户信息。

【示例】本示例以 GET 方式向服务器传递一条信息 callback=functionName，代码如下：

```
<input name="submit" type="button" id="submit" value="向服务器发出请求" />
<script>
    window.onload = function(){                                //页面初始化
        var b = document.getElementsByTagName("input")[0];
        b.onclick = function(){
            var url = "server.php?callback=functionName" //设置查询字符串
            var xhr = createXHR();                     //实例化 XMLHttpRequest 对象
            xhr.open("GET",url, false);                //建立连接，要求同步响应
            xhr.send(null);                            //发送请求
            console.log(xhr.responseText);             //接收数据
        }
    }
</script>
```

在服务器端文件（server.php）中输入以下的代码（获取查询字符串中 callback 的参数值，并把该值响应给客户端）：

```
<?php
echo $_GET["callback"];
?>
```

在浏览器中预览页面，当单击“提交”按钮时，在控制台显示传递的参数值。

提示：

查询字符串通过问号（?）作为前缀附加在 URL 的末尾，发送数据是以连字符（&）连接的一个或多个名/值对。

扫一扫，看视频

22.1.4 发送 POST 请求

POST 请求允许发送任意类型、任意长度的数据，多用于表单提交，以 send()方法进行传递，而不以查询字符串的方式进行传递。POST 字符串与 GET 字符串的格式相同，格式如下：

```
send("name1=value1&name2=value2…");
```

【示例】以 22.1.3 小节的示例为例，使用 POST 方法向服务器传递数据，代码如下：

```
window.onload = function(){                    //页面初始化
    var b = document.getElementsByTagName("input")[0];
    b.onclick = function(){
        var url = "server.php"                 //设置请求的地址
        var xhr = createXHR();                 //实例化 XMLHttpRequest 对象
        xhr.open("POST",url, false);           //建立连接，要求同步响应
        xhr.setRequestHeader('Content-type','application/x-www-form-urlencoded');
                                               //设置为表单方式提交
        xhr.send("callback=functionName");     //发送请求
        console.log(xhr.responseText);         //接收数据
    }
}
```

在 open()方法中，设置第 1 个参数为 POST，然后使用 setRequestHeader()方法设置请求消息的内容类型为 application/x-www-form-urlencoded，表示传递时的表单值，一般使用 POST 发送请求时都必须设置该选项，否则服务器会无法识别传递过来的数据。

在服务器端设计接收 POST 方式传递的数据，并进行响应，代码如下：

```
<?php
echo $_POST["callback"];
?>
```

扫一扫，看视频

22.1.5 串行格式化

GET 和 POST 方法都是以串行格式化的字符串发送数据。主要形式有对象格式和数组格式两种。

1. 对象格式

例如，定义一个包含 3 个名/值对的对象数据，代码如下：

```
{ user:"ccs8", pass: "123456", email: "css8@mysite.cn" }
```

转换为串行格式化的字符串，代码如下：

```
'user="ccs8"&pass="123456"&email="css8@mysite.cn"'
```

2. 数组格式

例如，定义一组信息，包含多个对象类型的元素，代码如下：

```
[{ name:"user", value:"css8" }, { name:"pass", value:"123456" },{ name:"email", value:"css8@mysite.cn" } ]
```

转换为串行格式化的字符串，代码如下：

```
'user="ccs8"& pass="123456"& email="css8@mysite.cn"'
```

【示例】为了方便开发，本示例演示了如何定义一个工具函数，把 JavaScript 对象或数组对象转换为串行格式化的字符串并返回，就不需要手动转换了，代码如下：

```
// 把 JSON 数据转换为串行字符串
// 参数：data 表示数组或对象类型数据
// 返回值：串行字符串
function JSONtoString(data){
    var a = [];                              //临时数组
    if( data.constructor == Array){          //处理数组
        for(var i = 0 ; i < data.length ; i++){
            a.push(data[i].name + "=" + encodeURIComponent(data[i].value));
        }
    } else{                                  //处理对象
        for(var i in data){
            a.push(i + "=" + encodeURIComponent(data[i]));
        }
    }
    return a.join("&");                      //把数组转换为串行字符串，并返回
}
```

扫一扫，看视频

22.1.6 跟踪响应状态

使用 XMLHttpRequest 对象的 readyState 属性可以实时跟踪响应状态。当该属性值发生变化时，会触发 readystatechange 事件，调用绑定的回调函数。readyState 属性值的说明见表 22.1。

表 22.1 readyState 属性值的说明

属性值	说　明
0	未初始化。表示对象已经建立，但尚未初始化，尚未调用 open()方法
1	初始化。表示对象已经建立，尚未调用 send()方法
2	发送数据。表示 send()方法已经调用，但当前的状态及 HTTP 头未知
3	数据传送中。已经接收部分数据，因为响应及 HTTP 头不全，这时通过 responseBody 和 responseText 获取部分数据会出现错误
4	完成。数据接收完毕，此时可以通过 responseBody 和 responseText 获取完整的响应数据

如果 readyState 属性值为 4，则说明响应完毕，就可以安全读取响应的数据。注意：考虑到各种特殊情况，更安全的方法是，同时监测 HTTP 状态码，当 HTTP 状态码为 200 时，说明 HTTP 响应顺利完成。

【示例】以 22.1.4 小节的示例为例，修改请求为异步响应请求，然后通过 status 属性获取当前的 HTTP 状态码。如果 readyState 属性值为 4，且 status（状态码）属性值为 200，则说明 HTTP 请求和响应过程顺利完成，这时可以安全异步地读取数据。

```
window.onload = function(){                                    //页面初始化
    var b = document.getElementsByTagName("input")[0];
    b.onclick = function(){
        var url = "server.php"                                 //设置请求的地址
        var xhr = createXHR();                                 //实例化 XMLHttpRequest 对象
        xhr.open("POST",url, true);                            //建立连接，要求异步响应
        xhr.setRequestHeader('Content-type','application/x-www-form-urlencoded');
                                                               //设置为表单方式提交
        xhr.onreadystatechange = function(){                   //绑定响应状态事件监听函数
            if(xhr.readyState == 4){                           //监听 readyState 状态
                if (xhr.status == 200 || xhr.status == 0){     //监听 HTTP 状态码
                    console.log(xhr.responseText);             //接收数据
                }
            }
        }
        xhr.send("callback=functionName");                     //发送请求
    }
}
```

扫一扫，看视频

22.1.7　中止请求

使用 XMLHttpRequest 对象的 abort()方法可以中止正在进行的请求。用法如下：

```
xhr.onreadystatechange = function(){};     //清理事件响应函数
xhr.abort();                               //中止请求
```

提示：

在调用 abort()方法前，应先清除 onreadystatechange 事件处理函数，因为 IE 和 Mozilla 在请求中止后会激活这个事件处理函数，如果将 onreadystatechange 属性设置为 null，则 IE 会发生异常，所以可以为它设置一个空函数。

扫一扫，看视频

22.1.8　获取 XML 数据

XMLHttpRequest 对象通过 responseText、responseBody、responseStream 或 responseXML 属性获取响应信息，说明见表 22.2，它们都是只读属性。

表 22.2 XMLHttpRequest 对象响应信息属性

响应信息	说 明
responseBody	将响应信息正文以 Unsigned Byte 数组形式返回
responseStream	以 ADO Stream 对象的形式返回响应信息
responseText	将响应信息作为字符串返回
responseXML	将响应信息格式化为 XML 格式返回

在实际应用中，一般将格式设置为 XML、HTML、JSON 或其他纯文本格式。具体使用哪种响应格式，可以参考以下几条原则。

- 如果向页面添加大块数据，选择 HTML 格式会比较方便。
- 如果需要协作开发，且项目庞杂，选择 XML 格式会更通用。
- 如果要检索复杂的数据，且结构复杂，那么选择 JSON 格式会更轻便。

【示例 1】在服务器端创建一个简单的 XML 文档，代码如下：

```
<?xml version="1.0" encoding="utf-8"?>
<the>XML 数据</the >
```

然后，在客户端进行如下请求：

```
<input name="submit" type="button" id="submit" value="向服务器发出请求" />
<script>
  window.onload = function(){                     //页面初始化
     var b = document.getElementsByTagName("input")[0];
     b.onclick = function(){
        var xhr = createXHR();                    //实例化 XMLHttpRequest 对象
        xhr.open("GET","server.xml", true); //建立连接，要求异步响应
        xhr.onreadystatechange = function(){//绑定响应状态事件监听函数
           if(xhr.readyState == 4){               //监听 readyState 状态
              if (xhr.status == 200 || xhr.status == 0){     //监听 HTTP 状态码
                 var  info = xhr.responseXML;
                 console.log(info.getElementsByTagName("the")[0].firstChild.data);
                                                  //返回元信息字符串“XML 数据”
              }
           }
        }
        xhr.send();                               //发送请求
     }
  }
</script>
```

在以上代码中，使用 XML DOM 的 getElementsByTagName()方法获取 the 节点，然后再定位第 1 个 the 节点的子节点内容。此时如果继续使用 responseText 属性来读取数据，则会返回 XML 源代码字符串。

【示例 2】使用服务器端脚本生成 XML 结构数据。以示例 1 为例进行说明，具体如下：

```
<?php
header('Content-Type: text/xml;');
echo '<?xml version="1.0" encoding="utf-8"?><the>XML 数据</the >';  //输出 XML
?>
```

22.1.9 获取 HTML 字符串

扫一扫，看视频

设计响应信息为 HTML 字符串，然后使用 DOM 的 innerHTML 属性把获取的字符串插入网页中。

【示例】在服务器端设计响应信息为 HTML 结构代码。代码如下：

```
<table border="1" width="100%">
    <tr><td>RegExp.exec()</td><td>通用的匹配模式</td></tr>
    <tr><td>RegExp.test()</td><td>检测一个字符串是否匹配某个模式</td></tr>
</table>
```

然后在客户端接收响应信息，代码如下：

```
<input name="submit" type="button" id="submit" value="向服务器发出请求" />
<div id="grid"></div>
<script>
    window.onload = function(){                                    //页面初始化
        var b = document.getElementsByTagName("input")[0];
        b.onclick = function(){
            var xhr = createXHR();                                  //实例化 XMLHttpRequest 对象
            xhr.open("GET","server.html", true);                    //建立连接，要求异步响应
            xhr.onreadystatechange = function(){                    //绑定响应状态事件监听函数
                if(xhr.readyState == 4){                            //监听 readyState 状态
                    if (xhr.status == 200 || xhr.status == 0){      //监听 HTTP 状态码
                        var  o = document.getElementById("grid");
                        o.innerHTML = xhr.responseText;             //直接插入页面中
                    }
                }
            }
            xhr.send();                                             //发送请求
        }
    }
</script>
```

注意：

在某些情况下，HTML 字符串可能为客户端解析响应信息节省了一些 JavaScript 脚本，但是也带来了一些问题。

- 响应信息中包含大量无用字符，响应数据会变得很臃肿。因为 HTML 标记不含有信息，完全可以把它们放置在客户端由 JavaScript 脚本负责生成。
- 响应信息中包含的 HTML 结构无法有效利用，对于 JavaScript 脚本来说，它们仅仅是一堆字符串。同时结构和信息混合在一起，也不符合标准化设计原则。

扫一扫，看视频

22.1.10 获取 JavaScript 脚本

响应信息为 JavaScript 代码，与 JSON 数据不同，响应信息是可执行的命令或脚本。

【示例】服务器端的请求文件中包含以下函数：

```
function(){
    var d = new Date()
    return d.toString();
}
```

然后在客户端执行以下请求：

```
<input name="submit" type="button" id="submit" value="向服务器发出请求" />
<script>
    window.onload = function(){                                    //页面初始化
        var b = document.getElementsByTagName("input")[0];
        b.onclick = function(){
            var xhr = createXHR();                                  //实例化 XMLHttpRequest 对象
            xhr.open("GET","server.js", true);                      //建立连接，要求异步响应
            xhr.onreadystatechange = function(){                    //绑定响应状态事件监听函数
```

```
            if(xhr.readyState == 4){                          //监听 readyState 状态
                if (xhr.status == 200 || xhr.status == 0){   //监听 HTTP 状态码
                    var info = xhr.responseText;
                    var  o = eval("("+info+")" + "()");       //用 eval()把字符串转换为脚本
                    console.log(o);                           //返回客户端当前日期
                }
            }
        }
        xhr.send();                                           //发送请求
    }
}
</script>
```

注意：

使用 eval()方法时，在字符串前后附加两个小括号：一个是包含函数结构体的，另一个是表示调用函数的。不建议直接使用 JavaScript 代码作为响应格式，因为它不能传递更丰富的信息，同时 JavaScript 脚本极易引发安全隐患。

扫一扫，看视频

22.1.11　获取 JSON 数据

使用 responseText 可以获取 JSON 格式的字符串，然后使用 eval()方法将其解析为本地 JavaScript 脚本，再从该数据对象中读取信息。

【示例】 服务器端的请求文件中包含以下 JSON 数据：

```
{user:"ccs8",pass: "123456",email:"css8@mysite.cn"}
```

然后在客户端执行以下请求：

```
<input name="submit" type="button" id="submit" value="向服务器发出请求" />
<script>
    window.onload = function(){                               //页面初始化
        var b = document.getElementsByTagName("input")[0];
        b.onclick = function(){
            var xhr = createXHR();                            //实例化 XMLHttpRequest 对象
            xhr.open("GET","server.js", true);                //建立连接，要求异步响应
            xhr.onreadystatechange = function(){              //绑定响应状态事件监听函数
                if(xhr.readyState == 4){                      //监听 readyState 状态
                    if (xhr.status == 200 || xhr.status == 0){    //监听 HTTP 状态码
                        var info = xhr.responseText;
                        var  o = eval("("+info+")");          //调用 eval()把字符串转换为本地脚本
                        console.log(info);                    //显示 JSON 对象字符串
                        console.log(o.user);                  //读取对象属性值，返回字符串 css8
                    }
                }
            }
            xhr.send();                                       //发送请求
        }
    }
</script>
```

在以上代码中把返回 JSON 字符串转换为了对象，然后读取属性值。

注意：

eval()方法在解析 JSON 字符串时存在安全隐患。如果 JSON 字符串中包含恶意代码，在调用回调函数时可能会被执行。

解决方法：先对 JSON 字符串进行过滤，屏蔽恶意代码。也可以下载 JavaScript 版本解析程序。不过如果确信所响应的 JSON 字符串是安全的，没有被人恶意攻击，那么可以使用 eval()方法解析 JSON 字符串。

扫一扫，看视频

22.1.12 获取纯文本

对于简短的信息，可以使用纯文本格式进行响应。但是纯文本信息在传输过程中容易丢失，且没有办法检测信息的完整性。

【示例】服务器端响应的信息为字符串 true，在客户端可以进行以下设计：

```
var xhr = createXHR();                                    //实例化 XMLHttpRequest 对象
xhr.open("GET","server.txt", true);                       //建立连接，要求异步响应
xhr.onreadystatechange = function(){                      //绑定响应状态事件监听函数
    if(xhr.readyState == 4){                              //监听 readyState 状态
        if (xhr.status == 200 || xhr.status == 0){        //监听 HTTP 状态码
            var  info = xhr.responseText;
            if(info == "true") console.log("文本信息传输完整");//检测信息是否完整
            else  console.log("文本信息可能存在丢失");
        }
    }
}
xhr.send();                                               //发送请求
```

扫一扫，看视频

22.1.13 获取和设置头部消息

HTTP 请求和响应都包含一组头部消息，获取和设置头部消息可以使用 XMLHttpRequest 对象的两个方法。

- getAllResponseHeaders()：获取响应的 HTTP 头部消息。
- getResponseHeader("Header-name")：获取指定的 HTTP 头部消息。

【示例】本示例将获取 HTTP 响应的所有头部消息，代码如下：

```
var xhr = createXHR();
var url = "server.txt";
xhr.open("GET", url, true);
xhr.onreadystatechange = function (){
    if ( xhr.readyState == 4 && xhr.status == 200 ) {
        console.log(xhr.getAllResponseHeaders());   //获取头部消息
    }
}
xhr.send(null);
```

如果要获取某个指定的首部消息，可以使用 getResponseHeader()方法，参数为获取首部的名称。例如，获取 Content-Type 首部的值，则可以进行以下设计：

```
console.log(xhr.getResponseHeader("Content-Type"));
```

除了可以获取这些头部消息外，还可以使用 setRequestHeader()方法在发送请求中设置各种头部消息。用法如下：

```
xhr.setRequestHeader("Header-name", "value");
```

其中，Header-name 表示头部消息的名称，value 表示消息的具体值。例如，使用 POST 方法传递表单数据，可以设置如下头部消息：

```
xhr.setRequestHeader("Content-type ", " application/x-www-form-urlencoded ");
```

22.1.14　认识 XMLHttpRequest 2.0

XMLHttpRequest1.0 API 存在很多缺陷。简单说明如下。

- 只支持文本数据的传送，无法用于读取和上传二进制文件。
- 传送和接收数据时，没有进度信息，只有提示有没有完成。
- 受到同域限制，只能向同一域名的服务器请求数据。

2014 年 11 月，W3C 正式发布 XMLHttpRequest Level 2 标准规范，新增了很多实用功能，推动了异步交互在 JavaScript 中的应用。简单说明如下。

- 可以设置 HTTP 请求的时限。
- 可以使用 FormData 对象管理表单数据。
- 可以上传文件。
- 可以请求不同域名下的数据（跨域请求）。
- 可以获取服务器端的二进制数据。
- 可以获得数据传输的进度信息。

扫一扫，看视频

22.1.15　请求时限

XMLHttpRequest2.0 为 XMLHttpRequest 对象新增 timeout 属性，使用该属性可以设置 HTTP 请求时限。代码如下：

```
xhr.timeout = 3000;
```

以上语句将异步请求的最长等待时间设为 3000ms。超过最长等待时间，就自动停止 HTTP 请求。

与之配套的还有一个 timeout 事件，用来指定回调函数。代码如下：

```
xhr.ontimeout = function(event){
    alert('请求超时！');
}
```

扫一扫，看视频

22.1.16　FormData 数据对象

XMLHttpRequest2.0 新增 FormData 对象，使用它可以处理表单数据。使用 FormData 对象的步骤如下。

第 1 步，新建 FormData 对象。代码如下：

```
var formData = new FormData();
```

第 2 步，为 FormData 对象添加表单项。代码如下：

```
formData.append('username', '张三');
formData.append('id', 123456);
```

第 3 步，直接传送 FormData 对象。这与提交网页表单的效果完全一样。代码如下：

```
xhr.send(formData);
```

FormData 对象也可以用来获取网页表单的值。代码如下：

```
var form = document.getElementById('myform');
var formData = new FormData(form);
formData.append('secret', '123456');        //添加一个表单项
xhr.open('POST', form.action);
xhr.send(formData);
```

提示：

FormData()构造函数的语法格式如下：

```
var form = document.getElementById("form1");
var formData = new FormData(form);
```

FormData()构造函数包含一个参数，表示页面中的一个表单（form）元素。创建 formData 对象后，把该对象传递给 XMLHttpRequest 对象的 send()方法。语法格式如下：

```
xhr.send(formData);
```

使用 FormData 对象的 append()方法可以追加数据，这些数据将在向服务器端发送数据时随着用户在表单控件中输入的数据一起发送到服务器端。append()方法的用法如下：

```
formData.append('add_data', '测试');    //在发送之前添加附加数据
```

该方法包含两个参数：第 1 个参数表示追加数据的键名，第 2 个参数表示追加数据的键值。

当 FormData 对象中包含附加数据时，服务器端将该数据的键名视为一个表单控件的 name 属性值，将该数据的键值视为该表单控件中的数据。

【示例】本示例在页面中设计一个表单，表单包含一个用于输入姓名的文本框、一个用于输入密码的文本框以及一个“发送”按钮。输入用户名和密码，单击“发送”按钮，JavaScript 脚本在表单数据中追加附加数据，然后将表单数据发送到服务器端，服务器端接收到表单数据后进行响应，演示效果如图 22.1 所示。

图 22.1　发送表单数据的演示效果

（1）前台页面（test1.html），代码如下：

```
<script>
    function sendForm() {
        var form=document.getElementById("form1");
        var formData = new FormData(form);
        formData.append('grade', '3'); //在发送之前添加附加数据
        var xhr = new XMLHttpRequest();
        xhr.open('POST','test.php',true);
        xhr.onload = function(e) {
            if (this.status == 200) {
                document.getElementById("result").innerHTML=this.response;
            }
        };
        xhr.send(formData);
    }
</script>
<form id="form1">
用户名：<input type="text" name="name"><br/>
密　码：<input type="password" name="pass"><br/>
<input type="button" value="发送" onclick="sendForm();">
</form>
<output id="result" ></output>
```

（2）后台页面（test.php），代码如下：

```
<?php
$name =$_POST['name'] ;
$pass =$_POST['pass'] ;
$grade =$_POST['grade'] ;
echo '服务器端接收数据：<br/>';
echo '用户名：'.$name.'<br/>';
echo '密  码：'.$pass.'<br/>';
echo '等  级：'.$grade;
flush();
?>
```

22.1.17 上传文件

扫一扫，看视频

新版 XMLHttpRequest 对象不仅可以发送文本信息，还可以上传文件。XMLHttpRequest 的 send()方法可以发送字符串、Document 对象、表单数据、Blob 对象、文件以及 ArrayBuffer 对象。

【示例 1】设计一个“选择文件”的表单元素（input[type="file"]），将它装入 FormData 对象。代码如下：

```
var formData = new FormData();
for (var i = 0; i < files.length;i++) {
    formData.append('files[]', files[i]);
}
```

然后，发送 FormData 对象给服务器端。代码如下：

```
xhr.send(formData);
```

使用 FormData 可以向服务器端发送文件，具体用法：将表单的 enctype 属性值设置为 multipart/form-data，然后将需要上传的文件作为附加数据添加到 FormData 对象中。

【示例 2】本示例页面中包含一个文件控件和一个“发送”按钮，使用文件控件在客户端选取一些文件后，单击“发送”按钮，JavaScript 将选取的文件上传到服务器端，服务器端在上传文件成功后将这些文件的文件名作为响应数据返回，客户端接收到响应数据后，将其显示在页面中，演示效果如图 22.2 所示。

图 22.2 发送文件的演示效果

（1）前台页面（test1.html），代码如下：

```
<script>
    function uploadFile() {
        var formData = new FormData();
        var files=document.getElementById("file1").files;
        for (var i = 0;i<files.length;i++) {
            var file=files[i];
            formData.append('myfile[]', file);
        }
        var xhr = new XMLHttpRequest();
```

```
        xhr.open('POST','test.php', true);
        xhr.onload = function(e) {
            if (this.status == 200) {
                document.getElementById("result").innerHTML=this.response;
            }
        };
        xhr.send(formData);
    }
</script>
<form id="form1" enctype="multipart/form-data">
选择文件<input type="file" id="file1" name="file" multiple><br/>
<input type="button" value="发送" onclick="uploadFile();">
</form>
<output id="result" ></output>
```

（2）后台页面（test.php），代码如下：

```
<?php
for ($i=0;$i<count($_FILES['myfile']['name']);$i++) {
    move_uploaded_file($_FILES['myfile']['tmp_name'][$i],'./upload/'.iconv("utf-8","gbk",
$_FILES['myfile']['name'][$i]));
    echo '已上传文件：'.$_FILES['myfile']['name'][$i].'<br/>';
}
flush();
?>
```

扫一扫，看视频

22.1.18 跨域访问

新版本的 XMLHttpRequest 对象可以向不同域名的服务器发出 HTTP 请求。使用跨域资源共享的前提是浏览器必须支持这个功能，且服务器端必须同意这种跨域。如果能够满足以上两个条件，则代码的写法与不跨域请求的代码写法完全一样，代码如下：

```
xhr.open('GET', 'http://other.server/and/path/to/script');
```

实现方法：在被请求域中提供一个用于响应请求的服务器端脚本文件，并且在服务器端返回响应的响应头信息中添加 Access-Control-Allow-Origin 参数，并且将参数值指定为允许向该页面请求数据的域名+端口号。

【示例】本示例演示了如何实现跨域数据请求。在客户端页面中设计一个操作按钮，当单击该按钮时，向另一个域中的 server.php 脚本文件请求数据，该脚本文件返回一段简单的字符串，本页面接收到该文字后将其显示在页面上，演示效果如图 22.3 所示。

图 22.3 跨域请求数据的演示效果

（1）前台页面（test1.html），代码如下：

```
<script>
    function ajaxRequest(){
        var xhr = new XMLHttpRequest();
        xhr.open('GET', 'http://localhost/server.php', true);
```

```
        xhr.onreadystatechange = function() {
            if(xhr.readyState === 4) {
                document.getElementById("result").innerHTML = xhr.responseText;
            }
        };
        xhr.send(null);
    }
</script>
<style type="text/css">
    output { color:red;}
</style>
<input type="button" value="跨域请求" onclick="ajaxRequest()"></input><br/>
响应数据：<output id="result"/>
```

（2）跨域后台页面（server.php），代码如下：

```
<?php
header('Access-Control-Allow-Origin:http://localhost/');
header('Content-Type:text/plain;charset=UTF-8');
echo '我是来自异域服务器的数据。';
flush();
?>
```

22.1.19 响应不同类型的数据

扫一扫，看视频

新版本的 XMLHttpRequest 对象新增了 responseType 和 response 属性。

- responseType：用于指定服务器端返回数据的数据类型，可用值为 text、arraybuffer、blob、json 或 document。如果将属性值指定为空字符串值或不使用该属性，则该属性值默认为 text。
- response：如果向服务器端提交请求成功，则返回响应的数据。
    - 如果 responseType 为 text，则 response 返回值为一串字符串。
    - 如果 responseType 为 arraybuffer，则 response 返回值为一个 ArrayBuffer 对象。
    - 如果 responseType 为 blob，则 response 返回值为一个 Blob 对象。
    - 如果 responseType 为 json，则 response 返回值为一个 JSON 对象。
    - 如果 responseType 为 document，则 response 返回值为一个 Document 对象。

【示例】为 XMLHttpRequest 对象设置 responseType = 'text'，可以向服务器发送字符串数据。本示例将在页面中显示一个文本框和一个按钮，在文本框中输入字符串后，单击页面上的“发送数据”按钮，使用 XMLHttpRequest 对象的 send()方法将输入字符串发送到服务器端，在接收到服务器端响应数据后，将该响应数据显示在页面上，演示效果如图 22.4 所示。

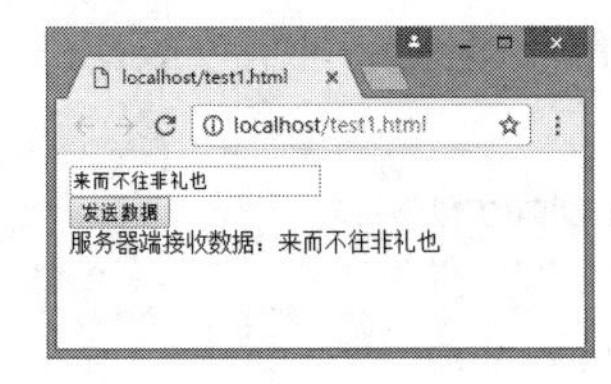

图 22.4　发送字符串的演示效果

（1）前台页面（test1.html），代码如下：

```
<script>
    function sendText() {
        var txt=document.getElementById("text1").value;
        var xhr = new XMLHttpRequest();
```

```
        xhr.open('POST', 'test.php', true);
        xhr.responseType = 'text';
        xhr.onload = function(e) {
            if (this.status == 200) {
                document.getElementById("result").innerHTML=this.response;
            }
        };
        xhr.send(txt);
    }
</script>
<form>
    <input type="text" id="text1"><br/>
    <input type="button" value="发送数据" onclick="sendText()">
</form>
<output id="result" ></output>
```

（2）后台页面（test.php），代码如下：

```
<?php
$str =file_get_contents('php://input');
echo '服务器端接收数据：'.$str;
flush();
?>
```

扫一扫，看视频

22.1.20 接收二进制数据

旧版本的 XMLHttpRequest 对象，只能从服务器接收文本数据。新版本的 XMLHttpRequest 对象可以接收二进制数据。

使用新增的 responseType 属性即可从服务器接收二进制数据。如果服务器返回文本数据，则该属性值是 text，也是默认值。

（1）把 responseType 设为 blob，表示服务器传回的是二进制对象。代码如下：

```
var xhr = new XMLHttpRequest();
xhr.open('GET', '/path/to/image.png');
xhr.responseType = 'blob';
```

接收数据时，用浏览器自带的 Blob 对象。代码如下：

```
var blob = new Blob([xhr.response], {type: 'image/png'});
```

注意：

是读取 xhr.response，而不是 xhr.responseText。

（2）将 responseType 设为 arraybuffer，即把二进制数据装在一个数组中。代码如下：

```
var xhr = new XMLHttpRequest();
xhr.open('GET', '/path/to/image.png');
xhr.responseType = "arraybuffer";
```

接收数据时，需要遍历该数组。代码如下：

```
var arrayBuffer = xhr.response;
if (arrayBuffer) {
    var byteArray = new Uint8Array(arrayBuffer);
    for (var i = 0; i < byteArray.byteLength; i++) {
        //执行代码
    }
}
```

当 XMLHttpRequest 对象的 responseType 属性设置为 arraybuffer 时，服务器端的响应数据将是一个 ArrayBuffer 对象。

目前，Firefox8+、Opera11.64+、Chrome10+、Safari5+和 IE10+版本的浏览器支持将 XMLHttpRequest 对象的 responseType 属性值指定为 arraybuffer。

【示例】 本示例在页面中显示一个“下载图片”按钮和一个“显示图片”按钮，单击“下载图片”按钮时，从服务器端下载一幅图片的二进制数据，在得到服务器端响应后创建一个 Blob 对象，并将该图片的二进制数据追加到 Blob 对象中，使用 FileReader 对象的 readAsDataURL()方法将 Blob 对象中保存的原始二进制数据读取为 DataURL 格式的 URL 字符串，然后将其保存在 indexedDB 数据库中。单击“显示图片”按钮时，将从 indexedDB 数据库中读取该图片的 DataURL 格式的 URL 字符串，创建一个 img 元素，然后将该 URL 字符串设置为 img 元素的 src 属性值，在页面上显示该图片。代码如下：

```
<script>
    window.indexedDB = window.indexedDB || window.webkitIndexedDB ||
    window.mozIndexedDB || window.msIndexedDB;
    window.IDBTransaction = window.IDBTransaction ||
    window.webkitIDBTransaction || window.msIDBTransaction;
    window.IDBKeyRange = window.IDBKeyRange|| window.webkitIDBKeyRange ||
    window.msIDBKeyRange;
    window.IDBCursor = window.IDBCursor || window.webkitIDBCursor ||
    window.msIDBCursor;
    window.URL = window.URL || window.webkitURL;
    var dbName = 'imgDB';                                          //数据库名
    var dbVersion = 20170418;                                      //版本号
    var idb;
    function init(){
        var dbConnect = indexedDB.open(dbName, dbVersion);         //连接数据库
        dbConnect.onsuccess = function(e){                         //连接成功
            idb = e.target.result;                                 //获取数据库
        };
        dbConnect.onerror = function(){alert('数据库连接失败'); };
        dbConnect.onupgradeneeded = function(e){
           idb = e.target.result;
            var tx = e.target.transaction;
            tx.onabort = function(e){
                alert('对象仓库创建失败');
            };
            var name = 'img';
            var optionalParameters = {
                keyPath: 'id',
                autoIncrement: true
            };
            var store = idb.createObjectStore(name,  optionalParameters);
            alert('对象仓库创建成功');
        };
    }
    function downloadPic(){
        var xhr = new XMLHttpRequest();
        xhr.open('GET', 'images/1.png', true);
        xhr.responseType = 'arraybuffer';
```

```
        xhr.onload = function(e) {
            if (this.status == 200) {
                var bb = new Blob([this.response]);
                var reader = new FileReader();
                reader.readAsDataURL(bb);
                reader.onload = function(f) {
                    var result=document.getElementById("result");
                    //在 indexedDB 数据库中保存二进制数据
                    var tx = idb.transaction(['img'],"readwrite");
                    tx.oncomplete = function(){alert('保存数据成功');}
                    tx.onabort = function(){alert('保存数据失败'); }
                    var store = tx.objectStore('img');
                    var value = { img:this.result };
                    store.put(value);
                }
            }
        };
        xhr.send();
    }
    function showPic(){
        var tx = idb.transaction(['img'],"readonly");
        var store = tx.objectStore('img');
        var req = store.get(1);
        req.onsuccess = function(){
            if(this.result == undefined){
                alert("没有符合条件的数据");
            } else{
                var img = document.createElement('img');
                img.src = this.result.img;
                document.body.appendChild(img);
            }
        }
        req.onerror = function(){
            alert("获取数据失败");
        }
    }
</script>
<body onload="init()">
    <input type="button" value="下载图片" onclick="downloadPic()"><br/>
    <input type="button" value="显示图片" onclick="showPic()"><br/>
    <output id="result" ></output>
</body>
```

在浏览器中预览，单击页面中的“下载图片”按钮，脚本将从服务器端下载图片并将该图片二进制数据的 DataURL 格式的 URL 字符串保存在 indexedDB 数据库中，保存成功后在弹出提示信息框中显示“保存数据成功”，如图 22.5 所示。

单击“显示图片”按钮，脚本从 indexedDB 数据库中读取图片的 DataURL 格式的 URL 字符串，并将其指定为 img 元素的 src 属性值，在页面中显示该图片，如图 22.6 所示。

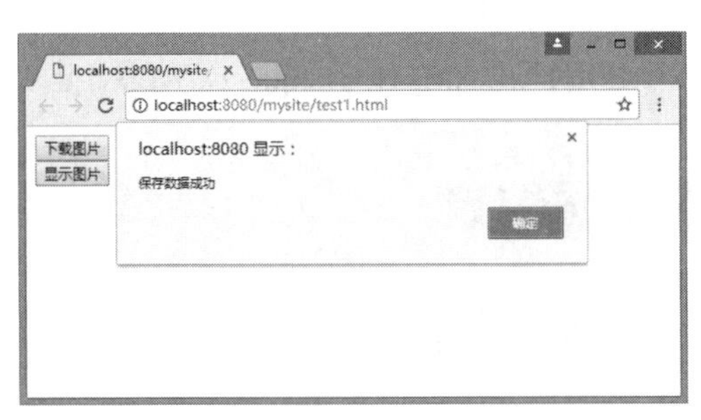

图 22.5　下载图片

图 22.6　显示图片

上述代码的解析如下。

第 1 步，当用户单击“下载图片”按钮时，调用 downloadPic()函数，在该函数中，XMLHttpRequest 对象从服务器端下载一幅图片的二进制数据，在下载时将该对象的responseType属性值指定为arraybuffer。代码如下：

```
var xhr = new XMLHttpRequest();
xhr.open('GET', 'images/1.png', true);
xhr.responseType = 'arraybuffer';
```

第 2 步，在得到服务器端响应后，使用该图片的二进制数据创建一个 Blob 对象，然后创建一个 FileReader 对象，并且使用 FileReader 对象的 readAsDataURL()方法将 Blob 对象中保存的原始二进制数据读取为 DataURL 格式的 URL 字符串，并将其保存在 indexedDB 数据库中。

第 3 步，单击“显示图片”按钮时，将从 indexedDB 数据库中读取该图片的 DataURL 格式的 URL 字符串，再创建一个用于显示图片的 img 元素，然后将该 URL 字符串设置为 img 元素的 src 属性值，在该页面上显示下载的图片。

22.1.21　监测数据传输进度

扫一扫，看视频

新版本的 XMLHttpRequest 对象新增了一个 progress 事件，用于返回进度信息。它分成上传和下载两种情况。下载的 progress 事件属于 XMLHttpRequest 对象，上传的 progress 事件属于 XMLHttpRequest.upload 对象。

第 1 步，定义 progress 事件的回调函数。代码如下：

```
xhr.onprogress = updateProgress;
xhr.upload.onprogress = updateProgress;
```

第 2 步，在回调函数中，使用这个事件的一些属性。代码如下：

```
function updateProgress(event) {
    if (event.lengthComputable) {
        var percentComplete = event.loaded / event.total;
    }
}
```

在上面代码中，event.loaded 是已经传输的字节，event.total 是需要传输的总字节。如果 event.lengthComputable 不为真，则 event.total 等于 0。

与 progress 事件相关的，还有其他 5 个事件，可以分别指定回调函数。

- load：传输成功完成。
- abort：传输被用户取消。
- error：传输中出现错误。

- loadstart：传输开始。
- loadEnd：传输结束，但是不知道传输成功还是传输失败。

【示例】本示例设计一个文件上传页面，在上传过程中使用扩展 XMLHttpRequest，动态显示文件上传的百分比进度，演示效果如图 22.7 所示。

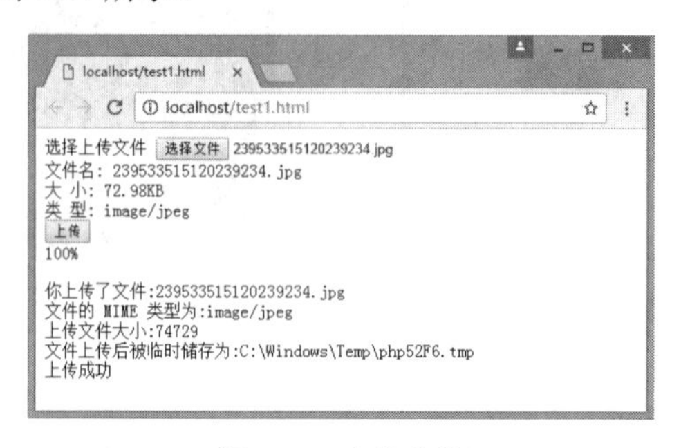

图 22.7　上传文件

本示例需要 PHP 服务器虚拟环境，同时在站点根目录下新建 upload 文件夹，然后在站点根目录新建前台文件 test1.html，以及后台文件 test2.php。

下面为本示例的完整代码。

（1）test1.html，代码如下：

```
<script>
    function fileSelected() {
        var file = document.getElementById('fileToUpload').files[0];
        if (file) {
            var fileSize = 0;
            if (file.size > 1024 * 1024)
                fileSize = (Math.round(file.size * 100 / (1024 * 1024)) / 100).toString() + 'MB';
            else
                fileSize = (Math.round(file.size * 100 / 1024) / 100).toString() + 'KB';
            document.getElementById('fileName').innerHTML = '文件名： ' + file.name;
            document.getElementById('fileSize').innerHTML = '大  小： ' + fileSize;
            document.getElementById('fileType').innerHTML = '类  型： ' + file.type;
        }
    }
    function uploadFile() {
        var fd = new FormData();
        fd.append("fileToUpload", document.getElementById('fileToUpload').files[0]);
        var xhr = new XMLHttpRequest();
        xhr.upload.addEventListener("progress", uploadProgress, false);
        xhr.addEventListener("load", uploadComplete, false);
        xhr.addEventListener("error", uploadFailed, false);
        xhr.addEventListener("abort", uploadCanceled, false);
        xhr.open("POST", "test2.php");
        xhr.send(fd);
    }
    function uploadProgress(evt) {
        if (evt.lengthComputable) {
            var percentComplete = Math.round(evt.loaded * 100 / evt.total);
            document.getElementById('progressNumber').innerHTML = percentComplete.
toString() + '%';
        }else {
```

```
            document.getElementById('progressNumber').innerHTML = 'unable to compute';
        }
    }
    function uploadComplete(evt) {
        var info = document.getElementById('info');
        info.innerHTML = evt.target.responseText;  // 当服务器发送响应时，会引发此事件
    }
    function uploadFailed(evt) {
        alert("试图上载文件时出现一个错误");
    }
    function uploadCanceled(evt) {
        alert("上传已被用户取消或浏览器放弃连接");
    }
</script>
<form id="form1" enctype="multipart/form-data" method="post" action="upload.php">
    <div class="row">
        <label for="fileToUpload">选择上传文件</label>
        <input type="file" name="fileToUpload" id="fileToUpload"
onChange="fileSelected();">
    </div>
    <div id="fileName"></div>
    <div id="fileSize"></div>
    <div id="fileType"></div>
    <div class="row">
        <input type="button" onClick="uploadFile()" value="上传">
    </div>
    <div id="progressNumber"></div>
    <div id="info"></div>
</form>
```

（2）test2.php，代码如下：

```
header("content=text/html; charset=utf-8");
$uf = $_FILES['fileToUpload'];
if(!$uf){
    echo "没有 filetoupload 引用";
    exit();
}
$upload_file_temp = $uf['tmp_name'];
$upload_file_name = $uf['name'];
$upload_file_size = $uf['size'];
if(!$upload_file_temp){
    echo "上传失败";
    exit();
}
$file_size_max = 1024*1024*100;// 100MB 限制文件上传最大容量（bytes）
if ($upload_file_size > $file_size_max) {          //检查文件大小
    echo "对不起，你的文件容量超出允许范围：".$file_size_max;
    exit();
}
$store_dir = "./upload/"; //上传文件的储存位置
$accept_overwrite = 0;     //是否允许覆盖相同文件
$file_path = $store_dir . $upload_file_name;
if (file_exists($file_path) && !$accept_overwrite) {   // 检查读写文件
```

```
    echo "存在相同文件名的文件";
    exit();
}
if (!move_uploaded_file($upload_file_temp,$file_path)) {    //复制文件到指定目录
    echo "复制文件失败".$upload_file_temp." to ". $file_path;
    exit;
}
echo "<p>你上传了文件:";
echo $upload_file_name;                //客户端机器文件的原名称
echo "<br>";
echo "文件的 MIME 类型为:";
echo $uf['type'];                      //文件的 MIME 类型，如 image、gif
echo "<br>";
echo "上传文件大小:";
echo $uf['size'];                      //已上传文件的大小，单位为字节
echo "<br>";
echo "文件上传后被临时储存为:";
echo $uf['tmp_name'];                  //文件被上传后在服务端储存的临时文件名
echo "<br>";
$error = $uf['error'];
switch($error){
case 0:
    echo "上传成功"; break;
case 1:
    echo "上传的文件超过了 php.ini 中 upload_max_filesize 选项限制的值。"; break;
case 2:
    echo "上传文件的大小超过了 HTML 表单中 MAX_FILE_SIZE 选项指定的值。"; break;
case 3:
    echo "文件只有部分被上传"; break;
case 4:
    echo "没有文件被上传"; break;
}
```

22.2 Fetch

22.2.1 认识 Fetch

HTML5 新增了 Fetch API，提供了另一种获取资源的方法，该接口也支持跨域请求。与 XMLHttpRequest 功能类似，但 Fetch 的用法更简单，内置对 Promise 的支持。

XMLHttpRequest 存在的主要问题如下。

- 所有功能全部集中在 XMLHttpRequest 对象上，代码混乱且不容易维护。
- 采用传统的事件驱动模式，无法适配流行的 Promise 开发模式。

Fetch 对 AJAX 传统 API 进行改进，主要特点如下。

- 精细的功能分割：头部信息、请求信息、响应信息等均分布到不同的对象，更有利于处理各种复杂的异步请求场景。
- 可以与 Promise API 完美融合，更方便编写异步请求的代码。
- 与 Service Worker（离线应用）、Cache API（缓存处理）、indexedDB（本地索引数据库）配合使用，可以优化离线体验、保持可扩展性，能开发更多的应用场景。

Fetch 支持的浏览器：Chrome42+、Edge14+、Firefox52+、Opera29+、Safari10.1+。简单概况就是，除了 IE 外，其他主流浏览器都支持 Fetch API。

扫一扫，看视频

22.2.2 使用 Fetch

Fetch API 提供 fetch()函数作为接口，方便用户使用，基本用法如下：

```
fetch(url, config)
```

该函数包含两个参数：url 为必选参数，字符串型，表示请求的地址；config 为可选参数，表示配置对象，设置请求的各种选项，简单说明如下。

- method：字符串型，设置请求方法，默认值为 GET。
- headers：对象型，设置请求头信息。
- body：设置请求体的内容，必须匹配请求头中的 Content-Type 选项。
- mode：字符串型，设置请求模式。取值说明如下。
  - cors：默认值，配置为该值，会在请求头中加入 origin 和 referer 选项。
  - no-cors：配置为该值，将不会在请求头中加入 origin 和 referer，跨域时可能会出现问题。
  - same-origin：配置为该值，指示请求必须在同一域中发生，如果请求其他域，则会报错。
- credentials：定义如何携带凭据。取值说明如下。
  - omit：默认值，不携带 cookie。
  - same-origin：请求同源地址时携带 cookie。
  - include：请求任何地址都携带 cookie。
- cache：配置缓存模式。
  - default：表示 Fetch 请求之前将检查 HTTP 的缓存。
  - no-store：表示 Fetch 请求将完全忽略 HTTP 缓存的存在，这意味着请求之前将不再检查 HTTP 的缓存，响应以后不再更新 HTTP 缓存。
  - no-cache：如果存在缓存，那么 Fetch 将发送一个条件查询请求和一个正常请求，获取响应以后会更新 HTTP 缓存。
  - reload：表示 Fetch 请求之前将忽略 HTTP 缓存，但是在请求获得响应以后，将主动更新 HTTP 缓存。
  - force-cache：表示 Fetch 请求不顾一切地依赖缓存，即使缓存过期了，依然从缓存中读取，除非没有任何缓存才会发送一个正常请求。
  - only-if-cached：表示 Fetch 请求不顾一切地依赖缓存，即使缓存过期了，依然从缓存中读取，如果没有任何缓存将抛出一个错误。

fetch()函数最后返回一个 Promise 对象。当收到服务器的返回结果以后，Promise 进入 resolved 状态，状态数据为 Response 对象。当网络发生错误，或者其他导致无法完成交互的异常时，Promise 进入 rejected 状态，状态数据为错误信息。

【示例 1】请求当前目录下 test.html 网页源代码。代码如下：

```
fetch('test.html')
.then(response => response.text())
.then(data => console.log(data));
```

上面代码省略了配置参数，使用 fetch()发出请求，返回 Promise 对象，调用该对象的 then()方法，通过链式语法处理 HTTP 响应的回调函数，其中，=>左侧为回调函数的参数，右侧为回调函数的返回值或者执行代码。response.text()获取 Response 对象返回的字符串信息，然后通过链式语法再传递给嵌套的回调函数的参数 data，最后在控制台输出显示。

【示例 2】请求当前目录下 JSON 类型数据。代码如下：

```
fetch('test.json')
.then(response => response.json())
.then(data => console.log(data));
```

对于 JSON 类型数据，需要使用 Response 对象的 json()方法进行解析。

【示例 3】请求当前目录下的图片。代码如下：

```
fetch('test.jpg')
.then(response => response.blob())
.then(data => {
    var img = new Image();
    img.src = URL.createObjectURL(data);   // 这个 data 是 Blob 对象
    document.body.appendChild(img);
});
```

对于二进制类型数据，可以使用 Response 对象的 blob()方法进行解析。把二进制图片流转换为 Blob 对象，然后在嵌套回调函数中，创建一个空的图像对象，使用 URL.createObjectURL(data)方法把响应的 Blob 数据流传递给图像的 src 数据源。最后，添加到文档树的末尾，显示在页面中。

【示例 4】本示例在发送请求时，通过 fetch()函数的第 2 个参数设置请求的方式为 POST，传输数据类型为表单数据，提交的数据为'a=1&b=2'。代码如下：

```
fetch('test.json', {
    method: 'POST',
    headers: {
        'Content-Type': 'application/x-www-form-urlencoded; charset=UTF-8'
    },
    body: 'a=1&b=2',
}).then(resp => resp.json()).then(resp => {
    console.log(resp)
});
```

【示例 5】fetch()默认不携带 cookie，如果要传递 cookie，需要配置 credentials:'include'参数。代码如下：

```
fetch('test.json', {credentials: 'include'})
.then(response => response.json())
.then(data => console.log(data));
```

扫一扫，看视频

22.2.3 Fetch 接口类型

Fetch API 提供了多个接口类型和函数。

- fetch()：发送请求，获取资源。
- Headers：相当于 response/request 的头信息，可以查询或设置头信息。它包含 7 个属性。
  - has(key)：判断请求头中是否存在指定的 key。
  - get(key)：获取请求头中指定的 key 所对应的值。
  - set(key, value)：修改请求头中对应的键值对。如果不存在，则新建一个键值对。
  - append(key, value)：在请求头中添加键值对。如果是重复的属性，则不会覆盖之前的属性，而是合并属性。
  - keys()：获取请求头中所有的 key 组成的集合（iterator 对象）。
  - values()：获取请求头中所有的 key 对应的值的集合（iterator 对象）。
  - entries()：获取请求头中所有键值对组成的集合（iterator 对象）。
- Request：相当于一个资源请求。

- Response：相当于请求的响应对象。它包含 6 个属性。
  - ok：布尔值，如果响应消息在 200～299，返回 true，否则返回 false。
  - status：数字，返回响应的状态码。
  - text()：从响应中获取文本流，读取完后返回一个被解析为 string 对象的 Promise。
  - blob()：从响应中获取二进制字节流，读取完后返回一个被解析为 Blob 对象的 Promise。
  - json()：从响应中获取文本流，读取完后返回一个被解析为 JSON 对象的 Promise。
  - redirect()：用于重定向到另一个 URL，会创建一个新的 Promise，以解决来自重定向的 URL 响应。
- Body：提供了与 response/request 中 body 有关的方法。

除了使用 fetch()函数外，也可以使用 Request()构造函数发送请求。语法格式如下：

```
new Request(url, config)
```

实际上，fetch()函数的内部也会创建一个 Request 对象。

【示例 1】本示例使用 Request 向当前目录下的 test.json 发出请求，然后使用 headers 对象的 get()方法获取键 a 的值。代码如下：

```
const url = 'test.json';
const config = {
    headers: {
        'Content-Type': 'application/json',
        'a': 1
    }
}
const resp = new Request(url, config);
console.log(resp.headers.get('a'));
```

【示例 2】自定义 headers。本示例使用 Headers()函数构造头部消息，然后使用 FormData()函数构造表单提交的数据，最后通过配置对象进行设置。代码如下：

```
var headers = new Headers({
    "Content-Type": "text/plain",
    "X-Custom-Header": "test",
});
var formData = new FormData();
formData.append('name', 'zhangsan');
formData.append('age', 20);
var config ={
    credentials: 'include',    // 支持 cookie
    headers: headers,          // 自定义头部
    method: 'POST',            // post 方式请求
    body: formData             // post 请求携带的内容
};
fetch('test.json', config)
    .then(response => response.json())
    .then(data => console.log(data));
```

headers 也可以按以下方法进行初始化：

```
var headers = new Headers();
headers.append("Content-Type", "text/plain");
headers.append("X-Custom-Header", "test");
```

22.3 实战案例

扫一扫，看视频

22.3.1 接收Blob对象

当XMLHttpRequest对象的responseType属性值被设置为blob时，服务器端响应数据将是一个Blob对象。目前，Firefox8+、Chrome19+、Opera18+和IE10+版本的浏览器支持将XMLHttpRequest对象的responseType属性值指定为blob。

【示例】本示例以22.1.20小节的示例为基础，直接修改其downloadPic()函数中的代码，设置xhr.responseType = 'blob'，函数代码如下：

```
function downloadPic(){
    var xhr = new XMLHttpRequest();
    xhr.open('GET', 'images/1.png', true);
    xhr.responseType = 'blob';
    xhr.onload = function(e) {
        if (this.status == 200) {
            var bb = new Blob([this.response]);
            var reader = new FileReader();
            reader.readAsDataURL(bb);
            reader.onload = function(f) {
                var result=document.getElementById("result");
                //在indexDB数据库中保存二进制数据
                var tx = idb.transaction(['img'],"readwrite");
                tx.oncomplete = function(){alert('保存数据成功');}
                tx.onabort = function(){alert('保存数据失败'); }
                var store = tx.objectStore('img');
                var value = {
                    img:this.result
                };
                store.put(value);
            }
        }
    };
    xhr.send();
}
```

修改完毕后，在浏览器中预览，当在页面中单击“下载图片”按钮和“显示图片”按钮，演示效果与22.1.20小节示例的效果完全一致。

扫一扫，看视频

22.3.2 发送Blob对象

所有File对象都是一个Blob对象，所以同样可以通过发送Blob对象的方法来发送文件。

【示例】本示例在页面中显示一个“复制文件”按钮和一个进度条（progress元素），单击“复制文件”按钮后，JavaScript使用当前页面中的所有代码创建一个Blob对象，然后通过将该Blob对象指定为XML HttpRequest对象的send()方法的参数值的方法向服务器端发送该Blob对象，服务器端接收到该Blob对象后将其保存为一个文件，文件名为“副本+当前页面文件的文件名（包括扩展名）”。在向服务器端发送Blob对象的同时，页面中的进度条将同步显示发送进度，演示效果（提交前后，界面会发生变化）如图22.8所示。

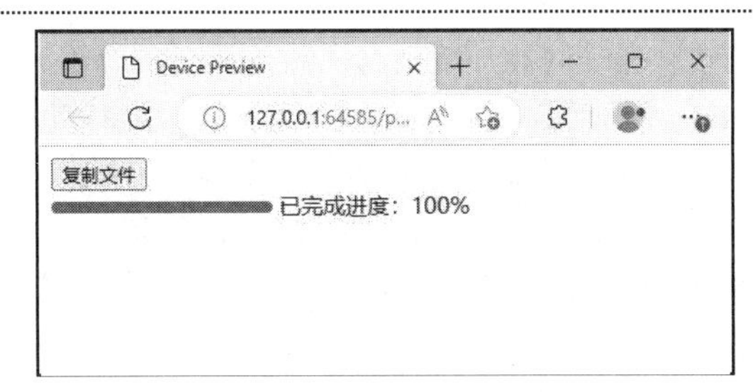

图 22.8　发送 Blob 对象的演示效果

下面为本示例的完整代码。

（1）前台页面（test1.html），代码如下：

```
<script>
    window.URL = window.URL || window.webkitURL;
    function uploadDocument(){                //复制当前页面
        var bb= new Blob([document.documentElement.outerHTML]);
        var xhr = new XMLHttpRequest();
        xhr.open('POST', 'test.php?fileName='+getFileName(), true);
        var progressBar = document.getElementById('progress');
        xhr.upload.onprogress = function(e) {
            if (e.lengthComputable) {
                progressBar.value = (e.loaded / e.total) * 100;
                document.getElementById("result").innerHTML = '已完成进度: '+progressBar.value+'%';
            }
        }
        xhr.send(bb);
    }
    function  getFileName(){                          //获取当前页面文件的文件名
        var url=window.location.href;
        var pos=url.lastIndexOf("\\");
        if (pos==-1)                                  //pos==-1 表示为本地文件
            pos=url.lastIndexOf("/");                 //本地文件路径分割符为“/”
            var fileName=url.substring(pos+1);        //从 url 中获得文件名
        return fileName;
    }
</script>
<input type="button" value="复制文件" onclick="uploadDocument()"><br/>
<progress min="0" max="100" value="0" id="progress"></progress>
<output id="result"/>
```

（2）后台页面（test.php），代码如下：

```
<?php
$str =file_get_contents('php://input');
$fileName='副本_'.$_REQUEST['fileName'];
$fp = fopen(iconv("UTF-8","GBK",$fileName),'w');
fwrite($fp,$str);                    //插入第 1 条记录
fclose($fp);                         //关闭文件
?>
```

22.3.3　使用 JSONP 通信

扫一扫，看视频

script 元素能够动态加载外部或远程 JavaScript 脚本文件。JavaScript 脚本文件不仅可以被执行，还可以附加数据。在服务器端使用 JavaScript 文件附加数据后，当在客户端使用 script 元素加载这些远程脚本

时，附加在JavaScript文件中的信息也一同被加载到客户端，从而实现数据异步加载的目的。

JSONP是JSON with Padding的简称，它能够通过在客户端文档中生成脚本标记（<script>标签）来调用跨域脚本（服务器端脚本文件）时使用的约定，这是一个非官方的协议。

JSONP允许在服务器端动态生成JavaScript字符串返回给客户端，通过JavaScript回调函数的形式实现跨域调用。现在很多JavaScript技术框架都使用JSONP实现跨域异步通信，如dojo、JQuery、Youtube GData API、Google Social Graph API和Digg API等。

【示例1】本示例演示了如何使用script实现异步JSONP通信。

第1步，在服务器端的JavaScript文件中输入以下代码（server.js）：

```
callback({// 调用回调函数，并把包含响应信息的对象直接量传递给它
    "title" : "JSONP Test",
    "link" : "http:// www.mysite.cn/",
    "modified" : "2021-12-1",
    "items" : [{
        "title" : "百度",
        "link" : "http:// www.baidu.com/",
        "description" : "百度贴近中国网民的搜索习惯，搜索结果更加大众化。"
    },
    {
        "title" : "谷歌",
        "link" : "http:// www.google.cn/",
        "description" : "谷歌搜索结果更专业化，尤其在搜索技术性文章时，结果更加精准。"
    }]
})
```

callback是回调函数的名称，然后使用小括号运算符调用该函数，并传递一个JavaScript对象。在这个参数对象直接量中包含title、link、modified和items 4个属性。这些属性都可以包含服务器端响应信息。其中前3个属性包含的值都是字符串，最后一个属性items包含一个数组，数组中包含两个对象直接量。这两个对象直接量又包含3个属性：title、link和description。

通过这种方式可以在一个JavaScript对象中包含更多的信息，这样在客户端的<script>标签中就可以利用src属性把服务器端的这些JavaScript脚本作为响应信息引入客户端的<script>标签中。

第2步，在回调函数中通过对对象和数组的逐层遍历和分解，有序显示所有响应信息，回调函数的详细代码如下（main.html）：

```
function callback(info){                              // 回调函数
    var temp = "";
    for(var i in info){                               // 遍历参数对象
        if(typeof info[i] != "object"){               // 如果属性值不是对象，则直接显示
            temp += i + " = \"" + info[i] + "\"<br />";
        }
        else if( (typeof info[i] == "object") && (info[i].constructor == Array)){
        // 如果属性值为数组
            temp += "<br />" + i + " = " + "<br /><br />";
            var a = info[i];                          // 获取数组引用
            for(var j = 0; j < a.length; j ++ ){// 遍历数组
                var o = a[j];
                for(var e in o){                      // 遍历每个数组元素对象
                    temp += "    " + e + " = \"" + o[e] + "\"<br />";
                }
                temp += "<br />";
            }
```

```
        }
    }
    var div  = document.getElementById("test");// 获取页面中的 div 元素
    div.innerHTML = temp;                       // 把服务器端响应信息输出到 div 元素中显示
}
```

第 3 步，完成用户提交信息的操作。客户端提交页面（main.html）的完整代码如下：

```
<script>
    function callback(info){}                              // 回调函数
    function request(url){}                                // 请求函数
    window.onload = function(){                            // 页面初始化
        var b = document.getElementsByTagName("input")[0];
        b.onclick = function(){
            var url = "script 异步通信之响应数据类型_server.js"
            request(url);
        }
    }
</script>
<input name="submit" type="button" id="submit" value="向服务器发出请求" />
<div id="test"></div>
```

回调函数和请求函数的名称并不是固定的，用户可以自定义。

第 4 步，保存页面，在浏览器中预览，演示效果如图 22.9 所示。

（a）提交前

（b）提交后

图 22.9　提交前后的效果

【示例 2】本示例说明如何使用 JSONP 约定来实现跨域异步信息交互。

第 1 步，在客户端调用提供 JSONP 支持的 URL 服务，获取 JSONP 格式数据。

所谓 JSONP 支持的 URL 服务，就是请求的 URL 必须附加在客户端可以回调的函数中，并按约定正确设置回调函数参数，默认参数名为 jsonp 或 callback。

根据开发约定，只要服务器能够识别。本示例定义 URL 服务的代码如下：

```
http:// localhost/mysite/server.asp?jsonp=callback&d=1
```

其中，参数 jsonp 的值为约定的回调函数名。JSONP 格式的数据就是把 JSONP 数据作为参数传递给回调函数并传回。如响应的 JSONP 数据设计如下：

```
{
    "title" : "JSONP Test",
    "link" : "http:// www.mysite.cn/",
```

```
    "modified" : "2021-12-1",
    "items" : {
        "id" : 1,
        "title" : "百度",
        "link" : "http:// www.baidu.com/",
        "description" : "百度贴近中国网民的搜索习惯，搜索结果更加大众化。"
    }
}
```

那么真正返回到客户端的脚本标记如下：

```
callback({
    "title" : "JSONP Test",
    "link" : "http:// www.mysite.cn/",
    "modified" : "2021-12-1",
    "items" : {
        "id" : 1,
        "title" : "百度",
        "link" : "http:// www.baidu.com/",
        "description" : "百度贴近中国网民的搜索习惯，搜索结果更加大众化。"
    }
})
```

第2步，当客户端向服务器端发出请求后，服务器应该完成两件事情：一是接收并处理参数信息，如获取回调函数名。二是要根据参数信息生成符合客户端需要的脚本字符串，并把这些字符串响应给客户端。例如，服务器端的处理脚本文件如下（server.asp）：

```
<%@LANGUAGE="VBSCRIPT" CODEPAGE="65001"%>
<%
callback = Request.QueryString("jsonp")     //接收回调函数名的参数值
id = Request.QueryString("id")              //接收响应信息的编号
Response.AddHeader "Content-Type","text/html;charset=utf-8"//设置响应信息的字符编码为uft-8
Response.Write(callback & "(")              //输出回调函数名，开始生成 Script  Tags 字符串
%>
{
    "title" : "JSONP Test",
    "link" : "http:// www.mysite.cn/",
    "modified" : "2016-12-1",
    "items" :
<%
if id = "1" then                            //如果 id 参数值为 1，则输出下面的对象信息
%>
    {
        "title" : "百度",
        "link" : "http:// www.baidu.com/",
        "description" : "百度贴近中国网民的搜索习惯，搜索结果更加大众化。"
    }
<%
elseif id = "2" then                        //如果 id 参数值为 2，则输出下面的对象信息
%>
    {
        "title" : "谷歌",
        "link" : "http:// www.google.cn/",
        "description" : "谷歌搜索结果更专业化，尤其在搜索技术性文章的时候，结果更加精准。"
    }
```

```
<%
else                          //否则，输出空信息
    Response.Write(" ")
end if                        //结束条件语句
Response.Write("))")          //封闭回调函数，输出 Script Tags 字符串
%>
```

包含在“<%”和“%>”分隔符之间的代码是 ASP 处理脚本。在该分隔符之后的是输出到客户端的普通字符串。在 ASP 脚本中，使用 Response.Write()方法输出回调函数名和运算符号。其中还用到条件语句，判断从客户端传递过来的参数值，并根据参数值决定响应的具体信息。

第 3 步，在客户端设计回调函数。回调函数应该根据具体的应用项目，以及返回的 JSONP 数据进行处理。例如，针对上面返回的 JSONP 数据，把其中的数据列表显示出来，代码如下：

```
function callback(info){
    var temp = "";
    for(var i in info){
        if(typeof info[i] != "object"){
            temp += i + " = \"" + info[i] + "\"<br />";
        }
        else if( (typeof info[i] == "object")){
            temp += "<br />" + i + " = " + " {<br />";
            var o = info[i];
            for(var j in o ){
                temp += "    " + j + " = \"" + o[j] + "\"<br />";
            }
            temp += "}";
        }
    }
    var div  = document.getElementById("test");
    div.innerHTML = temp;
}
```

第 4 步，设计客户端提交页面与信息展示。用户可以在页面中插入一个<div>标签，然后把输出的信息插入该标签内。同时为页面设计一个交互按钮，单击该按钮将触发请求函数，并向服务器端发去请求。服务器响应完毕，JavaScript 字符串传回到客户端之后，将调用回调函数，对响应的数据进行处理和显示。用法如下：

```
<div id="test"></div>
```

注意：

由于 JSON 完全遵循 JavaScript 语法规则，所以 JavaScript 字符串会潜在包含恶意代码。JavaScript 支持多种方法动态地生成代码，其中最常用的就是 eval()函数，该函数允许用户将任意字符串转换成 JavaScript 代码并执行。

恶意攻击者可以通过发送畸形的 JSON 对象实现攻击目的，这样，eval()函数就会执行这些恶意代码。为了安全，用户可以采取一些方法来保护 JSON 数据的安全使用。例如，使用正则表达式过滤 JSON 数据中不安全的 JavaScript 字符串。用法如下：

```
var my_JSON_object = ! (/[^,:{}\[\]0-9.\-+Eaeflnr-u \n\r\t]/.test(
                        text.replace(/"(\\.|[^"\\])*"/g, ''))) &&
                        eval('(' + text + ')');
```

这个正则表达式能够检查 JSON 字符串，如果发现字符串中没有包含的恶意代码，再使用 eval()函数把它转换为 JavaScript 对象。

22.3.4 使用灯标通信

第 21 章曾经介绍过使用框架实现异步通信的方法。另外，22.3.3 小节还介绍过使用 script 元素实现异步交互的技巧。

出于浏览器安全的考虑，使用 XMLHttpRequest 和框架只能够在同域内进行异步通信，也称为同源策略，因此用户不能使用 AJAX 或框架实现跨域通信。

不过，JSONP 是一种可以绕过同源策略的方法。如果用户不关心响应数据，只需要服务器的简单审核，还可以考虑使用灯标来实现异步通信。本示例的演示效果如图 22.10 所示。

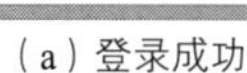

（a）登录成功

（b）登录失败

图 22.10　使用灯标实现异步交互

【设计思路】

灯标与动态脚本 script 用法非常类似，使用 JavaScript 创建 image 对象，将 src 设置为服务器上一个脚本文件的 URL，这里并没有把 image 对象插入 DOM 中。

服务器得到此数据并保存下来，不必向客户端返回什么，因此不需要显示图像，这是将信息发回服务器最有效的方法，开销很小，而且任何服务器端错误都不会影响客户端。

简单的图像灯标不能发送 POST 数据，所以应将查询字符串的长度限制在一个相当小的字符数量上。可以用非常有限的方法接收响应数据，也可以监听 image 对象的 load 事件，判断服务器端是否成功接收了数据。还可以检查服务器返回图片的宽度和高度，并用这些信息判断服务器的响应状态，例如，宽度大于指定值表示成功，或者高度小于某个值表示加载失败等。

【操作步骤】

第 1 步，新建网页文档，保存为 index.html。

第 2 步，设计登录框结构，页面代码如下：

```
<div id="login">
    <h1>用户登录</h1>
    用户名 <input name="" id="user" type="text"><br /><br />
    密　码 <input name="" id="pass" type="password"><br /><br />
    <input name="submit" type="button" id="submit" value="提交" />
    <span id="title"></span>
</div>
```

第 3 步，设计使用 image 实现异步通信的请求函数。代码如下：

```
var imgRequest = function( url ){ //img 异步通信函数
    if(typeof url != "string" ) return;
    var image = new Image();
    image.src = url;
    image.onload = function() {
```

```
        var  title = document.getElementById("title");
        title.innerHTML = "";
        title.appendChild(image);
        if(this.width > 35) {
            alert("登录成功");
        } else {
            alert("你输入的用户名或密码有误，请重新输入");
        }
    };
    image.onerror = function() {
        alert("加载失败");
    };
}
```

在 imgRequest()函数内创建 image 对象，设置它的 src 为服务器请求地址，然后在 load 加载事件处理函数中检测图片加载状态，如果加载成功，再检测加载图片的宽度是否大于 35px，如果大于 35px，说明审核通过，否则审核没有通过。

第 4 步，定义登录处理函数 login()，在函数体内获取文本框的值，然后连接为字符串，附加在 URL 尾部，再调用 imgRequest()函数，将该字符串发送给服务器。最后，在页面初始化 load 事件处理函数中，为按钮的 click 事件绑定 login 函数。代码如下：

```
window.onload = function(){
    var b = document.getElementById("submit");
    b.onclick = login;
}
var login = function(){
    var user = document.getElementById("user");
    var pass = document.getElementById("pass");
    var s = "server.asp?user=" + user.value + "&pass=" + pass.value;
    imgRequest(s);
}
```

第 5 步，设计服务器端脚本，让服务器根据接收的用户登录信息验证用户信息是否合法，然后根据条件响应不同的图片。代码如下：

```
<%
'接收客户端发送来的登录信息
user= Request("user")
pass= Request("pass")
'创建响应数据流
Set S=server.CreateObject("Adodb.Stream")
S.Mode=3
S.Type=1
S.Open
if user = "admin"  and pass = "123456" then
    S.LoadFromFile(server.mappath("2.png"))
else
    S.LoadFromFile(server.mappath("1.png"))
end if
'设置响应数据流类型为 png 格式图像
Response.ContentType  =  "image/png"
Response.BinaryWrite(S.Read)
Response.Flush
s.close
```

```
set s=nothing
%>
```

如果不需要为此响应返回数据，还可以发送一个 204 No Content 响应代码，表示无消息正文，从而阻止客户端继续等待永远不会到来的消息体。

灯标是向服务器回送数据最快和最有效的方法。服务器根本不需要发回任何响应正文，所以不必担心客户端下载数据。使用灯标的唯一缺点是接收到的响应类型是受限的。如果需要向客户端返回大量数据，那么建议使用 AJAX 或 JSONP。

提示：

表 22.3 简单比较了使用 XMLHttpRequest 对象和 script 元素实现异步通信的功能支持情况。

表 22.3　XMLHttpRequest 对象与 script 元素实现异步通信的比较

功　能	XMLHttpRequest 对象	script 元素
兼容性	兼容	兼容
异步通信	支持	支持
同步通信	支持	不支持
跨域访问	不支持	支持
HTTP 请求方法	都支持	仅支持 GET 方法
访问 HTTP 状态码	支持	不支持
自定义头部消息	支持	不支持
支持 XML	支持	不支持
支持 JSON	支持	支持
支持 HTML	支持	不支持
支持纯文本	支持	不支持

22.4　在 线 支 持

本节为拓展学习，感兴趣的读者请扫码进行学习。

扫描，拓展学习

5

第 5 部分

JavaScript 实战

第 23 章　JavaScript 表单开发

在网站设计中表单无处不在，从登录、注册到联系表、调查表，从电商网站到企业首页等。表单是网页交互的工具，是浏览者与服务器进行通信的载体。设计专业的表单能够提高网页交互的效率，为用户带来好的体验。本章将通过实例讲解如何设计出具有可用性的优质网页表单。

【练习重点】

- 设计易用性表单。
- 表单验证。
- 增强表单功能。

23.1 动 态 表 单

扫一扫，看视频

23.1.1 访问表单对象

表单通过<form>标签定义，在 HTML 文档中，<form>标签每出现一次，form 对象就会被创建一次。form 对象属于 HTMLFormElement 类型，继承于 HTMLElement。HTMLFormElement 拥有专有属性，说明见表 23.1。

表 23.1　form 对象的属性

属　性	说　明
acceptCharset	服务器可接收的字符集。等价于<form accept-charset="UTF-8">
action	设置或返回表单的 action 属性，即请求的 URL。等价于<form action="server.php">
enctype	设置或返回表单用来编码内容的 MIME 类型，即请求的编码类型。等价于<form enctype="multipart/form-data">
id	设置或返回表单的 id。等价于<form id="login">
length	返回表单中控件的数目
elements	表单中所有控件的集合（HTMLCollection）
method	设置或返回将数据发送到服务器的 HTTP 方法，即发送的 HTTP 请求类型。等价于<form method="get">
name	设置或返回表单的名称。等价于<form name="login">
target	设置或返回表单提交结果的 frame 或 window 名称，即发送请求和接收响应的窗口名称。等价于<form target="new">

另外，form 对象还提供了两个专用方法。

- reset()：将所有表单域重置为默认值。
- submit()：提交表单。

访问 form 对象的方法如下。

（1）使用 DOM 的 document.getElementById()方法获取。方法如下：

```
<form id="form1"></form>
<script>
   var form = document.getElementById("form1");
</script>
```

（2）使用 HTML 的 document.forms 集合获取。方法如下：

```
<form id="form1"  name="form1"></form>
<form id="form2" name="form2"></form>
<script>
    var form1 = document.forms[0];
    var form1 = document.forms["form2"];
</script>
```

document.forms 表示页面中所有的表单对象集合，可以通过数字索引或 name 值取得特定的表单。注意：可以同时为表单指定 id 和 name 属性，但它们的值不一定相同。

23.1.2　访问表单元素

扫一扫，看视频

访问表单元素的方法如下。

（1）使用 DOM 方法访问表单元素，如 getElementById()等。

（2）使用 form 对象的 elements 属性。

elements 集合是一个有序列表，包含表单中的所有字段，如<input>、<textarea>、<button>、<select>和<fieldset>。每个表单字段在 elements 集合中的顺序，与它们在表单中的顺序相同。

【示例 1】可以按照位置和 name 属性来访问表单元素。用法如下：

```
<form id="myform">
    <h3>反馈表</h3>
    <fieldset>
        <p>姓名：<input class="special" type="text" name="name"></p>
        <p>性别：
            <input type="radio"  name="sex" value="0">男
            <input type="radio"  name="sex" value="1">女 </p>
        <p>邮箱：<input type="text" name="email"></p>
        <p>网址：<input type="text" name="web"></p>
        <p>反馈意见：<textarea name="message" cols="30" rows="10"></textarea> </p>
        <p class="submit">
            <button type="submit">提交表单</button>
        </p>
    </fieldset>
</form>
<script>
    var form = document.getElementById("myform");
    var field1 = form.elements[2];              //通过下标位置找到第 3 个控件——单选按钮
    var field2 = form.elements["name"];         //通过 name 找到姓名文本框
    var fieldCount = form.elements.length;      //获取表单字段个数
</script>
```

【示例 2】如果有多个表单控件都在使用一个 name，如单选按钮，那么就会返回以该 name 命名的一个 NodeList。如以上面的 HTML 代码片段为例，说明如下：

```
var form = document.getElementById("myform");
var sex = form.elements["sex"];     //获取单选按钮组
var field3 = form.elements[3];      //获取第 4 个字段，即第 1 个单选按钮
alert( sex.length);                 //返回 2
alert( sex[1] == field3);           //返回 true
```

在这个表单中，有两个单选按钮，它们的 name 都是 sex，意味着这两个字段是一起的。在访问 form.elements["sex"]时，就会返回 NodeList，其中包含这两个元素。如果访问 form.elements[3]，则只会返

回第 1 个单选按钮，与包含在 form.elements["sex"]中的第 1 个元素相同。

【示例 3】也可以通过访问表单的属性来访问元素，示例 2 代码可以简化如下：

```
var form = document.getElementById("myform");
var sex = form["sex"];
var field3 = form[3];
alert( sex.length);
alert( sex[1] == field3);
```

这些属性与通过 elements 集合访问到的元素是相同的。但是建议用户尽可能使用 elements，通过表单属性访问元素只是为了兼容早期浏览器而保留的一种过渡方式。

扫一扫，看视频

23.1.3　访问字段属性

除了 fieldset 元素外，所有表单字段都拥有相同的一组属性。简单说明如下。

- disabled：布尔值，表示当前字段是否被禁用。
- form：只读，指向当前字段所属表单对象。
- name：当前字段的名称。
- readOnly：布尔值，表示当前字段是否只读。
- tabIndex：表示当前字段的切换序号（Tab 键）。
- type：当前字段的类型，如 checkbox、radio 等。
- value：当前字段将被提交给服务器的值。对于文件字段来说，该属性是只读的，包含文件在计算机中的路径。

可以动态修改除 form 属性之外的属性值，这样用户就可以在脚本中智能控制表单的表现。

【示例 1】本示例以 23.1.2 小节的反馈表结构为基础，获取姓名文本框，然后修改其值，再获取其包含的表单对象的 id 值，然后让当前文本框获取焦点，再禁用文本框，同时设置为复选框。代码如下：

```
<form id="myform" method="post" action="javascript:alert('表单提交啦！')">
    <h3>反馈表</h3>
    <fieldset>
        <p>姓名：<input class="special" type="text" name="name"></p>
        <p>性别：
            <input type="radio" name="sex" value="0">男
            <input type="radio" name="sex" value="1">女 </p>
        <p>邮箱：<input type="text" name="email"></p>
        <p>网址：<input type="text" name="web"></p>
        <p>反馈意见：<textarea name="message" cols="30" rows="10"></textarea> </p>
        <p class="submit">
            <button type="submit" name="submit">提交表单</button>
        </p>
    </fieldset>
</form>
<script>
    var form = document.getElementById("myform");
    var field = form.elements["name"];
    field.value = "输入姓名";
    alert(field.form.id);
    field.focus();
    field.disabled = true;
    field.type = "checkbox";
</script>
```

【示例 2】以示例 1 为基础，本示例设计当用户提交表单后，禁用提交按钮，同时修改提交按钮的显示文本，代码如下：

```
var form = document.getElementById("myform");
var field = form.elements["name"];
form.onsubmit = function(e){
    var  event = e || window.event;
    var target = event.target || event.srcElement;;
    var btn = target.elements["submit"];
    btn.disabled = true;
    btn.innerHTML = "已经提交，不可重复操作"
}
```

效果如图 23.1 所示。

图 23.1　禁用提交按钮

本示例代码为表单的 submit 事件绑定了一个事件处理程序。事件触发后，代码取得了提交按钮并将其 disabled 属性设置为 true。注意：不能使用 click 事件处理程序来实现这个功能，因为部分浏览器会在触发表单的 submit 事件之前触发 click 事件，而有的浏览器则相反。对于先触发 click 事件的浏览器，意味着会在提交发生之前禁用按钮，这样永远无法提交表单。因此，最好是通过 submit 事件来禁用提交按钮。不过，这种方式不适合表单中不包含提交按钮的情况。

除了 fieldset 字段外，所有表单字段都有 type 属性。对于 input 元素，type 属性值等于 HTML 标签的 type 属性值，而对于其他元素的 type 属性值，简单说明见表 23.2。

表 23.2　type 属性值

名称	type 属性值	HTML 标签
单选列表（下拉菜单）	"select-one"	<select></select>
多选列表（列表框）	"select-multiple"	<select multiple></select>
自定义按钮	"submit"	<button></button>
普通按钮	"button"	<button type="button">
自定义重置按钮	"reset"	<button type="reset"></button>
自定义提交按钮	"submit"	<button type="submit"></button>

<input>和<button>标签的 type 属性是可以动态修改的，而<select>标签的 type 属性是只读的。

HTML5 为表单字段新增了一个 autofocus 属性，该属性能够自动把焦点移动到相应字段。用法如下：

```
<input type="text" autofocus>
```

支持的浏览器：IE10+、Firefox4+、Safari5+、Chrome 和 Opera9.6。

【示例 3】对于不支持 outofocus 属性的浏览器，可以使用以下代码进行兼容：

```
var field = form.elements["name"];
if (element.autofocus !== true){
    element.focus();
}
```

autofocus 是一个布尔值属性，上述代码只有在 autofocus 不等于 true 的情况下才会被调用，从而保证向前兼容。

扫一扫，看视频

23.1.4 访问文本框的值

HTML 文本框有两种形式。

- 使用<input>标签定义的单行文本框。
- 使用<textarea>标签定义的多行文本框。

这两个控件的外观和行为差不多，不同的点如下。

（1）定义单行文本框使用<input type="text">，通过 size 属性设置文本框可显示字符数，通过 value 属性设置文本框的初始值，通过 maxlength 属性设置文本框可以放置的最大字符数。例如，定义文本框显示 25 个字符，不能超过 50 个字符。代码如下：

```
<input type="text" size="25" maxlength="50" value="初始值">
```

（2）定义多行文本框使用<textarea>标签，使用 rows 和 cols 属性可以设置文本框显示的行数和列数。多行文本框的初始值必须放在<textarea>和</textarea>之间，没有最大字符数限制。代码如下：

```
<textarea rows="5" cols="25">初始值</textarea>
```

【示例 1】不管是单行文本框，还是多行文本框，在 JavaScript 中，使用 value 属性可以读取和设置文本框的值，代码如下：

```
<form id="myform"  method="post" action="javascript:alert('表单提交啦!')">
    <input type="text" size="25" maxlength="50" value="初始值">
    <textarea rows="5" cols="25">初始值</textarea>
</form>
<script>
    var form = document.getElementById("myform");
    var field1 = form.elements[0];
    var field2 = form.elements[1];
    alert(field1.value);
    alert(field2.value);
</script>
```

在脚本中建议使用 value 属性读取或设置文本框的值，不建议使用 DOM 的 setAttribute()方法设置<input>和<textarea>的值，因为对 value 属性所做的修改，不一定会反映在 DOM 中。

【示例 2】使用 select()可以选择文本框中的值，该方法不接收参数。在调用 select()方法时，大多数浏览器（Opera 除外）都会将焦点设置到文本框中。代码如下：

```
var form = document.getElementById("myform");
var field1 = form.elements[0];
var field2 = form.elements[1];
field1.onfocus = function(){
    this.select();
}
```

```
field2.onfocus = function(){
    this.select();
}
```

在本示例中只要文本框获得焦点，就会选择所有的文本，这可以提升表单的易用性。

HTML5 新增两个属性：selectionStart 和 selectionEnd，这两个属性保存文本选区开头和结尾的偏移量。IE9+、Firefox、Safari、Chrome 和 Opera 都支持这两个属性。IE8 及之前版本不支持这两个属性，而是定义 document.selection 对象，其中保存着用户在整个文档范围内选择的文本信息。

【示例 3】本示例定义一个工具函数 getSelectedText()，用来获取指定文本框中选择的文本。代码如下：

```
function getSelectedText(textbox){
    if (typeof textbox.selectionStart == "number"){
        return textbox.value.substring(textbox.selectionStart,
                textbox.selectionEnd);
    } else if (document.selection){
        return document.selection.createRange().text;
    }
}
```

然后，就可以在 JavaScript 脚本中调用该函数获取指定文本框的选择文本。代码如下：

```
<form id="myform"  method="post" action="#')">
    <textarea rows="5" cols="25">初始值</textarea>
</form>
<script>
    var form = document.getElementById("myform");
    var field1 = form.elements[0];
    field1.onselect = function(){
        alert(getSelectedText(this));
    }
</script>
```

如果选择部分文本，可以使用 HTML5 的 setSelectionRange()方法，该方法接收两个参数，分别设置选择的第 1 个字符的索引和要选择的最后一个字符之后的字符的索引，与 substring()方法的两个参数相同。

IE9+、Firefox、Safari、Chrome 和 Opera 都支持这个用法。IE8 及更早版本支持使用范围选择部分文本。先使用 createTextRange()方法创建范围，然后使用 collapse(true)折叠范围，再使用 moveStart()和 moveEnd()这两个范围方法将范围移动到位，最后使用范围的 select()方法选择文本。

【示例 4】本示例定义一个工具函数 selectText()，用来选择指定范围的文本。代码如下：

```
function selectText(textbox, startIndex, stopIndex){
    if (textbox.setSelectionRange){
        textbox.setSelectionRange(startIndex, stopIndex);
    } else if (textbox.createTextRange){
        var range = textbox.createTextRange();
        range.collapse(true);
        range.moveStart("character", startIndex);
        range.moveEnd("character", stopIndex - startIndex);
        range.select();
    }
    textbox.focus();
}
```

selectText()函数接收 3 个参数：要操作的文本框、要选择的文本中第 1 个字符的索引、要选择的文本中最后一个字符之后的索引。首先，先检测文本框是否包含 setSelectionRange()方法，如果有，则使用该方法；否则，检测文本框是否支持 createTextRange()方法，如果支持，则通过创建范围来实现选择。最后，就是为文本框设置焦点，以便用户看到文本框中选择的文本。

然后，就可以在 JavaScript 脚本中调用该函数获取指定文本框的部分文本，代码如下：

```
<form id="myform"  method="post" action="#')">
    <textarea rows="5" cols="25">月落乌啼霜满天，江枫渔火对愁眠。（张继《枫桥夜泊》）
莫愁前路无知己，天下谁人不识君。（高适《别董大》）  </textarea>
</form>
<script>
    var form = document.getElementById("myform");
    var field1 = form.elements[0];
    field1.onfocus = function(){
        selectText(this, 0, 16);
    }
</script>
```

效果如图 23.2 所示。

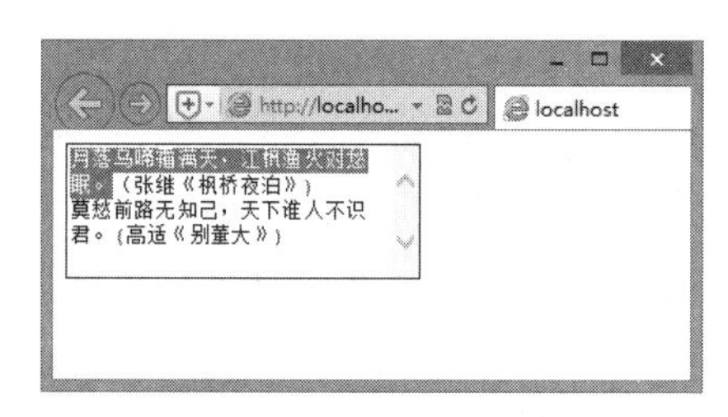

图 23.2　选择部分文本

扫一扫，看视频

23.1.5　文本框过滤

在开发中经常需要限制文本框的输入，或者输入特定格式的数据。例如，必须包含特定字符，或者必须匹配特定模式。

【示例 1】 本示例在 keypress 事件处理程序中通过阻止事件的默认行为，屏蔽用户的所有按键操作。代码如下：

```
<form id="myform"  method="post" action="#">
    <input type="text" size="25" maxlength="50" value="123456">
</form>
<script>
    var form = document.getElementById("myform");
    var field1 = form.elements[0];
    field1.onkeypress = function(event){
        event = event || window.event;
        if (event.preventDefault){
            event.preventDefault();
        } else {
            event.returnValue = false;
        }
    }
</script>
```

运行本示例的代码后，由于所有按键操作都被屏蔽，文本框变成只读的。

【示例 2】本示例只允许用户输入数值。代码如下：

```
var form = document.getElementById("myform");
var field1 = form.elements[0];
field1.onkeypress = function(event){
    event = event || window.event;
    if (typeof event.charCode == "number"){     //获取用户按下的键值
        var charCode = event.charCode;
    } else {
        var charCode = event.keyCode;
    }
    if (!/\d/.test(String.fromCharCode(charCode))){//验证用户输入的字符是否为非数值
        if (event.preventDefault){
            event.preventDefault();
        } else {
            event.returnValue = false;
        }
    }
}
```

在本示例中，先取得字符编码，然后使用 String.fromCharCode()将字符编码转换成字符串，再使用正则表达式“/\d/”来测试该字符串，从而确定用户输入的是不是数值。如果测试失败，就使用 preventDefault()方法屏蔽按键事件。这样文本框就会忽略所有输入的非数值。

【示例 3】示例 2 限制用户仅能够输入数字键，但这样也会限制用户使用功能键，在部分浏览器中非字符键的编码都小于 10，因此可以修改示例 2，排出功能键的限制。代码如下：

```
field1.onkeypress = function(event){
    event = event || window.event;
    if (typeof event.charCode == "number"){
        var charCode = event.charCode;
    } else {
        var charCode = event.keyCode;
    }
    if (!/\d/.test(String.fromCharCode(charCode)) && charCode >9){
        if (event.preventDefault){
            event.preventDefault();
        } else {
            event.returnValue = false;
        } alert(1)
    }
}
```

这样既可以屏蔽非数值字符，又不会屏蔽那些也会触发 keypress 事件的基本按键。

【示例 4】复制、粘贴及其他操作还要用到 Ctrl 键。在除 IE 外的所有浏览器中，示例 3 中的代码也会屏蔽 Ctrl+C、Ctrl+V，以及其他使用 Ctrl 的组合键。因此，最后还要添加一个检测条件，以确保用户没有按下 Ctrl 键。代码如下：

```
field1.onkeypress = function(event){
    event = event || window.event;
    if (typeof event.charCode == "number"){
        var charCode = event.charCode;
    } else {
        var charCode = event.keyCode;
    }
```

```
    if (!/\d/.test(String.fromCharCode(charCode)) && charCode > 9 && !event.ctrlKey){
        if (event.preventDefault){
            event.preventDefault();
        } else {
            event.returnValue = false;
        } alert(1)
    }
}
```

这样就可以确保文本框行为完全正常。

扫一扫，看视频

23.1.6 切换焦点

为了提升表单的可用性，本示例设计使用 JavaScript 帮助用户自动切换文本框的焦点，以提升输入速度。当用户在第 1 个文本框中输入了 3 个数字后，焦点就会切换到第 2 个文本框，用户再输入 8 个数字，焦点又会切换到第3个文本框。

第1步，设计一个表单，包含3个文本框，让用户输入电话号码。代码如下：

```
<form id="myform"  method="post"  action="#">
    <label>输入电话号码<br>（格式：区号-电话号码-分机）<br>
        <input type="text" name="tel1"  size="3" maxlength="3" > -
        <input type="text" name="tel2"  size="8" maxlength="8" >-
        <input type="text" name="tel3"  size="3" maxlength="3" >
    </label>
    <input type="submit" value="提交表单">
</form>
```

分别设置每个文本框的字符宽度和允许输入的最大字符数。

第2步，在<script>标签中输入以下代码，设计两个工具函数：

```
var  addHandler = function(element, type, handler){
    if (element.addEventListener){
        element.addEventListener(type, handler, false);
    } else if (element.attachEvent){
        element.attachEvent("on" + type, handler);
    } else {
        element["on" + type] = handler;
    }
}
var  autofocus = function(event){
    event = event || window.event;
    var target = event.target || event.srcElement;
    if (target.value.length == target.maxLength){
        var form = target.form;
        for (var i=0, len=form.elements.length; i < len; i++) {
            if (form.elements[i] == target) {
                if (form.elements[i+1]){
                    form.elements[i+1].focus();
                }
                return;
            }
        }
    }
}
```

addHandler()函数用来为指定对象注册事件，兼容 DOM 模型、IE 模型和传统绑定方法。autofocus()实现在前一个文本框中的字符达到最大数字后，自动将焦点切换到下一个文本框。autofocus()函数通过比较用户输入的值与文本框的 maxlength 属性值，确定是否已经达到最大长度。如果这两个值相等，则查找表单字段集合中当前文本框的位置，然后再找到下一个文本框的位置，找到下一个文本框后，将焦点切换到该文本框。

第 3 步，获取文本框，然后分别注册 keyup 事件。代码如下：

```
var form = document.getElementById("myform");
var tel1 = form.elements["tel1"];
var tel2 = form.elements["tel2"];
var tel3 = form.elements["tel3"];
tel1.focus();
addHandler(tel1, "keyup", autofocus);
addHandler(tel2, "keyup", autofocus);
addHandler(tel3, "keyup", autofocus);
```

为了加快响应，把这些响应操作放在 keyup 事件处理程序中。keyup 事件会在用户输入新字符之后触发，所以此时是检测文本框中内容长度的最佳时机。这样一来，用户在填写这个简单的表单时，就不必按 Tab 键切换表单字段和提交表单了。

扫一扫，看视频

23.1.7 访问选择框的值

使用<select>和<option>标签可以创建选择框，select 属于 HTMLSelectElement 类型，继承于 HTMLElement，除了拥有表单字段公共属性和方法外，还定义了以下专用属性和方法。

- multiple：布尔值，设置或返回是否有多个选项被选中，等价于<select multiple>。Opera 9 无法在脚本中设置该属性，仅能返回值。
- selectedIndex：设置或返回被选选项的索引号，如果没有选中项，则值为-1。对于支持多选的控件，只保存选中项中第 1 项的索引。
- size：设置或返回一次显示的选项，等价于<select size="4" >。
- length：返回选项的数目。
- options：返回包含所有选项的控件集合，即包含所有 option 元素的 HTMLCollection。
- add(option, before)：向控件中插入新的 option 元素，其位置在 before 参数之前。
- remove(index)：移除给定位置的选项。

选择框的 type 属性值为"select-one"或"select-multiple"，这取决于 multiple 属性值。

选择框的 value 属性由当前选中项决定，具体说明如下。

- 如果没有选中的项，则选择框的 value 属性保存空字符串。
- 如果有一个选中项，而且该项的 value 属性值已经在 HTML 中指定，则选择框的 value 属性等于选中项的 value 属性值。即使 value 特性的值是空字符串，也同样遵循此规则。
- 如果有一个选中项，但该项的 value 特性在 HTML 中未指定，则选择框的 value 属性等于该项包含的文本。
- 如果选中多个项，则选择框的 value 属性将依据前几条规则取得第 1 个选中项的值。

【示例 1】 设计下拉列表框，代码如下：

```
<form id="myform"  method="post" action="#">
  <select name="grade" id="grade">
    <option value="1">初级</option>
    <option value="2">中级</option>
    <option value="3">高级</option>
    <option value="">未知</option>
```

```
        <option>不明确</option>
    </select>
</form>
```

然后使用以下JavaScript代码读取列表框的值，代码如下：

```
var form = document.getElementById("myform");
var grade = form.elements["grade"];
grade.onchange = function(){
    console.log("被选中项目：" + this.options[this.selectedIndex].outerHTML + ",
select.value = " +  this.value);
}
```

在浏览器中测试，分别选择不同的项目，则可以看到选择框对应的值，如图23.3所示。

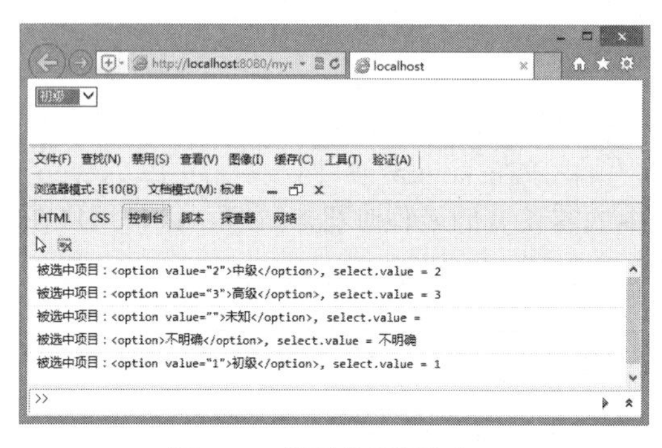

图23.3　测试选择框的值1

如果用户选择了第1项，则选择框的值就是1。如果文本为“未知”的选项被选中，则选择框的值就是一个空字符串，因为其value属性值是空的。如果选择了最后一项，由于<option>没有指定value属性，则选择框的值就是“不明确”。

使用<option>标签可以创建选择项目，它属于HTMLOptionElement类型，HTMLOptionElement对象添加以下属性，以方便访问数据。

- index：返回当前选项在options集合中的索引。
- label：设置或返回选项的标签，等价于<option label="提示文本">。
- selected：布尔值，设置或返回当前选项的selected属性值，表示当前选项是否被选中。
- text：设置或返回选项的文本值。
- value：设置或返回选项的值，等价于<option value="2">。

其中大部分属性都可以方便地访问选项数据。虽然可以使用DOM进行访问，但效率比较低，建议采用选择框及其项目的专有属性进行访问。

注意：

不同浏览器下，选项的value属性返回值存在差别：在未设置value属性的情况下，IE8会返回空字符串，而IE9+、Safari、Firefox、Chrome和Opera则会返回包含的文本值。

【**示例2**】对于只允许选择一项的选择框，访问选中项的方法如下：

```
var form = document.getElementById("myform");
var grade = form.elements["grade"];
grade.onchange = function(){
    var selIndex = grade.selectedIndex;
    var selOption = grade.options[selIndex];
    console.log(" index: " +grade.selectedIndex + "\ntext: " + selOption.text +
"\nvalue: " + grade.value);
```

```
}
```

对于可以选择多项的选择框，selectedIndex 属性无效，设置 selectedIndex 会导致取消以前的所有选项并选择指定的那一项，而读取 selectedIndex 则只会返回选中项中的第 1 项的索引值。

与 selectedIndex 不同，在允许多选的选择框中设置选项的 selected 属性，不会取消对其他选中项的选择，因而可以动态任意选中多个项。但是如果是在单选框中，修改某个选项的 selected 属性会取消对其他选项的选择。需要注意的是，将 selected 属性设置为 false 对单选框没有影响。

【示例 3】要获取所有选中的项，可以使用循环遍历选项集合，然后测试每个选项的 selected 属性。

第 1 步，设计一个多选列表框。代码如下：

```
<form id="myform" action="#">
    <label for="color">选择你喜欢的颜色：</label>
    <select name="clolr" size="5"  multiple id="clolr">
        <option value="red">红</option>
        <option value="orange">橙</option>
        <option value="yellow">黄</option>
        <option value="green">绿</option>
        <option value="blue">蓝</option>
    </select>
    <button id="btn" name="btn">确定</button>
</form>
```

第 2 步，定义一个工具函数，用来获取所有被选中的选择框中的选项。代码如下：

```
function getSelectedOptions(selectbox){
    var result = new Array();
    var option = null;
    for (var i=0, len=selectbox.options.length; i < len; i++){
        option = selectbox.options[i];
        if (option.selected){
            result.push(option);
        }
    }
    return result;
}
```

这个函数可以返回给定选择框中选中项的一个数组。首先，创建一个包含选中项的数组，然后使用 for 循环迭代所有选项，同时检测每一项的 selected 属性。如果有选项被选中，则将其添加到 result 数组中。最后，返回包含选中项的数组。

第 3 步，使用 getSelectedOptions()函数取得选中项。代码如下：

```
var form = document.getElementById("myform");
var clolr = form.elements["clolr"];
var btn = form.elements["btn"];
btn.onclick = function(){
    var selectedOptions = getSelectedOptions(clolr);
    var message = "";
    for (var i=0, len=selectedOptions.length; i < len; i++){
        message += selectedOptions[i].index + " text: " + selectedOptions[i].text + 
" value: " + selectedOptions[i].value + "\n";
    }
    console.log(message);
    return false;
}
```

第4步，在浏览器中预览，从选择框中选择多个选项，然后单击按钮，则效果如图23.4所示。

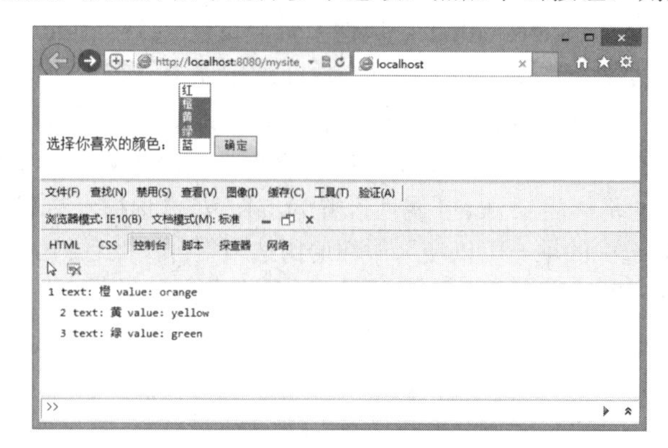

图23.4　测试选择框的值2

扫一扫，看视频

23.1.8　编辑选项

使用 JavaScript 可以动态创建选项，并将它们添加到选择框中。添加选项的方式有很多，下面以示例的形式进行简单介绍。

【示例1】使用DOM方法为选择框添加选项。代码如下：

```
<form id="myform"  method="post" action="#">
    <select name="grade" id="grade">
        <option value="1">初级</option>
        <option value="2">中级</option>
        <option value="3">高级</option>
    </select><br><br>
    <button id="btn" name="btn" type="button" >添加选项</button>
</form>
<script>
    var form = document.getElementById("myform");
    var grade = form.elements["grade"];
    var btn = form.elements["btn"];
    btn.onclick = function(){
        var newOption = document.createElement("option");
        newOption.appendChild(document.createTextNode("特级"));
        newOption.setAttribute("value", "4");
        grade.appendChild(newOption);
        this.disabled = true;
        this.innerHTML = "添加完毕";
        return false;
    }
</script>
```

上面代码创建了新的 option 元素，然后为它添加了一个文本节点，并设置 value 属性值，最后将它添加到选择框中。添加到选择框后就可以看到新选项。

【示例2】使用 Option()构造函数创建新选项，它包含了文本（text）和值（value）两个参数，第2个参数可选。代码如下：

```
btn.onclick = function(){
    var newOption = new Option("特级","4");
    grade.appendChild(newOption);
```

```
    this.disabled = true;
    this.innerHTML = "添加完毕";
    return false;
}
```

Option()构造函数会创建一个 option 实例，然后使用 appendChild()将新选项添加到选择框中。

这种方式在除 IE 外的浏览器中都可以使用。由于存在 BUG，IE 在这种方式下不能正确设置新选项的文本。

【示例 3】使用选择框的 add()方法，该方法包含两个参数：第 1 个参数为添加的新选项，第 2 个参数为位于新选项后的选项。如果想在列表最后添加一个选项，就将第 2 个参数设置为 null。代码如下：

```
btn.onclick = function(){
    var newOption = new Option("特级","4");
    grade.add(newOption,undefined);
    this.disabled = true;
    this.innerHTML = "添加完毕";
    return false;
}
```

提示：

在 IE 中，add()方法的第 2 个参数是可选的，是新选项之后选项的索引。兼容 DOM 的浏览器要求必须指定第 2 个参数。如果要兼容不同浏览器，可以为第 2 个参数传入 undefined，则在所有浏览器中都可以将新选项插入列表最后。如果想将新选项添加到其他位置，应使用 DOM 的 insertBefore()方法。

使用 DOM 的 removeChild()方法可以移除选项，也可以使用选择框的 remove()方法，remove()方法包含一个参数，即要移除选项的索引。另外，将选项设置为 null，也可以删除。

【示例 4】本示例演示如何清除选择框中所有的项，当单击按钮后，将迭代所有选项并逐个移除。代码如下：

```
btn.onclick = function(){
    for(var i=0, len=grade.options.length; i < len; i++){
        grade.remove(0);
    }
    this.disabled = true;
    this.innerHTML = "已全部删除";
    return false;
}
```

在迭代过程中，每次只移除选择框的第 1 个选项。由于移除第 1 个选项后，所有后续选项都会自动向上移动一个位置，因此重复移除第 1 个选项就可以移除所有选项。

使用 DOM 的 appendChild()方法可以将一个选择框中的选项直接移动到另一个选择框中。如果为 appendChild()方法传入文档元素，那么就会先将该元素从父节点中移除，再把它添加到指定的位置。

【示例 5】本示例设计当在第 1 个选择框选择一个项目后，会把该项目移到第 2 个选择框中。代码如下：

```
<form id="myform"  method="post" action="#">
    <select name="grade1" id="grade1">
        <option value="1">初级</option>
        <option value="2">中级</option>
        <option value="3">高级</option>
    </select><br><br>
    <select name="grade2" id="grade2"></select>
</form>
```

```
<script>
    var form = document.getElementById("myform");
    var grade1 = form.elements["grade1"];
    var grade2 = form.elements["grade2"];
    grade1.onchange = function(){
        grade2.appendChild(grade1.options[grade1.selectedIndex]);
    }
</script>
```

移动选项与移除选项有一个共同之处，都会重置每一个选项的 index 属性。重排选项次序的过程也十分类似，最好的方式是使用 DOM 方法。

要将选择框中的某一项移动到特定位置，建议使用 DOM 的 insertBefore()方法，appendChild()方法适用于将选项添加到选择框的最后。

【示例 6】本示例设计当在选择框中选择一个项目后，会把该项目在选择框中向前移动一个选项的位置。代码如下：

```
<form id="myform"  method="post" action="#">
    <select name="grade" id="grade">
        <option value="1">1 级</option>
        <option value="2">2 级</option>
        <option value="3">3 级</option>
        <option value="4">4 级</option>
        <option value="5">5 级</option>
        <option value="6">6 级</option>
    </select>
</form>
<script>
    var form = document.getElementById("myform");
    var grade = form.elements["grade"];
    grade.onchange = function(){
        var option = grade.options[grade.selectedIndex];
        grade.insertBefore(option, grade.options[option.index-1]);
    }
</script>
```

上面代码首先选择了要移动的选项，然后将其插入它前面的选项之前。

注意：

在选择框的选项编辑中，IE7 存在页面重绘问题，有时候会导致使用 DOM 方法重排的选项不能马上正确显示。

扫一扫，看视频

23.1.9 表单序列化

表单序列化就是将表单值拼接成键值对的字符串形式，以便于提交给服务器解析，键值对字符串如下：

```
"name=124&company=baidu.com&fav=1,2,3"
```

这在 AJAX 异步交互中比较常用，因为异步交互都是手工提交数据，为了获取表单数据，必须将表单字段的值逐个添加到参数中，如果表单字段很多，不仅添加字段参数的过程很烦琐，而且交互过程也缺乏适应能力。

本小节将通过示例的形式介绍如何使用 JavaScript 对表单值进行序列化。主要用到表单字段的 type、name 和 value 属性，实现对表单的序列化。

【设计思路】

当提交表单时，浏览器将数据发送给服务器，不过在发送之前，会对表单值进行简单处理，主要操作如下。

- 对表单字段的名称和值进行 URL 编码，使用&连字符分隔。
- 不发送禁用的表单字段。
- 只发送勾选的复选框和单选按钮。
- 不发送 type 为 reset 和 button 等按钮字段的名称和值。
- 多选框中的每个选中的值都是单独条目。
- 在单击“提交”按钮提交表单的情况下，也会发送“提交”按钮，否则，不发送“提交”按钮，也包括 type 为 image 的 input 元素。
- select 元素的值，就是选中的 option 元素的 value 属性值。如果 option 元素没有 value 值，则是 option 元素的文本值。

在表单序列化过程中，一般不包含任何按钮字段，因为结果字符串很可能是通过其他方式提交的。

【操作步骤】

第 1 步，设计一个表单操作单元模块，以方便代码管理。所有有关表单的方法都将放在这个对象中。代码如下：

```
var formUtil = {    }
```

第 2 步，定义 getRadioValue()方法，用来获取单选按钮的值。代码如下：

```
// 获取单选按钮的值，如有没选，则返回 null
// elements 为 radio 类的集合的引用
getRadioValue: function(elements) {
    var value = null;           // null 表示没有选中项
    if (elements.value != undefined && elements.value != '') {// 非 IE 浏览器
        value = elements.value;
    } else {                    // IE 浏览器
        for (var i = 0,
        len = elements.length; i < len; i++) {
            if (elements[i].checked) {
                value = elements[i].value;
                break;
            }
        }
    }
    return value;
}
```

第 3 步，定义 getCheckboxValue()方法，获取复选框的值。代码如下：

```
// 获取多选按钮的值，如有没选，则返回 null
// elements 为 checkbox 类型的 input 集合的引用
getCheckboxValue: function(elements) {
    var arr = new Array();
    for (var i = 0,
    len = elements.length; i < len; i++) {
        if (elements[i].checked) {
            arr.push(elements[i].value);
        }
    }
    if (arr.length > 0) {
```

```
        return arr.join(',');
    } else {
        return null;            // null 表示没有选中项
    }
}
```

第 4 步，定义 getSelectValue()方法，获取选择框的值。代码如下：

```
// 获取下拉框的值，element 为 select 元素的引用
getSelectValue: function(element) {
    if (element.selectedIndex == -1) {
        return null;            // 没有选中项时返回 null
    };
    if (element.multiple) {    // 多项选择
        var arr = new Array(),
        options = element.options;
        for (var i = 0,
        len = options.length; i < len; i++) {
            if (options[i].selected) {
                arr.push(options[i].value);
            }
        }
        return arr.join(",");
    } else {                    // 单项选择
        return element.options[element.selectedIndex].value;
    }
},
```

第 5 步，定义序列化方法 serialize()，参数为 form 对象。代码如下：

```
    // 序列化，form 为 form 元素的引用
    serialize: function(form) {
        var arr = new Array(),
        elements = form.elements,
        checkboxName = null;
        for (var i = 0,len = elements.length; i < len; i++) {
            field = elements[i];
            if (field.disabled) {        // 不发送禁用的表单字段
                continue;
            }
            switch (field.type) {        // 选择框的处理
            case "select-one":
            case "select-multiple":
                arr.push(encodeURIComponent(field.name) + "=" +
encodeURIComponent(this.getSelectValue(field)));
                break;
            // 不发送下列类型的表单字段
            case undefined:
            case "button":
            case "submit":
            case "reset":
            case "file":
                break;
            // 单选、多选和其他类型的表单处理
            case "checkbox":
```

```
                if (checkboxName == null) {
                    checkboxName = field.name;
                    arr.push(encodeURIComponent(checkboxName) + "=" +
encodeURIComponent(this.getCheckboxValue(form.elements[checkboxName])));
                }
                break;
            case "radio":
                if (!field.checked) {
                    break;
                }
            default:
                if (field.name.length > 0) {
                    arr.push(encodeURIComponent(field.name) + "=" +
encodeURIComponent(field.value));
                }
            }
        }
```

在上面代码中，serialize()函数首先定义了一个 arr 数组，用于保存将要创建的字符串的各个部分；然后，通过 for 循环迭代每个表单字段，并将其保存在 field 变量中。在获得了一个字段的引用后，使用 switch 语句检测其 type 属性。序列化过程最麻烦的就是<select>元素，它可能是单选框也可能是多选框。若为单选框，其值可能有一个选中项；若为多选框，则可能有 0 个或多个选中项。这里的代码适用于这两种选择框，至于可选框的数量是由浏览器控制的。在找到了一个选中项后，需要确定使用什么值，如果不存在 value 特性，或者虽然存在 value 特性，但值为空字符串，都要使用选项的文本代替。为检查这个特性，在 DOM 兼容的浏览器中需要使用 hasAttribute()方法，而在 IE 中需要使用特性的 specified 属性。

如果表单中包含 fieldset 元素，则该元素会出现在元素集合中，但没有 type 属性。因此，如果 type 属性未定义，则不需要对其进行序列化。同样，对于各种按钮以及文件输入字段也是如此。对于单选按钮和复选框，要检查其 checked 属性是否被设置为 false，如果是则退出 switch 语句。如果 checked 属性为 ture，则继续执行 default 语句，即将当前字段的名称和值进行编码，然后添加到 parts 数组中。函数的最后一步，就是使用 join()格式化整个字符串，也就是用括号来分割每一个表单字段。

第 6 步，新建表单结构，代码如下：

```
    <form action="test_php.php" id="form1" name="form1" method="post"
enctype="multipart/form-data">
        姓名：<input name="name" type="text" tabindex="1" /><br>
        性别：<input name="sex" type="radio" value="男"/>男
        <input name="sex" type="radio" value="女" /> 女 <br>
        爱好：
        <input name="hobby" type="checkbox" value="篮球" /> 篮球
        <input name="hobby" type="checkbox" value="足球" />足球
        <input name="hobby" type="checkbox" value="乒乓球" />乒乓球
        <input name="hobby" type="checkbox" value="羽毛球" />羽毛球 <br />
        年级：
        <select name="class" multiple>
            <option value="一年级">一年级</option>
            <option value="二年级">二年级</option>
            <option value="三年级">三年级</option>
        </select><br />
        其他：<br />
        <textarea name="other" rows="5" cols="30" tabindex="2"></textarea><br />
        <input type="reset" value="重置" /><input type="submit" value="提交" />
```

```
</form>
```

第 7 步，应用 serialize()函数，以查询字符串的格式输出序列化后的字符串，代码如下：

```
var form = document.getElementById("form1"),
output = document.getElementById("output");
// 自定义的提交事件
EventUtil.addHandler(form, "submit", function(event) {
    event = EventUtil.getEvent(event);
    EventUtil.preventDefault(event);
    var html = "";
    html += form.elements['name'].value + "<br>";
    html += formUtil.getRadioValue(form.elements['sex']) + "<br>";
    html += formUtil.getCheckboxValue(form.elements['hobby']) + "<br>";
    html += formUtil.getSelectValue(form.elements['class']) + "<br>";
    html += form.elements['other'].value + "<br>";
    html += decodeURIComponent(formUtil.serialize(form)) + "<br>";
    output.innerHTML = html;
});
```

效果如图 23.5 所示。

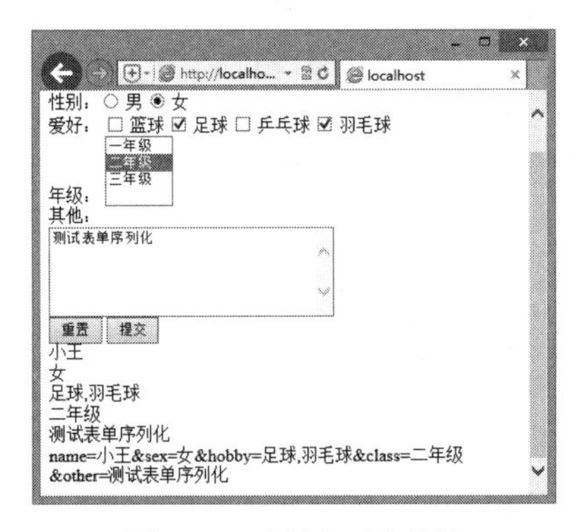

图 23.5　表单序列化效果

扫一扫，看视频

23.1.10　设计文本编辑器

文本编辑器是一种可内嵌于 Web 页面、所见即所得的文本编辑操作界面。网上有很多富文本编辑器，其设计思路和技术核心与本示例相似，不过代码复杂，不利于初学者入门。本示例的设计效果如图 23.6 所示。

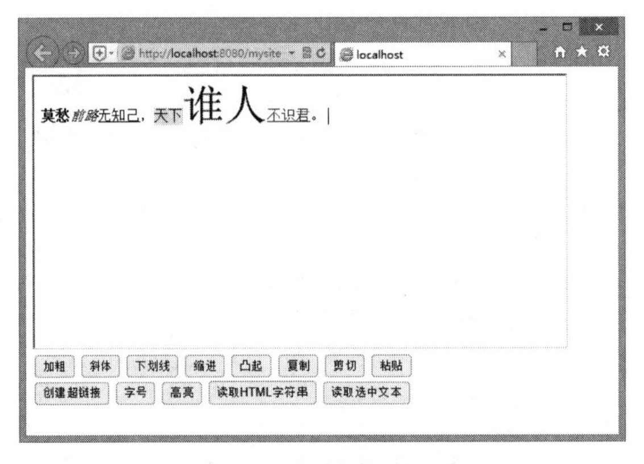

图 23.6　文本编辑器设计效果

【设计思路】

在网页中编辑文本内容没有统一的规范，最早是 IE 引入这个功能的，然后 Opera、Safari、Chrome 和 Firefox 都逐步开始支持该功能。

技术核心：在页面中嵌入一个包含空 HTML 页面的 iframe。通过设置 designMode 属性，这个空白的 HTML 页面可以被编辑，而编辑对象则是该页面 body 元素的 HTML 代码。当设置 designMode 属性为 on 时，整个文档都会变得可以编辑，同时显示插入光标符号，用户就可以像使用 Word 软件一样，输入 HTML 字符串，或者通过键盘将文本加粗、斜体等。

【操作步骤】

第 1 步，在页面中插入一个浮动框架。设计其显示样式，然后导入一个空白或设计好的网页文档，如 blank.html。代码如下：

```
<iframe name="richedit" style="height: 300px; width: 600px;"
src="blank.html"></iframe>
```

第 2 步，开启浮动框架编辑状态。在页面初始化事件处理函数中获取 iframe，然后通过框架集技术访问该浮动框架的 document 对象，设置 designMode 属性为 on。代码如下：

```
EventUtil.addHandler(window, "load", function(){
    frames["richedit"].document.designMode = "on";
});
```

此时，可以看到浮动框架如同一个文本区域，允许用户编辑文本。通过为空白页面应用 CSS 样式，可以修改可编辑区域字段的外观。例如，在嵌入文档 blank.html 中设计如下 CSS 样式：

```
<style type="text/css">
    html, body{
        width:100%;
        height:100%;
        overflow:hidden;
    }
</style>
```

技能拓展：

使用 HTML5 的 contenteditable 属性，可以设计任何标签为可编辑区域，这样就不需要 iframe 了，准备一个空白页，编写 JavaScript 代码。用法如下：

```
<div class="editable" id="richedit" contenteditable></div>
```

第 3 步，完成前两步，基本就可以实现文本编辑器效果了，但是界面比较简单，下面继续丰富文本编辑器，为它添加各种快捷操作按钮。需设计如下表单结构：

```
<form method="post" action="#')">
    <div id="divSimple">
        <input type="button" value="加粗" title="Bold">
        <input type="button" value="斜体" title="Italic">
        <input type="button" value="下划线" title="Underline">
        <input type="button" value="缩进" title="Indent">
        <input type="button" value="凸起" title="Outdent">
        <input type="button" value="复制" title="Copy">
        <input type="button" value="剪切" title="Cut">
        <input type="button" value="粘贴" title="Paste">
    </div>
    <div id="divComplex">
        <input type="button" value="创建超链接" id="btnCreateLink">
```

```
            <input type="button" value="字号" id="btnChangeFontSize">
            <input type="button" value="高亮" id="btnHighlight">
            <input type="button" value="读取 HTML 字符串" id="btnGetHtml">
            <input type="button" value="读取选中文本" id="btnGetSelected">
        </div>
        <input type="hidden" name="comments" value="">
    </form>
```

第 4 步，使用 document.execCommand()方法来激活这些按钮功能，让它们执行不同的操作命令。首先认识一下 document.execCommand()方法。document.execCommand()方法可以对文档执行预定义的命令，而且可以应用很多格式。用法如下：

```
bool = document.execCommand(aCommandName, aShowDefaultUI, aValueArgument)
```

返回值是一个布尔值，返回 true 表示执行成功，返回 false 表示操作不被支持或未被启用。

参数说明如下。

- aCommandName：执行命令的名称。
- aShowDefaultUI：布尔值，是否展示用户界面，一般为 false。Mozilla 没有实现。
- aValueArgument：部分命令的补充参数，如 insertimag 命令需要提供 image 的 url，默认为 null。

下面简单介绍常用命令字符串。

- backColor：修改文档的背景颜色。
- bold：开启/关闭选中文字或插入点的粗体字效果。
- copy：复制当前选中内容到剪贴板。
- createLink：将选中内容创建为一个锚链接。
- cut：剪切当前选中的文字并复制到剪贴板。
- delete：删除选中部分。
- fontName：在插入点或选中文字部分修改字体名称。
- fontSize：在插入点或选中文字部分修改字体大小。
- foreColor：在插入点或选中文字部分修改字体颜色。
- heading：添加一个标题标签在光标处或所选文字上。
- hiliteColor：更改选择或插入点的背景颜色。
- indent：缩进选择或插入点所在的行。
- insertHorizontalRule：在插入点插入一个水平线（删除选中的部分）。
- insertHTML：在插入点插入一个 HTML 字符串（删除选中的部分）。
- insertImage：在插入点插入一张图片（删除选中的部分）。
- insertOrderedList：在插入点或选中文字上创建一个有序列表。
- insertText：在光标插入位置插入文本内容或覆盖所选的文本内容。
- italic：在光标插入点开启/关闭斜体字。
- justifyCenter：对光标插入位置或所选内容进行文字居中。
- justifyLeft：对光标插入位置或所选内容进行左对齐。
- justifyRight：对光标插入位置或所选内容进行右对齐。
- outdent：对光标插入行或所选行内容减少缩进量。
- paste：在光标位置粘贴剪贴板的内容。
- redo：重做被撤销的操作。
- removeFormat：对所选内容去除所有格式。
- selectAll：选中编辑区里的全部内容。
- strikeThrough：在光标插入点开启/关闭删除线。

- subscript：在光标插入点开启/关闭下角标。
- superscript：在光标插入点开启/关闭上角标。
- underline：在光标插入点开启/关闭下划线。
- undo：撤销最近执行的命令。
- unlink：去除所选的锚链接的<a>标签。
- useCSS：切换使用 HTML 标签，使用 CSS 生成图标。

第 5 步，为第 1 排按钮绑定各种执行命令。这些命令字符串被绑定在<input type="button" value="加粗" title="Bold">标签的 title 属性中。以下代码为这些按钮绑定 click 事件，然后取出 title 字符串，并传递给 document.execCommand()方法：

```
EventUtil.addHandler(simple, "click", function(event){
    event = EventUtil.getEvent(event);
    var target = EventUtil.getTarget(event);
    if (target.type == "button"){
        frames["richedit"].document.execCommand(target.title.toLowerCase(), false,
null);
    }
});
```

第 6 步，以同样的方式为第 2 排按钮绑定命令。代码如下：

```
EventUtil.addHandler(complex, "click", function(event){
    event = EventUtil.getEvent(event);
    var target = EventUtil.getTarget(event);
    switch(target.id){
        case "btnGetHtml":
            alert(frames["richedit"].document.body.innerHTML);
            break;
        case "btnCreateLink":
            var link = prompt("What link?", "blank.htm");
            if (link){
                frames["richedit"].document.execCommand("createlink", false, link);
            }
            break;
        case "btnChangeFontSize":
            var size = prompt("What size? (1-7)", "7");
            if (size){
                frames["richedit"].document.execCommand("fontsize", false,
parseInt(size,10));
            }
            break;
        case "btnGetSelected":
            if (frames["richedit"].getSelection){
                alert(frames["richedit"].getSelection().toString());
            } else if (frames["richedit"].document.selection){
                alert(frames["richedit"].document.selection.createRange().text);
            }
            break;
        case "btnHighlight":
            if (frames["richedit"].getSelection){
                var selection = frames["richedit"].getSelection();
                var range = selection.getRangeAt(0);
                var span = frames["richedit"].document.createElement("span");
```

```
                span.style.backgroundColor = "yellow";
                range.surroundContents(span);
            } else if (frames["richedit"].document.selection){
                var range = frames["richedit"].document.selection.createRange();
                range.pasteHTML("<span style=\"background-color:yellow\">" +
range.htmlText + "</span>");
            }
            break;
        }
    });
```

在上面代码中，频繁使用框架（iframe）的 getSelection()方法，它可以确定实际选择的文本。这个方法是 window 对象和 document 对象的属性，调用它会返回一个表示当前选择文本的 selection 对象。每个 selection 对象都有以下属性。

- anchorNode：选区起点所在的节点。
- anchorOffset：在到达选区起点位置之前跳过的 anchorNode 中的字符数量。
- focusNode：选区终点所在的节点。
- focusOffset：focusNode 中包含在选区之内的字符数量。
- isCollapsed：布尔值，表示选区的起点和终点是否重合。
- rangeCount：选区中包含的 DOM 范围的数值。

使用 selection 对象的以下方法提供了更多信息，并且支持对选区的操作。

- addRange(range)：将指定的 DOM 范围添加到选区中。
- collapse(node, offset)：将选区折叠到指定节点中的相应的文本偏移位置。
- collapseToEnd()：将选区折叠到终点位置。
- collapseToStart()：将选区折叠到起点位置。
- containsNode(node)：确定指定的节点是否包含在选区中。
- deleteFromDocument()：从文档中删除选区中的文本，与 document.execCommand("delete", false, null)命令的结果相同。
- extend(node, offset)：通过将 focusNode 和 focusOffset 移动到指定的值来扩展选区。
- getRangeAt(index)：返回索引对应的选区中的 DOM 范围。
- removeAllRanges()：从选区中移除所有 DOM 范围。实际上，这样会移除选区，因为选区中至少要有一个范围。
- reomveRange(range)：从选区中移除指定的 DOM 范围。
- selectAllChildren(node)：清除选区并选择指定节点的所有子节点。
- toString()：返回选区所包含的文本内容。

第 7 步，当提交表单时，可以把浮动框架文档转换为 HTML 字符串，并传递给表单的隐藏域<input type="hidden" name="comments" value="">，再把用户编辑好的 HTML 字符串上传给服务器（test3.html）。代码如下：

```
EventUtil.addHandler(document.forms[0], "submit", function(){
    event = EventUtil.getEvent(event);
    var target = EventUtil.getTarget(event);
    target.elements["comments"].value = frames["richedit"].document.body.innerHTML;
});
```

第 8 步，使用 document.queryCommandState()方法可以检测选中文本是否包含特定命令格式。为第 3 排按钮绑定如下 click 事件，调用该方法检测编辑文本是否为特定格式（test2.html）。代码如下：

```
EventUtil.addHandler(queryDiv, "click", function(event){
```

```
        event = EventUtil.getEvent(event);
        var target = EventUtil.getTarget(event);
        if (target.type == "button"){
            alert(frames["richedit"].document.queryCommandState
(target.value.toLowerCase(), false, null));
        }
    });
```

document.queryCommandState()方法与 document.execCommand()方法的用法相同，都包含 3 个参数，不过 document.queryCommandState()方法根据参数提供的命令检测选区文本中是否包含该命令。

23.2　表 单 验 证

扫一扫，看视频

在 Web 应用中，正则表达式的应用比较广泛，具体说明如下。

- 验证字符串：验证给定的字符串是否符合指定条件。例如，验证邮件地址、电话号码等用户提交数据是否合法等。
- 查找字符串：在给定的字符串中查找符合条件的子字符串。
- 替换字符串：在给定的字符串中替换符合条件的子字符串。
- 截取字符串：在给定的字符串中截取符合条件的子字符串。

表单验证在网页设计中经常用到，为了方便读者学习和开发，本节通过一个综合示例演示如何使用正则表达式设计表单验证工具 Validator。本节示例会涉及后面几章有关面向对象的知识，读者可根据实际情况有选择地学习。

Validator 是基于 JavaScript 的伪静态类和对象的自定义属性，可以对网页中的表单项输入进行相应的验证，允许同一页面中同时验证多个表单，熟悉接口代码之后也可以对特定的表单项，甚至仅仅是某个字符串进行验证。因为是伪静态类，所以在调用时不需要实例化，直接以“类名+.语法+属性或方法名”来调用。此外，Validator 还提供了 3 种不同的错误提示模式，以满足不同的需求。

【操作步骤】

第 1 步，新建文档，保存为 index.html。在页面中新建一个表格，设计一个表单框，其中包含多个输入文本框，如图 23.7 所示。

图 23.7　设计表单

第 2 步，在<body>标签底部插入一个<script type="text/javascript">标签，在其中设计 Validator 表单验证脚本。

第 3 步，在脚本中新建全局对象 Validator，在其中定义多个属性值为正则表达式的成员。代码如下：

```
Validator = {
    Require : /.+/,                                  //是否为空
    Email : /^\w+([-+.]\w+)*@\w+([-.]\w+)*\.\w+([-.]\w+)*$/,     //Email 地址
    Phone : /^((\(\d{2,3}\))|(\d{3}\-))?(\(0\d{2,3}\)|0\d{2,3}-)?[1-9]\d{6,7}(\-
\d{1,4})?$/, //电话号码
    Mobile : /^((\(\d{2,3}\))|(\d{3}\-))?13\d{9}$/,              //手机号码
    Url : /^http:\/\/[A-Za-z0-9]+\.[A-Za-z0-9]+[\/=\?%\-
&_~`@[\]\':+!]*([^<>\"\"])*$/,                      //使用 HTTP 协议的网址
    Currency : /^\d+(\.\d+)?$/,                      //货币
    Number : /^\d+$/,                                //数字
    Zip : /^[1-9]\d{5}$/,                            //邮政编码
    QQ : /^[1-9]\d{4,8}$/,                           //QQ 号码
    Integer : /^[-\+]?\d+$/,                         //整数
    Double : /^[-\+]?\d+(\.\d+)?$/,                  //实数
    English : /^[A-Za-z]+$/,                         //英文
    Chinese : /^[\u0391-\uFFE5]+$/,                  //中文
    Username : /^[a-z]\w{3,}$/i,                     //用户名
    UnSafe : /^(([A-Z]*|[a-z]*|\d*|[-
_\~!@#\$%\^&\*\.\(\)\[\]\{\}<>\?\\\/\'\"]*)|.{0,5})$|\s/符合安全规则的密码
}
```

第 4 步，为 Validator 对象定义一个 Validate()方法，该方法根据参数 theForm 指定的表单 form，通过 for 循环语句获取表单中所有包含 dataType 属性的文本框。然后根据 dataType 属性值的不同，分别调用第 3 步定义的正则表达式执行表单验证。如果通过验证，说明输入值合法，否则获取该文本框的 msg 属性值，并显示错误信息。代码如下：

```
//表单验证对象
Validator = {
    //表单验证方法，参数 theForm 为需要验证的表单对象，mode 指定验证错误提示方式
    Validate : function(theForm, mode) {
        var obj = theForm || event.srcElement; //如果没有指定表单对象，则使用当前元素
        var count = obj.elements.length;       //获取表单项的个数
        this.ErrorMessage.length = 1;          //初始错误信息个数为 1
        this.ErrorItem.length = 1;             //初始错误项目个数为 1
        this.ErrorItem[0] = obj;               //把表单传递给错误信息对象
        for (var i = 0; i < count; i++) {      //遍历所有表单项
            with (obj.elements[i]) {           //操作当前表单项
                //获取当前表单项 dataType 属性值
                var _dataType = getAttribute("dataType");
                //如果 dataType 属性值非法，则跳过
                if ( typeof (_dataType) == "object" || typeof (this[_dataType]) ==
"undefined")
                continue;
                this.ClearState(obj.elements[i]); //清除当前表单项的错误提示信息
                //如果 require 属性值为 false，或者输入框为空，则跳过
                if (getAttribute("require") == "false" && value == "")
                    continue;
                //当 dataType 属性值为下列值之一时，则调用验证函数执行验证
```

```
            switch(_dataType) {
            case "IdCard" :                              //身份证
            case "Date" :                                //日期
            case "Repeat" :                              //某项的重复值
            case "Range" :                               //范围
            case "Compare" :                             //两数的关系比较
            case "Custom" :                              //自定义的正则表达式验证
            case "Group" :                               //判断输入值是否在(n, m)区间
            case "Limit" :                               //对于具有相同名称的单选按钮的选中判断
            case "LimitB" :                              //输入字符长度限制（可按字节比较）
            case "SafeString" :                          //符合安全规则的密码
            case "Filter" :                              //文件上传格式过滤
                if (!eval(this[_dataType])) {
                    this.AddError(i, getAttribute("msg"));
                }
                break;
            //对于非上面所列 dataType 属性值，则直接使用正则表达式进行验证
            default :
                if (!this[_dataType].test(value)) {
                    //验证失败后，则调用 AddError()函数显示错误信息
                    //获取表单项的 msg 属性值，并把它作为错误信息源
                    this.AddError(i, getAttribute("msg"));
                }
                break;
            }
        }
    }
    //根据错误信息以及指定的模式，显示错误信息
    if (this.ErrorMessage.length > 1) {
        mode = mode || 1;
        var errCount = this.ErrorItem.length;
        switch(mode) {
        case 2 :      //本模式是把错误项目的字体颜色设置为红色
            for (var i = 1; i < errCount; i++)
                this.ErrorItem[i].style.color = "red";
            break;
        case 1 :      //本模式是通过弹出提示框提示错误信息
            alert(this.ErrorMessage.join("\n"));
            this.ErrorItem[1].focus();
            break;
        case 3 :     //本模式是创建一个 span 元素，把错误信息显示在文本框后面
            for (var i = 1; i < errCount; i++) {
                try {
                    var span = document.createElement("SPAN");
                    span.id = "__ErrorMessagePanel";
                    span.style.color = "red";
                    this.ErrorItem[i].parentNode.appendChild(span);
                    span.innerHTML = this.ErrorMessage[i].replace(/\d+:/, "*");
                } catch(e) {
                    alert(e.description);
                }
            }
            this.ErrorItem[1].focus();
```

```
            break;
        default :
            alert(this.ErrorMessage.join("\n"));
            break;
        }
        return false;
    }
    return true;
  },
}
```

第5步，使用自定义属性 dataType 定义表单项（文本框）验证类型。在表单结构中，为每个文本框设置如下自定义属性：

```
<input name="Nick" dataType="English" require="false" msg="英文名只允许英文字母">
```

其中，自定义属性 dataType 用于设定表单项的输入数据验证类型，值为字符串，为必填项目。该属性可选值如下：

```
dataType="Require | Chinese | English | Number | Integer | Double | Email | Url |
Phone | Mobile | Currency | Zip | IdCard | QQ | Date | SafeString | Repeat | Compare |
Range | Limit | LimitB | Group | Custom | Filter "
```

可选值的验证功能说明如下。

- Require：必填项。
- Chinese：中文。
- English：英文。
- Number：数字。
- Integer：整数。
- Double：实数。
- Email：Email 地址格式。
- Url：基于 HTTP 协议的网址格式。
- Phone：电话号码格式。
- Mobile：手机号码格式。
- Currency：货币格式。
- Zip：邮政编码。
- IdCard：身份证号码。
- QQ：QQ 号码。
- Date：日期。
- SafeString：安全密码。
- Repeat：重复输入。
- Compare：关系比较。
- Range：输入范围。
- Limit：限制输入长度。
- LimitB：限制输入的字节长度。
- Group：验证单/多选按钮组。
- Custom：自定义正则表达式验证。
- Filter：设置过滤，用于限制文件上传。

提示：

另外，还可以通过以下自定义属性为文本框设置特定验证需求。

- accept="string"，可选。设定表单项输入过滤，多用于 type="file" 的上传控件，以限制允许上传的文件类型。该属性当且仅当 dataType 属性值为 Filter 时起作用。
- max="int"。在 dataType 属性值为 Range 时必选，为 Group 且待验证项是多选按钮组时可选（此时默认值为 1），为 Limit/LimitB 时可选（此时默认值为 Number.MAX_VALUE 的值）。当 dataType 属性值为 Range 时，用于判断输入是否在 min 与 max 的属性值间；当 dataType 属性值为 Group 时，且待验证项是多选按钮组时，用于设定多选按钮组的选中个数，判断选中个数是否在[min, max]区间；当 dataType 属性值为 Limit 时，用于验证输入的字符数是否在[min, max]区间；当 dataType 属性值为 LimitB 时，用于验证输入字符的字节数是否在[min, max]区间。
- min="int"。在 dataType 属性值为 Range 时必选，为 Group 且待验证项是多选按钮组时可选（此时默认值为 1），为 Limit/LimitB 时可选（此时默认值为 0）。当 dataType 属性值为 Range 时，用于判断输入是否在 min 与 max 的属性值间；当 dataType 属性值为 Group 时，且待验证项是多选按钮组时，用于设定多选按钮组的选中个数，判断选中个数是否在[min, max]区间；当 dataType 属性值为 Limit 时，用于验证输入的字符数是否在[min, max]区间；当 dataType 属性值为 LimitB 时，用于验证输入字符的字节数是否在[min, max]区间。
- msg="string"，必选。在验证失败时要提示出错信息。
- operator="NotEqual | GreaterThan | GreaterThanEqual | LessThan | LessThanEqual | Equal"。在 dataType 属性值为 Compare 时可选（默认值为 Equal）。

各选值所对应的关系操作符如下。

  - NotEqual：不等于（!=）。
  - GreaterThan：大于（>）。
  - GreaterThanEqual：大于等于（>=）。
  - LessThan：小于（<）。
  - LessThanEqual：小于等于（<=）。
  - Equal：等于（=）。
- require="true | false"，可选。用于设定表单项的验证方式。当值为 false 时，表单项不是必填项，但当有填写时，仍然要执行 dataType 属性所设定的验证方法，值为 true 或任何非 false 字符时可省略此属性。
- to="sting| int"。当 dataType 值为 Repeat 或 Compare 时必选。当 dataType 值为 Repeat 时，to 的值为某表单项的 name 属性值，用于设定当前表单项的值是否与目标表单项的值一致；当 dataType 的值为 Compare 时，to 的选值类型为实数，用于判断当前表单项的输入与 to 的值是否符合 operator 属性值所指定的关系。
- format="ymd | dmy"。在 dataType 属性值为 Date 时可选（默认值为 ymd）。用于验证输入是否为符合 format 属性值所指定格式的日期。符合规则的输入示例：2015-11-23、2015/11/23、15.11.23、23-11-2015 等。注意：当输入的年份为两位时，如果数值小于 30，将使年份看作处于 21 世纪，否则为 20 世纪。
- regexp="object"。在 dataType 属性值为 Custom 时必选，用于验证输入是否符合 regexp 属性所指定的正则表达式。

第 6 步，调用 Validate()方法进行验证。在提交按钮中绑定 Validate()方法，代码如下：

```
<input onClick="Validator.Validate(document.getElementById('demo'))" value="检验模式1" type="button">
<input onClick="Validator.Validate(document.getElementById('demo'),2)" value="检验模式2" type="button">
<input onClick="Validator.Validate(document.getElementById('demo'),3)" value="检验模式3" type="button">
```

在调用 Validate()方法中，第 1 个参数为需要验证的表单对象，第 2 个参数为模式。这个模式指定要显示错误信息的方式，效果如图 23.8 所示。

（a）模式 1

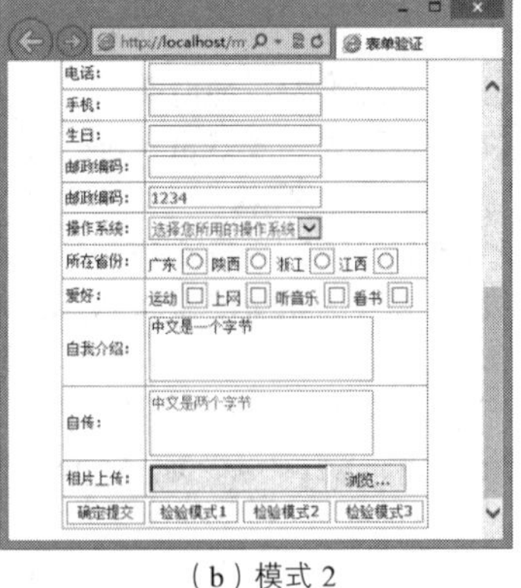

（b）模式 2

（c）模式 3

图 23.8　表单错误提示信息

23.3　项 目 实 战

表单包含很多控件，如文本框、单选按钮、复选框、下拉菜单、按钮等，每个控件在表单中所起到的作用是不相同的。UI 设计的一个核心就是让表单更可用、易用和好用。

扫一扫，看视频

23.3.1　设计表单结构

好用的表单应该从结构设计开始，在没有 CSS 和 JavaScript 支持下，让表单结构趋于完善和功能齐全，然后再考虑使用 CSS 和 JavaScript 改善表单设计。记住渐进增强的设计原则：除努力为大部分用户提供额外功能外，还应该照顾全体用户的基本需求。

【示例】本示例将创建一个联系表，用来与用户建立联系。通过对表单外观和行为做渐进性增强，可直观认识表单设计的可用性的基本方法。主要代码如下：

```
<form id="contact" action="index.html" method="get">
    <fieldset>
        <legend>个人信息</legend>
        <ol>
            <li>
                <label for="name">姓名</label>
                <input class="required" type="text" name="name" id="name" />
                <span>(必填)</span></li>
            <li>
                <label for="email">邮箱</label>
                <input class="required" type="text" name="email" id="email" />
                <span>(必填)</span></li>
            <li>如何保持联系？（至少选择一种）
                <ul>
                    <li>
                        <label>
                            <input type="checkbox" name="by-contact-type" value="E-mail"
id="by-email" />
                            Email</label>
                        <input class="conditional" type="text" name="email" id="email" />
                        <span>(当勾选前面复选框后，则必须填写 Email 信息)</span></li>
                    ...
```

```
                </ul>
            </li>
        </ol>
    </fieldset>
</form>
```

效果如图 23.9 所示。

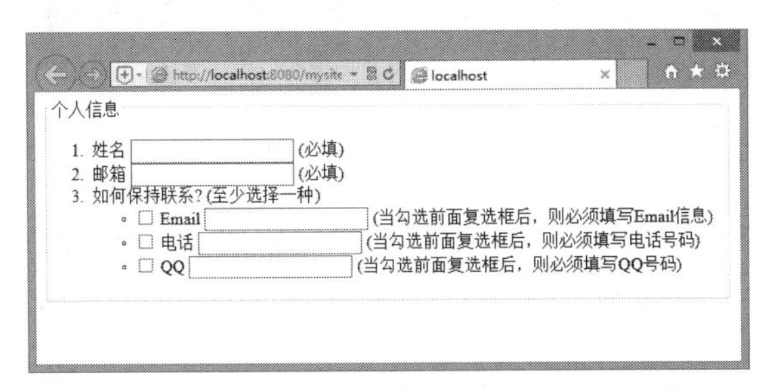

图 23.9　设计联系表单

在上面代码中，每个表单控件都包含在一个列表项（<li>）中，最后都包含在一个有序列表（<ol>）中，而复选框以及对应的文本字段被包含在一个嵌套的无序列表（<ul>）中。使用<label>标签标出每个字段的名称，若是文本字段，<label>标签放在<input>标签前面；若是复选框，<label>标签包含<input>标签。

本示例主要从以下 3 个方面增强表单的可用性。

- 修改 DOM，以便灵活地为<legend>元素应用样式。
- 把必填的字段提示信息改为星号，把特殊字段修改为双星号。将这两个必填字段的标签修改为粗体字，同时在表单前面添加星号和双星号注释文字。
- 在页面加载时隐藏每个复选框对应的文本输入框，当用户勾选或取消勾选复选框时能够动态切换这些文本框，让它们显示或隐藏。

23.3.2　设计分组标题

扫一扫，看视频

<legend>标签的主要作用是为 fieldset 分组元素定义标题，该标签在不同浏览器中的解析效果存在差异。本示例通过 JavaScript 把页面中的每个<legend>标签移出，换成标题标签。

【操作步骤】

第 1 步，以 23.3.1 小节示例所设计的表单结构为基础。在页面<head>内使用<script>导入 jQuery 库文件。代码如下：

```
<script src="jquery/jquery-3.1.1.js" type="text/javascript"></script>
```

第 2 步，继续在<head>内使用<script>定义 JavaScript 代码块，输入以下 JavaScript 代码。代码如下：

```
$(function() {
    $('fieldset').each(function(index) {
        var heading = $('legend', this).remove().text();
    });
})
```

使用 each()方法遍历文档中所有的<legend>标签，使用 text()方法获取该标签包含的文本，然后把<legend>标签移出文档。由于文档中包含多个表单，每个表单可能包含多个<legend>标签，因此简单使用 jQuery 的隐式迭代机制。同时要注意，由于每迭代一个<fieldset>标签都会设置一个变量 heading，故需要使用 this 关键字限制匹配的范围，以确保每次只取得一个<legend>标签中的文本。

第 3 步，创建 h3 元素，把它插入每个<fieldset>标签开始的位置，同时把保存到临时变量 heading 中的标题信息放入其中。代码如下：

```
$(function() {
    $('fieldset').each(function(index) {
        var heading = $('legend', this).remove().text();
        $('<h3></h3>')
        .text(heading)
        .prependTo(this);
    });
})
```

扫一扫，看视频

23.3.3 设计提示信息

为了增加对必填字段的控制，在设计表单时，为必填字段添加 required 类。通过 required 类统一控制必填字段的样式和行为。为联系方式文本框都添加 conditional 类，以便对这些文本框进行控制。

【操作步骤】

第 1 步，以 23.3.2 小节示例的 JavaScript 脚本为基础，继续输入以下代码：

```
$(function() {
    //设置必填提示信息
    var requiredFlag = ' * ';
    var requiredKey = $('input.required:first').next('span').text();
    requiredKey = requiredFlag + requiredKey.replace(/^\((.+)\)$/,"$1");
    //设置必写提示信息
    var conditionalFlag = ' ** ';
    var conditionalKey = $('input.conditional:first').next('span').text();
    conditionalKey = conditionalFlag + conditionalKey.replace(/\((.+)\)/,"$1");
    //附加信息
    $('form :input').filter('.required')
    .next('span').text(requiredFlag).end()
    .prev('label').addClass('req-label');
    $('form :input').filter('.conditional')
    .next('span').text(conditionalFlag);
})
```

在上面代码中，先设置两个变量，分别用来存储对应的提示星号，并利用它们组合新的提示信息。由于星号很难吸引用户的注意力，还应该为它们添加加粗样式，即通过 prev()方法获取前面的 span 标签，并为它绑定一个样式类 req-label，并为 req-label 样式类声明.req-label { font-weight:bold;}。

第 2 步，为了方便选择<label>标签，在上面代码行中调用 end()方法恢复上一次选择器所匹配的 jQuery 对象，即从.next('span')匹配的 span 元素返回到上一步的 filter('.required')匹配的 input 文本框，只有这样.prev('label')才能够找到文本框前面的 span 元素。在生成保存的提示信息之前，还应该把原始提示信息保存到变量中，并通过正则表达式去掉前后的括号。演示效果如图 23.10 所示。

第 3 步，最后尝试把原始提示信息和标记符号一同放到表单的上面，以方便进行注释。代码如下：

```
$(function() {
    $('fieldset').each(function(index) {
        var heading = $('legend', this).remove().text();
        $('<h3></h3>')
        .text(heading)
        .prependTo(this);
    });
    var requiredFlag = ' * ';
    var requiredKey = $('input.required:first').next('span').text();
    requiredKey = requiredFlag + requiredKey.replace(/^\((.+)\)$/,"$1");
```

```
    var conditionalFlag = ' ** ';
    var conditionalKey = $('input.conditional:first').next('span').text();
    conditionalKey = conditionalFlag + conditionalKey.replace(/\((.+)\)/,"$1");
    $('form :input').filter('.required')
    .next('span').text(requiredFlag).end()
    .prev('label').addClass('req-label');
    $('form :input').filter('.conditional')
    .next('span').text(conditionalFlag);
    //添加注释信息
    $('<p></p>')
    .addClass('field-keys')
    .append(requiredKey + '<br />')
    .append(conditionalKey)
    .insertBefore('#contact');
})
```

在上面代码中，首先创建了一个p元素，为该标签添加field-keys样式类，将requiredKey和conditionalKey变量存储的信息附加到该标签中，最后将该段落标签添加到联系表单的前面，演示效果如图 23.11 所示。

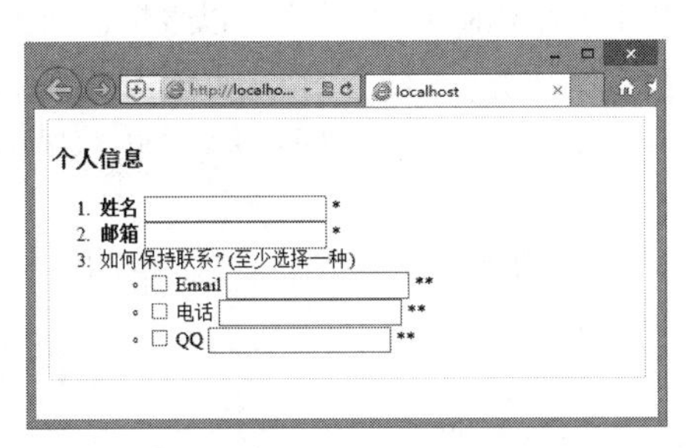

图 23.10　设计必填信息

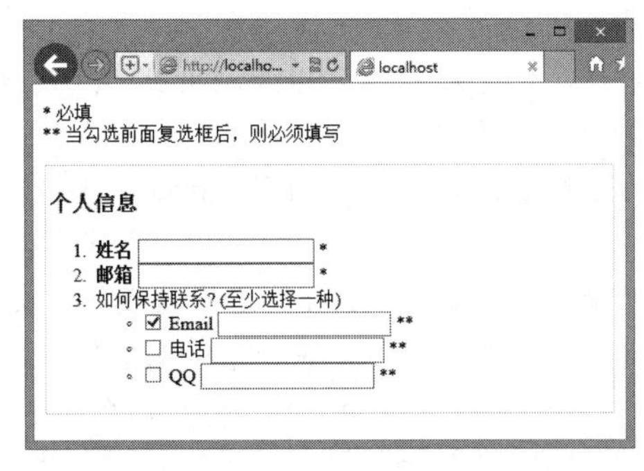

图 23.11　添加注释信息

23.3.4　设计条件字段

扫一扫，看视频

条件字段就是当用户勾选了对应的复选框，才会显示该复选框后面的文本框，要求输入相应的信息。

【操作步骤】

第 1 步，以 23.3.3 小节示例的 JavaScript 脚本为基础，继续输入以下代码，隐藏所有的文本框：

```
$('input.conditional').hide().next('span').hide();
```

此时，演示效果如图 23.12 所示。

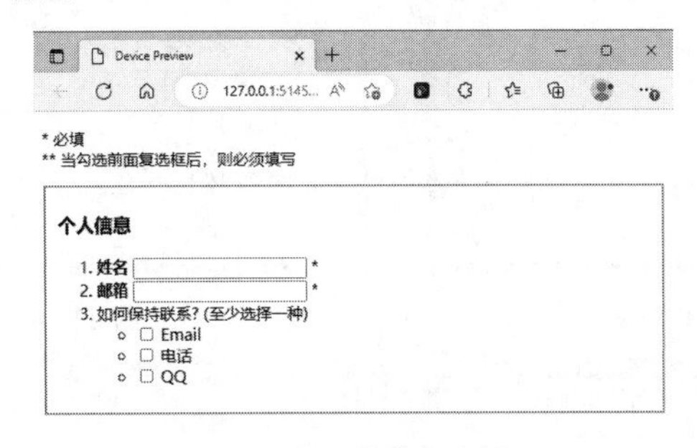

图 23.12　隐藏文本框

第 2 步，为复选框添加 click 事件，当勾选复选框时显示对应的文本框，在执行过程中还应该检测复选框是否被选中，如果被选中，则显示文本框，否则不能显示文本框。代码如下：

```
$('input.conditional').hide().each(function() {
    var $thisInput = $(this);
    var $thisFlag = $thisInput.next('span').hide();
    $thisInput.prev('label').find(':checkbox').click(function() {
        if (this.checked) {
            $thisInput.show().addClass('required');
            $thisFlag.show();
            $(this).parent('label').addClass('req-label');
        } else {
            $thisInput.hide().removeClass('required').blur();
            $thisFlag.hide();
            $(this).parent('label').removeClass('req-label');
        };
    });
});
```

在上面代码中，先保存当前文本输入字段和当前标记的变量，当用户勾选复选框时，检查复选框是否被选中，如果选中，则显示文本框，显示提示标记，并为父元素<label>标签添加 req-label 样式类，加粗显示标签文本。

一般在检测复选框时，可以通过在 each()方法的回调函数中使用 this 关键字，也可以直接访问当前 DOM 节点。如果不能访问 DOM 节点，可以使用$('selector').is(':checked')来代替，因为 is()方法返回值为布尔值。如果复选框被取消勾选，则应该隐藏文本框字段，并清除父元素的 req-label 样式类。演示效果如图 23.13 所示。

第 3 步，最后使用 CSS 在内部样式表中定义简单的样式，适当美化联系表单，代码如下：

```
<style type="text/css">
    .req-label { font-weight:bold; }
    h3 { background:#3CF; margin:0; padding:0.3em 0.5em; }
    ul, ol { list-style-type:none; padding:0.5em; margin:0; }
    ul { margin-left:1.5em; }
    li { margin:4px; }
    #contact { position:relative; }
    p { position:absolute; right:1em; top:2em; background:#CFC; padding:1em; }
</style>
```

效果如图 23.14 所示。

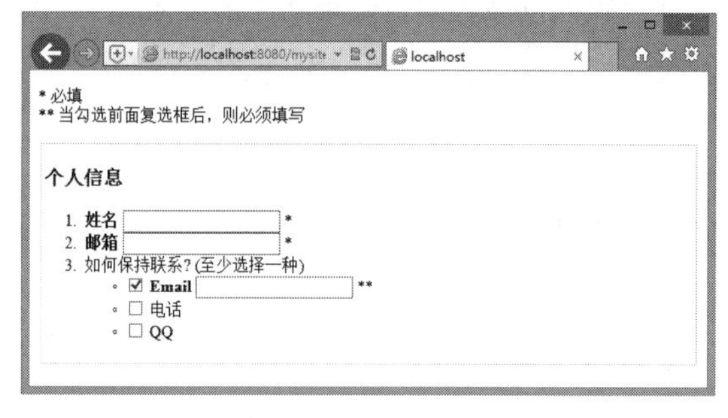

图 23.13　显示条件文本字段

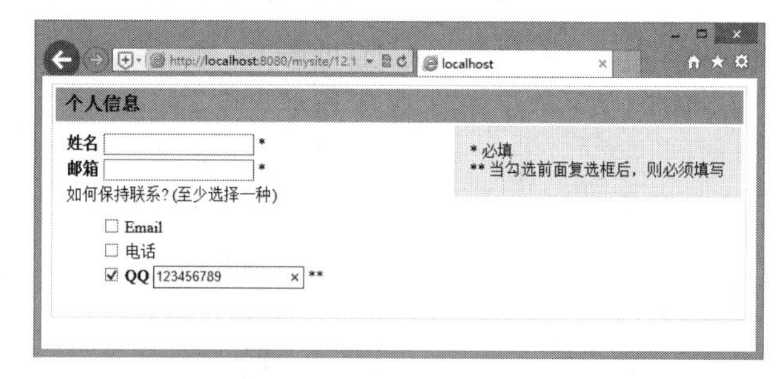

图 23.14　美化后的联系表单

扫一扫，看视频

23.3.5　设计表单验证

表单验证是网站的防火墙，用于保护提交数据的合法性和安全性，保证站点能够正确、准确地运行。表单验证的任务可以归纳为以下几种类型。

- 必填检查。
- 范围校验。
- 比较验证。
- 格式验证。
- 特殊验证。

必填检查是最基本的任务。常规设计中包括 3 种状态：输入框获取焦点提示、输入框失去焦点验证错误提示、输入框失去焦点验证正确提示。首先确定输入框是否为必填项，然后确定提示消息的显示位置。

范围校验稍微复杂一些，在校验中需要区分输入的数据类型（数据类型有字符串、数字和时间）。如果是字符串，则比较字符串的长短；对数字和时间来说，则是比较值的大小。

比较验证相对简单，无须考虑输入内容，只需要引入一个正则表达式就可以。

格式验证和特殊验证，都必须通过正则表达式才能够完成。

1. 必填验证

以 23.3.4 小节最终完善的示例为基础，在联系表单中设计当用户按下 Tab 键，或者在输入字段外单击时，JavaScript 能够检查每个必填字段是否为空。

为了简化演示，可以为必填字段添加 required 类，当必填字段被隐藏后，将移出这些类。有了 required 类后，就可以在用户没有填写字段时给出提示，这些提示信息被动态添加到对应字段的后面，并定义为 warning 类，以便统一设计提示信息的样式。代码如下：

```
if ($(this).is('.required')) {
    var $listItem = $(this).parents('li:first');
    if (this.value == '') {
        var errorMessage = '必须填写';
        if ($(this).is('.conditional')) {
            errorMessage = '当勾选了前面复选框后,' + errorMessage;
        };
        $('<span></span>')
          .addClass('error-message')
          .text(errorMessage)
          .appendTo($listItem);
        $listItem.addClass('warning');
    };
};
```

上面代码将在每个表单输入字段后发生 blur 事件时，检测 required 类，然后检查空字符串，如果都为 true，则提示错误信息，并把这个错误信息添加到父元素 li 中。如果想对条件文本字段进行检测，并显示不同的提示信息，则可以在对应的复选框被选中后，显示对应的错误提示信息，演示效果如图 23.15 所示。

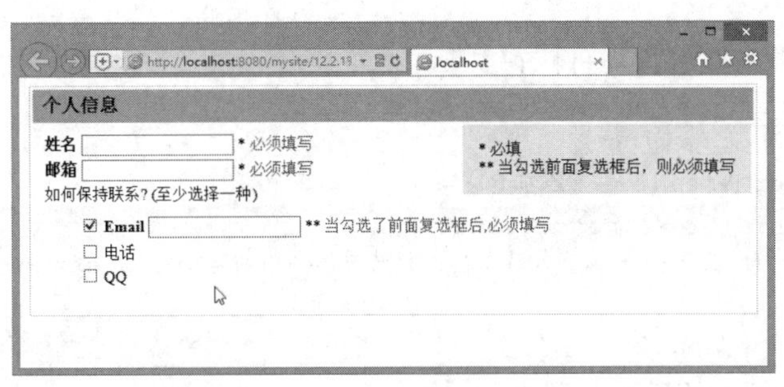

图 23.15 检测必填字段

注意：

要考虑当用户取消勾选复选框之后，能够自动取消错误提示信息，或者当用户再次填写信息时，能够自动清除这个提示信息。

2. 格式验证

格式验证包括电子邮件、电话和信用卡等，格式验证需要用到正则表达式。本示例以电子邮件的格式验证为例进行说明。代码如下：

```
if ($(this).is('#email')) {
    var $listItem = $(this).parents('li:first');
    if (this.value != '' && !/.+@.+\.[a-zA-Z]{2,4}$/.test(this.value)) {
        var errorMessage = '电子邮件格式不正确';
        $('<span></span>')
          .addClass('error-message')
          .text(errorMessage)
            .appendTo($listItem);
        $listItem.addClass('warning');
    };
};
```

在上面代码中，首先检测电子邮件字段，然后把父列表项保存到一个变量中，再用两个条件检测该值是否为空，以及是否匹配正则表达式。如果检测成功，将创建一个错误信息，并将这条信息插入<span>标签，再把错误信息和标签添加到父列表项中，同时为父列表项添加warning类。

设计正则表达式时，为了使检测更精确，需要查找电子邮件中的“@”和“.”这两个特殊字符标识，以及“.”字符后面应该有2～4字符来表示域名扩展符。演示效果如图23.16所示。

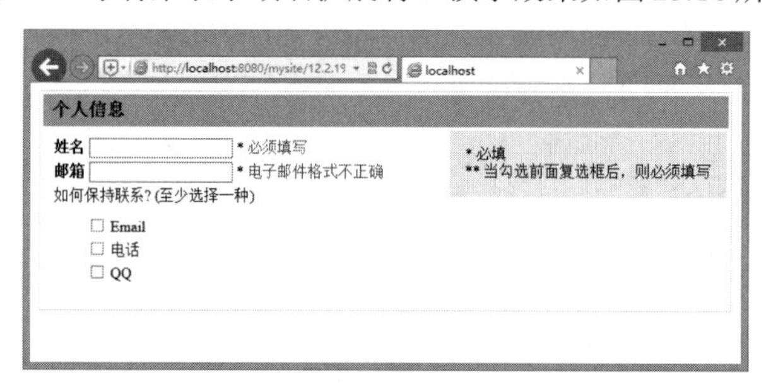

图23.16　检测格式

因为每次验证时，用户可能补写信息，此时代码应该擦除对应的错误提示信息，因此在这两段代码前面对错误提示信息进行清扫，避免一旦出现了错误信息，就一直显示该信息。代码如下：

```
$('form :input').blur(function() {
   $(this).parents('li:first').removeClass('warning')
   .find('span.error-message').remove();
   if ($(this).is('.required')) {
       var $listItem = $(this).parents('li:first');
       if (this.value == '') {
           var errorMessage = '必须填写';
           if ($(this).is('.conditional')) {
               errorMessage = '当勾选了前面复选框后，' + errorMessage;
           };
           $('<span></span>')
             .addClass('error-message')
             .text(errorMessage)
```

```
            .appendTo($listItem);
        $listItem.addClass('warning');
      };
  };
  if ($(this).is('#email')) {
      var $listItem = $(this).parents('li:first');
      if (this.value != '' && !/.+@.+\.[a-zA-Z]{2,4}$/.test(this.value)) {
            var errorMessage = '电子邮件格式不正确';
            $('<span></span>')
            .addClass('error-message')
            .text(errorMessage)
            .appendTo($listItem);
        $listItem.addClass('warning');
      };
  };
});
```

3. 提交检测

在上面检测中，都是基于用户把焦点置于对应文本框中，移开之后发生的。但是如果用户就没有接触这些字段，而是直接提交表单，那么就会发生很多问题。因此，有必要在用户提交表单时，对整个表单的信息进行一次检测，防止错填或漏填。

在表单的 submit()事件处理函数中，先移除不存在的元素，然后在后面再动态添加，因为这些信息都是动态显示的。在触发 blur 事件后，获取当前表单中包含的 warning 类的总数，如果存在 warning 类，就创建一个新的 id 为 submit-message 的<div>的标签，并把它插入“提交”按钮的前面，方便阅读，最后，阻止表单提交。代码如下：

```
$('form').submit(function() {
    $('#submit-message').remove();
    $(':input.required').trigger('blur');
    var numWarnings = $('.warning', this).length;
    if (numWarnings) {
        var fieldList = [];
        $('.warning label').each(function() {
            fieldList.push($(this).text());
        });
        $('<div></div>').attr({
                'id': 'submit-message',
                'class': 'warning'
            })
        .append('请重新填写下面 ' + numWarnings + ' 个字段:<br />')
        .append('&bull; ' + fieldList.join('<br />&bull; '))
        .insertBefore('#send');
        return false;
    };
});
```

在上面代码中，首先定义一个空数组 fieldList，然后去掉每个带 warning 类的元素的后代<label>标签，在该标签中的文本使用 JavaScript 本地 push 函数推到 fieldList 数组中，这样每个标签中的文本就构成了 fieldList 数组中的一个独立元素。然后，修改 submit-message 元素，将 fieldList 数组中的内容添加到该<div>标签中，并使 JavaScript 本地函数 join()将数组转换为字符串，将每个数组元素与一个换行符和一个圆点符号连接在一起。这个 HTML 标记只显示而不具有语义性，因此不需要过分考虑动态信息的语义结构问题。演示效果如图 23.17 所示。

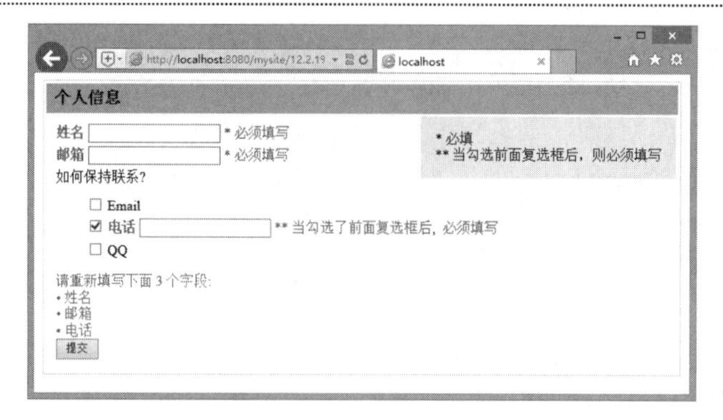

图 23.17　提交检测

23.4　在线支持

本节为拓展学习，感兴趣的读者请扫码进行学习。

扫描，拓展学习

第 24 章　JavaScript 表格开发

表格结构简洁、明了，拥有特殊的布局模型，使用表格显示的数据有序、高效。作为重要的网页设计工具，表格一直受到开发人员的青睐。一般来说，表格是由一个可选的标题行开始，后面跟随一行或多行数据，每一行数据由一个或多个单元格构成，单元格可以按行或列进行分组，也可以进行合并，通过行组或列组可以对数据进行分组控制，单元格中可以包含任何内容，如标题、列表、段落、表单和图像等。本章主要讲解如何使用 JavaScript 和 jQuery 来提升表格的用户体验感，增强表格的交互能力。

【练习重点】

- 表格排序。
- 表格分页。
- 表格过滤。
- 表格编辑。

扫一扫，看视频

24.1　动态表格

表格是 HTML 中最复杂的结构之一。由于涉及的标签较多，因而使用核心 DOM 方法创建和修改表格往往都需要编写大量代码。为了方便 JavaScript 操作表格，HTML DOM 为<table>、<tbody>和<tr>元素添加了一些脚本属性和方法，具体说明如下。

- 为<table>元素添加的属性和方法如下。
  - caption：保存对<caption>元素（如果有）的指针。
  - tBodies：是一个<tbody>元素的 HTMLCollection。
  - tFoot：保存对<tfoot>元素（如果有）的指针。
  - tHead：保存对<thead>元素（如果有）的指针。
  - rows：是一个表格中所有行的 HTMLCollection。
  - createTHead()：创建<thead>元素，将其放到表格中，返回引用。
  - createTFoot()：创建<tfoot>元素，将其放到表格中，返回引用。
  - createCaption()：创建<caption>元素，将其放到表格中，返回引用。
  - deleteTHead()：删除<thead>元素。
  - deleteTFoot()：删除<tfoot>元素。
  - deleteCaption()：删除<caption>元素。
  - deleteRow(pos)：删除指定位置的行。
  - insertRow(pos)：向 rows 集合中的指定位置插入一行。
- 为<tbody>元素添加的属性和方法如下。
  - rows：保存<tbody>元素中行的 HTMLCollection。
  - deleteRow(pos)：删除指定位置的行。
  - insertRow(pos)：向 rows 集合中的指定位置插入一行，返回对新插入行的引用。
- 为<tr>元素添加的属性和方法如下。
  - cells：保存<tr>元素中单元格的 HTMLCollection。

- deleteCell(pos)：删除指定位置的单元格。
- insertCell(pos)：向 cells 集合中的指定位置插入一个单元格，返回对新插入单元格的引用。

使用这些属性和方法，可以极大地减少创建表格所需的代码。以下示例演示如何使用 JavaScript 脚本创建一个两行两列的表格，比较 DOM 标准方法与特殊属性两种方法的便捷程度。

【示例 1】 使用原始方法创建表格。代码如下：

```
table = document.createElement("table");                  // 创建一个<table>元素
tablebody = document.createElement("tbody");              // 创建一个<tbody>元素
for(var j = 0; j < 2; j++) {                              // 创建所有的单元格
    current_row = document.createElement("tr");           // 创建一个<tr>元素
    for(var i = 0; i < 2; i++) {
        current_cell = document.createElement("td");      // 创建一个<td>元素
        currenttext = document.createTextNode("第"+j+"行，第"+i+"列"); //创建一个文本节点
        current_cell.appendChild(currenttext);            // 将创建的文本节点添加到<td>中
        current_row.appendChild(current_cell);            // 将列<td>添加到行<tr>
    }
    tablebody.appendChild(current_row);                   // 将行<tr>添加到<tbody>
}
table.appendChild(tablebody);                             // 将<tbody>添加到<table>
document.body.appendChild(table);                         // 将<table>添加到<body>
table.setAttribute("border", "1");                        // 将表格 mytable 的 border 属性设置为 1
table.setAttribute("width", "100%");
```

【示例 2】 使用表格特殊属性和方法创建表格。代码如下：

```
var table = document.createElement('table');              // 创建 table
table.border=1;
table.width ='100%';
var tbody = document.createElement('tbody');              // 创建 tbody
table.appendChild(tbody);
tbody.insertRow(0);                                       // 创建第 1 行
tbody.rows[0].insertCell(0);
tbody.rows[0].cells[0].appendChild(document.createTextNode("第 1 行，第 1 列"));
tbody.rows[0].insertCell(1);
tbody.rows[0].cells[1].appendChild(document.createTextNode("第 1 行，第 2 列"));
tbody.insertRow(1);                                       // 创建第 2 行
tbody.rows[1].insertCell(0);
tbody.rows[1].cells[0].appendChild(document.createTextNode("第 2 行，第 1 列"));
tbody.rows[1].insertCell(1);
tbody.rows[1].cells[1].appendChild(document.createTextNode("第 2 行，第 2 列"));
document.body.appendChild(table);                         // 将表格添加到文档中
```

24.2 表格排序

表格排序的实现途径有两种：一种是在数据生成时由服务器负责排序，另一种是在数据显示时由 JavaScript 脚本负责动态排序。本节主要介绍如何直接使用 JavaScript 进行排序。

扫一扫，看视频

24.2.1 设计适合排序的表格结构

依据设计习惯，当用户单击表格标题行时，表格能够根据单击列的数据进行排序，因此在开发之前，用户需要考虑以下 3 个问题。

（1）把表格列标题设计为按钮，绑定 click 事件，以便触发排序函数，实现按照相应的列进行排序。

（2）使用<thead>和<tbody>对表格数据进行行分组，以方便 JavaScript 有针对性地操作数据行。

（3）构建符合数据排序的表格结构既要考虑表格的扩展性，还要考虑方法的通用性。在动态表格中，用户无法预知表格数据的长度和宽度，同时也无法预知用户对表格的额外要求，如添加表格页脚，对数据进行分组。另外，还要确保表格在不同的网页环境中都能够正确显示和有效交互。

【示例】本示例设计了一个简单的表格结构，通过<thead>和<tbody>标签对数据行进行分组，避免数据行和标题行的混淆；通过<th>和<td>标签有效减少单元格互用。HTML 结构代码如下：

```
<table>
    <thead>
        <tr><th>ID</th><th>产品名称</th><th>标准成本</th><th>列出价格</th>
            <th>单位数量</th><th>最小再订购数量</th><th>类别</th></tr>
    </thead>
    <tbody>
        <tr><td>1</td><td>苹果汁</td><td>5.00</td><td>30.00</td>
            <td>10 箱 x 20 包</td><td>10</td><td>饮料</td></tr>
        ...
    </tbody>
</table>
```

在上面代码中，因为结构雷同，数据行代码没有全部显示。

在网页头部区域添加<style>标签，定义内部样式表，对表格进行适当美化。其中要考虑几个常用类样式的设计工作。

- td.sorted：用来设计排序列单元格的背景色，以便高亮显示排序列。
- th.sorted-asc：用来设计排序列标题单元格箭头提示的背景图像标识，提示升序排序。
- th.sorted-desc：用来设计排序列标题单元格箭头提示的背景图像标识，提示降序排序。
- tr.even, tr.first：用来设计隔行换色的显示样式，即单行背景样式。
- tr.odd, tr.second：用来设计隔行换色的显示样式，即双行背景样式。
- tr.third：用来设计特殊行背景样式。

CSS 样式代码省略，完整样式代码请参考本小节示例源码。初步设计后的表格样式效果如图 24.1 所示。

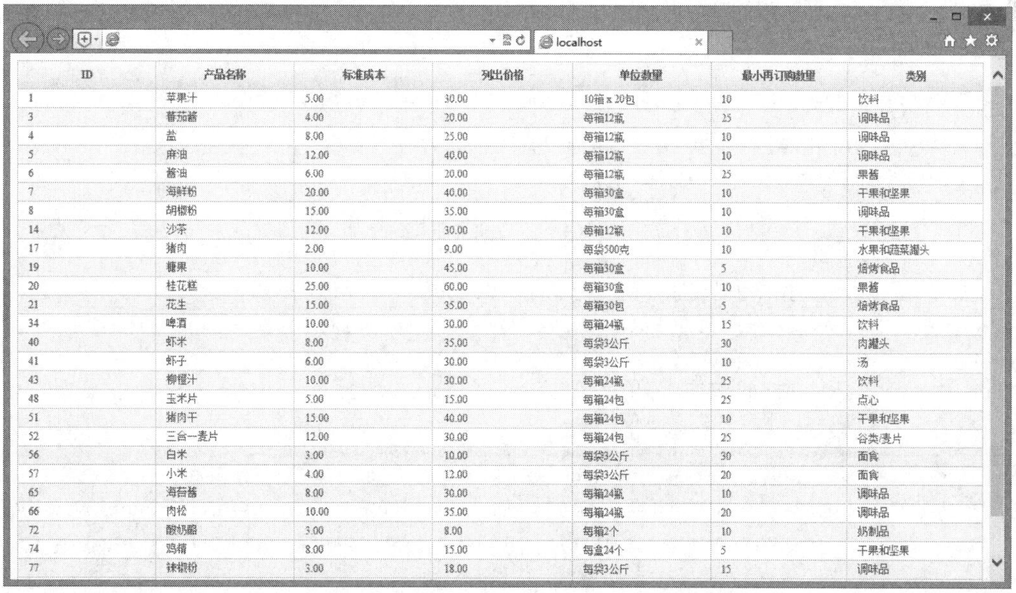

ID	产品名称	标准成本	列出价格	单位数量	最小再订购数量	类别
1	苹果汁	5.00	30.00	10箱 x 20包	10	饮料
3	蕃茄酱	4.00	20.00	每箱12瓶	25	调味品
4	盐	8.00	25.00	每箱12瓶	10	调味品
5	麻油	12.00	40.00	每箱12瓶	10	调味品
6	酱油	6.00	20.00	每箱12瓶	25	果酱
7	海鲜粉	20.00	40.00	每箱30盒	10	干果和坚果
8	胡椒粉	15.00	35.00	每箱30盒	10	调味品
14	沙茶	12.00	30.00	每箱12瓶	10	干果和坚果
17	猪肉	2.00	9.00	每袋500克	10	水果和蔬菜罐头
19	糖果	10.00	45.00	每箱30盒	5	焙烤食品
20	桂花糕	25.00	60.00	每箱30盒	10	果酱
21	花生	15.00	35.00	每箱30包	5	焙烤食品
34	啤酒	10.00	30.00	每箱24瓶	15	饮料
40	虾米	8.00	35.00	每袋3公斤	30	肉罐头
41	虾子	6.00	30.00	每袋3公斤	10	汤
43	柳橙汁	10.00	30.00	每箱24瓶	25	饮料
48	玉米片	5.00	15.00	每箱24包	25	点心
51	猪肉干	15.00	40.00	每箱24包	10	干果和坚果
52	三合一麦片	12.00	30.00	每箱24包	25	谷类/麦片
56	白米	3.00	10.00	每袋3公斤	30	面食
57	小米	4.00	12.00	每袋3公斤	20	面食
65	海苔酱	8.00	30.00	每箱24瓶	10	调味品
66	肉松	10.00	35.00	每箱24瓶	20	调味品
72	酸奶酪	3.00	8.00	每箱2个	10	奶制品
74	鸡精	8.00	15.00	每盒24个	5	干果和坚果
77	辣椒粉	3.00	18.00	每袋3公斤	15	调味品

图 24.1　初步设计后的表格样本效果

扫一扫，看视频

24.2.2 实现基本排序功能

对表格进行排序时，可以使用JavaScript预定义方法实现。

- reverse()：颠倒数组中元素的顺序。
- sort()：对数组元素进行排序。

在对表格进行排序之前，用户应该注意以下两个问题。

- 并不是页面中所有表格都需要排序。
- 并不是表格中每列都需要排序。

在设计初期，可以为需要排序的表格做一个标记，方便JavaScript捕获；同时为排序列进行标记，以方便JavaScript进行处理。本示例为表格设计一个排序类进行标识，对于需要排序的列添加一个类标记。

修改后的HTML表格结构代码如下：

```
<table class="sortable">
    <thead>
        <tr>
            <th class="sort-alpha">ID</th>
            <th class="sort-alpha">产品名称</th>
            <th class="sort-alpha">标准成本</th>
            <th class="sort-alpha">列出价格</th>
            <th class="sort-alpha">单位数量</th>
            <th class="sort-alpha">最小再订购数量</th>
            <th class="sort-alpha">类别</th>
        </tr>
    </thead>
    …
</table>
```

在<table class="sortable">和<th class="sort-alpha">标签中类标记，就可以添加脚本实现基本的排序功能了。JavaScript脚本如下：

```
$.fn.alternateRowColors = function() {
    $('tbody tr:odd', this).removeClass('even').addClass('odd');
    $('tbody tr:even', this).removeClass('odd').addClass('even');
    return this;
};
$(function() {
    $('table.sortable').each(function() {
        var $table = $(this);
        $table.alternateRowColors();
        $table.find('th').each(function(column) {
            if($(this).is('.sort-alpha')) {
                $(this).addClass('clickable').hover(function() {
                    $(this).addClass('hover');
                }, function() {
                    $(this).removeClass('hover');
                }).click(function() {
                    var rows = $table.find('tbody > tr').get();
                    rows.sort(function(a, b) {
                        var a = $(a).children("td").eq(column).text().toUpperCase();
                        var b = $(b).children("td").eq(column).text().toUpperCase();
                        if(a < b)
                            return -1;
                        if(a > b)
```

```
                        return 1;
                     return 0;
                  });
                  $.each(rows, function(index, row) {
                     $table.children('tbody').append(row);
                  });
               });
            }
        });
    });
})
```

注意：

需要 jQuery 库支持，同时需要熟悉 jQuery 的基本用法。

在实现数据排序之前，先为 jQuery 对象扩展一个简单方法 alternateRowColors()。

在上面代码中，使用 each()方法进行显式迭代，而不是直接使用$('table.sortable th.sort-alpha').click()选择并为每个带有 sort-alpha 类的标题单元格绑定 click 事件处理程序。

由于 each()方法会向它的回调函数中传递迭代索引，使用它可以方便地捕获一个关键信息，即单击标题的列索引，在后面使用这个列索引来找到每个数据行中的相关单元格。

在找到带有 sort-alpha 类的标题单元后，接下来取得一个包含所有数据行的数组，这是一个通过 get()方法将 jQuery 对象转换为一个 DOM 节点的数组，之所以要进行这样的转换，是因为虽然 jQuery 对象在很多方面与数组类似，但是它不具有任何本地数组的方法。

调用 sort()方法比较简单，通过比较相关单元格的文本，对表格行进行排序，这里主要根据 each()方法的回调函数中的参数可以传递 th 在 table 中的列序号，并通过这个列序号获取该列的 tbody 包含的该列单元格。

考虑到文本大小写问题，因此在比较时应该区分大小写。最后，通过循环遍历排序后的数组，将表格行重新插入表格中。注意：因为 append()方法不会复制节点，而是移动表格行，因此可以看到表格数据行重新排序了。

由于在排序过程中表格行被打乱顺序重新进行显示，最初设计的隔行换色的样式发生了混乱，当完成表格数据行排序之后，应该重新设置隔行换色的背景样式，在完成表格排序之后，重新调用 alternateRowColors()方法。实现排序的效果如图 24.2 所示。

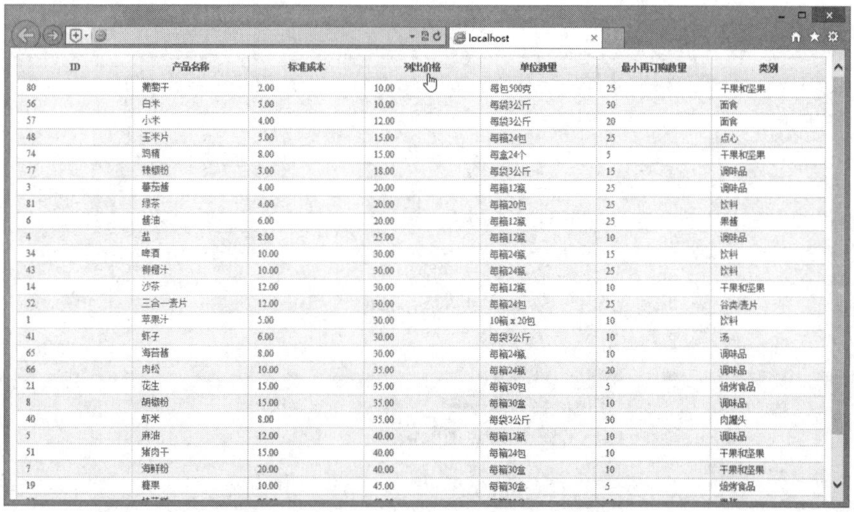

ID	产品名称	标准成本	列出价格	单位数量	最小再订购数量	类别
80	葡萄干	2.00	10.00	每包500克	25	干果和坚果
56	白米	3.00	10.00	每袋3公斤	30	面食
57	小米	4.00	12.00	每袋3公斤	20	面食
48	玉米片	5.00	15.00	每箱24包	25	点心
74	鸡精	8.00	15.00	每盒24个	5	干果和坚果
77	辣椒粉	3.00	18.00	每袋3公斤	15	调味品
3	蕃茄酱	4.00	20.00	每箱12瓶	25	调味品
81	绿茶	4.00	20.00	每箱20包	25	饮料
6	酱油	6.00	20.00	每箱12瓶	25	果酱
4	盐	8.00	25.00	每箱12瓶	10	调味品
34	啤酒	10.00	30.00	每箱24瓶	15	饮料
43	柳橙汁	10.00	30.00	每箱24瓶	25	饮料
14	沙茶	12.00	30.00	每箱12瓶	10	干果和坚果
52	三合一麦片	12.00	30.00	每箱24包	25	谷类/麦片
1	苹果汁	5.00	30.00	10箱 x 20包	10	饮料
41	虾子	6.00	30.00	每袋3公斤	10	汤
65	海苔酱	8.00	30.00	每箱24瓶	10	调味品
66	肉松	10.00	35.00	每箱24瓶	20	调味品
21	花生	15.00	35.00	每箱30包	5	焙烤食品
8	胡椒粉	15.00	35.00	每箱30盒	10	调味品
40	虾米	8.00	35.00	每袋3公斤	30	肉罐头
5	麻油	12.00	40.00	每箱12瓶	10	调味品
51	猪肉干	15.00	40.00	每箱24包	10	干果和坚果
7	海鲜粉	20.00	40.00	每箱30盒	10	干果和坚果
19	糖果	10.00	45.00	每箱30盒	5	焙烤食品

图 24.2　实现的排序效果

扫一扫，看视频

24.2.3 优化排序性能

直接调用 JavaScript 的 sort()方法进行排序，当表格数据比较多时，运行速度会比较慢。

解决方法：预先计算用于比较的关键字，可以提取每个排序单元格中的关键字进行计算，并将这个过程从迭代回调函数中抽离出来，在一个单独的循环中完成，避免在回调函数中被反复调用。代码如下：

```
var rows = $table.find('tbody > tr').get();
$.each(rows,function(index, row){
    row.sortKey = $(row).children("td").eq(column).text().toUpperCase();
})
rows.sort(function(a, b) {
    if(a.sortKey < b.sortKey)
        return -1;
    if(a.sortKey > b.sortKey)
        return 1;
    return 0;
});
$.each(rows, function(index, row) {
    $table.children('tbody').append(row);
    row.sortKey = null;
});
```

在一个循环中，把所有占用资源的工作全部完成，并把计算的结果保存到每个单元格的新属性中，这个属性并非 DOM 预定义属性，但是考虑到每个单元格都需要这样一个关键字，通过属性的方式保存，当调用回调函数进行比较时，可以直接读取每个单元格的这个新属性值，避免重复计算。

当完成排序操作之后，应该删除 sortKey 属性，以便手动释放内存，避免大量的 sortKey 属性值占用系统资源，导致内存泄漏。

扫一扫，看视频

24.2.4 优化类型排序

sort()默认排序方式是根据字符编码进行计算的，当然不同数据类型的数据可能希望采用其他类型排序方式，如日期、数字、货币等。根据这些数据类型的特点，可以在关键字计算中进行处理。实现代码如下：

```
$.fn.alternateRowColors = function() {
    $('tbody tr:odd', this).removeClass('even').addClass('odd');
    $('tbody tr:even', this).removeClass('odd').addClass('even');
    return this;
};
$(function() {
    $('table.sortable').each(function() {
        var $table = $(this);
        $table.alternateRowColors();
        $table.find('th').each(function(column) {
            var findSortKey;
            if($(this).is('.sort-alpha')) {
                findSortKey = function($cell) {
                    return $cell.text().toUpperCase();
                };
            } else if($(this).is('.sort-numeric')) {
                findSortKey = function($cell) {
```

```
                var key = parseFloat($cell.text().replace(/^[^\d.]*/, ''));
                return isNaN(key) ? 0 : key;
            };
        } else if($(this).is('.sort-date')) {
            findSortKey = function($cell) {
                return Date.parse('1 ' + $cell.text());
            };
        }
        if(findSortKey) {
            var rows = $table.find('tbody > tr').get();
            $(this).addClass('clickable').hover(function() {
                $(this).addClass('hover');
            }, function() {
                $(this).removeClass('hover');
            }).click(function() {
                $.each(rows, function(index, row) {
                    row.sortKey = findSortKey($(row).children('td').eq(column));
                });
                rows.sort(function(a, b) {
                    if(a.sortKey < b.sortKey)
                        return -1;
                    if(a.sortKey > b.sortKey)
                        return 1;
                    return 0;
                });
                $.each(rows, function(index, row) {
                    $table.children('tbody').append(row);
                    row.sortKey = null;
                });
                $table.alternateRowColors().trigger('repaginate');
            });
        }
    });
  });
})
```

对于货币数据来说，则在比较之前应该去掉货币前缀符号，然后再根据需要进行比较计算；对于数字类型来说，需要使用 parseFloat()值进行类型转换，如果不能够转换，则需要使用 isNaN()方法检测是否为非数字值，然后把非数字值替换为数字 0，避免 NaN 值对 sort()函数造成错误；对于日期类型，由于表格中包含的值不完整，需要把日期格式补充完整。

最后，根据列数据类型在表格的列标题结构中添加排序的类标识，代码如下：

```
<table class="sortable">
    <thead>
        <tr>
            <th class="sort-numeric">ID</th>
            <th class="sort-alpha">产品名称</th>
            <th class="sort-numeric">标准成本</th>
            <th class="sort-numeric">列出价格</th>
            <th class="sort-alpha">单位数量</th>
            <th class="sort-numeric">最小再订购数量</th>
            <th class="sort-alpha">类别</th>
        </tr>
```

```
    </thead>
</table>
```

扫一扫，看视频

24.2.5 完善视觉交互效果

良好的视觉体验应该对表格的动态排序进行提示，只有这样用户才会觉察数据排序已经发生了变化。这里有两个问题需要思考。

（1）应该即时标识排序的列，以及排序的方式。

（2）应该对排序列数据进行高亮显示，以方便用户阅读。

根据上述思考，可以通过突出显示最近用于排序的列，把用户的注意力吸引到很可能包含相关信息的表格部分。既然已经知道了当前列在表格中的位置，因此只需要为当前列单元格添加一个样式类。核心代码如下：

```
$table.find('td').removeClass('sorted').filter(':nth-child(' + (column + 1) +
')').addClass('sorted')
```

在上面代码中，首先清除表格中所有单元格中包含的sorted样式类，然后为当前列单元格添加sorted样式类。应注意列序号的调用。

与排序有关的一个重要视觉设计就是列数据的升序和降序。要实现升序和降序的切换，可以在sort()方法中的回调函数中进行切换，只要改变返回值，这里通过一个方向变量进行动态控制。代码如下：

```
rows.sort(function(a, b) {
    if(a.sortKey < b.sortKey)
        return -newDirection;
    if(a.sortKey > b.sortKey)
        return newDirection;
    return 0;
});
```

如果newDirection等于1，则按正常的排序方式进行排序；如果newDirection等于-1，则切换排序方式，实现降序排列。然后在代码初始化中对该变量进行初始化声明，并适当与列标题的sorted-asc样式类进行绑定。代码如下：

```
var newDirection = 1;
if($(this).is('.sorted-asc')) {
    newDirection = -1;
}
```

在排序处理之后，再根据这个临时变量为列标题添加对应的样式类，同时应该清理其他列中绑定的升降样式类。代码如下：

```
$table.find('th').removeClass('sorted-asc').removeClass('sorted-desc');
var $sortHead = $table.find('th').filter(':nth-child(' + (column + 1) + ')');
if(newDirection == 1) {
    $sortHead.addClass('sorted-asc');
} else {
    $sortHead.addClass('sorted-desc');
}
```

最后，整个表格排序的完整代码如下：

```
<script src="jQuery/jquery-1.6.4.js" type="text/javascript"></script>
<script type="text/javascript" >
    $.fn.alternateRowColors = function() {
        $('tbody tr:odd', this).removeClass('even').addClass('odd');
        $('tbody tr:even', this).removeClass('odd').addClass('even');
```

```
        return this;
    };
    $(function() {
        $('table.sortable').each(function() {
            var $table = $(this);
            $table.alternateRowColors();
            $table.find('th').each(function(column) {
                var findSortKey;
                if($(this).is('.sort-alpha')) {
                    findSortKey = function($cell) {
                        return $cell.find('.sort-key').text().toUpperCase() + ' ' +
$cell.text().toUpperCase();
                    };
                } else if($(this).is('.sort-numeric')) {
                    findSortKey = function($cell) {
                        var key = parseFloat($cell.text().replace(/^[^\d.]*/, ''));
                        return isNaN(key) ? 0 : key;
                    };
                } else if($(this).is('.sort-date')) {
                    findSortKey = function($cell) {
                        return Date.parse('1 ' + $cell.text());
                    };
                }
                if(findSortKey) {
                    $(this).addClass('clickable').hover(function() {
                        $(this).addClass('hover');
                    }, function() {
                        $(this).removeClass('hover');
                    }).click(function() {
                        var newDirection = 1;
                        if($(this).is('.sorted-asc')) {
                            newDirection = -1;
                        }
                        var rows = $table.find('tbody > tr').get();
                        $.each(rows, function(index, row) {
                            row.sortKey = findSortKey($(row).children('td').eq(column));
                        });
                        rows.sort(function(a, b) {
                            if(a.sortKey < b.sortKey)
                                return -newDirection;
                            if(a.sortKey > b.sortKey)
                                return newDirection;
                            return 0;
                        });
                        $.each(rows, function(index, row) {
                            $table.children('tbody').append(row);
                            row.sortKey = null;
                        });
                        $table.find('th').removeClass('sorted-asc').removeClass('sorted-desc');
                        var $sortHead = $table.find('th').filter(':nth-child(' + (column
+ 1) + ')');
                        if(newDirection == 1) {
                            $sortHead.addClass('sorted-asc');
```

```
                    } else {
                        $sortHead.addClass('sorted-desc');
                    }
                    $table.find('td').removeClass('sorted').filter(':nth-child(' +
(column + 1) + ')').addClass('sorted');
                    $table.alternateRowColors().trigger('repaginate');
                });
            }
        });
    });
})
</script>
```

扫一扫，看视频

24.3 表格分页

表格分页多发生在服务器端，通过与服务器端交互，由服务器控制显示的页数和分页数据。或者通过AJAX完成分页任务。本节主要介绍如何使用JavaScript实现表格分页。

JavaScript实现分页仅是一种客户端特效，它与服务器端分页有着本质不同，JavaScript实现分页的数据实际上都已经存在于客户端，只是在视觉上进行隐藏和显示处理，而服务器端分页只是分页响应数据给客户端。下面介绍如何通过JavaScript对浏览器中已经存在的表格数据进行分页。

第1步，先从显示特定数据页开始，如仅显示表格中的第1页数据，实现代码如下：

```
$(function() {
    $('table.paginated').each(function() {
        var currentPage = 0;
        var numPerPage = 10;
        var $table = $(this);
        $table.find('tbody tr').show()
            .slice(0, currentPage * numPerPage)
            .hide()
            .end()
            .slice((currentPage + 1) * numPerPage)
            .hide()
            .end();
});
```

首先，为分页表格绑定一个类标识（paginated），这样就可以在脚本中针对$('table.paginated')进行处理。这里有两个控制变量：currentPage指定当前显示的页，从0开始；numPerPage指定每页要显示的数据行。

在.each()参数中回调函数体内的this指向当前表格（table元素），故需要使用$()构造函数把它转换为jQuery对象。利用tbody元素作为标识符，把标题和数据行分离出来，使用show()显示所有数据行，然后调用slice()方法过滤出指定范围前的数据行，并把它们隐藏起来，为了统一操作对象，在调用hide()方法后，调用end()方法恢复最初操作的jQuery对象。以同样的方式，隐藏特定范围后面的所有行。

第2步，为了方便用户选择分页，还需要动态设置分页指示按钮，虽然可以使用超链接来实现分页指向功能，但是这违反了JavaScript动态控制的原则，反而让超链接的默认行为影响用户的操作，容易导致错误操作。为此这里通过脚本形式动态创建几个DOM元素，并通过数字标识进行分页向导。代码如下：

```
var numRows = $table.find('tbody tr').length;
var numPages = Math.ceil(numRows / numPerPage);
var $pager = $('<div class="pager"></div>');
```

```
    for(var page = 0; page < numPages; page++) {
        $('<span class="page-number">' + (page + 1) + '</span>').appendTo($pager).addClass
    ('clickable');
    }
```

通过数据行数除以每页显示的行数，即可得到分页的页数。如果得到的结果不是整数，必须使用Math.ceil()方法向上舍入，以确保显示最后一页。然后根据这个数字，就可以为每个分页创建导航按钮，并把这个新的导航按钮附加到表格前面，演示效果如图 24.3 所示。

123

ID	产品名称	标准成本	列出价格	单位数量	最小再订购数量	类别
1	苹果汁	5.00	30.00	10箱 x 20包	10	饮料
3	蕃茄酱	4.00	20.00	每箱12瓶	25	调味品
4	盐	8.00	25.00	每箱12瓶	10	调味品
5	麻油	12.00	40.00	每箱12瓶	10	调味品
6	酱油	6.00	20.00	每箱12瓶	25	果酱
7	海鲜粉	20.00	40.00	每箱30盒	10	干果和坚果
8	胡椒粉	15.00	35.00	每箱30盒	10	调味品
14	沙茶	12.00	30.00	每箱12瓶	10	干果和坚果
17	猪肉	2.00	9.00	每袋500克	10	水果和蔬菜罐头
19	糖果	10.00	45.00	每箱30盒	5	焙烤食品

图 24.3　分页导航

第 3 步，在内部样式表中设计按钮的样式，以方便用户操作，其中样式类 active 表示当前激活的分页按钮。代码如下：

```
    .page-number { padding: 0.2em 0.5em; border: 1px solid #fff; cursor:pointer;
display:inline-block; }
    .active { background: #ccf; border: 1px solid #006; }
```

此时按钮演示效果如图 24.4 所示。

1　2　3

ID	产品名称	标准成本	列出价格	单位数量	最小再订购数量	类别
1	苹果汁	5.00	30.00	10箱 x 20包	10	饮料
3	蕃茄酱	4.00	20.00	每箱12瓶	25	调味品
4	盐	8.00	25.00	每箱12瓶	10	调味品
5	麻油	12.00	40.00	每箱12瓶	10	调味品
6	酱油	6.00	20.00	每箱12瓶	25	果酱
7	海鲜粉	20.00	40.00	每箱30盒	10	干果和坚果
8	胡椒粉	15.00	35.00	每箱30盒	10	调味品
14	沙茶	12.00	30.00	每箱12瓶	10	干果和坚果
17	猪肉	2.00	9.00	每袋500克	10	水果和蔬菜罐头
19	糖果	10.00	45.00	每箱30盒	5	焙烤食品

图 24.4　分页导航按钮

第 4 步，要实现分页导航功能，需要动态更新 currentPage 变量，同时运行上面的分页脚本，为此可以把上面的脚本封装到一个函数中，每当单击导航按钮时，更新 currentPage 变量，并调用该函数。

在循环体中为每个按钮绑定 click 事件处理函数，由于创建了闭包体，闭包体内引用了外部的currentPage 变量，因此当每个循环改变时，该变量的值就会发生变化，新的值将会影响每个按钮上绑定的闭包体（click 事件处理函数）。

解决方法：使用 jQuery 事件对象添加自定义数据，该数据在最终调用时仍然有效。代码如下：

```
    for(var page = 0; page < numPages; page++) {
        $('<span class="page-number">' + (page + 1) + '</span>').bind('click', {
```

```
        'newPage' : page
    }, function(event) {
        currentPage = event.data['newPage'];
        //省略分页函数
    })
}
```

在 for 循环体中，为每个导航按钮绑定一个 click 事件处理函数，并通过事件对象的 data 属性为其传递动态的当前页数值，这样 click 事件处理函数所形成的闭包体就不再直接引用外部的变量，而是通过事件对象的属性来获取当前页信息，从而避免了闭包缺陷。

第 5 步，为了突出显示当前页，可以在 click 事件中添加一行代码，为当前导航按钮添加一个样式类，以激活当前按钮，方便用户浏览。代码如下：

```
for(var page = 0; page < numPages; page++) {
    $('<span class="page-number">' + (page + 1) + '</span>').bind('click', {
        'newPage' : page
    }, function(event) {
        currentPage = event.data['newPage'];
        //省略分页函数
        $(this).addClass('active').siblings().removeClass('active');
    }).appendTo($pager).addClass('clickable');
}
```

第 6 步，需要把这个分页导航插入网页中，同时把分页函数绑定到 repaginate 事件处理函数中，这样就可以通过$table.trigger('repaginate')方法快速调用。整个表格分页功能的完整代码如下：

```
$(function() {
    $('table.paginated').each(function() {
        var currentPage = 0;
        var numPerPage = 10;
        var $table = $(this);
        $table.bind('repaginate', function() {
            $table.find('tbody tr').show().slice(0, currentPage *
numPerPage).hide().end().slice((currentPage + 1) * numPerPage).hide().end();
        });
        var numRows = $table.find('tbody tr').length;
        var numPages = Math.ceil(numRows / numPerPage);
        var $pager = $('<div class="pager"></div>');
        for(var page = 0; page < numPages; page++) {
            $('<span class="page-number">' + (page + 1) + '</span>').bind('click', {
                'newPage' : page
            }, function(event) {
                currentPage = event.data['newPage'];
                $table.trigger('repaginate');
                $(this).addClass('active').siblings().removeClass('active');
            }).appendTo($pager).addClass('clickable');
        }
        $pager.find('span.page-number:first').addClass('active');
        $pager.insertBefore($table);
        $table.trigger('repaginate');
    });
});
```

最终演示效果如图 24.5 所示。

ID	产品名称	标准成本	列出价格	单位数量	最小再订购数量	类别
20	桂花糕	25.00	60.00	每箱30盒	10	果酱
21	花生	15.00	35.00	每箱30包	5	焙烤食品
34	啤酒	10.00	30.00	每箱24瓶	15	饮料
40	虾米	8.00	35.00	每袋3公斤	30	肉罐头
41	虾子	6.00	30.00	每袋3公斤	10	汤
43	柳橙汁	10.00	30.00	每箱24瓶	25	饮料
48	玉米片	5.00	15.00	每箱24包	25	点心
51	猪肉干	15.00	40.00	每箱24包	10	干果和坚果
52	三合一麦片	12.00	30.00	每箱24包	25	谷类/麦片
56	白米	3.00	10.00	每袋3公斤	30	面食

图 24.5　表格分页导航

24.4 表格过滤

当表格显示大量数据时，如果允许用户根据需要仅显示特定内容的数据行，就能够提升表格的可用性。

扫一扫，看视频

24.4.1 快速过滤

使用 JavaScript 实现表格数据过滤的基本功能很简单，即通过检索用户输入的关键字，把匹配的行隐藏或显出来，没有被匹配的行显示或隐藏起来。代码如下：

```
var elems =$('table.filter').find("tbody > tr")
elems.each(function() {
    var elem = jQuery(this);
    jQuery.uiTableFilter.has_words(getText(elem), words, false) ? matches(elem) :
noMatch(elem);
});
```

在上面几行代码中，首先找到要检索的数据行，这里主要是根据 table 和过滤类确定要过滤的表格，并根据 tbody 元素确定检索的数据行。遍历数据行，使用用户输入的过滤关键字与每行单元格数据进行匹配，如果返回 true，则执行显示操作，否则执行隐藏操作。其中 getText()是一个内部函数，用户获取指定行中单元格包含的文本。代码如下：

```
var getText = function(elem) {
    return elem.text()
}
```

has_words()是数据过滤插件的一个工具函数，该函数主要检测用户输入关键字与数据行文本是否匹配。代码如下：

```
jQuery.uiTableFilter.has_words = function(str, words, caseSensitive) {
    var text = caseSensitive ? str : str.toLowerCase();
    for(var i = 0; i < words.length; i++) {
        if(text.indexOf(words[i]) === -1)
            return false;
    }
    return true;
}
```

该工具函数首先根据一个 caseSensitive 参数确定是否把数据行文本执行小写转换，然后遍历用户输入的关键字数组，执行匹配计算，如果不匹配，则返回 false，否则返回 true。

matches()和 noMatch()是两个简单显示和隐藏数据行内部函数。代码如下：

```
var matches = function(elem) {
    elem.show()
}
var noMatch = function(elem) {
    elem.hide();
    new_hidden = true
}
```

扫一扫，看视频

24.4.2 多关键字匹配

当用户输入多个关键字，则数据过滤器应该允许对多个关键字进行协同处理，首先可以通过 JavaScript 的 split()方法把用户输入的短语以空格符为分隔符劈开，然后转换为数组。代码如下：

```
var words = phrase.toLowerCase().split(" ");
```

数据过滤事件一般设置为键盘松开时触发，当用户在搜索框中输入关键字时，会即时触发并更新过滤数据。为了避免因为用户输入空格键而触发重复的数据过滤操作，需设置一个检测条件，当输入字符后，去除最后一个空格符，如果等于上次输入的字符，则说明当前输入的是空格，可以不做重复检测，能提高过滤效率。代码如下：

```
if((words.size > 1) && (phrase.substr(0, phrase_length - 1) === this.last_phrase)) {
    if(phrase[-1] === " ") {
        this.last_phrase = phrase;
        return false;
    }
    var words = words[-1];
    // 获取可见数据行
    var elems = jq.find("tbody > tr:visible")
}
```

在上面代码中将根据用户输入的多个关键字进行处理，关键字之间通过空格符进行分隔，同时当输入最新关键字时，代码只处理可视的数据行，对已经隐藏的数据行忽略不计。

扫一扫，看视频

24.4.3 列过滤

在过滤器函数中包含一个列参数，允许用户仅对特定列数据进行过滤。代码如下：

```
f(column) {
    var index = null;
    jq.find("thead > tr:last > th").each(function(i) {
        if($(this).text() == column) {
            index = i;
            return false;
        }
    });
    if(index == null)
        throw ("given column: " + column + " not found")
    getText = function(elem) {
        return jQuery(elem.find(("td:eq(" + index + ")"))).text()
    }
}
```

参数 column 表示列标题，代码首先遍历表格的列标题，匹配参数 column 列的下标位置，然后利用该下标值，重写 getText()内部函数，则执行匹配操作时，仅就该下标列的文本进行匹配检测。

扫一扫，看视频

24.5　表格编辑

表格编辑功能主要包括数据编辑、验证和存储。本节将重点讲解如何实现表格的直接编辑（不涉及表格编辑后的输入验证和存储处理）。

当用户单击单元格时，单元格显示为可编辑状态，数据允许删除、修改或增加。

设计思路：在单元格的 click 事件处理函数中，获取单元格数据，动态创建一个文本框，文本框的值为单元格的数据，然后把该文本框嵌入单元格中，并清除单元格中的原始数据。代码如下：

```
var orig_text = td.text();
var w = td.width();
var h = td.height();
td.css({
    width : w + "px",
    height : h + "px",
    padding : "0",
    margin : "0"
});
td.html('<form name="td-editor" action="javascript:void(0);">' + '<input type="text" name="td_edit" value="' + td.text() + '"' + ' style="margin:0px;padding:0px;border:0px;width: ' + w + 'px;height:' + h + 'px;">' + '</input></form>');
```

在上述代码中，首先保存单元格的原始数据，获取单元格的高度和宽度，再定义单元格的高与、宽并清除空隙，避免清除原始数据后，单元格的大小发生变化。然后使用 html()方法在单元格中绑定一个<form>标签和<input>标签，在标签内部通过样式属性定义输入文本框的大小与单元格大小一致，并清除间距。

当数据编辑完成后，需要清除文本框，并使用编辑后的值更新单元格的原始值。实现代码如下：

```
function restore(e) {
    var val = td.find(':text').attr('value')
    td.html("");
    td.text(val);
}
```

在执行恢复单元格数据的过程中，可以预留两个接口函数，以便用户使用参数传递功能函数，如验证或数据存储操作。完善代码如下：

```
function restore(e) {
    var val = td.find(':text').attr('value')
    if(options.dataVerify) {
        var value = options.dataVerify.call(this, val, orig_text, e, td);
        if(value === false) {
            return false;
        }
        if(value !== null && value !== undefined)
            val = value;
    }
    td.html("");
    td.text(val);
    if(options.editDone)
        options.editDone(val, orig_text, e, td)
    bind_mouse_down(td_edit_wrapper);
```

```
}
```

options.dataVerify 是一个参数，为数据验证提供接口，只有当验证函数返回值为 true，才允许编辑操作成功完成，否则禁止编辑并返回。

options.editDone 也是一个参数，为数据编辑完成后的回调函数，在回调函数中可以执行一些附加的任务或功能。

当完成数据编辑后，需要调用 restore()函数把数据恢复为表格数据，并清除表单元素。此时可以在添加的表单元素中对提交、鼠标按下、失去焦点等事件绑定 restore()函数。代码如下：

```
td.html('<form name="td-editor" action="javascript:void(0);">' + '<input type="text"
name="td_edit" value="' + td.text() + '"' + '
style="margin:0px;padding:0px;border:0px;width: ' + w + 'px;height:' + h + 'px;">' +
'</input></form>').find('form').submit(restore).mousedown(restore).blur(restore);
```

最终演示效果如图 24.6 所示。

ID	产品名称	标准成本	列出价格	单位数量	最小再订购数量	类别
1	苹果汁	5.00	30.00	10箱 x 20包	10	饮料
3	蕃茄酱	4.00	20.00	每箱12瓶	25	调味品
4	盐	8.00	25.00	每箱12瓶	10	调味品
5	麻油	12.00	40.00	每箱12瓶	10	调味品
6	酱油	6.00	20.00	每箱12瓶	25	果酱
7	海鲜粉	20.00	40.00	每箱30盒	10	干果和坚果
8	胡椒粉	15.00	35.00	每箱30盒	10	调味品
14	沙茶	12.00	30.00	每箱12瓶	10	干果和坚果
17	猪肉	2.00	9.00	每袋500克	10	水果和蔬菜罐头
19	糖果	10.00	45.00	每箱30盒	5	焙烤食品
20	桂花糕	25.00	60.00	每箱30盒	10	果酱
21	花生	15.00	35.00	每箱30包	5	焙烤食品
34	啤酒	10.00	30.00	每箱24瓶	15	饮料
40	虾米	8.00	35.00	每袋3公斤	30	肉罐头
41	虾子	6.00	30.00	每袋3公斤	10	汤
43	柳橙汁	10.00	30.00	每箱24瓶	25	饮料

图 24.6　表格编辑

24.6　在 线 支 持

本节为拓展学习，感兴趣的读者请扫码进行学习。

扫描，拓展学习

第 25 章　综合实战：设计购物网站

本章将一步步讲解如何创建一个购物网站，重点讲解网站前端开发的一般工作流程，前端开发主要涉及网站结构、网页效果以及页面交互功能的实现，需要掌握的基本工具包括 HTML5、CSS3 和 JavaScript，还需要读者了解 jQuery 的使用（jQuery 是 JavaScript 代码库）。

【练习重点】

- 了解网站开发的工作流程。
- 熟悉网站开发的主要工具。
- 从全局角度审视网站开发的重点和难点。

25.1　网站策划

扫一扫，看视频

本网站的用途是向年轻网民提供服装、首饰和玩具等商品。既然面向的客户群体是年轻人，那么网站应该给人一种时尚感。因此，需要给网站增加一些与众不同的交互功能来吸引客户。

本示例能够根据商品分类进行显示，并根据分类显示记录。浏览者能够在浏览过程中与页面进行多角度互动，网站首页效果如图 25.1 所示，网站详细页效果如图 25.2 所示。

图 25.1　网站首页效果

整个示例使用 HTML5+CSS3+JavaScript+jQuery 混合技术进行开发，按照结构、表现、逻辑和数据完全分离的原则进行设计。

- 结构层由 HTML5 负责，在结构内不包含其他层代码。
- 表现层完全独立，并实现动态样式任意控制。
- 逻辑层使用 JavaScript+jQuery 技术配合进行开发，充分发挥各自优势，以实现最优化代码编辑原则。

本示例不需要后台服务器技术的支持，因此对于广大初学者来说，可以本地或远程自由调试和运行。

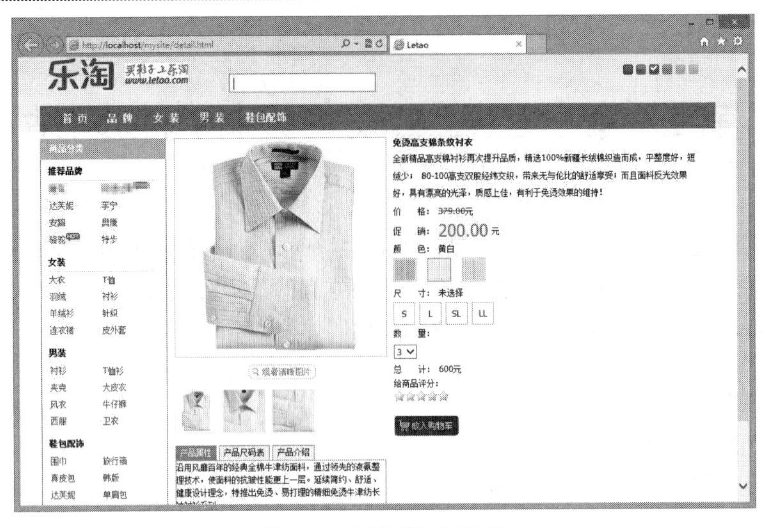

图 25.2　网站详细页效果

25.2　设计网站结构

如果用户已经准备好搭建本网站的基本素材，如产品的种类、介绍性文字、图片、价格等，那么现在的任务就是把这些素材合理整合，创建一个令人舒适、愉悦的网站。本案例比较复杂，在开发之前，应先梳理一下整个案例的数据结构以及所要展示的效果。

扫一扫，看视频

25.2.1　定义文件结构

每个网站或多或少都会用到图片、样式表和 JavaScript 脚本，因此在开始创建网站之前，需要对文件夹结构进行设计。本网站模板包含以下文件夹。

- images 文件夹：用来存放需要用到的图片。
- styles 文件夹：用来存放网站所需要的 CSS 样式表。
- scripts 文件夹：用来存放网站所需要的 jQuery 脚本。

本示例的主要功能是展示商品和对商品进行详细介绍，因此只要做两个页面，即首页（index.html）和商品详细页（detail.html），目录结构如图 25.3 所示。

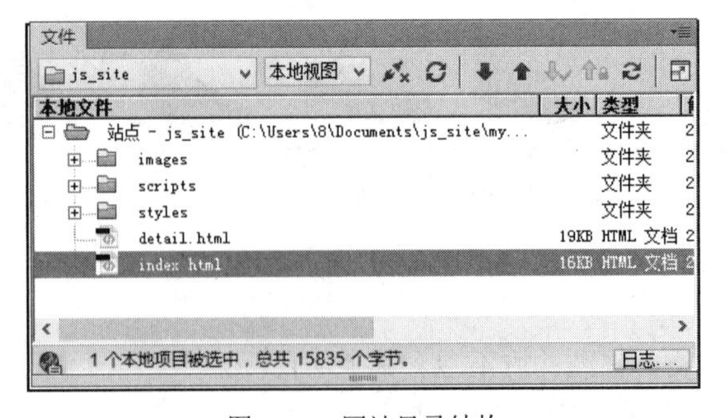

图 25.3　网站目录结构

扫一扫，看视频

25.2.2　定义网页结构

购物网站基本可以分为以下几个部分。

- 头部：相当于网站的品牌，可用于放置 Logo 和通往各个页面的链接等。
- 内容：放置页面的主体内容。
- 底部：放置页面其他链接和版权信息等。

本示例的网站也不例外，首先把网站的主体结构用<div>标签表示出来，<div>标签的 id 属性值分别为 header、content 和 footer。HTML 代码如下：

```
<!doctype html>
<html>
    <head>
        <meta charset="utf-8">
        <title>Letao</title>
    </head>
    <body>
        <!--头部-->
        <div id="header"></div>
        <!--主体-->
        <div id="content"></div>
        <!--底部-->
        <div id="footer"></div>
    </body>
    </html>
```

这是一个通用的模板，网站首页（index.html）和产品详细页（detail.html）都可以使用该模板。有了这个基本的结构后，接下来的工作就是把相关的内容分别插入各个页面。

25.2.3 设计效果图

现在已经知道该网站每个页面的大概结构，再加上网站的原始素材，接下来就可以着手设计页面效果。

使用 Photoshop 完成这项工作，两个页面的设计效果如图 25.1 和图 25.2 所示，由于本示例不涉及页面设计过程，具体操作就不再展开。页面最终效果确定下来后，就可以进行网页的 CSS 代码设计。

25.3 设计网站样式

在开始编写 CSS 之前，应该把整个网站的 HTML 代码全部写出来，就可以开始编写网站的 CSS 样式了。

扫一扫，看视频

25.3.1 网站样式分类

网站不仅要有一个基本的 HTML 模板，还需要有好的视觉效果，因此接下来的任务就是让 HTML 模板以网页形式呈现出来，为了达到目的，需要为模板编写 CSS 代码。

本示例把所有的 CSS 代码都写在同一个文件中，这样只需要在页面的<head>标签内插入一个<link>标签就可以了。代码如下：

```
<link rel="stylesheet" href="styles/reset.css" type="text/css" />
```

对于 CSS 的编写，每个人的思路和写法都不同。推荐方法：先编写全局样式，然后编写可大范围重复使用的样式，最后编写区块样式。根据 CSS 的最近优先级规则，就可以很容易对网站进行从整体到细节样式的定义。

本示例中整个网站定义了以下几个样式表。

- reset.css：重置样式表。
- box.css：模态对话框样式表。
- main.css：主体样式表。
- thickbox.css：表格框样式表。
- skin.css：皮肤样式表。

这些样式表放置在网站根目录下的 styles 文件夹中，其中皮肤样式表全部放置在子目录 styles/skin 中，皮肤样式表包括 skin_0.css（蓝色系）、skin_1.css（紫色系）、skin_2.css（红色系）、skin_3.css（天蓝色系）、skin_4.css（橙色系）、skin_5.css（淡绿色系）。

扫一扫，看视频

25.3.2 编写全局样式

新建样式表文件，保存为 styles/reset.css，在该样式表文件中存放全局样式，重置网页标签的基本样式。详细代码如下：

```
body,h1,h2,h3,h4,h5,h6,hr,p,blockquote,dl,dt,dd,ul,ol,li,pre,form,fieldset,legend,
button,input,textarea,th,td{margin:0;padding:0;}
body,button,input,select,textarea{font:12px/1.5 tahoma,arial,\5b8b\4f53;}
h1,h2,h3,h4,h5,h6{font-size:100%;}
address,cite,dfn,em,var{font-style:normal;}
code,kbd,pre,samp{font-family:courier new,courier,monospace;}
small{font-size:12px;}
ul,ol{list-style:none;}
a{text-decoration:none;}
a:hover{text-decoration:underline;}
sup{vertical-align:text-top;}
sub{vertical-align:text-bottom;}
legend{color:#000;}
fieldset,img{border:0;}
button,input,select,textarea{font-size:100%;}
table{border-collapse:collapse;border-spacing:0;}
.clear{clear: both;float: none;height: 0;overflow: hidden;}
html .hide{display:none;}
```

首先，使用元素标签将每个元素的 margin 和 padding 属性都设置为 0。这样做的好处是可以让页面不受不同浏览器默认的页边距和字边距影响。

然后，设置<body>标签的字体颜色、字号大小等，这样可以规范整个网站的风格。

最后，设置其他元素的特定样式。读者可自行查阅 CSS3 手册，了解每个属性的基本用法。关于重置样式，读者也可以参考 Eric Meyer 的重置样式表和 YUI 的重置样式表。

扫一扫，看视频

25.3.3 编写可重用样式

网站的两个页面（index.html 和 detail.html）都拥有头部和商品推荐部分。因此头部和商品推荐部分的两个样式表是可以重用的。

【操作步骤】

第 1 步，观察头部 HTML 结构，代码如下：

```
<div id="header">
        <div class="contWidth">
            <div class="search"></div>
            <ul id="skin"></ul>
```

```
            <a class="logo" href="#nogo"></a>
            <div id="nav" class="mainNav"></div>
        </div>
</div>
```

头部结构主要有 4 块内容：Logo、搜索框、皮肤切换和导航菜单。

第 2 步，为最外面的结构定义样式，CSS 代码如下：

```
#header{
    background: url("../images/headerbg.png") repeat-x scroll 0 0 #FFFFFF;
    height: 105px;
}
#header .contWidth {
    position: relative; z-index: 100; margin: 0 auto;
    height: 105px; width: 990px;
}
```

上面代码把头部宽度定义为 990px，然后用 margin :0 auto;使其能够居中显示。接下来为 Logo、搜索框、皮肤切换和导航菜单定义样式。

第 3 步，定义 Logo 部分的样式。Logo 部分的 HTML 代码如下：

```
<a class="logo" href="#nogo"><img src="images/logo.png" alt="Letao"/></a>
```

通过设计图，可知要将 Logo 放在最左边，即左浮动，CSS 代码如下：

```
#header .logo {
    float: left; margin: 50px 0 0 10px;
    color: #FFF;line-height: 80px;
}
```

第 4 步，定义搜索框样式。搜索框的 HTML 代码如下：

```
<div class="search">
    <input type="text" id="inputSearch" class="" value="请输入商品名称" />
</div>
```

在前面定义头部样式时，为#header .contWidth 定义了 position: relative;，相当于在<div class="contWidth">定义了一个定位包含框，那么在它里面的元素可以使用 position: absolute;将它定义在头部的任何位置，CSS 代码如下：

```
#header .search { position: absolute; left: 281px; top: 23px; }
```

第 5 步，定义皮肤样式。与 Logo 部分一样，本部分采用 float 浮动方式使它显示在规定的位置，不过此时，使用的是右浮动，CSS 代码如下：

```
#skin { /* 切换皮肤控件样式 */
    float:right; width:120px;
    margin:10px; padding:4px;
}
```

然后为 ul 元素内部的 li 元素添加样式，使之符合设计图的效果，代码如下：

```
#skin li {
    float:left; width:15px; height:15px;
    display:block; margin-right:4px;
    text-indent:-9999px; overflow:hidden;
    cursor:pointer; background-image:url("../images/theme.gif");
}
```

在上面的 CSS 代码中，首先用 float:left;语句使 li 元素横向排列，然后利用 text-indent:-9999px;语句使文字显示到看不到的区域，最后给 li 元素添加背景图片。背景图片是预先合并好的，这样能节省网站的 HTTP 请求。

为了使不同的 li 元素显示不同的背景图，可以使 background-position 属性来定位背景图，代码如下：

```
#skin_0 { background-position:0px 0px; }
#skin_1 { background-position:15px 0px; }
#skin_2 { background-position:35px 0px; }
#skin_3 { background-position:55px 0px; }
#skin_4 { background-position:75px 0px; }
#skin_5 { background-position:95px 0px; }
#skin_0.selected { background-position:0px 15px; }
#skin_1.selected { background-position:15px 15px; }
#skin_2.selected { background-position:35px 15px; }
#skin_3.selected { background-position:55px 15px; }
#skin_4.selected { background-position:75px 15px; }
#skin_5.selected { background-position:95px 15px; }
```

第 6 步，定义导航菜单。模仿搜索框样式采用绝对定位的方式使它显示在规定的位置。CSS 代码如下：

```
.mainNav {
    position: absolute; top: 68px; left: 0; z-index: 100;
    height: 37px; width: 990px; line-height: 37px;
    background-color: #4A4A4A;
}
.mainNav .nav {display: inline; float: left; margin-left: 25px;}
.mainNav ul li {
    float: left;display: inline; margin-right: 14px;
    position: relative; z-index: 100;
}
.mainNav ul li a {
    display: block; padding: 0 8px;
    font-weight: 700; color: #fff; font-size: 14px;
}
```

上面只是为一级菜单定义了样式，由于有的菜单有二级菜单，所以还需要做一些工作。为了便于设计，先观察菜单的 HTML 结构，代码如下：

```
<div id="nav" class="mainNav">
        <ul class="nav">
         <li><a href="#">首 页</a></li>
         <li><a href="#">品 牌</a>
            <div class="jnNav">
                <div class="subitem">
                    <dl class="fore">
                        <dt>
                            <a href="#nogo">品牌：</a>
                        </dt>
                        <dd>
                        ...
                            <em ><a href="#nogo">李宁</a></em>
                            ...
                        </dd>
                    </dl>
...
```

后面重复的代码省略。在上面代码中，可以看到，二级菜单通过<div class="jnNav">包含框包含，在默认状态下隐藏显示。

然后使用 CSS 设计二级菜单样式，详细代码如下：

```
.jnNav {
    background: #FFFFFF;
    border: 1px solid #B1B1B1; border-top: 0; left: 0;
    overflow: hidden; width: 474px;
    position: absolute; top: 37px; z-index: 1000;
    display: none;
}
.jnNav .subitem {
    float: left; padding: 10px 12px;
    height: auto !important; min-height: 100px; width: 450px;
}
.jnNav .subitem dl {
    border-top: 1px dashed #C4C4C4;
    overflow: hidden;float: left;padding: 8px 0;
}
```

与之前的设计原理类似，在二级菜单中，继续使用 position、float 等传统方式。现在，就可以看出网站头部的效果，如图 25.4 所示。

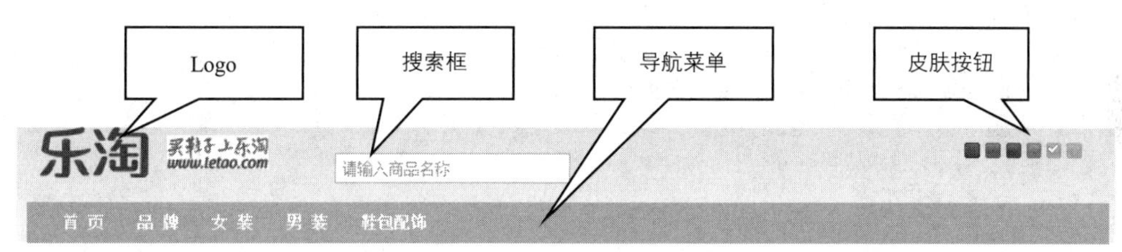

图 25.4　网站头部的效果

25.3.4　编写网站首页主体布局

扫一扫，看视频

下面详细介绍网站首页的主体内容样式的设计过程。

【操作步骤】

第 1 步，设计网站首页（index.html）的主体布局。网站首页主体部分的 HTML 结构如下：

```
<div id="content">
    <div class="janeshop">
        <div id="jnCatalog"></div>
        <div id="jnImageroll"></div>
        <div id="jnNotice"></div>
        <div id="jnBrand"></div>
    </div>
</div>
```

第 2 步，使用 float 浮动方式来达到布局需求。CSS 代码如下：

```
#content {/* 主体样式 */
    clear: left; width: 990px; margin: 0 auto;
    position: relative;
}
.janeshop { height: 560px; overflow: hidden; padding: 10px 0;}
#jnCatalog {/* 商品分类 */
    float: left; margin: 0 11px 0 0;
    height: 560px; width: 187px;overflow: hidden;
```

```
}
#jnImageroll {/* 大屏广告 */
    float: left; margin: 0 11px 0 0;
    height: 320px; width: 550px; overflow: hidden;
    position: relative;
}
#jnNotice {/* 最新动态 */
    float: left; overflow: hidden;
    height: 321px; width: 230px;
}
#jnBrand {/* 品牌活动 */
    float: left; margin: 10px 0 0;
    height: 230px; width: 790px;
    overflow: hidden;
}
```

第 3 步，向主体结构中放置 HTML 代码来充实网页，从而达到设计图效果。首先从左边开始。在设计图中，左侧有一个模块，即“商品分类”。“商品分类”的 HTML 结构如下：

```
<div id="content"><!--主体开始-->
    <div class="janeshop">
        <div id="jnCatalog"><!-- 商品分类 start -->
            <h2 title="商品分类">商品分类</h2>
            <div class="jnCatainfo">
                <h3>推荐品牌</h3>
                <ul>
                ...
                    <li><a href="#nogo" >李宁</a></li>
                    ...
                    <li><a href="#nogo" class="promoted">骆驼</a></li>
                    <li><a href="#nogo" >特步</a></li>
                </ul>
                <br class="clear" />
                ...后面代码重复省略
```

第 4 步，为这个模块添加相应的样式，使之能达到目标效果。在“商品分类”模块中，有部分商品是热销产品，那么需要为这些元素添加高亮样式，代码如下：

```
#jnCatalog h2 {
    height: 30px;
    line-height: 30px; font-size: 12px; text-indent: 13px;
    color: #fff; background-color: #6E6E6E;
}
.jnCatainfo {
    border: 1px solid #6E6E6E;
    border-style: none solid solid; border-width: 0 1px 1px;
    height: 524px; width: 165px; overflow: hidden;
    padding: 5px 10px 0;
}
.jnCatainfo h3 {
    border-bottom: 1px solid #EEEEEE;
    height: 24px; width: 164px;line-height: 24px;
}
.jnCatainfo ul {float: left; padding: 0 2px 8px;}
.jnCatainfo li {
```

```
    color: #AEADAE;
    float: left; position: relative;
    height: 24px; width: 79px; overflow: hidden; line-height: 24px;
}
.jnCatainfo li a { color: #444444; }
.jnCatainfo li a:hover {color: #008CD7; text-decoration: none;}
.jnCatainfo li a.promoted { color: #F9044E; }
.jnCatainfo li .hot {
    background: url("../images/hot.gif") no-repeat scroll 0 0 transparent;
    height: 16px; width: 21px;
    position: absolute; top: 0;
}
```

应用样式后，页面呈现效果如图 25.5 所示。

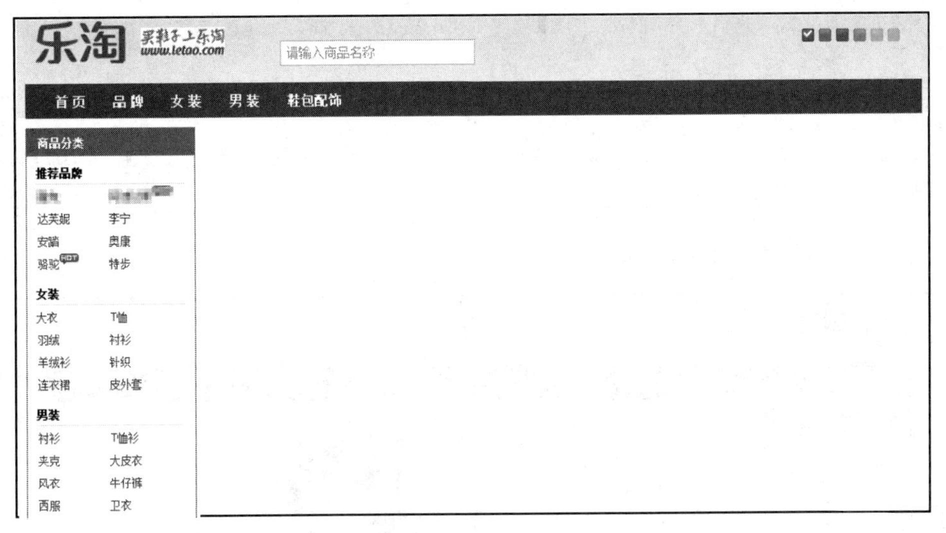

图 25.5　左侧主体内容的效果

第 5 步，左侧完成后，接下来完成首页主体内容的右侧部分的布局。从设计图可以知道，右侧部分分为上下两个部分，而上半部分又分为左右两个部分。先来完成上半部分，HTML 结构如下：

```
<div id="jnImageroll"></div><!-- 大屏广告 start -->
<div id="jnNotice"><!-- 最新动态 start -->
    <div id="jnMiaosha"></div>
    <div id="jnNoticeInfo">
        <h2 title="最新动态">最新动态</h2>
        <ul></ul>
        <br class="clear" />
    </div>
</div>
```

第 6 步，在“大屏广告”部分，先为它设置固定的高度和宽度，然后使用 overflow:hidden 来隐藏溢出的部分，接下来为它添加 position:relative 属性，然后为里面的 img 元素分别添加 position: absolute 属性。CSS 代码如下：

```
#jnImageroll {/* 大屏广告 */
    float: left; margin: 0 11px 0 0; position: relative;
    height: 320px; width: 550px; overflow: hidden;
}
#jnImageroll img { position: absolute; left: 0; top: 0;}
```

第 7 步，对“大屏广告”下方的缩略图设置样式。可以使用 position:absolute 和 bottom:0 的方式让缩略图处于最下方，然后使用 float: left 的方式让缩略图以水平方式排列。CSS 代码如下：

```
#jnImageroll div { position: absolute;bottom: 0; overflow: hidden;float: left;}
#jnImageroll div a {
    background-color: #444444; color: #FFFFFF;
    display: inline-block; float: left;
    height: 32px; width: 79px; overflow: hidden;
    margin-right: 1px;padding: 5px 15px;
    text-align: center;
}
#jnImageroll div a:hover { text-decoration: none; }
#jnImageroll div a em {
    cursor: pointer;
    display: block; height: 16px; width: 79px; overflow: hidden;
}
#jnImageroll .last { margin: 0; width: 80px;}
#jnImageroll a.chos {
    background: url("../images/adindex.gif") no-repeat center 39px #37A7D7;
    color: #FFFFFF;
}
```

应用样式后，网页呈现效果如图 25.6 所示。

图 25.6　大屏广告的效果

第 8 步，“最新动态”部分由于都是一些列表元素，所以布局可以借鉴之前模块的样式进行设计。CSS 代码如下：

```
#jnNotice {/* 最新动态 */
    float: left;
    height: 321px; width: 230px; overflow: hidden;
}
#jnMiaosha {
    float: left; margin-bottom: 10px;
    height: 176px; width: 230px; overflow: hidden;
}
.JS_css3 img { transition: 1s all;}
.JS_css3:hover img {transform: rotate(720deg);}
#jnNoticeInfo {
    float: left; border: 1px solid #DFDFDF;
```

```
    height: 133px; width: 228px; overflow: hidden;
}
#jnNoticeInfo h2 {
    height: 23px;line-height: 23px;
    border-bottom: 1px solid #DFDFDF;
    text-indent: 12px;
}
#jnNoticeInfo ul {float: left; padding: 6px 2px 0 12px;}
#jnNoticeInfo li {height: 20px;line-height: 20px; overflow: hidden;}
#jnNoticeInfo li a { color: #666666; }
#jnNoticeInfo li a:hover {color: #008CD7;text-decoration: none;}
```

应用样式后，网页呈现效果如图 25.7 所示。

图 25.7　最新动态的效果

第 9 步，首页最后一块内容，即“品牌活动”部分。HTML 代码如下：

```
<div id="jnBrand"><!-- 品牌活动 start -->
    <div id="jnBrandTab">
        <h2 title="品牌活动">品牌活动</h2>
        <ul></ul>
    </div>
    <div id="jnBrandContent">
        <div id="jnBrandList">
            <ul></ul>
        </div>
    </div>
</div>
```

第 10 步，从代码可知，“品牌活动”部分分为 jnBrandTab 和 jnBrandContent 两部分。jnBrandTab 是品牌活动分类，jnBrandContent 是品牌活动的内容。jnBrandTab 部分的 CSS 代码如下：

```
#jnBrand {/* 品牌活动 */
    float: left; margin: 10px 0 0;
    height: 230px; width: 790px; overflow: hidden;
}
#jnBrandTab {
    border-bottom: 1px solid #E4E4E4;
    height: 29px; width: 790px;
    position: relative;float: left;
```

```
}
#jnBrandTab h2 {
    height: 29px; width: 100px;
    line-height: 29px;
    position: absolute;left: 0;
}
#jnBrandTab ul {position: absolute; right: 0; top: 10px;}
#jnBrandTab li {float: left; margin: 0 10px 0 0;}
#jnBrandTab li a {
    background-color: #E4E4E4; color: #000000;
    display: inline-block; height: 20px; line-height: 20px;
    padding: 0 10px;
}
#jnBrandTab .chos {
    background: url("../images/chos.gif") no-repeat scroll 50% bottom transparent;
    padding-bottom: 3px;
}
#jnBrandTab .chos a {
    background-color: #FA5889; color: #FFFFFF;
    outline: 0 none;
}
```

第 11 步，jnBrandContent 的内容比较多，但宽度有限，所以可以使用 overflow:hidden 来隐藏多余的部分。在后面的内容中，将通过脚本来显示多余的部分。CSS 代码如下：

```
#jnBrandContent {
    float: left; margin: 8px 5px;
    height: 188px; width: 790px; overflow: hidden;
    position: relative;
}
#jnBrandList {
    position: absolute; left: 0; top: 0;
    width: 3200px;
}
#jnBrandContent li {
    float: left; padding: 0 5px;
    height: 188px; width: 185px; overflow: hidden;
    position: relative;
}
#jnBrandContent li img { position: absolute;left: 5px; top: 0;}
#jnBrandContent li span {
    background-color: #EFEFEF; color: #666666;
    position: absolute; bottom: 0;
    display: inline-block; overflow: hidden;
    width: 183px; height: 24px; line-height: 24px;
    font-size: 14px; text-align: center;
}
#jnBrandContent li a { color: #666666; }
#jnBrandContent li a:hover {color: #008CD7; text-decoration: none;}
```

应用样式后，网页呈现效果如图 25.8 所示。

图 25.8　品牌活动的效果

扫一扫，看视频

25.3.5　编写详细页主体布局

详细页（detail.html）的头部和左侧样式与首页（index.html）一样，因此只需要修改内容右侧。下面介绍网站详细页的主体内容样式的设计过程。

【操作步骤】

第 1 步，根据效果图可以把右侧结构分为左列和右列。左列有一张大图片、几张小图片和一个选项卡。右列则是一些商品信息介绍，详细页主体布局的 HTML 结构代码如下：

```
<div id="content"><!--主体开始-->
    <div class="janeshop">
        <div id="jnCatalog"><!-- 商品分类 start -->
            <h2 title="商品分类">商品分类</h2>
            <div class="jnCatainfo"></div>
        </div>
        <div id="jnProitem"> <!-- 商品信息 start -->
            <div class="jqzoomWrap"></div>
            <span></span>
            <ul class="imgList"> </ul>
            <div class="tab">
                <div class="tab_menu"></div>
                <div class="tab_box"></div>
            </div>
        </div>
        <div id="jnDetails"> <!-- 商品列表 start -->
            <div class="jnProDetail">
                <h4>免烫高支棉条纹衬衣</h4>
                <ul class="jnProDetailList"> </ul>
                <div class="pro_rating"></div>
                <div id="cart"></div>
            </div>
        </div>
```

```
    </div>
</div>
```

第 2 步，前面已经为商品分类设置了样式，接下来只要为 jnProitem 和 jnDetails 设置样式，分别为左右两个模块设置 float 属性和 width 属性，从而达到布局目的。CSS 代码如下：

```
/* details.html */
#jnProitem { float: left; width: 312px; height: 560px; display: inline;}
#jnDetails {float: left;display: inline; overflow: hidden; width: 468px;}
```

第 3 步，设计产品大图和产品缩微图。继续使用 float: left;让缩微图以水平方式排列。CSS 代码如下：

```
#jnProitem .jqzoomWrap {
    border: 1px solid #BBBBBB; cursor: pointer;
    position: relative; float: left; padding: 0;
}
#jnProitem span {
    display: block; clear: both; width: 320px;
    padding-bottom: 10px; padding-top: 10px;
    text-align: center;
}
#jnProitem ul.imgList { height: 80px; }
#jnProitem ul.imgList li {float: left; margin-right: 10px;}
#jnProitem ul.imgList li img {
    width: 60px; height: 60px;
    padding: 1px; background: #EEE; cursor: pointer;
}
#jnProitem ul.imgList li img:hover {padding: 1px; background: #999;}
```

第 4 步，在前面的章节中曾经设计过选项卡，可以移植过来。代码如下：

```
.tab {
    float: left;clear: both;
    height: 230px; width: 310px; overflow: hidden;
}
.tab .tab_menu { clear: both; }
.tab .tab_menu li {
    float: left; list-style: none;
    text-align: center; cursor: pointer;
    padding: 1px 6px; margin-right: 4px;
    background: #F1F1F1; border: 1px solid #898989; border-bottom: none;
}
.tab .tab_menu li.hover { background: #DFDFDF; }
.tab .tab_menu li.selected {color: #FFF; background: #6D84B4;}
.tab .tab_box {clear: both; border: 1px solid #898989;}
.tab .hide { display: none }
```

第 5 步，设计颜色、尺寸和评分。这些元素的样式原理都与前面的差不多，查看相关的 CSS 代码，这里就不再做过多的阐述了，可以在源代码中查看相关 CSS 样式。应用样式后，网页呈现效果如图 25.9 所示。

此时，网站所需的两个页面的样式都已经设计完成，与之前设计的效果图一致。接下来将用 jQuery 给网站添加一些交互效果。

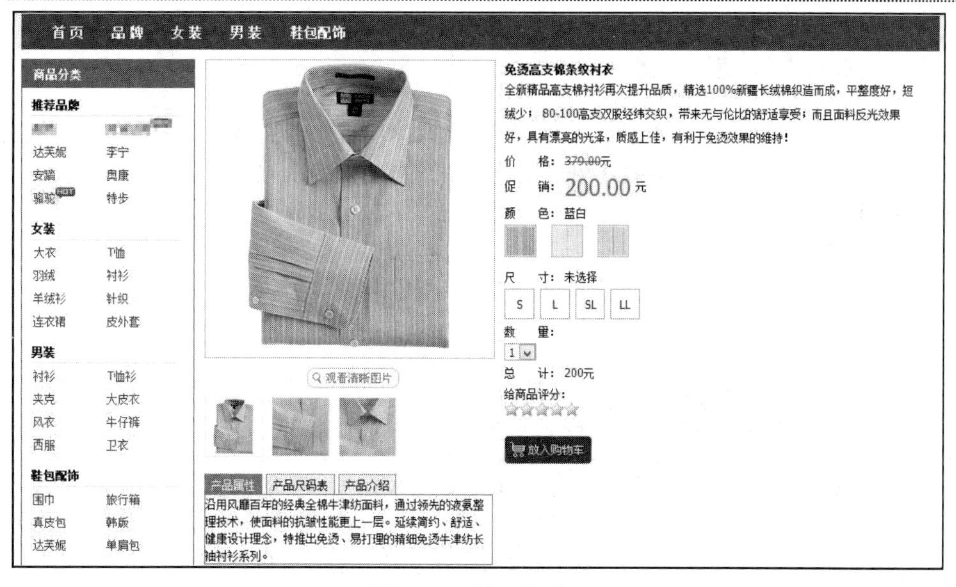

图 25.9　详细页的效果

25.4　设计首页交互行为

编写 jQuery 代码之前，先确定应该完成哪些功能。在网站首页（index.html）可以完成如下功能。

- 搜索框文字效果。
- 网页换肤效果。
- 导航效果。
- 左侧商品分类热销效果。
- 产品广告效果。
- 右侧最新动态模块内容添加超链接提示。
- 右侧下部品牌活动横向滚动效果。
- 右侧下部光标滑过产品列表效果。

下面针对上述效果分别进行详细说明。

扫一扫，看视频

25.4.1　搜索框文字效果

搜索框默认会有提示文字，如“请输入商品名称”，当光标定位在搜索框内时，需要将提示文字去掉；当光标移开时，如果用户未填写任何内容，需要恢复提示文字，同时添加按 Enter 键提交的效果。

新建 JavaScript 文件，保存为 input.js。然后输入以下代码：

```
$(function(){/* 搜索文本框效果 */
    $("#inputSearch").focus(function(){
        $(this).addClass("focus");
        if($(this).val() ==this.defaultValue){ $(this).val("");}
    }).blur(function(){
        $(this).removeClass("focus");
        if ($(this).val() == '') {$(this).val(this.defaultValue); }
    }).keyup(function(e){ if(e.which == 13){ alert('回车提交表单!'); } })
})
```

扫一扫，看视频

25.4.2 网页换肤效果

网页换肤的设计原理就是通过调用不同的样式表文件来实现不同皮肤的切换，并且需要将换好的皮肤记入Cookie中，这样用户下次访问时，就可以显示用户自定义的皮肤了。

【操作步骤】

第1步，设置HTML的结构。在网页中添加皮肤选择按钮（<li>标签）和基本内容，代码如下：

```
<ul id="skin">
    <li id="skin_0" title="蓝色" class="selected">蓝色</li>
    <li id="skin_1" title="紫色">紫色</li>
    <li id="skin_2" title="红色">红色</li>
    <li id="skin_3" title="天蓝色">天蓝色</li>
    <li id="skin_4" title="橙色">橙色</li>
    <li id="skin_5" title="淡绿色">淡绿色</li>
</ul>
```

第2步，根据HTML代码预定义几套换肤用的样式表，分别有蓝色、紫色、红色等6套，默认为蓝色，这些样式表分别存储在styles/skin目录下。

第3步，为HTML代码添加样式。注意：在HTML文档中要使用<link>标签定义一个带id的样式表链接，可通过操作该链接的href属性的值实现换肤目标。代码如下：

```
<link rel="stylesheet" href="styles/skin/skin_0.css" type="text/css" id="cssfile" />
```

第4步，新建JavaScript文件，保存为changeSkin.js，输入以下代码（为皮肤选择按钮添加单击事件）：

```
var $li =$("#skin li");
$li.click(function(){switchSkin( this.id );});
```

本示例脚本需要完成的任务包含以下两个步骤。

- 当皮肤选择按钮被单击后，当前皮肤就被选中。
- 将网页内容换肤。

第5步，前面为<link>标签设置id，此时可以通过attr()方法为<link>标签的href属性设置不同的值。

第6步，完成后，当单击皮肤选择按钮时，就可以切换网页皮肤了，但是当用户刷新网页或关闭浏览器后，皮肤又会被初始化，因此需要将当前选择的皮肤进行保存。

第7步，本示例需要引入jquery.cookie.js插件。该插件能简化Cookie的操作，代码如下：

```
<script src="scripts/jquery.cookie.js" type="text/javascript"></script>
```

第8步，保存后，就可以通过Cookie来获取当前的皮肤了。如果Cookie确实存在，则将当前皮肤设置为Cookie记录的值。代码如下：

```
var cookie_skin = $.cookie("MyCssSkin");
if (cookie_skin) {switchSkin( cookie_skin );}
```

changeSkin.js文件的完整代码如下：

```
$(function(){//网站换肤
        var $li =$("#skin li");
        $li.click(function(){switchSkin( this.id );    });
        var cookie_skin = $.cookie("MyCssSkin");
        if (cookie_skin) {switchSkin( cookie_skin );}
});
function switchSkin(skinName){
        $("#"+skinName).addClass("selected")                    //当前<li>元素选中
```

```
                .siblings().removeClass("selected");    //去掉其他同辈<li>元素的被选中
        $("#cssfile").attr("href","styles/skin/"+ skinName +".css"); //设置不同皮肤
        $.cookie( "MyCssSkin" , skinName , { path: '/', expires: 10 });
    }
```

此时，网页换肤功能不仅能正常切换，而且也能保存到 Cookie 中。当用户刷新网页后，仍然是当前选择的皮肤，效果如图 25.10 所示。

图 25.10　网页换肤按钮及其效果

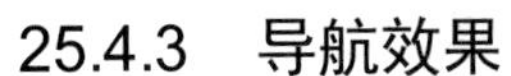

25.4.3　导航效果

新建 JavaScript 文件，保存为 nav.js，输入以下代码：

```
$(function(){//导航效果
    $("#nav li").hover(function(){
            $(this).find(".jnNav").show();
        },function(){$(this).find(".jnNav").hide();});
})
```

上面代码中，使用$("#nav li")选择 id 为 nav 的<li>元素，然后为它们添加 hover 事件。在 hover 事件的第 1 个函数内，使用$(this).find(".jnNav")找到<li>元素内部 class 为 jnNav 的元素。然后使用 show()方法让二级菜单显示出来。在第 2 个函数内，用 hide()方法使二级菜单隐藏起来。导航菜单交互效果如图 25.11 所示。

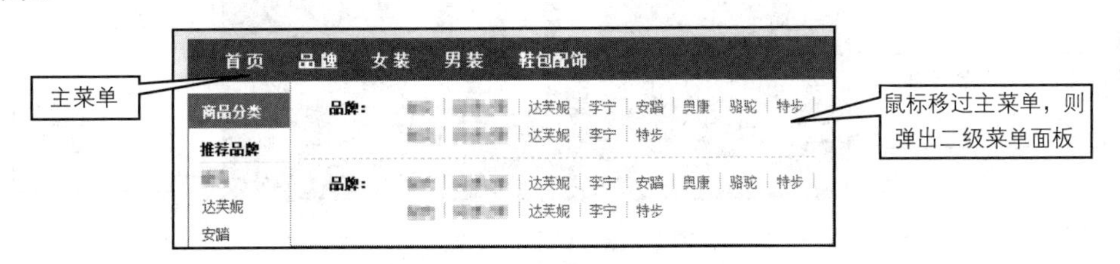

图 25.11　导航菜单交互效果

25.4.4　左侧商品分类热销效果

为了完成这个效果，可以先查看模块的结构，HTML 代码如下：

```
<div id="jnCatalog">
    <h2 title="商品分类">商品分类</h2>
    <div class="jnCatainfo">
        <h3>推荐品牌</h3>
        <ul>
        ...
            <li><a href="#nogo" >李宁</a></li>
            ...
```

```
            <li><a href="#nogo" class="promoted">骆驼</a></li>
            <li><a href="#nogo" >特步</a></li>
        </ul>
```

在结构中，发现在热销效果的元素上包含一个 promoted 类，通过该类，JavaScript 会自动完成热销效果。

新建 JavaScript 文件，保存为 addhot.js，然后输入以下 jQuery 代码：

```
/* 添加 hot 显示 */
$(function(){$(".jnCatainfo .promoted").append('<s class="hot"></s>');})
```

此时，热销效果如图 25.12 所示。

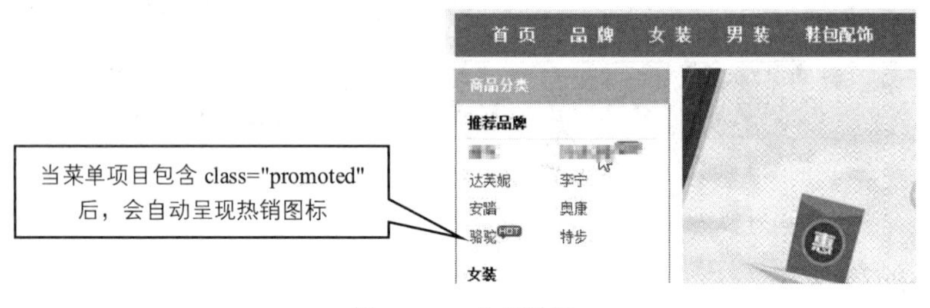

图 25.12　热销效果

扫一扫，看视频

25.4.5　产品广告效果

实现之前，先分析如何完成该效果。在产品广告下方有 5 个缩略文字介绍，它们分别代表 5 张广告图，如图 25.13 所示。

图 25.13　产品广告效果

当光标滑过文字 1 时，需要显示第 1 张图片；当光标滑过文字 2 时，需要显示第 2 张图片；以此类推。因此，如果能正确获取到当前滑过的文字的索引值，做出效果就非常简单了。

新建 JavaScript 文档，保存为 ad.js。输入以下代码：

```
$(function(){/* 首页大屏广告效果 */
        var $imgrolls = $("#jnImageroll div a");
    $imgrolls.css("opacity","0.7");
        var len  = $imgrolls.length;
        var index = 0;
        var adTimer = null;
    $imgrolls.mouseover(function(){
        index = $imgrolls.index(this);
        showImg(index);
    }).eq(0).mouseover();
```

```
    $('#jnImageroll').hover(function(){     //滑入时停止动画，滑出时开始动画
            if(adTimer){ clearInterval(adTimer);}
        },function(){
            adTimer = setInterval(function(){
                showImg(index);
                index++;
                if(index==len){index=0;}
            } , 5000);
    }).trigger("mouseleave");
})
function showImg(index){                    //显示不同的幻灯片
    var $rollobj = $("#jnImageroll");
    var $rolllist = $rollobj.find("div a");
    var newhref = $rolllist.eq(index).attr("href");
    $("#JS_imgWrap").attr("href",newhref)
            .find("img").eq(index).stop(true,true).fadeIn().siblings().fadeOut();
    $rolllist.removeClass("chos").css("opacity","0.7")
            .eq(index).addClass("chos").css("opacity","1");
}
```

在上面代码中，定义了一个 showImg()函数，然后给函数传递了一个参数 index，index 代表当前要显示图片的索引。获取当前滑过的<a>元素在所有<a>元素中的索引可以使用 jQuery 的 index()方法。其中.eq(0).mouseover()部分是用来初始化的，让第 1 个文字高亮并显示第 1 个图片。可以修改 eq()方法中的数字来让页面默认显示任意一个广告。

25.4.6 超链接提示效果

扫一扫，看视频

本小节设计主页右侧最新动态模块的内容添加超链接提示。在浏览器中，都自带了超链接提示，只需在超链接中加入 title 属性就可以了。HTML 代码如下：

```
<a href="#" title="提示信息">超链接</a>
```

不过这个提示效果的响应速度是非常缓慢的，考虑要有良好的人机交互，因此需要当光标移动到超链接的那一瞬间就出现提示。这时就需要移除<a>标签中的 title 提示效果，自己动手做一个类似功能的提示。

【操作步骤】

第 1 步，在页面上添加普通超链接，并定义 class="tooltip"属性。HTML 代码如下：

```
<ul>
    <li><a href="###1" class="tooltip" title="[活动] 伊伴春鞋迎春大促">[活动] 伊伴春鞋迎春大促</a></li>
    <li><a href="###2" class="tooltip" title="[活动] 千百度冬靴新品火热让利">[活动] 千百度冬靴新品火热让利</a></li>
    ...
</ul>
```

第 2 步，在 CSS 样式表中定义提示框的基本样式。代码如下：

```
#tooltip {/* tooltip */
    position: absolute; padding: 1px;
    border: 1px solid #333;
    background: #f7f5d1; color: #333;
    display: none;
}
```

第 3 步，新建 JavaScript 文档，保存为 tooltip. Js，然后输入以下代码：

```
$(function () {/* 超链接文字提示 */
    var x = 10;
    var y = 20;
    $("a.tooltip").mouseover(function (e) {
        this.myTitle = this.title;
        this.title = "";
        var tooltip = "<div id='tooltip'>" + this.myTitle + "</div>"; //创建 div 元素
        $("body").append(tooltip);      //把它追加到文档中
        $("#tooltip")
            .css({
                "top": (e.pageY + y) + "px",
                "left": (e.pageX + x) + "px"
            }).show("fast");            //设置 x 坐标和 y 坐标，并且显示
    }).mouseout(function () {
        this.title = this.myTitle;
        $("#tooltip").remove();         //移除
    }).mousemove(function (e) {
        $("#tooltip")
            .css({
                "top": (e.pageY + y) + "px",
                "left": (e.pageX + x) + "px"
            });
    });
})
```

上述代码的设计思路如下。

当光标滑入超链接时，先创建一个<div>元素，<div>元素的内容为 title 属性的值；然后将创建的元素添加到文档中，再为它设置 x 坐标和 y 坐标，使它显示在光标位置的旁边。当光标滑出超链接时，移除<div>元素。

此时的效果有两个问题：一是当光标滑过后，<a>标签中的 title 属性的提示也会出现；二是设置 x 坐标和 y 坐标，由于自制的提示与光标的距离太近，有时候会引起无法提示的问题（光标焦点变化引起 mouseout 事件）。

为了移除<a>标签中自带的 title 提示功能，需要进行以下操作。

- 当光标滑入时，给对象添加一个新属性 myTitle，并把 title 的值传给这个属性，然后清空属性 title 的值。
- 当光标滑出时，再把对象的 myTitle 属性的值赋给属性 title。

为什么当光标移出时，要把属性值又传递给属性 title？因为当光标滑出时，需要考虑再次滑入时的属性 title 值，如果不将 myTitle 的值传递给 title 属性，当再次滑入时，title 属性值就为空了。

为了解决自制的提示与光标的距离太近引起无法提示的问题，需要重新设置提示元素的 top 和 left 值，为 top 增加 10px、为 left 增加 20px。

为了让提示信息能够跟随光标移动，还需要为超链接添加一个 mousemove 事件，在该事件函数中不断更新提示信息框的坐标位置，能让提示框跟随光标移动。

第 4 步，在浏览器中预览，则可以看到如图 25.14 所示的提示信息框效果。

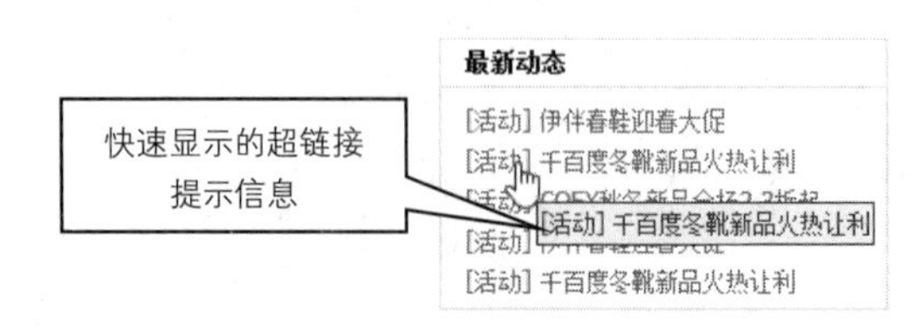

图 25.14　提示信息框效果

25.4.7　品牌活动横向滚动效果

扫一扫，看视频

本节设计右侧下半部分的品牌活动横向滚动效果。

设计思路：先定义动画函数 showBrandList()，该函数根据下标 index 决定滚动距离。然后为每个 Tab 标题链接绑定 click 事件，在该事件中调用 showBrandList()实现横向滚动效果。

新建 JavaScript 文档，保存为 imgSlide.js，然后输入以下代码：

```
$(function () {/* 品牌活动横向滚动效果 */
    $("#jnBrandTab li a").click(function () {
        $(this).parent().addClass("chos").siblings().removeClass("chos");
        var idx = $("#jnBrandTab li a").index(this);
        showBrandList(idx);
        return false;
    }).eq(0).click();
});
function showBrandList(index) {  //显示不同的模块
    var $rollobj = $("#jnBrandList");
    var rollWidth = $rollobj.find("li").outerWidth();
    rollWidth = rollWidth * 4; //一个版面的宽度
    $rollobj.stop(true, false).animate({ left: -rollWidth * index }, 1000);
}
```

在网页中应用该动画效果，当单击品牌活动右上角的分类链接时就会以横向滚动的方式显示相关内容，效果如图 25.15 所示。

图 25.15　横向滚动效果

25.4.8　光标滑过产品列表效果

扫一扫，看视频

本节设计主页右侧的下半部分的光标滑过产品列表的动态效果。当光标滑过产品时会添加一个半透明的遮罩层并显示一个放大镜图标，效果如图 25.16 所示。

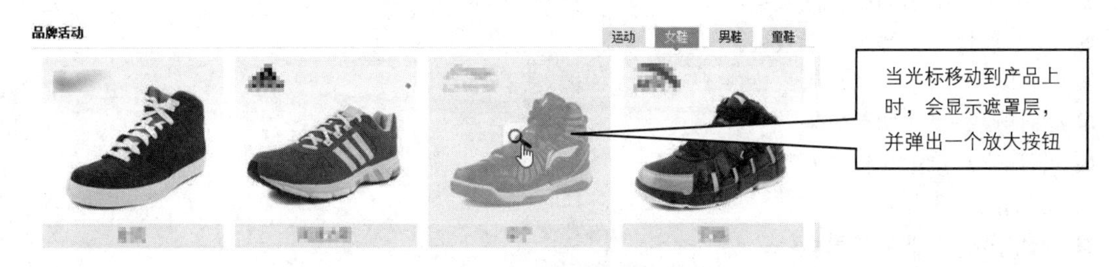

图 25.16　添加高亮效果

为了完成这个效果，可以为产品列表中每个产品都创建一个<span>元素，设计它们的高度和宽度与产品图片高度和宽度都相同，然后为它们设置定位方式、上边距和左边距，并使之处于图片上方。

【操作步骤】

第1步，新建JavaScript文档，保存为imgHover.js，输入以下代码：

```
$(function () {/* 滑过图片出现放大镜效果 */
    $("#jnBrandList li").each(function (index) {
        var $img = $(this).find("img");
        var img_w = $img.width();
        var img_h = $img.height();
        var spanHtml = '<span style="position:absolute;top:0;left:5px;width:' + img_w +
'px;height:' + img_h + 'px;" class="imageMask"></span>';
        $(spanHtml).appendTo(this);
    })
    $("#jnBrandList").delegate(".imageMask", "hover", function () {
        $(this).toggleClass("imageOver");
    });
})
```

第2步，通过控制class来达到显示光标滑过的效果。首先在CSS中添加一组样式，代码如下：

```
.imageMask {/* imgHover */
    background-color: #ffffff; cursor: pointer;
    filter: alpha(opacity=0); opacity: 0;
}
.imageOver {
    background: url(../images/zoom.gif) no-repeat 50% 50%;
    filter: alpha(opacity=60); opacity: 0.6;
}
```

第3步，当光标滑入class为imageMask的元素时，为它添加imageOver样式使产品图片出现放大镜效果；当光标滑出元素时，移除imageOver样式。

当光标滑入图片时，就可以出现放大镜了。注意：这里使用的是live()方法绑定事件，而不是bind()方法。由于imageMask元素是被页面加载完后动态创建的，如果用普通的方式绑定事件，不会生效。而live()方法有个特性，就是即使是后来创建的元素，用它绑定的事件也会生效。

25.5 设计详细页交互行为

在详细页（detail.html）中可以完成以下功能。

- 产品图片放大镜效果。
- 产品图片遮罩层效果。
- 单击产品小图切换大图效果。
- 产品属性介绍等选项卡效果。
- 右侧产品颜色切换效果。
- 右侧产品尺寸切换效果。
- 右侧产品数量和价格联动效果。
- 右侧产品评分效果。
- 右侧放入购物车效果。

接下来就用jQuery逐步完成这些效果。

25.5.1 图片放大镜效果

当用户移动光标到产品图片上时，会放大产品局部区域，以方便用户查看产品细节。这种放大镜效果在网店中是常用的特效，演示效果如图 25.17 所示。

图 25.17 图片放大镜效果

如果亲自动手实现这个效果，或许比较麻烦，不过可以借助插件来快速实现。插件是 jQuery 的特色之一，可访问 jQuery 官网寻找类似的插件，本示例使用的是名为 jqzoom 的插件，它很适合本示例设计的需求。

【操作步骤】

第 1 步，在官网找到 jquery.jqzoom.js，并下载到本地，然后在详细页中把它引入网页中。代码如下：

```
<!-- 产品缩略图插件 -->
<script src="scripts/jquery.jqzoom.js" type="text/javascript"></script>
```

第 2 步，新建 JavaScript 文件，保存为 use_jqzoom.js。查看官方网站的 API 使用说明，可以使用如下代码调用 jqzoom：

```
$(function () {/*调用 jqzoom*/
    $('.jqzoom').jqzoom({
        zoomType: 'standard',
        lens: true,
        preloadImages: false,
        alwaysOn: false,
        zoomWidth: 340,
        zoomHeight: 340,
        xOffset: 10,
        yOffset: 0,
        position: 'right'
    });
});
```

第 3 步，在相应的 HTML 代码中添加属性。为<a>元素添加 href 属性，设置它的值指向产品对应的 rel 属性，它是小图片切换为大图片的“钩子”，代码如下：

```
<a href="images/pro_img/blue_one_big.jpg" class="jqzoom" rel='gall' title="免烫高支棉条纹衬衣" >
    <img src="images/pro_img/blue_one_small.jpg" title="免烫高支棉条纹衬衣" alt="免烫高支棉条纹衬衣" id="bigImg" />
</a>
```

第 4 步，添加 jqzoom 所提供的样式。此时，运行代码后，产品图片的放大效果就显示出来了。

扫一扫，看视频

25.5.2　图片遮罩效果

下面设计产品图片的遮罩效果，当单击“观看清晰图片”按钮时，需要显示如图 25.18 所示的大图，为此需要启动遮罩层，遮盖其他内容。

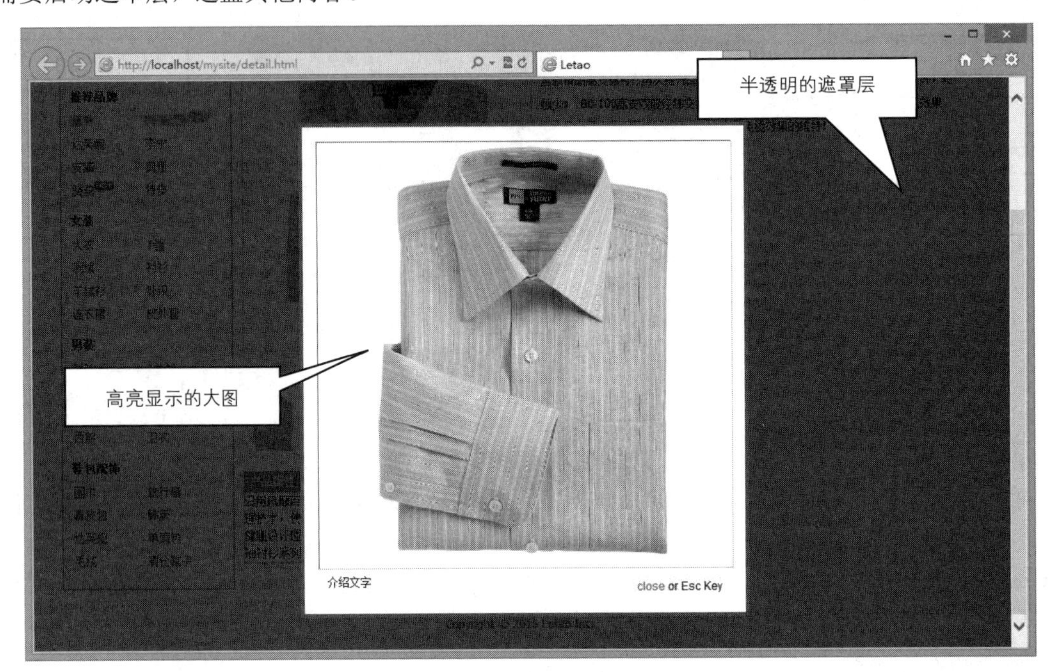

图 25.18　产品图片遮罩效果 1

本效果也应用了 jQuery 插件，在官方网站搜索可以找到名为 thickbox 的插件，这是一款非常合适的插件。

【操作步骤】

第 1 步，下载 jquery.thickbox.js 插件文件。

第 2 步，按照官方网站的 API 说明，引入相应的 jQuery 和 CSS 文件，代码如下：

```
<!-- 遮罩图片 -->
<script src="scripts/jquery.thickbox.js" type="text/javascript"></script>
<link rel="stylesheet" href="styles/thickbox.css" type="text/css" />
```

第 3 步，为需要应用该效果的超链接元素添加 class="thickbox"和 title 属性，它的 href 值代表需要弹出的图片。代码如下：

```
<a title="介绍文字" id="thickImg" href="images/pro_img/blue_one_big.jpg" class="thickbox">
    <img src="images/look.gif" alt="点击看大图" />
</a>
```

此时，单击“观看清晰图片”按钮，就能够显示遮罩层效果。

25.5.1 小节和 25.5.2 小节的效果，并没有花费太多的时间，可见合理利用成熟的 jQuery 插件能够极大地提高开发效率。

扫一扫，看视频

25.5.3　小图切换大图效果

本示例设计当单击产品小图片时，上面对应的大图片会自动切换，并且大图片的放大镜效果和遮罩效果也能够同时切换。

【操作步骤】

第 1 步，实现第 1 个效果—— 单击小图切换大图。在图片放大镜的 jqroom 的例子中，自定义一个 rel 属性，它的值是 gal1，它是小图切换大图的“钩子”。HTML代码如下：

```
<li class="imgList_blue">
    <a href='javascript:void(0);' rel="{gallery: 'gal1', smallimage: 'images/pro_img/blue_one_small.jpg',largeimage: 'images/pro_img/blue_one_big.jpg'}">
        <img src='images/pro_img/blue_one.jpg' alt=""/>
    </a>
</li>
```

在上面代码中，为超链接元素定义了一个 rel 属性，它的值又定义了 3 个属性，分别是 gallery、smallimage 和 largeimage。其作用就是单击小图时，首先通过 gallery 来找到相应的元素，然后为元素设置 smallimage 和 largeimage。

第 2 步，此时单击小图可以切换大图，但单击“观看清晰图片”按钮时，弹出的大图并未更新。接下来实现该效果。

为了使程序更加简单，需要为图片使用基于某种规则的命名。例如，将小图片命名为 blue_ one small.jpg，将大图片命名为 blue_one_ big. jpg，这样就可以很容易地根据单击的图片（blue_one.jpg）来获取相应的大图片和小图片。

第 3 步，新建 JavaScript 文档，保存为 switchImg.js，然后输入以下代码：

```
$(function () {/* 单击左侧产品小图片切换大图 */
    $("#jnProitem ul.imgList li a").bind("click", function () {
        var imgSrc = $(this).find("img").attr("src");
        var i = imgSrc.lastIndexOf(".");
        var unit = imgSrc.substring(i);
        imgSrc = imgSrc.substring(0, i);
        var imgSrc_big = imgSrc + "_big" + unit;
        $("#thickImg").attr("href", imgSrc_big);
    });
});
```

通过 lastIndexOf()方法，获取到图片文件名中最后一个“.”的位置，然后在 substring()方法中使用该位置来分割文件名，得到 blue_one 和.jpg 两部分，最后通过拼接_big 得到相应的大图片，将它们赋值给 id 为 thickImg 的元素。

应用代码后，当单击产品小图片时，不仅图片能正常切换，而且它们所对应的放大镜效果和遮罩层效果都能正常显示出当前显示的产品图片，效果如图 25.19 所示。

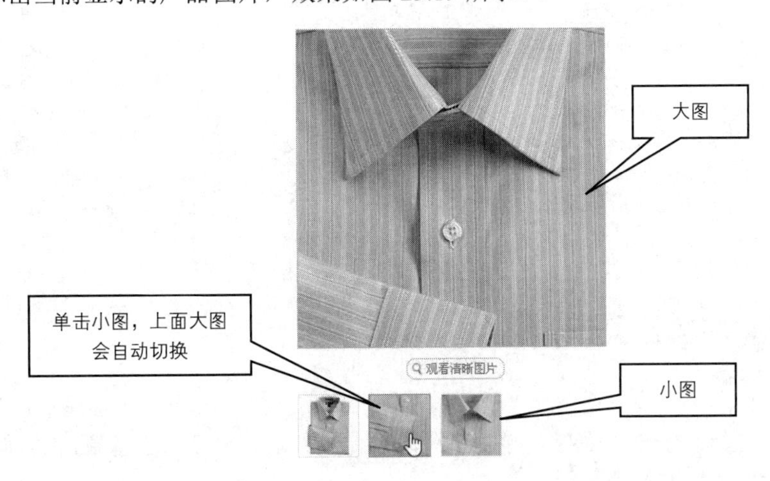

图 25.19　产品图片遮罩效果 2

扫一扫，看视频

25.5.4 选项卡效果

在产品属性介绍内容中使用了 Tab 选项卡效果。这也是网页中经常应用的形式，实际上制作选项卡的原理比较简单，要通过隐藏和显示来切换不同的内容。下面将详细介绍实现选项卡效果的过程。

【操作步骤】

第1步，构建HTML结构，代码如下：

```
<div class="tab">
    <div class="tab_menu">
        <ul>
            <li class="selected">产品属性</li>
            <li>产品尺码表</li>
            <li>产品介绍</li>
        </ul>
    </div>
    <div class="tab_box">
        <div>...</div>
        <div class="hide">...</div>
        <div class="hide">...</div>
    </div>
</div>
```

应用样式后，选项卡效果如图 25.20 所示。选项卡默认第 1 个选项卡被选中，然后下面的区域显示相应的内容；当选择“产品尺码表”选项卡时，“产品尺码表”选项卡将处于高亮状态，同时下面的内容切换成“产品尺码表”对应的内容；当选择“产品介绍”选项卡时，将显示相应的内容。

产品属性 产品尺码表 产品介绍

沿用风靡百年的经典全棉牛津纺面料，通过领先的液氨整理技术，使面料的抗皱性能更上一层。延续简约、舒适、健康设计理念，特推出免烫、易打理的精细免烫牛津纺长袖衬衫系列。

图 25.20 选项卡效果

第2步，新建JavaScript文档，保存为tab.js，输入以下代码：

```
$(function(){/*Tab选项卡 标签*/
        var $div_li =$("div.tab_menu ul li");
        $div_li.click(function(){
            $(this).addClass("selected")                     //当前<li>元素高亮
                   .siblings().removeClass("selected");      //去掉其他同辈<li>元素的高亮显示
            var index =  $div_li.index(this);                // 获取当前单击的<li>元素
            $("div.tab_box > div")  //选取子节点，如果子节点里面还有div，不选取子节点会引起错误
                    .eq(index).show()                        //显示 <li>元素对应的<div>元素
                    .siblings().hide();                      //隐藏其他几个同辈的<div>元素
        }).hover(function(){
            $(this).addClass("hover");
        },function(){
            $(this).removeClass("hover");
        })
})
```

在上面代码中，首先为<li>元素绑定单击事件，绑定事件后，需要将当前单击的<li>元素高亮显示，然后去掉其他同辈<li>元素的高亮显示。

第 3 步，单击选项卡后，当前<li>元素处于高亮状态，而其他<li>元素已去掉了高亮状态。但选项卡下面的内容还没被切换，因此需要将下面的内容也进行相应的切换，选项卡切换效果如图 25.21 所示。

产品属性 产品尺码表 产品介绍

世界权威德国科德宝的衬衫和英国高士缝纫线使成衣领型自然舒展、永不变形，缝线部位平服工整、牢固耐磨；人性化的4片式后背打褶结构设计提供更舒适的活动空间；领尖扣的领型设计戴或不戴领带风格炯同、瞬间呈现；醇正天然设计，只为彰显自然荣耀。

图 25.21 选项卡切换效果

第 4 步，从选项卡的基本结构可以知道，每个<li>元素分别对应一个<div>区域。因此可以根据当前单击的<li>元素在所有<li>元素中的索引来显示对应的区域。

提示：

在上面的代码中，要注意$("div.tab_box > div")这个子选择器，如果用$("div.tab_box div")选择器，当子节点中再包含<div>元素时，就会引起错误，因此获取当前选项卡下的子节点，才是本示例所需要的。

25.5.5 产品颜色切换效果

本小节设计右侧产品颜色切换，与单击左侧产品小图片切换为大图片类似，不过还需要多做几步，即显示当前所选中的颜色和相应的产品列表，产品颜色切换效果如图 25.22 所示。

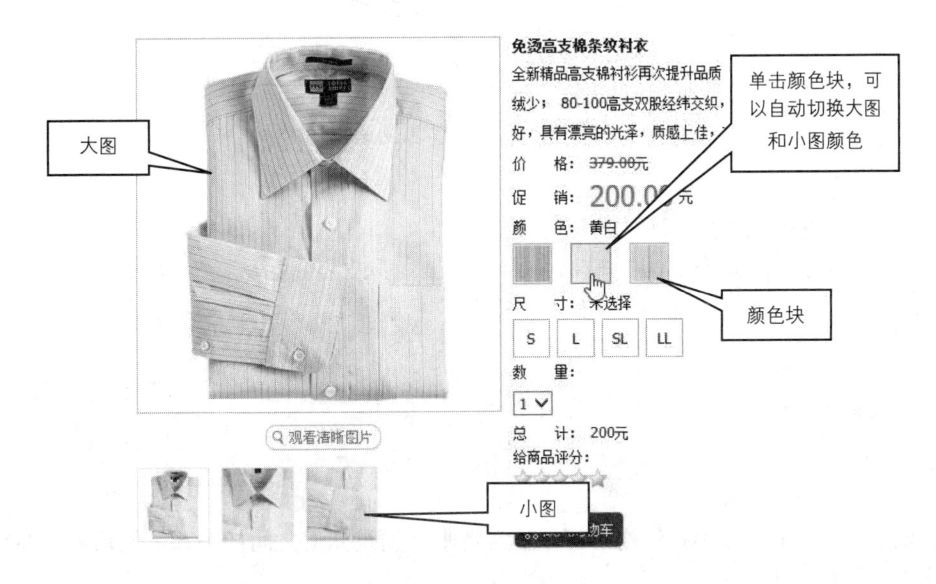

图 25.22 产品颜色切换效果

【操作步骤】

第 1 步，新建 JavaScript 文档，保存为 switchColor.js，然后输入以下代码：

```
$(function () {/*衣服颜色切换*/
    $(".color_change ul li img").click(function () {
        $(this).addClass("hover").parent().siblings().find("img").removeClass("hover");
        var imgSrc = $(this).attr("src");
        var i = imgSrc.lastIndexOf(".");
        var unit = imgSrc.substring(i);
```

```
        imgSrc = imgSrc.substring(0, i);
        var imgSrc_small = imgSrc + "_one_small" + unit;
        var imgSrc_big = imgSrc + "_one_big" + unit;
        $("#bigImg").attr({ "src": imgSrc_small });
        $("#thickImg").attr("href", imgSrc_big);
        var alt = $(this).attr("alt");
        $(".color_change strong").text(alt);
        var newImgSrc = imgSrc.replace("images/pro_img/", "");
        $("#jnProitem .imgList li").hide();
        $("#jnProitem .imgList").find(".imgList_" + newImgSrc).show();
    });
});
```

第2步，运行效果后，产品颜色就可以正常切换，演示效果如图25.22所示。

第3步，但单击后会发现一个问题，如果不手动去单击缩略图，那么放大镜效果显示的图片还是原来的图片，解决方法很简单，只要触发获取的元素的单击事件。在上面代码尾部添加以下代码：

```
//解决问题：切换颜色后，显示的放大图片还是原来的图片
$("#jnProitem .imgList").find(".imgList_"+newImgSrc).eq(0).find("a").click();
```

扫一扫，看视频

25.5.6 产品尺寸切换效果

本小节设计右侧产品尺寸切换效果，如图25.23所示。

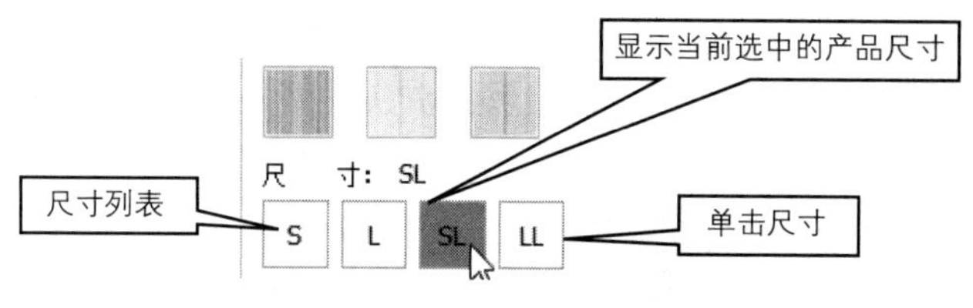

图25.23　产品尺寸切换效果

【操作步骤】

第1步，设计DOM结构，代码如下：

```
<li class="pro_size"><span>尺  寸：</span> <strong>未选择</strong>
    <ul>
        <li>S</li>
        <li>L</li>
        <li>SL</li>
        <li>LL</li>
    </ul>
</li>
```

通过观察产品尺寸的DOM结构，可以非常清晰地知道元素之间的关系，然后利用jQuery强大的DOM操作功能进行设计。

第2步，新建JavaScript文档，保存为sizeAndprice.js，输入以下代码：

```
$(function () {/*衣服尺寸选择*/
    $(".pro_size li").click(function () {
        $(this).addClass("cur").siblings().removeClass("cur");
        $(this).parents("ul").siblings("strong").text($(this).text());
    })
})
```

应用jQuery代码，用户就可以通过单击尺寸来进行实时产品尺寸的选择。

25.5.7　产品数量和价格联动效果

扫一扫，看视频

本小节设计右侧产品数量和价格联动效果。这个功能非常简单，只要能够正确获取单价和数量，得到积后，把积赋值给相应的元素。

提示：

为了防止元素刷新后依旧保持原来的值而引起的价格没有联动问题，需要在页面刚加载时，为元素绑定 change 事件后立即触发 change 事件。

打开 sizeAndprice.js 文档，输入以下代码：

```
$(function(){/*数量和价格联动*/
        var $span = $(".pro_price strong");
       var price = $span.text();
       $("#num_sort").change(function(){
            var num = $(this).val();
            var amount = num * price;
          $span.text( amount );
       }).change();
})
```

25.5.8　产品评分效果

扫一扫，看视频

本小节设计右侧产品评分效果。

【操作步骤】

第 1 步，在开始实现该效果之前，先设计静态的 HTML 结构。代码如下：

```
<div class="pro_rating"> 给商品评分:
    <ul class="rating nostar">
        <li class="one"><a title="1 分" href="#">1</a></li>
        <li class="two"><a title="2 分" href="#">2</a></li>
        <li class="three"><a title="3 分" href="#">3</a></li>
        <li class="four"><a title="4 分" href="#">4</a></li>
        <li class="five"><a title="5 分" href="#">5</a></li>
    </ul>
</div>
```

通过改变<ul>元素的 class 属性，就能实现评分效果，可根据这个原理编写脚本。

第 2 步，新建 JavaScript 文档，保存为 star.js，输入以下代码：

```
$(function () {/*商品评分效果*/
    $("ul.rating li a").click(function () {      //通过修改样式来显示不同的星级
        var title = $(this).attr("title");
        alert("您给此商品的评分是: " + title);
        var cl = $(this).parent().attr("class");
        $(this).parent().parent().removeClass().addClass("rating " + cl + "star");
        $(this).blur();                           //去掉超链接的虚线框
        return false;
    })
})
```

运行代码后，当单击灰色五角星后，就可以看到评分等级，同时会变色显示当前评分情况，产品评分效果如图 25.24 所示。

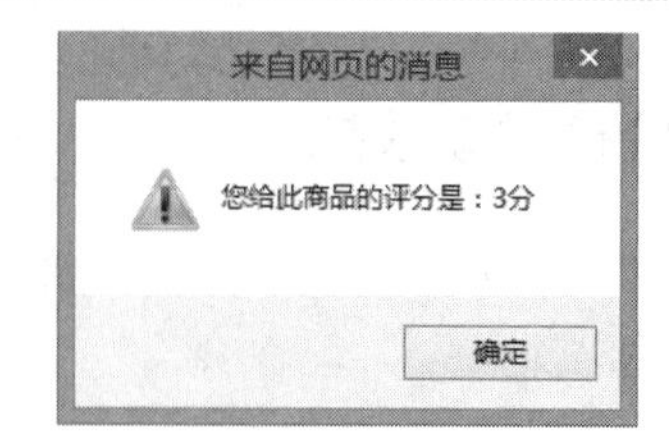

图 25.24　产品评分效果

扫一扫，看视频

25.5.9　放入购物车提示效果

下面设计右侧产品的购物车功能。当用户选择购买该产品时，表明要把产品放入购物车，这一步需要将用户选择的产品的名称、尺寸、颜色、数量和总价告诉用户，以便用户进行确认是否选择正确。

新建 JavaScript 文档，保存为 finish.js，输入以下代码：

```
$(function () {/*最终购买输出*/
    var $product = $(".jnProDetail");
    $("#cart a").click(function (e) {
        var pro_name = $product.find("h4:first").text();
        var pro_size = $product.find(".pro_size strong").text();
        var pro_color = $(".color_change strong").text();
        var pro_num = $product.find("#num_sort").val();
        var pro_price = $product.find(".pro_price strong").text();
        var dialog = "感谢您的购买。<div style='font-size:12px;font-weight:400;'>您购买的产品是：" + pro_name + "；" +
            "尺寸是：" + pro_size + "；" +
            "颜色是：" + pro_color + "；" +
            "数量是：" + pro_num + "；" +
            "总价是：" + pro_price + "元。</div>";
        $("#jnDialogContent").html(dialog);
        $('#basic-dialog-ok').modal();
        return false;//避免页面跳转
    });
})
```

应用特效后，放入购物车提示效果如图 25.25 所示。

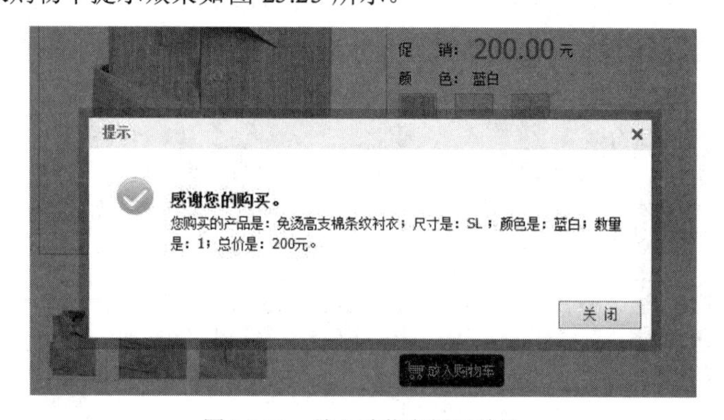

图 25.25　放入购物车提示效果

提示：

在本示例中使用了一个简单的模态对话框插件 SimpleModal，SimpleModal 是一个轻量级的 jQuery 插件，它为模态窗口的开发提供了一个强有力的接口，可以把它当作模态窗口的框架。

SimpleModal 非常灵活，可以创建能够想象到的任何东西，并且还不需要考虑 UI 开发中的跨浏览器相关问题。

从官方下载插件，在文件中引用以下代码：

```
<script type='text/javascript' src='scripts/jquery.js'></script>
<script type='text/javascript' src='scripts/jquery.simplemodal.js'></script>
```

使用方法为从官方网站下载带例子的压缩包，具体如下：

```
$("#element-id").modal();                                   //引入内容块
$.modal("<div><h1>SimpleModal</h1></div>");                 //直接添加 HTML 代码
$("#element-id").modal({options});
$.modal("<div><h1>SimpleModal</h1></div>", {options});      //带自定义选项的使用
```

SimpleModal 自定义选项说明如下。

- appendTo：将弹出框添加到的父容器，参数为 CSS 选择器。
- opacity：透明度。
- overlayId：遮罩层 id。
- overlayCss：{Object}定义遮罩层样式。
- containerId：弹出窗体容器 id。
- containerCss：定义容器的样式。
- dataId：内容层 id。
- containerCss：内容层的样式。
- minHeight：最小高度。
- minWidth：最小宽度。
- maxHeight：最大高度。
- maxWidth：最大宽度。
- autoResize：是否自适应大小。
- zIndex：弹出层的 z-index。
- close：是否允许关闭。
- closeHTML：自定义关闭按钮。
- closeClass：关闭层样式。
- overlayClose：单击遮罩层是否关闭弹出窗体。
- position：数组[top, left]自定义弹出窗体位置。
- onOpen：弹出窗体打开时候的回调函数。
- onShow：弹出窗体显示时候的回调函数。
- onClose：弹出窗体关闭时候的回调函数。

25.6　小　　结

到此用户可以放心地将这个购物网站交给后台程序员去处理。该网站已经具备了完整的 UI 界面和交互效果。在制作网站的过程中使用了合法且语义清晰的 HTML 结构，还使用了外部 CSS 样式表为这个网站定义样式，实现了经典的网店视觉效果，最后利用 jQuery 所提供的强大功能改善了网站的行为和可用性，使用户更容易接受这个网站。

25.7 在线支持

本节为拓展学习，感兴趣的读者请扫码进行学习。

扫描，拓展学习